Jetzt helfe ich mir selbst

Motor buch Verlag

Umschlagentwurf und Buchgestaltung: Anita Ament.
Umschlagfoto: Binder, Seufert.

ISBN 3-613-01521-8

Auflage Nr. 102 0001

Dieser Band entspricht dem Kenntnisstand zum Zeitpunkt der Drucklegung, Abweichungen durch Weiterentwicklung der beschriebenen Fahrzeuge, geänderte Anweisungen des Fahrzeug-Herstellers bzw. neuere gesetzliche Bestimmungen sind möglich.
Bei einer Neuauflage wird das Buch wieder auf den aktuellen Stand gebracht.
Manuskriptbearbeitung: Redaktion »Jetzt helfe ich mir selbst«.
Fotos: Audi 7, Lautenschlager 365, Riesen 1.
Zeichnungen: Audi 76, autopress 2, Champion 1, Haeberle 2, Pirelli 1, Sachs 1, Volkswagen 1.
Stromlaufpläne: Audi.
Bildgrafik: Ulrike Nülsen.
Druck: Maisch & Queck, 70839 Gerlingen.
Bindung: Nething Buchbinderei, 73235 Weilheim.
Printed in Germany.

Dieter Korp
Thomas Lautenschlager

Audi 100

ab Dezember '90
ohne Diesel

Motorbuch Verlag
Stuttgart

Inhaltsverzeichnis

Urenkel

Der Audi 100 liegt mittlerweile in der vierten Generation vor und ist damit einer der Klassiker unter den Audi-Modellreihen. Werksintern wird die 100er-Reihe »C-Reihe« genannt. Und weil's der vierte ist, heißt er demzufolge »C4«.

Die Motoren

Fünf Benzinmotoren werden für die Audi-100-Modelle angeboten. Die Palette reicht vom wirtschaftlichen Vierzylinder bis zu den Komfort- und Leistungsvarianten mit Fünfzylinder-Reihen- und Sechszylinder-V-Triebwerken. Im einzelnen:

- 2,0 l Vierzylinder, 74 kW (101 PS)
- 2,0 l Vierzylinder, 85 kW (115 PS)
- 2,3 l Fünfzylinder, 98 kW (133 PS)
- 2,6 l V-Sechszylinder, 110 kW (150 PS)
- 2,8 l V-Sechszylinder, 128 kW (174 PS)

Ausgehend von dieser Design-Zeichnung entstand Schritt für Schritt die Karosserieform des Audi 100 C4.

Vierzylindermotoren

Die beiden Vierzylindermotoren des Audi 100 schöpfen ihr Leistungsangebot aus 2,0 Liter Hubraum. Der 2,0-Liter-Vierzylinder ist schon aus diversen Vorgänger-Modellreihen ein alter Bekannter. Sein Ursprung geht zurück bis ins Jahr 1972 (damals im Audi 80 mit 1,3 und 1,5 Liter Hubraum). Die Hubraumvergrößerung auf 2,0 Liter datiert zurück ins Jahr 1988 und erfolgte zu dieser Zeit auf Basis des mittlerweile bereits 1,8 Liter »großen« Triebwerks. Das Mehr an Hubraum kommt vornehmlich dem Drehmoment zugute.
Von Mal zu Mal kommen Neuerungen dazu, so diesmal eine Thermospannrolle, welche die Zahnriemenspannung bei unterschiedlichen Motortemperaturen auf einem konstanten Niveau hält. Eine Maßnahme, um die Lebensdauer des Zahnriemens zu erhöhen. Fast schon selbstverständlich: Die Ventile werden über wartungsfreie Hydrostößel betätigt.
Die Unterschiede der beiden Vierzylindermotoren bestehen vornehmlich in der Gemischaufbereitung: Nur der 74-kW- (101-PS-)Vierzylinder wird über eine **Zentraleinspritzung** mit bleifreiem Normalbenzin versorgt. In der Version mit 85 kW (115 PS) ist bis 6/92 eine **KE-Motronic-Einspritzung** und seit 7/92 eine **Digifant-Einspritzanlage** installiert. Hier wird jeder Zylinder über ein eigenes Einspritzventil mit Euro Super versorgt. Die zylinderselektive Klopfregelung (Erklärung siehe Kapitel »Die Zündanlage«) ermöglicht auch den Betrieb mit Normalbenzin (91 ROZ), ohne daß der Motor Schaden nimmt.

Der Fünfzylindermotor

Der laufruhige und robuste 2,3-Liter-Fünfzylinder-Reihenmotor ist in den vergangenen Jahren technisch immer weiter verfeinert worden. So verfügt auch er z. B. über die schon angesprochene Thermospannrolle, die die Spannung des Nockenwellen-Zahnriemens auf konstantem Niveau hält.
Bei dem ausgereiften Fünfzylinder mit KE-III-Jetronic-Einspritzung und kennfeldgesteuerter Zündanlage wird der Verbrennungsvorgang von einer zylinderselektiven Klopfregelung überwacht, so daß das Triebwerk bei

einer Verdichtung von 10,0:1 bleifreien Superkraftstoff optimal ausnutzen kann. Ersatzweise ist der Betrieb mit 91-ROZ-Normal möglich.
Der Fünfzylinder erreicht seine 98 kW (133 PS) bei 5500/min und sein maximales Drehmoment von 186 Nm bei 4000/min. Die breit verlaufende Drehmomentkurve zeigt das Durchzugsvermögen aus niedrigen beziehungsweise mittleren Drehzahlen.

Der V6-Motor
2,8-Liter

Der V6-Motor ist mit einer vollelektronischen **MPI-Kraftstoff-Einspritzanlage** mit Hitzdraht-Luftmassenmessung ausgestattet, welche die Einspritzmenge jedem Zylinder einzeln zumißt, und dadurch abgas- und verbrauchsreduzierend arbeitet. Das Verbrennungsgeräusch wird ständig von zwei Klopfsensoren überwacht. Sie gehören auch hier zur zylinderselektiven Klopfregelung. Diese verhindert schädliche Verbrennungsabläufe, die bei Verwendung von Kraftstoffen mit zu niedrigen Oktanzahlen auftreten können.

Der laufruhige Sechszylinder-Motor wurde erstmals im »C4« vorgestellt.

Ein interessantes Detail dieses Motors ist das sogenannte **Schaltsaugrohr**, das dafür sorgt, daß ein hohes Drehmoment über einen breiten Drehzahlbereich zur Verfügung steht. Im Schaltsaugrohr werden sechs Klappen durch Unterdruck betätigt und drehzahlabhängig gesteuert: Bis 4000/min bilden sie lange Saugrohre für ein hohes Drehmoment. Oberhalb von 4000/min geben sie kurze Saugrohre für hohe Leistung frei. Der Audi-V6-Motor erreicht sein maximales Drehmoment von 245 Nm bei 3000/min beim Betrieb mit Euro Super. Bei Verwendung von Super Plus werden 250 Nm erzielt.
Die Zündanlage des V6-Motors kommt ohne mechanischen Zündverteiler aus. Angesteuert wird die **ruhende Zündspannungsverteilung** vom Steuergerät für die Kraftstoff-Einspritzanlage.
Beide Nockenwellen werden von einem wartungsfreien Zahnriemen angetrieben.

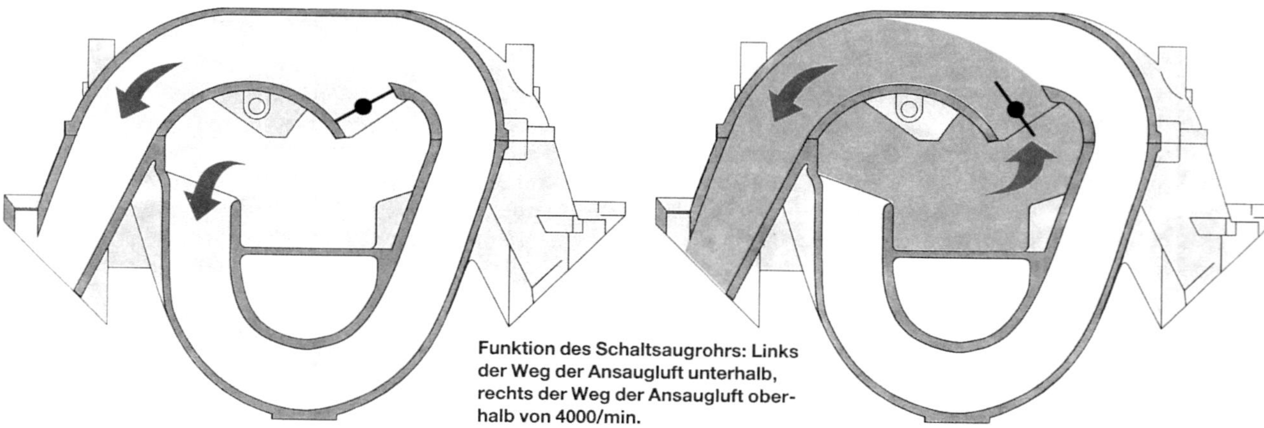

Funktion des Schaltsaugrohrs: Links der Weg der Ansaugluft unterhalb, rechts der Weg der Ansaugluft oberhalb von 4000/min.

Die Abgasströme der linken und rechten Zylinderreihe werden zwei getrennt arbeitenden Katalysatoren zugeführt. Durch die zwei beheizten Lambdasonden ist für jede Zylinderreihe eine unabhängige Abgasregelung sichergestellt.

2,6-Liter

Der 2,6-Liter-Sechszylinder wurde als leicht abgemagerte Top-Motorisierung erst im August 1992 nachgeschoben. Die leicht modifizierte Einspritzung (MPFI) verwendet eine andere Methode der Luftmassenmessung. Außerdem entfällt das Schaltsaugrohr. Bei 5750/min leistet das kleinere Triebwerk 110 kW.

Getriebe-Versionen

Ein Fünfgang-Schaltgetriebe ist bei allen Audi 100 serienmäßig. Die vier Frontantriebsmodelle mit Benzinmotoren werden als Sonderausstattung auch mit elektronisch/hydraulisch gesteuertem Viergang-Automatikgetriebe angeboten. Dieses besitzt je nach Version zwei oder fünf Fahrprogramme.

Das Schnittmodell des Audi 100 Avant läßt Einblicke zu auf die Innenraumgestaltung und den Antriebsstrang des quattro-Modells.

Die Karosserie

Die Fahrzeugfront wird vom typischen Audi-Gesicht bestimmt. Die charakteristische Motorhaube und die weich gerundeten, ausgestellten Kotflügel bilden mit den Scheinwerfern eine Einheit. Formschlüssig sind die in Wagenfarbe lackierten Stoßfänger im Fahrzeugkörper integriert. Mit einem c_W-Wert von 0,29 liegt der Audi 100 traditionsgemäß im vorderen Feld seiner Fahrzeugklasse.
Der Audi 100 der vierten Generation ist entsprechend dem herrschenden Markttrend nicht größer geworden. Gegenüber dem Vorgängermodell sind Fahrzeuglänge (4,79 m) und Radstand (2,69 m) unverändert. In der Fahrzeugbreite (1,78 m) ist der »C4« – bei gleicher Innenraumbreite – um 37 mm schlanker. Die reduzierte Fahrzeugbreite ergibt sich durch eine geringere Wölbung der äußeren Karosserieform. In der Höhe (1,43 m) hat der Audi 100 zugelegt, und zwar um exakt 10 mm, die der Kopffreiheit vorn zugute kommen.
Um die Sonneneinstrahlung und die daraus resultierende Innenraumerwärmung zu reduzieren, stehen die Seitenscheiben sehr steil. Das deutlich breitere Dach verhindert zusammen mit der am oberen Türausschnitt angebrachten Wasserfangleiste, daß beim Öffnen von Fenstern und Türen Wasser auf die Sitze tropft.

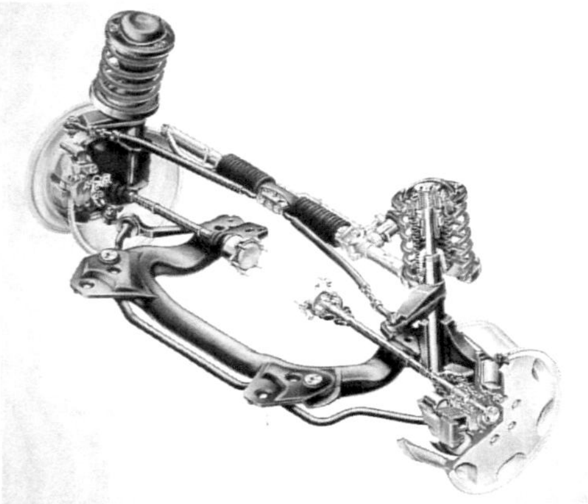

Frontantriebs- und quattro-Modelle besitzen dieselbe Vorderachse. Auf der Zeichnung gut zu erkennen sind der stabile Aggregateträger (Fahrschemel), der Stabilisator, die Querlenker und die McPherson-Federbeine.

Das Fahrwerk

Vorderachse

Tragendes Element der Vorderachse ist der über Gummilager mit der Karosserie verschraubte Aggregateträger. An ihm sind zwei Querlenker befestigt, welche die beiden McPherson-Federbeine führen. Sie sind über großvolumige Lager mit der Karosserie verschraubt und führen in Verbindung mit den Querlenkern und dem Querstabilisator beide Vorderräder.
Positiv wirken sich auch die Polyurethan-Zusatzfedern an den Federbeinen aus. Sie sorgen besonders bei großen Federbewegungen zusammen mit den weiter außen stehenden Federbeinen für ein harmonisches Abfangen des Aufbaus.

Hinterachse

Frontantriebs-Modelle: Die aus dem Vorgänger-Modell bekannte Torsionskurbel-Hinterachse besteht aus einem U-Profil und zwei Längslenkern. Um die Seitenführungskräfte abzustützen, ist der Achskörper über einen Panhardstab mit der Karosserie verbunden; die Abfederung übernehmen zwei Federbeine. Bei Audi 100 mit Fünf- und Sechszylindermotoren verbessert ein zusätzlicher Stabilisator das Kurvenverhalten.
Quattro-Modelle: Hier ist die Hinterachse völlig anders konzipiert: Die Einzelradaufhängung bietet Platz für das erforderliche Hinterachsdifferential. Die Hinterräder sind in der oberen Ebene von zwei Querlenkern und in der unteren Ebene von zwei stabilen Trapezlenkern präzise geführt und über Federbeine abgestützt.

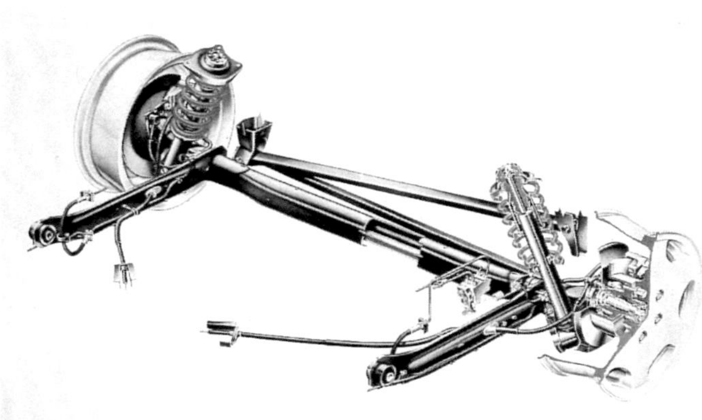

Die Hinterachse der Frontantriebs-Modelle.

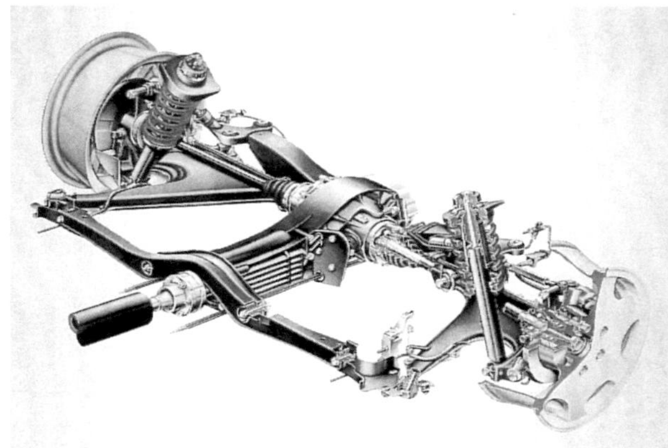

Die Hinterachse der quattro-Modelle.

Lenkung

Die servounterstützte Zahnstangenlenkung vermittelt in allen Geschwindigkeitsbereichen einen guten Kontakt zur Fahrbahn. Als Sonderausstattung ist eine geschwindigkeitsabhängige Servounterstützung lieferbar.

15-Zoll-Räder

15-Zoll-Räder erlauben die Verwendung großer, leistungsfähiger Bremsen. Die 195/65er-Bereifung zeichnet sich durch guten Abrollkomfort und sichere Kraftübertragung aus. Neben den 6 Zoll breiten Rädern gibt es als Sonderausstattung 7″-Räder; ebenso Reifen in den Dimensionen 205/60 und 215/60.

Bremsen

15″-Räder und die optimale Ausnutzung des zur Verfügung stehenden Raumes in der Felge ermöglichen eine größere Reibfläche für eine leistungsstarke Bremse. Zur Grundausstattung gehört ein 10″-Bremskraftverstärker. Seine progressive Ansprech-Charakteristik bietet unter allen Betriebsbedingungen hohen Bedienungskomfort.
Serienmäßig bei allen Modellen ist eine lastabhängige Bremskraftbegrenzung an der Hinterachse, die bei den quattro-Modellen durch einen von der Querbeschleunigung abhängigen Bremskraftregler ergänzt wird. Dadurch wird ein Überbremsen der Hinterräder sowohl bei Geradeaus- als auch bei Kurvenfahrt sicher vermieden.
Seit Januar 1993 sind auch die Audi-100-Vierzylindermodelle serienmäßig mit einem Antiblockiersystem (ABS) ausgestattet.

Unfallsicherheit

Die mit Hilfe aufwendiger Rechenprogramme optimierte Fahrzeugstruktur bietet eine hohe Steifigkeit der Fahrgastzelle durch Knoten- und Querschnittsoptimierungen sowie durch Zusatzträger im Bodenbereich. Genauso wichtig ist die Energie-Aufnahmefähigkeit der sogenannten Knautschzonen (vorn und hinten am Fahrzeug). Dies wurde unter anderem erreicht durch eine gezielte Auslegung der Rahmenstruktur, die Anordnung der Aggregate und das Faltbeulverhalten der Längsträger bei einem Unfall.
Zur systematischen Verbesserung des Insassenschutzes zählt im Audi 100 das serienmäßige Sicherheitssystem procon-ten. Wie sicher schon bekannt, bewirkt die procon-Funktion, daß im Falle einer schweren Frontalkollision das Lenkrad von einem Edelstahlseil im Bruchteil einer Sekunde aus dem Kopf-Aufschlagbereich des Fahrers weg in Richtung Armaturentafel gezogen wird. Dadurch vermindert sich das Risiko von Kopfverletzungen ganz erheblich. Mit der ten-Funktion werden durch zwei weitere Edelstahlseile die beiden vorderen Sicherheitsgurte vorgespannt. Diese liegen also stramm an und verringern die Verletzungsgefahr von Fahrer und Beifahrer.
Als Sonderausstattung wird außerdem auch der Lenkrad-Airbag angeboten, dessen Schutzwirkung durch das serienmäßige procon-ten vor allem bei hohen Aufprallgeschwindigkeiten unterstützt wird.

Weitere Sicherheitsmaßnahmen am Audi 100:

○ Ein in allen vier Türen integrierter zusätzlicher Flankenschutz erhöht deren Steifigkeit. Die hochfesten Strangpreßprofile vergrößern die Schutzwirkung für die Insassen erheblich.

○ Dazu tragen auch die Mittelpfosten mit kräftigem Querschnitt und formschlüssiger Verwurzelung mit Schweller und Dach bei. Die Türen sind überlappend mit den umgebenden Pfosten angeordnet und werden im Falle eines Seitenstoßes formschlüssig an der Karosserie abgestützt.

○ Die vorderen Einzelsitze – aus einer stabilen Rohr-Rahmenkonstruktion – haben neben einer hohen Stabilität zur Abstützung von Kräften eine rampenartige Ausbildung der Sitzrahmen-Vorderkante. Diese Rampe wirkt beim Frontalaufprall dem Untergleiten der Insassen (»Submarining«-Effekt) unter den Beckengurt entgegen.

○ Die mit der Karosserie verklebten Scheiben in Front und Heck erhöhen die Dachsteifigkeit. Im Falle eines Fahrzeugaufpralls verbleiben die Scheiben im Karosserierahmen und verbessern dadurch die innere und äußere Sicherheit.

○ Durch großflächige Kraftübertragung und Nachgiebigkeit der Anstoßstellen im Fahrzeuginnenraum wird die Verletzungsgefahr der Insassen wesentlich gemindert. Dies gilt insbesondere beim Kontakt mit Armaturentafel, Dachauskleidung, Sonnenblenden, Lenkanlage, Seitenverkleidungen und Kopfstützen. Der Innenspiegel löst sich beim Aufprall aus seiner Verankerung.

○ Der bis zu 80 Liter fassende Kraftstofftank ist im Bereich der Hinterachse angeordnet. Damit wird eine hohe Aufprallsicherheit erzielt.

○ Eine leichtgängige Höheneinstellung der vorderen Sicherheitsgurte in fünf Stufen ermöglicht die individuelle Anpassung des Gurtverlaufes am Oberkörper.

○ Die vorderen Sicherheitsgurte sind mit mechanischen Gurtstrammern (ten-System) ausgestattet.

○ Die hinteren Gurte lassen sich über drei unterschiedliche Raststellungen horizontal im Austrittswinkel verstellen. Bei korrekter Einstellung verhindert die einstellbare Gurtanlenkung bei großen Insassen, daß der Gurt von der Schulter rutscht und bei kleineren Personen, daß der Gurt zu nah am Hals anliegt.

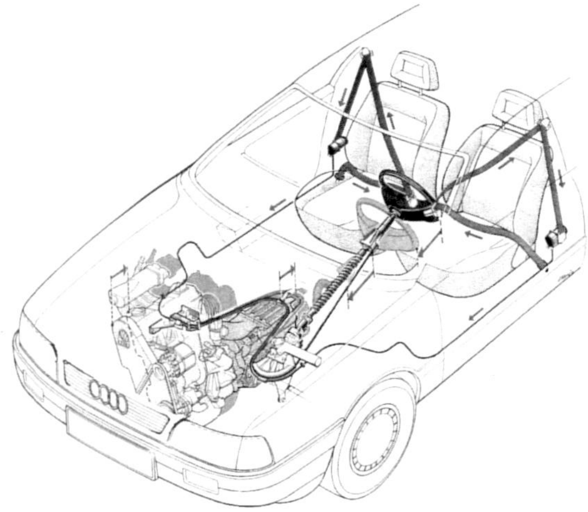

Die Funktion des Sicherheitssystems procon-ten ist durch die Pfeile dargestellt. Die Lage von Lenksäule und Lenkrad nach einem Frontalaufprall ist zusätzlich rot eingezeichnet.

Umweltschutz beim Autobau

Audi produziert seine Automobile unter Einsatz umweltschonender Materialien:

○ Alle Audi-Modelle sind frei von Asbest

○ Alle verwendeten Lacke und Kunststoffe sind kadmiumfrei

○ Alle Schaumstoffe in Sitzkissen, Armaturentafel und Verkleidungen sind frei von FCKW (Fluor-Chlor-Kohlenwasserstoffe)

Eigendiagnose

Die elektronischen Systeme für Motor-, Zündungs- und Automatikgetriebesteuerung sind mit einer Eigendiagnose ausgestattet. Sollte ein Fehler auftreten, wird er abgespeichert. Mit einem universell einsetzbaren Fehlerauslesegerät, anzuschließen an den zentralen Diagnosestecker im Audi 100, ist eine schnelle und effektive Fehlersuche in einer Audi-Werkstatt möglich.

Auf allen Vieren

Wenn es einer Firma zuzuschreiben ist, den Allradantrieb in Serien-Personenwagen salonfähig gemacht zu haben, so ist das ohne Frage Audi.

Die Idee

Der im Bundeswehr-Auftrag von Audi für VW entwickelte Geländewagen »VW Iltis« dürfte wohl die Keimzelle der quattro-Idee gewesen sein. Die Legende erzählt es so:
Auf einer Winter-Erprobungsfahrt in Nord-Schweden fuhr eben ein solcher schwach motorisierter Iltis den erheblich stärkeren und schnelleren vorderradgetriebenen Audis auf und davon. Da löste der damalige Leiter des Fahrwerks-Versuchs die Initialzündung aus, indem er sich einen »Allradler mit ordentlich Leistung« als Alltagsfahrzeug wünschte. Und nachdem bekanntlich nichts so stark ist wie die Idee, deren Zeit gekommen ist (und diese schien es zu sein), wurde so lange entwickelt, bis letztlich der legendäre Audi quattro präsentiert werden konnte.

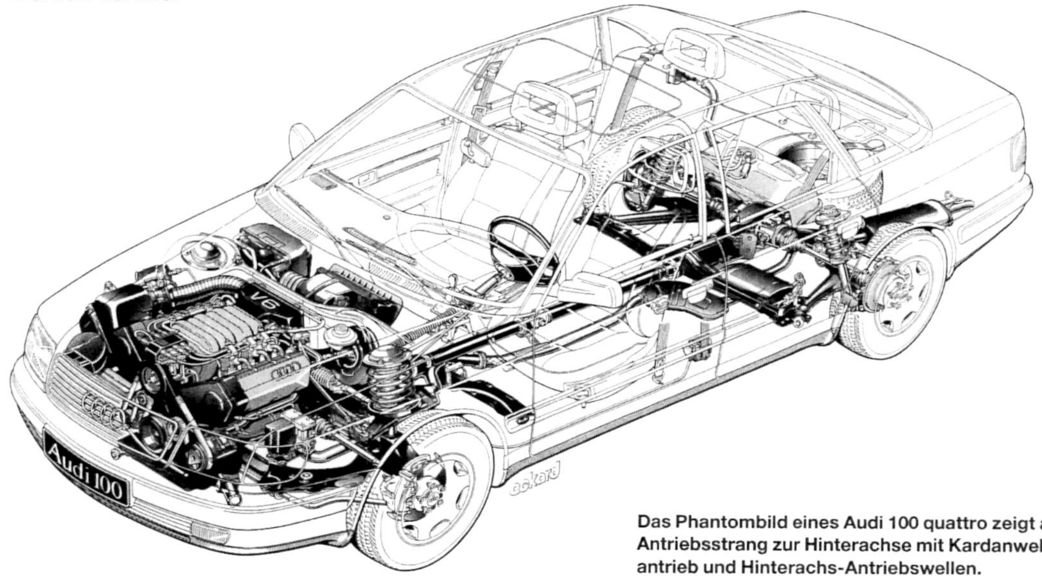

Das Phantombild eines Audi 100 quattro zeigt anschaulich den Antriebsstrang zur Hinterachse mit Kardanwelle, Hinterachsantrieb und Hinterachs-Antriebswellen.

Allradkonzepte

Zuschaltbarer Allradantrieb

Bis dato waren Allradfahrzeuge fast untrennbar mit dem Begriff Geländewagen verbunden. Das in dieser Fahrzeuggattung verwendete Allradkonzept war denkbar einfach:
Dem Standardantrieb (Motor vorn, Antrieb hinten) wurde einfach »eins draufgesetzt«, indem über einen Getriebe-Abzweig und eine zusätzliche Kardanwelle eben ein zweiter Antriebstrang zur Vorderachse gelegt wurde.
Gefahren wurde normalerweise mit Standardantrieb und nur, wenn die Wegverhältnisse es erforderten, wurde der vordere Antriebsstrang zugeschaltet. Diese Bauweise mit **zuschaltbarem Allradantrieb** ist auch heute noch bei Geländewagen üblich.
Nachteil: Zum Fahren auf festem Untergrund muß der Allradantrieb abgeschaltet werden. Denn in Kurven legen die Vorderräder einen weiteren Weg zurück als die Hinterräder. Die unterschiedlichen Raddrehzahlen führen zu einem Verspannen der Antriebsstränge. Effekt: Das Fahrzeug läßt sich schwer lenken, in Kurven radiert zur Entspannung des Antriebs das Rad mit dem geringsten Schlupf intervallmäßig – der Wagen »hoppelt«.

Permanenter Allradantrieb

Hat man sich also den **permanenten Allradantrieb**, der ständig vierrädrig treibt, in den Kopf gesetzt, muß ein Ausgleich her, der ein Verspannen der beiden Achsantriebe gegeneinander verhindert. Dieses Problem löst ein ein sogenanntes **Mittendifferential**.
Differentiale kennen wir seit jeher im Automobilbau. Sie teilen die Kräfte zwischen rechtem und linkem

Antriebsrad auf. Auch da ist ein Ausgleich nötig, denn – wie man weiß – legt in Kurven immer das kurvenäußere Rad einen längeren Weg zurück als das kurveninnere. Diesen Ausgleich schafft das Achsdifferential. Es ermöglicht den Antrieb der Achse bei gleichzeitiger Möglichkeit, die beiden Antriebsräder frei gegeneinander zu drehen.

Das Torsen-Differential basiert auf dem Prinzip des Schneckentriebs. Ein Schneckentrieb kann so ausgelegt werden, daß er einen hohen oder niedrigen Sperrwert besitzt. Es bedeuten: 1 – Schnecke; 2 – Schneckenrad.

Wer sich im Winter festgefahren hat, kennt die Tücke des Objekts: das auf Eis stehende Rad dreht durch, das gegenüberliegende Rad auf griffigem Untergrund überträgt keine Kraft und steht. Eines wird klar: Ein solches Differential taugt letztlich nicht zum Mittendifferential, denn gewollt ist der gegenteilige Fall. Die Kraft soll dahin, wo die Räder sie auch auf den Boden bringen. Nämlich dahin, wo der griffige Fahrbahnbelag ist. Und da man das nie im voraus weiß, muß die Verteilung automatisch erfolgen – und zwar ohne Verzögerung!
Nach verschiedenen Entwicklungsschritten über ein manuell sperrbares Mittendifferential ist heute in den quattro-Audis ein sogenanntes Torsen-Verteiler-Differential eingebaut.

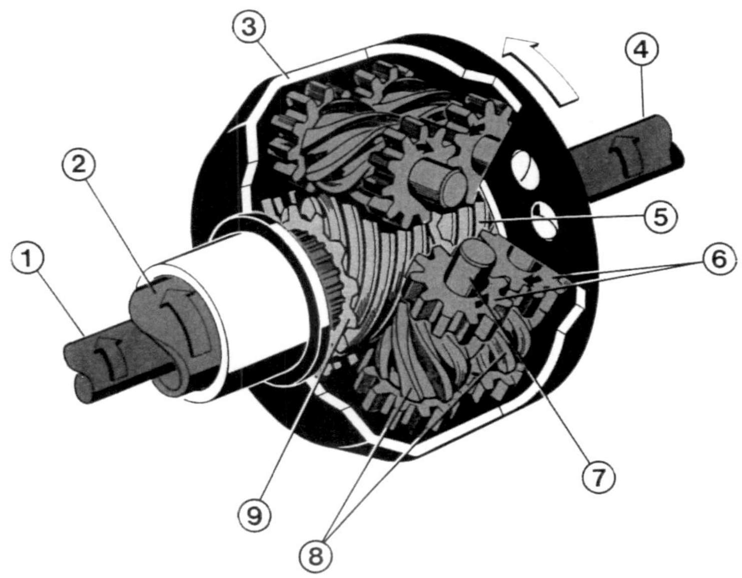

Hier ist das Torsen-Verteilerdifferential als Schnittmodell dargestellt. Es bedeuten:
1 – Triebling (Antrieb zur Vorderachse);
2 – Hohlwelle (Antrieb vom Getriebe);
3 – Differentialgehäuse;
4 – Flansch/Kardanwelle (für Antrieb der Hinterachse);
5 – Schnecke für Hinterachsantrieb;
6 – Stirnräder;
7 – Achse der Schneckenräder;
8 – Schneckenräder;
9 – Schnecke für Vorderachsantrieb.

Das Torsen-Verteiler-Differential

Wie schon gesagt, dient das Verteiler- (oder Mitten-)Differential dem Ausgleich zwischen vorderem und hinterem Antriebsstrang. (Davon unabhängig arbeiten die Achsdifferentiale vorn und hinten.)
Angebracht ist es – von außen nicht als einzelnes Bauteil erkennbar – hinten am Schaltgetriebe. Der Techniker sagt: es ist integriert.

Der Name Torsen stammt übrigens von der Getriebe-Firma Gleason, bei der dieses Differential ersonnen wurde. Abgeleitet ist der Name aus den englischen Vokabeln **Tor**que **Sen**sing, was soviel heißt wie »Drehmoment fühlend«. Damit ist der Begriff auch schon eine Funktionsbeschreibung. Denn:
○ Der Achse mit der besseren Bodenhaftung teilt dieses Differential die größere Antriebskraft zu.
○ Das geschieht – auslegungsbedingt – soweit, daß eine Achse bis zu 3,5 Mal mehr Kraft übertragen kann als die andere.
○ Doch bei gleichmäßig guter Untergrundbeschaffenheit erfolgt eine gleichwertige Antriebslastverteilung auf Vorder- und Hinterachse – also keine auslegungsbedingte Bevorzugung einer Achse.

Funktionsprinzip

Das Torsen-Differential basiert auf dem Prinzip des Schneckenantriebs und nutzt dessen grundlegende Prinzipien:
○ Ein Schneckentrieb kann so ausgelegt werden, daß er einen hohen oder niedrigen Sperrwert besitzt. (Der Sperrwert die hier das Mehrfache an Kraft, mit dem das Getriebe durchgedreht werden muß.)
○ Die Größe des Sperrwerts hängt ab vom Steigungswinkel der Schnecke – also ob die Schnecke viele flache oder wenige steile Windungen besitzt.
○ Ein Beispiel für eine flache Schnecke mit hohem Sperrwert ist ein Wagenheber, bei dem die Kurbel – auf die Schnecke wirkend – zwar den Wagen anhebt, der Wagen durch sein Gewicht aber niemals die Kurbel in Bewegung setzen kann.

Anordnung

Durch sinnreiche Anordnung von insgesamt 8 Schneckenrädern und 12 Zahnrädern wird in Verbindung mit Differentialgehäuse, Hohlwelle, Abtriebswelle vorn und Abtriebswelle hinten die im vorletzten Abschnitt angesprochene Funktion bestens erreicht.

Fahrdynamik bei trockener Straße

Daß bei schlechter Bodenhaftung das Torsen-Differential richtig und sinnreich agiert, steht nun nicht mehr in Frage. Darum hier noch die Erklärung, was sich auf trockener Straße im Antriebsstrang des quattro-Audi tut: Wie schon erwähnt, legen die Vorderräder bei Kurvenfahrt einen längeren Weg zurück als die Hinterräder, denn die Hinterräder beschreiben einen engeren Radius. Damit teilt das Torsen-Differential der Hinterachse (wegen deren geringerer Drehzahl) die größere Antriebskraft zu, was die gewollte Tendenz zum Hineinlenken in die Kurve unterstützt. Treibt man's zu toll und dreht dabei eines der Hinterräder durch, wird vom Differential sofort mehr Antriebskraft zu den (in diesem Moment) langsameren Vorderrädern geleitet. Die schnelle Reaktion des Systems bewirkt, daß jetzt die Vorderräder stärker ziehen, was den Wagen stabilisiert. Effekt: Das Fahrverhalten im Kurven-Grenzbereich wird deutlich verbessert.

Betriebshinweise für quattro-Fahrzeuge

Allgemein

○ Ist die Vorderachse oder ein Vorderrad angehoben, erfolgt kein Antrieb.
○ Ist die Hinterachse angehoben, erfolgt kein Antrieb.
○ Ist eines der Hinterräder angehoben, erfolgt kein Antrieb, sofern das Hinterachsdifferential nicht gesperrt ist.
○ Ist die Kardanwelle vom Getriebe abgebaut, erfolgt kein Antrieb.

Bremsenprüfstand

○ Die Bremsenprüfung kann auf einem normalen, langsam laufenden Bremsenprüfstand (max. 6 km/h) achsweise erfolgen.
○ Dabei muß der Antrieb vom Prüfstand erfolgen.
○ Es darf weder ein Gang noch die Differentialsperre eingelegt sein.

Leistungsprüfstand

○ Eine Leistungsprüfung auf einem herkömmlichen 2-Rad-Rollen-Leistungsprüfstand ist nicht möglich.
○ Es muß ein 4-Rad-Leistungsprüfstand verwendet werden.

Räder

○ Es müssen alle vier Räder den gleichen Abrollumfang (idealerweise die gleiche Profiltiefe) haben.
○ Auswuchten der Räder am Wagen (dynamisches Auswuchten) ist nur möglich, wenn **alle vier Räder** angehoben sind. Der Antrieb muß vom **Fahrzeugmotor** aus erfolgen (nicht von der Wuchtmaschine). Wichtig: **Handbremse lösen**.

Winterbereifung

○ Winterreifen empfehlen sich auch bei quattro-Fahrzeugen – weniger wegen des Fahrverhaltens sondern vielmehr wegen des Bremsverhaltens.
○ Schneeketten müssen – wo vorgeschrieben – auch beim quattro aufgelegt werden, und zwar an der Vorderachse. Auch hier ist das bessere Bremsverhalten das Argument.

Die Bilder zeigen Teile der Differentialsperre für die Hinterachse. Es bedeuten:
1 – Unterdrucksteller zum Einrükken der Differentialsperre;
2 – Kontrollschalter für eingelegte Differentialsperre.

Abschleppen

○ Rollen beim Abschleppen alle vier Räder des Audi auf dem Boden, sind keine besonderen Hinweise zu beachten.
○ Ist eine der Achsen (nach einem Unfall) nicht mehr rollfähig, sollte der Wagen auf einen Tieflader-Abschleppwagen verladen werden.
○ Sollte ein solcher Abschleppwagen nicht zur Verfügung stehen, kann der Audi auch mit einer angehobenen Achse geschleppt werden. Bedingung: **Nicht weiter als 50 km und nicht schneller als 50 km/h.** Die Differentialsperre darf nicht eingelegt sein (sowieso unwahrscheinlich). Bei Überschreiten des Limits drohen Getriebeschäden wegen Schmierungsmangel.

Differentialsperre der Hinterachse

Das Hinterachsdifferential ist bei den quattro-Fahrzeugen mit einer geschwindigkeitsabhängigen Differentialsperre ausgestattet. Die Sperre läßt beide Hinterräder mit gleicher Drehzahl laufen, verhindert also das Durchdrehen eines einzelnen Rades. Gedacht ist das Ganze als Anfahrhilfe, wenn man in Schnee, Matsch oder Schlamm steckengeblieben ist, weshalb sich die Sperre automatisch bei Geschwindigkeiten über 25 km/h ausschaltet. Eingeschaltet wird die Differentialsperre bei stehendem Fahrzeug am Schalter an der Mittelkonsole. Ausführendes Organ ist jedoch das Steuergerät unter dem Rücksitz, das die Unterdruckleitung zur Sperre freigibt bzw. sie bei höheren Geschwindigkeiten als 25 km/h verschließt. Der Unterdruck stammt aus dem Saugrohr des Motors.

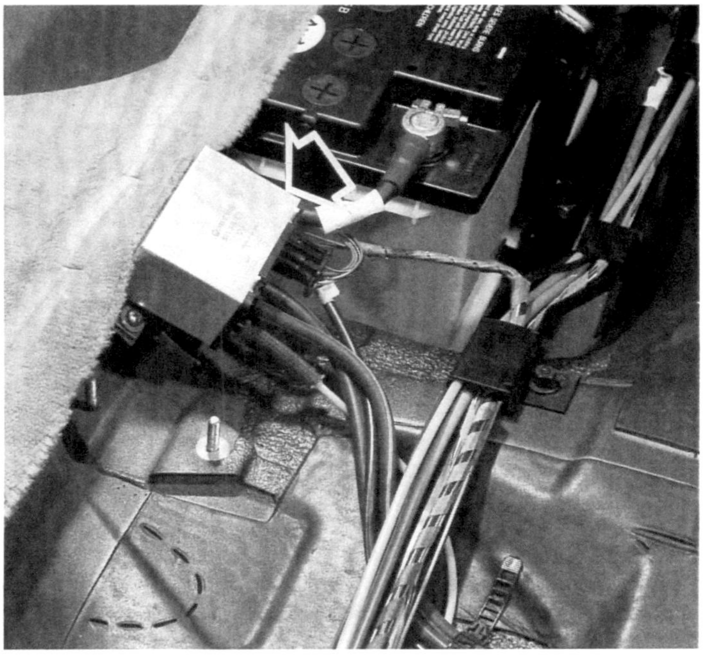

Auch unter der Rücksitzbank befinden sich Bauteile des Allradantriebs. Der Pfeil zeigt auf das Steuergerät für Differentialsperre.

Vierzylinder 74 kW

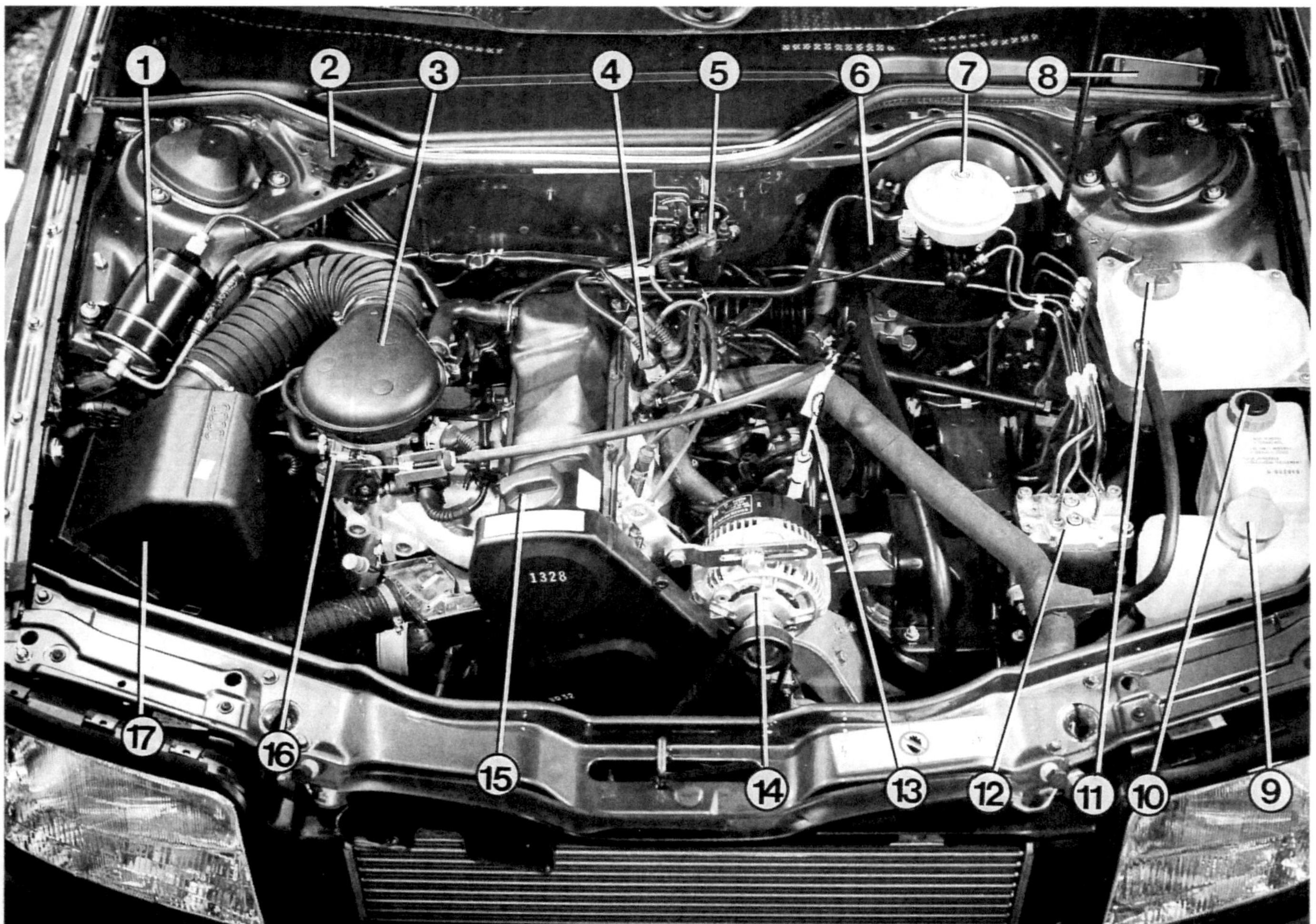

Ein Blick in den Motorraum eines Audi 100 mit 74-kW-Motor und Mono-Motronic-Gemischaufbereitung. Es bedeuten: 1 – Kraftstoffilter; 2 – Pluspolabgriff für Starthilfe; 3 – Luftansauggehäuse für Mono-Motronic; 4 – Kühlmittel-Temperaturgeber; 5 – Zündspule mit Endstufe; 6 – Bremskraftverstärker; 7 – Bremsflüssigkeitsbehälter; 8 – Zusatzrelaisträger I; 9 – Scheibenwaschwasserbehälter; 10 – Hydrauliköl-Vorratsbehälter der Servolenkung; 11 – Kühlmittel-Ausgleichsbehälter; 12 – Hydraulikeinheit des Antiblockiersystems; 13 – Ölpeilstab; 14 – Lichtmaschine; 15 – Öleinfüllstutzen (Motoröl); 16 – Einspritzeinheit der Mono-Motronic; 17 – Luftfiltergehäuse.

Vierzylinder 85 kW

Im Motorraum eines 85-kW-Vierzylinders mit KE-Motronic-Gemischaufbereitung (bis Baujahr 6/92) sehen Sie die folgenden Teile: 1 – Kraftstoffilter; 2 – Kaltstartventil; 3 – Ansaugkrümmer; 4 – Ventil für Leerlaufstabilisierung; 5 – Zündspule mit Endstufe; 6 – Bremsflüssigkeitsbehälter; 7 – Zusatzrelaisträger I; 8 – Scheibenwaschwasserbehälter; 9 – Hydrauliköl-Vorratsbehälter der Servolenkung; 10 – Kühlmittel-Ausgleichsbehälter; 11 – Ölpeilstab; 12 – Lichtmaschine; 13 – Geber für Kühlmitteltemperatur; 14 – Öleinfüllstutzen (Motoröl); 15 – Gemischregler; 16 – Luftfiltergehäuse.

Fünfzylinder 98 kW

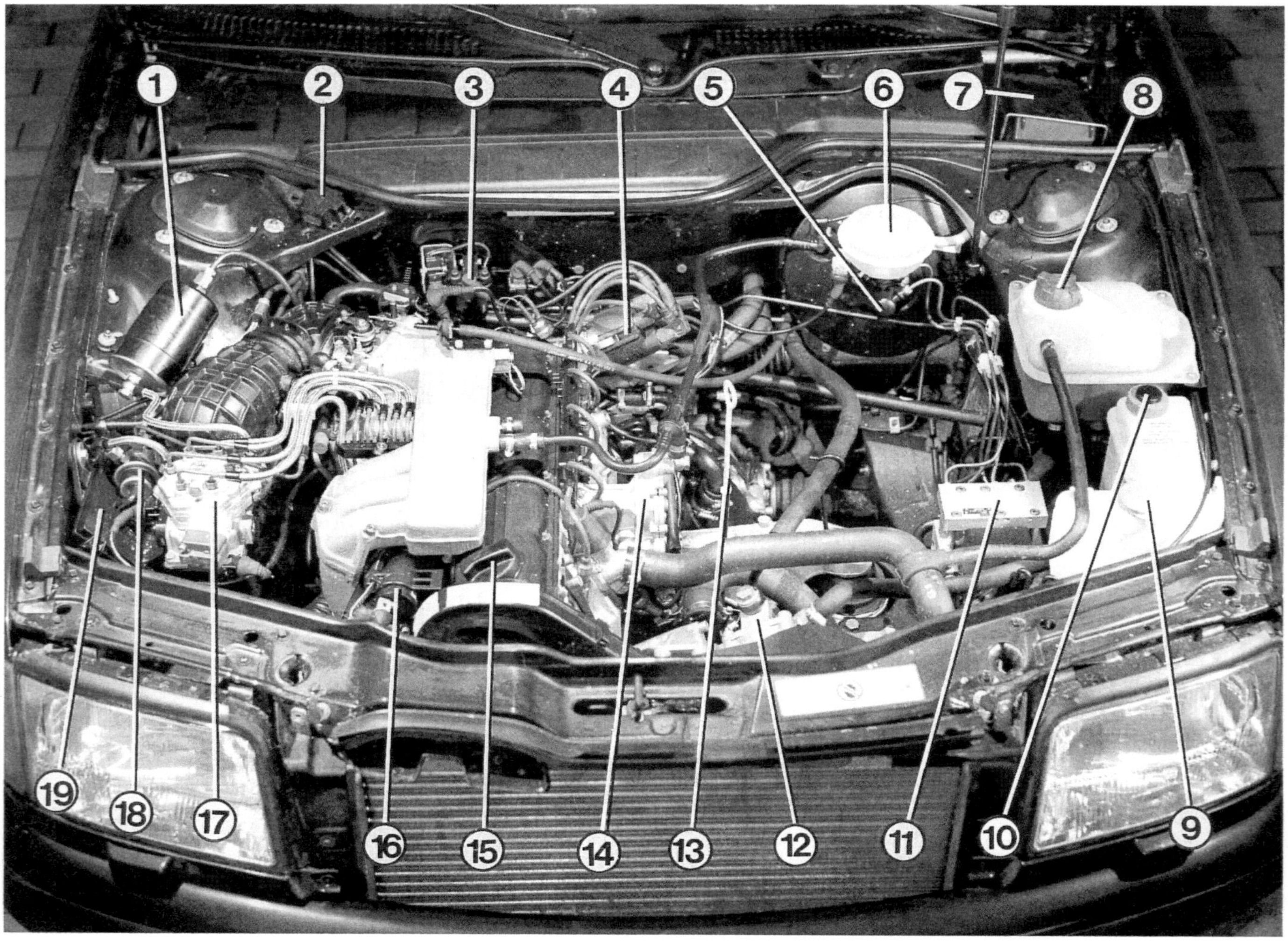

Dem klassischen Fünfzylinder mit 98 kW und KE-III-Jetronic unter die Haube geblickt. Es bedeuten: 1 – Kraftstoffilter; 2 – Pluspolabgriff für Starthilfe; 3 – Zündspule mit Endstufe; 4 – Verteiler; 5 – Hauptbremszylinder; 6 – Bremsflüssigkeitsbehälter; 7 – Zusatzrelaisträger I; 8 – Kühlmittel-Ausgleichsbehälter; 9 – Scheibenwaschwasserbehälter; 10 – Hydrauliköl-Vorratsbehälter der Servolenkung; 11 – Hydraulikeinheit des Antiblokkiersystems; 12 – Pumpe der Servolenkung; 13 – Ölpeilstab; 14 – Unterdruckpumpe für Bremskraftverstärker; 15 – Öleinfüllstutzen (Motoröl); 16 – Ventil für Leerlaufstabilisierung; 17 – Gemischregler; 18 – Druckregler der Einspritzung; 19 – Luftfiltergehäuse.

Sechszylinder 110 kW

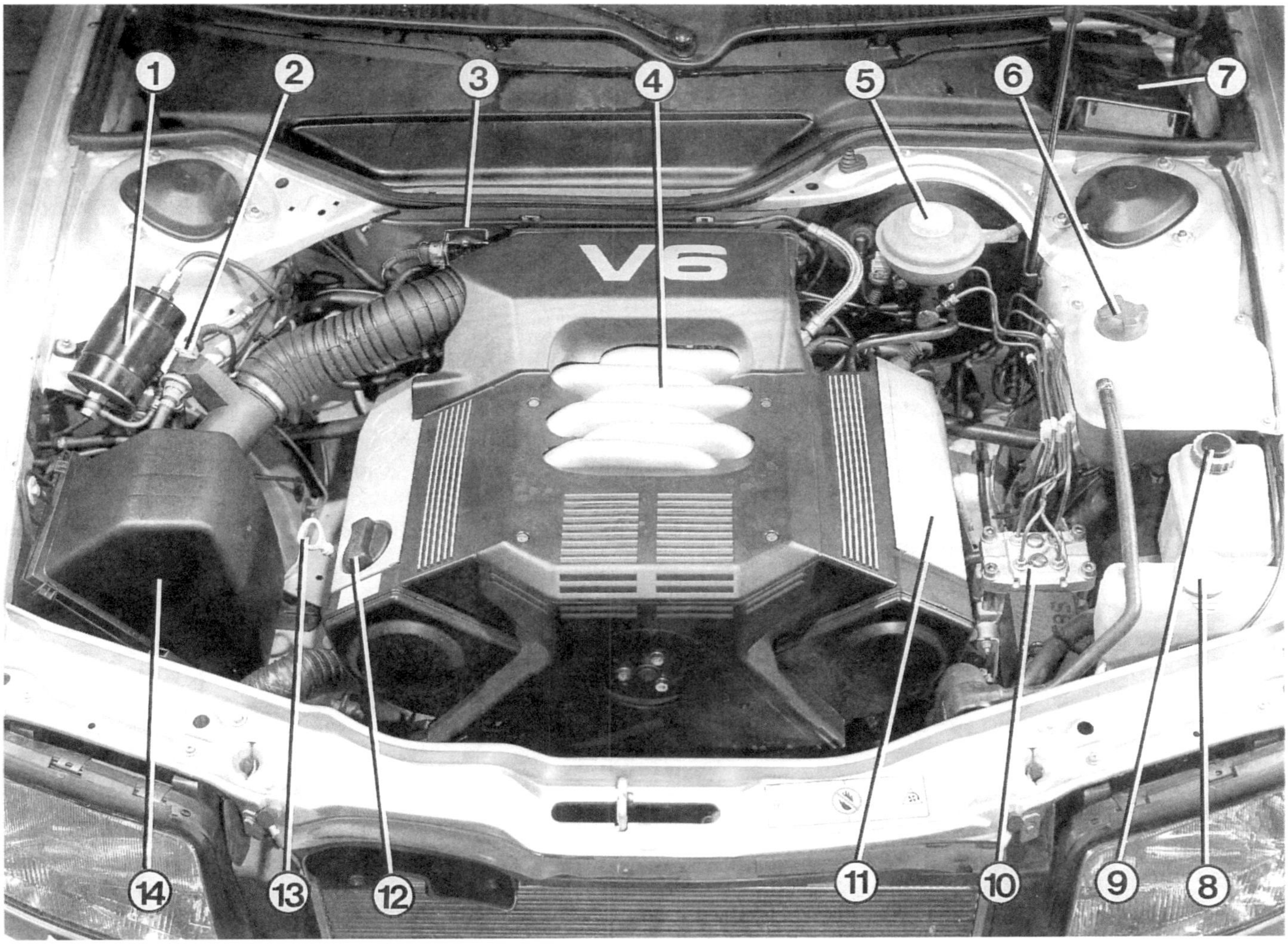

Hier ist der Audi 100 mit V6-Motor mit 110 kW gezeigt; der Sechszylinder mit 128 kW ist nahezu identisch. Sie sehen: 1 – Kraftstoffilter; 2 – Magnetventil für Aktivkohlebehälter (Tankentlüftung); 3 – Leistungsendstufe der Zündanlage; 4 – Ansaugrohr; 5 – Bremsflüssigkeitsbehälter; 6 – Kühlmittel-Ausgleichsbehälter; 7 – Zusatzrelaisträger I; 8 – Scheibenwaschwasserbehälter; 9 – Hydrauliköl-Vorratsbehälter der Servolenkung; 10 – Hydraulikeinheit des Antiblockiersystems; 11 – Zylinderkopf links; 12 – Öleinfüllstutzen (Motoröl); 13 – Ölpeilstab; 14 – Luftfiltergehäuse.

Planmäßiges Vorgehen

Zuverlässigkeit und Fahrsicherheit erfordern Pflege und Wartung. Andernfalls darf man sich über Ausfälle nicht wundern. Wo und wann nach dem Rechten gesehen werden soll, hat Audi in detaillierten Wartungsanweisungen zusammengestellt.

Das Wartungssystem

Für unseren Audi 100 gelten die folgenden Wartungsanweisungen:
○ **Inspektions-Service** mit Abgas-Sonderuntersuchung einmal im Jahr
○ **Inspektions-Service mit Zusatzarbeiten** alle 30 000 km und 60 000 km
○ **Ölwechsel-Service**, wenn im Jahr mehr als 15 000 km zurückgelegt werden und damit das Jahresintervall nicht mehr »paßt«
Für Vielfahrer (über 15 000 km im Jahr), welche die Wartung in der Werkstatt durchführen lassen, ergeben sich möglicherweise ungünstige Überschneidungen. Bei 20 000 Jahreskilometern muß der Ölwechsel schon vor der Inspektion durchgeführt werden. Das ist aber kein Problem, wenn Sie mit der Werkstatt einen Express-Service-Termin vereinbaren und den Wagen gleich wieder mitnehmen können. Wer 25 000 km fährt, sollte nach Jahresfrist die 30 000er-Inspektion vorziehen. Anderes gilt für den Selbsthelfer, der flexibel entscheiden kann, was er wann ausführen will.
○ **Alle zwei Jahre** wird der Audi-Fahrer zum **Bremsflüssigkeitswechsel** gebeten.

Wartungsplan für den Selbsthelfer

Auf den Empfehlungen von Audi basiert auch der Wartungsplan dieses Buches, wobei wir die Reihenfolge speziell für den Heimwerker zusammengestellt haben. Ganz zu Anfang finden Sie »Ständige Kontrollen«, die sich in kein Kilometerintervall pressen lassen.
Damit Sie zu unserem **Wartungsplan** während der Arbeit nicht ständig zurückblättern müssen, haben wir ihn **hinten in der inneren Umschlagseite** abgedruckt. So haben Sie ihn ständig vor Augen und können die Arbeiten Punkt für Punkt erledigen.

Wer soll was machen?

Fast alle Wartungsarbeiten am Audi 100 können Sie selbst ausführen. Die »Selbsthelfer-Ampel« weist Ihnen dabei den richtigen Weg:
Grün: Freie Fahrt für den Selbsthelfer. Diese Arbeit können Sie mit den Kenntnissen aus diesem Buch fachgerecht durchführen und Geld sparen.
Gelb: Die Arbeit ist zwar nicht schwierig, doch es fehlen meist die nötigen Einrichtungen. In diesem Fall sind Sie an der Tankstelle am besten aufgehoben.
Rot: Halt, hier lassen Sie am besten die Werkstatt ran. Spezielle Werkzeuge oder Meßgeräte sind erforderlich. Der Aufwand an Eigenarbeit lohnt sich nicht, weil die Werkstatt wesentlich schneller arbeitet oder weitergehende Kenntnisse erforderlich sind.

Einschränkungen innerhalb der Garantiezeit

Solange Ihr Audi 100 jünger als ein Jahr ist oder wenn ein Austauschmotor eingebaut wurde, verlangt das Werk, daß die Wartungsarbeiten termingerecht in einer Audi-Werkstatt erledigt werden. Andernfalls können auch berechtigte Garantieansprüche abgelehnt werden. Und wer die »Mobilitätsgarantie« beanspruchen will, muß mindestens einmal im Jahr zum Service in die Werkstatt.

Diagnose in der Audi-Werkstatt

Oft ist die Fehlersuche der teuerste Posten der Werkstattarbeit – speziell dann, wenn es sich um Effekte handelt, die nur hin und wieder auftreten. Was läge da näher, als die Nervenstränge eines Automobils anzuzapfen, um auf diesem Weg sofort über die Probleme in seinem Innersten Kenntnis zu erhalten?

Das Prinzip

Zahlreiche Steuergeräte im Audi 100 sind diagnosefähig. Das Steuergerät für Einspritzung, Zündung (Fünfzylinder), Antiblockiersystem, EDS, Airbag oder Klimaautomatik seien hier genannt. Diagnosefähig ist ein solches Steuergerät, wenn es über einen Fehlerspeicher verfügt, in dem Fehlfunktionen im Fahrbetrieb festgehalten werden. Über einen Diagnose-Stecker im Gehäuse der Zentralelektrik kann das Steuergerät mit dem Auslesegerät der Werkstatt in Verbindung treten.

Die Handhabung

Richtig angewandt funktioniert die Sache dann so: Der Autofahrer kommt mit seinem Audi in die Vertragswerkstatt, und noch vor Beginn jeglicher Arbeiten am Wagen wird dieser an das Fehlerauslesegerät angeschlossen. Dieses druckt als erste Maßnahme ein komplettes Fehlerprotokoll aus, auf dem alle diagnosefähigen Steuergeräte den Inhalt ihrer Fehlerspeicher zeigen. Der Tester führt dabei den Monteur mittels entsprechender Display-Anzeige durch sein Programm. Zum Schluß liegt zweifelsfrei fest, wo repariert werden muß.

Stellglied-Diagnose

Entscheidend für eine zügige Reparatur ist auch eine Funktion des Fehlerauslesegeräts, die Audi Stellglied-Diagnose nennt. Gemeint ist damit folgendes: Elektrische Funktionen – wie etwa das Betätigen des Kraftstoffpumpenrelais, des Magnetventils für Aktivkohlebehälter oder des Leerlauf-Stabilisierungsventils – lassen sich vom Fehlerauslesegerät aus in Betrieb setzen.
So kann grundsätzlich geklärt werden, ob die Zuleitung defekt ist und ob das Gerät selbst nicht funktioniert (die Funktion ist ohne Motorgeräusch meist hörbar). Eine ganz wesentliche Erleichterung bei der Fehlersuche.

Fehlerspeicher abfragen

Wartung Nr. 3

Im Inspektions-Service und in den Arbeitsumfängen der Inspektionen ist das Auslesen der Fehlerspeicher mit enthalten. Die Werkstatt hat damit sogar ohne Kundengespräch einen Überblick über etwaige Fehler an den Elektronikbauteilen des Fahrzeugs.
Wer die Wartung komplett selbst in die Hand nimmt, kann auf diesen Arbeitspunkt verzichten, zumal er ja den Wagen im Alltagsbetrieb ständig beobachtet – Fehlfunktionen wären also aufgefallen.

Diagnose als Hilfe bei der Selbsthilfe

Die Zeiten als man – wie am VW Käfer – alles am Auto selbst reparieren konnte, sind endgültig vorbei. Doch das heißt längst nicht, daß Selbsthilfe am eigenen Wagen passé wäre. Ganz im Gegenteil. Wir müssen nur die Vorgehensweisen etwas verändern und uns die moderne Technik zunutze machen.
So läßt sich beispielsweise die Fehlerspeicherabfrage in der Werkstatt durchaus sinnvoll in unser Selbsthelfer-Programm einbauen. Das folgende Beispiel soll das veranschaulichen.

Selbsthelfer-Beispiel

- Ein 85-kW-Digifant-Motor bringt unter Vollast zu wenig Leistung. Tückischerweise macht er das nicht immer, sondern nur eben ab und zu (sporadischer Fehler).
- Als engagierte Selbsthelfer haben wir die Punkte im »Störungsbeistand Digifant-Einspritzung« hier im Buch bereits nachgeprüft.
- Normalerweise hätten wir den Fehler auch schon gefunden, aber die Tatsache, daß er nur zeitweise auftritt erschwert die Sache.
- Hier ist der Fehlerspeicher eindeutig von Vorteil, weil er auch sporadisch auftretende Fehler speichert.
- Ergebnis beim Auslesen des Fehlerspeichers: Drosselklappenschalter defekt (Wackelkontakt).

Unten: Der Fehlerspeicher der verschiedenen Steuergeräte wird mit diesem Fehlerauslesegerät abgefragt. Mit geringem Prüf- und Meßgeräteaufwand ist eine schnelle Beurteilung und Diagnose des entsprechenden Steuergerätes und seiner Informationsgeber möglich. Außerdem werden die Fehlerspeicher mit diesem Gerät gelöscht.
Rechts: Im Zusatzrelaisträger I befinden sich Steckeranschlüsse (Pfeile), an denen das Fehlerauslesegerät V.A.G 1551 angeschlossen werden kann.

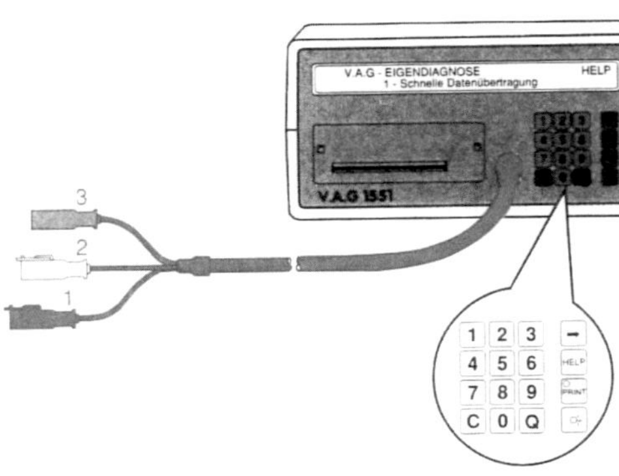

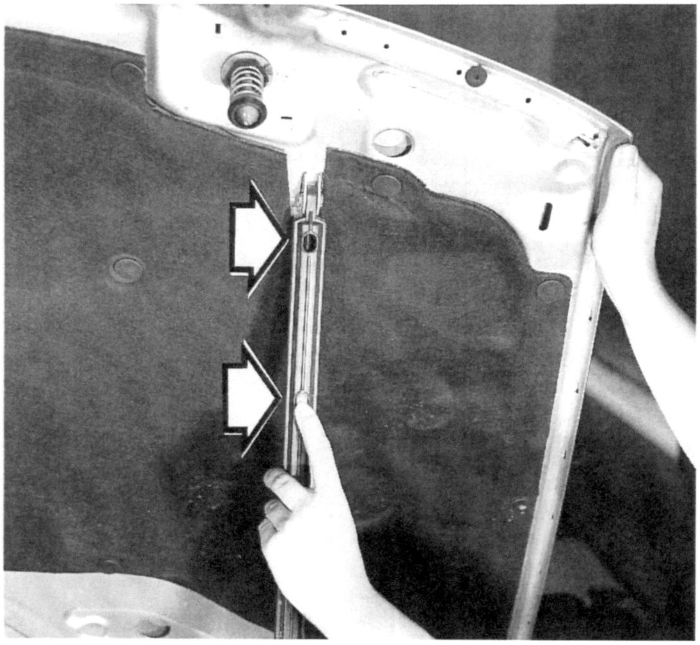

Nach Drücken des roten Knopfes am Haubenaufsteller der Motorhaube kann diese in eine höhere »Werkstattstellung« hochgefahren werden. Die Pfeile im Bild zeigen die beiden Raststellungen für den roten Knopf.

Links im Kofferraum unter der Kofferraummatte befindet sich bei der Limousine der sogenannte Fahrzeugdatenträger, auf dem alle wesentlichen Fahrzeugdaten aufgedruckt sind.

Wartungserleichterungen

Motorhaube

Die Motorhaube des Audi 100 kann zu einem steileren Öffnungswinkel hochgefahren werden, sodaß mehr Platz und »Kopffreiheit« unter der Motorhaube herrscht. Dazu bei geöffneter Motorhaube roten Knopf im Haubenaufsteller niederdrücken und Haube bis zum Anschlag nach oben heben.
Vor dem Schließen muß die Motorhaube wieder in die Normalstellung zurückgefahren werden.

Fahrzeugdatenträger

Unter der Kofferraummatte befindet sich ein weißer Aufkleber, auf dem alle Daten aufgedruckt sind, die z. B. beim Ersatzteilkauf wichtig sind, als da wären:

- Typschlüssel
- Fahrzeug-Identnummmer
- Motorkennbuchstaben
- Getriebekennbuchstaben
- Lackierungs-Code
- Innenausstattungs-Code
- M-Codes der Zusatzausstattungen (u. a. auch Fahrwerksausführung)

Eine Kopie dieses Aufklebers befindet sich auch im Service-Handbuch in der Tasche der Fahrzeugunterlagen (Betriebsanleitung etc.).

Fahrzeug-Identnummer

Die Fahrzeug-Identnummer (früher: Fahrgestell-Nummer) ist für die Zulassungsbehörde und Versicherung von Interesse. Darüber hinaus wird sie z. B. für die Ersatzteilbeschaffung benötigt. Damit Sie wissen, was sich hinter den Buchstaben und Zahlen verbirgt, wollen wir sie hier kurz aufschlüsseln. Die Zahlen/Buchstaben-Kombination bedeutet:

WAU	ZZZ	4A	Z	P	N	151834
①	②	③	②	④	⑤	⑥

① = Welt-Herstellerzeichen: WAU = AUDI AG
② = Füllzeichen
③ = Zweistellige Typkurzbezeichnung: 4A = Audi 100
④ = Modelljahr (gewöhnlich vom 1. 8. bis 31. 7. des darauffolgenden Jahres): M = 1991, N = 1992, P = 1993 usw.
⑤ = Produktionsstätten innerhalb des VW-Konzerns: A = Ingolstadt, N = Neckarsulm
⑥ = Laufende Numerierung, jedes Modelljahr mit 000001 beginnend

Lokaltermin

Wenn Autopflege Hobby bleiben soll, müssen die äußeren Voraussetzungen stimmen.

Wagen immer abstützen!

Wagenheber sind – wie ihr Name schon sagt – nur dazu da, das Fahrzeug anzuheben. Sie sind keine ausreichende Abstützung für Arbeiten an der Wagenunterseite. **Lassen Sie es auch in der größten Eile nie an der fachgerechten Abstützung des aufgebockten Fahrzeugs fehlen!**
Zum richtigen Abstützen gehört natürlich auch das Unterlegen der Räder mit Steinen oder Holzkeilen, damit der Wagen beim Anheben nicht wegrollen kann.

Womit abstützen?

Hohlbocksteine haben sich als preisgünstige Abstützmöglichkeit erwiesen. Sie dürfen allerdings nicht feucht oder rissig sein, sonst könnten sie unter Belastung in sich zusammenbrechen. Zwischen Stein und Karosserie muß ein Brett gelegt werden, damit sich die Last gleichmäßg über den ganzen Stein verteilen kann. Der Hohlblockstein selbst muß unbedingt mit den Öffnungen senkrecht auf ebenem und tragfähigem Grund (Beton oder Asphalt) stehen.
Unterstellböcke stellen eine ideale Ergänzung zum Rangierwagenheber dar. Bei allen anderen Hebern – aber auch bei seitlich angesetztem Rangierheber – besteht allerdings die Gefahr, daß der auf der gegenüberliegenden Seite angesetzte Dreibeinbock einfach zur Seite weggedrückt wird. Am günstigsten steht der Bock, wenn eines seiner Beine nach außen und zwei zur Wagenmitte hin zeigen. Böcke dürfen keine zu kleine Standfläche haben!
Auffahrrampen sind die schnellste Aufbockmöglichkeit, da kein Wagenheber gebraucht wird. Auch steht der Wagen dann absolut sicher.

Wagenheber

Wagenheber gibt es für jeden Geldbeutel und Einsatzzweck. Hier die verschiedenen Typen:
Bordwagenheber: Immer ein kleines Brett unterlegen, damit sich der Wagenheberfuß nicht in den Untergrund drücken kann.
Scherenwagenheber: Hiervon ist nur eine stabile Ausführung ratsam. Solch ein Wagenheber bewährt sich auch bei einem Fahrzeug, dessen Karosserie an den Anhebepunkten schon etwas morsch ist. Man kann den Scherenwagenheber dann etwas weiter zur Karosseriemitte hin ansetzen.
Hydraulischer Stempelwagenheber: Vor dem Kauf sollten Sie die Hubhöhe kontrollieren. Bei einer zu kurzen Ausführung werden die Räder nicht weit genug vom Boden abgehoben. Ein zu hoher Heber läßt sich erst gar nicht am Wagenboden ansetzen.
Rangierwagenheber: Für den Heimwerker gut geeignet ist ein kurzer, kleiner Rangierheber, der sich leicht verstauen läßt.

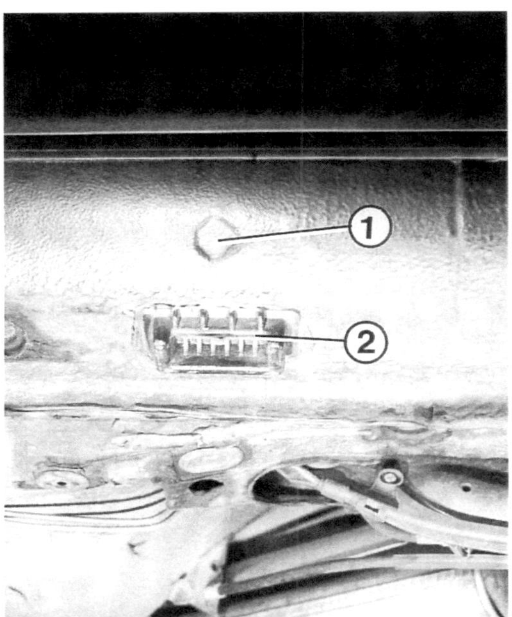

Links: Unterhalb der ins Schwellerblech eingeprägten Markierung (1) befindet sich der Ansetzpunkt (2) für den Bordwagenheber. Solche Ansetzpunkte hat der Audi jeweils vorn und hinten an der unteren Karosseriekante, dem sogenannten Schweller.
Rechts: Ebenfalls unter der Markierung (1) wird ein solcher Rangierwagenheber angesetzt. Allerdings eignet sich hier der Längsträger unter der Karosserie besser. Damit keine Schäden am Träger entstehen, empfiehlt es sich, ein Brettchen (2) zwischenzulegen.
Abstützen nicht vergessen, wenn am Wagen gearbeitet wird!

Rutschgefahr

Wer gut schmiert ... Der alte Grundsatz gilt in besonderem Maße fürs Auto und dort an erster Stelle für die Motorschmierung. Denn an das Motoröl werden höchste Anforderungen gestellt. Neben bester Schmierfähigkeit sind Temperaturbeständigkeit, Alterungsbeständigkeit, die Fähigkeit, als Kühlmedium zu fungieren und Schmutz in der Schwebe zu halten, gefordert.

Motorölstand prüfen

Ständige Kontrolle

Wenn Sie Ihren Audi 100 erst übernommen haben (neu oder gebraucht), sollten Sie sicherheitshalber bei jedem Tanken zum Ölpeilstab greifen. Wenn Sie erkennen, daß der Motor nur sehr wenig Öl verbraucht, können Sie das Kontrollintervall auf jede zweite bis vierte Tankung verlängern.

- Wagen auf waagrechtem Untergrund abstellen.
- Nach dem Abstellen des vorher warmgefahrenen Motors mindestens fünf Minuten warten, damit alles Öl in die Ölwanne abtropfen kann. Besser ist die Kontrolle vor dem ersten Start bei noch kaltem Motor.
- Vorsicht bei heißgefahrenem Motor, daß Sie sich nirgends die Hand an umliegenden Teilen verbrennen.
- Peilstab ziehen, mit sauberem, fusselfreiem Lappen oder Papiertuch abwischen, bis zum Anschlag wieder hineinschieben, kurz warten und erneut herausziehen.
- An der Peilstabspitze können Sie nun den Ölstand ablesen.
- Reicht die Schmiermittelmenge nur noch bis zur unteren Markierung, muß Motoröl nachgefüllt werden.

Öl nachfüllen

Die Differenzmenge zwischen oberer und unterer Peilstabmarke beträgt **1 Liter**. Unter die untere Marke sollte der Ölstand nicht fallen. Ein Viertelliter zu wenig ist für den Motor noch nicht gefährlich. Fehlt mehr Öl und wird der Audi 100 scharf gefahren, kann der Öldruck gefährlich abfallen, was der Warnsummer der Öldruckkontrolle auch sofort anzeigt.
Unsinnig ist aber auch zu viel Schmiermittel im Motor. Es kann bei hohen Drehzahlen über die Kurbelgehäuse-Entlüftung in die Brennräume gelangen. Für den Katalysator ist zuviel Öl im Abgas genauso gefährlich wie unverbranntes Benzin. Folge: es kann zu Schmelzerscheinungen kommen. Bei normalem Ölverbrauch ist das jedoch ungefährlich.
Bei welchem Ölstand Sie nachfüllen sollten, hängt von Ihrer Fahrweise ab:

- Bei gemäßigtem Fahrstil genügt Nachfüllen, wenn das Niveau an der unteren Peilstabmarke angelangt ist.
- Für scharfe Fahrweise empfiehlt sich Auffüllen, wenn der Ölstand im unteren Drittel oder Viertel zwischen den beiden Peilstabmarken steht. Die etwas größere Ölmenge kann die Kühlungsaufgaben besser erfüllen.

Fingerzeig: Öl in kleinen Mengen ist teurer als im 3- oder 5-Liter-Kanister. Zum Nachfüllen unterwegs ist ein solches Gebinde aber meist zu unhandlich. Außerdem nimmt es im Kofferraum Platz weg. Günstig zum fein dosierten Nachfüllen ist eine mineralölbeständige 1-Liter-Dose mit Drehverschluß.

Darf man Öle mischen?

Die Ölsorten aller Hersteller lassen sich ohne Gefahr untereinander mischen, auch Einbereichs- mit Mehrbereichsölen. Diese Mischbarkeit ohne schädliche Folgen ist eine Grundforderung der internationalen Öl-Normen. Zwar werden spezifische Eigenschaften eines bestimmten Öls durch die Vermischung mit anderem Motoröl möglicherweise leicht beeinträchtigt, da jede Ölmarke ihre eigene Additivkombination besitzt. Die Schmierwirkung ist jedoch nie gefährdet. Wer sich an die von Audi freigebenen Ölnormen hält, läuft keine Gefahr, daß eine untaugliche Mischung einen Motorschaden verursacht.

Ölverbrauch

Ein Teil des Motoröls verbrennt bei seiner Schmiertätigkeit. Ölverbrauch ist also völlig natürlich. Gut eingefahrene Motoren kommen mit **0,2 Liter Öl auf 1000 km** aus, Audi nennt als **höchstzulässigen Wert** einen Verbrauch von **1,0 Liter je 1000 km**. Wieviel Öl Ihr Audi 100 braucht, hängt von folgenden Umständen ab:

- Ölüberfüllung bewirkt höheren Verbrauch, denn die Kurbelgehäuse-Entlüftung bläst das Zuviel wieder zum Motor hinaus.
- Dünnflüssiges Öl verbrennt schneller als dickflüssiges. Einbereichsöl wird in heißem Zustand dünn wie Wasser, und entsprechend höher ist der Verbrauch. Mehrbereichsöl bleibt dickflüssiger; vor allem bei Langstreckenfahrern macht sich das durch geringeren Ölverbrauch bemerkbar.

○ Mehrbereichsöl, das zu lange im Motor bleibt, wird etwas dünnflüssiger, die oberste Zähflüssigkeitsklasse »geht verloren«, entsprechend steigt der Nachfüllbedarf.
○ Scharfe Fahrweise treibt außer dem Kraftstoffkonsum auch den Ölverbrauch in die Höhe. Besonders stark wirkt sich aus, wenn der neue Motor sofort voll belastet wurde.
○ In der Einlaufzeit braucht der Motor etwas mehr Schmiermittel.
○ Motorundichtigkeiten. Kontrollieren Sie, wie im Kapitel »Die Motoren und ihr Innenleben« beschrieben.
○ Defekt im Motor; z.B. Ventilschaftabdichtungen defekt, Spiel zwischen Ventilführung und Ventilschaft zu groß, Kolbenringe schadhaft oder bei einer Reparatur falsch eingebaut, beschädigte Zylinderwand durch Kolbenfresser.

Kein Ölverbrauch ist verdächtig

Im winterlichen Kurzstreckenbetrieb kann es vorkommen, daß der Ölstand zwischen den Messungen überhaupt nicht abnimmt oder gar ansteigt. Das ist kein Grund zur Freude, denn dann ist das Motoröl durch Kraftstoff und Kondenswasser verdünnt. Diese in ihrer Schmiereigenschaft wesentlich beeinträchtigte Ölfüllung sollte durch eine regelmäßige, längere Fahrt »aufgekocht« werden, damit die Kondensate verdunsten. Sofort anschließend den Ölstand kontrollieren, da der Pegel durch die verdunsteten Benzin/Wasser-Anteile erheblich absinkt! Bei extremem Stadtbetrieb ohne zwischenzeitliche Langstreckenfahrt sollten Sie das Öl vor den üblichen Intervallen wechseln; evtl. schon nach 3000 km oder vier Monaten.
Im Winter rechnet mit einem Kraftstoffanteil im Öl von 2–3%, wobei unsere Einspritzmotoren durch die besser dosierte Kaltstartanreicherung weniger Benzin im Öl haben als früher die Vergasermotoren.

Die richtige Ölspezifikation

Da bei den relativ langen Ölwechselintervallen von 15000 km die Gefahr von Ölschlammbildung besteht, gibt es von Audi/Volkswagen strenge Ölvorschriften.
○ Herkömmliches Motoröl auf Mineralölbasis muß der **VW-Norm 50101** entsprechen. Dann besitzt es die notwendigen Reinigungseigenschaften zur Verhinderung von Ölschlamm.
○ Leichtlauföle verringern die innere Reibung im Motor. Sie müssen der **VW-Norm 50000** entsprechen.
○ Nur wenn kein Öl der genannten Spezifikationen verfügbar ist, darf Mehrbereichs- oder Einbereichsöl der Kategorie »API SF« oder »API SG« zum Nachfüllen verwendet werden.

Fingerzeig: Faktoren wie Ölpreis oder Herkunft sagen nichts über die Ölqualität aus!

Zähflüssigkeit des Öls

Das Fließverhalten des Öls – also die Dick- bzw. Dünnflüssigkeit – muß auf die Verwendung im Fahrzeugmotor abgestimmt sein. Zwei Kriterien gilt es zu erfüllen:
○ Es darf nicht zu dickflüssig sein, denn der Anlasser muß den kalten Motor durchdrehen können, und die Schmierstellen des Motors müssen nach dem Kaltstart sofort versorgt werden.
○ Es darf nicht zu dünnflüssig sein, denn bei hohen Temperaturen und Drehzahlen kann sonst der Schmierfilm »abreißen«.

SAE-Klassen

Die amerikanische **S**ociety of **A**utomotive **E**ngineers hat die Öle entsprechend ihrer Zähflüssigkeit in Klassen

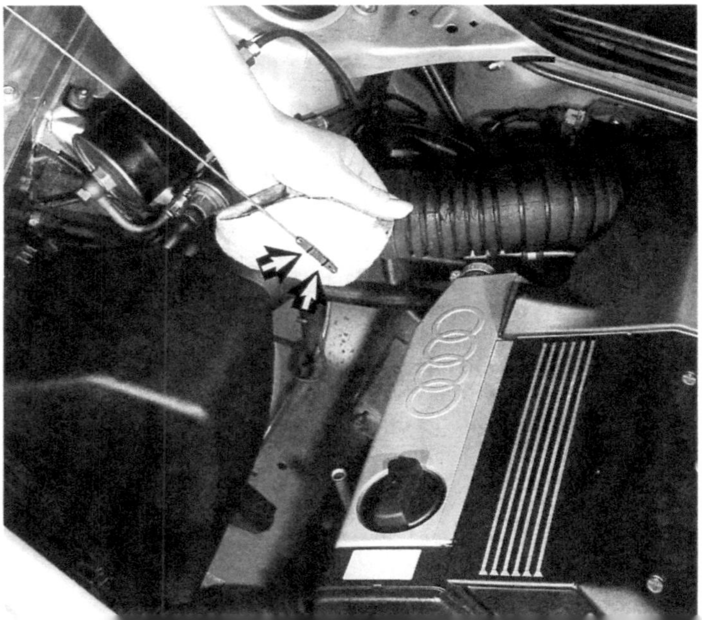

Zur Ölstandskontrolle wird der Peilstab aus dem Führungsrohr gezogen, das sich beim Vier- und Fünfzylinder an der linken, beim Sechszylinder (Bild) auf der rechten Motorseite befindet. Der Pegel muß sich zwischen den Marken (Pfeile) bzw. im Bereich der geriffelten Fläche an der Peilstabspitze befinden. Die Nachfüllmenge zwischen den Markierungen beträgt 1 Liter. Genau ist die Messung nur, wenn der Wagen auf waagrechtem Untergrund steht.

eingeteilt. Die reichen bei Motorölen vom dünnflüssigen **W**interöl SAE 5 W, 10 W, 15 W über die Zwischenstufe SAE 20 W/20 zu den dickflüssigen Sommerölen SAE 30, 40 und 50.

Einbereichsöl

Das billigste Motoröl war früher Einbereichsöl. Für einwandfreie Motorschmierung muß entsprechend der Jahreszeit dick- oder dünnflüssiges Einbereichsöl im Motor sein. Einbereichsöl ist heute kaum noch an der Tankstelle oder im Supermarkt erhältlich, findet aber in Fuhrparks noch häufig Verwendung. Für die Verwendung im Audi 100 wird es von Audi bestenfalls als Notlösung geduldet.

Mehrbereichsöl

Aufwendiger in der Herstellung und deshalb auch teurer als Einbereichsöl ist das heute gebräuchliche Mehrbereichsöl. Es besitzt als Viskositätsindex-(VI-)Verbesserer lange Molekülketten, die beim Erhitzen quellen und beim Abkühlen wieder schrumpfen. Das Öl kann sich damit den Temperaturen elastisch anpassen und mehrere Viskositätsklassen überspannen. Ein Öl SAE 15 W-50 entspricht bei einer Temperatur von −15°C der Zähflüssigkeitsklasse 15 W und bei 100°C der Klasse 50.
Problematisch ist bei Mehrbereichsölen auf Mineralölbasis, daß die Molekülketten ihrer Viskositäts-Verbesserer mit der Zeit abgeschert werden können. Dann ist die obere Zähflüssigkeitsklasse nicht mehr voll erhalten, das Öl also nicht mehr so temperaturbeständig. Aus diesem Grund sind Mehrbereichsöle der Klassen SAE 10 W-30 und 10 W-40 in der warmen Jahreszeit für die Audi-Motoren nicht freigegeben.

Das richtige Motoröl für den Audi

Zwei Kriterien entscheiden beim Kauf des richtigen Motoröls. Das Öl muß haben:
○ Die richtige **Ölspezifikation**. Etikettenschwindel auf der Packung ist da äußerst selten, denn die Ölfirmen überwachen sich gegenseitig.
○ Die richtige **Ölviskosität** (Zähflüssigkeit). Sie hängt von der überwiegenden Außentemperatur ab und kann der Grafik auf der gegenüberliegenden Seite entnommen werden.

Zusätze zum Motoröl

»Das Verwenden von Zusatzmitteln – gleich welcher Art – in Schmierölen verstößt gegen unsere Betriebsanleitung. Schäden, die durch solche Mittel entstehen, sind von der Gewährleistung ausgeschlossen.« Das ist die Meinung von Audi zu Ölzusatzmitteln. Ob die Mehrkosten für Ölzusätze eine entsprechende Lebensverlängerung des Motors bewirken, bleibt – vor allem bei Verwendung von Hochleistungsölen – fraglich.

Wie oft Öl wechseln?

Alle 15000 km oder einmal jährlich schreibt Audi den Ölwechsel vor. Wir meinen, daß auch ein Langstreckenfahrer die 15000 km als Obergrenze ansehen sollte. Wer andererseits den Audi hauptsächlich im Kurzstrekkenverkehr fährt, sollte schon wesentlich früher den Ölwanneninhalt wechseln. In der kalten Jahreszeit spätestens nach sechs Monaten, unabhängig von der vielleicht noch geringen Kilometerleistung. Bei ausschließlichem Stadtverkehr sind bereits vier Monate genug für das Öl.

Fingerzeig: Wer ein Einbereichsöl verwendet, muß ohnehin an den jahreszeitlichen Wechsel denken – im Frühjahr und Herbst –, damit das Öl den Start- bzw. Außentemperaturen angepaßt ist.

Ölwechsel, wo und wie?

○ Das Motoröl soll bei **betriebswarmem Motor** gewechselt werden, damit es allen Schmutz beim Auslaufen herausschwemmt.
○ Das beim Ölwechsel anfallende **Altöl** muß ordnungsgemäß beseitigt werden. Wer es einfach ins Erdreich versickern läßt, vergräbt oder in die Kanalisation schüttet, gefährdet die Trinkwasserversorgung und muß mit hohen Strafen rechnen. Altöl kann man kostenlos dort abgeben, wo man das frische Öl gekauft hat (Kaufquittung aufbewahren) oder bei einer Altölsammelstelle. Deren Adresse erfahren Sie von der Gemeindeverwaltung, der örtlichen Polizei oder einer Autoclub-Geschäftsstelle. Wichtig: Altöl nicht mit anderen Flüssigkeiten mischen!
○ In **Werkstätten** kostet der Ölwechsel nach unseren Erfahrungen das meiste Geld, weil nur sehr teure Ölsorten vorrätig sind. Außerdem ist der Motor oft schon wieder kalt, bis das alte Öl abgelassen wird. Und Werkstätten berechnen zumindest die Arbeit für den Ölfilterwechsel zusätzlich.
○ An **Tankstellen** kommt der Wagen meist sofort dran. Sie können auch ein billigeres Öl aus dem Tankstellen-Verkaufsprogramm auswählen, und im Ölpreis ist die Arbeit des Tankwarts inbegriffen.
○ Gegen den **SB-Ölwechsel** mit einem Absauggerät an der Tankstelle bestehen keine Bedenken, vorausgesetzt der Ölfilter wird bei jedem 15000-km-Intervall ebenfalls ausgetauscht.
○ Ölwechsel **zu Hause** lohnt sich nur, wenn Sie das Öl preiswert im Zubehörhandel, Großmarkt, Warenhaus oder durch gute Beziehungen billiger kaufen können. An der Tankstelle müssen Sie nach den etwas günstigeren SB- oder Mitnahmeölen fragen.

Die Grafik zeigt die Ölviskositäts-Empfehlungen von Audi/Volkswagen:
A – Mehrbereichsöle nach VW-Norm 50101;
B – Leichtlauföle nach VW-Norm 50000;
C – Einbereichsöle nach API-Norm SF oder SG.
Die genannten Werte verstehen sich als Dauertemperaturen. Kurzzeitige Schwankungen spielen keine Rolle.

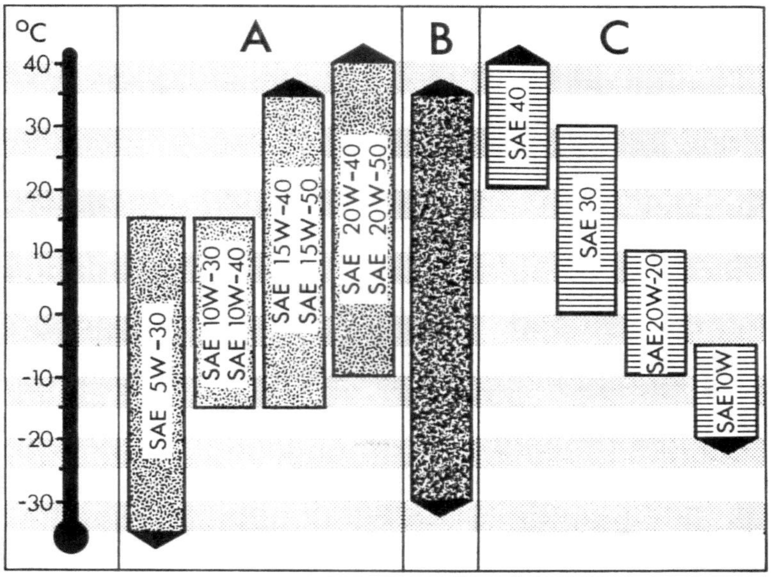

Was wird zum Ölwechsel gebraucht?

○ Motoröl nach den genannten Spezifikationen (kann meist im 5-Liter-Kanister preisgünstig eingekauft werden).
○ Eine neue Dichtung für die Ölablaßschraube.
○ Ein Ölfilter, z. B. Audi-Teile-Nr. 056 115 561 G für die Vierzylinder, 035 115 561 für den Fünfzylinder bzw. 034 115 561 A für die Sechszylinder oder unter verschiedenen Herstellerbezeichnungen im Zubehörhandel.
○ Auffanggefäß für das Altöl. Ein alter Ölkanister mit herausgeschnittener Seitenwand oder eine ausgediente Spülschüssel leisten hier gute Dienste.
○ Ein Altölkanister dient zum Wegschaffen des Altöls.
○ Mit einer Ölkanne erleichtert man sich das Einfüllen des frischen Motoröls.
○ Ein Spannbandschlüssel ermöglicht das Lösen des Filters.

Motoröl und Ölfilter wechseln

Wartung Nr. 1

- Öl nur bei betriebswarmem Motor wechseln! Deshalb den Wagen evtl. warmfahren.
- Den Audi 100 möglichst waagrecht aufbocken (abstützen!) oder über eine Rampe fahren.
- Untere Motorraum-Abdeckung ausbauen, siehe Karosserie-Kapitel.
- Geeignetes Gefäß unter die Ölwanne stellen.
- Ablaßschraube mit Ringschlüssel öffnen, Öl auslaufen lassen. Vorsicht, es ist heiß!
- Haben Sie den Wagen nur vorn aufgebockt, sollten Sie ihn zum völligen Auslaufenlassen des Altöls nochmals ablassen. Aufpassen, daß dabei das Auffanggefäß nicht beschädigt oder umgekippt wird.
- Auffanggefäß unter den Ölfilter stellen.
- Ölfilter mit einem Bandschlüssel lösen. Bei sehr festsitzendem Filter einen scharfen Schraubendreher durch das Blechgehäuse des Filters treiben (Vorsicht, heißes Öl läuft aus) und Filter mit dem Schraubendreher losdrehen.
- Dichtring am neuen Ölfilter mit etwas Fett einreiben. Kein Öl nehmen, das bei der Sichtkontrolle zum Schluß oft fälschlicherweise für austretendes Öl gehalten wird.
- Filter ohne irgendwelches Werkzeug von Hand festdrehen.
- Ölablaßschraube sauberreiben und mit neuem Dichtring eindrehen; nicht anknallen, sonst wird das Führungsgewinde in der Ölwanne beschädigt.
- Öl einfüllen (siehe Tabelle).
- Motor laufen lassen, Öldichtheit kontrollieren.

Die Ölfüllmenge

Motoröl	Vierzylindermotor	Fünfzylindermotor	Sechszylindermotor
Ölfüllmenge ohne Filterwechsel*	2,5 Liter	3,5 Liter	4,5 Liter
Ölfüllmenge mit Filterwechsel	3,0 Liter	4,0 Liter	5,0 Liter

* nur bei Ölwechsel zwischen den Intervallen

Flüssigkeitsstand der Servolenkung prüfen

Ständige Kontrolle

Der Stand der Hydraulikflüssigkeit – Teile-Nr. G 002 000 – wird im durchsichtigen Behälter links im Motorraum geprüft.

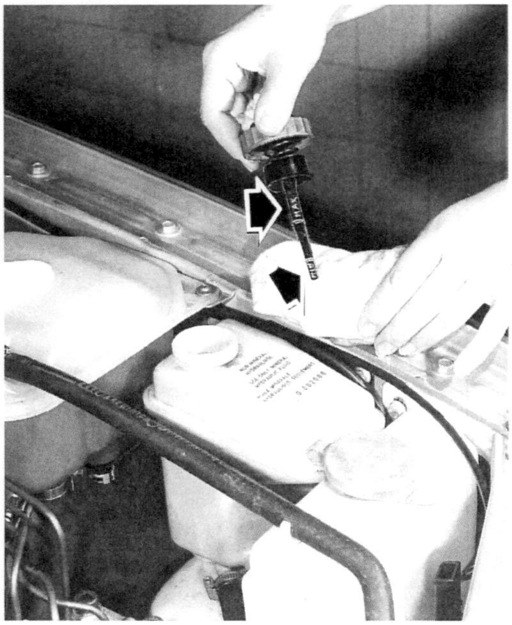

Links: Der Flüssigkeitsstand im Behälter der Servolenkung muß bei laufendem Motor kontrolliert werden. Sind die Markierungen am Behälter verdeckt, Behälterdeckel abschrauben und am Meßstab ablesen. Die Pfeile zeigen auf die Marken.
Rechts: Die Ölablaßschraube (Pfeil) ist erst nach Abbau der unteren Motorraumverkleidung zugänglich. Zum Lösen ist ein Ringschlüssel das am besten geeignete Werkzeug.

- Zum Kontrollieren des Flüssigkeitsstands den Motor im Leerlauf drehen lassen.
- Lenkung in Geradeausstellung bringen.
- Das Hydrauliköl muß zwischen den beiden Markierungen stehen.
- Nicht bei allen Modellen sind die Marken seitlich am Behälter sichtbar. Dann muß der Peilstab, der innen am Behälterdeckel angebracht ist, benutzt werden.
- Deckel abschrauben (Vorsicht, Feder), Meßstab mit sauberem Tuch abwischen, Deckel lose auf die Einfüllöffnung legen (nicht einschrauben). Deckel wieder abnehmen und Pegel am Peilstab ablesen. Das Niveau muß zwischen den Marken liegen.
- Beim Nachfüllen wird bis zur Markierung »MAX« aufgefüllt.
- Generell deutet Flüssigkeitsverlust auf eine Leckstelle im Hydrauliksystem. Also in diesem Fall nicht einfach Hydrauliköl nachkippen, sondern erst die Leckstelle ermitteln!

Ölstand des Schaltgetriebes prüfen

Wartung Nr. 14

Im Getriebe wird das Schmiermittel nicht wie im Motor verbraucht, sondern kann allenfalls durch undichte Stellen ins Freie gelangen. Zeigt das Getriebegehäuse von außen keine öldurchtränkte Schmutzkruste, ist dieser Wartungspunkt schon erledigt. Andernfalls muß der Ölstand geprüft werden. Die Kontroll- und Einfüllschraube sitzt in Fahrtrichtung links in halber Höhe im Getriebegehäuse neben der Antriebswelle.

- Fahrzeug waagrecht aufbocken.
- Innensechskantschraube 17 mm herausdrehen.
- Läuft nun bereits etwas Getriebeöl heraus, stimmt der Ölstand.
- Ansonsten Finger in das Schraubengewinde stekken und fühlen, ob die Schmierflüssigkeit bis an die Öffnung heranreicht: Ausreichender Ölstand.
- Bei größerem Ölmangel die vorgeschriebene Getriebeölsorte an der Tankstelle oder in der Werkstatt einfüllen lassen.

Links: So wird der Ölfilter (2) mit dem Spannbandschlüssel (1) losgedreht. Im Bild gezeigt ist der Filter des Vierzylindermotors.
Rechts: Der Ölfilter des Sechszylindermotors (Pfeil) ist vorn links an der Unterseite des Motors angeordnet.

Links: Die Ölkontrollschraube (1) für das Schaltgetriebe sitzt in Fahrtrichtung rechts in halber Höhe des Getriebegehäuses. Die Ablaßschraube (2) hat ihren Platz unten am Getriebe.
Rechts: Das Bild zeigt die Öleinfüllschraube (1) und die beiden Ablaßschrauben (2 und 3) am Hinterachsgetriebe eines Audi 100 quattro.

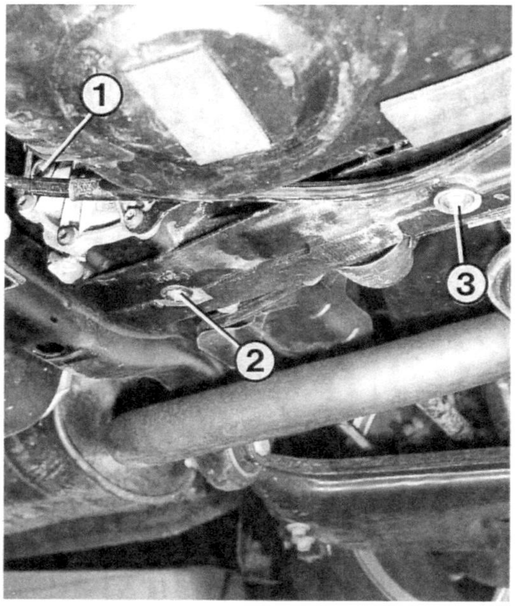

Fingerzeig: Das eigenhändige Einfüllen des sehr zähflüssigen Getriebeöls mittels Trichter und langem Schlauch ist selbst bei angewärmtem Öl eine gehörige Geduldsprobe. Nicht empfehlenswert. Besser geht es bei speziellen Nachfülldosen mit angeschlossenem Schlauch.

Die richtige Getriebeölsorte

An einen Getriebeölwechsel brauchen Sie nicht mehr zu denken. Das Getriebe ist mit einer Dauerfüllung versehen, aus der eventueller Abrieb durch Magnete herausgefischt wird.
Allerdings muß das Getriebeöl bestimmten Anforderungen entsprechen. Audi schreibt für das Schaltgetriebe aller Audi 100 (Frontantrieb und quattro) Öle der Zähflüssigkeitsklasse **SAE 75 W-90** mit der Spezifikation **G 50** vor. Es handelt sich hierbei um Synthetiköl.

Ölstand im Hinterachsantrieb prüfen

Wartung Nr. 15

Das Hinterachsgetriebe des Audi 100 quattro ist mit **1,5 Liter** Getriebeöl der Viskositätsklasse **SAE 90** mit der Qualitäts-Spezifikation **API GL 5** befüllt. Ein Ölwechsel ist nicht vorgesehen, wohl aber die Kontrolle des Füllstands. Alarmzeichen ist ein ölverschmiertes Gehäuse des Hinterachsantriebs. Dann muß die Kontroll- und Einfüllschraube herausgedreht werden, um zu prüfen, ob der Ölpegel noch bis an die Unterkante der Einfüllbohrung reicht. Wenn nicht, nachfüllen lassen.

ATF-Stand im automatischen Getriebe kontrollieren

Ständige Kontrolle

Die Getriebeautomatik ist mit einer synthetischen Flüssigkeit namens **A**utomatic **T**ransmission **F**luid befüllt. Sie dient als Schmiermittel und zur Steuerung des hydraulischen Drucks im Getriebe. Damit sie den Anforderungen gerecht wird, muß die ATF geprüft sein und die Bezeichnung »Dexron« (mit einer nachfolgenden Kontrollzahl) tragen. Falsche Flüssigkeit kann einen Getriebetotalschaden verursachen!
- Die ATF soll zur Prüfung betriebswarm sein, das entspricht einer Fahrt von ca. 10 Kilometern. Die

Im Audi 100 wurden Automatikgetriebe mit und ohne Peilstab verbaut. Im Bild rechts sehen wir die Version mit Peilstab. Vorgehensweise (bei laufendem Motor): Peilstab aus dem Führungsrohr (3) hinten links im Motorraum ziehen. Bei warmer ATF muß sich der Flüssigkeitsstand im normalen Meßbereich (1) zwischen den Markierungen abzeichnen. Auf der Verlängerung (2) ist der Pegel auch bei kalter ATF abzulesen. Fahrzeuge ohne Peilstab sind an der Abdeckkappe (Pfeil in der Zeichnung oben) zu erkennen. Zum Nachmessen des ATF-Standes wird ein Peilstab mit der Bezeichnung »02« benötigt (Zeichnung unten), den die Audi-Werkstatt als Sonderwerkzeug besitzt.

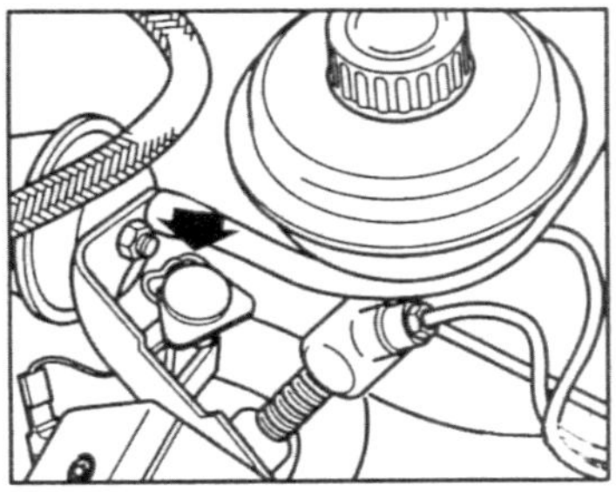

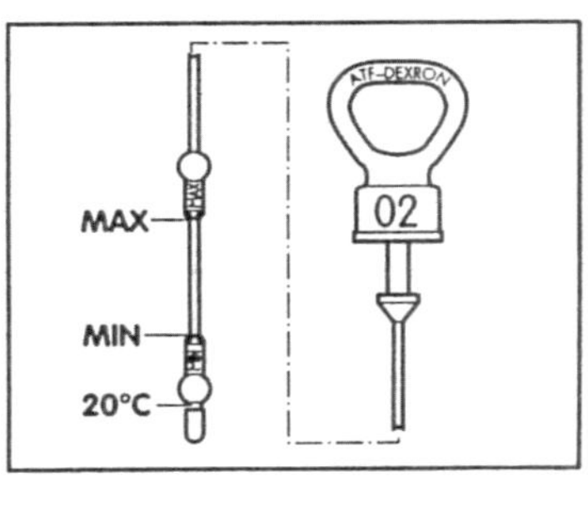

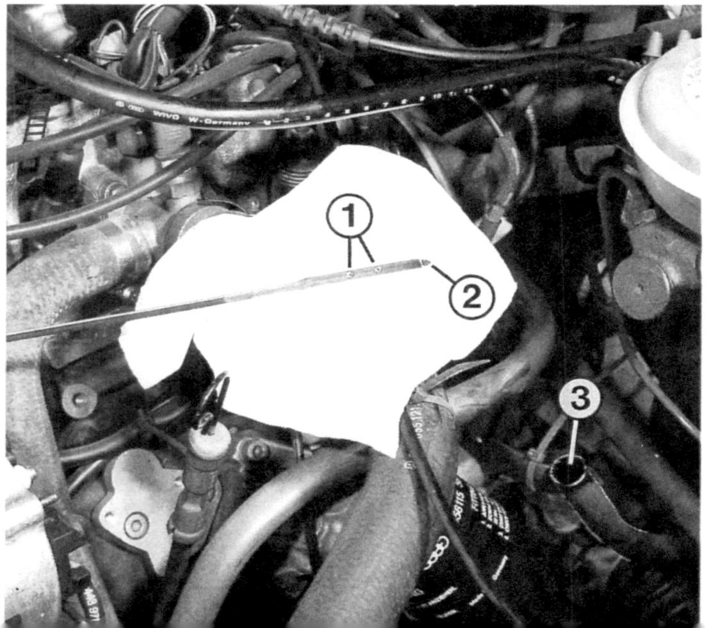

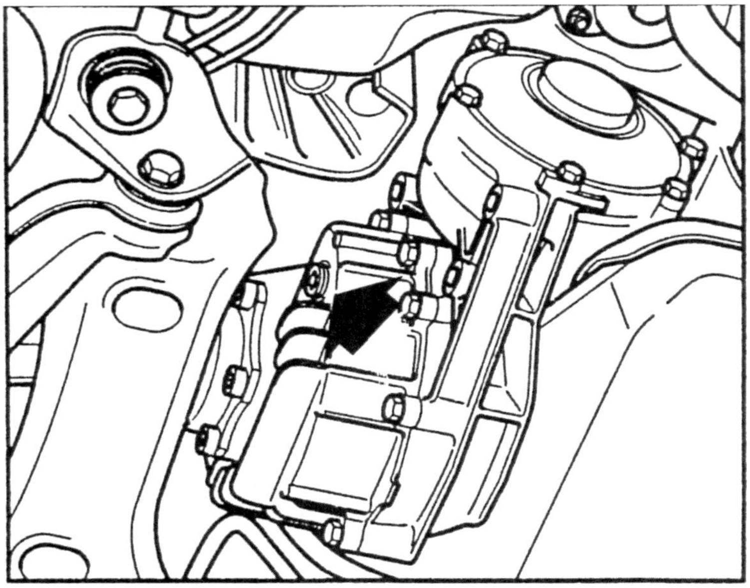

Die Zeichnung zeigt die Ölkontrollschraube für den Achsantrieb des automatischen Getriebes bei einem Audi 100 mit Frontantrieb und VW/Audi-Getriebe.

Flüssigkeitsmenge verändert sich temperaturabhängig. Im kalten Zustand wird zu wenig angezeigt und nach längerer Fahrt ein zu hoher Stand.

● Handbremse anziehen, Wählhebel in Stellung »P« legen, Motor im Leerlauf drehen lassen.

● **Fahrzeuge mit ATF-Peilstab:** Peilstab – in Fahrtrichtung links hinten am Motor; erkennbar an seiner Grifföse – herausziehen. Er darf nur mit einem völlig sauberen und fusselfreien Tuch abgewischt werden.

● Peilstab einschieben und nochmals herausziehen.

● Zwischen beiden Markierungen muß klare ATF sichtbar sein. Die Marke an der Peilstabspitze gilt nur für das Einfüllen beim ATF-Wechsel (Getriebe kalt).

● **Fahrzeuge ohne ATF-Peilstab:** An Fahrzeugen mit ZF-Getriebe wird der ATF-Stand nur bei der Wartung geprüft.

● Dazu Verschlußkappe am ATF-Einfüllrohr abnehmen (ganz hinten im Motorraum unter dem Bremsflüssigkeits-Vorratsbehälter).

● Peilstab »02« mit der Teile-Nr. 01F321431 A aus der Audi-Werkstatt besorgen und in das Einfüllrohr einstecken.

● Weitere Prüfung, wie für Fahrzeuge mit Peilstab beschrieben.

● **Alle:** Früher war die ATF immer klar und hellrot eingefärbt. Heute kommt eine Flüssigkeit zum Einsatz, die sich im Betrieb schwarzbraun verfärbt.

● Riecht die ATF am herausgezogenen Peilstab verbrannt, liegt ein Getriebeschaden vor.

● Bei zu niedrigem Flüssigkeitsstand sollte nicht einfach ATF nachgefüllt werden, sondern das Getriebe auf Undichtigkeiten hin kontrolliert werden. Notwendige Abdichtarbeiten sollten Sie der Werkstatt überlassen.

● Zu hoher Flüssigkeitsstand kann daher rühren, daß die Abdichtung zwischen dem Planetengetriebe und dem Achsantrieb schadhaft ist.

● Ölstand im Achsantrieb kontrollieren, siehe nächsten Abschnitt.

● Ist dort zu wenig Schmiermittel vorhanden, muß die Werkstatt die Teile neu abdichten und die ATF wechseln.

● Stimmt der Schmiermittelstand im Achsantrieb, wird das Zuviel an ATF in der Getriebeautomatik lediglich abgesaugt. Zu hoher ATF-Stand kann ebenfalls einen Getriebeschaden verursachen.

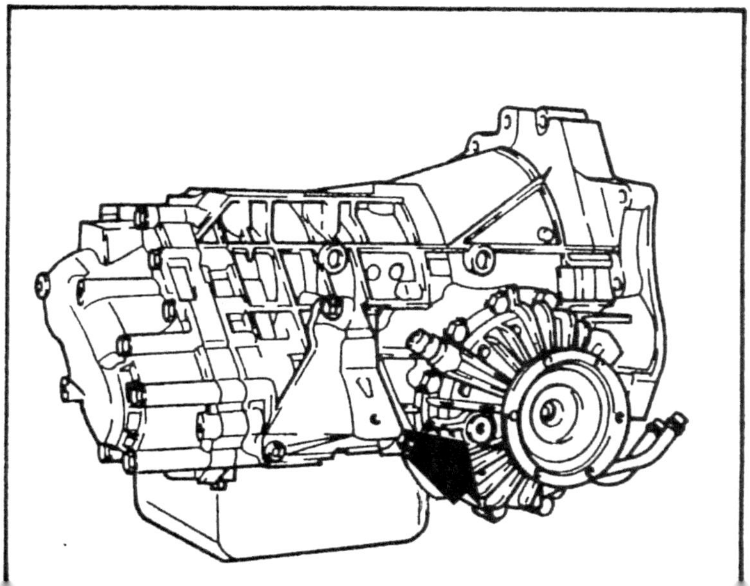

Der Pfeil bezeichnet die Ölkontrollschraube für den Achsantrieb des automatischen Getriebes. Hier ist das ZF-Getriebe für ein Fahrzeug mit Frontantrieb gezeigt.

Die beiden Pfeile zeigen die Ölkontrollschrauben für die Achsantriebe für Vorder- und Hinterradantrieb beim automatischen Getriebe eines Audi 100 quattro.
Die hintere Ölkontrollschraube für den Achsantrieb des Hinterradantriebs ist nicht zu verwechseln mit dem Achsantrieb hinten, der eigene Kontroll- und Ablaßschrauben besitzt, siehe Bild Seite 29 oben rechts.

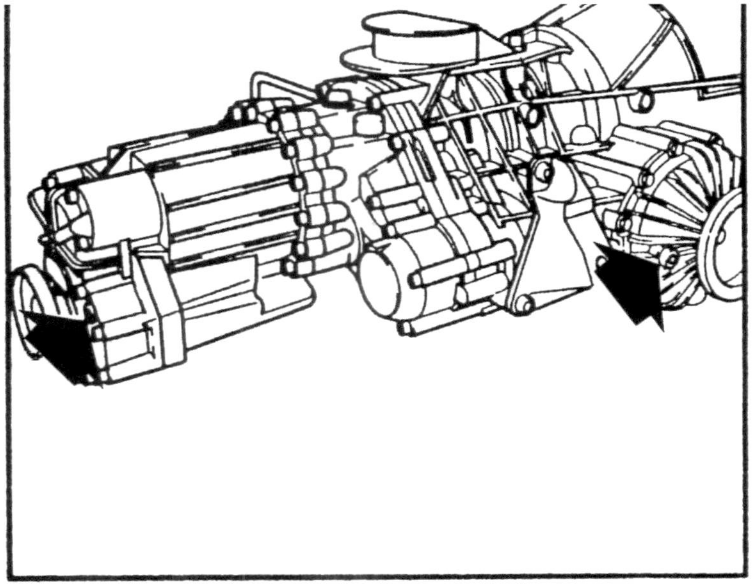

Ölstand im Achsantrieb des automatischen Getriebes prüfen

Wartung Nr. 39

Für den Achsantrieb der Getriebeautomatik wird ein anderes Öl als für das Schaltgetriebe gebraucht. Es muß das synthetische Getriebeöl SAE 75 W-90 sein, das es unter der Teile-Nummer G 052145 A1 (0,5 Liter) bzw. G 052145 A2 (1,0 Liter) in der Audi-Werkstatt gibt.
Ein Ölwechsel ist nicht vorgesehen. Die Überprüfung des Ölstands ist dagegen notwendig,
○ wenn das Achsantriebsgehäuse außen ölverschmiert ist oder
○ der ATF-Stand in der Getriebeautomatik angestiegen bzw. abgefallen ist ohne Anzeichen äußerer Undichtigkeiten. Dann hat möglicherweise ein Schmiermittelaustausch zwischen Planetengetriebe und Achsantrieb stattgefunden, wie im vorangegangenen Abschnitt beschrieben. Die Ölstandskontrolle geschieht, wie unter »Ölstand des Schaltgetriebes prüfen« beschrieben. Füllmenge: 0,7 bis 1,0 Liter (je nach Modell).
Nicht vergessen: Der quattro hat auch vorn am Automatikgetriebe zwei Achsantriebe und demnach auch zwei Kontrollschrauben (Zeichnung oben).

ATF wechseln

Wartung Nr. 42

Bei normalem Fahrbetrieb sieht der Wartungsplan den ATF-Wechsel alle 60000 km vor. Dazu wird die alte ATF abgesaugt, und gleichzeitig müssen Ölwanne und -sieb gereinigt werden – Arbeiten für die Audi-Werkstatt.

Züge, Gelenke und Schlösser schmieren

Wartung Nr. 34

Der Serviceplan von Audi sieht nur einige wenige Schmierarbeiten an der Karosserie vor. Es hat sich aber gezeigt, daß eine gelegentliche Schmierration manches auf Dauer leichtgängig hält, was sonst quietscht, klemmt, reißt oder rostet. Dabei gilt folgende Faustregel: An Scharnieren und Gelenken mit engen Durchgängen, in die kein Fett eindringen kann, ist Öl oder Schmierspray günstiger. Gegeneinander reibende Flächen werden besser gefettet oder mit einer Schmierpaste behandelt, da diese Gleitstoffe besser haften.

Türen und Kofferraumdeckel

● Die Türscharniere sind beim Audi 100 wartungsfrei. Trotzdem sind sie gelegentlich für einen Spritzer Öl dankbar.
● Die kleinen Hebelchen der Türfeststeller am unteren Türscharnier erhalten etwas Mehrzweckfett.
● Die Schloßfallen an Türen und Kofferraumdeckel bzw. Heckklappe können mit etwas Sprühfett behandelt werden.
● Die Kofferraumdeckelscharniere besprühen Sie mit etwas Öl.

Schließzylinder

● Sprühen Sie etwas Rostlöser-Isolierspray in den Schlüsselschlitz.
● Es schmiert, verdrängt Feuchtigkeit und schützt vor Rost sowie Einfrieren im Winter.

Motorhaube

● An der Stelle, wo der Seilzug aus der Umhüllung kommt, etwas Fett aufstreichen und durch mehrmalige Hebelbewegung in die Zugumhüllung ziehen.
● Die Schließzapfen der Motorhaube und die beiden Schließhebel im Frontblech mit etwas Fett bestreichen oder Schmierspray auftragen.
● Die Motorhaubenscharniere und der Fanghaken der Haube erhalten etwas Öl oder Schmierspray.

Schiebedach

● Die Gleitschienen werden hauchdünn mit etwas Sprühfett behandelt.
● Dachverkleidung dabei nicht verschmutzen.
● Übrigen Schmierstoff abwischen.

Zylinder nach Wunsch

Motoren der unterschiedlichsten Bauarten und Zylinderzahlen treiben den Audi 100 an. Von vier bis zu sechs Zylindern reicht die Palette. Noch größer ist die Anzahl der Einspritzungssysteme. Zu den hier im Buch behandelten Benzinmotoren kommen noch zwei grundsätzlich verschiedene Dieselmotoren. An Vielfalt mangelt es also nicht, wie auch die folgende Tabelle beweist:

Verschiedene Leistungsstufen

Motor-Kennbuchstaben Bauzeit		AAE ab 11/90	AAD bis 6/92	ABK ab 7/92	AAR ab 12/90	ABC ab 5/92	AAH ab 12/90
Zylinderzahl		4	4	4	5	6	6
Leistung	kW (PS)	74 (101)	85 (115)	85 (115)	98 (133)	110 (150)	128 (174)
bei	1/min	5500	5400	5400	5500	5750	5500
Hubraum	cm^3	1984	1984	1984	2309	2598	2771
Gemisch-Aufbereitung		Mono-Motronic	KE-Motronic	Digifant	KE-III-Jetronic	MPFI	MPI

Motor-Merkmale

Vierzylindermotor

Ursprünglich bei Audi für den Audi 80 konstruiert, wurde diese Maschine ebenso für den Audi 100 wie für die VW-Modelle Golf, Jetta und Passat verwendet. Seine wichtigsten Konstruktionsmerkmale: Vierzylinder mit obenliegender Nockenwelle, Ventilbetätigung über Tassenstößel. Eine Zwischenwelle treibt Ölpumpe und Verteiler, Der Antrieb von Nockenwelle und Zwischenwelle erfolgt über einen Zahnriemen.

Fünfzylindermotor

Wesentliche Konstruktionsmerkmale des Vierzylinders kennzeichnen auch den 1976 erstmals im Audi 100 vorgestellten Fünfzylinder. So besitzt diese Maschine ebenfalls einen Zahnriemen zum Antrieb der Nockenwelle (die Wasserpumpe ist hier gleichermaßen zahnriemengetrieben), und auch hier wurden Tassenstößel zur Ventilbetätigung herangezogen, um nur zwei der Gemeinsamkeiten zu nennen.
Besonders interessant ist der Aufbau der Fünfzylinder-Kurbelwelle: Die Kurbelwellen-Zapfen stehen in einem Winkel von 72° zueinander, und die Welle besitzt für jeden Zylinder 2 Gegengewichte. Ferner bewirkt eine gezielt angebrachte Unwucht in der Schwungscheibe und ein ebenso ausgelegter Schwingungsdämpfer am vorderen Schwungscheibenende eine Verlagerung der verbleibenden Restschwingungen, so daß diese nicht mehr störend in Erscheinung treten.

Sechszylindermotor

Der zur Vorstellung unserer Audi-100-Generation neu entwickelte Sechszylinder-V-Motor ist ein sehr kompaktes Triebwerk und wie geschaffen für den Audi-typischen Einbau längs vor der Vorderachse. Zwei zahnrie-

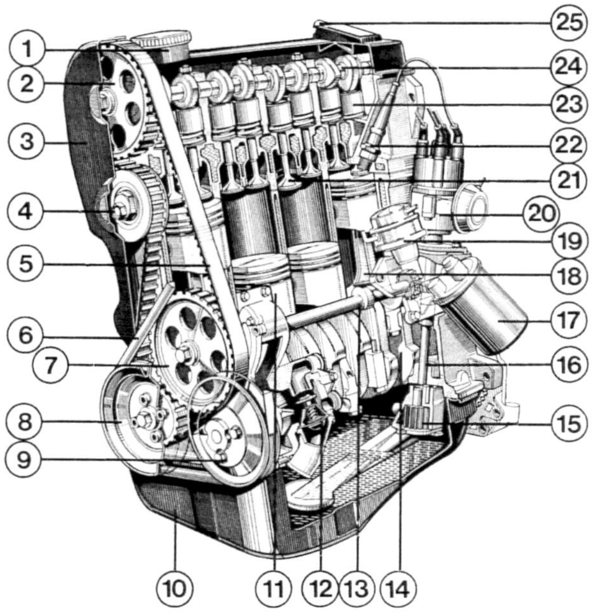

Ein Blick in den Vierzylinder:
1 – Öleinfüllstutzen;
2 – Nockenwellenrad;
3 – Zahnriemenabdeckung;
4 – Zahnriemenspanner;
5 – Zahnriemen;
6 – Keilriemen;
7 – Zwischenwellenrad;
8 – Kurbelwellen-Keilriemenscheibe;
9 – Wasserpumpen-Keilriemenscheibe;
10 – Ölwanne;
11 – Kolben;
12 – Thermostat;
13 – Zwischenwelle;
14 – Kurbelwelle mit Gegengewichten;
15 – Ölpumpe;
16 – Antriebswelle für Ölpumpe und Verteiler (20);
17 – Ölfilter;
18 – Pleuel;
19 – nicht eingebaut;
21 – Einlaßventil des 3. Zylinders;
22 – Zündkerze;
23 – Hydrostößel mit Ventilfedern;
24 – Nockenwelle;
25 – Kurbelgehäuse-Entlüftung.

Der Fünfzylindermotor im Schnittbild:
1 – Kolben;
2 – Ventil;
3 – Hydrostößel;
4 – Nockenwellen-Zahnriemenrad;
5 – Nockenwelle;
6 – Zylinderkopf;
7 – Motorblock;
8 – Ölwanne;
9 – Kurbelwelle;
10 – Ansaugschnorchel der Ölpumpe;
11 – Ölpumpe;
12 – Kurbelwellen-Zahnriemenrad;
13 – Kurbelwellen-Keilriemenscheibe mit Schwingungsdämpfer.

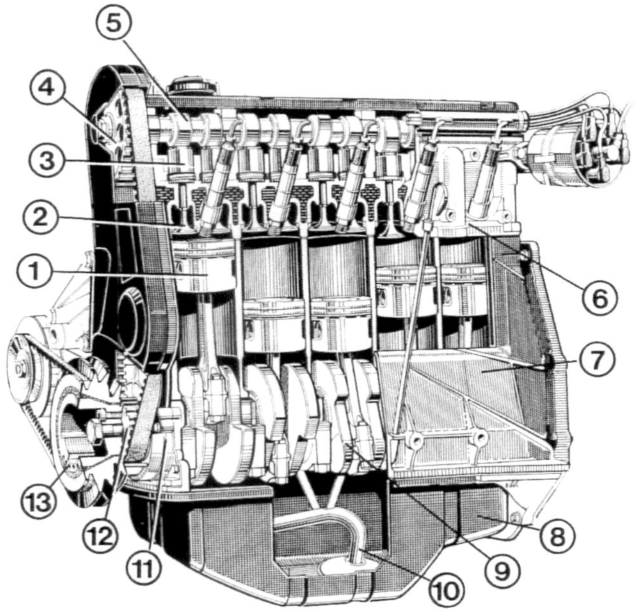

mengetriebene obenliegende Nockenwellen steuern die Ventile über Tassenstößel. Im Raum zwischen den Zylinderköpfen macht sich das voluminöse Saugrohr breit. Die 2,8-Liter-Version ist mit einem Schaltsaugrohr ausgestattet, das die aktive Länge der Ansaugkanäle je nach Drehzahlbereich variiert. So wird in allen Drehzahlbereichen ein optimales Motor-Drehmoment erzielt. Zu erwähnen wäre noch die verteilerlose Zündanlage, auf die im Kapitel »Die Zündanlage« näher eingegangen wird.

Die Einzelteile

Wer sich für die Funktion der Motoren interessiert, findet im folgenden die wichtigsten Teile kurz beschrieben, bevor wir zu den Wartungs- und Reparaturarbeiten kommen.

Kolben, Pleuel und Zylinder

Im oberen Drittel jedes Kolbens sind drei Kolbenringe elastisch in entsprechende Nuten im Kolben eingebettet. Sie drücken federnd gegen die Zylinderwand. Die beiden oberen Kolbenringe verwehren dem Gasgemisch den Weg aus dem Verbrennungsraum nach unten ins Kurbelgehäuse, während der untere Ölabstreifring verhindert, daß allzuviel Schmiersaft vom Kurbelgehäuse in den Brennraum gelangt.
Die Zylinder, in denen die Kolben auf und ab laufen, sind in das Graugußmaterial des Motorblocks eingearbeitet. Die Zylinderbohrungen sind im sogenannten Kreuzschliff gehont (geschliffen). Die Wandungen dürfen nicht völlig glatt sein, weil sonst das zur Schmierung notwendige Öl nicht daran haften kann. Bis zu zwei Mal können die Zylinderlaufbahnen bei Motorüberholungen ausgeschliffen werden.

Die Kurbelwelle

Aufgabe der Kurbelwelle ist es, die geradlinige Bewegung der in den Zylindern auf und ab laufenden Kolben in eine Drehbewegung umzusetzen.

Schnittbild des Sechszylindermotors:
1 – Saugrohr;
2 – Zündspulenpaket;
3 – Zahnriemen;
4 – Keilrippenriemen;
5 – Kurbelwellen-Riemenscheibe mit Schwingungsdämpfer;
6 – Ölpumpe;
7 – Ansaugschnorchel der Ölpumpe;
8 – Kurbelwelle;
9 – Pleuel;
10 – Kolben;
11 – Hydrostößel;
12 – Ventil;
13 – Nockenwelle.

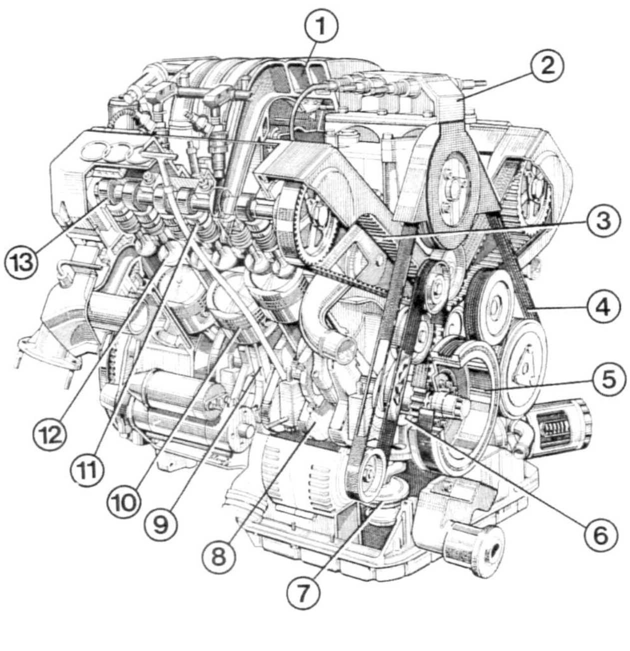

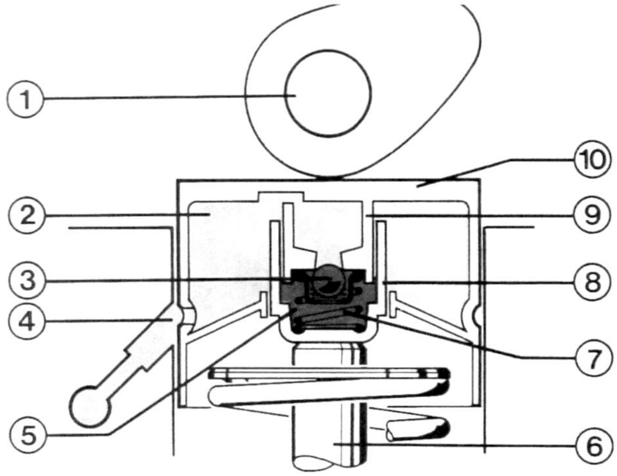

Die Ventilbetätigung mit Hydrostößel: Das unter Hochdruck gesetzte Öl ist rot dargestellt. Hellrot abgesetzt ist die zur Ventilbetätigung nicht benötigte Ölmenge. Es bedeuten:
1 – Nocken der Nockenwelle;
2 – Ölvorratsraum;
3 – Rückschlagventil;
4 – Ölzulauf;
5 – Hochdruckraum;
6 – Ventilschaft;
7 – Druckfeder;
8 – Zylinder;
9 – Kolben;
10 – Hydrostößel.

Die zu den Kolben führenden Verbindungsstangen – die Pleuel – wirken deshalb, wie bei einer Andrehkurbel, außermittig auf die Kurbelwelle. Gelagert sind sie auf den sogenannten Kurbelzapfen. Für vibrationsarmen Betrieb sitzen gegenüber den Kurbelzapfen Gegengewichte.
Um ein Durchbiegen der Kurbelwelle im Betrieb zu vermeiden, ist sie bei den Vierzylindern an fünf und beim Fünfzylinder an sechs Stellen im Motorblock gelagert. Jede »Kurbel«, auf der eine Pleuelstange sitzt, ist also rechts und links durch ein Motorlager gestützt. Anders beim Sechszylinder: Aus Platzgründen sind hier immer zwei Pleuel zwischen zwei Kurbelwellenlager gelegt, womit dieser Motor insgesamt vier Kurbelwellen-Hauptlager aufzuweisen hat.
In Fahrtrichtung hinten sitzt auf der Kurbelwelle eine Scheibe mit dem Zahnkranz für das Ritzel des Anlassers. Das ist entweder die Schwungscheibe, auf welche die Kupplung und damit die Verbindung zum Getriebe montiert wird, oder die Mitnehmerscheibe, an die der Drehmomentwandler der Getriebeautomatik geschraubt ist. Am anderen Ende der Kurbelwelle sind das Antriebsrad für den Zahnriemen angeschraubt sowie die Riemenscheibe(n).

Zylinderkopf und Nockenwelle

Der Zylinderkopf stellt gewissermaßen die obere Begrenzung der Brennräume dar. Ganz oben im Zylinderkopf sitzt die Nockenwelle. Mit ihren exzentrischen Nocken veranlaßt sie die Ventile zum Öffnen und Schließen bei bestimmten Kolbenstellungen. Sie bestimmt damit die sogenannten Ventilsteuerzeiten. Den Nockenwellenantrieb besorgt die Kurbelwelle über einen Zahnriemen.
Die Betätigung der Ventile erfolgt jedoch nicht direkt über die Nockenwelle. Zwischenstation sind die sogenannten Tassenstößel. Je ein Tassenstößel ist – wie eine auf den Kopf gestellte Tasse – über den Ventilschaft und die beiden Ventilfedern gestülpt.

Hydrostößel

In die schon erwähnten Tassenstößel ist ein hydraulischer Ventilspielausgleich eingebaut. Diese Einrichtung ermöglicht, daß die Kontrolle des Ventilspiels (wie früher üblich) entfallen kann: Der Ventiltrieb arbeitet spielfrei, aber dennoch ist dafür gesorgt, daß die geschlossenen Ventile fest auf dem Ventilsitz aufliegen und damit einwandfrei abdichten.

Fingerzeig: Laute Klappergeräusche kann ein Motor mit Hydrostößeln nach längeren Standzeiten kurz nach dem ersten Motorstart verursachen. Dieser Effekt tritt auf, wenn alles Öl aus den Hydrostößeln ausgelaufen und dadurch wieder Spiel im Ventiltrieb entstanden ist (siehe folgenden Abschnitt). Kein Grund zur Besorgnis: Das Geräusch verschwindet nach kurzer Zeit, und der Ventiltrieb arbeitet wieder geräuschfrei. Klappert ein einzelner Hydrostößel längere Zeit oder sogar noch bei warmem Motor, muß er kontrolliert werden (siehe weiter hinten im Kapitel).

Funktion der Hydrostößel

Bei geschlossenem Ventil gelangt Öl aus dem Schmierkreislauf des Motors über eine Ringnut in den Tassenstößel. Nach Passieren des Rückschlagventils im Stößel fließt der Schmierstoff in den momentan noch völlig drucklosen Hochdruckraum und füllt diesen ganz aus. Parallel zu diesem Vorgang drückt die Druckfeder den Tassenstößel spielfrei an die Nockenwelle bzw. den Zylinder gegen das Ende des Ventilschafts.
Dreht sich nun die Nockenwelle und drückt ihr exzentrischer Nocken gegen den Tassenstößel, so steigt der Druck im Hochdruckraum. Das Rückschlagventil verschließt die Zulaufbohrung und sorgt dafür, daß kein Öl mehr entweichen kann. Da sich das Öl nicht komprimieren (in sich zusammendrücken) läßt, ist damit eine starre Verbindung zwischen Tassenstößel und Zylinder hergestellt. Das Ventil kann also durch die Kraft der Nocke niedergedrückt werden.
Nach dem Schließen des Ventils entsteht durch Leckölverlust ein geringfügiges Ventilspiel, das aber durch die Druckfeder – sie drückt den Tassenstößel nach oben – sofort wieder ausgeglichen wird. In das vergrößerte Volumen des Druckraums strömt nun bei geöffnetem Rückschlagventil wieder Öl nach. Damit ist der Hydrostößel bereit zur nächsten Ventilbetätigung.

Der Zahnriemen

Als geräuscharmes Antriebselement für die obenliegende(n) Nockenwelle(n) dient der von der Kurbelwelle in

Die Zeichnung zeigt den Verlauf des Zahnriemens beim Sechszylindermotor. Es bedeuten:
1 – Antriebsrolle der Wasserpumpe;
2 – Zahnriemen-Spannrolle;
3 – Kurbelwellen-Zahnriemenrad;
4 – Umlenkrolle.

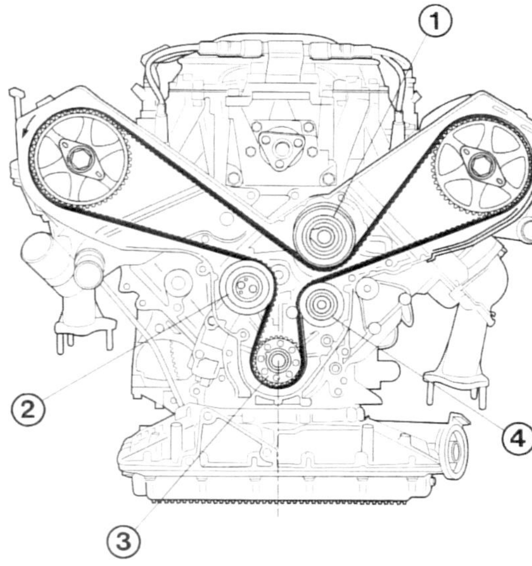

Bewegung gesetzte Zahnriemen. Der gezähnte Gummiriemen mit Stahldrahteinlage arbeitet verschleißfrei, zumal die Gummimischung des Zahnriemens überdies für eine Trockenschmierung der Riemenscheiben sorgt. Neben der Nockenwelle treibt der Zahnriemen beim Fünf- und Sechszylinder die Wasserpumpe an. Beim Vierzylinder treibt der Riemen zusätzlich die Zwischenwelle, die ihrerseits Ölpumpe und Zündverteiler in Bewegung setzt.

Die Zylinderkopfdichtung

Die Dichtung zwischen Motorblock und Zylinderkopf hat dafür zu sorgen, daß die Verbrennungsräume und die Kanäle für Kühlmittel und Öl voneinander getrennt bleiben. Dabei muß sie enormen Temperatur- und Druckschwankungen widerstehen.

Das Schmiersystem

Im Motor verlangen eine ganze Reihe von Lagerstellen und Reibpartnern nach Schmierung. Das Motoröl muß dorthin unter Druck gepumpt werden – von der Ölpumpe. Sie saugt den Schmiersaft durch einen Schnorchel aus der Ölwanne an und drückt ihn in den Hauptstrom-Ölfilter.
Ist das Filterpapier von Schmutz zugesetzt, weil der Filter nicht rechtzeitig gewechselt wurde, öffnet ein Sicherheitsventil und der Filter wird umgangen – die Ölversorgung ist sichergestellt.
Vom Filter aus gelangt das schmierfähige Naß über Bohrungen im Zylinderblock zu den Schmierstellen der Kurbelwelle, der Zwischenwelle (nur Vierzylinder) und des Zylinderkopfes mit der/den Nockenwelle(n). Das Öl fließt durch Bohrungen zurück in die Ölwanne und kann für einen erneuten Durchlauf von der Ölpumpe angesaugt werden.

Die Ölpumpe

Rund 30 Liter Öl werden bei Vollgas in der Minute durch den Motor gepumpt:
○ Im Vierzylindermotor ist die bereits erwähnte Zwischenwelle das Antriebselement für die nach unten verlängerte Zündverteilerwelle, auf der die Ölpumpe sitzt.
○ Am Fünf- und Sechszylinder ist die Ölpumpe in Fahrtrichtung vorn direkt auf die Kurbelwelle aufgesetzt.
Auch die Arbeitsweise der Pumpen ist bei unseren Audi-Motoren unterschiedlich, siehe folgende Seite.

Die Zahnriemen des Vier- und Fünfzylindermotors sind mit sogenannten Thermo-Spannrollen ausgestattet.
Links: Zahnriementrieb des Vierzylindermotors.
1 – Spannrolle;
2 – Thermoelement;
3 – Zahnriemen.
Rechts: Der Zahnriementrieb am Fünfzylinder.
1 – Zahnriemen;
2 – Spannrolle;
3 – Thermoelement.

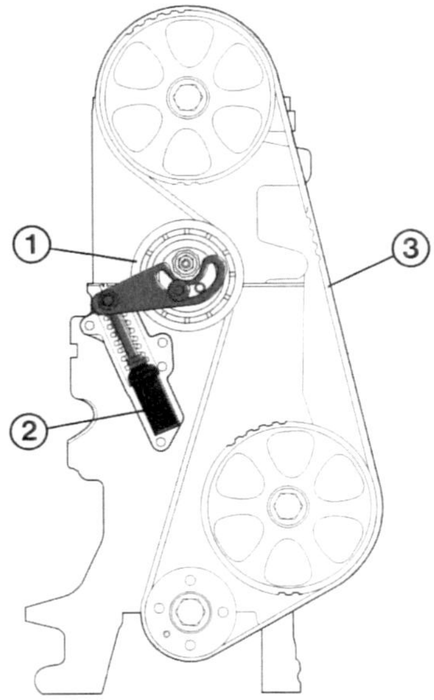

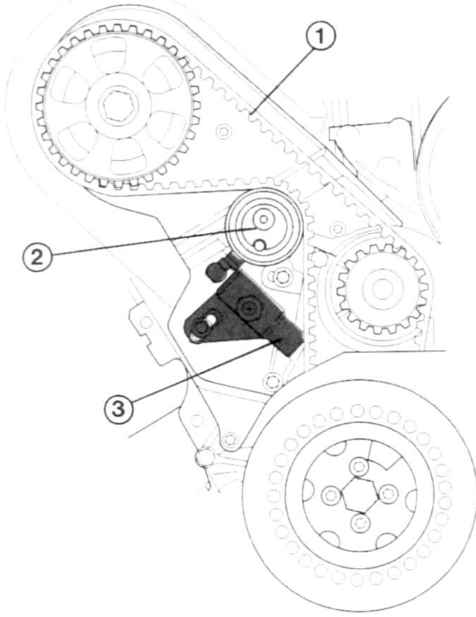

○ Der Vierzylindermotor besitzt eine Zahnrad-Ölpumpe. Zwei ineinandergreifende Zahnrädchen gleicher Größe schaufeln das Öl einfach von der Saugseite zur Druckseite.
○ Die Fünf- und Sechszylinder werden von einer Rotorölpumpe System Eaton geschmiert. Hier ist ein Außenzahnrand in einem innen verzahnten Rad untergebracht (das sind die beiden Rotoren). Durch die spezielle Formgebung und die außermittige Anordnung des Innenrotors wird erreicht, daß sich bei der gemeinsamen Drehung der beiden Zahnräder immer wieder neue Freiräume bilden, in denen ein Unterdruck herrscht. So wird Motoröl angesaugt. Von den sich drehenden Rädern wird das Öl nun zur Ausgangsseite der Pumpe und von dort aus in die Schmierkanäle gedrückt.

Öltemperatur

Für das Wohlbefinden des Motors ist die Öltemperatur ausschlaggebend. Diese Information wird dem Audi-Fahrer jedoch nur bei eingebauten Zusatzinstrumenten geliefert. Zu Vergleichszwecken interessant ist die Motoröltemperatur am Ölfilterflansch oder an der Ölpumpe; dort ist der Schmiersaft am kühlsten. Dagegen können an den Kolbenringen Temperaturen bis 300°C auftreten.
Falls Sie einen Wagen mit Ölthermometer fahren: Audi nennt 145°C in der Ölwanne als höchstzulässige Temperatur. Voraussetzung ist dabei allerdings ein vorschriftsmäßiges, hochwertiges Motoröl.
Schädlich für den Motor ist auch eine zu niedrige Öltemperatur. Das Öl hat dann seine volle Schmierfähigkeit noch nicht erreicht. Deshalb sollten Sie nach Möglichkeit den Motor nach dem Kaltstart nicht über 3500/min drehen lassen, bis das Öl etwa 60°C erreicht hat. Als Anhaltspunkt gilt, daß das Motoröl gegenüber dem Kühlmittel etwa doppelt so lange braucht, bevor es seine Betriebstemperatur erreicht hat.

Der Öldruck

Wenn in Ihrem Audi 100 ein Öldruckmesser eingebaut ist oder wenn Sie einen Werkstatt-Öldruckmesser anstatt eines Öldruckschalters am Motor anschließen können, kann der Öldruck im Rahmen der Meßgeräte-Genauigkeit selbst kontrolliert werden. Prüfbedingungen: Einbereichsöl der Klasse SAE 20 W/20, 80°C Öltemperatur. Folgende Werte müssen sich ergeben:

Motor	Messung 1	Messung 2
Vierzylinder	Öldruck bei 2000/min: mind. 2,0 bar	Drehzahl steigern – Öldruck maximal: 7,0 bar
Fünfzylinder	Öldruck bei 2000/min: mind. 2,0 bar	Drehzahl steigern – Öldruck maximal: 5,3–6,3 bar
Sechszylinder mit Öldruckschalter am Zylinderkopf	Öldruck im Leerlauf: 1,0–2,5 bar	Öldruck bei 3000/min: 2,7–2,9 bar
Sechszylinder mit Öldruckschalter an der Ölwanne	Öldruck im Leerlauf: 1,0–2,5 bar	Öldruck bei 3000/min: 3,0–5,0 bar

Der Öldruck ist jedoch auch ohne Instrument im Audi gut überwacht. Zwei Öldruckschalter sorgen dafür. Mehr zu diesem Kontrollsystem erfahren Sie im Kapitel »Instrumente und Geräte«.

Die Kurbelgehäuse-Entlüftung

Auch ein gesunder Motor bläst in der Minute 50 bis 70 Liter Verbrennungsgase an den Kolbenringen vorbei ins Kurbelgehäuse. Dieser Druck muß aus dem Motor entweichen können, damit die Dichtungen nicht zu stark beansprucht werden. Das geschieht über die Kurbelgehäuse-Entlüftung. Die giftigen Gase aus dem Motorinnern werden zum Schutz der Umwelt in die Ansaugkanäle zurückgeleitet. Von dort werden die Gase zur vollständigen Verbrennung nochmals vom Motor angesaugt.

Sichtprüfung des Motors

Wartung Nr. 4

● Betrachten Sie den Motor von oben und unten.
● Geringfügig ölfeuchte Stellen sind nicht bedenklich, alle Motoren »schwitzen« gelegentlich etwas Schmiermittel aus.
● Ölflecken unter dem geparkten Wagen und deutlichen Ölnässen sollten Sie aber auf den Grund gehen.
● Motor mit Motorreiniger und Dampfstrahlgerät säubern.
● Nach einer Probefahrt von wenigen Kilometern kontrollieren, wo Öl austritt.

Mögliche Leckstellen

An welchen Stellen beim Audi-Motor Öl austreten kann, haben wir hier zusammengestellt:
○ Abdichtung von Kurbelwelle, Nockenwelle(n) und Zwischenwelle (Vierzylinder). Diese Stellen sind vom Zahnriemenschutz verdeckt
○ Dichtungen am Zylinderkopfdeckel
○ Zylinderkopfdichtung
○ Dichtung am Zündverteiler (Vier-/Fünfzylinder)
○ Öldruckschalter
○ Ölfilterdichtung
○ Dichtung am Ölfilterhalter (Vierzylinder)
○ Dichtung der Ölwanne
○ Wellendichtung der Kurbelwelle hinten (Öl tritt an der Trennfuge Motor-/Getriebegehäuse aus)

Fingerzeig: An sogenannten Reinigungsparks mit Dampfstrahlgeräten zur Selbstbedienung kann eine preiswerte Motorwäsche durchgeführt werden. Bei starkem Schmutzbefall ist es empfehlenswert, den Motor vorher mit einem Motorreiniger einzusprühen und diesen etwas einwirken zu lassen. Unbedingt Arbeitskleidung mitnehmen.

Einfahren des neuen Motors

Während der ersten **1000 km** sollen die gleitenden Teile des Motors (Kolben und Zylinder; Gleitlager und Wellen) Gelegenheit haben, sich an das jeweilige Gegenstück anzupassen. Das muß bei niedriger Belastung bzw. bei niedrigen Drehzahlen geschehen. Die spätere Motorleistung und die Lebensdauer hängen davon ab. Deshalb:

○ Kein Vollgas geben; bei Getriebeautomatik Vollgas- und Kickdown-Stellung vermeiden. Höchstdrehzahl: 4200/min!

○ Erst bei betriebswarmem Motor über die angesprochenen 4200/min hinausdrehen; bei kaltem Motor früher schalten.

○ In der Laufzeit von **1000–1500 km** den Motor allmählich bis zur Höchstgeschwindigkeit bzw. zur höchstzulässigen Drehzahl (kurzzeitig 6300/min) steigern.

Fingerzeig: Was hier für den neuen Motor gesagt wurde, gilt erst recht für ein überholtes Triebwerk, das erfahrungsgemäß empfindlicher auf falsche Einfahrweise reagiert.

Die Motor-Lebensdauer

Die 100000-km-Grenze wird von allen Audi-Triebwerken problemlos überschritten. Ob Sie mehr als das Doppelte dieser Fahrleistung erreichen, liegt jedoch entscheidend an der Fahrweise und der Pflege, die Sie dem Motor angedeihen lassen.

○ Von entscheidender Bedeutung ist zum Beispiel die Motoröltemperatur. Während die Kühlmittel-Temperaturanzeige schon relativ früh Betriebstemperatur signalisiert, ist das Motoröl frühestens nach etwa 10 Minuten Fahrt völlig einwandfrei schmierfähig.

○ Wichtig ist auch der regelmäßige Ölwechsel und die Verwendung vorschriftsmäßigen Motoröls.

Nenn- und Höchstdrehzahl

Ein Verbrennungsmotor gibt seine höchste Leistung bei einer bestimmten Drehzahl ab – der sogenannten Nenndrehzahl. Höher als diese hinauszudrehen bringt keine Mehrleistung. Hohes Ausdrehen kann lediglich zum besseren Anschließen in den nächsthöheren Gang von Vorteil sein.
Unsere Motoren sind durchaus drehzahlfest. Die Ventile werden über die Tassenstößel direkt von der/den obenliegenden Nockenwelle(n) betätigt. Dabei werden nur geringe Massen in Bewegung gesetzt, was hohe Drehzahlen ohne Gefahr für den Ventiltrieb gestattet.

Die ausgebaute Ölpumpe des Vierzylindermotors besteht aus zwei miteinander kämmenden Zahnrädern (die Pfeile symbolisieren die Drehrichtungen). Angesaugt wird das Motoröl durch die Kammer »1«, das unter Druck gesetzte Öl gelangt über die Druckkammer »2« an die Schmierstellen im Motor.

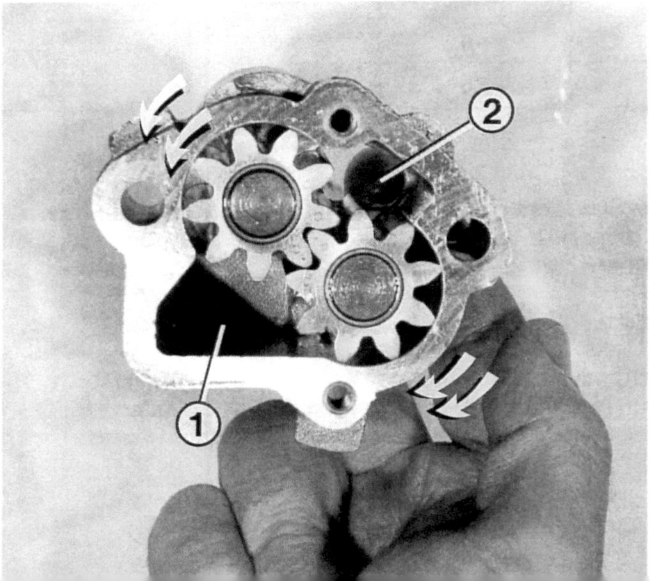

Die Ölpumpe des Fünfzylindermotors. Es bedeuten: 1 – Innenrotor; 2 – Außenrotor; 3 – Überdruckventil.

Nur kurzzeitig darf die Drehzahl auf etwa 6300/min ansteigen. Der Motor brummt dann unüberhörbar, verursacht durch Schwingungen der Kurbelwelle in ihren Lagern.

Drehzahl-Begrenzung

Die absolute Drehzahl-Höchstgrenze liegt etwa bei 6700/min. Spätestens ab dieser Tourenzahl geraten die Ventilfedern so stark ins Schwingen, daß ein einwandfreies Öffnen und Schließen der Ventile nicht mehr gewährleistet ist. Die Ventilfedern können brechen, was zur Folge hat, daß das betreffende Ventil auf dem Kolben aufschlägt und gewaltige Zerstörungen anrichtet.
Damit es gar nicht so weit kommen kann, ist in den Audi-Motoren eine Drehzahlbegrenzung eingebaut, die im Bereich der genannten Drehzahl weiteres Hochdrehen durch Abstellen der Kraftstoffzufuhr stoppt.
Sollten Sie sich also über Motoraussetzer in sehr hohen Drehzahlen gewundert haben, so ist das keine Störung, sondern der eingebaute Selbstschutz des Motors.

Kompressionsdruck messen

Die Messung des Kompressionsdrucks in den Motorzylindern gibt Aufschluß darüber, ob Ventile und Kolbenringe noch gut abdichten. Leistung, Kaltstartverhalten sowie Öl- und Kraftstoffverbrauch unseres Motors hängen davon ab.

● Motor warmfahren. Die Kolbenringe dichten bei warmem Öl besser ab.
● Zündung und Kraftstoffzufuhr »lahmlegen«. Das geht für die einzelnen Modelle unterschiedlich:
● **Vierzylinder:** Stecker an der Leistungsendstufe der Zündspule abziehen.
● Mehrfachstecker an der Einspritzeinheit abziehen (74 kW) bzw. Sicherung Nr. 17 abziehen (85 kW mit KE-Motronic) oder Stecker aller vier Einspritzventile abziehen (85 kW mit Digifant).
● **Fünfzylinder:** Stecker an der Leistungsendstufe der Zündspule abziehen.
● Sicherung Nr. 17 im Sicherungskasten abziehen.
● **Sechszylinder:** Beide Stecker an der Leistungsendstufe für die Zündspulen abziehen.
● Stecker an allen sechs Einspritzventilen abziehen. Zusätzlich Zündleitungshalter an der Kraftstoffleitung des 3. und 4. Zylinders abziehen.
● **Alle:** Sämtliche Zündkerzen herausschrauben.
● Gummikonus des Druckprüfers auf das Kerzenloch des ersten Zylinders pressen (Reihenfolge egal, aber notieren) bzw. Anschlußleitung ins Zündkerzengewinde schrauben.
● Handbremse anziehen, Schalthebel in Leerlauf bzw. Getriebeautomatik-Wählhebel in Stellung »P« drücken.
● Von Helfer den Motor mit dem Anlasser durchdrehen lassen. Das Gaspedal muß er dabei voll durchtreten (zwecks besserer Zylinderfüllung).
● Steigt der Druckwert nicht mehr wesentlich an, Anzeigewert notieren und am nächsten Zylinder weitermessen.

Druckwerte

Hier die Kompressionsdruckwerte, wie sie Audi angibt:

Motor Kennbuchstaben		Vierzylinder AAE	 AAD/ABK	Fünfzylinder AAR	Sechszylinder ABC/AAH
Kompressionsdruck-Sollwert	bar	9–12	11–16	10–14	11–16
Mindestwert	bar	7,0	9,0	8,0	9,0
Maximaler Druckunterschied	bar	2,0	3,0	3,0	3,0

Störungsbeistand

Zu niedriger Kompressionsdruck

Gleichmäßig niedriger Kompressionsdruck ist nicht unbedingt ein Alarmzeichen; Ursache können Meßtoleranzen zwischen verschiedenen Prüfgeräten sein. Bedenklich ist es dagegen, wenn zwischen den einzelnen Meßwerten für die Zylinder Unterschiede von mehr als 2 bzw. 3 bar bestehen. Das kann bedeuten:

○ **Kolben- und Kolbenringverschleiß**
○ **Festsitzende Kolbenringe** durch Rückstandsbildung
○ **Unrunde Zylinder** als Folgeerscheinung von Kolbenklemmern
○ **Ablagerungen** an den Ventilschäften oder -sitzen durch Verbrennungs- bzw. Schmierölrückstände
○ **Verbrannte Ventile**. In den meisten Fällen sind undichte Ventile die Ursache für mangelhaften Kompressionsdruck und damit geringere Motorleistung. Abhilfe bringt nur die Überholung des Zylinderkopfes

Messen des Kompressionsdrucks. Der hier gezeigte Kompressionsdruckprüfer mit Meßkärtchen ist ein Werkstattgerät. Einfachere Prüfer mit Zeiger für den Heimwerker sind billiger.

Fehlersuche

Um bei zu niedrigem Kompressionsdruck den Fehler lokalisieren zu können, wendet man folgenden Trick an: Ins Zündkerzenloch mit einer Spritzkanne etwas Motoröl träufeln und Kompressionsdruck nochmals messen.

○ Sind die Werte weiterhin schlecht, liegt es an den Ventilen.

○ Erhalten Sie höhere Druckwerte, liegt es an den Kolbenringen und vielleicht auch an den Zylindern. Das eingefüllte Öl hat kurzfristig zwischen Kolben und Zylinderwänden besser abgedichtet, so daß das komprimierte Gas dort kaum noch entweichen konnte.

Der Druckverlusttest

Genauere Erkenntnisse liefert der Druckverlusttest, den Werkstätten durchführen können. Dazu wird Druckluft über die Zündkerzenbohrung in den Verbrennungsraum eingeleitet.

Verliert der geprüfte Brennraum Druck, wird dies auf der Skala des Testgeräts angezeigt. Eine größere Leckstelle läßt sich durch Abhorchen erkennen:

○ Blasgeräusche am Auspuff lassen auf ein undichtes Auslaßventil schließen.

○ Strömt Druckluft aus dem Luftfiltergehäuse, ist das Einlaßventil defekt.

○ Bei einer defekten Zylinderkopfdichtung oder einem Riß im Zylinderkopf gelangt Druckluft durch das benachbarte Zündkerzenloch oder aus dem geöffneten Kühlmittel-Ausgleichsbehälter ins Freie.

○ Verschlissene Zylinderwände, Kolbenlaufbahnen oder Kolbenringe lassen Druck ins Kurbelgehäuse strömen und am geöffneten Öleinfüllstutzen oder am Rohr für den Ölpeilstab austreten.

Motor durchdrehen

Zu manchen Arbeiten muß man die Kurbelwelle entweder in eine bestimmte Stellung bringen oder durchdrehen.

● Dazu bei Wagen mit Schaltgetriebe auf ebener Fläche den 5. Gang einlegen und den Wagen vor- oder zurückschieben. Oder:

● Beim **Vierzylinder** einen gekröpften SW-22-Ringschlüssel auf der Zentralmutter der Lichtmaschinen-Riemenscheibe ansetzen und den Motor jetzt über

Zum Durchdrehen der Kurbelwelle von Hand wird beim Vierzylinder ein SW-22-Schlüssel auf der Mutter der Lichtmaschinen-Riemenscheibe angesetzt. Rutscht der Riemen durch, wird er von Hand belastet.

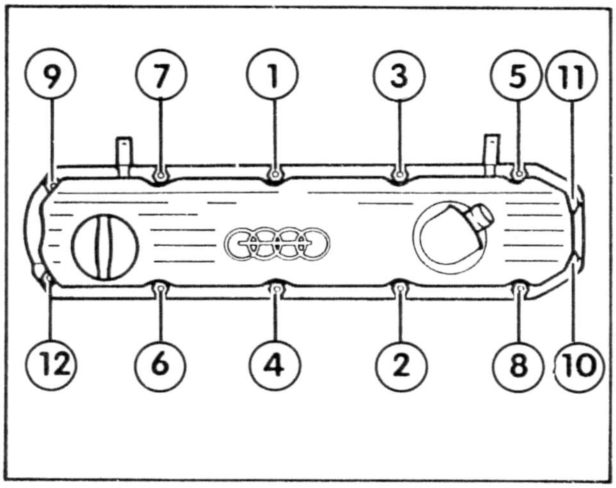

In dieser Reihenfolge sollen die Muttern des Zylinderkopfdeckels beim Fünfzylinder zuerst mit 5 Nm, dann mit 10 Nm und zuletzt mit 12 Nm festgezogen werden.

den Keilriemen durchdrehen. Rutscht der Riemen durch, wird er mit der freien Hand zwischen den Riemenscheiben belastet und damit gestrafft.

● Beim **Fünfzylinder** Abdeckung für den Keilrippenriemen losschrauben.

● Gabelschlüssel SW 32 auf dem Adapter an der Servopumpe ansetzen und den Motor über den Keilrippenriemen durchdrehen.

● Beim **Sechszylinder** eine Zwölfkant-Stecknuß SW 24 auf der Zentralschraube der Kurbelwellen-Riemenscheibe ansetzen und mit Rätsche oder Hebel die Kurbelwelle drehen.

● **Niemals** bei abgenommener Zahnriemenabdeckung den Motor an der Befestigungsschraube des Nockenwellen-Zahnriemenrades durchdrehen! Der Zahnriemen könnte sonst überspringen – Motorschäden.

Zylinder 1 auf OT Zündzeitpunkt stellen

Beim Viertaktmotor kommt der Kolben während der vier Arbeitstakte zweimal in den Oberen Totpunkt (OT): Einmal beim Zünden des angesaugten Gemisches und zum zweiten Mal nach dem Ausstoßen der Altgase mit anschließendem Wiederansaugen von Kraftstoff/Luft-Gemisch. Üblicherweise wird bei verschiedenen Einstellarbeiten der OT während des Zündzeitpunktes von Zylinder 1 gebraucht.

● **Vier- und Fünfzylinder:** Verteilerkappe, Verteilerfinger und Schutzdeckel abnehmen. Verteilerfinger wieder aufstecken und Motor so lange durchdrehen, bis das Kontaktstück des Verteilerfingers über der kleinen Kerbe am Verteilerrand steht. Der OT ist nun gefunden.

● Damit die Sache ganz genau wird, Kurbelwelle möglicherweise ein kleines Stückchen hin- oder herdrehen, bis im Schauloch der Getriebeglocke die Markierung »O« auf der Schwungscheibe der Schaulochkante gegenübersteht.

● **Sechszylinder:** Zahnriemenabdeckung rechts und links ausbauen (weiter hinten im Kapitel beschrieben).

● Kurbelwelle so lange durchdrehen, bis die großen Bohrungen der Fixierplatten auf den beiden Nockenwellenrädern nach innen zueinander stehen.

● Kurbelwelle gegebenenfalls ein kleines Stückchen hin- oder herdrehen, bis im Schauloch der Getriebeglocke die Markierung »O« auf der Schwungscheibe der Schaulochkante gegenübersteht.

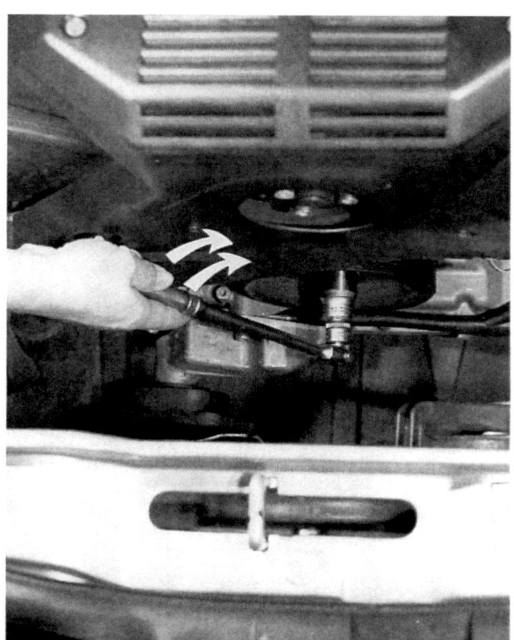

Links: Beim Fünfzylinder kann der Motor an einem speziellen Adapter vorn an der Pumpe der Servolenkung durchgedreht werden. Hierzu wird ein Gabelschlüssel auf den Sechskant-Adapter angesetzt, wie hier im Bild gezeigt. Zuvor die Abdeckung für den Keilrippenriemen abnehmen (eine Schraube).
Rechts: Die Kurbelwelle des Sechszylindermotors wird an der Zentralschraube der Kurbelwellen-Riemenscheibe durchgedreht. Als Werkzeug muß eine Zwölfkant-Stecknuß SW 24 mit Rätsche oder Hebel verwendet werden.

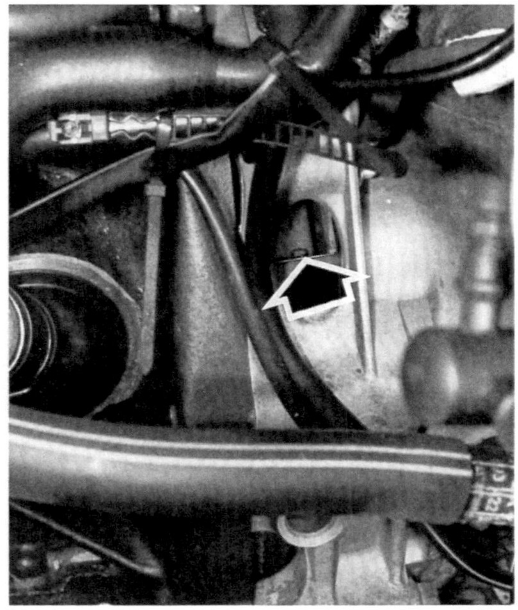

Links: Die hier abgebildete Vollabdeckung für den Sechszylindermotor war nicht gleich zum Serienbeginn eingebaut. Die Pfeile zeigen die vier Schnellverschlüsse, die zum Abnehmen dieser Verkleidung um 90° linksgedreht werden müssen.
Rechts: Der OT ist gefunden, wenn die Marke »O« auf der Schwungscheibe unter der Bezugskante am Getriebegehäuse (Pfeil) steht.

Motorabdeckung abbauen

Neuere Sechszylindermotoren sind mit einer Abdeckung versehen, die neben gutem Aussehen auch noch die Funktion einer Geräuschdämpfung hat. Ausbauen:

- Vier Schnellverschlüsse mit großem Schraubendreher 90° linksdrehen.
- Abdeckung abnehmen.

Zylinderkopfdeckel abnehmen

- **Vierzylinder:** Schlauch der Kurbelgehäuse-Entlüftung abnehmen. Ggf. Kabelstrang ausclipsen.
- Gaszug aushängen und aus dem Widerlager ziehen.
- Haltemuttern lösen.
- Verstärkungsleisten abnehmen.
- Deckel hochheben.
- Ggf. Ölabweiser abziehen.
- **Fünfzylinder:** Schlauch des Bremskraftverstärkers am Sammelsaugrohr abbauen.
- Sammelsaugrohr-Oberteil sowie die Einspritzventile ausbauen (Kapitel »Die KE-III-Jetronic- und KE-Motronic-Einspritzung«).
- Steuerventil der Leerlaufstabilisierung abbauen.
- Haltemuttern lösen, Verstärkungsleisten abnehmen.
- Deckel abnehmen.
- **Sechszylinder:** Motorabdeckung abbauen.
- Halteschrauben lösen.
- Deckel hochheben.
- Ggf. Ölabweiser abziehen.
- Beim **Einbau** möglichst eine neue Dichtung verwenden.
- **Vier- und Fünfzylinder:** Die Blech-Verstärkungsleisten unter den Haltemuttern nicht vergessen.
- **Sechszylinder:** Dichtung der Zylinderkopfdeckel an der Innen- und Außenseite mit Silikon-Gleitmittel D 007 000 04 (aus dem Audi-Ersatzteilprogramm) leicht einstreichen.
- An allen vier Kanten zwischen Zylinderkopf-Dichtfläche und Nockenwellen-Lagerdeckel ein wenig »Silimate« AMV 174 004 01 aus dem Audi-Ersatzteilager auftragen. Darauf achten, daß die Ölbohrung unten am Nockenwellen-Lagerdeckel dabei nicht verstopft wird.
- **Alle:** Muttern bzw. Schrauben an der Deckelmitte beginnend über Kreuz mit 10 Nm anziehen. Beim Fünfzylinder zusätzlich die Anzugsreihenfolge (Abbildung oben links) und die anderslautenden Anzugsdrehmomente beachten.

Links: Eine weitere OT-Markierung befindet sich beim Sechszylinder an der Riemenscheibe bzw. an der unteren Zahnriemenabdekkung (Pfeile).
Rechts: Bei OT Zündzeitpunkt von Zylinder 1 stehen die großen Bohrungen der Fixierplatten auf den beiden Nockenwellenrädern zur Motormitte hin (Pfeil). Der Flansch selbst steht waagrecht (durch die Linie symbolisiert).

Zur Kontrolle der Hydrostößel drückt man mit einem Kunststoff- oder Holzkeil (1) auf den entlasteten Hydrostößel (2). Kein Metallwerkzeug nehmen, mit dem die Oberfläche des Hydrostößels zerkratzt werden könnte.

Die Hydrostößel

Wozu Hydrostößel?

Durch die Erwärmung des Motors dehnen und längen sich die einzelnen Teile des Ventiltriebs. Deshalb muß – damit auch bei warmem Motor die Ventile trotz ihrer etwas länger gewordenen Schäfte richtig abdichten – etwas »Luft« oder »Spiel« zwischen der Nockenwelle und den Tassenstößeln vorhanden sein. Dieses Spiel – das sogenannte Ventilspiel – mußte bei älteren Wagen in regelmäßigen Abständen eingestellt werden. Beim Audi 100 geschieht das bei jeder Ventilbetätigung automatisch durch den sogenannten hydraulischen Ventilspielausgleich, der in den Tassenstößeln untergebracht ist. Daher der Name »Hydrostößel«.

Ventilgeräusche

Klappergeräusche aus dem Bereich Zylinderkopf deuten auf einen oder mehrere defekte Hydrostößel hin. Ventilgeräusch kann jedoch auch bei intakten Hydrostößeln auftreten, wenn

○ kurz nach dem Starten die Ölversorgung der Stößel noch nicht gewährleistet ist
○ der Wagen zuvor bei hohen Außentemperaturen voll belastet wurde
○ der Wagen lange Zeit nicht gefahren wurde. Das Ventilgeräusch muß dann spätestens bei betriebswarmem Motor verstummen
○ bei extrem niedrigem Ölstand die Ölpumpe manchmal Luft ansaugt

Defekten Hydrostößel ermitteln

- Motor starten und laufen lassen, bis der elektrische Kühlerventilator das erste Mal losläuft bzw. beim Fünfzylinder die Kühlmittel-Temperaturanzeige auf über 80°C angestiegen ist.
- Drehzahl für 2 Minuten auf ca. 2500/min anheben.
- Verstummt das Ventilgeräusch noch nicht, Motor abstellen und Zylinderkopfdeckel abbauen.
- Zylinder 1 auf OT Zündzeitpunkt drehen.
- Beide Tassenstößel an Zylinder 1 nacheinander mit einem Holzkeil nach unten drücken. Ist ein Nachgeben um mehr als 0,1 mm spürbar, Stößel ersetzen (er kann nicht repariert werden).
- Vorgang an den anderen Zylindern wiederholen. Dazu den jeweiligen Zylinder auf OT stellen. Das ist der Fall, wenn am zu prüfenden Zylinder die Nocken der Nockenwelle gleichmäßig nach oben zeigen.

Hydrostößel auswechseln

- Nockenwelle ausbauen.
- Alten Tassenstößel herausziehen.
- Laufbahn des neuen Stößels etwas einölen und Stößel einsetzen.
- Nockenwelle wieder einbauen.
- Nach Einbau eines neuen Tassenstößels darf der Motor 30 Minuten lang nicht gestartet werden! Er muß sich erst »setzen«. Die Ventile schlagen sonst auf den Kolben auf.
- Sicherheitshalber Motor zuerst von Hand durchdrehen.

Arbeiten am Zahnriemen

Die Ventilsteuerung erfolgt, wie bereits angesprochen, über einen Zahnriemen. Dieser versetzt die Nockenwelle(n) in die halbe Umdrehungszahl der Kurbelwelle. Ferner vom Zahnriemen getrieben: Die Wasserpumpe (Fünf- und Sechszylinder) und die Zwischenwelle (Vierzylinder).

Zahnriemenabdeckung ausbauen

- **Vierzylinder:** Zwei Haltespangen oben an der Abdeckung abdrücken.
- Oberes Abdeckungsteil nach oben abziehen.
- Beim Wiedereinbau darauf achten, daß die Abdeckung an der Unterkante richtig ins Gegenstück eingesetzt wird, sonst kein sicherer Halt.
- Meist reicht der Ausbau des oberen Abdeckungsteils. Soll auch das untere Teil abgenommen werden:

Beim Sechszylindermotor ist die Zahnriemenabdeckung mit Halteklammern (Pfeile) befestigt. Zum Ausbau der rechten Zahnriemenabdeckung muß zusätzlich die Spannrolle des Keilrippenriemens ausgebaut werden (große Innensechskantschraube).

● Keilriemen abnehmen (Kapitel »Die Lichtmaschine«).
● Keilriemenscheiben an der Kurbelwelle und der Wasserpumpe abschrauben.
● Halteschraube(n) und Mutter der unteren Zahnriemenabdeckung lösen und diese abziehen.
● Beim Zusammenbau werden die Schrauben der Keilriemenscheiben mit 20 Nm, die Muttern und Schrauben der Zahnriemenabdeckung mit 10 Nm angezogen.
● **Fünfzylinder:** Zwei Haltespangen oben an der Abdeckung abdrücken.
● Obere Zahnriemenabdeckung abnehmen.
● Halteschrauben der unteren Abdeckung losdrehen und diese abnehmen.
● Beim Einbau werden alle Schrauben mit 10 Nm angezogen.
● **Sechszylinder:** Keilrippenriemen sowie die Spannrolle für Keilrippenriemen ausbauen (Kapitel »Die Lichtmaschine«).
● An jeder Hälfte der Zahnriemenabdeckung oben und unten je eine Spannklammer lösen.
● Abdeckungen vorsichtig aus den restlichen Verhakungen ziehen.

Zahnriemenzustand prüfen

● Zahnriemenabdeckung abnehmen.
● Der Zahnriemen darf nicht verölt oder rissig sein.
● Die Flanken der Verzahnung müssen intakt sein und dürfen keine Abnutzungserscheinungen zeigen.
● Damit Sie den Riemen auf seiner gesamten Länge begutachten können, den Motor durchdrehen, wie weiter vorn im Kapitel beschrieben.
● Einen schadhaften Zahnriemen unbedingt ersetzen!

Zahnriemenspannung kontrollieren

● Zahnriemenabdeckung abnehmen.
● Die Riemenspannung wird bei unseren Audi-Motoren an folgenden Stellen geprüft:
● **Vierzylindermotor:** Zwischen Nockenwellen- und Zwischenwellenrad.

Beim Vierzylinder wird die Zahnriemenabdeckung nach Lösen der beiden Haltespangen (Pfeile) abgenommen.

Ausbau der Zahnriemenabdeckung am Fünfzylindermotor nach Lösen der beiden Halteklammern (Pfeile).

Der Zahnriemen (2) ist beim Vierzylinder richtig gespannt, wenn er sich zwischen den Zahnriemenrädern der Nockenwelle (1) und der Zwischenwelle (hier im Bild nicht sichtbar) um 90° verdrehen läßt.

● **Fünfzylinder:** Zwischen Nockenwellen- und Wasserpumpenrad.
● **Sechszylinder:** Zwischen Nockenwellenrad und oberer Umlenkrolle.
● Der kalte Zahnriemen muß sich bei richtiger Spannung nur mit Daumen und Zeigefinger um **90°** (= rechter Winkel) in sich verdrehen lassen.

Fingerzeig: Ein Pfeifgeräusch nach dem Kaltstart, das mit höheren Drehzahlen kräftiger wird, deutet auf einen zu strammen Zahnriemen hin.

Zahnriemen spannen

Die Zahnriemenspannung darf nur bei **kaltem Motor** eingestellt werden.
● Generell zuerst die Zahnriemenabdeckung ausbauen.
● Beim **Vierzylinder** verwendet die Werkstatt zur Arbeit einen Mutterndreher, z.B. Matra V 159.
● An der Spannrolle des Zahnriemens die Klemmschraube lösen.
● Drehen der Spannrolle mit dem Mutterndreher gegen den Uhrzeigersinn spannt den Zahnriemen.
● Klemmschraube mit 20 Nm festdrehen.
● Ohne Mutterndreher geht's so: Stabilen Schraubendreher in eines der Löcher im Nockenwellen-Zahnriemenrad stecken, Rad geringfügig nach links drehen, damit sich der Zahnriemen entlastet.
● Klemmschraube jetzt lösen und kleinen Schraubendreher schräg an der im Bild unten auf der folgenden Seite gezeigten Stelle ansetzen. Auf diese Weise kann der Exzenter der Spannrolle gedreht werden, bis die Riemenspannung stimmt. Das Nockenwellenrad muß natürlich währenddessen weiter festgehalten werden. Zuletzt Klemmschraube festziehen und Riemenspannung nochmals prüfen.
● Beim **Fünfzylinder** die Halteschrauben des Riemenspanners etwas lockern.
● Zum Spannen des Zahnriemens Riemenspanner am Sechskant mit **25 Nm** (Drehmomentschlüssel) im Uhrzeigersinn drehen.
● Riemenspanner in dieser Stellung halten und Schrauben mit 10 Nm wieder festziehen.
● **Sechszylinder:** Keilrippenriemen sowie Spannvorrichtung für Keilrippenriemen ausbauen.
● Klemmschraube (Innensechskant 8 mm) an der Spannrolle lösen.

Das Prüfen der Zahnriemenspannung erfolgt beim Fünfzylinder (Bild links) und beim Sechszylinder (rechte Abbildung) in gleicher Weise, wie für den Vierzylindermotor im Bildtext oben beschrieben. Die Zahnriemen müssen sich gerade noch um 90° verdrehen lassen. Die Abbildungen zeigen die Stellen, an denen geprüft wird.

Hier ist die Thermo-Spannrolle des Fünfzylindermotors gezeigt. Es bedeuten:
1 und 3 – Halteschrauben;
2 – Sechskant zum Ansetzen eines Schlüssels beim Spannen des Zahnriemens;
4 – Thermo-Element;
5 – Halteschrauben für Spannrolle (6).

- Mit Innensechskantschlüssel 8 mm die Spannrolle so weit nach rechts unten drehen, bis die Riemenspannung stimmt.
- Spannrolle in dieser Stellung halten.
- Mit zweitem 8-mm-Innensechskantschlüssel die Klemmschraube der Spannrolle festziehen (45 Nm).
- **Alle:** Kurbelwelle eine Umdrehung durchdrehen und Zahnriemenspannung nochmals kontrollieren (siehe vorigen Absatz).

Zahnriemen auswechseln, Steuerzeiten einstellen

Die Arbeitsbeschreibung zum Auswechseln des Zahnriemens wird nicht nur zu dieser eigentlichen Arbeit benötigt, sondern auch zum Aus- und Einbauen des Zylinderkopfes, wobei zwangsläufig auch der Zahnriemen abgenommen werden muß.
Das Einbauen des Zahnriemens beinhaltet logischerweise das Einstellen der Steuerzeiten. Doch um Irrtümern vorzubeugen: Die Steuerzeiten verändern sich nicht durch Verschleiß. Eingestellt wird nur einmal, wenn zuvor der Zahnriemen abgenommen wurde.

Fingerzeig: Nur bei richtig eingestellten Steuerzeiten klappt das Zusammenspiel von Ventilsteuerung und Kurbeltrieb (siehe Kapitel-Anfang). Falsche Steuerzeiten ergeben schlechte Motorleistung und können im Extremfall sogar schwerste Motorschäden verursachen, wenn der Kolbenboden auf die nicht rechtzeitig geschlossenen Ventile aufschlägt. Das Einstellen erfolgt für die einzelnen Motorentypen unterschiedlich.

Geht es in Eigenregie?

Das komplette Auswechseln des Zahnriemens ist am Fünf- und am Sechszylindermotor nur mit Spezialwerkzeug durchführbar. Daher leider keine Arbeit für den Laien.
○ Beim **Fünfzylinder** muß zum Abnehmen des Zahnriemens der Schwingungsdämpfer vorn auf der Kurbelwelle gelöst und anschließend wieder angeschraubt werden, was nur mit einer besonderen Verlängerung (2079) für den Drehmomentschlüssel und einem stabilen Gegenhalter (2084) möglich ist.

Links: Die Zahnriemen-Spannrolle des Vierzylindermotors. Es bedeuten:
1 – Klemmschraube;
2 – hier kann ein Werkzeug zum Spannen des Zahnriemens angesetzt werden.
Der Pfeil zeigt die Richtung, in der zum Spannen gedreht wird.
Rechts: Die Spannrolle (Pfeil) des Sechszylindermotors sitzt ziemlich versteckt rechts vorn am Motorblock.

Links: Beim Auflegen des Zahnriemens am Vierzylinder werden die Körnermarkierung auf dem Zwischenwellenrad und die Kerbe der Keilriemenscheibe (im Bild mit Pfeilen bezeichnet) zum Fluchten gebracht.
Rechts: Gleichzeitig muß die Markierung am Nockenwellen-Zahnriemenrad (2) mit der Pfeilmarkierung (1) der hinteren Zahnriemenabdeckung übereinstimmen.

Beim alleinigen **Auswechseln des Zylinderkopfes** bleibt jedoch der Riemen unten am Kurbelwellen-Zahnriemenrad aufgelegt, womit sich die Spezialwerkzeuge erübrigen.

○ Beim **Sechszylinder** müssen zum Einstellen der Steuerzeiten (was nach dem Zahnriementausch und dem Abnehmen der Zylinderköpfe notwendig wird) Nockenwellen und Kurbelwelle mit Spezialwerkzeugen ganz exakt in OT-Stellung fixiert werden (Werkzeuge 3242 und 3243).

○ Der **Vierzylinder** bereitet keine Probleme. Zu Arbeiten am Zahnriemen werden keine Spezialwerkzeuge erforderlich.

Zahnriemen auswechseln
Vierzylinder

● Kolben im Zylinder 1 auf OT Zündzeitpunkt stellen, siehe weiter vorn im Kapitel.

● Keilriemen bzw. Keilrippenriemen abnehmen (Kapitel »Die Lichtmaschine«).

● Riemenscheibe auf der Kurbelwelle nach Lösen der Innnensechskantschrauben (nicht die Zentralschraube!) ausbauen.

● Zahnriemenabdeckung ausbauen.

● Zahnriemen entspannen (siehe »Zahnriemen spannen«) und abnehmen.

● Neuen Zahnriemen auflegen. Wurde die Stellung von Kurbelwellen- und Nockenwellenrad nicht verändert, stimmen die Ventilsteuerzeiten eventuell noch. Sicherheitshalber sollte man dies jedoch vor dem endgültigen Zusammenbau kontrollieren:

● Zahnriemenrad der Nockenwelle so drehen, daß die Markierung des Rades unter dem Pfeil an der hinteren Zahnriemenabdeckung steht.

● Muß hierzu die Nockenwelle gedreht werden, darf dies nur dann geschehen, wenn kein Kolben im OT steht, sonst können Ventile oder Kolbenböden beschädigt werden.

● Zahnriemen auf Kurbel- und Zwischenwellenrad auflegen.

● Kurbelwellen-Keilriemenscheibe nur mit einer Schraube befestigen. Dabei die richtige Stellung beachten: Je nach Motorversion muß entweder der Fixierungs-Stift in die Riemenscheibe einrasten. Oder die Befestigungslöcher der Riemenscheibe sind asymmetrisch angebracht. In diesem Fall müssen alle Befestigungslöcher mit den Kurbelwellenbohrungen fluchten.

● Kurbelwelle so drehen, daß die Kerbe in der Keilriemenscheibe nach oben zeigt.

● Körnermarkierung auf dem Zwischenwellenrad mit der Keilriemenscheibenkerbe in eine Flucht bringen.

● Zahnriemen auflegen, dabei darauf achten, daß sich die Stellung der verschiedenen Räder nicht verändert.

● Zahnriemen spannen.

● Verteilerdeckel abnehmen und prüfen, ob der Verteilerfinger auf die Kerbe im Verteilergehäuserand zeigt.

● Wenn nicht, Verteilerhalteschraube lösen.

● Verteiler so drehen, bis Verteilerfinger und Kerbe übereinstimmen, evtl. Zündverteiler herausnehmen und neu einsetzen (Kapitel »Die Zündanlage«).

● Halteschraube wieder festziehen.

● Motor zweimal voll durchdrehen und die Einstellung nochmals überprüfen.

● Vor dem Einbau der unteren Zahnriemenabdekkung die Kurbelwellen-Keilriemenscheibe nochmals abnehmen.

● Riemenscheibe (richtige Montage siehe Vortext) mit 20 Nm festziehen.

● Zündung einstellen.

Zahnriemen auswechseln
Fünfzylinder

Wer den Zahnriemen nur vom Nockenwellenrad abnimmt, um den Zylinderkopf auszuwechseln, kommt ohne Spezialwerkzeug aus. Man pickt sich aus dieser Beschreibung dann eben nur die notwendigen Arbeiten heraus.

● Kolben im Zylinder 1 auf OT Zündzeitpunkt stellen, siehe weiter vorn im Kapitel.

● Schloßblech ausbauen, (siehe Kapitel »Die Karosserieteile«).

Am Fünfzylindermotor befindet sich die OT-Zylinder-1-Markierung der Nockenwelle an der Rückseite des Zahnriemenrades. Die hintere Zahnriemenabdeckung besitzt eine Aussparung (Pfeil), durch die beobachtet werden kann, ob sich die Körnermarkierung genau an der Oberkante des Zylinderkopfdeckels gefindet.

● Kühler an der in Fahrtrichtung rechten Halterung lösen, nach vorn schwenken und abstützen. Das gibt Platz für die folgenden Demontageschritte.
● Viscolüfter abschrauben, wozu ein sogenannter Zweiloch-Mutterndreher benötigt wird (siehe Kapitel »Das Kühlsystem«).
● Keilrippenriemen abnehmen (Kapitel »Die Lichtmaschine«).
● Zahnriemenabdeckung ausbauen.
● Zahnriemen entspannen (siehe »Zahnriemen spannen«) und abnehmen.
● Gegenhalter 2084 an der Kurbelwellen-Riemenscheibe (mit Schwingungsdämpfer) montieren, Zentralschraube mit Hilfe der Verlängerung 2079 lösen.
● Riemenscheiben zusammen mit dem Zahnriemen abnehmen.
● Zahnriemen-Laufrichtung für den Wiedereinbau kennzeichnen. Laufrichtung bei gebrauchtem Riemen beibehalten.
● **Einbau:** Zahnriemen auf das ausgebaute Kurbelwellen-Zahnriemenrad auflegen.
● Kurbelwellen-Zahnriemenrad nebst Zahnriemen auf die Kurbelwelle aufsetzen. Darauf achten, daß der Zahnriemen nicht eingeklemmt wird.
● Gegenhalter 2084 an der Kurbelwellen-Riemenscheibe (mit Schwingungsdämpfer) montieren, Zentralschraube mit Hilfe der Verlängerung 2079 anziehen (350 Nm am Schlüssel abgelesen).
● OT-Stellung von Nockenwelle und Kurbelwelle nochmals prüfen:
● An der Rückseite des Nockenwellen-Zahnriemenrades die Körnermarkierung mit der linken Zylinderkopfhauben-Oberkante in Übereinstimmung bringen (durch das kleine Schauloch beobachten). Beim Drehen der Nockenwelle darf kein Kolben im OT stehen, sonst können Ventile oder Kolbenböden beschädigt werden.
● Kurbelwelle: OT-Markierung auf der Schwungscheibe der Markierung im Schauloch der Kupplungsglocke gegenüberstellen. Oder die Einstellmarke an der Keilriemenscheibe verwenden.
● Zahnriemen auf Nockenwelle, Spannrolle und Wasserpumpe auflegen, dabei die Stellung von Nokken- und Kurbelwelle nicht mehr verändern.
● Zahnriemen spannen.
● Motor zweimal voll durchdrehen und die Einstellung nochmals überprüfen.
● Stellung des Zündverteilers kontrollieren, wie beim Vierzylinder beschrieben.
● Zündung einstellen.

Der Fünfzylindermotor besitzt auch an der Kurbelwellen-Riemenscheibe OT-Markierungen. Position »1« und »2« zeigen die Markierungen bei angebauter Zahnriemenabdeckung, die Positionen »3« und »4« zeigen die OT-Stellung bei abgenommener Zahnriemenabdeckung.

Zahnriemen auswechseln
Sechszylinder

Hier finden Sie die Arbeitsbeschreibung, der Laie kann jedoch ohne Spezialwerkzeuge nichts ausrichten.

● Keilrippenriemen samt Spannvorrichtung ausbauen (Kapitel »Die Lichtmaschine«).

● Zahnriemenschutz auf beiden Seiten ausbauen (siehe weiter vorn im Kapitel).

● Motor auf OT Zündzeitpunkt Zylinder 1 drehen. Die Marken an Kurbelwellen-Riemenscheibe und Zahnriemenabdeckung müssen fluchten, die großen Bohrungen der Fixierplatten an den Nockenwellenrädern müssen zueinander zur Motor-Mitte hin zeigen.

● Geber für Zündzeitpunkt aus dem Motorblock herausschrauben und stattdessen das Sonderwerkzeug »Kurbelwellenbefestigung 3242« einschrauben. Das Werkzeug muß in die dahinterliegende Bohrung der Kurbelwelle eingreifen. Leicht anziehen.

● Kurbelwellen-Keilrippenriemenscheibe ausbauen, Zahnriemenschutz unten abschrauben.

● Zahnriemen-Laufrichtung für den Wiedereinbau kennzeichnen. Laufrichtung bei gebrauchtem Riemen beibehalten.

● Das Sonderwerkzeug »Nockenwellenbefestigung 3243« an den Fixierplatten der Nockenwellen ansetzen.

● Schrauben der Nockenwellenräder nur ca. drei Umdrehungen lockern.

● Sonderwerkzeug 3243 wieder abbauen.

● Beide Nockenwellenräder vom Konus abziehen. Dazu Klauenabzieher verwenden. Klauen an der Rückseite der Nabe des Zahnriemenrades ansetzen; die Schraube bleibt, wie sie war (drei Umdrehungen gelöst).

● Nach diesen Vorarbeiten kann eingestellt werden:

● Soll der Zahnriemen ausgewechselt werden, muß das jetzt erfolgen.

● Für die weitere Arbeit muß der Zahnriemen aufgelegt sein.

● An den Fixierplatten der Nockenwellen Sonderwerkzeug »Nockenwellenbefestigung 3243« wieder ansetzen.

● Sonderwerkzeug nochmals auf richtigen Einbau prüfen.

● Die Nockenwellenräder müssen auf dem Konus so aufgelegt sein, daß sie sich zwar auf der Welle drehen, aber nicht hin- und herwackeln (Schraube handfest eingedreht).

● Zahnriemen jetzt spannen (siehe weiter vorn im Kapitel).

● Nockenwellenräder mit 70 Nm festziehen.

● Sonderwerkzeuge entfernen.

● Abgebaute Teile wieder einbauen.

Nockenwelle ausbauen

Diese Arbeit läßt sich beim Vier- und Fünfzylinder relativ einfach durchführen. Beim Sechszylinder wird Spezialwerkzeug zum anschließenden Auflegen des Zahnriemens gebraucht.

● Oberen Teil der Zahnriemenabdeckung ausbauen (weiter vorn im Kapitel).

● Kurbelwelle auf OT Zündzeitpunkt von Zylinder 1 stellen (ebenfalls weiter vorn im Kapitel).

● Zahnriemenrad ausbauen. Beim Lösen der Schraube Rad gegenhalten (z.B. mit Gegenhalter 3036). Beim Sechszylinder Zahnriemenrad mit Abzieher lösen, siehe unter »Zahnriemen auswechseln«.

● Zylinderkopfdeckel abnehmen.

● Zahnriemen lockern (siehe »Zahnriemen spannen«) und vom Nockenwellen-Zahnriemenrad abstreifen.

● Zusatz-Unterdruckpumpe für Bremskraftverstärker (nur Fünfzylinder) am Zylinderkopf abschrauben.

● Beim Sechszylinder Hallgebergehäuse am linken Zylinderkopf abschrauben.

● **Vier- und Fünfzylinder:** Erst Lagerdeckel 1 und 3 (von vorn gesehen), dann Lagerdeckel 2 und 4 abwechselnd über Kreuz lösen.

● **Sechszylinder:** Erst Lagerdeckel 2 und 3 (von vorn gesehen), dann Lagerdeckel 1 und 4 abwechselnd über Kreuz lösen.

● Beim **Einbau** beachten:

● **Vier- und Fünfzylinder:** Nockenwelle so einsetzen, daß die Nocken an Zylinder 1 gleichmäßig nach oben zeigen.

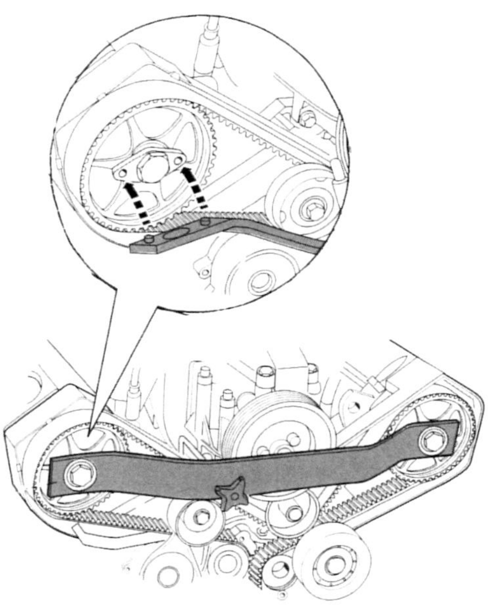

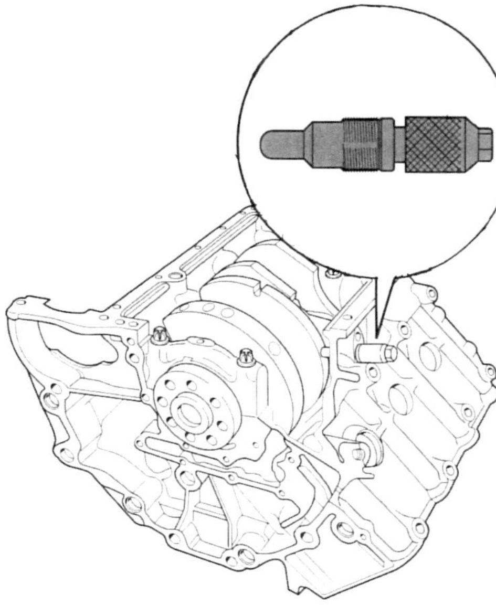

Links: Die Zeichnung zeigt das Ansetzen des Sonderwerkzeugs 3243 zum Fixieren der Nockenwellen in OT-Stellung beim Sechszylindermotor.
Rechts: Hier gezeigt das Werkzeug 3242 und die Stelle, an der es in das Kurbelgehäuse zum Fixieren der Kurbelwelle eingeschraubt wird.

Abziehen des Nockenwellen-Zahnriemenrades mit einem Klauenabzieher bei gelöster Befestigungsschraube.

● **Sechszylinder:** Nockenwelle so einsetzen, daß die probeweise aufgesetzte Fixierplatte mit der großen Bohrung zum gegenüberliegenden Zylinderkopf zeigt.

● **Alle:** Die Bohrung der Lagerdeckel sitzt nicht in der Mitte: Beim Aufsetzen beachten.

● Nockenwellen-Lagerdeckel gemäß der Kennzeichnung auf das richtige Lager aufsetzen.

● **Vier- und Fünfzylinder:** Zuerst Deckel 2 und 4 abwechselnd über Kreuz anziehen, dann Lagerdeckel 1 und 3. Anzugsdrehmoment: 20 Nm.

● **Sechszylinder:** Zuerst Deckel 1 und 4 abwechselnd über Kreuz anziehen, dann Lagerdeckel 2 und 3. Anzugsdrehmoment: 20 Nm.

● **Vier- und Fünfzylinder:** Nockenwellenrad (sofern abgebaut) mit 65 Nm festziehen. Einbaustellung: Der Keil auf der Nockenwelle gehört zur Nut in der Bohrung des Nockenwellenrades.

● **Sechszylinder:** Nockenwellenrad mit Fixierplatte einbauen, mit 70 Nm festziehen.

● **Alle:** Unbedingt die Einstellung der Steuerzeiten prüfen (siehe weiter vorn im Kapitel).

● Nach Einbau der Nockenwelle Motor 30 Minuten lang nicht starten, damit sich die Hydrostößel »setzen« können.

● Sicherheitshalber den Motor erst einmal von Hand ganz durchdrehen.

Störungsbeistand

Zylinderkopfdichtung

Erkennungsmerkmal	Ursache/Besonderheiten
A Kühlflüssigkeitsstand nimmt stetig langsam ab	Kühlmittel gelangt in sehr geringer Menge in die Brennräume. Diese Erscheinung kann sich ohne weitere Merkmale über längere Zeit hinziehen. Andere Möglichkeit: Kühlanlage undicht
B Der Wagen zieht bei Betriebstemperatur einen weißen Abgasschleier hinter sich her, großer Wasserverlust	Kühlmittel dringt in großer Menge in einen Verbrennungsraum, verdampft dort und entweicht als weiße Fahne durch den Auspuff
C Aus dem geöffneten Ausgleichsbehälter steigen bei laufendem Motor Luftblasen auf bzw. beim Öffnen des Verschlußdeckels sprudelt eine größere Menge Kühlmittel heraus	Verbrennungsgase werden ins Kühlsystem gedrückt. Aus der Öffnung des Ausgleichsbehälters riecht es nach Abgasen
D In Regenbogenfarben schillernde Verfärbung oder schwarze Verfärbung an der Oberfläche des Kühlmittels	Öl aus dem Schmierkreislauf gelangt ins Kühlsystem
E Grau oder braun aussehende Emulsion am herausgezogenen Ölpeilstab oder Öl von Wasserbläschen durchsetzt	Kühlflüssigkeit ist in den Schmierkreislauf geraten. Achtung: Wasser im Motoröl kann einen Lagerschaden verursachen. Zylinderkopfdichtung sofort wechseln (lassen). Motor nicht mehr starten; Wagen zur Reparatur abschleppen

Zylinderkopf aus- und einbauen

Zu dieser Montagearbeit ist ein Drehmomentschlüssel unerläßlich. Ferner benötigen Sie einen langen Innenvielzahnschlüssel T55 (Vier- und Fünfzylinder) bzw. einen Außen-TORX-Schlüssel E14 (Sechszylinder) und zum Wiedereinbau des Zylinderkopfes eine neue Zylinderkopfdichtung.

Ausbau Vier- und Fünfzylinder

- Minuskabel der Batterie abnehmen.
- Mono-Motronic-Motor: Luftansaugschlauch ausbauen.
- Fünfzylinder: Viscolüfter und Keilrippenriemen abnehmen (Kapitel »Das Kühlsystem« bzw. »Die Lichtmaschine«). Außerdem Schloßblech ausbauen, Kühler rechts losschrauben, nach vorn schwenken und abstützen (Karosserie-Kapitel).
- Kühlflüssigkeit ablassen und auffangen.
- Kühlmittelschläuche am Zylinderkopf lösen.
- Verteilerdeckel samt Zündkabeln und Zündleitungsschacht (Fünfzylinder) abnehmen (Kapitel »Die Zündanlage«).
- Gaszug aushängen.
- Sämtliche elektrische Leitungen an Zylinderkopf und Einspritzeinheit bzw. Ansaugrohr kennzeichnen und abziehen.
- Kraftstoffleitungen der Einspritzanlage an den Kupplungsstücken trennen.
- Unterdruckschläuche am Ansaugrohr bzw. am Drosselklappenstutzen kennzeichnen und abnehmen. Ebenso die Unterdruckleitung zum Bremskraftverstärker.
- Beim Fünfzylinder das Saugrohr-Oberteil ausbauen (Kapitel »Die KE-III-Jetronic- und KE-Motronic-Einspritzung«). Ebenso die Einspritzventile ausbauen, Einspritzleitungen hierzu nicht abschrauben.
- Einspritzventile in saubere, kraftstoffeste Plastiktüte einpacken.
- Kabelstecker vom Kaltstartventil abziehen, Ventil abschrauben und mit angeschlossener Benzinleitung ablegen.
- Anschlußstecker der Einspritzanlage markieren und abziehen. Einbauhilfe: Die Stecker sind unterschiedlich eingefärbt.
- Vierzylinder mit KE-Motronic und Fünfzylinder: Gemischregler mit Luftfiltergehäuse abbauen.
- Auspuffrohr vom Auspuffkrümmer losschrauben.
- Obere Lichtmaschinen-Befestigung beim Vierzylinder abschrauben. Zuvor Keilriemen entspannen.
- Zahnriemenabdeckung abnehmen, Zahnriemen entspannen und vom Nockenwellenrad abstreifen.
- Zylinderkopfdeckel abnehmen.
- Zylinderkopfschrauben in umgekehrter Reihenfolge wie in den Zeichnungen auf der gegenüberliegenden Seite gezeigt lösen. Dazu muß der Motor abgekühlt sein, denn ein warmer Zylinderkopf kann sich nach dem Abbau verziehen.
- Zylinderkopf mit Ansaug- und Auspuffkrümmer sowie Verteiler (Fünfzylinder) abheben. Löst er sich nicht gleich, helfen leichte Schläge mit einem Kunststoffhammer.

Ausbau Sechszylinder

Die Beschreibung des Ausbaus bezieht sich auf den linken Zylinderkopf. Der Ausbau des rechten Zylinderkopfes erfolgt in gleicher Weise.

- Wo vorhanden, Motorabdeckung und Keilrippenriemenabdeckung abschrauben.
- Keilrippenriemen ausbauen (siehe Kapitel »Die Lichtmaschine«).
- Zahnriemen ausbauen (weiter vorn im Kapitel beschrieben).
- Abgasrohr vom Krümmer abschrauben.
- Kühlmittel an der Ablaßschraube des Motors und am Kühler unten rechts ablassen.
- Luftführung vom Saugrohr abschrauben.
- Stecker am Hallgeber abziehen.
- Kurbelgehäuse-Entlüftung am Zylinderkopf links sowie am Zylinderkopf rechts abziehen.
- Ansaugschlauch am Luftfilter lösen.
- Unterdruckschlauch für Klimaanlage und/oder Differentialsperre am Drosselklappenstutzen links abziehen.
- Luftführung nach hinten drücken und mit Kurbelgehäuse-Entlüftungsschläuchen nach oben herausheben.
- Sicherung für Gaszug abclipsen, Gaszug aushängen und freilegen.
- Steckverbindung vom Ansaugluft-Temperaturgeber und Leerlauf-Stabilisierungsventil abziehen.
- Kraftstoff-Vor- und -Rücklaufleitung trennen.
- Masseverbindung hinter dem Drosselklappenstutzen abschrauben.
- Unterdruckleitung zum Steuergerät vor dem Drosselklappenstutzen abziehen.
- Steckverbindung am Drosselklappenschalter abziehen.
- Unterdruckleitung zum Magnetventil des Aktivkohlebehälters am Drosselklappenstutzen rechts abschrauben.
- Alle Zündkerzenstecker abziehen.
- Alle elektrischen Stecker an den Einspritzventilen abziehen.
- Stecker für Klopfsensor und Lambdasonden-Heizung abziehen.
- Lambdasondenstecker trennen und Leitungen freilegen.
- Steckverbindung zum Öldruckschalter und Öltemperaturgeber (hinten am linken Zylinderkopf) abziehen.
- Stecker des elektronischen Thermoschalters im Wasserrohr abziehen.
- Unterdruckleitung (blau) zum Rückschlagventil in der Leitung zum Bremskraftverstärker abziehen.
- Stecker an den Einspritzventilen links und rechts abziehen.
- Halter der Hydraulikleitung am Saugrohr abschrauben. Hydraulikleitung **nicht** trennen.
- Saugrohr abschrauben und herausnehmen (Kapitel »Luftfilter und Ansaugkanäle«).
- Öffnungen mit einem sauberen Lappen verschließen.
- Kühlmittelrohr am Zylinderkopf hinten abschrauben.
- CO-Entnahmerohr ausbauen.
- Lambdasonde ausbauen.
- Wärmeschutzblech am Abgaskrümmer abschrauben.

Die Zylinderkopfschrauben müssen in der Reihenfolge der Zahlen angezogen werden. Abgebildet sind von links nach rechts: Vier-, Fünf-, Sechszylindermotor. Die Pfeile zeigen in Fahrtrichtung.

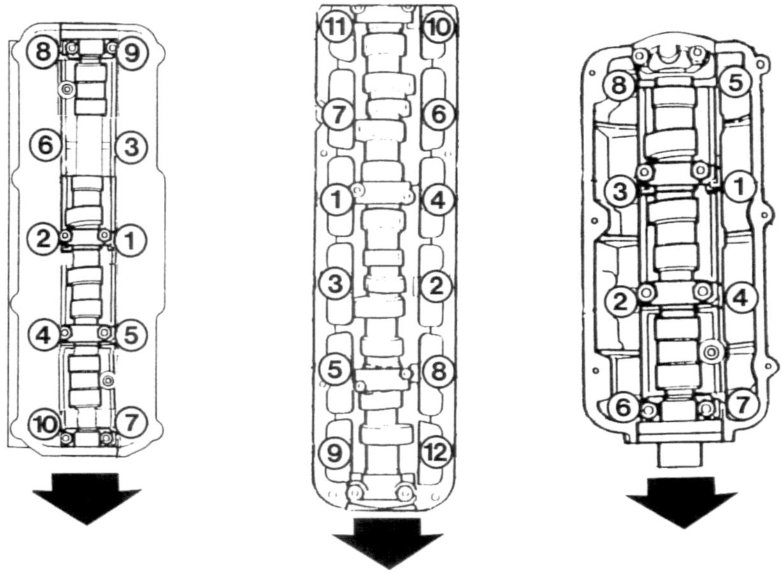

- Zylinderkopfhaube abschrauben.
- Hinteren Zahnriemenschutz ausbauen.
- Leitung vom Hydraulikbehälter zur Pumpe am Zylinderkopf abschrauben.
- Zylinderkopfschrauben in umgekehrter Reihenfolge wie oben gezeigt lösen. Dazu muß der Motor abgekühlt sein, denn ein warmer Zylinderkopf kann sich nach dem Abbau verziehen.
- Zylinderkopf abheben. Löst er sich nicht gleich, helfen leichte Schläge mit einem Kunststoffhammer.

Ausgebauten Zylinderkopf kontrollieren
alle Motoren

- Alte Kopfdichtung abnehmen. Die Dichtflächen am Zylinderkopf und Motorblock müssen absolut sauber und frei von Dichtungsresten sein. Nicht mit hartem Werkzeug auf der weichen Zylinderkopf-Dichtfläche kratzen. Riefen können den nächsten Kopfdichtungsschaden verursachen.
- Zylinderkopf auf Verzug prüfen (besonders wichtig bei Kopfdichtungsschaden durch Überhitzung).
- Langes Metallineal oder garantiert geraden Metallwinkel längs über die gereinigte Dichtfläche des Zylinderkopfes legen.
- Mit einer Fühlerlehre prüfen, ob der Durchhang an irgendeiner Stelle größer als 0,1 mm ist. Dann muß der Zylinderkopf vor der Montage plangeschliffen werden.
- Der Zylinderkopf darf nur in Grenzen nachgearbeitet werden. Es muß die Mindesthöhe – gemessen von oberer zu unterer Dichtfläche – von **132,6 mm** beim Vierzylinder und **132,75 mm** beim Fünf- und Sechszylinder eingehalten werden.

Einbau
alle Motoren

- Wird ein Austausch-Zylinderkopf eingebaut, die Laufbahnen der Hydrostößel leicht einölen. Nockenwelle einölen und montieren, wie weiter vorn beschrieben.
- Ggf. Verschlußdeckel an einem Sechszylinder-Austauschkopf montieren.
- Die Gewinde an den Zylinderkopfschrauben und in den Schraubenlöchern des Motorblocks müssen sauber und ohne Beschädigung sein, sonst stimmt das Drehmoment beim Anziehen der Schrauben nicht.
- In den Schraubenlöchern im Motorblock darf kein Öl oder Wasser stehen, sonst kann das Gußmaterial im Bereich der Gewindelöcher reißen.
- Die Kurbelwelle gegen Drehrichtung ein kleines Stück zurückdrehen, damit kein Kolben im OT steht, sonst könnte ein geöffnetes Ventil beim Aufsetzen des Zylinderkopfes mit einem Kolben zusammenstoßen.
- Zylinderkopfdichtung so auf den Motorblock auflegen, daß die Teilenummer bzw. die Kennzeichnung »Oben« zum Zylinderkopf hin zeigt.
- Zylinderkopf aufsetzen. Dazu verwendet die Werkstatt beim Vier- und Fünfzylinder zwei Führungsbolzen. Ohne Hilfsmittel verrutschen Dichtung und Kopf beim Aufsetzen ständig.
- Dieses Werkzeug können Sie aus zwei alten Zylinderkopfschrauben selbst bauen: Schraubenkopf absägen und einen Schlitz (zum Herausdrehen mit dem Schraubendreher) oben einsägen.
- Nach dem Ansetzen einiger Zylinderkopfschrauben können die Bolzen wieder entfernt werden.
- Sämtliche Zylinderkopfschrauben eindrehen und in der oben gezeigten Reihenfolge festziehen:

Motor	Vier-/Fünfzylinder	Sechszylinder
1. Anzugsstufe	40 Nm	(entfällt)
2. Anzugsstufe	60 Nm	60 Nm
3. Anzugsstufe	Schrauben mit starrem Schlüssel um eine *halbe Umdrehung* weiterdrehen ohne abzusetzen (gleiche Reihenfolge). Es dürfen auch zwei Viertelumdrehungen sein	

● Damit sind die Schrauben endgültig festgezogen.
● Beachten Sie beim Zusammenbau die Einstellung des Gaszugs und den Einbau der Einspritzventile beim Vierzylinder mit KE-Motronic sowie beim Fünfzylinder (Kapitel »KE-III-Jetronic und KE-Motronic-Einspritzung«).

● **Wichtig:** Anzugsreihenfolge beim Einbau des Saugrohrs am Sechszylinder beachten (Kapitel »Luftfilter und Ansaugkanäle«).
● Außerdem beim Vier- und Fünfzylinder Zündeinstellung (Kapitel »Die Zündanlage«) kontrollieren.

Motor aus- und einbauen

Die Beschreibung des Motorausbaus für alle Motorversionen würde den Rahmen dieses Buches sprengen. Hier nur einige wesentliche Punkte, dieses Thema betreffend:

○ Der Motor wird ohne Getriebe nach oben herausgehoben. Dazu brauchen Sie einen Flaschenzug, den Sie in ausreichender Höhe stabil aufhängen können. Günstig ist auch ein »vorbelasteter« Helfer.

○ Vor Beginn der eigentlichen Arbeit alle störenden Fahrzeugteile abbauen: Untere Motorraumverkleidung, Luftfiltergehäuse, Batterie. Beim Fünfzylinder Schloßblech ausbauen, Kühler rechts losschrauben, nach vorn schwenken und abstützen (Kapitel »Die Karosserieteile«). Ebenso den Viscolüfter ausbauen (Kapitel »Das Kühlsystem«).

○ Da im Audi 100 eine Vielzahl von elektrischen und Unterdruckleitungen eingebaut ist, sollten Sie als erstes alle diese Leitungen kennzeichnen, damit sie anschließend wieder an der richtigen Stelle angeschlossen werden.

○ Vor Abklemmen der Batterie sollten Sie sicherstellen, daß die Antidiebstahl-Codierung des Radios vorliegt.

○ Batterie nur bei ausgeschalteter Zündung abklemmen, da sonst die Steuergeräte Schaden nehmen können.

○ Vor dem endgültigen Abflanschen des Motors muß das Getriebe nach unten abgestützt werden bzw. zusammen mit dem noch eingebauten Motor geringfügig angehoben werden. Die Werkstatt verwendet dazu ein Spezialwerkzeug, das sich an den Kotflügel-Befestigungskanten abstützt.

○ Der Motor selbst besitzt Aufhängeösen, in denen ein Hebewerkzeug angesetzt werden kann. Auf sorgfältige Befestigung achten.

Anzugsdrehmomente

Drehmoment in Nm		Vierzylinder	Fünfzylinder	Sechszylinder
Abdeckblech an Getriebe/Motor		10	–	–
Auspuffrohr an Auspuffkrümmer		35	35	35
Auspuffrohr an Getriebehalter		25	25	25
Motor an Getriebe	M 8	20	20	25
	M 10	55	45	45
	M 12	–	65	65
Motorlager an Motorträger		35	45	45
Drehmomentwandler an Schwungscheibe		35	35	35
Drehmomentstütze an Motor		25	45	–

Die beiden Abbildungen zeigen zwei wesentliche Schritte beim Ausbau des Motors (hier der Sechszylinder): Der Motor wird in der Werkstatt mit einem solchen Motor-Hebegeschirr (Bild links) ausgebaut. Eigens zu diesem Zweck besitzt der Motor Halteösen, an denen natürlich auch Ketten oder Seile befestigt werden können. Die Abbildung rechts zeigt die sogenannte Abfangvorrichtung (1), die hier mit einem Getriebehalter (2) kombiniert ist. Sinn der Sache ist es, das Getriebe abzustützen, das andernfalls bei ausgebautem Motor nach unten durchsacken würde. Den gleichen Effekt erzielt man natürlich durch das Unterbauen des Getriebes von unten.

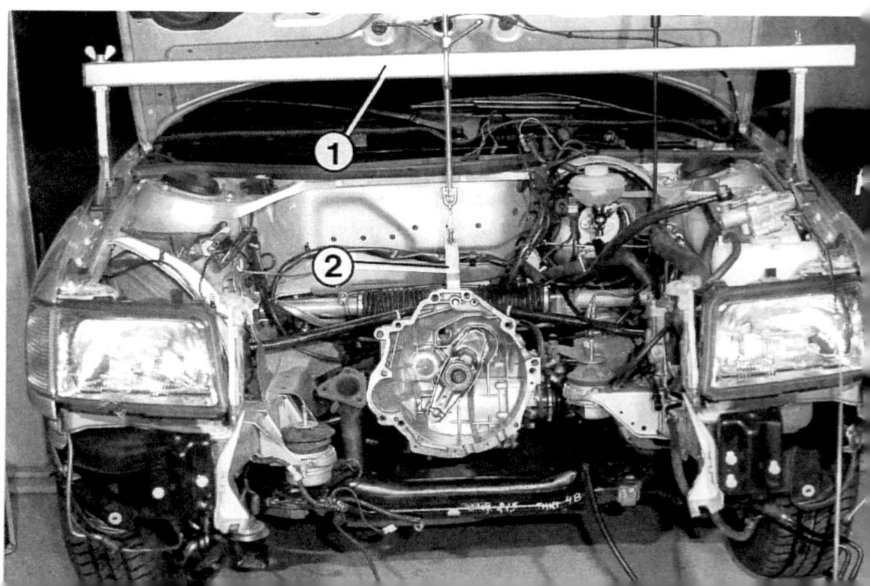

Entsorgung

Fast jede Motorversion das Audi 100 besitzt eine komplett anders aufgebaute Auspuffanlage. Darüber hinaus gibt es noch grundsätzliche Unterschiede zwischen den Abgasanlagen der Frontantriebs- und der quattro-Modelle.

Die Teile der Auspuffanlage

Frontantriebs-Modelle

○ Am Zylinderkopf ist der **Auspuffkrümmer** befestigt.
○ Es folgt das **Abgasrohr vorn**, das sowohl bei den Vierzylinder- wie auch bei den Fünfzylinder-Modellen als Doppelrohr ausgeführt ist, das in einem Einfachrohr mündet.
Ganz anders ist der Sechszylinder aufgebaut, dessen beide vordere Abgasrohre jeweils mit einem Katalysator zusammengefaßt sind.
○ Der **Katalysator** mit einem angeschweißten kurzen Rohrstück ist die nächste Abgas-Station bei den Vier- und Fünfzylinder-Modellen. Anders wieder der Sechszylinder: Hier folgen bei den Schaltgetriebemodellen kurze separate Rohrstücke. An Fahrzeugen mit Automatikgetriebe ist der linke Kat gleich mit einem Anschluß für den rechten Kat ausgerüstet.
○ **Mittel- und Nachschalldämpfer** schließen sich als eigene Bauteile an.
○ Am **Nachschalldämpfer** finden wir Modellhierachie demonstriert: Beide Sechszylinder besitzen ein doppeltes Endrohr.

quattro-Modelle

Bis nach dem Katalysator sind die Auspuffanlagen der Frontantriebs- und quattro-Modelle gleich. Dann beginnen die Abweichungen:
○ Beim Sechszylinder ist (wie an Frontantriebs-Fahrzeugen mit Automatikgetriebe) der linke Kat gleich mit einem Anschluß für den rechten Kat ausgerüstet. So werden die beiden Abgasströme zusammengeführt.
○ Der **Mittelschalldämpfer** besteht aus zwei dicht aufeinanderfolgenden kleinen Einzel-Schalldämpfern.
○ Der **Nachschalldämpfer** schließt sich an. Bei der werksseitig verbauten Auspuffanlage ist er zusammen mit dem Mittelschalldämpfer in einem Stück gefertigt. Als Ersatzteil gibt es ihn nur als separates Teil.

Die Audi-100-Auspuffanlagen.
Vierzylinder:
1 – Abgasrohr vorn;
2 – Katalysator;
5 – Mittelschalldämpfer;
6 – Nachschalldämpfer.
Fünfzylinder:
3 – Abgasrohr vorn;
4 – Katalysator;
5 – Mittelschalldämpfer;
6 – Nachschalldämpfer.
Sechszylinder/Schaltgetriebe:
7 – Abgasrohre mit Kats;
8 – Zwischenrohre;
9 – Mittelschalldämpfer;
10 – Nachschalldämpfer.
Sechszylinder/Automatik:
11 – Abgasrohre mit Kats;
12 – Mittelschalldämpfer;
10 – Nachschalldämpfer.
Vierzylinder quattro:
1 – Abgasrohr vorn;
2 – Katalysator;
13 – Mittelschalldämpfer;
14 – Nachschalldämpfer.
Fünfzylinder quattro:
3 – Abgasrohr vorn;
4 – Katalysator;
13 – Mittelschalldämpfer;
14 – Nachschalldämpfer.
Sechszylinder quattro:
11 – Abgasrohre mit Kats;
13 – Mittelschalldämpfer;
14 – Nachschalldämpfer.

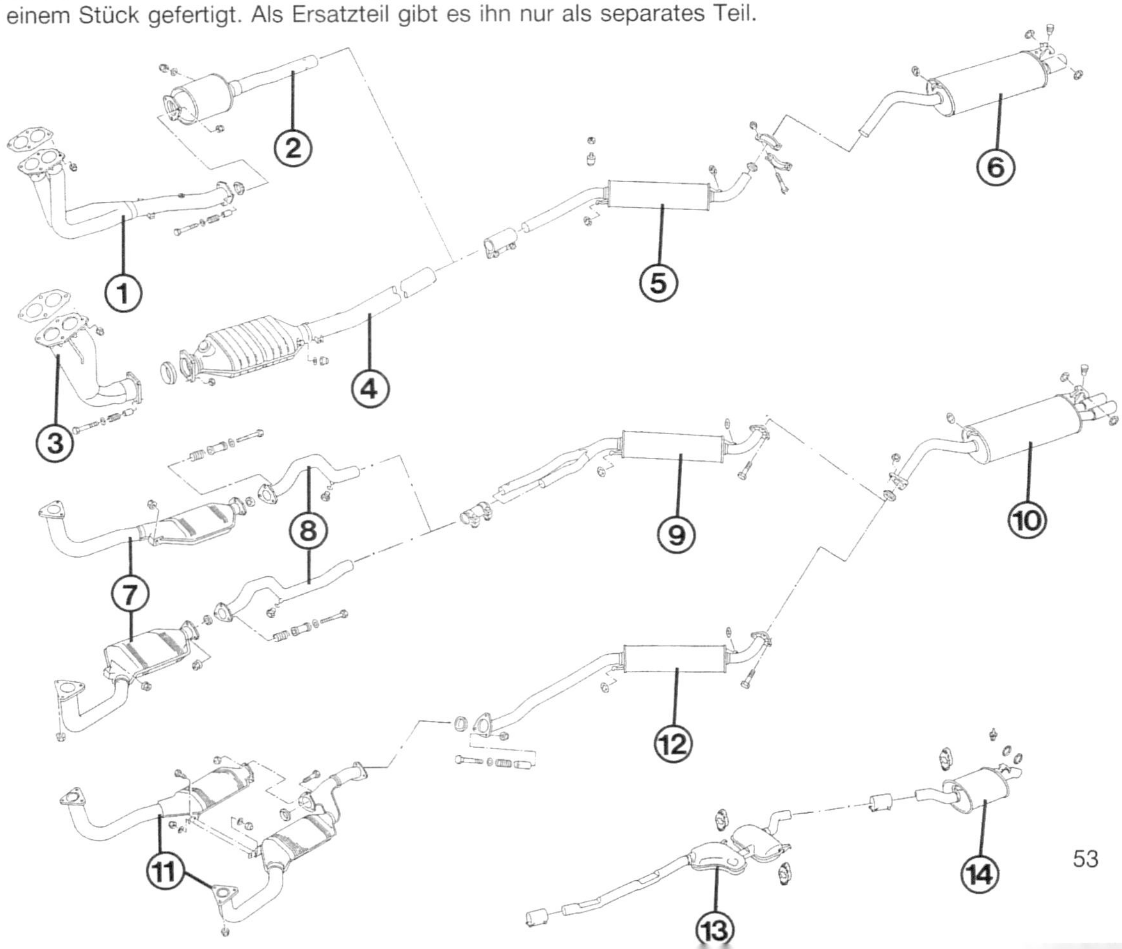

Am sogenannten Getriebehalter ist die Auspuffanlage mit einer federbelasteten Aufhängung befestigt.
Links: Die Pfeile zeigen auf die beiden federbelasteten Aufhängungen bei der Abgasanlage des Vierzylindermotors.
Rechts: Beim Sechszylinder mit Allradantrieb sind die beiden Katalysatoren (2 und 3) an einem zentralen federbelasteten Halter (1) am Getriebe befestigt.

Aufhängung und Zustand der Auspuffanlage kontrollieren

Wartung Nr. 27

Die Auspuffanlage ist am Auspuffkrümmer durch einen Halter mit dem Getriebe verschraubt. Am Fahrzeugboden hängt sie frei schwingend in Gummihaltern.

- Haltegummis auf Brüchigkeit, Einrisse oder sonstige Schäden überprüfen, ggf. ersetzen.
- Verschraubungen am Auspuffkrümmer (30 Nm) und an der Halterung am Getriebe (25 Nm) auf festen Sitz kontrollieren, aber nicht mit Gewalt anknallen.
- Mit einem Lappen in der Hand bei laufendem Motor das (die) Auspuffendrohr(e) zuhalten. Der Motor muß nach kurzer Zeit stehenbleiben.
- Hören Sie zischende Geräusche und läuft der Motor ungestört weiter, ist die Anlage an der Geräuschstelle undicht.
- Ein dumpferer Auspuffton als gewöhnlich und Knallen im Schiebebetrieb weist auf einen durchgerosteten Auspuff hin.
- An den Nahtstellen sind die Schalldämpfer zuerst rostgefährdet. Sollen sie noch einige Zeit halten, muß dieser Bereich auch einer sanften Klopfprobe mit dem Schraubendreher standhalten.

Auspuffanlage erneuern

Werkstätten wechseln am liebsten die Auspuffanlage gleich komplett aus. Das empfehlen wir nicht so unbesehen, denn alle Teile der Audi-Auspuffanlage sind einzeln erhältlich – auch die an der Original-Anlage der quattro-Modelle aus einem Stück bestehenden Mittel-/Nachschalldämpfer. Die Demontage eines einzelnen Rohrstücks oder Schalldämpfers kann daher ohne allzu großen Aufwand erfolgen. Also erst prüfen, dann wechseln:

- Klopfen Sie den bzw. die noch intakten Schalldämpfer mit einem Hammer rundum gründlich ab, auch an den Stirnseiten. Dabei nicht zu zaghaft hämmern.

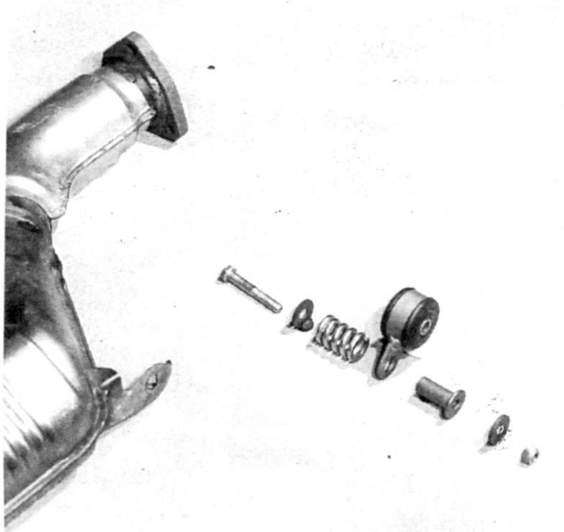

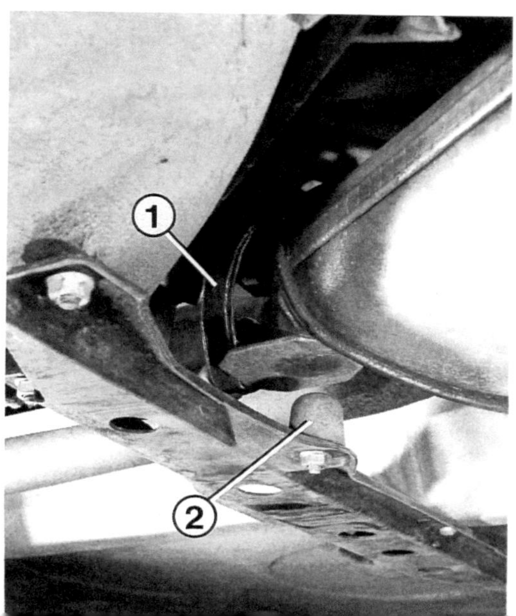

Links: Sehr wichtig ist die Einbaureihenfolge der Teile bei einem solchen federbelasteten Halter, wie in den Bildern oben gezeigt. Hier sehen Sie die richtige Anordnung der Einzelteile. An der vorderen Aufhängung des Hauptschalldämpfers ist die Gummihalteschlaufe (1) durch einen Gummipuffer (2) als Anschlag nach unten ergänzt.

Der Wartungspunkt »Aufhängung und Zustand der Auspuffanlage kontrollieren« enthält die Prüfung der in diesen beiden Bildern gezeigten Haltegummis (Pfeil). Sie dürfen nicht brüchig sein bzw. Einrisse oder sonstige Schäden aufweisen, sonst müssen sie ersetzt werden. Ferner darauf achten, daß die Sicherungslaschen der Blechhalter an den Ringen um ca. 90° umgelegt sind, damit der Haltering sich nicht versehentlich aushängt. Haltering dabei nicht einklemmen. Im Bild rechts ist diese Sicherungslasche unten am Haltering gut zu sehen.

● Klingt es bei jedem Schlag hell, ist das Blech noch gesund.
● Wird das Klopfgeräusch an manchen Stellen dumpfer, ist die Außenhaut bereits geschwächt und wird bald durchbrechen; besonders wenn die streusalzhaltige kalte Jahreszeit herrscht.
● Für den Ersatzteilkauf gilt, daß Dichtung(en) und selbstsichernde Muttern durch neue ersetzt werden müssen.

Ausbau der Einzelteile

Die folgenden Passagen beschreiben, wie die einzelnen Verbindungen der Auspuffteile untereinander gelöst werden. Für den Wiedereinbau wichtig ist der letzte Abschnitt über das Ausrichten der Auspuffanlage.

Fingerzeig: Damit sich die Verschraubungen bei der nächsten Auspuffmontage leichter lösen lassen, sollten Sie die Gewinde mit Kupferfett bestreichen. Auch die Doppel-Rohrschellen lassen sich leichter vom Rohr trennen, wenn sie an der Innenseite mit Kupferfett behandelt wurden.

Abgasrohr vorn vom Auspuffkrümmer trennen

● Die Stehbolzen, auf denen die Befestigungsmuttern des Abgasrohrs sitzen, brechen leicht ab, wenn eine stark verrostete Mutter gewaltsam losgedreht wird.
● Deshalb: Verschraubung mit Rostlöserspray behandeln oder (oft besser):
● Muttern mit scharfem Meißel zerstören. Sie bestehen in der Regel aus sehr weichem Material mit eingelegter Gewindespirale. Das Gewindeteil muß dann noch einzeln vom Gewinde des Stehbolzens »gepopelt« werden.
● Die neuen Muttern im »Auspuff-Befestigungssatz« bestehen ebenfalls aus diesem »weichen« Material. Also keine anderen Muttern aus der heimischen Schraubenkiste verwenden.
● Anzugsdrehmoment: 30 Nm.

Links: Beim Sechszylinder-quattro ist der rechte Katalysator (3) an den linken Katalysator (1) mit einem Dreiecksflansch ohne Feder befestigt. Die starre Verbindung ist durch einen eingelegten Metalldichtring abgedichtet. Es muß darauf geachtet werden, daß die Flanschwangen parallel zueinander stehen. Der nun folgende Dreiecksflansch (2) ist mit Federn versehen, um eine geringe Relativbewegung der übrigen Auspuffanlage zuzulassen. Auch hier ist ein Metalldichtring eingelegt. Rechts: Ebenfalls eine starre Dreiecks-Flanschverbindung (Pfeil) bei der Auspuffanlage des Vierzylindermotors. Auch hier auf den Dichtring achten und die Flansche parallel zueinander stellen.

Links: Die Doppel-Rohrschelle (Pfeil) muß auch nach Lösen nur einer Verschraubung ersetzt werden.
Rechts: Beim Einbau der Klemmschelle (Pfeil) muß auf deren Einbaulage (waagrecht oder senkrecht) geachtet werden.

Lambdasonde ausbauen

Die Lambdasonde muß beim Ersetzen des Katalysators (oder der Sonde selbst) ausgebaut werden.

- Kabel-Halterungen an der Karosserie aushängen, Steckverbindung trennen (Kabel auf ganzer Länge verfolgen).
- Sonde herausschrauben.
- Beim Einbau Lambdasonde mit Schmiermittel »G5« aus der Audi-Werkstatt fetten. An den Schlitzbereich des Sondenkörpers darf kein Fett gelangen.
- Anzugsdrehmoment: 50 Nm.

Dreiecks-Flansch (mit Feder) lösen

Eine solche Verbindung finden wir z.B. an der Trennstelle Abgasrohr vorn/Katalysator beim Vier- und Fünfzylinder bzw. nach dem Kat beim Sechszylinder.

- Drei Verschraubungen am Verbindungsflansch lösen.
- Auf den Dichtring achten – er darf nicht zu Boden fallen. Das harte Material kann springen.
- Beim Sechszylinder Federn und Hülsen in der richtigen Reihenfolge nicht vergessen.
- Anzugsdrehmoment der Schrauben: 25 Nm.
- Beim Anziehen darauf achten, daß die Wangen der Flansche parallel zueinander stehen.

Doppel-Rohrschelle lösen

Die Doppel-Rohrschelle verbindet zwei stumpfe Rohrstücke perfekt und leicht lösbar miteinander. Wichtig: Die Doppel-Rohrschelle darf kein zweites mal verwendet werden. Man muß sie schon nach Lösen einer Verschraubung ersetzen.

- Einbaulage der Schelle für den Wiedereinbau merken.
- Verschraubungen an der Doppel-Rohrschelle lösen; Gewinde dazu mit Rostlöser behandeln.
- Oder wenn sich die Verschraubung so nicht lösen läßt, Schraube/Mutter mit dem Winkelschleifer durchtrennen.
- Andere Möglichkeit: Mutter mit dem Meißel durchtrennen.
- Anzugsdrehmoment für die Verschraubungen: 25 Nm.

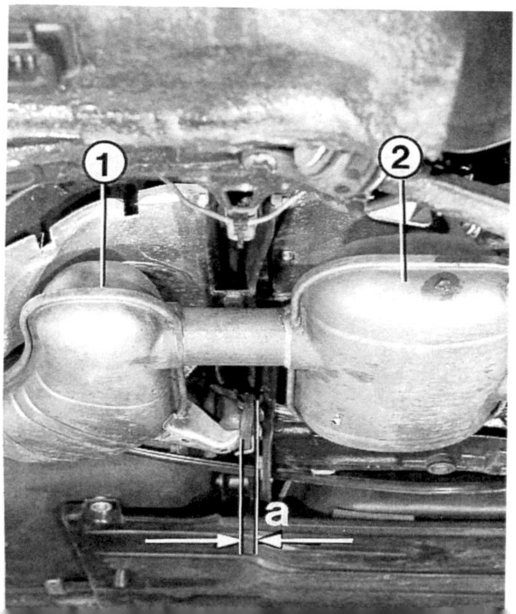

Ausrichten der Auspuffanlage:
Links: Beim Frontantriebs-Audi muß die hintere Aufhängung des Hauptschalldämpfers (1) eine Vorspannung von a = 7 mm aufweisen (Auspuffanlage kalt). Die Position »2« bezeichnet die Klemmschelle.
Rechts: Beim quattro muß die Halteschlaufe am vorderen Mittelschalldämpfer (1) eine Vorspannung von a = 7 mm aufweisen (Auspuffanlage kalt). Mit Position »2« ist der hintere Mittelschalldämpfer bezeichnet.

Das Maß »a« = 291 mm beschreibt die Stelle, an der bei der Auspuffanlage der quattro-Modelle Mittel- und Nachschalldämpfer voneinander getrennt werden.

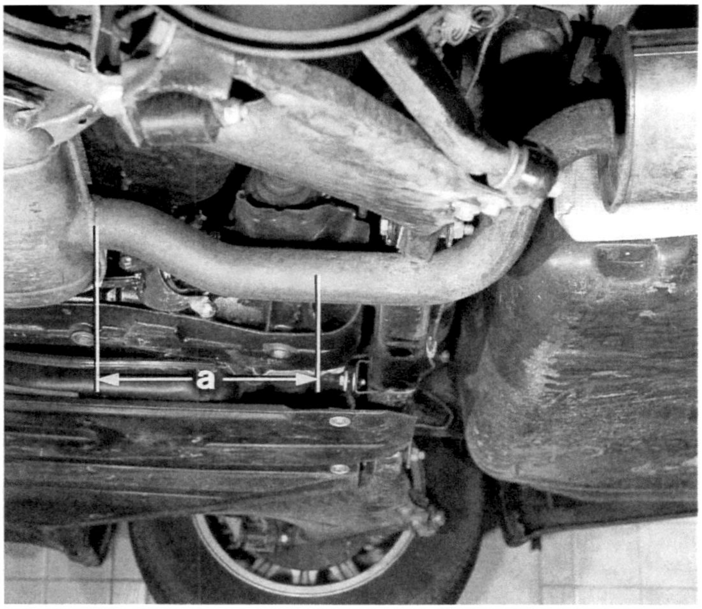

Klemmschelle lösen

● Bevor Sie eine Klemmschelle lösen, sollten Sie sich deren Einbaulage genau merken: Wohin zeigen die Schraubenköpfe? Ist die Schelle waagrecht oder senkrecht eingebaut?
● Beim Lösen der Verschraubungen auf den Dichtring achten – er darf nicht zu Boden fallen. Das harte Material kann springen.
● Beim Einbau darauf achten, daß die Schellen-Hälften die Ausformungen an den Rohr-Enden gut umschließen.
● Auf Einbaulage achten und Verschraubungen mit 25 Nm anziehen.

Auspuffanlage ausrichten

● Eine verspannt eingebaute Auspuffanlage kann lästige Brummgeräusche verursachen. Deshalb:
● Vor dem Festziehen der Verschraubungen den Auspuff lose in die Halteschlaufen hängen und ausrichten:
● An allen Teilen muß genügend **Freigang zur Karosserie** bestehen.
● Das **Endrohr** muß (die Endrohre müssen) rundum gleichen Abstand zum Ausschnitt im Stoßfänger haben.
● Den **Halter am Getriebe** spannungsfrei mit 25 Nm anziehen. Auf richtigen Zusammenbau von Hülse und Feder achten.
● **Vorspannung der Abgasanlage** zum Ausgleich der Wärmedehnung:
● Beim Frontantriebs-Audi muß die hintere Aufhängung des Hauptschalldämpfers ca. 7 mm Vorspannung haben (Bild auf der gegenüberliegenden Seite links unten).
● Beim quattro muß die Halteschlaufe am vorderen Mittelschalldämpfer ca. 7 mm Vorspannung haben (Bild auf der gegenüberliegenden Seite rechts unten).
● Zusätzlich beim Sechszylinder-quattro prüfen: Die Halteschlaufe am Nachschalldämpfer muß 12–14 mm Vorspannung haben.
● **Sicherungslaschen** der Halteringe – das sind die überstehenden Blechenden der Halter – ca. 90° umlegen. Darauf achten, daß dabei der Haltering nicht eingeklemmt wird.
● Zum Schluß alle Verschraubungen der Auspuffanlage – vorn beginnend – anziehen. Anzugsdrehmoment siehe vorhergehende Abschnitte.

Mittel- und Nachschalldämpfer trennen
nur quattro

● Bei der Original-Auspuffanlage der quattro-Modelle sind beide Schalldämpfer mit einem durchgehenden Rohrstück verbunden.
● Zum Austauschen von nur einem der beiden Schalldämpfer muß das Verbindungsrohr durchgesägt werden.
● Damit es keine Zweifel gibt, wo gesägt werden soll, ist das Maß **a = 291 mm** in der Abbildung oben angezeichnet.
● Rohr mit einer Metallsäge möglichst rechtwinklig durchsägen.
● Wegen der beengten Platzverhältnisse ist das Sägen bei eingebautem Auspuff kaum möglich. Besser die beiden Schalldämpfer zusammen ausbauen.
● Auch wenn Sie beide Schalldämpfer auswechseln – Sie erhalten als Ersatz die Schalldämpfer nur einzeln im Teilelager.
● Die Rohre mit einer – ebenfalls im Teilelager erhältlichen – Doppel-Rohrschelle, wie schon erwähnt, verbunden.
● Anzugsdrehmoment der Schrauben: 25 Nm.

Wassergeister

Normalerweise sind uns die Wassergeister im Audi 100 wohl gesonnen. Sie kühlen den Motor und heizen den Innenraum. Man kann sich auf sie verlassen. Und falls Neptun doch mal grollt, hilft dieses Kapitel weiter.

So wird gekühlt

Die Wasserpumpe befördert bei laufender Maschine ständig Kühlmittel durch die zahlreichen Kühlkanäle des Motors und transportiert so die mit der Verbrennung in den Zylindern entstehende Wärme ab. Dazu beschleunigt sie den Wasserstrom durch ein kleines Schaufelrad an ihrer Rückseite.
Den Antrieb der Wasserpumpe besorgt beim Vierzylinder der Keilriemen, beim Fünf- und beim Sechszylinder der Zahnriemen.
Welchen Weg das Kühlmittel nimmt, hängt von seiner momentanen Temperatur ab:
○ Bei noch nicht betriebswarmem Motor fließt das Kühlmittel im »kleinen Kreislauf«, der durch den Motor und durch den Wärmetauscher führt. Der Ansaugkrümmer ist beim Vierzylinder mit Mono-Motronic-Einspritzung zusätzlich an den kleinen Kühlwasserkreislauf angeschlossen.
○ Ab etwa 87°C öffnet der Thermostat den »großen Kühlwasserkreis«, der den Kühler mit einbezieht. Steigt die Wassertemperatur noch weiter, so daß selbst im Kühler über ca. 92°C gemessen werden, tritt der Kühlerventilator in Aktion und hilft beim Abkühlen.

Überdruck-Kühlsystem

Im Kühlsystem herrscht bei Betriebstemperatur ein Überdruck von **1,2–1,5 bar**, was die Siedetemperatur des Kühlmittels deutlich über 100°C erhöht. Somit ist eine gewisse Reserve geschaffen. Der Motor kann also Betriebstemperaturen von über 100°C erreichen, ohne daß »Kochgefahr« im Kühlsystem besteht.
Zuständig für den richtigen Systemdruck ist der Verschlußdeckel des Ausgleichsbehälters, der ein Überdruckventil (1,2–1,5 bar) und ein Unterdruckventil (0,06–0,1 bar) enthält. Das Unterdruckventil läßt Luft einströmen, wenn das Kühlmittel kälter wird und damit weniger Raum einnimmt.

Stand der Kühlflüssigkeit prüfen

Ständige Kontrolle

Trotz Kontrollampe bzw. Auto-Check-System sollten Sie sich nicht ausschließlich auf diese Einrichtungen verlassen, sondern hin und wieder den Flüssigkeitsstand im Ausgleichsbehälter im Motorraum prüfen:
- Nur bei stehendem Motor läßt sich der Kühlmittelstand exakt kontrollieren.
- Der Flüssigkeitsstand ist im durchscheinenden Ausgleichsbehälter auch bei geschlossenem Deckel leicht von außen zu sehen. Er muß bei kaltem Motor **zwischen den Markierungen** am Behälter stehen.
- Bei warmem Motor ist der Pegel naturgemäß etwas höher.

Kühlmittel nachfüllen

Merklicher Kühlmittelverlust ist ein Zeichen für eine Störung oder einen Defekt. Die Kühlflüssigkeit wird nicht verbraucht und kann im geschlossenen Kühlsystem auch nicht verdampfen. Lediglich bei Überhitzung des

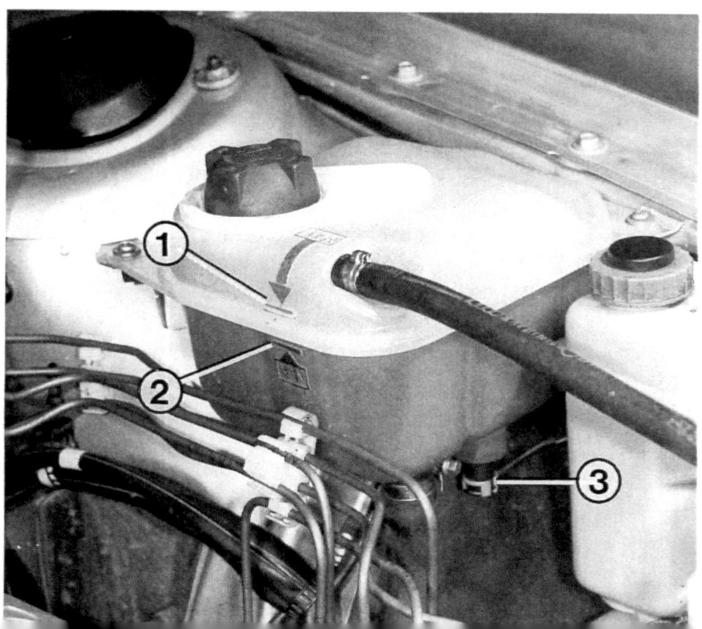

Die »MAX«-Marke (1) und die »MIN«-Marke (2) am Kühlmittel-Ausgleichsbehälter sind durch Pfeile gekennzeichnet. Zur zusätzlichen Kontrolle ist von unten ein Kühlmittelstands-Kontrollschalter (3) in den Behälter eingelassen, der über Kontrollampe oder Auto-Check-System einen zu weit abgesunkenen Kühlmittelstand am Armaturenbrett signalisiert.

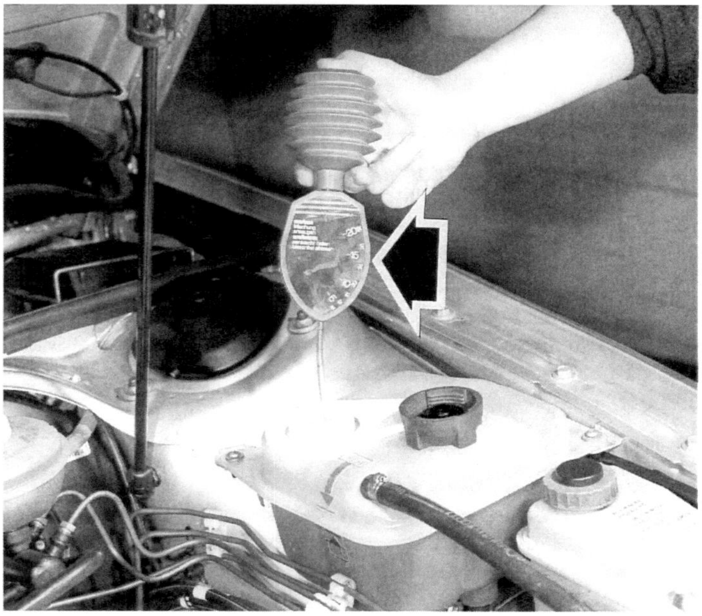

Hier wird mit einem Frostschutzprüfer (Pfeil) die Gefrierschutzmittel-Konzentration geprüft.

Motors kann etwas Kühlmittel zum Verschlußdeckel herausdrücken. Bei ständigem Kühlmittelverlust muß das Kühlsystem auf Dichtheit geprüft werden, wie weiter hinten im Kapitel beschrieben.

- Wird der Verschlußdeckel des Ausgleichsbehälters bei heißem Motor geöffnet, besteht **Verbrühungsgefahr** – deshalb äußerste Vorsicht walten lassen:
- Deckel mit Handschuh oder Lappen langsam zunächst eine Umdrehung öffnen und den Überdruck aus dem Kühlsystem entweichen lassen. Erst dann den Deckel vollends abschrauben.
- Wird nur Wasser nachgefüllt, verdünnen Sie den Frostschutz allmählich, daher evtl. gleich etwas Frostschutzmittel mit einfüllen.
- Nicht über die »MAX«-Marke (siehe vorigen Abschnitt) nachfüllen; das Kühlmittel dehnt sich bei Erwärmung aus, und die Mehrmenge entweicht aus dem System.
- Kleinere Flüssigkeitsmengen können Sie sowohl bei warmem wie kaltem Motor in den Ausgleichsbehälter eingießen.
- Bei erheblichem Wasserverlust und heißer Maschine kein kaltes Wasser in den Ausgleichsbehälter nachfüllen. Durch den »Kälteschock« kann sich der Zylinderkopf verziehen oder der Motorblock reißen.

Frostschutzmittel

Im Kühlsystem sorgt nicht allein klares Wasser für die notwendige Abkühlung des Motors, sondern eine Mischung von Frost- und Korrosionsschutz sowie Wasser. Man spricht daher auch besser von Kühlflüssigkeit oder Kühlmittel. Das Mischungsverhältnis beträgt für europäische Verhältnisse 2:3, in nordischen Ländern 1:1.

Motor	Gefrierschutz bis	Wasser	Frostschutzmittel
Vierzylinder	–25°C –35°C	4,2 l 3,5 l	2,8 l 3,5 l
Fünfzylinder	–25°C –35°C	4,8 l 4,0 l	3,2 l 4,0 l
Sechszylinder	–25°C –35°C	4,4 l 5,5 l	6,6 l 5,5 l

Ebenso wichtig wie der Gefrierschutz ist auch der Korrosionsschutz. Er verhindert, daß sich im Kühlsystem Kesselstein, Rost und andere Korrosionsprodukte bilden. Das werksseitig eingefüllte Kühlmittel mit Korrosionsschutz soll deshalb auch nicht im Frühjahr abgelassen werden, sondern verbleibt ganzjährig in der Kühlanlage.

In den Audi-Werkstätten wird das eigene Frostschutzmittel »G 11 V8 B« verwendet. Zugelassen werden vom Werk aber auch Fremdfabrikate, die den Vermerk »gemäß TL VW 774 B« tragen.

Frostschutz prüfen

Wartung Nr. 9

Zum Nachprüfen der Kühlmittel-Frostfestigkeit brauchen Sie einen Hebe-Messer (Spindel). Damit wird das spezifische Gewicht der Flüssigkeit gemessen. Durch unterschiedliche Korrosionsschutzmittel sind die spezifischen Gewichte der Frostschutzprodukte nicht gleich. Ziehen Sie zur Sicherheit eine Toleranz von 2–3°C ab.

- Etwas Kühlmittel aus dem Ausgleichsbehälter ansaugen, die Spindel muß frei schwimmen können.
- Je nach spezifischem Gewicht der Flüssigkeit taucht die Spindel mehr oder minder tief ein.
- An der Skala ablesen, wie weit der Gefrierschutz reicht.
- Manche Frostschutzprüfer haben Zeiger, an denen die Frostfestigkeit abgelesen werden kann.

Frostschutzkonzentration einstellen

Meist stellt sich heraus, daß die Konzentration des Gefrierschutzmittels nicht mehr ausreicht. Dann muß etwas Frostschutz nachgefüllt werden; grob über den Daumen gepeilt etwa ¼ Liter für einen um 10°C erweiterten Gefrierschutz.

- Untere Motorraumverkleidung abbauen (Kapitel »Die Karosserieteile«).
- Wanne unter den Wagen stellen.
- Wasserablaßschraube unten am Kühler öffnen, evtl. dünnen Schlauch auf den Auslaufstutzen schieben und in die Wanne leiten.
- Vorsicht bei heißem Kühlmittel!
- 1 bis 2 Liter Kühlmittel ablassen.
- Schraube **sanft** anziehen.
- Entsprechende Menge unverdünnten Frostschutz eingießen und mit der aufgefangenen Kühlflüssigkeit nachfüllen.

Kühlsystem auf Dichtheit prüfen

Wartung Nr. 10

Undichte Stellen an der Kühlanlage ermittelt man am leichtesten, wenn der Motor heiß ist und demnach Betriebsdruck in der Kühlanlage herrscht. Dann zum Prüfen der Wasserschläuche Arbeitshandschuhe tragen, um Verbrennungen zu vermeiden.

- Schläuche am Kühler und Motor dicht, auch die zur Heizanlage?
- Schläuche rissig? Durch Kneten feststellen, ob die Wasserschläuche hart und spröde sind – dann umgehend austauschen.
- Durch Kneten der Schläuche lassen sich auch Undichtigkeiten feststellen, die durch Marderbisse verursacht wurden.
- Sitzen die Schlauchenden nicht zu knapp auf ihren Stutzen?
- Sind die Spannschrauben der Schlauchschellen festgezogen?
- Verrostete Schlauchschellen können unvermutet während der Fahrt und bei vollem Betriebsdruck im Kühlsystem nachgeben. Auswechseln!
- Die Werkstatt kontrolliert die Dichtheit der Kühlanlage mit einer speziellen Handluftpumpe mit Druckmesser.
- Dieses Gerät wird auf die Ausgleichsbehälteröffnung gesetzt und ein Druck von 1 bar aufgepumpt.
- Fällt der Skalenzeiger nicht innerhalb von ein bis zwei Minuten, ist das Kühlsystem dicht.

Der Kühler

Der Kühler besitzt sogenannte Wasserkästen aus Kunststoff. Die sitzen rechts und links am Kühler. Von diesen Sammelkästen aus strömt das Kühlmittel durch die Leichtmetallröhren des Kühlers, die zur Vergrößerung ihrer Oberfläche (und damit der Kühlfläche) mit Kühlrippen versehen sind. Über die Kühlrippen kann das Kühlmittel Wärme an die Umgebung abgeben.
Bei Verdacht auf einen undichten Kühler sollten Sie in der Werkstatt die beschriebene Druckprüfung durchführen lassen. Bei einem offenkundigen Defekt können Sie den Kühler auch gleich selbst ausbauen und zur Reparatur bringen. Es gibt spezielle Kühlerwerkstätten (Branchentelefonbuch!), die solche Reparaturen durchführen.

Kühler ausbauen

- Untere Motorraumverkleidung ausbauen (Kapitel »Die Karosserieteile«).
- Kühlmittel ablassen und auffangen.
- Alle Kühlmittelschläuche am Kühler abbauen.
- Kabelstecker am Thermoschalter für Kühlerventilator abziehen.

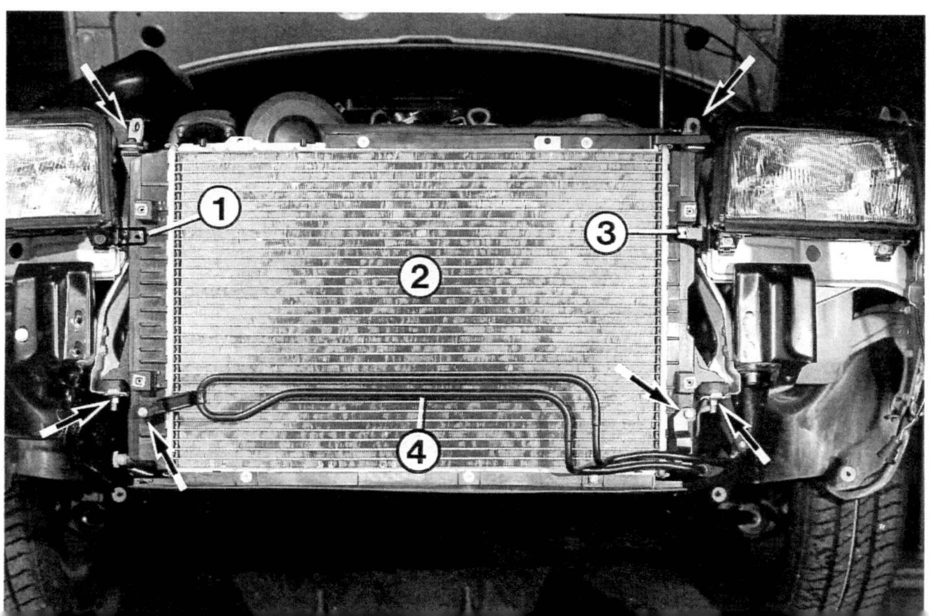

Bei ausgebautem Stoßfänger und Schloßblech ist hier mit Pfeilen bezeichnet, welche Verschraubungen zum Ausbau des Kühlers (2) gelöst werden müssen. Außerdem empfiehlt es sich, die empfindlichen Halter (1 und 3) für die Zierblenden unterhalb der Scheinwerfer auszubauen. Bei Wagen mit Klimaanlage sitzt zusätzlich zur Kühlschlaufe der Servolenkung (4) der Verdampfer der Klimaanlage vor dem Kühler; auch er muß abgeschraubt werden.

Links: Zum Ablassen des Kühlmittels beim Vierzylinder müssen die Kühlmittelschläuche »1« und »2« am Thermostatgehäuse abgebaut werden. Zusätzlich Ablaßschraube am Kühler öffnen.
Rechts: Der Sechszylindermotor hat eine zusätzliche Kühlmittelablaßschraube (Pfeil), die sich unten am Motor in der Nähe der Trennfuge zum Getriebegehäuse befindet.

- Stecker am Kühlerventilator abziehen.
- Schloßblech oberhalb des Kühlers abschrauben (Kapitel »Die Karosserieteile«).
- Stoßfänger vorn ausbauen (Kapitel »Die Karosserieteile«).
- Halter für Zierblenden unter den Scheinwerfern rechts und links abschrauben.
- Ölkühlerschleife für Hydrauliköl (Servolenkung) vom Kühler abbauen.
- Ggf. Verdampfer für Klimaanlage am Kühler abschrauben.
- Untere Kühlerbefestigung losschrauben.
- Kühler nach oben herausnehmen.

Kühler reinigen

Vor und nach dem Sommerhalbjahr sollten die Kühlerlamellen von den dort festgesetzten Insektenleichen gesäubert werden, sonst wird die Kühlwirkung verschlechtert.

- Motorhaube öffnen.
- Angetrocknete Insektenreste mit einem eiweißlösenden Mittel einsprühen, z.B. »Summer Screen« von Holts.
- Nach einer gewissen Einwirkzeit von der Kühlerrückseite her abspülen. Durch die Kühlerlamellen mit nicht zu starkem Strahl spritzen. Hartes Bürsten oder scharfes Werkzeug kann die Kühlerlamellen beschädigen.
- Den Wasserschlauch auch in die Öffnung um den Kühlerventilator halten. Wo vorhanden, zusätzlich die Gummilappen an der Kühlerverkleidung hochheben und durch die darunterliegenden Löcher sprühen.

Kühlmittelschläuche ausbauen

Besorgen Sie sich als Ersatz Originalschläuche in der richtigen Bogenform und grundsätzlich neue Schlauchschellen.

- Kühlmittel ablassen und auffangen.
- **Schraubbare Schlauchschellen** mit Schraubendreher lösen.
- **Federband-Schlauchschellen** an den beiden »Ohren« mit einer Zange bis zum Anschlag zusammendrücken.
- Schläuche abziehen.
- Festsitzende Schlauchenden mit einem Schraubendreher lockern, den man zwischen Schlauch und Stutzen schiebt und dann vorsichtig hebelt.
- Neue Schläuche weit genug auf die Stutzen schieben, damit sie nicht wieder abrutschen können.
- Schraubschellen nicht mit Gewalt anziehen, sonst wird das Gewinde überdreht.

Fingerzeig: Einen gerissenen oder von Mardern zerbissenen Kühlmittelschlauch kann man selten sofort ersetzen. Denn oft ist gerade der benötigte Wasserschlauch nicht im Teilelager verfügbar. Vorübergehend kann das »Pannenband« von Weyer, Düsseldorf oder Holts »Hoseweld Bandage« helfen. Beide kleben auf gesäuberten und trockenen Gummischläuchen recht gut. Bei einem großen Leck kann es vorteilhaft sein, den Verschlußdeckel des Ausgleichsbehälters eine Umdrehung zu öffnen, damit sich im Kühlsystem kein Druck aufbauen kann, dem die Bandage dann nicht mehr standhält. Jetzt nur noch sehr schonend bis zur Werkstatt weiterfahren. Temperaturanzeige und Kühlmittelstand im Auge behalten!

Kühlmittel ablassen

- Motor abkühlen lassen, sonst **Verbrühungsgefahr!**
- Verschlußdeckel am Ausgleichsbehälter öffnen.
- Untere Motorraumverkleidung ausbauen (Kapitel »Die Karosserieteile«).
- Breite Wanne zum Auffangen des Kühlmittels unter den Motor stellen.
- Wasserablaßschraube unten am Kühler öffnen, evtl. dünnen Schlauch auf den Auslaufstutzen schieben und in die Wanne leiten. **Zusätzlich:**

Unter der schwarzen Abdeckung im Wasserkasten befindet sich die Entlüftungsschraube im Schlauch zum Heizungswärmetauscher (Pfeil). Sie muß zum Neubefüllen des Kühlsystems geöffnet werden (siehe Text unten).

● **Vierzylinder:** In Fahrtrichtung links am Motor den dicken Schlauch zum Kühler und den dünneren zum Heizungs-Wärmetauscher jeweils am Thermostatgehäuse abziehen und leerlaufen lassen.
● **Fünfzylinder:** Kühlmittelschlauch zur Heizung hinten am Motorblock abziehen.
● Ferner den Schlauch am Kühlmittelrohr unten abziehen.
● **Sechszylinder:** Kühlmittel an der Ablaßschraube unten am Motorblock ablassen.

Fingerzeig: Kühlerfrostschutzmittel ist giftig, es darf deshalb nicht einfach in die Kanalisation geschüttet werden. Stattdessen in ein gesondertes Gefäß füllen und zum Sondermüll geben.

Kühlsystem neu befüllen

Da eine gewisse Restmenge von Kühlflüssigkeit im Motor zurückbleibt, kann möglicherweise nicht die gesamte in der Tabelle am Kapitel-Anfang genannte Flüssigkeitsmenge eingefüllt werden.
● Vor dem Einfüllen die Entlüftungsschraube im Wasserschlauch zur Heizung öffnen.
● Nur Sechszylinder: Entlüftungsschraube am Kühlmittelrohr hinten am Motor herausdrehen.
● Zuerst Gefrierschutzmittel, dann möglichst kalkarmes Wasser einfüllen, bis das Niveau an der Oberkante des Ausgleichsbehälters steht.
● Flüssigkeit einfüllen, bis sie an der Schraube austritt. Dann vollends auffüllen.
● Nur Vierzylinder: Oberen Schlauch zum Kühler leicht anheben, während Kühlmittel eingefüllt wird.
● Verschlußdeckel am Ausgleichsbehälter zudrehen.
● Motor starten und so lange laufen lassen, bis der elektrische Kühlerventilator anläuft bzw. beim Fünfzylinder die Temperaturanzeige 80°C anzeigt.
● Motor abstellen und Kühlflüssigkeit ergänzen. Der Flüssigkeitspegel soll zwischen der »MIN«- und der »MAX«-Markierung des Ausgleichsbehälters stehen; bei warmem Motor natürlich etwas darüber.

Der Kühlsystem-Verschlußdeckel

Im Überdruck-Kreislauf spielt der Kühlsystem-Verschlußdeckel auf dem Ausgleichsbehälter eine wichtige Rolle:
○ Die Dichtfläche wird bei aufgeschraubtem Deckel fest auf den Rand der Ausgleichsbehälteröffnung gedrückt. Es kann kein Druck entweichen.
○ Wenn bei Erwärmung der Druck im Kühlsystem **1,2–1,5 bar** übersteigt, öffnet das Überdruckventil. Jetzt kann zum Druckausgleich etwas Wasserdampf entweichen.
○ Beim Abkühlen zieht sich die Kühlflüssigkeit wieder zusammen, und es entsteht ein Unterdruck in der Kühlanlage. Für diesen Unterdruckausgleich sitzt im Deckel ein zweites Ventil. Es öffnet bei einem Unterdruck von **0,06–0,1 bar**, so daß Außenluft in den Ausgleichsbehälter strömen kann.

Überdruckventil prüfen

Wer sich die Mühe der Kontrolle nicht machen will, wechselt den relativ preisgünstigen Verschlußdeckel im Verdachtsfall einfach aus. Die Werkstatt prüft ihn mit einem Druckprüfgerät:
● Druck aufpumpen.
● Zwischen **1,2–1,5 bar** muß das Ventil öffnen.

Unterdruckventil prüfen

Ob das Unterdruckventil richtig arbeitet, läßt sich nur behelfsmäßig feststellen.
● Bei abgenommenem Verschlußdeckel einen dicken Kühlmittelschlauch fest zusammendrücken.
● Deckel aufsetzen und festdrehen.
● Schlauch loslassen.

● Rundet sich der zusammengepreßte Schlauch wieder, dürfte das Ventil intakt sein.
● Sind die Kühlmittelschläuche morgens vor dem ersten Start plattgedrückt, streikt sicher das Unterdruckventil.

Der Thermostat

Vereinfacht gesagt bestimmt der Thermostat darüber, ob das Kühlmittel im Kühler abgekühlt werden soll oder nicht. Er hat also das Sagen darüber, ob das Kühlmittel im »kleinen« oder im »großen Kühlmittelkreislauf« zirkulieren soll (siehe auch Kapitel-Anfang).
Natürlich steuert der Thermostat den Kühlmittelfluß in Abhängigkeit der Kühlmitteltemperatur. Das geschieht durch eine mit Spezialwachs gefüllte Büchse und den daran befestigten Ventilteller. Bei Erwärmung des Kühlmittels verflüssigt sich das Wachs, es dehnt sich aus und öffnet durch sein größeres Volumen den Ventilteller. Solange die Kühlmitteltemperatur steigt, wird vom Thermostat der Kaltwasserzufluß aus dem Kühler zunehmend geöffnet. Fällt dagegen die Betriebstemperatur, drückt eine Feder am Thermostat den Ventilteller wieder in Richtung »Zu« und sperrt damit den Kaltwasserzufluß, bis wieder Betriebstemperatur herrscht.

Störungsbeistand

Thermostat

Erkennungsmerkmal	Ursache/Auswirkungen
A Temperaturanzeige steigt langsam, Betriebstemperatur wird später erreicht, Heizwirkung ungenügend	Thermostat-Ventilteller ist in »Offen»-Stellung blockiert (etwa durch Ablagerungen); der Zufluß zum Kühler bleibt ständig offen. Motor bleibt zu lange im Kaltlaufbetrieb. Es kommt jedoch kurzfristig zu keinen Schäden. Trotzdem Thermostat so bald wie möglich wechseln
B Temperaturanzeige steht trotz richtigem Kühlmittelstand ganz rechts, Kühlmittel-Warnleuchte blinkt. Kühler und unterer Schlauch zum Kühler sind kalt	Thermostat-Ventilteller ist in »Geschlossen«-Stellung blockiert (etwa durch eine defekte oder undichte Thermostatbüchse). Auf keinen Fall weiterfahren, sonst entstehen schwere Hitzeschäden am Motor! Thermostat sofort auswechseln

Fingerzeig: Wenn der Motor unterwegs wegen defektem Thermostat ins Kochen kommt, hilft nur noch Abschleppen oder der komplette Ausbau des Thermostats an Ort und Stelle. Sollten Sie sich für den Ausbau entscheiden, müssen Sie erst abwarten, bis die Kühlmitteltemperatur abgesunken ist. Besorgen Sie sich derweil Gefäße zum Auffangen des Kühlmittels.

Thermostat ausbauen

Einen klemmenden Thermostat unterwegs auszubauen, ist problematisch. Er sitzt ziemlich weit unten, so daß beinahe die gesamte Kühlmittelmenge abgelassen werden muß. Zudem dauert es bei heißem Motor recht lange, ehe Sie mit der Arbeit beginnen können, ohne Gefahr zu laufen, daß Sie sich die Hände verbrühen. Beim

Vierzylinder: Wasserpumpe und Thermostatgehäuse geben hier einen Blick ins Innere frei (Schnittmodell). Deutlich zu erkennen ist das Schaufelrad (1) der Wasserpumpe. Daneben sitzt der Thermostat (2).

Nach Abschrauben des Gehäusedeckels (3) an der linken Motorseite ist beim Fünfzylinder der Thermostat (2) zugänglich. Die Position »1« zeigt die Wasserpumpe.

Einbau eines neuen Thermostats soll auch der Dichtring am Thermostat- bzw. Wasserpumpengehäuse erneuert werden.

- Kühlflüssigkeit vollständig ablassen.
- **Vierzylinder:** Untere Motorraumverkleidung ausbauen (Kapitel »Die Karosserieteile«).
- Schlauch unten am Wasserpumpengehäuse abschrauben (was schon zum Ablassen des Kühlmittels gemacht wurde).
- Zwei Schrauben unten am Thermostatgehäusedeckel losdrehen.
- Deckel und Thermostat abnehmen.
- **Fünfzylinder:** Zwei Schrauben am Deckel des Thermostatgehäuses losschrauben.
- Deckel zur Seite drücken und Thermostat abnehmen.
- **Sechszylinder:** Keilrippenriemen abnehmen, Spannvorrichtung ausbauen (Kapitel »Die Lichtmaschine«).
- Zahnriemenschutz abbauen (Kapitel »Die Motoren und ihr Innenleben«). Der Zahnriemen selbst bleibt eingebaut.
- Kühlmittelschlauch zum Kühler unten am Schlauchstutzen des Thermostatgehäuses abbauen.
- Zwei Schrauben am Deckel des Thermostatgehäuses losschrauben.
- Zahnriemen vorsichtig über den Steg am Thermostatgehäuse heben, Gehäuse abnehmen.
- Thermostat herausnehmen.
- **Alle:** Beim **Einbau** des neuen Thermostats muß dessen kleinere Abdichtplatte zum Motor hin zeigen.
- Nur Sechszylinder: Das Entlüftungsventil im äußeren Ring des Thermostats zeigt nach oben.
- Dichtring erneuern.
- Schrauben am Thermostat- bzw. Wasserpumpengehäuse mit 10 Nm anziehen.

Thermostat prüfen

Mit einem Einmachthermometer können Sie den Kühlwasserregler selbst kontrollieren:

Öffnungsbeginn	Öffnungsende	Öffnungshub mind.
ca. 87° C	ca. 102° C	7–8 mm

- Thermostat ausbauen.
- Thermostat in einen Topf mit Wasser hängen und Wasser erhitzen.
- Kontrollieren, ob der Ventilteller bei 87° C vom Sitz abhebt.
- Das Öffnungsende kann bei diesem Versuch nicht vollständig erreicht werden (Wasser kocht im offenen Topf bekanntlich bei ca. 100° C), aber man sieht immerhin, ob der Thermostat weiter öffnet.
- Der Gesamt-Öffnungshub ist somit auch nur eben fast zu schaffen. Aber was man sieht, genügt, um einen defekten Thermostat festzustellen.

Die Wasserpumpe

Die Kühlflüssigkeit wird von der Wasserpumpe beschleunigt, damit sie im Kühlsystem zirkulieren kann. Sie wird je nach Motor unterschiedlich angetrieben:

○ Am **Vierzylinder** sitzt die Pumpe in Fahrtrichtung vorn links am Motor und wird vom Keilriemen in Schwung versetzt. (Wichtig: **Nie ohne diesen Keilriemen fahren**, siehe Kapitel »Die Lichtmaschine«.)

○ Der **Fünfzylinder** hat seine Wasserpumpe ebenfalls vorn links sitzen, aber vom Zahnriemen angetrieben.

○ Beim **Sechszylinder** wird die Wasserpumpe von der Außenflanke des Zahnriemens getrieben.

Die Wasserpumpe ist auf Lebenszeit wartungsfrei. Wird sie undicht oder produziert sie mahlende Geräusche, muß sie ausgetauscht werden – eine Reparatur ist nicht möglich.

Links: Beim Sechszylinder sitzt das Thermostatgehäuse (Pfeil) rechts vorn am Motorblock.
Unten: Die Zeichnung zeigt die Thermostat-Einbaulage beim Sechszylinder. Das Entlüftungsventil (Pfeil) muß nach oben zeigen.

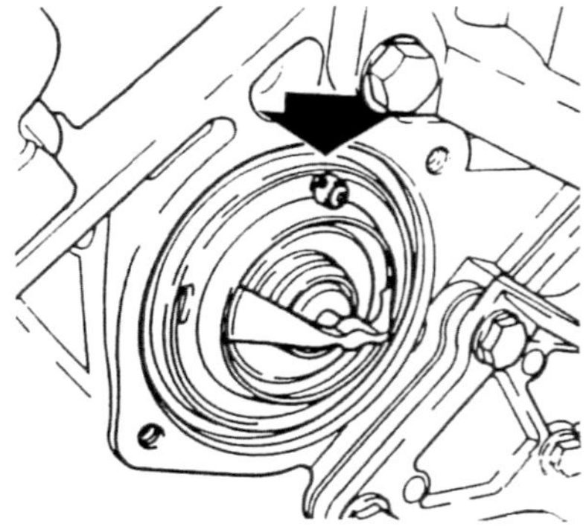

Die Wasserpumpe (Pfeil) des Sechszylindermotors sitzt vorn am Motorblock. Angetrieben wird sie von der rückseitigen Flanke des Zahnriemens.

Wasserpumpe ausbauen

Gebraucht wird zusätzlich eine neue Dichtung (Vier- und Sechszylinder) bzw. ein neuer Dichtring (Fünfzylinder). Wer sich beim Vierzylinder für eine Austausch-Wasserpumpe aus dem Audi-Teilelager entscheidet, bekommt die komplette Pumpe mit Wasserpumpengehäuse (das ist der hintere Gehäuseteil mit Pumpe). Nachgearbeitete Wasserpumpen für den Fünfzylinder – man erkennt sie an der eingeschlagenen Zahl 5 im Dichtflanschbereich – müssen mit einem Übermaß-Dichtring von 5 mm Durchmesser eingesetzt werden.

● Beim **Vierzylinder** zuerst den Keilriemen abnehmen.

● Zahnriemenabdeckung ausbauen (Kapitel »Die Motoren und ihr Innenleben«).

● Insgesamt sieben Verschraubungen zwischen dem vorderen Lagergehäuse und dem Wasserpumpengehäuse lösen. Das Pumpenrad sitzt im Lagergehäuse.

● Dichtung zwischen Lagergehäuse und Wasserpumpengehäuse erneuern.

● Falls das komplette Wasserpumpengehäuse (Verwendung des Austauschteils) ausgebaut wird, muß beim Einbau die Dichtung zwischen dem Gehäuse und dem Motorblock ebenfalls ersetzt werden.

● Lagergehäuse mit 10 Nm festschrauben, Halteschrauben der Keilriemenscheibe mit 25 Nm anziehen.

● Beim **Fünfzylinder** ist der Ausbau der Wasserpumpe alles andere als einfach:

● Zuerst den Viscolüfter und die Servopumpe samt Keilriemen ausbauen.

● Zahnriemenabdeckung ausbauen (Kapitel »Die Motoren und ihr Innenleben«).

● Zahnriemen entspannen und vom Wasserpumpen-Zahnriemenrad abnehmen.

● Halteschrauben der Wasserpumpe herausdrehen, Pumpe abnehmen.

● Neue Pumpe mit neuem Dichtring einbauen.

● Halteschrauben der Wasserpumpe mit 20 Nm anziehen.

● Zahnriemen auflegen, unbedingt Steuerzeiten prüfen (Kapitel »Die Motoren und ihr Innenleben«).

● Zahnriemen spannen.

● Der übrige Zusammenbau verläuft problemlos.

● Beim **Sechszylinder** scheitert der Wasserpumpenausbau in Eigenregie u. U. wieder am Abnehmen des Zahnriemens.

● Keilrippenriemen ausbauen (Kapitel »Die Lichtmaschine«).

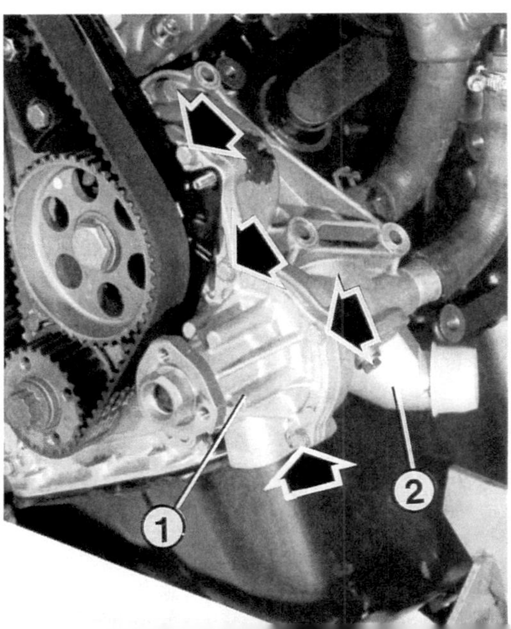

Links: Die Wasserpumpe (1) des Vierzylinders sitzt links vorn am Motor. Die Position »2« zeigt den Deckel des Thermostatgehäuses, die Pfeile zeigen auf einige der Befestigungsschrauben des Wasserpumpen-Lagerdeckels.
Rechts: Die Wasserpumpe (Pfeil) des Fünfzylinders sitzt vorn am Motor und wird vom Zahnriemen angetrieben.

● Zahnriemen ausbauen (Kapitel »Die Motoren und ihr Innenleben«).
● Neun Schrauben vorn am Wasserpumpengehäuse lösen, Gehäuse abnehmen.
● Beim Einbau Dichtung ersetzen, Schrauben in zwei Durchgängen mit zuletzt 10 Nm anziehen.
● Zahnriemen auflegen, unbedingt Steuerzeiten prüfen (Kapitel »Die Motoren und ihr Innenleben«).

Der Kühlerventilator

Im Audi 100 sind je nach Motorisierung unterschiedliche Kühlerventilatoren eingebaut.
○ **Vier- und Sechszylindermotoren** besitzen einen elektrisch angetriebenen Kühlerventilator, der sich nur im Bedarfsfall – also wenn die Kühlmitteltemperatur zu weit ansteigt – zuschaltet. Der Sechszylinder besitzt häufig zwei separat angetriebene Lüfter.
○ Anders beim **Fünfzylinder**. Dort ist ein sogenannter Viscolüfter eingebaut. Dieser schaltet nicht elektrisch zu, sondern eine Flüssigkeits- (Visco-)Kupplung sorgt bei gestiegener Kühler-Umgebungstemperatur für Kraftschluß zwischen der motorgetriebenen Riemenscheibe und dem Lüfterrad.
○ Davon getrennt funktioniert die **Lüfter-Nachlaufschaltung:** Ein zusätzlicher elektrischer Ventilator bläst beim Fünfzylinder die nach Abstellen im Motorraum entstehende Stauwärme weg. Übrigens besitzt auch der 85-kW-Vierzylinder diese Nachlaufschaltung, doch hier mit dem schon vorhandenen Elektrolüfter.
○ In bestimmten Ausstattungsversionen (z.B. bei werksseitig eingebauter Anhängerkupplung oder verstärkter Kühlanlage sowie teilweise beim Sechszylinder) ist ein zweiter Elektrolüfter neben dem erwähnten Kühlerventilator eingebaut.
○ Beim Fünfzylinder ist kein Platz für einen weiteren Kühlerventilator. Deshalb ist bei werksmontierter Anhängerkupplung oder Klimaanlage an Stelle des 50-Watt-Lüfternachlauf-Ventilators ein stärkerer Lüftermotor mit 300 Watt eingebaut, der auch zur zusätzlichen Kühlung (über Thermoschalter) herangezogen wird.

Funktion des elektrischen Kühlerventilators
Vier- und Sechszylinder

Die elektrische Schaltung der Kühlerlüfter finden Sie im Kapitel »Die Stromlaufpläne«. Im einzelnen sieht die Sache in der Serien-Version so aus:
○ In den Kühler ist ein temperaturempfindlicher Schalter eingeschraubt. Wenn er »spürt«, daß die an ihm vorbeirauschende Flüssigkeit nach Durchfluß des Kühlers noch zu heiß (mehr als 92°C) ist, schaltet er den Ventilator über das Relais auf Steckplatz 2 im Relaisträger I (hinten links im Motorraum) ein. Er sitzt also im Steuerstromkreis des Relais und bestimmt darüber, wann die Kontakte geschlossen werden, die Strom von der Klemme 30 (ständig stromführend) zum Ventilator fließen lassen.
Der Steuerkreis selbst erhält aber nur bei eingeschalteter Zündung über Klemme X Strom, so daß die Relaiskontakte auch nur bei »Zündung an« geschlossen werden können.
○ Ebenso schaltet der Thermoschalter den Elektroventilator wieder aus, wenn die Temperatur unten im Kühler auf weniger als 84°C abgesunken ist.
○ Ist bei hoher Motorbelastung die Wassertemperatur unten im Kühler sogar auf mehr als 99°C angestiegen, spricht die zweite Stufe des Thermoschalters an, die den Stromweg zur zweiten Ventilator-Geschwindigkeitsstufe über ein weiteres Relais auf Steckplatz 3 (auf Relaisträger I) schaltet. Verschaltung wie bei Stufe 1.

Fahrzeuge mit Vier- und Sechszylindermotor besitzen einen elektrischen Kühlerventilator (1), der links hinter dem Kühler angeordnet ist. Daneben sitzen kleine Lüftungsklappen (2), die dafür sorgen, daß der Motor bei winterlichem Kurzstreckenverkehr schneller die Betriebstemperatur erreicht.

In bestimmten Ausstattungsversionen sind Fahrzeuge mit Vier- und Sechszylindermotor zusätzlich zum normalerweise eingebauten Kühlerventilator (2) mit einem weiteren Elektroventilator (1) ausgestattet.

Links: Der Thermoschalter des Kühlerventilators ist bei Fahrzeugen mit Vier- und Sechszylindermotor unten links am Kühler eingeschraubt.
Rechts: Die Vorwiderstände für den zweistufigen Kühlerventilator befinden sich etwa unterhalb des linken Scheinwerfers. Die Abbildung zeigt die Widerstandsplatte (Pfeil) bei abgebautem Stoßfänger.

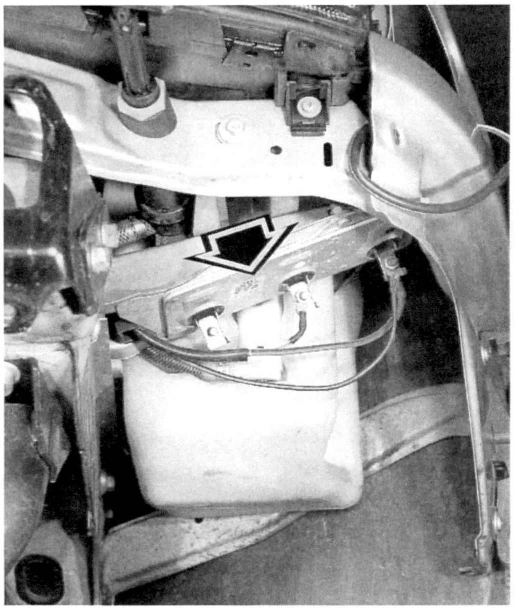

Schalttemperaturen der Kühler-Thermoschalter

	Einschalttemperatur	Ausschalttemperatur
1. Stufe	92–97° C	84–91° C
2. Stufe	99–105° C	91–98° C

Lüfternachlaufschaltung
Vierzylinder 85 kW, Fünfzylinder

Beim Vierzylinder mit 85 kW und beim Fünfzylinder ist die Kühlanlage um die sogenannte **Lüfternachlaufschaltung** ergänzt. Das funktioniert so: Entsteht nach dem Abstellen des Motors ein Hitzestau im Motorraum, sorgt der Kühlerventilator für kühle Luft. So wird Dampfblasenbildung in den Einspritzleitungen vermieden – Gründe für Startprobleme bei heißem Motor.
Bei dieser Schaltung »fühlt« ein Thermoschalter am Zylinderkopf die Temperatur und setzt über das Steuergerät für Lüfternachlauf auf Relaissteckplatz 1 im Relaisträger I (hinten links im Motorraum) den Ventilator in Gang. Wir haben's schon erwähnt: Der Fünfzylinder besitzt einen separaten Ventilator für den Lüfternachlauf.

Fingerzeig: Aus der elektrischen Verschaltung über Klemme X (siehe auch Kapitel »Die Karosserie-Elektrik«) ergibt sich, daß der Kühlerventilator – ob ein- oder zweistufig – bei ausgeschalteter Zündung eigentlich nicht loslaufen kann. Anders ist das beim 85-kW-Vierzylinder und beim Fünfzylinder wegen der Lüfternachlaufschaltung. Hier kann der Lüfter auch bei stehendem Motor plötzlich losbrausen. Vorsicht beim Hantieren im Motorraum!

Störungen am elektrischen Kühlerventilator

Neben klemmendem Thermostat und gerissenem Keilriemen (nur Vierzylinder) kann auch ein ausgefallener Kühlerventilator zu hohe Kühlmitteltemperatur verursachen, allerdings nur bei längerem Leerlauf, etwa im stockenden Feierabendverkehr oder in einer Autobahnstauung. Ein ausgefallener Ventilator muß aber nicht das Ende der Fahrt bedeuten, siehe folgende Seite.

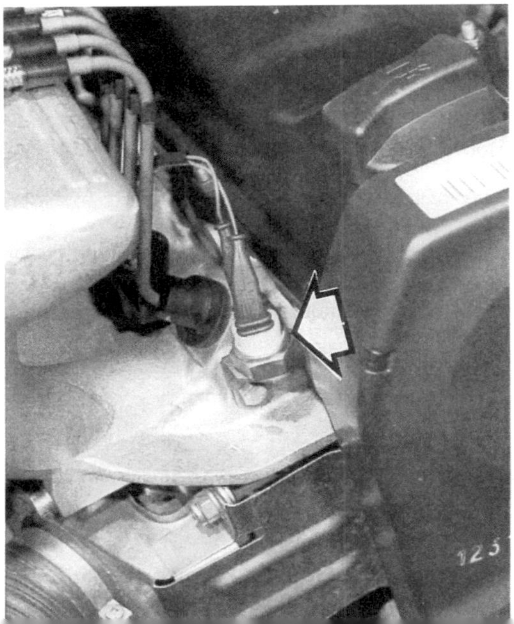

Die Abbildungen zeigen den Thermoschalter der Kühlerlüfter-Nachlaufschaltung, links beim Vierzylinder, rechts beim Fünfzylinder-Motor.

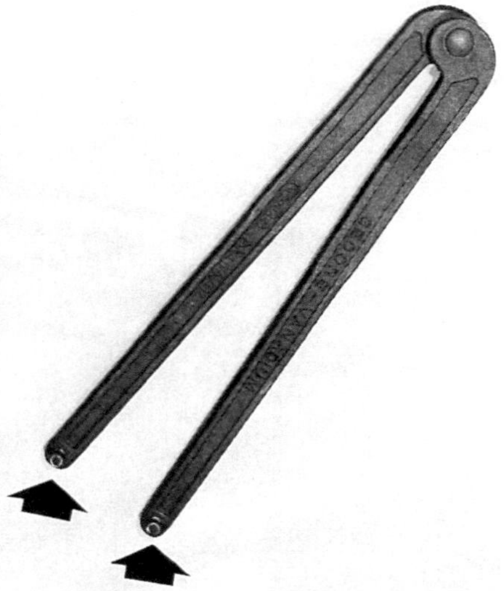

Links: Fahrzeuge mit Fünfzylindermotor sind mit einem Viscolüfter ausgestattet. Position »2« zeigt die Viscokupplung, an der der eigentliche Lüfter (1) festgeschraubt ist.
Rechts: Unter Zuhilfenahme eines solchen Zweiloch-Mutterndrehers und eines Gabelschlüssels SW 32 kann die Lüfterkupplung von ihrem Lager losgeschraubt werden. Die beiden Stifte (Pfeile) am Mutterndreher werden dazu in die Löcher am Umfang der Riemenscheibe (hinter der Viscokupplung) gesteckt. Nun kann der Lüfter mit einem Gabelschlüssel SW 32 von der Riemenscheibe losgedreht werden.

○ Nachdem der Motor einigermaßen abgekühlt ist, kann man mit mittleren Drehzahlen und einigermaßen zügigem Tempo die nächste Werkstatt anlaufen. Dabei die Temperaturanzeige und Warnleuchte im Auge behalten.

○ Leerlauf und Schleichfahrt dagegen sind für den Motor tödlich. Muß verkehrsbedingt mit niedriger Geschwindigkeit weitergefahren werden, sollten Sie sofort nach der Störungsursache forschen und gegebenenfalls den Thermoschalter überbrücken (siehe folgenden Abschnitt).

Störungssuche

● Kontrollieren Sie zuerst die zuständigen **Sicherungen** (siehe Kapitel »Die Karosserie-Elektrik«).

● Waren diese in Ordnung, ziehen Sie am **Thermoschalter** den Stecker ab.

● Überbrücken Sie die alle drei Kontakte im Kabelstecker mit einem Stück Draht.

● Wenn jetzt der Ventilator bei eingeschalteter Zündung losbraust, ist der (hier versuchsweise) aus dem Stromkreislauf herausgenommene Thermoschalter defekt.

● Zur Weiterfahrt die Drahtbrücke im Stecker gut festklemmen und kurzschlußsicher mit Klebeband oder Heftpflaster isolieren.

● Half die Überbrückung des Thermoschalters nicht weiter, kontrollieren Sie die beiden **Lüfter-Relais** im Relaisträger (siehe Kapitel »Die Karosserie-Elektrik«): Je nachdem, welche Anschlußkabel des Thermoschalters überbrückt wurden, müssen die Schaltkontakte im Relais 1 bzw. 2 bei eingeschalteter Zündung hörbar schließen.

● Ist das nicht der Fall, wird das Relais für Stufe 1 behelfsmäßig überbrückt. Dazu die Relaissteckerzungen der Klemmen 30 und 87 mit einem Drahtstück (Büroklammer) verbinden und das Relais einstecken.

● Der Kühlerventilator muß nun auch bei ausgeschalteter Zündung loslaufen. Tut er das jetzt, ist das Relais defekt.

● Die Drahtbrücke kann als Notbehelf für unterwegs eingesetzt bleiben. Nach der Fahrt muß sie entfernt werden.

● War auch so kein Erfolg zu erzielen, prüfen Sie nun den **Lüftermotor:** Kabelstecker am Ventilatormotor abziehen und stattdessen am Kontakt der roten bzw. rot/schwarzen Leitung Hilfskabel zum Batterie-Pluspol legen. Die Steckverbindung für das braune Kabel wird direkt mit dem Minuspol verbunden.

● Dreht sich der Propeller immer noch nicht, ist der Ventilatormotor defekt – austauschen.

● Läuft der Ventilator jedoch, müssen das Relais (siehe Kapitel »Die Karosserie-Elektrik«), die Kabelstecker sowie sämtliche Kabelverbindungen von Thermoschalter und Elektrolüfter überprüft werden.

● Auch mit direkt von der Batterie gespeistem Kühlerventilator können Sie unbesorgt weiterfahren. Hilfskabel kurzschlußsicher verlegen.

● Läuft nur die erste Lüfterstufe nicht, kann's auch am Vorwiderstand liegen. Einbaulage siehe Bild rechts oben auf der Vorseite.

Elektrischen Kühlerventilator ausbauen

Der Kühlerventilator muß gemeinsam mit der hinteren Kühlerverkleidung – der sogenannten Lüfterzarge – vom Kühler abgebaut werden:

● Die Halteschrauben oben an der Lüfterzarge herausdrehen.

● Stecker am Lüftermotor abziehen und Kabelstrang ausclipsen.

● Zarge aus den Haltespangen an der Unterkante ziehen.

● Befestigungsschrauben an der Kühlerzarge lösen.

● Stecker am Lüftermotor abziehen.

● Zarge mit Lüftermotor herausnehmen.

● Zum Trennen von Motor und Zarge drei Haltemuttern lösen.

Viscolüfter

nur Fünfzylinder

Der Viscolüfter soll – wie sein elektrischer Kollege – einen stetigen Luftstrom durch die Kühlerlamellen erzeugen, wenn das vom Fahrtwind nicht in ausreichender Weise besorgt werden kann.

Die Abbildung zeigt den ausgebauten Fünfzylindermotor bei abgenommenem Viscolüfter. Die Zahlen bedeuten:
1 – Lüfterlager mit Gewinde zum Aufschrauben der Lüfterkupplung;
2 – am Motor befestigter Lagerbock.

Um Leistung zu sparen, haben die Audi-Techniker den über den Keilrippenriemen angetriebenen Ventilator mit einer sogenannten Viscokupplung versehen. Die schaltet den Lüfter ab einer Umgebungstemperatur von ca. 82° C zu. Das geschieht über ein Bimetallband, das (temperaturabhängig) über ein Ventil zähes Silikonöl in den Arbeitsraum der Viscokupplung einfließen läßt. Das Öl schafft den Kraftschluß zwischen Keilriemenscheibe und Lüfter – der Ventilator fördert Kühlluft. Unter 60° C fließt das Silikonöl vom Arbeitsraum in den Vorratsraum zurück – der Ventilator läuft mit langsamer Drehzahl mit, ohne Kraft zu verbrauchen.

Störungen

Die Viscokupplung muß ersetzt werden, wenn
○ der Ventilator sich bei stehendem Motor nicht mehr leicht durchdrehen läßt
○ der Ventilator starkes Axial- und Radialspiel hat (leichtes Spiel von ca. 15 mm am Außenumfang des Lüfterrades gemessen ist zulässig)
○ Silikonöl aus der Viscokupplung austritt

Viscolüfter ausbauen

● Schloßblech oberhalb des Kühlers abschrauben (siehe Kapitel »Die Karosserieteile«).
● Wo vorhanden, die Luftführung zum Luftfilter abschrauben.
● Zweilochmutterndreher in die Löcher am Umfang der Lüfter-Riemenscheibe (zum Gegenhalten) ansetzen.
● Mit Gabelschlüssel SW 32 den Lüfter von der Riemenscheibe losdrehen.
● Lüfter in die Lüfterzarge am Kühler legen (das ist der »Ring« um den Ventilator).
● Lüfterzarge abschrauben.
● Zarge vorsichtig zusammen mit dem Lüfter nach oben herausziehen.
● Gegebenenfalls Lüfterkupplung vom Ventilator abschrauben.
● Beim **Einbau** die Schraube mit 70 Nm anziehen. Wird sie zu schwach angezogen, kann sich der Lüfter lösen und den Kühler beschädigen.
● Anzugsdrehmoment Ventilator an Lüfterkupplung: 10 Nm.

Störungsbeistand

Kühlsystem

Die Störung	– ihre Ursache	– ihre Abhilfe
A Temperatur-Anzeigenadel steht am rechten Anschlag, rote Warnleuchte blinkt	1 Nur Vierzylinder: Keilriemen zu schwach gespannt oder gerissen	Keilriemenspannung kontrollieren oder Riemen ersetzen
	2 Zu wenig Flüssigkeit im Kühlsystem	Auffüllen
	3 Kabel zur Temperaturanzeige hat Massekontakt	Prüfen, siehe Kapitel »Instrumente und Geräte«
	4 Thermostat öffnet den Kaltwasserzufluß aus dem Kühler nicht (Kühler kalt)	Thermostat ausbauen und ohne ihn weiterfahren oder Wagen abschleppen lassen
	5 Elektrischer Kühlerventilator schaltet nicht ein	Siehe Störungen am Kühlerventilator
	6 Überdruckventil im Verschlußdeckel defekt	Deckel prüfen (lassen), ggf. austauschen
	7 Spannungs-Konstanter der Anzeige defekt	Austauschen
	8 Kühlerlamellen zugesetzt	Kühler reinigen
B Temperaturanzeige spricht sehr langsam an, schwache Heizleistung	Thermostat schließt nicht völlig, aufgeheiztes Kühlwasser strömt zu früh durch den Kühler	Thermostat säubern, ggf. ersetzen

Wegzehrung

Auf ein so unscheinbares Bestandteil wie den Kraftstofftank wurde beim Audi 100 viel Entwicklungsarbeit verwendet. Denn der Tank muß trotz beengtem Raum viel Fassungsvermögen bieten, und er muß bei einem Unfall seinen Inhalt sicher schützen.

Der Tank

Der Kraftstofftank faßt bei allen Audi-100-Versionen mindestens **80 Liter**. Um einen relativ ebenen Kofferraumboden zu ermöglichen, ist der Tank in Höhe der Hinterachse unter dem Bodenblech angeordnet. Dort ist auch der »Sicherheitsabstand« zum Fahrzeugheck ausreichend groß, um Beschädigungen bei einem Heckaufprall zu vermeiden. Der Tank selbst besteht aus Kunststoff, einem Material, das nahezu unbegrenzte Möglichkeiten bei der Formgebung zuläßt.

Fingerzeig: Bevor Sie irgendwelche Arbeiten an der Kraftstoffanlage in Angriff nehmen, sollten Sie unbedingt das Batterie-Massekabel abnehmen. Unbeabsichtigte elektrische Verbindungen können zu gefährlicher Funkenbildung führen.

Wozu Tank-Entlüftung?

Wichtig für den einwandfreien Kraftstoffnachschub ist die Belüftung des Tanks: In dem Maß, wie Kraftstoff verbraucht wird, muß Luft nachströmen können, sonst würde sich im Tank ein Unterdruck bilden, und der Kraftstofffluß würde stocken. Ferner muß der Tank belüftet werden, um dem Inhalt Gelegenheit zum Ausdehnen bei Erwärmung zu geben. Auch muß beim Betanken genug Luft aus dem Tank austreten können, damit der hineingeschüttete Kraftstoff nicht wieder zum Einfüllstutzen heraussprudelt.

Die Tank-Entlüftung im Audi 100

○ Am Tankgeber oben im Tank ist die Tank-Entlüftungsleitung des Audi 100 angeschlossen. Sie führt zunächst zu einem **Druckhalteventil**, das in die Leitung zum Aktivkohlebehälter zwischengeschaltet ist. Das Druckhalteventil sperrt bis zu einem Überdruck von 0,2–0,3 bar und verhindert damit, daß beim Betanken Kraftstoff in den Aktivkohlebehälter gelangt.

○ Nach Passieren dieses Ventils führt die Entlüftungsleitung aber nicht einfach ins Freie, sondern mündet in einen **Aktivkohlebehälter** im rechten vorderen Radkasten. Zweck der Sache ist es, die durch diese Leitung austretenden umweltschädlichen Kraftstoffdämpfe (entstanden z. B. durch Erwärmung des Tankinhalts) aufzufangen. Bei laufendem Motor werden die Gase bei bestimmter Motorlast wieder aus dem Aktivkohlebehälter herausgesaugt. Wann das geschehen muß, bestimmt ein lastabhängig gesteuertes Magnetventil.

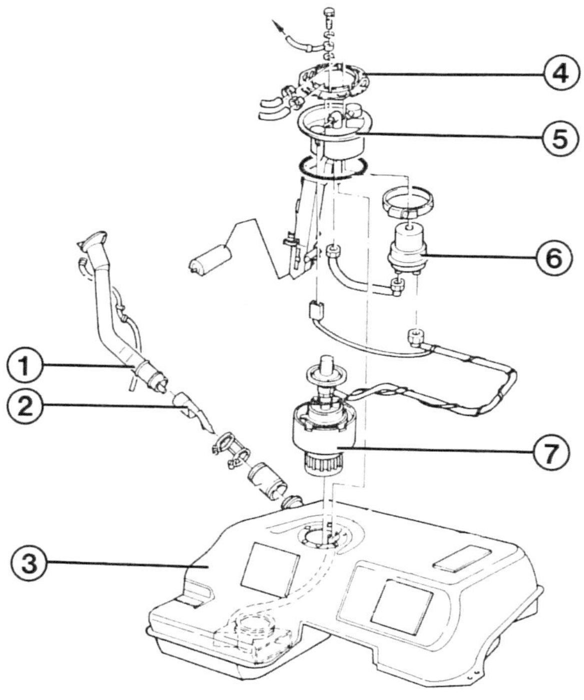

Die Zeichnung zeigt die Einzelteile im und um den Tank:
1 – Kraftstoff-Einfüllrohr;
2 – Einsatz für Einfüllstutzen;
3 – Tank;
4 – Verschlußring;
5 – Tankgeber (kombiniert mit Verschlußflansch);
6 – Kraftstoffdruckspeicher (nur für Fahrzeuge mit KE-III-Jetronic oder KE-Motronic);
7 – Kraftstoffpumpe mit Ansauggehäuse.

Das Magnetventil für Aktivkohlebehälter sitzt bei Fahrzeugen mit KE-III-Jetronic bzw. KE-Motronic vorn am Kraftstoffmengenteiler.

○ Auch der Aktivkohlebehälter selbst braucht noch eine kleine Belüftung an der Unterseite. Ein weiteres Ventil regelt diesen Vorgang und verhindert außerdem, daß Spritzwasser eindringt.
○ Unabhängig von der bisher erwähnten Tank-Entlüftung sitzt eine **Schnell-Entlüftungsleitung** direkt im Einfüllstutzen. Sie verhindert lediglich ein Heraussprudeln des Kraftstoffs beim Betanken.

Geber für die Tankanzeige

Der Tankgeber ist von oben in den Tank eingesetzt und dient gleichzeitig als Verschluß für die Kraftstoffpumpen-Einbauöffnung. Wie er funktioniert, finden Sie im Kapitel »Instrumente und Geräte« beschrieben.

Tankgeber ausbauen

● **Wichtig:** Der Tank darf höchstens zu ⅔ gefüllt sein, sonst läuft Kraftstoff aus!
● Kofferraum-Bodenbelag zurückschlagen.
● Schwarzen Blechdeckel abschrauben.
● Mehrfachstecker abziehen.
● Rücklaufleitung und Entlüftungsleitung kennzeichnen und abziehen.
● Vorlaufleitung abschrauben.
● Verschlußring losdrehen. Der sitzt meist sehr fest, weshalb die Audi-Werkstatt zum Lösen einen Spezialschlüssel verwendet.
● Ohne diesen Schlüssel geht es so: Einen möglichst stumpfen Schraubendreher an einer Rippe des Verschlußrings ansetzen und mit leichten Hammerschlägen auf den Schaft des Schraubendrehers den Ring lockern. Ggf. an verschiedenen Rippen ansetzen.
● Jetzt Einbaulage des Tankgebers zum Tank anzeichnen.
● Der Tankgeber kann nun ein Stück nach oben gezogen werden.
● An der Innenseite des Tankgebers die Kraftstoffleitung abschrauben, Kabelstecker abziehen.
● Dichtring des Tankgebers vor dem Wiedereinbau mit Kraftstoff benetzen.
● Einbaulage des Tankgebers wie angezeichnet beachten, damit die Schlauchstutzen in die richtige Richtung zeigen und der Tankgeber-Schwimmer richtig liegt.

Links: Erster Schritt zum Ausbau des Tankgebers. Die Blechabdekkung (1) ist abgenommen. Jetzt Mehrfachstecker (2), Vorlaufleitung (3) und Rücklaufleitung (4) sowie Entlüftungsleitung (5) abziehen.
Rechts: Der Verschlußring des Tankgebers wird hier mit einem Spezialwerkzeug (2) unter Zuhilfenahme einer Rätsche (1) losgedreht.

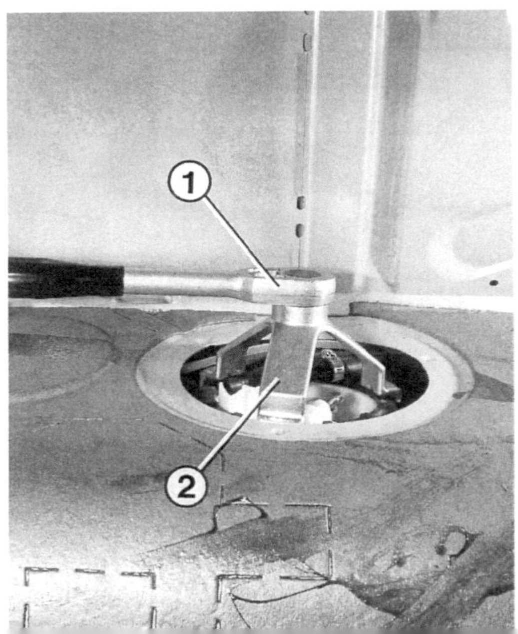

Der Druckspeicher

Beim **Fünfzylinder mit KE-III-Jetronic** sowie beim **Vierzylinder mit KE-Motronic** (85-kW-Motor bis 6/92, Kennbuchstaben AAD) sitzt unten am Tankgeber des Tanks ein Kraftstoff-Druckspeicher. Mittels Federkraft wird hier der Kraftstoffdruck in der Leitung nach vorn zum Motor aufrechterhalten, während Motor und Kraftstoffpumpe ausgeschaltet sind. Sinn der Sache ist es, zum Wiederstart der Maschine gleich den richtigen Kraftstoffdruck parat zu haben. Außerdem gleicht der Speicher Druckunterschiede auf der Pumpenseite aus.

Die Kraftstoffleitungen

Bei unseren Einspritzer-Motoren müssen die Schläuche und Leitungen einem Druck von mehr als 5 bar widerstehen. Die Schläuche bestehen daher aus besonders druckfestem Werkstoff und sind an den Verbindungsstellen großteils verschraubt oder mit Klemmschellen versehen.

Kraftstoffleitungen und -schläuche ausbauen

- **Sauberkeit** ist oberstes Gebot bei Arbeiten an der Kraftstoffanlage. Sie sollten zumindest den Bereich, in dem gearbeitet wird, vorher reinigen, damit kein Schmutz in die offenen Leitungen gelangen kann.
- **Klemmschellen** lösen: Mit einer Zange muß die Blechschlaufe an ihrem Umfang plattgedrückt werden. Dadurch weitet sich die Klemmschelle, und der Kraftstoffschlauch kann unter Drehbewegungen abgezogen werden.
- Ist dies nicht möglich, kleinen Gabelschlüssel am Schlauchende ansetzen und damit abdrücken.
- Beim Einbau sollten Sie statt der Klemmschellen solche zum Schrauben verwenden.
- Beim **85-kW-Vierzylinder bis 6/92 und beim Fünfzylinder** ist zu beachten, daß das Kraftstoffsystem auch längere Zeit nach dem Abschalten des Motors noch unter Druck steht.
- Beim Losschrauben einer Benzinleitung einen Lappen bereithalten, damit kein Kraftstoff in die Augen spritzen kann.

Die Kraftstoffpumpe

Bei allen Motor-Versionen des Audi 100 ist die elektrische Kraftstoffpumpe in das Ansauggehäuse unten im Tank eingesetzt.
Plusstrom erhält sie über das Kraftstoffpumpenrelais (Kapitel »Die Karosserie-Elektrik«). Erwähnenswert ist die im Steuergerät enthaltene Sicherheitsschaltung, die dafür sorgt, daß die Pumpe nur dann läuft, wenn der Motor dreht. Die Sicherheitsschaltung soll Brände durch auslaufendes Benzin nach Unfällen vermeiden.

Störungssuche an der elektrischen Kraftstoffpumpe

- Als erstes die Sicherung kontrollieren (Kapitel »Die Karosserie-Elektrik«).
- War diese intakt, geht die Suche weiter:
- Manchmal gibt die Horchprobe Auskunft, ob die Pumpe anläuft:
- Unter dem Wagen in Höhe des Tanks hören, ob die Pumpe kurz anläuft, während ein Helfer die Zündung einschaltet.
- Laufgeräusch hörbar: Pumpe wahrscheinlich intakt. War auf diese Weise nichts hörbar, prüfen wir, ob Kraftstoff gefördert wird:
- **Vierzylinder mit Mono-Motronic oder Digifant-Einspritzung, Sechszylinder:** Zulaufleitung hinten am Kraftstoffilter abschrauben, Verlängerungsschlauch aufstecken und freies Ende in ein Gefäß halten.

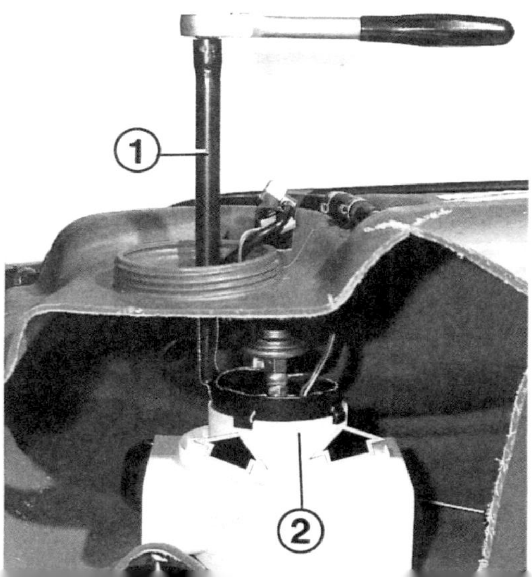

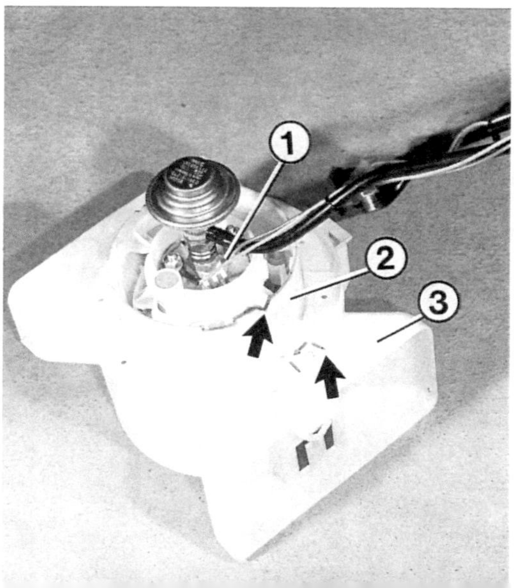

Links: An diesem aufgeschnittenen Tank ist gezeigt, wie die Kraftstoffpumpe ausgebaut wird. Dazu ist allerdings ein Spezialwerkzeug (1) nötig, das das Ansauggehäuse-Innenteil (2) ein Stück nach links dreht. Das Werkzeug greift mit seinen Klauen (Pfeile) in die Aussparungen am Innenteil ein.
Rechts: Zum Einbau der Kraftstoffpumpe (1) mit Ansauggehäuse-Innenteil (2) in das Ansauggehäuse-Außenteil (3) muß die Einbaulage stimmen: Die Kerbe am Ansauggehäuse-Innenteil muß der Marke am Außenteil gegenüberstehen (Pfeile).

Der Kraftstoffilter (1) sitzt bei allen Motorversionen des Audi 100 rechts hinten im Motorraum. Beim hier gezeigten Sechszylinder ist gleich daneben auch das Magnetventil für den Aktivkohlebehälter (2) angeordnet.

- Von Helfer den Anlasser betätigen lassen, jetzt müßte Kraftstoff gefördert werden.
- **Vierzylinder mit KE-Motronic- und Fünfzylinder mit KE-III-Jetronic-Einspritzung:** Verschraubung der Kraftstoff-Zulaufleitung hinten am Kraftstoffilter lösen – Lappen gegen herausspritzendes Benzin bereithalten.
- Schon bei nicht laufendem Motor müßte etwas Benzin austreten, da das Kraftstoffsystem vom Druckspeicher unter Druck gehalten wird.
- Kommt nichts, von Helfer Anlasser betätigen lassen.
- Die Benzinpumpe müßte jetzt fördern.
- **Alle:** Tut sich nichts, muß am Mehrfachstecker oben am Tankgeber kontrolliert werden, ob an der Pumpe überhaupt Strom ankommt:
- Kofferraum-Bodenbelag zurückschlagen.
- Schwarzen Blechdeckel abschrauben.
- Mehrfachstecker abziehen.
- Mit Voltmeter oder Prüflampe kontrollieren, ob zwischen den Steckerkontakten »1« und »4« (braunes und grün/gelbes Kabel) ca. 12 Volt Spannung anliegen. Zur Messung muß der Anlasser von einem Helfer betätigt werden (Schalthebel im Leerlauf, Handbremse angezogen).
- Läuft die Pumpe trotz richtiger Spannung nicht, ist sie defekt – ausbauen und wechseln.
- Fehlt es am Strom, gerät das Pumpenrelais in der Zentralelektrik in Verdacht. Prüfung siehe Kapitel »Die Karosserie-Elektrik«.
- An weiteren Fehlerquellen wären zu nennen: Kabelzuleitung zum Relais oder zur Pumpe defekt, Kraftstoffleitung verstopft oder geknickt, Hauptfilter oder Druckspeicher verstopft.

Kraftstoffpumpe ausbauen

Das ist schon eine Arbeit für die Audi-Werkstatt, denn die Kraftstoffpumpe wird samt Ansauggehäuse-Innenteil ausgebaut, und dieses wiederum läßt sich nur mit Hilfe des Spezial-Schlüssels 3214 aus dem Ansauggehäuse-Außenteil herausschrauben. Wer den Schlüssel ausleihen kann, geht so vor:

- Tankgeber ausbauen, wie beschrieben.
- Spezialschlüssel 3214 am Ansauggehäuse-Innenteil ansetzen und dieses ein kleines Stück bis zum Anschlag linksdrehen.
- Pumpe mit Innenteil und samt dem Tankgeber aus dem Tank herausheben.
- Einbaulage der Pumpe, des Schlauches, der Kabel- und Kabelbinder genau kennzeichnen/merken, weil die Teile zum Einbau exakt gleich wieder zusammengebaut werden müssen.
- Nach Abschrauben der Druckleitung kann die Pumpe aus dem Ansauggehäuse-Innenteil ausgebaut werden. Das geschieht je nach Pumpen-Version unterschiedlich:
- **Version I:** Sieb unten am Ansauggehäuse-Innenteil linksdrehen, Pumpe herausziehen. Beim Einbau muß die Nase seitlich an der Pumpe in die Nut geschoben werden. Auf den Dichtring achten.
- **Version II:** Entriegelungsbügel oben am Ansauggehäuse-Innenteil zusammendrücken, Pumpe herausziehen. Beim Einbau kann die Pumpe nur in einer Stellung eingesetzt werden.
- Wenn alles richtig zusammengebaut ist, kann die Pumpe wieder in das Ansauggehäuse-Außenteil im Tank eingebaut werden.
- Zu beachten: Die Marke am Außenteil muß der Kerbe am Innenteil gegenüberstehen.
- Innenteil wieder mit Schlüssel 3214 festdrehen, Rest zusammenbauen.
- Einbaulage des Tankgebers beachten (wie weiter vorn beschrieben).

Kraftstoffilter wechseln

Der Kraftstoffilter im Audi 100 ist so dimensioniert, daß er ein ganzes Motorleben nicht ausgewechselt zu werden braucht. Ein Auswechseln ist deshalb auch nur bei Funktionsstörungen bzw. bei Einbau eines neuen Motors anzuraten.

Gesiebte Luft

Die Ansaugluft des Motors enthält Staub- und Schmutzteilchen, die nicht in die Verbrennungsräume gelangen sollen, da sie an den Zylinderwänden wie Schmirgel wirken. Das würde frühzeitigen Verschleiß von Kolben und Zylinderlaufbahnen verursachen. Der Luftfilter sorgt deshalb für den notwendigen Schutz des Motors. Gleichzeitig dämpft er auch die Ansauggeräusche.

Luftfiltereinsatz ausbauen

Vierzylinder mit Mono-Motronic und Digifant

- Schlauchband am Luftansaugschlauch lösen. Schlauch abziehen.
- Spannklammern rund um das Filtergehäuse öffnen.
- Deckel abnehmen, Filtereinsatz herausheben.
- Die Unterdruckschläuche können aufgesteckt bleiben.

Vierzylinder mit KE-Motronic und Fünfzylinder

- Ansaughutze über dem Gemischregler ausbauen.
- Insgesamt vier Haltespangen rund um das Luftfiltergehäuse lösen.
- Den Gemischregler samt Luftfiltergehäuse-Oberteil ein Stück zum Motor hin drücken. Jetzt kann der Filtereinsatz herausgenommen werden.
- Ggf. müssen Kraftstoffleitungen, die sich allzu störrisch gebärden, gelockert und anders verlegt werden.

Sechszylinder

- Beim 2,8-l-Motor Stecker am Luftmassenmesser abziehen.
- Schlauchband am Luftansaugschlauch lösen. Schlauch abziehen.
- Spannklammern rund um das Filtergehäuse öffnen.
- Deckel abnehmen, Filtereinsatz herausheben.

Luftfiltergehäuse ausbauen

- Gehäusedeckel (bei KE-Einspritzung mit Gemischregler) und Luftfiltereinsatz ausbauen.
- Warmluftschlauch der Ansaugluft-Vorwärmung abbauen.
- Eine Sechskantschraube am Behälterfuß lösen.
- Haltezapfen des Filtergehäuses aus den Gummitüllen am Radhaus herausziehen.
- Gehäuse abnehmen.

Luftfiltereinsatz ausblasen

Wartung Nr. 11

Alle 15000 km bzw. einmal jährlich empfehlen wir die Reinigung des Papierfiltereinsatzes von gröberer Verschmutzung. Bei Reisen über extrem staubige Straßen muß dieses Intervall natürlich verkürzt werden.

Bei KE-Motronic bzw. KE-III-Jetronic muß die Ansaughutze über dem Gemischregler zum Ausbau des Filtereinsatzes (2) abgebaut werden. Vier Haltespangen (Pfeile) rund um das Gehäuse lösen, Gehäuseoberteil (1) zur Seite drücken, Einsatz herausnehmen.

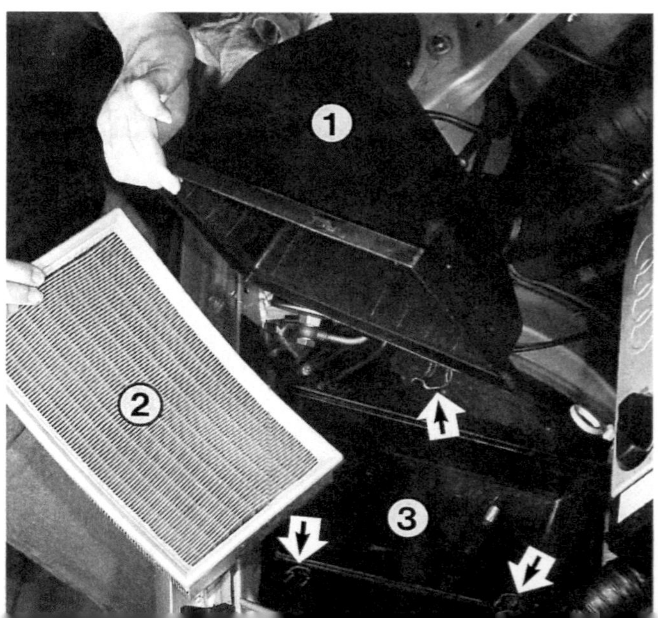

Bei allen anderen Motorversionen ist das Auswechseln des Luftfiltereinsatzes (2) leichter gemacht. Hier braucht nur nach Lösen der Spannklammern das Gehäuseoberteil (1) vom Unterteil (3) abgehoben zu werden.

Das Bild zeigt die Teile der Ansaugluft-Vorwärmung bei Motoren ab 85 kW. Hier sehen wir das Luftfilter-Unterteil bei abgenommenem Oberteil an einem Wagen mit Sechszylindermotor. Es bedeuten:
1 – Frischluft-Ansaugschlauch;
2 – Warmluft-Ansaugschlauch;
3 – Thermostat für Warmluftregelklappe.

- Papierfiltereinsatz ausbauen, wie vorstehend beschrieben.
- Filter auf harter Unterlage ausklopfen, damit sich die groben Schmutzteilchen lösen.
- Soll auch der feine Staub entfernt werden, muß mit Preßluft seitlich an den Filterlamellen vorbeigeblasen werden.
- Niemals den Preßluftstrahl direkt auf das Filterpapier richten! Sonst drückt sich ein Teil der Staubkörnchen fest in die Filterporen.
- Filtergehäuse mit sauberem Lappen auswischen.
- Filter wieder einbauen.

Luftfiltereinsatz wechseln

Wartung Nr. 41

Audi ordnet den Wechsel des Filtereinsatzes alle 30000 km an. Das reicht unter normalen Fahrbedingungen längst aus; zumal, wenn der Einsatz zwischendurch gereinigt wird. Andererseits muß bei Reisen über unbefestigte Straßen trotz häufigerer Reinigung des Filters schon wesentlich früher an Ersatz gedacht werden. Aus- und Einbau siehe Vortext.

Die Ansaugluft-Vorwärmung

Die automatische Ansaugluft-Vorwärmung sitzt an der Eingangsseite des Luftfiltergehäuses. Sie hat die Aufgabe, die Luft, die der Motor ansaugt, auf günstiger Temperatur zu halten.
Das hat folgenden Grund: Bei kühlem Wetter vergast das Gemisch besser, wenn die Ansaugluft vorgewärmt zugeführt wird. Andererseits soll der Motor bei höheren Außentemperaturen keine vorgewärmte Luft erhalten: Dieselbe Menge warmer Luft besitzt ein größeres Volumen als kalte Luft. Da der Motor nur eine bestimmte Luftmenge ansaugen kann, erhält er bei eingeschalteter Ansaugluft-Vorwärmung etwas weniger Luft – das Gemisch wird fetter, der Verbrauch steigt. Nur bei niedrigen Temperaturen ist dies für gleichmäßigen Motorlauf notwendig.

Funktion

○ **74-kW-Vierzylinder mit Mono-Motronic:** Beim kleinsten Motor ist die Ansaugluft-Vorwärmung unterdruckgesteuert. Der Unterdruck wird dem Motor hinter der Drosselklappe entnommen und wirkt auf eine Unterdruckdose, die wiederum die Warmluftklappe im Ansaugstutzen des Luftfilters öffnet.
Ein Temperaturregler im Luftansauggehäuse über der Einspritzeinheit ist in die Unterdruckleitung zur Warmluftklappe zwischengeschaltet und unterbricht den freien Durchgang in diesem Schlauch, wenn die Umgebungstemperatur an dieser Stelle +35 bis +45°C erreicht hat.
○ **Motoren ab 85 kW:** Hier ist die Klappe der Ansaugluft-Vorwärmung über ein Thermostat geregelt, der dafür sorgt, daß die Warmluftzufuhr bei −20°C voll geöffnet ist. Bei steigender Temperatur wird die Klappe langsam geschlossen, bis sie schließlich bei +5°C den Warmluftzustrom voll verschließt.

Störungen

Funktioniert die Ansaugluft-Vorwärmung nicht wunschgemäß, kann das zu Betriebsstörungen führen. Winters:
○ Schlechter Leerlauf nach dem Kaltstart in der sogenannten Warmlaufphase.
○ Schlechter Übergang, Motor neigt zum Stottern.
In der warmen Jahreszeit:
○ Mangelhafte Leistung, übliche Höchstgeschwindigkeit wird nicht erreicht.
○ Höherer Kraftstoffverbrauch.

Ansaugluft-vorwärmung prüfen
Vierzylinder mit Mono-Motronic

● Im Luftansauggehäuse befindet sich der Temperaturregler. Seine Schlauchanschlüsse sind beim Mono-Motronic-Motor von der Luftfilter-Unterseite her zugänglich.
● Schlauch vom Messinganschluß bzw. dem Anschluß mit Kerbe abziehen.
● Mit dem Mund kräftig am Schlauch saugen: Die Warmluftklappe muß hörbar öffnen bzw. zufallen.
● Falls nicht: Klappe auf Leichtgängigkeit prüfen, Schlauch und Unterdruckdose auf Dichtheit prüfen.
● Als nächstes den **Temperaturregler prüfen**. Dazu muß die Lufttemperatur niedriger als +20°C sein.
● Den Schlauchanschluß zur Luftklappe am Temperaturregler oder an der Warmluftklappe abziehen.
● Den Schlauchanschluß zum Motor an der Einspritz-Einheit bzw. am Drosselklappenstutzen abziehen.
● Mit dem Mund kräftig an diesem Schlauch saugen: Der Schlauch muß Durchgang haben.
● Mit Fön den Temperaturregler auf mehr als 45°C bringen. Wieder mit dem Mund kräftig am Schlauch zum Motor saugen: Der Schlauch darf jetzt keinen Durchgang haben.
● Sonst Temperaturregler wechseln.

Ansaugluft-Vorwärmung prüfen
Motoren ab 85 kW

● Ansaugschlauch hinter der Lampenabdeckung abziehen.
● In den Schlauchstutzen sehen, ggf. eine Leuchte zu Hilfe nehmen:
● Je nach Umgebungstemperatur (siehe vorigen Abschnitt) muß die Luftklappe die Warm- oder die Kaltluftzufuhr verschließen.

Die Ansaugrohr-Beheizung

Vierzylinder mit Mono-Motronic

Von der Einspritzeinheit der Mono-Motronic gelangt das Kraftstoff/Luft-Gemisch durch den Ansaugkrümmer in die Zylinder. Ist das Ansaugrohr kalt, kondensiert ein beachtlicher Anteil des Gemisches an den Innenwänden des Rohrs und gelangt so nicht mehr dampfförmig zu den Brennräumen. Es entstehen Verluste und damit erhöhter Kraftstoffverbrauch. Durch eine zweifache Ansaugrohr-Beheizung wurde diesem Übel abgeholfen.
○ Bei kaltem Motor tritt die elektrische Ansaugrohr-Beheizung in Aktion. Sie besteht aus einem elektrisch beheizten »Igel«, der unterhalb der Einspritzeinheit in den Ansaugkrümmer eingeschraubt ist. Unser »Igel« hat mit dem bekannten Stacheltier nur die Stacheln gemeinsam. Im Audi 100 dienen sie jedoch weniger der passiven Selbstverteidigung als vielmehr der Vergrößerung der Oberfläche eines elektrischen Heizelements. Wirksam ist die »Igel«-Heizung nur bis ca. 65°C Kühlmitteltemperatur. Dann wird der Strom abgeschaltet.
○ Der Thermoschalter (in den Stromlaufplänen mit »Geber für Kühlmitteltemperatur – G62« bezeichnet) schaltet den »Igel« übrigens nicht direkt. Vielmehr versorgt G62 das Steuergerät der Mono-Motronic mit einer Temperatur-Information, und dieses wiederum befehligt über ein Relais im Zusatzrelaisträger unter dem Armaturenbrett den Stromfluß zum »Igel«.
○ Bei höheren Temperaturen übernimmt das Kühlmittel die Ansaugrohr-Beheizung. Ein Abzweig des Kühlmittelstroms wird dazu durch einen Kanal im Ansaugkrümmer geleitet.

Links: Im Luftansauggehäuse des 74-kW-Motors befindet sich der Temperaturregler der Ansaugluft-Vorwärmung; von außen erkennbar an den Schlauchanschlüssen zur Warmluftklappe (1) und zur Einspritzeinheit (2).
Rechts: Im Ansaugrohr des 74-kW-Motors (mit Mono-Motronic-Einspritzung) ist zur Vorwärmung des Kraftstoffgemisches ein solcher »Igel« (1) in das Ansaugrohr eingebaut. Position »2« zeigt das Anschlußkabel.

Links: Die Klappen des Schaltsaugrohrs beim 2,8-Liter-Sechszylindermotor werden durch die mit Pfeil bezeichnete Unterdruckdose betätigt.
Rechts: Ob an die Dose Unterdruck gelangen kann, bestimmt das »Ventil für Registersaugrohr-Umschaltung« (2). Eingebaut ist das Ventil rechts hinten im Motorraum unter dem Luftmassenmesser (1).

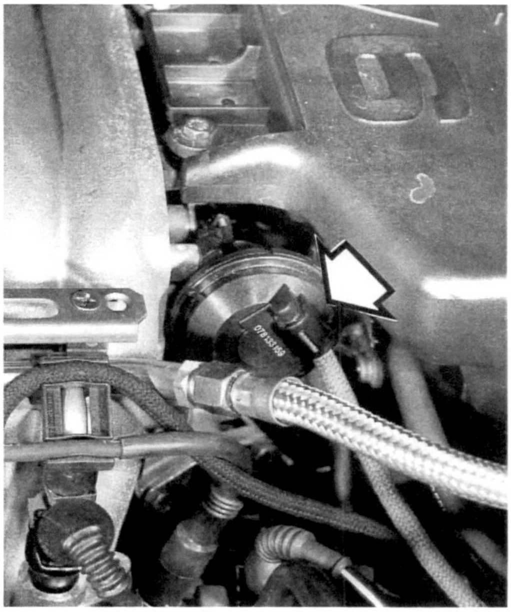

Ansaugrohr-Beheizung prüfen

● **»Igel« prüfen:** Bei kaltem Motor das Anschlußkabel zum »Igel« unterhalb des Ansaugkrümmers an der Steckverbindung (die ist seitlich an der Einspritzeinheit befestigt) trennen.
● Am Kabel zum »Igel« und an Masse ein Ohmmeter anschließen: Werden 0,25–0,50 Ω abgelesen, ist der »Igel« in Ordnung.
● Wer kein Ohmmeter hat, baut bei kaltem Motor die Einspritzeinheit ab, schaltet die Zündung ein und prüft mit nassem Finger, ob sich die »Igel«-Stacheln erwärmen.
● Heizt der »Igel« trotz richtiger Widerstandswerte nicht, kann auch das Relais defekt sein.
● **Thermoschalter prüfen:** (siehe Kapitel »Die Mono-Motronic-Einspritzung«).
● **Relais prüfen** (Kapitel »Die Karosserie-Elektrik«).

Das Schaltsaugrohr

2,8-l-Sechszylindermotor

Für hohes Drehmoment schon bei niedrigen Drehzahlen sorgt ein langes Ansaugrohr mit kleinem Durchmesser. Für hohe Motorleistung bei hoher Motordrehzahl ist dagegen ein kurzes Ansaugrohr mit großem Querschnitt erforderlich.
Um beides miteinander zu kombinieren, hat Audi ein neues Schaltsaugrohr entwickelt. Darin schließen und öffnen sich je nach den Erfordernissen sechs Klappen. Damit steht für jeden Zylinder ein Ansaugrohr mit unterschiedlicher Länge und unterschiedlichem Querschnitt zur Verfügung: entweder ein Drehmoment-Saugrohr (langes Rohr mit kleinem Querschnitt) oder ein Leistungs-Saugrohr (kurzes Rohr mit größerem Querschnitt).
Alle sechs Klappen werden durch Unterdruck betätigt und drehzahlabhängig gesteuert: Bis 4000/min bleiben sie für ein hohes Drehmoment geschlossen. Oberhalb von 4000/min öffnen sie vollständig für hohe Leistung. Unterhalb 4000/min werden mit dem Drehmoment-Saugrohr gegenüber dem Leistungs-Saugrohr bis zu 30 Nm gewonnen.
Der 2,8-Liter-Motor erreicht sein maximales Drehmoment von 245 Nm bei 3000/min bei Verwendung von Euro-Super; mit Super Plus (98 ROZ) erhöht sich das Drehmoment auf 250 Nm. In dem breiten Drehzahlbereich von 2000/min bis über 5500/min stehen mindestens 220 Nm zur Verfügung.

Funktion des Schaltsaugrohrs prüfen

Die Saugrohrumschaltung braucht nur kontrolliert zu werden, wenn Leistungsmangel vorliegt. Zuerst Leichtgängigkeit des Gestänges von Hand prüfen. Dann kommt der Funktionstest. Geprüft wird bei warmem Motor:
● Motor starten und **über 4000/min** hochdrehen.
● Unterdruckdose der Saugrohrumschaltung beobachten: Die Betätigungsstange muß jetzt zurückgezogen werden.
● Ist das nicht der Fall, **Unterdruckschläuche** auf Undichtigkeit prüfen. Sind diese in Ordnung:
● **Unterdruckdose** prüfen: Ersatz-Unterdruckschlauch auf den Anschluß der Dose schieben, mit dem Mund kräftig ansaugen.
● Bewegt sich die Betätigungsstange nicht und/oder kann viel Luft angesaugt werden, ist die Dose defekt. Auswechseln. War die Dose dagegen in Ordnung:
● **Ventil für Registersaugrohr-Umschaltung** prüfen: Beide Unterdruckschläuche vom Ventil abziehen. Ersatz-Unterdruckschlauch auf den Anschluß zum Saugrohr des Ventils schieben.
● Mit dem Mund am Ersatz-Unterdruckschlauch kräftig ansaugen. Luftansaugen darf nicht möglich sein (kein Durchgang).
● Motor starten, Drehzahl erheblich **über 4000/min** erhöhen.
● Mit dem Mund wieder kräftig ansaugen. Luftansaugen muß jetzt möglich sein (Durchgang).
● War bis jetzt kein Fehler zu finden (was recht unwahrscheinlich ist), muß die Werkstatt die Ansteuerung prüfen.

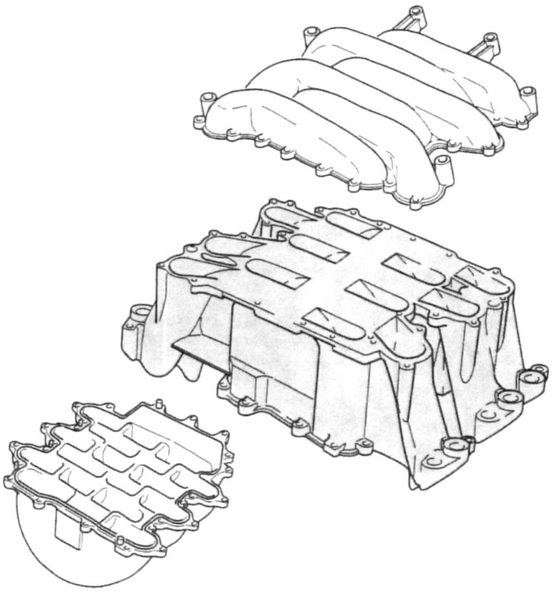

Der 2,6-Liter-Sechszylinder besitzt kein Schaltsaugrohr. Sein Saugrohr besteht aus den hier abgebildeten Teilen. Bei der Konstruktion wurde besonderes Augenmerk auf geringes Gewicht gelegt.

Schaltsaugrohr ausbauen
2,8-Liter-Sechszylinder

- Motorabdeckung abbauen.
- Kerzenstecker abziehen, Zündleitungen aus den Haltern nehmen.
- Kraftstoffverteilerrohr zusammen mit allen Einspritzventilen ausbauen (Kapitel »Die MPI/MPFI-Einspritzanlage«).
- Ansaugluftschlauch abbauen.
- Leerlauf-Stabilisierungsventil abbauen oder Stekker abziehen.
- Alle Unterdruckschläuche/Kurbelgehäuse-Entlüftungsschläuche am Saugrohr und Drosselklappenstutzen abbauen.
- Gaszug und Stecker des Drosselklappen-Potentiometers abziehen.
- Schrauben entgegen der Anzugsreihenfolge in der Abbildung unten rechts lösen.
- Saugrohr zusammen mit Drosselklappenstutzen abnehmen.
- **Einbau:** Dichtungen erneuern.
- Befestigungsschrauben des Saugrohrs gemäß der Reihenfolge in der Zeichnung unten in insgesamt vier Stufen anziehen.
- 1. Stufe: **5 Nm**, 2. Stufe: **10 Nm**, 3. Stufe: **20 Nm**, 4. Stufe: **nochmals 20 Nm**.

Saugrohr ausbauen
2,6-Liter-V6

- Der Ausbau verläuft sinngemäß identisch wie beim 2,8-Liter-Motor.
- Für die Anzugsreihenfolge der Befestigungsschrauben gilt gleiches wie beim 2,8-Liter-Motor.

In der Zeichnung unten ist die Reihenfolge gezeigt, in der die Befestigungsschrauben des Saugrohrs beim 2,6- und 2,8-Liter-Sechszylindermotor angezogen werden. Nur so kann ein Verspannen des Saugrohrs beim Einbau verhindert werden.
Die Abbildung links zeigt die dort bezeichneten Schrauben nochmals am Motor.

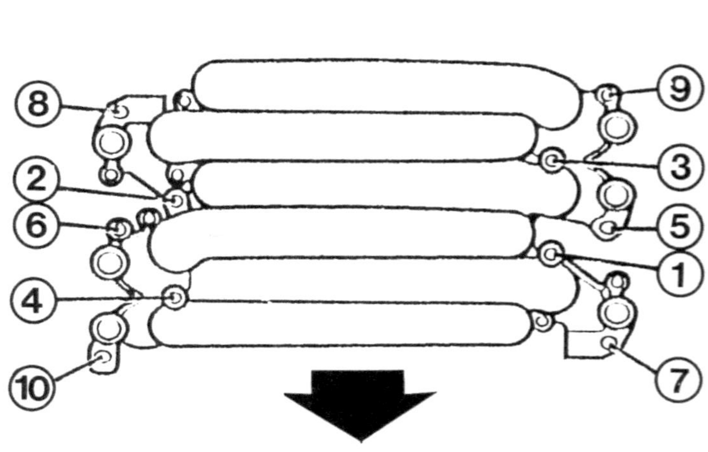

Ein-Spritzer

Der kleinste Audi-100-Motor besitzt eine Zentraleinspritzung von Bosch mit der Bezeichnung »Mono-Motronic«. Sie besteht im wesentlichen aus einem Gehäuse, das dem eines Vergasers ähnelt, versehen mit einem einzigen Einspritzventil. Den Kraftstoffaustritt am Ventil bestimmt ein elektronisches Steuergerät, das gleichzeitig die Steuerung der Zündverstellung besorgt. Mehr über den Zündungsteil der Mono-Motronic erfahren Sie im Kapitel »Die Zündanlage«.

Die wichtigsten Teile

Steuergerät

Es sitzt im Beifahrer-Fußraum vor dem Heizungsschacht und erhält über einen Vielfachstecker Informationen von folgenden Bauteilen:

- **Hallgeber** im Zündverteiler für die Motordrehzahl
- **Lambdasonde** im Katalysator für den Sauerstoff-Restgehalt im Abgas
- **Potentiometer** für die Stellung der Drosselklappe und damit die Menge der angesaugten Luft
- **Temperaturgeber Ansaugluft** im Einlaß der Einspritzeinheit für die Ansaugluft-Temperatur
- **Temperaturgeber** am Kühlmittelstutzen links am Zylinderkopf für die Kühlmitteltemperatur

Aus den eingehenden Signalen errechnet das Steuergerät die Öffnungsdauer des elektromagnetisch betätigten Einspritzventils und damit die einzuspritzende Kraftstoffmenge. Dabei greift das Steuergerät auf ein Motorkennfeld zurück – eine Datei, in der alle nur denkbaren Motorsituationen gespeichert sind. Ebenfalls in diesem Kennfeld festgehalten sind die zugehörigen Kraftstoffmengen in Form von elektrischen Signalen. Zusätzlich sind bei der Mono-Motronic jeweils auch die zur Kraftstoffmenge und Betriebssituation erforderlichen Zündzeitpunktwerte als Kennfelder gespeichert.

Drosselklappe

Sie sitzt ganz unten in der Einspritzeinheit und regelt die Menge der Luft, die der Motor ansaugen soll. Wie weit die Klappe geöffnet wird, bestimmt der Fahrer beim Treten des Gaspedals. Pedal und Drosselklappe sind über den Gaszug direkt miteinander verbunden.

Einspritzeinheit

Die Mehrzahl der Teile der Zentraleinspritzung ist in diesem Gehäuse zusammengefaßt. Durch das Gehäuse strömt die Ansaugluft, und hier wird – vom Einspritzventil – auch der Kraftstoff zugesetzt, wie früher im Vergaser.

Einspritzventil

Es wird durch einen Elektromagnet geöffnet. So kann Kraftstoff fließen oder auch nicht – je nach Befehl des Steuergeräts. Damit der Kraftstoff optimal zerstäubt wird, besitzt das Ventil schräge Austrittsbohrungen, aus denen das Benzin gegen die konische Wandung der Austrittsbohrung prallt und dort verwirbelt wird.

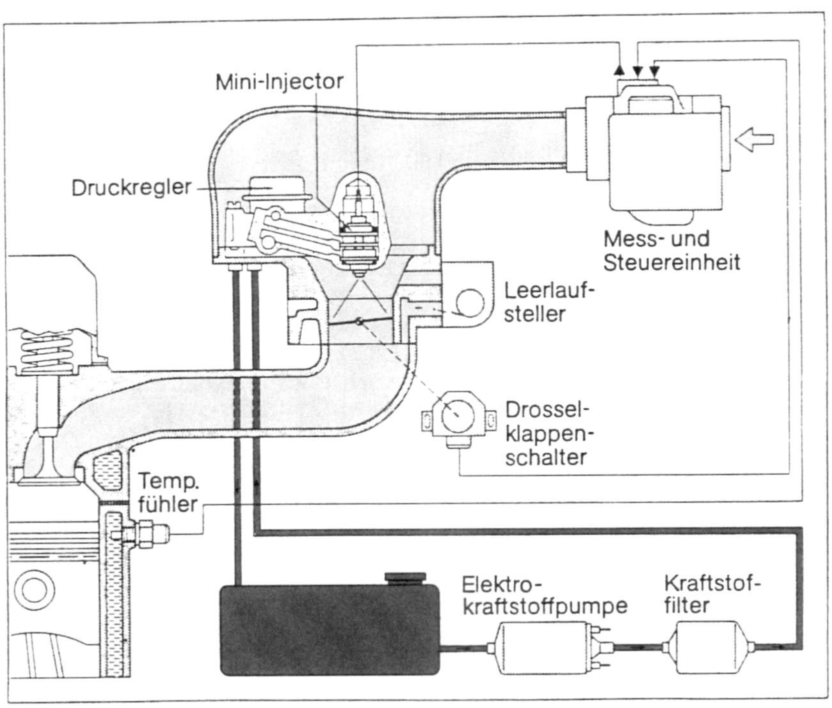

Funktionsschema der Mono-Motronic. Rot dargestellt ist der Kraftstoff, die Ansaugluft ist hellrosa abgesetzt.

Das Einspritzventil kann nur öffnen und schließen, nicht aber die Menge dosieren. Deshalb wird die Kraftstoffmenge über die Einspritzzeit variiert. Und das geht so: Bei jedem Zündimpuls des Hallgebers spritzt das Ventil einmal ab. Wird wenig Kraftstoff gebraucht, öffnet das Ventil bei diesem Impuls nur ganz kurz – oft weniger als eine tausendstel Sekunde. Benötigt der Motor dagegen mehr Kraftstoff (in kaltem Zustand oder bei Vollast), wird länger abgespritzt. Das gilt natürlich für jeden Hallgeberimpuls.

Ansaugluft-Temperaturgeber Er sitzt seitlich am Gehäuse des Einspritzventils und kann so die Temperatur der Ansaugluft, wie sie an der Einspritzeinheit ankommt, genau erfassen.

Der Druckregler Die Kraftstoffpumpe schafft Benzin unter Druck zum Druckregler. Dieser sorgt dafür, daß am Einspritzventil stets derselbe Kraftstoffdruck von 0,8–1,2 bar anliegt. Dazu läßt er mehr oder weniger Benzin durch die Rücklaufleitung zum Tank zurückfließen. Die Zufuhr durch die Kraftstoffpumpe bleibt weitgehend konstant.

Drosselklappen-steller Ein kleiner Elektromotor mit Winkelgetriebe fährt den Betätigungsstößel mehr oder weniger weit gegen den Leerlauf-Anschlag der Drosselklappe. So kann die Drosselklappe je nach Bedarf ein kleines oder etwas größeres Stück geöffnet werden. Dadurch läßt sich die Leerlaufdrehzahl bei unterschiedlichen Belastungen konstant halten. Vorn im Betätigungsstößel des Drosselklappenstellers sitzt noch ein sogenannter Leerlaufschalter, der dem Steuergerät mitteilt, wenn Sie das Gaspedal loslassen. Dieses Signal wird für die Stabilisierung der Leerlaufdrehzahl benötigt.

Drosselklappen-Potentiometer Er meldet die Bewegungen der Drosselklappe und deren Stellung dem Steuergerät. So wird z.B. schnelles Öffnen der Drosselklappe als Beschleunigen erkannt. Gehen Sie mit dem Fuß vom Gaspedal, dient das Schließsignal der Drosselklappe zum Aktivieren der Schubabschaltung. Die Meldung erfolgt auf elektrischem Weg – ein Potentiometer ist nichts anderes als ein veränderbarer Widerstand.

So funktioniert die Mono-Motronic

Kaltstart: Über die Motortemperatur ist das Steuergerät durch den Kühlmittel-Temperaturgeber informiert. Je kälter der Motor, desto länger sind die Einspritzzeiten für ein kraftstoffreicheres Startgemisch.
Warmlauf: Die allmähliche Erwärmung der Kühlmittels meldet der Temperaturgeber anhand sich ändernder Widerstandswerte ans Steuergerät. Entsprechend wird die Einspritzzeit allmählich zurückgenommen. Bei diesem Betriebszustand bleibt das Lambdasignal zunächst ohne Beachtung.
Leerlauf: Der Leerlaufschalter am Drosselklappensteller informiert das Steuergerät über diesen Betriebszustand. Nun reguliert der Drosselklappensteller die Leerlaufdrehzahl und gleicht dabei Drehzahlabfall aus, der durch Einschalten leistungsstarker Stromverbraucher, voll eingeschlagene Servolenkung, eingelegte Fahrstufe der Getriebeautomatik oder eingeschaltete Klimaanlage entsteht. Das geschieht durch Veränderung des Zündzeitpunkts.
Normalbetrieb: Das Steuergerät erhält Informationen über den Motorlauf durch die Drehzahlimpulse vom Hallgeber und die Widerstandswerte vom Drosselklappen-Potentiometer (Drosselklappenstellung). Daraus zieht das Steuergerät Rückschlüsse auf den Lastzustand des Motors und mißt über das Einspritzventil die zur angesaugten Luft nötige Menge Kraftstoff bei.
Lambda-Regelung: Bei der Zumessung von Kraftstoff wird das Kraftstoff/Luft-Verhältnis von $\lambda = 1$ berücksichtigt. Der ständige Wechsel von angefettetem und abgemagertem Gemisch ermöglicht optimales Arbeiten des Katalysators.
Beschleunigen: Spontanes Gasgeben erkennt das Steuergerät durch die Signale vom Potentiometer als Beschleunigungsvorgang, weshalb das Gemisch sofort »angefettet« wird.
Vollast: Bei Vollgas oder genauer gesagt ab ca. 72,5° Drosselklappenstellung veranlaßt das Steuergerät die Vollastanreicherung. Es wird also im Verhältnis mehr Kraftstoff beigemischt. Über die Drosselklappenstellung informiert der Potentiometer. Die Vollastanreicherung ignoriert allerdings das Lambdasignal.
Schubbetrieb: Bergab mit losgelassenem Gaspedal spart die Mono-Motronic Sprit und schaltet die Kraftstoffzufuhr ab, sofern der Motor Betriebstemperatur erreicht hat. Das Steuergerät erkennt diesen Betriebszustand am losgelassenen Gaspedal (Drosselklappen-Potentiometer), der Meldung vom Kühlmittel-Temperaturgeber und einer Motordrehzahl von mehr als 1500–1900/min (Hallgeber).
Drehzahlbegrenzung: Oberhalb der Maximal-Drehzahl schaltet das Steuergerät zum Schutz des Motors die Kraftstoffzufuhr ab. Die Drehzahlbegrenzung kann nicht durch Abschalten der Zündung erfolgen, denn sonst käme unverbrannter Kraftstoff in den Kat. Das könnte zu gefährlichen Temperaturspitzen und damit dauerhaften Schäden am Kat führen.
Notlauffunktion: Falls das Signal von einem der Informationsgeber gar nicht ankommt oder einen unsinnigen Wert liefert, gerät die Mono-Motronic noch nicht aus dem Takt. Dem Steuergerät stehen sogenannte Ersatzwerte zur Verfügung, die bereits fest eingespeichert sind. Solch ein Ersatzwert kann natürlich viele Betriebs-

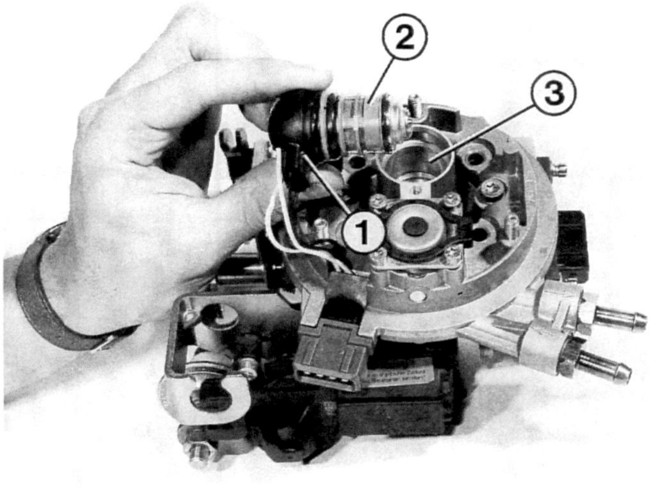

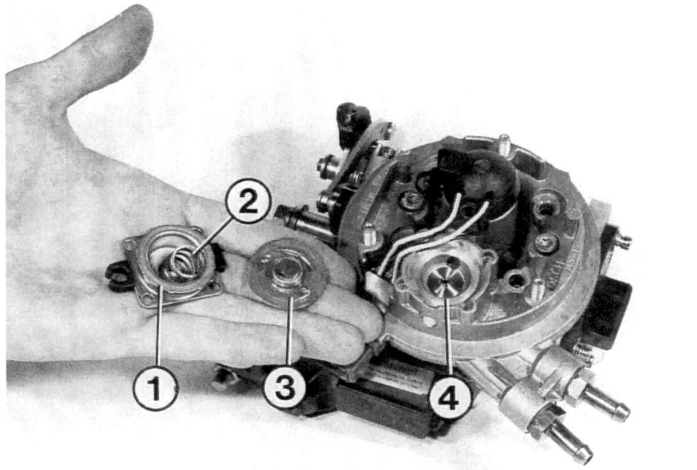

Hier ist das Einspritzventil (2) mit noch angeschlossenem Stecker (1) aus der Aufnahme (3) in der Einspritzeinheit ausgebaut. Am Ventil ist seitlich das Kraftstoffsieb sichtbar.

Der zerlegte Druckregler. Beziffert sind: 1 – Deckel; 2 – Feder; 3 – Membran; 4 – Anlagefläche.

bedingungen nicht berücksichtigen, aber immerhin bleibt das Fahrzeug fahrbereit. Der Fahrer erkennt den Ausfall eines Gebersignals an Leistungsmangel oder schlechten Starteigenschaften.

Störungen und Eigendiagnose

Das Steuergerät der Mono-Motronic kann einen Teil der Fehler, die während des Motorbetriebs auftreten, erkennen und speichern. Erkannte Fehler werden in einem Speicher festgehalten. Trat die Störung innerhalb der folgenden zehn Motorstarts nicht mehr auf (sporadischer Fehler), wird der Speicher im Steuergerät automatisch gelöscht. Permanent bestehende Fehler werden beim Inspektions-Service in der Werkstatt mit einem Auslesegerät abgefragt; eine Möglichkeit für den Heimwerker zur Fehlerspeicherabfrage ist nicht vorgesehen. Falls Sie einen Fehler in der Zünd/Einspritz-Steuerung vermuten, läßt sich den Fehlerspeicher nur in der Audi-Werkstatt abrufen. Zusätzlich können Sie aber auch unseren Störungsbeistand zu Hilfe nehmen, in dem wir eine Vielzahl von möglichen Fehlern über die Eigendiagnose hinaus aufgeführt haben. Nach Beheben des Fehlers wird der Fehlerspeicher mit dem Auslesegerät gelöscht.

Selbsthilfe

Viele Prüfungen an der Einspritzung sind dem Selbsthelfer mangels der nötigen Prüfgeräte leider nicht möglich. Dennoch bleibt ein gewisses Betätigungsfeld.

Der Drosselklappensteller (1) kann einzeln ausgebaut werden. Das ist auch erforderlich, wenn der Leerlaufschalter (2) einen Defekt an seinem Betätigungsstößel aufweist. Position »3« bezeichnet die Anschlagschraube der Drosselklappe.

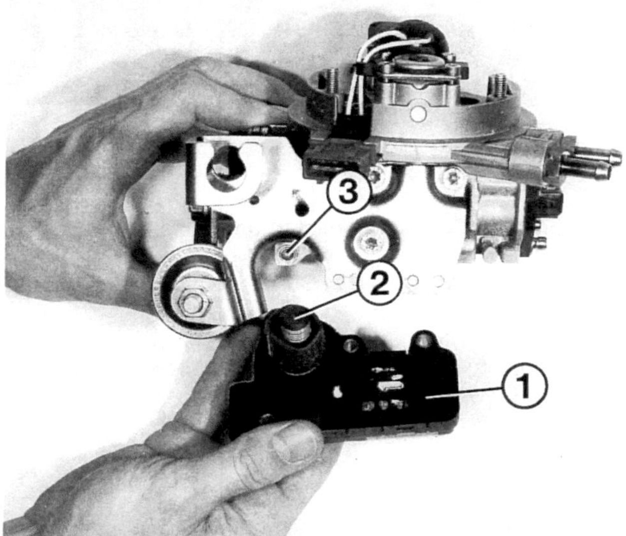

Der Drosselklappen-Potentiometer wird im Werk eingestellt und darf nicht zerlegt werden. Wir haben ihn hier lediglich ausgebaut, um die Schleifkontakte (4) und die Widerstands-Leiterbahnen (5) zeigen zu können. Bei einem Defekt die Einspritzeinheit ersetzen.

Ansicht der Mono-Motronic-Einspritzeinheit bei abgenommenem Luftfilter. Es bedeuten:
1 – Druckregler;
2 – Anschlußstecker für Einspritzventil und Ansaugluft-Temperaturgeber;
3 – Steckeranschluß für Drosselklappen-Potentiometer;
4 – Einspritzventil;
5 – Ansaugluft-Temperaturgeber.

Das Steuergerät selbst kann mit Heimwerkermitteln nicht kontrolliert werden. In der Praxis ist hier auch nur sehr selten mit Fehlern zu rechnen. Geber, Schalter und Kabelverbindungen geben ungleich häufiger Anlaß zu Beanstandungen. Daher ist bei einem Defekt folgende Vorgehensweise ratsam:

○ Sicherstellen, daß die Zündung in Ordnung ist.
○ Kraftstoffversorgung prüfen.
○ Sichtprüfung an den Teilen der Einspritzanlage durchführen.
○ Wurde so kein Fehler gefunden, Störungsbeistand am Ende des Kapitels studieren und Fehlerspeicher abrufen lassen, verdächtiges Bauteil nach Prüfanleitung kontrollieren.

Fingerzeig: Bei Totalausfall der Einspritzung zuerst Sicherung Nr. 14, 17 und 19 sowie die Thermosicherung im roten Halter in der Elektronikbox prüfen. Über sie läuft die gesamte Stromversorgung der Mono-Motronic (Kapitel »Die Karosserie-Elektrik«).

Sichtprüfung

Eine Undichtigkeit im Bereich des Ansaugsystems läßt sogenannte Nebenluft eintreten, Luft also, die in der Berechnung des Steuergeräts nicht enthalten ist und die deshalb die Gemischaufbereitung empfindlich stört. Das Gemisch magert unkontrolliert ab. Am deutlichsten erkennt man die Störung im Leerlauf an schwankender Drehzahl. Es kann aber auch zu Klingelerscheinungen bei voll belastetem Motor kommen.

- Unterdruckschläuche auf Risse und festen Sitz prüfen. Alle Schläuche an der Einspritzeinheit oder am Ansaugkrümmer (z. B. Bremskraftverstärker, Ansaugluft-Vorwärmung, Kraftstoff-Verdunstungsanlage), müssen geprüft werden.
- Motor warmfahren und anschließend im Leerlauf drehen lassen, Motorhaube öffnen.
- Mit einer Startkraftstoff-Spraydose (z. B. »Startpilot«) Einspritzeinheit am Flansch zum Saugrohr, die Flanschdichtungen der Ansaugkanäle und Leitungen zu den unterdruckgesteuerten Aggregaten ansprühen. Stecker zur Lambdasonde trennen, damit die Lambda-Regelung nicht eingreifen kann.
- Verändert sich die Motordrehzahl beim Besprühen einer bestimmten Stelle, liegt dort die Undichtigkeit vor.
- Sind an den Kraftstoffleitungen Undichtigkeiten zu erkennen?
- Wurden die Kabelstecker mehrfach auseinandergezogen und wieder verbunden? Korrosion oder ungeschicktes Reißen kann mangelnden Kontakt zur Folge haben.
- Sehen Sie sich die Stecker an den einzelnen Bauteilen der Einspritzung genau an. Kontakte nicht nachbiegen, sondern nur mit Kontaktspray behandeln.

Prüfungen an einzelnen Bauteilen

Die folgenden Abschnitte beschreiben Heimwerker-Prüfungen an den Komponenten der Einspritzanlage.

Drosselklappensteller prüfen

- Stecker am Drosselklappensteller abziehen.
- An den Anschlußkontakten des Anstellers maximal 6 Volt Spannung anlegen; »+«-Pol nach oben.
- Das sind beim **vierpoligen Stecker** die Kontakte »1« und »2« (die beiden oberen).
- Beim **sechspoligen Stecker** sind es die Kontakte »1« und »6« (oben und unten).
- Die richtige Spannung erhält man von einer 4,5-Volt-Batterie oder dem 6-Volt-Ladebereich eines Ladegerätes.

An der Einspritzeinheit, zur Fahrzeug-Vorderseite hin gerichtet, befindet sich der Drosselklappensteller (1) mit Anschlußstecker (2).

● Der Stößel muß ganz zurückfahren.
● Anschlußkabel umpolen (»–«-Pol an den oberen Kontaktstift):
● Der Stößel muß ganz ausfahren.
● Wenn ja, ist der Drosselklappensteller i. O.
● Falls nicht, Drosselklappensteller ersetzen.
● Zusätzlich können Sie eine Widerstandsmessung durchführen.
● Wicklungswiderstand des Stellmotors zwischen den schon genannten Anschlüssen: 3–200 Ω.

Funktion des Leerlaufschalters prüfen

● Stecker vom Drosselklappensteller abziehen.
● Ohmmeter an die Kontakte des Leerlaufschalters anschließen.
● Das sind beim **vierpoligen Stecker** die Kontakte »3« und »4« (die beiden unteren).
● Beim **sechspoligen Stecker** sind es die Kontakte »4« und »5« (von oben nach unten gerechnet).
● Leerlaufschalter gedrückt: Widerstand 0 Ω.
● Leerlaufschalter nicht gedrückt: ∞ Ω.

Fingerzeig: Nach Auswechseln des Drosselklappenstellers muß der Leerlaufschalter eingestellt werden – Werkstattarbeit.

Drosselklappen-Potentiometer prüfen

● Stecker am Potentiometer abziehen.
● Ohmmeter laut Tabelle an je zwei der vier Steckkontakte anschließen.
● Werden die genannten Werte nicht erreicht, ist der Drosselklappen-Potentiometer defekt. Leider kann er nicht einzeln ersetzt werden. Es muß das komplette Unterteil der Einspritzeinheit ausgewechselt werden.

Kontakte		Prüfbedingungen	Widerstand
Schaltgetriebe	Automatikgetriebe		
1+5	1+7	–	520–1300 Ω
1+2	1+2	von »Drosselklappe zu« bis »ca. ¼ offen«: Widerstand ansteigend, danach konstant	600–3500 Ω
1+4	1+6	von »Drosselklappe zu« bis »ca. ¼ offen«: Widerstand konstant, danach ansteigend	600–6600 Ω

Einspritzventil prüfen

● **Prüfung bei laufendem Motor:** Er muß mindestens 60°C Öltemperatur haben, das entspricht 10 Minuten Fahrt nach dem Kaltstart.
● Luftansaugstutzen abbauen.
● Motor starten und im Leerlauf drehen lassen.
● Spritzstrahl des Einspritzventils beobachten. Er muß ein gleichmäßiges Spritzbild haben und auf die Drosselklappe gerichtet sein.
● Motor abstellen, um die Dichtheit des Ventils zu prüfen.
● Es dürfen bei stehendem Motor nicht mehr als zwei Tropfen pro Minute austreten.
● Die im folgenden beschrieben Prüfungen führen Sie nur dann durch, **wenn der Motor nicht anspringt**.
● Sicherung 14, 17 und 19 sowie die Thermosicherung in der Elektronikbox (Kapitel »Die Karosserie-Elektrik«) kontrollieren.
● Luftfilter bzw. Luftansaugstutzen abbauen.
● Von Helfer den Motor mit dem Anlasser durchdrehen lassen.
● Das Einspritzventil muß Kraftstoff abspritzen.
● Wenn nicht, braunen Stecker oben an der Einspritzeinheit abziehen.
● Ohmmeter an den beiden mittleren Anschlußkontakten (an der Einspritzeinheit) anschließen.

● Bei einer Umgebungstemperatur zwischen +15 und +30°C müssen 1,2–1,6 Ω abzulesen sein, andernfalls ist das Einspritzventil defekt. TORX-Schraube lösen und Ventil wechseln.
● **Spannungsversorgung des Einspritzventils prüfen**, wenn das Ventil trotz richtiger Werte nicht abspritzt.
● Leuchtdioden-Spannungsprüfer – nichts anderes verwenden – an die beiden mittleren Kontakte im abgezogenen Anschlußstecker anschließen.
● Anlasser betätigen lassen: Die Leuchtdioden müssen flackern, sonst Leitungsunterbrechung oder Steuergerät defekt.

Schubabschaltung prüfen

● Luftfilter bzw. Luftansaugstutzen abbauen.
● Motor starten, kurz auf über 3000/min hochdrehen und schlagartig Drosselklappe schließen.
● Der gut sichtbare Sprühstrahl des Einspritzventils muß in diesem Augenblick kurz unterbrochen werden. Dann ist die Schubabschaltung in Ordnung.
● Wenn nicht, Drosselklappenschalter und Steuergerät kontrollieren (lassen).

Temperaturgeber prüfen

● **Temperaturgeber Ansaugluft:** Braunen Stecker oben an der Einspritzeinheit abziehen.
● An den beiden äußeren Steckkontakten ein Ohmmeter anschließen.
● **Temperaturgeber Kühlmittel**: Stecker am zweipoligen Geber (blau) im Kühlmittelstutzen abziehen.
● An den Steckkontakten des Gebers ein Ohmmeter anschließen.
● **Beide Geber:** Widerstandswert ablesen.
● Im Diagramm auf der folgenden Seite prüfen, ob die Werte für den Geber-Widerstand und die momentane Luft- bzw. Kühlmitteltemperatur innerhalb des Bandes der Kurve liegen.
● Wenn ja, ist der Geber in Ordnung.

Kraftstoffdruck prüfen

● Der Kraftstoffdruck kann nur mit einer Meßvorrichtung (Werkstatt) genau kontrolliert werden.
● Bei Verdacht auf falschen Kraftstoffdruck den Druckregler zerlegen: Vier TORX-Schrauben lösen.
● Prüfen, ob die Membran beschädigt ist oder ob sich Schmutz abgelagert hat.

Leerlauf prüfen und Abgastest

Wartung Nr. 7

Einstellarbeiten erübrigen sich bei der Mono-Motronic, denn bei dieser Einspritzung gibt es nichts mehr einzustellen. Das Steuergerät korrigiert ggf. die Leerlaufdrehzahl. Nur in Zweifelsfällen wird die Drehzahl bzw. der CO-Gehalt im Leerlauf nachgeprüft. Prüfvoraussetzungen sind: Motor betriebswarm, alle elektrischen Verbraucher abgeschaltet und Zündzeitpunkt richtig eingestellt. Die Sollwerte lauten:
○ Leerlaufdrehzahl: **750–1000/min.** ○ Abgas-CO-Gehalt: **0,2–1,2 Vol.%** am Meßrohr.
Bei Nichterreichen der Werte Unterdruckschläuche und Magnetventil der Kraftstoff-Verdunstungsanlage prüfen, Fehlerspeicher abfragen.

Abgassonderuntersuchung (ASU)

In der Bundesrepublik ist für Fahrzeuge mit geregeltem Katalysator ab Dezember 1993 eine regelmäßige Abgaskontrolle (ASU) vorgeschrieben. Am Neuwagen hat die Plakette der Abgassonderuntersuchung drei Jahre lang Gültigkeit, anschließend wird die Kontrolle im Zweijahres-Rhythmus fällig. Diese Kontrolle führen markengebundene und freie Werkstätten, Tankstellen, DEKRA und TÜV durch. Zur ASU muß die Auspuffanlage intakt sein, und ins Ansaugsystem darf keine »Nebenluft« eintreten können.
Wenn Sie die Wartung des Audi immer in der Werkstatt durchführen lassen, gehört die Abgassonderuntersu-

Links: Prüfen des Drosselklappen-Potentiometers: Welche Widerstandswerte Sie an den hier bezeichneten Klemmen des Potentiometers messen müssen, entnehmen Sie der Tabelle auf der Vorseite.
Rechts: Prüfen des Einspritzventils und des Ansaugluft-Temperaturgebers. Im Bild gezeigt ist die Anschlußbelegung des gemeinsamen Steckers.

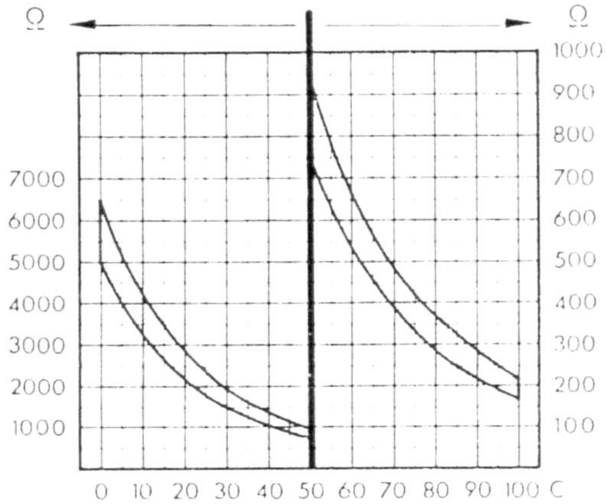

Dieses Diagramm gilt für den Ansaugluft-Temperaturgeber neben dem Einspritzventil sowie für den Kühlmittel-Temperaturgeber im Schlauchstutzen links am Motor (Position »1« im Bild rechts). Es zeigt, bei welcher Temperatur welcher Widerstandswert angezeigt werden muß.

chung grundsätzlich zum Umfang des einmal jährlich fälligen Service dazu. Aber auch, wenn Sie Ihr Fahrzeug selbst warten, empfehlen wir die ASU in der Audi-Werkstatt. Dort wird nämlich der Fehlerspeicher abgefragt bzw. gelöscht, was freie Werkstätten, DEKRA bzw. TÜV mangels Fehlerauslesegerät nicht erledigen können.

Katalysator und Lambdasonde prüfen

Wartung Nr. 8

Diese Prüfung führt die Werkstatt im Rahmen der ASU durch. Dazu wird der CO-Gehalt sowohl am CO-Entnahmerohr als auch am Auspuffendrohr gemessen. Der Meßwert am CO-Entnahmerohr wird mit dem Wert am Endrohr verglichen. Anhand einer Tabelle erhält man Auskunft über den Umsetzungsgrad im Katalysator. Liegt der Wirkungsgrad unter 50% bei der CO-Umsetzung, liegt ein Schaden im Bereich Katalysator bzw. Lambdasonde vor.

Der Gaszug

Der Verbindungszug zwischen Gaspedal und Einspritzanlage ist knickempfindlich. Bei Arbeiten im Motorraum sollten Sie darauf achten, daß der abgeklemmte Zug nicht in einem ungünstigen Winkel verlegt wird, wodurch er Schaden nehmen könnte.

Gaszug ersetzen

- Am Seilzugende die Halteklammern und am Befestigungspunkt der Seilzughülle die Stecksicherung abnehmen.
- Im Innenraum die Abdeckung links unter dem Armaturenbrett ausbauen (Innenraum-Kapitel).
- Öse des Gaszugs aus dem Haltenippel am Hebel des Gaspedals herausziehen.
- Gummitülle aus der Trennwand vom Motorraum zum Innenraum durchdrücken.
- Gaszug herausziehen.
- Beim Einsetzen der Gummitülle des neuen Gaszugs in die Trennwand darauf achten, daß der Zug nicht geknickt wird.

Links: Der Stecker der Lambdasonden-Heizung (Pfeil) befindet sich rechts neben der Einspritzeinheit. Darunter ist der Stecker für das Lambdasonden-Signal angeordnet.
Rechts: Rings um den Gaszug; es bedeuten:
1 und 2 – Halteklammern;
3 – Stecksicherung;
4 – Stecker für Drosselklappensteller;
5 – Drosselklappenanschlag mit Leerlaufschalter.

Gaszug einstellen

Die hier gegebene Einstellempfehlung für den Gaszug gilt für **alle** im Audi 100 eingebauten **Einspritzungen**.

- Alle Fahrzeuge mit Schaltgetriebe sowie auch Sechszylinder mit Automatik: Gaspedal voll durchtreten lassen.
- Vier- und Fünfzylinder mit Automatik: 9 mm starkes Holzbrettchen zwischen Gaspedal und Anschlagschraube klemmen, Gaspedal voll durchtreten lassen.
- Gaszughülle am Widerlager (am Motor) ganz zurückziehen, bis der Drosselklappenhebel satt am Vollgas-Anschlag anliegt.
- Stecksicherung in dieser Stellung genau neben dem Widerlager in die entsprechende Kerbe der Gaszughülle am einstecken.
- Kontrolle: Der Drosselklappenhebel muß bei voll getretenem Gaspedal am Vollgasanschlag, bei losgelassenem Pedal am Leerlaufanschlag anliegen.

Störungsbeistand

Mono-Motronic-Einspritzung

Die Störung	– ihre Ursache	– ihre Abhilfe
A Kalter Motor springt nicht oder schlecht an	1 Sicherung 14, 17, 19 oder Thermosicherung im roten Halter in der Elektronikbox defekt	Auswechseln
	2 Vorwiderstandsleitung des Einspritzventils defekt	Überprüfen, ggf. austauschen
	3 Kraftstoffpumpe fördert nicht oder nicht genügend	Benzin im Tank? Pumpe kontrollieren, Fördermenge messen
	4 Kraftstoff-Druckregler defekt	Druck messen lassen
	5 Kühlmittel-Temperaturgeber defekt	Prüfen
	6 Drosselklappen-Potentiometer defekt	Prüfen lassen
	7 Steuergerät defekt	Prüfen lassen
	8 Kabelstrang zwischen Hallgeber und Steuergerät defekt	Kabelverlauf kontrollieren
	9 Motor erhält Nebenluft	Nach Anleitung »Sichtprüfung« kontrollieren
B Warmer Motor springt nicht oder schlecht an	1 Siehe A 2–9	
	2 Einspritzventil undicht	Ventil überprüfen
C Motor springt an, stirbt aber wieder ab	1 Drosselklappensteller arbeitet nicht	Steller prüfen
	2 Siehe A 6	
	3 Lambdasonde defekt	Funktion prüfen lassen, ggf. ersetzen
D Kalter Motor schüttelt im Leerlauf	1 Siehe A 5	
	2 Siehe C 1	
E Warmer Motor schüttelt im Leerlauf	Siehe C 1	
F Leerlauf sinkt ab beim Einschalten starker Stromverbraucher bzw. bei voll eingeschlagener Lenkung	Siehe C 1	
G Motor hat Aussetzer	1 Kraftstoffilter verstopft	Filter austauschen
	2 Siehe A 3	
	3 Siehe B 2	
	4 Siehe C 3	
H Schwankende Drehzahl bei 2000–3000/min	Siehe A 6	
I Motor stottert, setzt aus	Siehe A 3	
J Motorleistung ungenügend	1 Siehe A 3, 6 und 9	
	2 Siehe C 3	
	3 Drosselklappe geht nicht in Vollgasstellung	Gaszug einstellen
K Motor patscht ins Saugrohr	1 Siehe A 4	
	2 Siehe C 3	

Fingerzeig: Beim Abklemmen der Batterie werden die Korrekturwerte der Mono-Motronic gelöscht. Das hat zur Folge, daß der Motor nach dem Wiederanschließen der Stromversorgung für eine gewisse Zeit keinen einwandfreien Leerlauf hat. Am schnellsten erfolgt der Selbstlernprozeß der Korrekturwerte bei einer Probefahrt von ca. 10 Minuten Dauer.

Vierfach-Spritze

Für eine möglichst genaue Zuteilung des Kraftstoff/Luft-Gemisches eignet sich die Benzineinspritzung mit je einem Einspritzventil pro Zylinder besser als eine Zentraleinspritzung. Deshalb besitzen alle Audi 100 ab 85 kW eine »Mehrpunkt«-Einspritzanlage. Beim **seit 7/92** eingebauten 85-kW-Motor handelt es sich um eine elektronisch gesteuerte Digifant-Anlage mit programmiertem Einspritzkennfeld, kennfeldgesteuerter Zündung, klopfgeregelter Zündverstellung, integrierter Leerlaufstabilisierung und Schubabschaltung.
Wer bei der Bezeichnung dieser Benzineinspritzung an das Wort Elefant erinnert wird, liegt gar nicht falsch. Die Elektronik-Ingenieure von Audi und VW haben den Begriff abgeleitet von den »weißen Elefanten«. Das sind in der Computerbranche Alleskönner. Daher die Wortschöpfung **Digi**taler Ele**fant**.

Die wichtigsten Teile

Steuergerät

Über einen Vielfachstecker erhält das Steuergerät folgende Informationen:
- ○ **Anlasser** Klemme 50 für Beginn und Ende des Startvorgangs
- ○ **Drosselklappen-Potentiometer** für die augenblickliche Stellung der Drosselklappe
- ○ **Hallgeber** im Zündverteiler für die Motordrehzahl
- ○ **Lambda-Sonde** im Katalysator für den Restsauerstoffgehalt im Abgas
- ○ **Potentiometer** am Luftmengenmesser für die Lage der Stauklappe (= Menge der angesaugten Luft)
- ○ **Temperaturgeber Ansaugluft** im Luftmengenmesser
- ○ **Temperaturgeber Kühlmittel** im Kühlmittelstutzen
- ○ **Klopfsensor** am Motorblock für »klopfende« Verbrennung, siehe auch Kapitel »Die Zündanlage«

Anhand der Informationen über Drehzahl und Lastzustand errechnet das Steuergerät die Öffnungsdauer der elektromagnetisch betätigten Einspritzventile und somit die Kraftstoff-Einspritzmenge. Dazu stehen dem Steuergerät die Motorkennfelder für Einspritzung und zusätzlich für Zündung zur Verfügung. Diese Kennfelder sind Datensammlungen für alle erdenklichen Motorsituationen und die zugehörigen Kraftstoffmengen bzw. Zündzeitpunkte. Die Werte kann das Steuergerät aber nach Eingang von sogenannten Korrektursignalen (z. B. Ansaugluft- und Kühlmitteltemperatur) noch variieren.

Drosselklappen

Im Ansaugrohr sitzen in einem Stutzen zwei Drosselklappen. Die kleinere dieser Klappen ist über den Gaszug mit dem Pedal im Innenraum verbunden. Sie dosiert bis Halbgasstellung den Ansaugluftstrom in den Motor. Mit zunehmend durchgetretenem Gaspedal öffnet ein Gestänge die zweite, größere Klappe, bis bei Vollgas beide Drosselklappen vollständig geöffnet sind.

Drosselklappen-Potentiometer

Der Drosselklappen-Potentiometer erfaßt die augenblickliche Stellung der Drosselklappe von »Leerlauf« (Drosselklappe geschlossen) bis »Vollast« (Drosselklappe ganz geöffnet). Anhand von seinen Informationen wird die Leerlaufstabilisierung, Schubabschaltung bzw. Vollastanreicherung aktiviert.

Druckregler

Er sitzt vor dem Kraftstoffverteiler und reguliert den Kraftstoffdruck zu den Einspritzventilen. Dazu erhält er die Höhe des Unterdrucks im Ansaugrohr übermittelt. Im Leerlauf bei geschlossener Drosselklappe und hohem Unterdruck hält er den Druck geringer. Mit abfallendem Unterdruck bei höherer Motorlast wird der Kraftstoffdruck vom Druckregler erhöht. Die Kraftstoffpumpe schafft einen viel höheren Betriebsdruck, doch durch den Druckregler wird der Benzinrücklauf zum Tank entsprechend vergrößert und ggf. verringert.

Einspritzventile

Sie spritzen bei jeder Kurbelwellenumdrehung Benzin in den Saugkanal vor das Einlaßventil ihres betreffenden Zylinders – die Dauer wird vom Steuergerät festgelegt. Der jeweilige Zylinder erhält also eine Ration auf Vorrat und die zweite bei geöffnetem Einlaßventil direkt in den Brennraum.

Geber für Ansauglufttemperatur

Er sitzt seitlich im Luftmengenmesser und kann so die Temperatur der einströmenden Ansaugluft genau erfassen. Die Temperatur der Ansaugluft gelangt ans Steuergerät in Form eines Widerstandswertes. Gebraucht wird er für die optimale Kraftstoffdosierung.

Geber für Kühlmitteltemperatur

Die Temperatur des Kühlmittels wird für die Steuerung mehrerer Funktionen der Einspritzung gebraucht: Kaltstartanreicherung, Nachstartanreicherung (über den gesamten Temperaturbereich), Beschleunigungsanreicherung und Schubabschaltung. Die Kühlmitteltemperatur wird dem Steuergerät ebenfalls als Widerstandswert übermittelt. Es errechnet nun die richtige Einspritzzeit, die bei betriebswarmem Motor zwischen 2 und 8

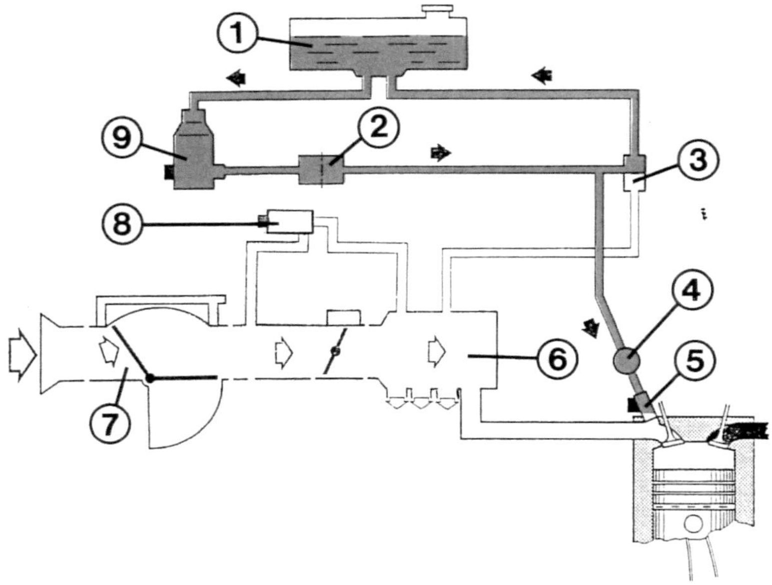

Die Digifant-Einspritzung ist hier schematisch mit ihren Bauteilen dargestellt. Den Weg der Luft zeigen die weißen Pfeile, die Kraftstoffversorgung ist rot dargestellt. Es bedeuten:
1 – Tank;
2 – Kraftstoffilter;
3 – Druckregler;
4 – Kraftstoffverteiler;
5 – Einspritzventil;
6 – Saugrohr;
7 – Luftmengenmesser;
8 – Ventil für Leerlaufstabilisierung;
9 – Benzinpumpe.

Millisekunden liegt. Dieser Wert kann um bis zu 70% verlängert werden, wenn die Kühlmitteltemperatur bei arktischen –25°C liegt.

Luftmengenmesser

Die vom Luftfilter kommende Verbrennungsluft drückt eine Stauklappe im Luftmengenmesser je nach angesaugter Menge mehr oder weniger stark beiseite, wobei eine mit der Stauklappe verbundene Dämpfungsklappe Schwingungen der Stauklappe verhindert. Ein Potentiometer leitet je nach Stellung der Stauklappe ein Spannungssignal an das Steuergerät: Hohe Spannung bei voller Öffnung und großer Luftmenge, geringe Spannung bei kleiner Öffnung.

Kaltstartventil

Das ist ein elektromagnetisch betätigtes Einspritzventil, das je nach Motortemperatur beim Anlassen für 1–4 Sekunden zusätzlichen Kraftstoff fein zerstäubt ins Ansaugrohr spritzt. Die Einspritzdauer bestimmt das Digifant-Steuergerät.

Ventil für Leerlaufstabilisierung

In der Warmlaufphase, bei vollem Einschlagen der Servolenkung, bei laufender Klimaanlage oder eingelegter Automatik-Fahrstufe gibt das Ventil einen Luftnebenkanal frei; damit überbrückt man die Drosselklappe. Der höhere Luftdurchsatz in Richtung Saugrohr bewirkt gleichzeitig eine vermehrte Kraftstoffzuteilung. So wird die höhere Reibung im Motor im kalten Zustand bzw. die höhere Motorbelastung durch die kraftzehrende Servopumpe, den Klimakompressor bzw. die Getriebeautomatik ausgeglichen.
Auch im Schiebebetrieb wird das Leerlauf-Stabilisierungsventil genutzt. Es läßt bei geschlossener Drosselklappe die im Schub nötige Menge Luft eintreten.

So funktioniert die Digifant-Einspritzung

Kaltstart: Zusätzlich zur Ansaugluft läßt das Ventil für Leerlaufstabilisierung weitere Luft einströmen. Zugleich erhält das Steuergerät die Information »Motor kalt« vom Kühlmittel-Temperaturgeber. Daraus errechnet das Steuergerät lange Öffnungsdauer der Einspritzventile für ein fetteres Gemisch. Außerdem wird das Kaltstartventil vom Steuergerät kurzzeitig für eine zusätzliche Kraftstoffration aktiviert.
Warmlauf: Die zunehmende Erwärmung des Kühlmittels meldet der Geber für Kühlmitteltemperatur ans Steuergerät. Dieses veranlaßt, daß das Ventil für Leerlaufstabilisierung schließt, und die Spritzdauer der Einspritzventile geht auf den Normalwert zurück.
Leerlauf: Aus den Meldungen des Drosselklappen-Potentiometers und des Potentiometers am Luftmengenmesser erkennt das Steuergerät, wenn der Motor im Leerlauf dreht. Fällt die Leerlaufdrehzahl ab, verändert das Steuergerät den Zündzeitpunkt; gleichzeitig öffnet das Ventil für Leerlaufstabilisierung seinen Luftkanal, wodurch die Einspritzmenge etwas erhöht wird.
Normalbetrieb erfordert keinerlei besondere Einrichtungen. Die Stellung der Drosselklappe und der Stauklappe im Luftmengenmesser bestimmen die Öffnungsdauer der Einspritzventile.
Beschleunigen: Schnelles Öffnen der Drosselklappe erkennt das Steuergerät anhand der Meldung vom Drosselklappen-Potentiometer als Beschleunigen. Dementsprechend wird jetzt die Einspritzzeit kurzzeitig etwas verlängert.
Lambda-Regelung: Der Katalysator braucht für einwandfreies Arbeiten den ständigen Wechsel von leicht angefettetem bzw. abgemagertem Gemisch. Den augenblicklichen Restsauerstoffgehalt übermittelt die Lambdasonde (im Katalysator) dem Steuergerät, das in Sekundenbruchteilen den Einspritzventilen den Befehl zu kürzerer oder längerer Spritzzeit und damit der zugeteilten Benzinmenge übermittelt.

Schubabschaltung: Die Information, daß der Fuß vom Gaspedal genommen wurde, gelangt wieder über den Drosselklappen-Potentiometer ans Steuergerät. Meldet der Kühlmittel-Temperaturgeber gleichzeitig, daß der Motor betriebswarm ist und liefert der Hallgeber im Verteiler die Information, daß die Motordrehzahl über 1500 Umdrehungen in der Minute liegt, gibt das Steuergerät keinen Öffnungsbefehl an die Einspritzventile.
Vollast: Für volle Leistung bei ganz durchgetretenem Gaspedal braucht der Motor mehr Kraftstoff. Anhand der Meldung »Vollgas« vom Drosselklappen-Potentiometer in Verbindung mit der voll ausgelenkten Stauklappe erkennt das Steuergerät den Zustand »Vollast« und läßt die Einspritzventile einen längeren Zeitraum abspritzen, wobei das Lambdasonden-Signal ignoriert wird.
Drehzahlbegrenzung: Zum Schutz vor Überdrehen des Motors schaltet das Steuergerät die Einspritzventile ab, wenn der Hallgeber eine Drehzahl von 6400–6500/min meldet.
Notlauffunktion: Wenn das Signal von einem der Informationsgeber gar keinen oder einen unsinnigen Wert liefert, gerät die Digifant noch nicht durcheinander. Das Steuergerät wählt jetzt einen sogenannten Ersatzwert, der bereits fest eingespeichert ist. Solch ein Ersatzwert kann natürlich viele Betriebsbedingungen nicht berücksichtigen, aber immerhin bleibt das Fahrzeug fahrbereit. Leistungsmangel oder schlechte Starteigenschaften sind das Zeichen für den Ausfall eines Gebersignals.

Störungen und Eigendiagnose

Das Digifant-Steuergerät kann einen Teil der Fehler, die während des Motorbetriebs auftreten, erkennen und speichern. Erkannte Fehler werden in einem Speicher festgehalten. Kommt der Audi zum Inspektions-Service in die Werkstatt, wird dort der Fehlerspeicher mit einem Auslesegerät abgefragt. Eine Möglichkeit für den Heimwerker zur Fehlerspeicherabfrage ist nicht vorgesehen. Falls Sie einen Fehler in der Zünd/Einspritz-Steuerung vermuten, läßt sich den Fehlerspeicher nur in der Audi-Werkstatt abrufen. Zusätzlich können Sie aber auch unseren Störungsbeistand zu Hilfe nehmen, in dem wir eine Vielzahl von möglichen Fehlern über die Eigendiagnose hinaus aufgeführt haben. Nach Beheben des Fehlers wird der Fehlerspeicher mit dem Auslesegerät gelöscht.

Fingerzeig: Bei allen Prüfungen und Einstellungen, zu denen bei der Digifant der Stecker des Kühlmittel-Temperaturgebers abgezogen wurde, wird im Fehlerspeicher der »Ausfall des Signals vom Temperaturgeber« gespeichert. Deshalb muß nach jeder Prüfung oder Einstellung der Fehlerspeicher gelöscht werden, was in der Werkstatt mit dem Fehlerauslesegerät V.A.G 1551 erfolgt.

Selbsthilfe bei der Einspritzung

Allzuviel Selbsthilfe ist bei der Einspritzanlage leider nicht möglich, denn tiefergreifende Prüfungen setzen eine gute Kenntnis der Materie und vor allem auch Meß- und Prüfgeräte voraus. Zu zahlreichen Messungen sind spezielle Meßleitungen und Prüfstecker erforderlich, damit nichts an den Steckkontakten beschädigt wird. Daher ist bei einem Defekt folgende Vorgehensweise ratsam:

- ○ Verweigert der Audi 100 den Dienst, kontrollieren Sie zuerst, ob die Zündanlage in Ordnung ist.
- ○ Als nächstes wird die Kraftstoffversorgung überprüft.
- ○ Sichtprüfung an den Teilen der Einspritzanlage durchführen.
- ○ Wurde so kein Fehler gefunden, Störungsbeistand am Ende des Kapitels studieren und Fehlerspeicher abrufen lassen, verdächtiges Bauteil nach Prüfanleitung kontrollieren.

Fingerzeig: Bei Totalausfall der Einspritzung zuerst die Sicherung Nr. 17 sowie die Thermosicherungen im schwarzen, braunen und roten Halter (in der Elektronikbox) prüfen.

Sichtprüfung

Eine Undichtigkeit im Ansaugsystem läßt sogenannte Nebenluft eintreten, Luft also, die in der Berechnung des Steuergeräts nicht enthalten ist und die deshalb die Gemischaufbereitung empfindlich stört. Das Gemisch magert unkontrolliert ab. Am deutlichsten erkennt man die Störung im Leerlauf an schwankender Drehzahl.

- ● Unterdruckschläuche auf Risse und festen Sitz prüfen. Alle Schläuche, die am Ansaugkrümmer angeschlossen sind (z.B. Bremskraftverstärker, Magnetventil der Kraftstoff-Verdunstungsanlage), müssen geprüft werden.
- ● Motor warmfahren und anschließend im Leerlauf drehen lassen, Motorhaube öffnen.
- ● Mit einer Startkraftstoff-Spraydose (z.B. »Startpilot«) Drosselklappenstutzen, die Flanschdichtungen der Ansaugkanäle und Leitungen zu den unterdruckgesteuerten Aggregaten ansprühen. Dazu die Steckverbindung zur Lambdasonde trennen.
- ● Verändert sich die Motordrehzahl beim Besprühen einer bestimmten Stelle, liegt dort die Undichtigkeit vor.
- ● Sind Kraftstoffleitungen undicht?

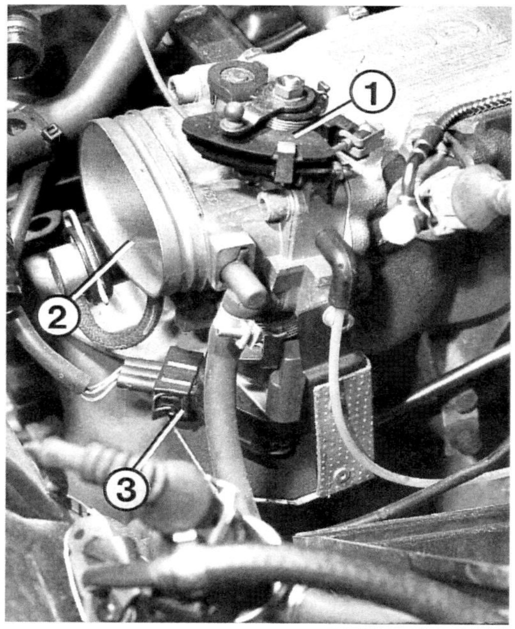

Links: Der Kraftstoff-Druckregler (Pfeil) ist durch einen Unterdruckschlauch mit dem Drosselklappenstutzen verbunden. Er reguliert den Druck im System durch vermehrten oder verringerten Benzinrücklauf.
Rechts: Die Stellung der Drosselklappe wird durch den Drosselklappen-Potentiometer (3) ans Steuergerät gemeldet. Oben am Drosselklappenstutzen (2) befindet sich der Drosselklappenhebel (1), in den der Gaszug eingehängt ist.

● Wurden die Kabelstecker mehrfach auseinandergezogen und wieder verbunden? Korrosion oder ungeschicktes Reißen kann mangelnden Kontakt zur Folge haben.

● Sehen Sie sich die Stecker an den einzelnen Bauteilen der Einspritzung genau an. Kontakte nicht nachbiegen, sondern nur mit Kontaktspray behandeln.

Störungssuche an einzelnen Bauteilen

Druckregler

Druckmessungen erfordern ein entsprechendes Manometer (V.A.G 1318) mit Absperrhahn und Adapter. Im Leerlauf muß der Kraftstoffdruck etwa 2,5 bar betragen, bei vom Druckregler abgezogenem Unterdruckschlauch muß er auf rund 3 bar ansteigen.

Drosselklappen-Potentiometer prüfen

● Stecker am Drosselklappen-Potentiometer abziehen.
● Ohmmeter an Kontakt »1« und »2« anschließen.
● Drosselklappe bewegen, dabei das Ohmmeter beobachten. Der Widerstand muß sich gleichmäßig verändern.

Einspritzventile prüfen

Für die elektrische Prüfung brauchen Sie einen Leuchtdioden-Spannungsprüfer.
● **Spannungsversorgung prüfen:** Nacheinander die Stecker an den Einspritzventilen abziehen.
● Spannungsprüfer an den Kontakten des abgezogenen Steckers anschließen.
● Motor von Helfer starten lassen.
● Die Leuchtdiode des Spannungsprüfers muß flakkern, sonst ist die Leitungszuführung zu den Einspritzventilen oder das Digifant-Steuergerät selbst defekt.
● **Einspritzventile prüfen:** Alle Stecker an den Einspritzventilen abziehen.
● An den beiden Steckkontakten des ersten Einspritzventils einen Ohmmeter anschließen.
● Sollwert: **15–20** Ω.
● Prüfung an den anderen Ventilen wiederholen.
● **Weitergehende Prüfung** (Strahlbild/Dichtheit):
● Einspritzventile zusammen mit Verteilerrohr ausbauen – siehe weiter hinten im Kapitel. Die Kabel-

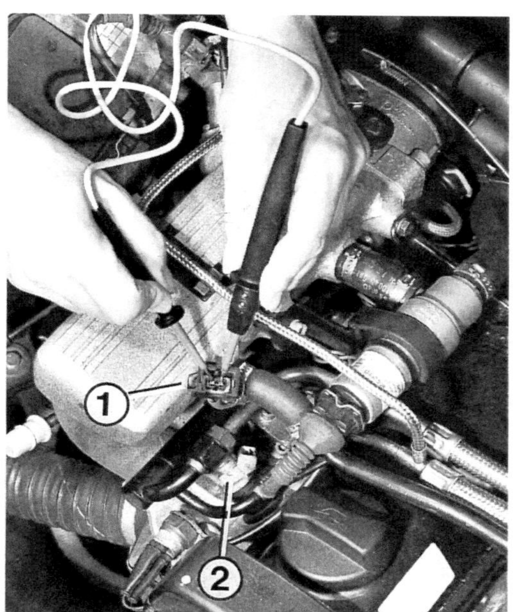

Links: Die Einspritzventile (Pfeil) sitzen an der in Fahrtrichtung rechten Seite des Zylinderkopfes im Saugrohr.
Rechts: Hier ist der Anschlußstekker (1) vom Einspritzventil (2) abgezogen. Mit dem Leuchtdioden-Spannungsprüfer wird kontrolliert, ob die Spannungsversorgung der Einspritzventile in Ordnung ist.

stecker bleiben jedoch aufgesteckt, und die Kraftstoffleitungen bleiben angeschraubt.
- Stecker am Kaltstartventil und am Temperaturgeber links im Kühlmittelstutzen abziehen.
- Einspritzventile in vier Meßgläschen halten.
- Von Helfer den Anlasser einige Sekunden betätigen lassen: Der Abspritzstrahl muß an allen vier Ventilen gleich sein. Dann ist das Strahlbild in Ordnung.
- Zentralstecker für die Einspritzventile am Kabelschacht abziehen.
- Zündung aus- und dann ca. 5 Sekunden lang einschalten: Aus jedem Ventil dürfen nicht mehr als zwei Tropfen austreten. Dann ist die Dichtheit der Ventile in Ordnung.

Temperaturgeber prüfen

- **Temperaturgeber Ansaugluft:** Vierfachstecker am Luftmengenmesser abziehen.
- An den beiden äußeren Steckkontakten ein Ohmmeter anschließen.
- **Temperaturgeber Kühlmittel:** Blauen Stecker am Geber im Kühlmittelstutzen abziehen.
- An den Steckkontakten des Gebers ein Ohmmeter anschließen.
- **Beide Geber:** Widerstandswert ablesen.
- Im Diagramm unten prüfen, ob die Werte für den Geber-Widerstand und die momentane Luft- bzw. Kühlmitteltemperatur innerhalb des breiten Bandes der Kurve liegen.
- Wenn ja, ist der Geber in Ordnung.

Kaltstartventil

- Stecker an allen Einspritzventilen abziehen.
- **Spannungsversorgung:** Kabelstecker am Kaltstartventil abziehen.
- Diodenprüfer mit Hilfsleitungen am Stecker anklemmen.
- Stecker vom Kühlmittel-Temperaturgeber abziehen.
- Von Helfer den Motor mit dem Anlasser durchdrehen lassen, die Leuchtdiode muß für 1–4 Sekunden aufleuchten.
- Wenn nicht, liegt eine Leitungsunterbrechung vor, oder das Digifant-Steuergerät ist schadhaft.
- **Funktion:** Die Stecker der Einspritzventile bleiben weiterhin abgezogen.
- Kaltstartventil abschrauben, Kabelstecker und Kraftstoffleitung bleiben angeschlossen.
- Stecker vom Kühlmittel-Temperaturgeber abziehen.
- Kaltstartventil in ein Gefäß halten.
- Motor von einem Helfer mit dem Anlasser durchdrehen lassen.
- Das Ventil muß für 1–4 Sekunden in einem gleichförmigen Strahl Benzin abspritzen.
- Zur Dichtheitsprüfung Ventil sauber abtrocknen.
- Innerhalb einer Minute darf kein Benzin nachtropfen, auch äußerlich darf das Kaltstartventil nicht kraftstoffeucht sein.

Lambdasonde

Für diese Prüfung wird ein CO-Meßgerät gebraucht, ggf. ist also ein Besuch in der Werkstatt erforderlich. Voraussetzung für die Überprüfung ist eine dichte Auspuffanlage und daß an der Lambdasonde Spannung anliegt (Sicherungen in Ordnung?).
- Motor warmfahren.
- CO-Tester anschließen.
- Motor starten und mindestens zwei Minuten im Leerlauf drehen lassen.
- Motor auf 2000/min hochdrehen.
- CO-Gehalt notieren.
- Am Drosselklappenstutzen den Unterdruck-

Dieses Diagramm gilt für den Kühlmittel-Temperaturgeber (»1« in der Abbildung links). Es zeigt, bei welcher Temperatur der Geber welchen Widerstandwert annehmen muß. Position »2« zeigt den Geber für Kühlmitteltemperatur und die Temperaturanzeige (siehe Kapitel »Instrumente und Geräte«).

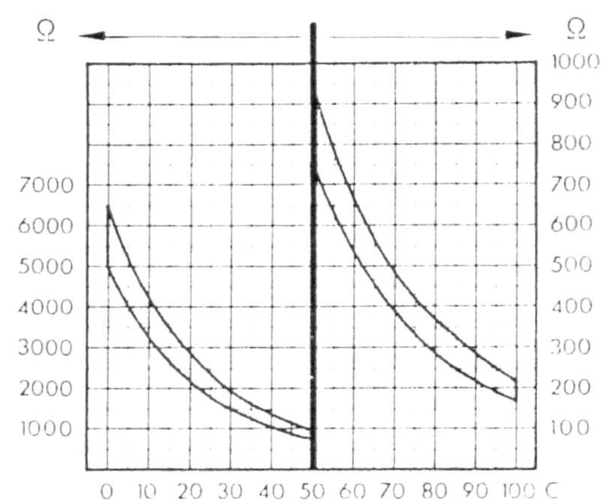

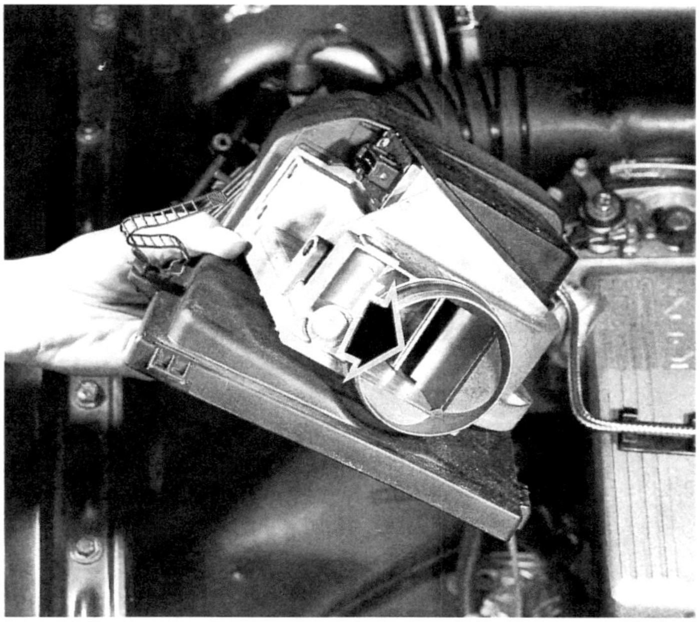

Die im Luftdurchlaß des Luftmengenmessers sichtbare Stauklappe (Pfeil) muß sich leicht bewegen lassen. Elektrisch geprüft wird der Luftmengenmesser an den Anschlußkontakten, die hier im Bild oben am Luftmengenmesser-Gehäuse sichtbar sind.

schlauch zum Druckregler abziehen und das Röhrchen mit dem Finger verschließen.

● Der CO-Gehalt muß kurzzeitig ansteigen und dann wieder auf den ursprünglich gemessenen Wert abfallen.

● Falls der CO-Wert keine Reaktion zeigt, Steckverbindung zur Lambdasonde trennen.

● Mit einem Kabel den Kontakt im Stecker (zum Steuergerät) abwechselnd mit dem Plus- und Minuspol der Batterie verbinden.

● Verändert sich bei dieser Prüfung nun der CO-Wert, ist die Lambdasonde defekt.

● Blieb der CO-Gehalt dagegen konstant, muß der Leitungsverlauf zum Steuergerät überprüft werden.

● War hier kein Fehler zu finden, ist das Steuergerät schadhaft.

Luftmengenmesser

● Kabelstecker am Luftmengenmesser abziehen.

● Die Numerierung der Kontaktzungen lautet bei der Draufsicht von rechts »1« nach links »4«.

● **Ansaugluft-Temperaturfühler:** An den Kontakten »1« und »4« prüfen, wie unter »Temperaturgeber prüfen« beschrieben.

● **Potentiometer:** Ohmmeter zwischen den mittleren Kontakten »2« und »3« anschließen.

● Stauklappe bewegen und dabei das Ohmmeter beobachten.

● Der Widerstand muß sich verändern.

● Ohmmeter zwischen den Kontakten »3« und »4« anschließen.

● Der Widerstand muß zwischen 0,5 und 1 kΩ liegen (konstanter Wert).

● Zeigen sich nicht die geforderten Meßwerte, muß der Luftmengenmesser ausgetauscht werden.

Leerlaufstabilisierung

● Zündung einschalten – das Ventil muß ein leises summendes Geräusch von sich geben. Außerdem können Sie fühlen, ob es leicht vibriert.

● Falls nicht, Sicherungen kontrollieren.

● Sind alle Sicherungen intakt, Stecker am Leerlauf-Stabilisierungsventil abziehen. Mit einer Dioden-

Links: Steckverbindungen an der hinteren Motorraumwand. Es bedeuten:
1 – Steckverbindung für Klopfsensor;
2 – Steckverbindung für Lambdasonden-Heizung;
3 – Steckverbindung für Lambdasonden-Signal.
Rechts: Das Kaltstartventil (Pfeil) sitzt gut zugänglich hinten rechts am Ansaugkrümmer.

Am Ventil für Leerlaufstabilisierung (Pfeil) wurde hier der Stecker abgezogen, um das Ventil bzw. die Zuleitung elektrisch durchzumessen (siehe Text).

prüflampe prüfen, ob am Kontakt der schwarz/blauen Leitung im Stecker Spannung anliegt (Zündung eingeschaltet). Dazu anderen Kontakt der Diodenprüflampe an Masse halten.

● Wenn ja, ist die Spannungsversorgung des Ventils in Ordnung. Also wird jetzt das Ventil selbst geprüft:

● Ohmmeter anschließen und Widerstand an den Steckkontakten des Ventils prüfen.

● Bei intaktem Ventil müssen Sie 2–10 Ω messen.

● Wird der Sollwert nicht erreicht, Ventil ersetzen.

● Bei richtigem Widerstand liegt der Fehler an einer Leitungsunterbrechung, oder das Digifant-Steuergerät ist schadhaft.

● Zum Prüfen der Regelung wird der Steuerstrom gemessen. Dazu verwendet die Werkstatt das Fehlerauslesegerät V.A.G 1551, eine behelfsmäßige Messung ist nicht sinnvoll.

Einspritzventile ausbauen

● Unterdruckleitung zum Bremskraftverstärker am Ansaugkrümmer abbauen.

● Leerlauf-Stabilisierungsventil mit Halter ausbauen.

● Haltebügel zwischen Ansaugkrümmer und Zylinderkopfdeckel abschrauben.

● Unterdruckleitung zum Kraftstoff-Druckregler abziehen.

● Vor- und Rücklaufleitung vom Kraftstoff-Verteilerrohr abziehen (Vorsicht! Restdruck).

● Stecker am Kabelkanal zu den Einspritzventilen sowie Stecker an den Einspritzventilen selbst abziehen.

● Kabelkanal der Leitungen zu den Einspritzventilen abschrauben.

● Beide Befestigungsschrauben des Kraftstoff-Verteilerrohrs herausschrauben.

● Kraftstoff-Verteilerrohr samt allen Einspritzventilen abziehen.

● Halteklammer abziehen und Ventil aus dem Verteilerrohr herausziehen.

● Beim **Einbau** beachten: Beschädigte Dichtringe, O-Ringe und Ventileinsätze (im Zylinderkopf) ersetzen.

● Alle Gummiteile vor dem Einbau mit Öl benetzen. Ventile zusammen mit dem Verteilerrohr einsetzen.

Leerlauf prüfen und Abgastest

Wartung Nr. 7

Einstellarbeiten fallen keine an bei der Digifant, denn diese Einspritzung ist »selbstlernend«. D.h. das Steuergerät korrigiert ggf. die Leerlaufdrehzahl. Nur in Zweifelsfällen wird eine sogenannte Grundeinstellung vorgenommen. Das geschieht nicht etwa durch Drehen an Einstellschrauben, sondern mit dem schon erwähnten Fehlerauslesegerät V.A.G 1551, nachdem zuerst der Fehlerspeicher abgefragt wurde. Für die Drehzahl bzw. der CO-Gehalt im Leerlauf gelten folgende Kontrollwerte (Prüfvoraussetzungen sind: Motor betriebswarm, alle elektrischen Verbraucher abgeschaltet und Zündzeitpunkt richtig eingestellt):

○ Leerlaufdrehzahl: **820 ± 50/min**, Abgas-CO-Gehalt: **0,6–1,0 Vol.%** (gemessen am CO-Entnahmerohr);
Werden diese Werte nicht erreicht, Unterdruckschläuche und Magnetventil der Kraftstoff-Verdunstungsanlage prüfen, Fehlerspeicher abfragen lassen.

<u>Fingerzeige:</u> Was Sie über die Abgassonderuntersuchung (ASU), die Katalysator-Funktionsprüfung, die Prüfung der Lambdasonde und den Gaszug wissen müssen, finden Sie im vorangegangenen Kapitel »Die Mono-Motronic-Einspritzung« beschrieben.

Das routinemäßige Prüfen von Katalysator und Lambdasonde erfolgt in der Werkstatt, wie auf Seite 85 für die Mono-Motronic beschrieben. Zur Fehlersuche wird die Lambdasonde nach der auf Seite 91 beschriebenen Methode geprüft.

Störungsbeistand

Digifant-Einspritzung

Die Störung	– ihre Ursache	– ihre Abhilfe
A Kalter Motor springt nicht oder schlecht an	1 Sicherung Nr. 17 oder eine der Thermosicherungen im schwarzen, braunen bzw. roten Halter (in der Elektronikbox) defekt	Auswechseln
	2 Spannungsversorgungs-Relais defekt	Überprüfen, ggf. austauschen
	3 Kraftstoffpumpe fördert nicht oder nicht genügend	Benzin im Tank? Pumpe kontrollieren, Fördermenge messen
	4 Kaltstartventil spritzt nicht ein oder undicht	Kaltstartventil prüfen
	5 Kraftstoff-Druckregler defekt	Druck messen lassen
	6 Kühlmittel-Temperaturgeber defekt	Prüfen
	7 Drosselklappen-Potentiometer defekt	Prüfen lassen
	8 Steuergerät defekt	Prüfen lassen
	9 Kabelstrang zwischen Hallgeber und Steuergerät defekt	Kabelverlauf kontrollieren
	10 Motor erhält Nebenluft	Sämtliche Schlauchleitungen überprüfen
B Warmer Motor springt nicht oder schlecht an	1 Unterdruckleitung zum Kraftstoff-Druckregler defekt	Leitung überprüfen
	2 Siehe A 2–10	
	3 Einspritzventile undicht	Ventile überprüfen
C Motor springt an, stirbt aber wieder ab	1 Leerlauf-Stabilisierungsventil arbeitet nicht	Ventil prüfen
	2 Siehe A 7	
	3 Siehe B 1	
	4 Lambdasonde defekt	Funktion prüfen, ggf. ersetzen
D Kalter Motor schüttelt im Leerlauf	1 Siehe A 6	
	2 Siehe C 1	
	3 Steuergerät für Automatikgetriebe und Drosselklappen-Potentiometer nicht aufeinander abgeglichen (nur nach Bauteiletausch)	Abgleich durchführen lassen
E Warmer Motor schüttelt im Leerlauf	Siehe C 1	
F Leerlauf sinkt beim Einschlagen der Lenkung ab	Siehe C 1	
G Motor hat Aussetzer	1 Kraftstoffilter verstopft	Filter austauschen
	2 Siehe A 3	
	3 Siehe B 3	
	4 Siehe C 4	
H Schwankende Drehzahl bei 2000–3000/min	Siehe A 7	
I Motor stottert, setzt aus	Siehe A 3	
J Motorleistung ungenügend	1 Siehe A 3, 7 und 10	
	2 Drosselklappen gehen nicht in Vollgasstellung	Gaszug einstellen
K Motor patscht ins Saugrohr	Siehe A 5	
L Kraftstoffverbrauch zu hoch	Siehe A 6 und 7	

Konstante Kraft

Mit Benzineinspritzung ausgerüstete Motoren saugen reine Luft an. Dazu dosiert die Einspritzung in einem feinen Strahl Kraftstoff für jeden Zylinder. Dies geschieht bei den hier behandelten **k**ontinuierlich und **e**lektronisch gesteuert, deshalb erhielt unsere Einspritzanlage die Bezeichnung **KE**-Jetronic bzw. -Motronic.

Das Prinzip

Die Urform dieser Einspritzung, die K-Jetronic arbeitet rein mechanisch nach dem Prinzip »viel angesaugte Luft – viel Kraftstoff«. Ergänzend sorgten einfache Zusatzeinrichtungen, wie Warmlaufregler und Kaltstartventil, für Anpassung in schwierigen Betriebssituationen. Eine Lambda-Regelung (für geregelten Kat) war bei der klassischen K-Jetronic ohne Zusatzeinrichtungen nicht möglich.
Dieser Umstand war mit der Hauptgrund für die Weiterentwicklung zur KE-Jetronic. Die Kernstücke der K-Jetronic sind geblieben, ergänzt um das elektronische Steuergerät und den sogenannten Drucksteller – ein elektrisch betätigtes Stellglied, das zusätzlichen Einfluß auf die Kraftstoffzumessung nimmt. Der Drucksteller ist hauptsächlich während des Warmlaufs aktiv, hat aber auch zentrale Funktion bei der Gemischanpassung über die Lambda-Regelung (geregelter Kat).

Verschiedene Versionen

○ Der bis 6/92 gebaute **85-kW-Vierzylinder** (Motorkennbuchstaben AAD) besitzt eine **KE-Motronic**, die zusätzlich zur Gemischaufbereitung auch noch die Zündungssteuerung in ihrem Steuergerät beherbergt. Womit sie ein komplettes Motor-Management darstellt.
○ Der **Fünfzylinder** ist mit einer **KE-Jetronic** der Version III ausgestattet. Hier haben wir es gewissermaßen mit einer Vorstufe zur Motronic zu tun, denn Einspritzung und Zündung haben getrennte Steuergeräte. Doch zwischen beiden Bereichen – der Vollelektronischen Zündung »VEZ« (behandelt im Kapitel »Die Zündanlage«) und der Einspritzung – findet ein Datenaustausch statt. Außerdem stammen die Informationen für Zündung und Einspritzung oft von denselben Gebern.
○ Beide KE-Einspritzungen besitzen übrigens Fehlerspeicher, die Störungen während des Fahrbetriebs abspeichern. Der Speicher kann zur Störungssuche abgerufen werden.

Die Teile der Einspritzung

Zum besseren Verständnis der Gesamtfunktion unserer Einspritzanlage sollen zuerst die wichtigsten Bauteile und Begriffe erklärt werden.

Drosselklappen

Im Ansaugrohr sitzen in einem Stutzen zwei Drosselklappen. Die kleinere dieser Klappen ist über den Gaszug mit dem Pedal im Innenraum verbunden. Sie dosiert bis in Halbgasstellung den Ansaugluftstrom in den Motor. Mit zunehmend durchgetretenem Gaspedal öffnet ein Gestänge die zweite, größere Klappe, bis bei Vollgas beide Drosselklappen vollständig geöffnet sind.

Gemischregler

Er ist das Hauptbestandteil der Einspritzung und besteht aus dem Luftmengenmesser und dem Kraftstoffmengenteiler. Das funktioniert so:
○ Die leichtgewichtige Blechscheibe des **Luftmengenmessers** sitzt mitten im Luftstrom, der vom Motor angesaugt wird. Diese Stauscheibe wird durch den Sog der Kolben beim Ansaugtakt angehoben, und zwar um so mehr, je mehr Luft von den Drosselklappen freigegeben wird. Über ein Hebelsystem wird die Auslenkung der Scheibe zum Kraftstoffmengenteiler übertragen.
○ Der **Kraftstoffmengenteiler** besteht im wesentlichen aus dem **Steuerkolben** und dem **Schlitzträger**. Für jeden Zylinder des Motors ist im Schlitzträger ein Schlitz vorhanden, durch den der Kraftstoff an das jeweilige Einspritzventil gelangt. Der Steuerkolben verschließt oder öffnet diese Schlitze mehr oder weniger und läßt so – je nach Stellung der Stauscheibe – eine entsprechende Kraftstoffmenge strömen.

Systemdruck

Von der Kraftstoffpumpe im Tank wird Kraftstoff unter Druck nach vorn zur Einspritzung gepumpt. Dort sitzt als erste Station der Systemdruckregler in einem separaten Gehäuse. Er mindert den Überdruck und läßt für das Kraftstoffsystem nur noch 6,1 bis 6,5 bar übrig. Dieser Druck – der Systemdruck – wirkt damit im Mengenteiler, in den Kraftstoffleitungen und den Einspritzventilen.

Drucksteller

Der Drucksteller ist zuständig für die Gemischzusammensetzung. Das funktioniert so:
Der Kraftstoffzufluß zu den Unterkammern (von denen aus die Gemischmenge beeinflußt werden kann) erfolgt über den Drucksteller. Läßt er viel Kraftstoff in die Unterkammern fließen, steigt der Unterkammerdruck. Folge: Die Membranen der sogenannten Differenzdruckventile wölben sich in Richtung der Ventilbohrungen – es kann weniger Kraftstoff zu den Einspritzventilen fließen. Umgekehrt funktioniert das natürlich genauso.
Das gewünschte Ergebnis ist erreicht: Die Kraftstoffmenge wurde im Verhältnis zur angesaugten Luft verändert – das Gemisch also angereichert bzw. abgemagert.
Seine Anweisungen bekommt der Drucksteller vom Steuergerät. Das geschieht abhängig von der Lambda-Regelung, der Motortemperatur und der Motorbelastung.
Der Drucksteller sitzt seitlich am Gemischregler. Seine Funktion ist ergänzend zur Grundfunktion des Gemischreglers zu sehen, die auch bei einem Ausfall der Elektronik erhalten bleibt.

Einspritzventile

Sie spritzen Benzin in den Saugkanal vor das Einlaßventil ihres betreffenden Zylinders, sobald der Kraftstoffdruck 3,7–4,8 bar (je nach Motor) überschreitet. Dabei öffnen sie bis zu 2000 Mal in der Sekunde (sie »schnarren«), wodurch das Benzin besonders fein zerstäubt wird.

Steuergerät

Das Steuergerät regelt über den Drucksteller die Gemischzusammensetzung für den Motor. Damit diese Regelung fundiert ist, erhält das Steuergerät Informationen über Motortemperatur, Drehzahl, Startvorgänge, Stauscheibenstellung und Drosselklappenstellung (Leerlauf bzw. Vollast). Dazu kommt das Signal von der Lambdasonde sowie zusätzliche Daten von der Zündung, vom Höhengeber (nur KE-III-Jetronic) und, falls eingebaut, vom Automatikgetriebe.
Untergebracht ist das Steuergerät in der Elektronik-Box im Beifahrer-Fußraum (siehe Kapitel »Die Karosserie-Elektrik«).

Steuerventil für Leerlaufstabilisierung

Funktion: Das Ventil öffnet einen Luftschlauch, der die Drosselklappen umgeht. Trick der Sache: Der Luftmengenmesser »glaubt« durch die Mehrmenge an Luft, man habe die Drosselklappe ein Stück geöffnet und sorgt deshalb für die zugehörige Mehrmenge an Kraftstoff. Gewünschte Folge: die Drehzahl steigt.
Wieviel Luft zusätzlich einströmen soll, regelt das KE-Motronic- bzw. KE-III-Jetronic-Steuergerät, und zwar in Abhängigkeit von der momentanen Leerlaufdrehzahl. Auf diese Weise ist die Elektronik bestrebt, die Motordrehzahl wieder auf den Sollwert zu bringen.

Kaltstartventil

Das ist ein elektromagnetisch betätigtes Einspritzventil, das je nach Motortemperatur beim Anlassen für kurze Zeit zusätzlichen Kraftstoff fein zerstäubt ins Ansaugrohr spritzt. Die Einspritzdauer bestimmt das KE-Motronic- bzw. KE-III-Jetronic-Steuergerät.

Drosselklappenschalter

Zwei Drosselklappenschalter sind im Audi 100 eingebaut. Sie signalisieren folgende Informationen:
○ Leerlauf; für Leerlaufregelung, Schubabschaltung, Vollelektronische Zündung etc.
○ Vollgas; für Vollastanreicherung und Zündung.

Schubabschaltung

Der schon erwähnte Drucksteller dreht die Kraftstoffzufuhr zu, wenn Schubbetrieb vorliegt. Wann das der Fall ist, erkennt das Steuergerät an den Informationen »Drehzahl größer als Leerlaufdrehzahl« und »Drosselklappe geschlossen«.

Links: Ein Blick auf den Gemischregler der KE-Motronic-Einspritzanlage beim Vierzylinder. Es bedeuten:
1 – Magnetventil für Aktivkohlebehälter;
2 – Stauscheiben-Potentiometer;
3 – Druckregler;
4 – Drucksteller;
5 – Mengenteiler.
Rechts: Die KE-III-Jetronic des Fünfzylindermotors:
1 – Druckregler;
2 – Stauscheiben-Potentiometer;
3 – Drucksteller;
4 – Mengenteiler;
5 – Luftansaugschlauch.

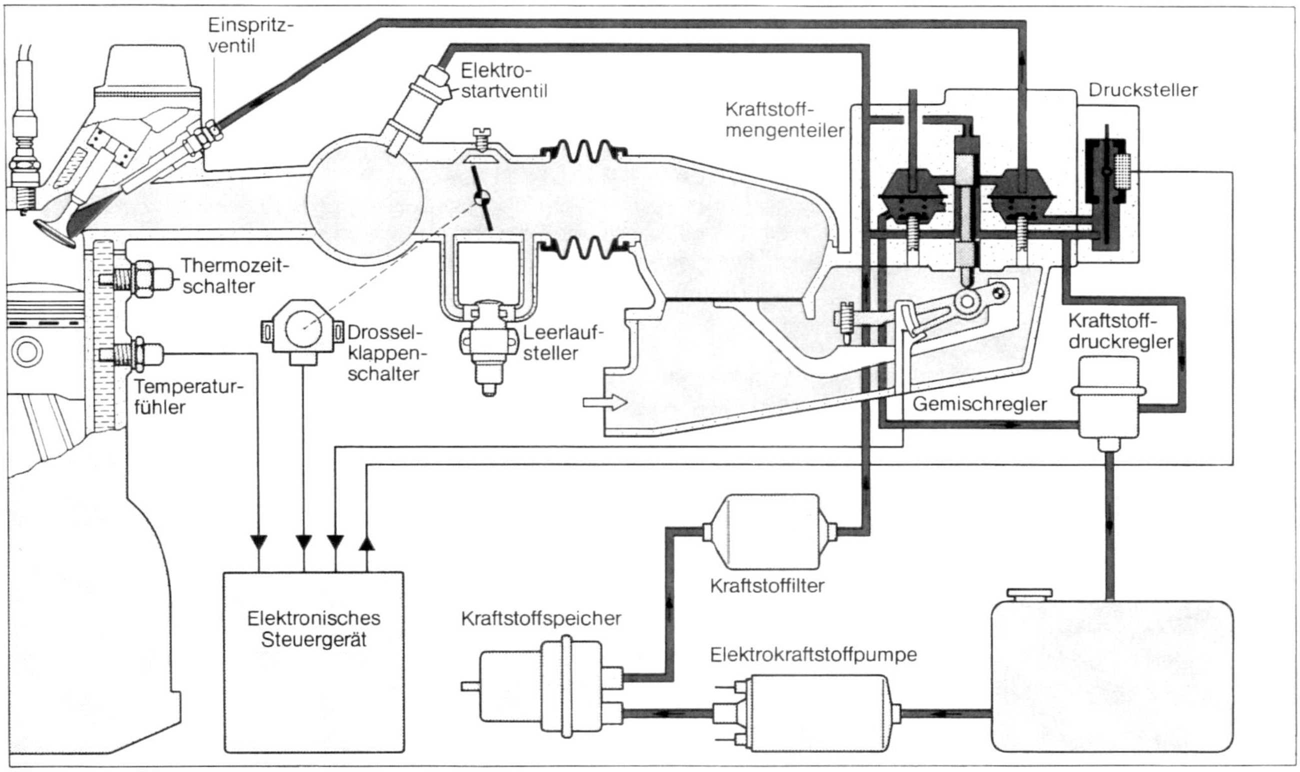

Funktionsschema der KE-III-Jetronic bzw. KE-Motronic. Rot dargestellt ist der Kraftstoff, die Ansaugluft ist rosafarben abgesetzt.

Die Funktion

Zusammenspiel der Bauteile

Start: Der Unterdruck der ansaugenden Motorkolben hebt die Stauscheibe an. Dadurch gibt der Steuerkolben den Kraftstoffzufluß zu den Einspritzventilen frei. Während der Anlasser betätigt wird, spritzt gleichzeitig das Kaltstartventil zusätzlichen Kraftstoff ins Ansaugsystem – vorausgesetzt der Motor ist noch kalt. Nur in diesem Zustand läßt das Steuergerät das Einspritzen zu. Auch richtet sich die maximale Einspritzzeit nach der Temperatur.
Warmlauf: Damit der Motor in den ersten Minuten nach dem Start rund läuft, öffnet das Steuerventil für Leerlaufstabilisierung einen Kanal, der unter Umgehung der Drosselklappe eine zusätzliche Menge an Ansaugluft einströmen läßt.
Zusätzlich läßt der Drucksteller mehr Kraftstoff durch die Einspritzventile fließen. Mehr Luft und Kraftstoff ermöglichen eine erhöhte Warmlaufdrehzahl mit fetterem Gemisch.
Mit zunehmender Erwärmung schließt das Steuerventil die Luftzufuhr mehr und mehr. Parallel dazu gleicht sich die Kraftstoffzufuhr mehr und mehr den Normalmengen an, der Drucksteller reduziert die Einspritzmenge.
Leerlauf: Für gleichmäßige Leerlaufdrehzahl und weiche Gasannahme in niedrigen Drehzahlen gelangt um jedes Einspritzventil Luft in den Brennraum. Das bewirkt eine feinere Zerstäubung des Kraftstoffes. Die Luft strömt über einen Anschlußstutzen im Zylinderkopf und einen speziellen Luftkanal zu den Einspritzventilen.
Das Steuerventil für Leerlaufstabilisierung läßt unter Umgehung der Drosselklappe mehr Ansaugluft einströmen, wenn die Drehzahl unter den Sollwert fällt.
Normalbetrieb und Beschleunigen erfordern keinerlei besondere Einrichtungen. Die Stauscheibe im Luftmengenmesser wird je nach angesaugter Luftmenge angehoben oder abgesenkt. Entsprechend ist der Kraftstoffzulauf zu den Einspritzventilen: Viel Luft – viel Kraftstoff, wenig Luft – wenig Kraftstoff. Ganz automatisch stellt sich immer das richtige, verbrennungsgünstigste Verhältnis ein.
Vollast: Der Drosselklappenschalter signalisiert dem Steuergerät bei voll durchgetretenem Gaspedal, daß jetzt die maximale Motorleistung gefordert wird. Damit erhält der Drucksteller den Befehl, etwas mehr Kraftstoff, als für die Normalmengen erforderlich ist, zu den Einspritzventilen fließen zu lassen.
Schubabschaltung: Die Schubabschaltung schaltet die Kraftstoffzufuhr ab, wenn der Wagen ohne Gas bergab fährt.

Lambda-Regelung

Der Katalysator kann nur dann richtig arbeiten, wenn die Luftzahl λ (Lambda) dem Wert 1 möglichst nahekommt, was einem Kraftstoff/Luft-Verhältnis von 1:14,7 entspricht. Damit dies der Fall sein kann, ist unsere Einspritzung mit einer sogenannten Lambda-Regelung versehen.
Dabei mißt die Lambdasonde den Sauerstoffgehalt im Abgas – eine Vergleichsgröße für die Zusammensetzung des Kraftstoff-/Luft-Gemisches. Weicht die Messung vom Idealwert ab, »beauftragt« das Steuergerät

den Drucksteller im Gemischregler mit der sofortigen Änderung der Gemischzusammensetzung. Die Regelung arbeitet im Bereich von $\lambda = 0{,}8$ bis $\lambda = 1{,}2$ (die Schwankung ist gewollt).
Die Lambdasonde gibt erst bei Temperaturen über 350°C ein verwertbares Signal ab, weshalb sie zusätzlich zur Abgaswärme elektrisch beheizt ist. Bis es soweit ist, bleibt die Anlage ungeregelt und richtet sich nach einem vorgegebenen mittleren λ-Wert. Der gleiche Fall besteht, wenn die Vollast-Anreicherung aktiviert ist.

Störungen und Eigendiagnose

Die Steuergeräte beider Einspritzungen können Fehler, die während des Motorbetriebs auftreten, erkennen und speichern. Mit dem Fehlerauslesegerät V.A.G 1551 kann der Fehlercode ausgelesen werden. Es können auch mehrere Fehler gespeichert sein. Die werden dann nacheinander durch unterschiedliche Codes angezeigt.
Das Steuergerät der KE-III-Jetronic ist mit dem Steuergerät der Vollelektronischen Zündung in der Funktion eng verknüpft. So kommt es auch, daß zuerst der Fehlerspeicher der VEZ abgefragt werden muß, bevor der Speicher der Einspritzung seine Fehlersammlung anzeigt.

Selbsthilfe

Viele Prüfungen an der Einspritzung sind dem Selbsthelfer in Ermangelung der nötigen Prüfgeräte leider unmöglich gemacht. Dennoch bleibt noch ein gewisses Betätigungsfeld.

Vorgehensweise

Das Steuergerät kann mit Heimwerkermitteln nicht kontrolliert werden. In der Praxis ist hier auch nur sehr selten mit Fehlern zu rechnen. Geber, Schalter und Kabelverbindungen geben ungleich häufiger Anlaß zu Beanstandungen. Damit bietet sich bei einem Defekt folgende Vorgehensweise an:

- Sicherung Nr. 17 sowie die Thermosicherungen im braunen, schwarzen und roten Halter (in der Elektronikbox) prüfen.
- Sicherstellen, daß die Zündung in Ordnung ist.
- Kraftstoffversorgung prüfen.
- Sichtprüfung an den Teilen der Einspritzanlage durchführen (siehe folgenden Abschnitt).
- Wurde durch genannte Prüfungen kein Fehler gefunden, Störungsbeistand am Kapitel-Ende studieren. Oder in der Werkstatt den Fehlerspeicher abrufen lassen. Auf diese Weise die mögliche Fehlerquelle ermitteln, verdächtiges Bauteil nach Prüfanleitung kontrollieren.

Sichtprüfung

- Zuerst Luftschläuche auf Dichtheit prüfen! Alle Schläuche – vom dicken Ansaugluftschlauch bis zu den dünnen Unterdruckschläuchen – müssen geprüft werden.
- Sind die Dichtungen unter dem Kaltstartventil und an den Einspritzventilen in Ordnung; ebenso die Flanschdichtungen der Ansaugkanäle?
- Undichtigkeiten lassen »Nebenluft« ins Ansaugsystem eindringen – Luft also, die der Luftmengenmesser nicht erfassen kann und die deshalb die Gemischaufbereitung empfindlich stört. Das Gemisch magert unkontrolliert ab, Motorlaufstörungen und ungleichmäßiger oder »holpriger« Leerlauf sind die Folgen.
- Sind an den Kraftstoffleitungen Undichtigkeiten zu erkennen?
- Wurden Kabelstecker am Motor mehrfach auseinandergezogen und wieder verbunden? Korrosion oder ungeschicktes Reißen kann mangelnden Kontakt zur Folge haben.
- Sehen Sie sich die Stecker an den einzelnen Bauteilen der Einspritzung genau an. Nicht an den Zungen biegen, sondern nur Kontaktspray verwenden.

Prüfen der Bauteile

Die folgenden Abschnitte beschreiben Prüfungen an den Komponenten der Einspritzanlage, soweit sie mit Heimwerkermitteln möglich sind.

Fingerzeig: Bei allen Arbeiten an der Einspritzung sollten Sie daran denken, daß das Kraftstoffsystem auch lange Zeit nach dem Abschalten des Motors noch unter hohem Druck steht. Deshalb immer einen Lappen bereithalten, wenn Leitungen gelöst werden, damit kein Benzin in die Augen spritzen kann.

Störungssuche an den Bauteilen

In den folgenden Abschnitten sind wir auf jene Möglichkeiten der Fehlersuche eingegangen, zu denen der Heimwerker keine besonderen Werkzeuge oder Meßgeräte benötigt. Haben Sie nach unserem Störungsbei-

Links: Steckverbindungen an der hinteren Motorraumwand beim Vierzylinder. Es bedeuten:
1 – Steckverbindung zum Klopfsensor;
2 – Steckverbindung für Lambdasonden-Heizung;
3 – Steckverbindung für Lambdasonden-Signal.
Rechts: Beim Fünfzylinder sitzen die Steckverbindungen zur Lambdasonde links am Zylinderkopf. Es bedeuten:
1 – Steckverbindung für Lambdasonden-Heizung;
2 – Steckverbindung für Lambdasonden-Signal.

stand am Kapitel-Ende oder durch die Fehlerspeicherabfrage ein bestimmtes Bauteil im Verdacht, können Sie hier die Prüfanleitung nachlesen.

Fingerzeig: Die Stromlaufpläne zur Motorelektrik finden Sie im gleichnamigen Kapitel weiter hinten.

Einspritzventile prüfen

- Zündung lahmlegen, wie im Kapitel »Die Zündanlage« beschrieben.
- Zur Überprüfung, ob die Einspritzung überhaupt Benzin erhält, die Verschraubung an der Kraftstoff-Zulaufleitung lösen.
- Lappen bereithalten, denn meist spritzt Kraftstoff heraus. Wenn nicht, von Helfer den Anlasser betätigen lassen.
- Tritt Kraftstoff aus, ist der Nachschub in Ordnung – also wird als nächstes das Ventil selbst kontrolliert.
- Einspritzventil ausbauen, siehe weiter hinten im Kapitel. Dazu muß zuerst das Ansaugkrümmer-Oberteil abgebaut werden.
- Gefäß oder Lappen für den austretenden Kraftstoff bereithalten.
- Großen Luftschlauch zwischen Gemischregler und Drosselklappenstutzen abbauen, damit die Stauscheibe zugänglich ist.
- Sicherung 17 im Sicherungskasten abziehen (Kapitel »Die Karosserie-Elektrik«).
- Hilfskabel von Batterie-+ an den in Fahrtrichtung hinteren Kontakt des Sicherungshalters anschließen. Die Kraftstoffpumpe läuft jetzt.
- Stauscheibe im Mengenteiler von Hand ein wenig anheben. Das Ventil muß jetzt kegelförmig abspritzen. Falls nicht:
- Stauscheibe versuchsweise einmal bis zum Anschlag hochheben. Prüfung wiederholen.
- Auf die gleiche Weise läßt sich die Einspritzmengentoleranz zwischen den einzelnen Zylindern messen. Allerdings nur behelfsmäßig.
- Alle Einspritzventile in vier bzw. fünf Meßgläschen halten, dabei die Einspritzleitungen nicht knicken.
- Stauscheibe ein wenig (ca. 2 cm) anheben.
- Die erwähnte Drahtbrücke von einem Helfer so lange einstecken lassen, bis im ersten Gläschen 20 cm^3 (ml) Kraftstoff schwappen.
- Einspritzmengen vergleichen: Die Abweichungen untereinander sollen nicht mehr als 2,5 cm^3 betragen.

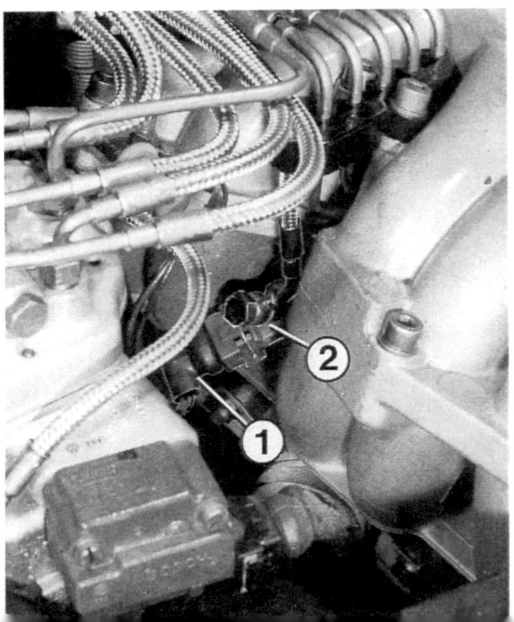

Links: Das Kaltstartventil (2) mit Anschlußstecker (1) beim Fünfzylinder.
Rechts: Das Kaltstartventil (Pfeil) beim Vierzylinder.

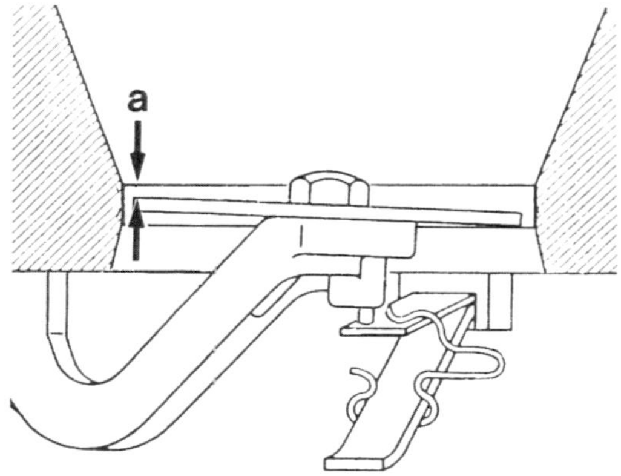

Im Bild links sehen Sie den Gemischregler mit Stauscheibe (4), den Lufttrichter (3) und das Luftsieb (2) bei abgenommenem Ansaugluftschlauch (1).
Die Zeichnung zeigt die richtige Stellung der Stauscheibe im Lufttrichter. Sie muß genau »a« = 1,9 mm unter der Oberkante des schmalen zylindrischen Teils im Lufttrichter stehen. Ggf. durch leichtes Verbiegen der Feder (hier in der Zeichnung als »Schlangenlinie« dargestellt) korrigieren. Achtung: Neuere Luftmengenmesser besitzen statt der Feder eine Einstellschraube. Dann wird die Lage der Stauscheibe an besagter Schraube justiert.

● Bei größeren Abweichungen die Ventile mit dem höchsten und dem niedrigsten Wert gegeneinander austauschen. Messung wiederholen.
● Sind die Abweichungen mit den Ventilen »gewandert«, ist das Einspritzventil mit der entsprechenden Abweichung austauschreif.
● Haben Sie an den betreffenden Zylindern die gleichen Meßergebnisse wie zuvor, ist die Leitung zum Ventil möglicherweise verengt oder der Mengenteiler defekt.
● Dichtheitsprüfung an den Ventilen: Wird die Kraftstoffpumpe nach zweiminütiger Laufzeit mit angehobener Stauscheibe abgeschaltet (Drahtbrücke herausnehmen), dürfen die Ventile nicht nachtropfen.

Kaltstartventil prüfen

● Zündung lahmlegen, wie im Kapitel »Die Zündanlage« beschrieben.
● Kaltstartventil abschrauben, Kabelstecker abziehen, die Kraftstoffleitung bleibt angeschlossen.
● Anlasser kurz betätigen, damit die Kraftstoffpumpe Druck aufbaut.
● Ventil in ein Gefäß halten, zwei Hilfskabel an den Anschlußkontakten des Ventils anschließen.
● Freie Enden der Kabel mit den Polen der Batterie verbinden – eines mit »+«, eines mit »–«.
● Das Ventil muß kegelförmig Benzin abspritzen.
● Dichtheitsprüfung: Hilfskabel abnehmen.
● Nochmals den Anlasser kurz betätigen, damit die Kraftstoffpumpe Druck aufbaut.
● Ventil sauber abtrocknen. Innerhalb von einer Minute darf kein Benzin nachtropfen.

Kraftstoff-Mengenteiler prüfen

● Motor kurz laufen lassen oder Anlasser betätigen, damit der volle Kraftstoffdruck aufgebaut wird.
● Luftfilterdeckel und -einsatz ausbauen.
● Großen Luftschlauch zwischen Gemischregler und Drosselklappenstutzen ausbauen.
● Die jetzt sichtbare Stauscheibe ganz nach oben ziehen. Das muß über den gesamten Weg mit gleichem Widerstand möglich sein.
● Bei schnellem Abwärtsdrücken der Stauscheibe darf kein Widerstand spürbar sein. Falls doch, muß der Luftmengenmesser ersetzt werden.
● Läßt sich die Stauscheibe nur schwer nach oben, aber leicht nach unten bewegen, hängt der Steuerkolben im Mengenteiler. Kraftstoffmengenteiler ersetzen.

Das Steuerventil für Leerlaufstabilisierung (Pfeil) sitzt beim Vierzylindermotor hinten auf dem Zylinderkopfdeckel (Bild links), beim Fünfzylinder sitzt es rechts vorn am Zylinderkopf (rechte Abbildung).

Luftmengenmesser prüfen

- Motor warmfahren bzw. warmen Motor vor der Prüfung ca. 10 Sekunden laufen lassen.
- Luftansaugschlauch zwischen Gemischregler und Drosselklappenstutzen nach Lösen der Spannbänder abnehmen.
- Stauscheibe kontrollieren: Sie muß an der den Einspritzleitungen zugewandten Seite 1,9 mm unter der Oberkante des schmalen zylindrischen Teils im Lufttrichter stehen, höchstens jedoch 3 mm tiefer (siehe Zeichnung gegenüber).
- Steht die Scheibe falsch, kann sie hochgezogen und durch Verbiegen des Haltedrahtbügels unten im Schacht des Luftmengenmessers in der Stellung korrigiert werden. Keinesfalls die Blattfeder verbiegen! Bei der neueren Version die Stauscheiben-Einstellung an der Einstellschraube korrigieren.
- Prüfen Sie nun, ob die Stauscheibe an der Wandung streift.
- Wenn ja, die zentrale Befestigungsschraube lösen und die Scheibe neu zentrieren.
- Nach dieser Einstellung müssen Leerlaufdrehzahl und CO-Gehalt überprüft werden.

Leerlaufstabilisierung prüfen

- Zündung einschalten, Steuerventil mit der Hand berühren: Die Arbeitsschwingungen des Ventils müssen zu spüren sein, sonst ist das Steuerventil oder das Einspritzungs-Steuergerät defekt.
- Steuerventil prüfen: Stecker abziehen. Mit Ohmmeter zwischen den Steckkontakten des Steuerventils messen: Es muß ein geringer Widerstand angezeigt werden. ∞ Ω bedeutet Wicklungsunterbrechung – Steuerventil defekt.
- War das Steuerventil in Ordnung, bleibt als Fehlerquelle nur noch eine Kabelunterbrechung oder ein defektes Steuergerät. Prüfen bzw. ersetzen.
- Leuchtdioden-Spannungsprüfer an den beiden Polen des losen Kabelsteckers anschließen.
- Zündung einschalten.
- Der Spannungsprüfer muß aufleuchten, dann ist die Spannungszufuhr vom Einspritzungs-Steuergerät her in Ordnung.

Drosselklappenschalter prüfen
Fahrzeuge mit Schaltgetriebe

Die Meßkabel des Ohmmeters können nicht direkt am Schalter, von denen einer unterhalb des Drosselklappenstutzens sitzt, angeschlossen zu werden. Man trennt lediglich die von oben erreichbare Steckverbindung. Gemessen wird in der Leitung zum Schalter:

- **Leerlaufschalter:** Ohmmeter an Kontakt »1« und »2« des Steckers anschließen.
- Drosselklappe in Leerlaufstellung: Es werden 0 Ω angezeigt. Drosselklappe leicht öffnen: Die Anzeige muß auf ∞ Ω springen.
- **Vollastschalter:** Ohmmeter an Kontakt »2« und »3« des Steckers anschließen.
- Drosselklappe in Vollgasstellung: Es werden 0 Ω angezeigt. Drosselklappe leicht schließen: Die Anzeige muß auf ∞ Ω springen.

Drosselklappen-Potentiometer prüfen
Fünfzylinder mit Automatikgetriebe

- Dreipoligen Stecker am Drosselklappen-Potentiometer abziehen.
- Zum Prüfen einen Ohmmeter an die Kontakte »1« und »2« anschließen:
- Es müssen 1,5–2,6 kΩ angezeigt werden.
- Ohmmeter jetzt an die Kontakte »2« und »3« anschließen:
- Es werden 0,75–1,3 kΩ angezeigt.
- Drosselklappe langsam öffnen, Ohmmeter angeschlossen lassen.
- Der Widerstand muß auf maximal 3,6 kΩ ansteigen.

Fingerzeig: Der Drosselklappen-Potentiometer kann eingestellt werden. Allerdings zieht das eine neue »Grundeinstellung« des automatischen Getriebes nach sich – Werkstattsache.

Links: Der Drosselklappenstutzen des Vierzylinders bei abgenommenem Ansaugluftschlauch. Es bedeuten:
1 – Kurvenscheibe des Gaszugs;
2 – Drosselklappen;
3 – Drosselklappenschalter.
Rechts: Die Steckverbindung des Drosselklappenschalters ist beim Vierzylinder auf der linken Seite des Ansaugkanals angeordnet (Pfeil).

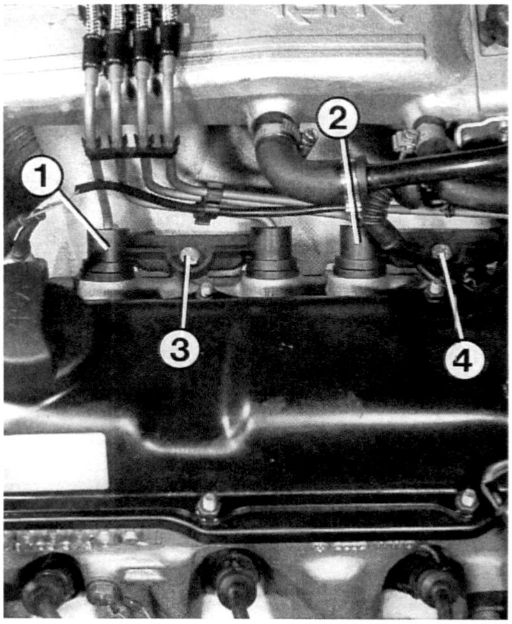

Links: Bei abgenommenem Luftansaugschlauch sind hier beim Fünfzylinder im Drosselklappenstutzen die beiden Drosselklappen (3 und 4) sichtbar. Oben auf dem Stutzen befindet sich das Betätigungsgestänge (2), das zunächst die eine und bei weiterem Durchtreten des Gaspedals die zweite Drosselklappe öffnet. Position »1« zeigt den Leerlaufschalter.
Rechts: Zum Ausbau der Einspritzventile (hier beim Vierzylinder) Halteschrauben (3 und 4) losdrehen, Halter »1« und »2« abnehmen, Einspritzventile herausziehen.

Motor-Temperaturgeber prüfen

Der Fünfzylinder mit KE-III-Jetronic besitzt einen Doppel-Temperaturgeber für die Einspritzung und die Vollelektronische Zündanlage. Gemessen wird bei diesem Geber von jedem der beiden Kontakte zu Masse (Motorblock). Beim Vierzylinder wird dagegen zwischen den beiden Kontakten des Gebers gemessen.

● **Vierzylinder:** Ohmmeter an beiden Steckkontakten des Temperaturgebers anschließen.

● **Fünfzylinder:** Ohmmeter an einem der beiden Kontakte und an Masse (blankes Motorblock-Metall) anschließen.

● **Alle:** Der gemessene Widerstand ist abhängig von der Temperatur.

● Ob der Geber die richtigen Widerstandswerte liefert, entnehmen Sie dem Diagramm unten.

Lambda-Regelung prüfen
Vierzylinder

● **Spannungszufuhr prüfen:** Steckverbindung für Lambdasonden-Heizung trennen.

● Am Kabel zum Steuergerät Voltmeter an beiden Steckerkontakten anschließen.

● Motor starten: Wird Batteriespannung angezeigt, ist die Spannungszufuhr in Ordnung. Wenn nicht, Zuleitung prüfen.

● **Sondenheizung prüfen:** Ohmmeter am Kabel zur Sonde an beiden Steckerkontakten anschließen.

● Sollwert bei intakter Heizung: **3–15** Ω. Anderer Anzeigewert: Lambdasonde ersetzen.

● **Sonde** (Signalseite) **prüfen:** Signalleitung trennen, Voltmeter zwischen Leitung zum Steuergerät und Masse anklemmen.

● Zündung einschalten. Sollwert **400–700 mV**.

● Anderer Anzeigewert: Zuleitung prüfen.

● Zum Prüfen der Sonde Ohmmeter zwischen Motormasse und Signalleitung der Sonde schalten.

● Sollwert ∞ Ω. Anderer Wert: Sonde defekt.

Lambda-Regelung prüfen
Fünfzylinder

Ob die Lambda-Regelung funktioniert, kann zwar relativ leicht geprüft werden, doch bedarf es dazu eines Adapterkabels und eines Ampere-Meßgeräts, wie es Hobby-Elektroniker besitzen. Oder es wird mit dem CO-Meßgerät geprüft. Hier die Beschreibung für die elektrische Prüfung:

● Die Prüfung muß bei warmem Motor erfolgen.

● Stecker am Drucksteller abziehen, selbstgebastelten Meßadapter aus zwei passenden Steckern und einem Kabelstück zwischen Leitung und Drucksteller einstecken.

● Eine der Adapterleitungen auftrennen und zum Meßgerät (Milliampere-Meßbereich) führen.

● Motor starten und im Leerlauf drehen lassen.

● Abgelesenen Meßwert notieren.

● Ölmeßstab herausziehen.

● Der Steuerstrom muß ansteigen.

● Ist das nicht der Fall, ist ein Teil der Lambda-Regelung defekt.

● In diesem Fall versuchshalber die Steckverbin-

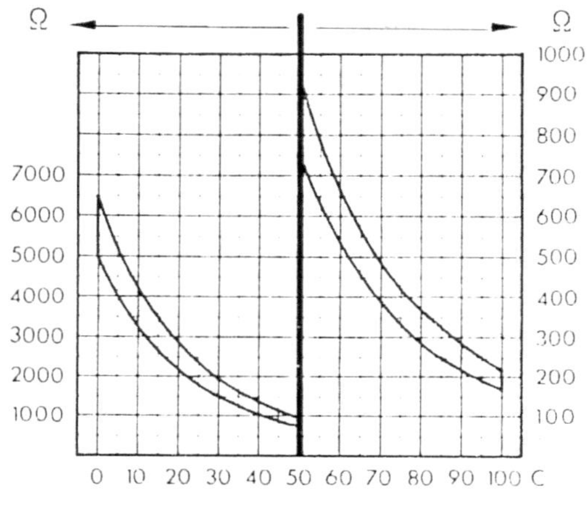

Das Diagramm zeigt, bei welcher Temperatur der Kühlmittel-Temperaturgeber der Einspritzung (siehe dazu Bilder auf der gegenüberliegenden Seite) welchen Widerstandswert anzeigen muß.

dung zur Lambdasonde trennen und das grüne Kabel zum Steuergerät ca. 20 Sekunden an Masse halten.

● Verändert sich jetzt der Steuerstrom, ist das KE-III-Jetronic-Steuergerät in Ordnung, die Lambdasonde aber defekt – ersetzen.

● Verändert sich nichts, ist das KE-III-Steuergerät defekt.

Fingerzeig: Grundvoraussetzung für eine funktionierende Lambda-Regelung ist die richtige Leerlauf-Grundeinstellung, d.h. der CO-Gehalt muß stimmen, sonst liegt die Regelung stets an einem Ende des Regelbereiches. Gleiches gilt, wenn das Gemisch durch Nebenluft stark abgemagert ist.

Einzelteile ausbauen

Bei vielen Einzelteilen der Einspritzung bedarf es keiner zusätzlichen Ausbaubeschreibung. Wo erklärende Worte nötig sind, lesen Sie in den folgenden Abschnitten.

Einspritzventile ausbauen

● Fünfzylinder: Oberteil des Sammelsaugrohrs abbauen.

● Alle: Halter für Einspritzventile losschrauben.

● Einspritzventil samt Einsatz mit einer Zange herausziehen.

● Die Kraftstoffleitung bleibt angeschlossen, damit kein Schmutz ins Ventil gelangt.

● Zum Einbau müssen die Gummi-Dichtringe am Ventil sowie am Einsatz mit Benzin bestrichen werden, um ein leichtes Einschieben in den Dichtsitz zu garantieren.

● Wird das Ventil »trocken« eingesetzt, besteht die Gefahr, daß ein Gummiring gequetscht wird und nicht einwandfrei abdichtet. Das gibt dann Störungen im Fahrverhalten durch Nebenluft, z.B. unrunden Leerlauf.

● Beschädigte bzw. spröde Dichtringe unbedingt ersetzen.

● Schrauben für Halter der Ventile mit 10 Nm anziehen.

Luftansaugschlauch ausbauen

Der dicke Luftschlauch zwischen Gemischregler und Drosselklappenstutzen muß zu verschiedenen Arbeiten an der Einspritzanlage zumindest teilweise ausgebaut werden:

● Schlauchschellen an Gemischregler und Drosselklappenstutzen lösen.

● Schlauchschellen der übrigen Luftschläuche am Luftansaugschlauch lösen. Als da wären: Schlauch zum Steuerventil der Leerlaufstabilisierung, zum Luftkanal der Einspritzventile u.s.w. (je nach Motor verschieden).

● Schläuche abziehen.

● Luftansaugschlauch abnehmen.

● Beim Einbau das Sieb über dem Gemischregler mit der Wölbung nach oben einsetzen. Markierung »oben« beachten.

Sammelsaugrohr-Oberteil ausbauen
Fünfzylinder

● Luftansaugschlauch ausbauen.

● Gaszug aushängen und aus dem Widerlager nehmen.

● Stecker für Drosselklappenschalter ausstecken.

● Luftschläuche abnehmen.

● Innen-Flanschbefestigungsschrauben lösen.

● Sammelsaugrohr abnehmen.

● Beim Einbau unbedingt neue Flanschdichtungen verwenden (Nebenluft).

● Flansch-Befestigungsschrauben in zwei Durchgängen auf Endwert 20 Nm festziehen.

**Links: Beim Vierzylinder sitzen der Temperaturgeber der Einspritzung (1) und der Temperaturgeber (2) für die Kühlmittel-Temperaturanzeige und die Kühlmittelwarnleuchte oben im Schlauchstutzen am Zylinderkopf.
Rechts: Beim Fünfzylinder sitzt der Temperaturgeber der Einspritzung (2) unten im Schlauchstutzen, während der elektronische Temperaturgeber (1; mehr darüber im Kapitel »Instrumente und Geräte«) von oben in den Kühlmittelstutzen eingeschraubt ist.**

Der Gaszug (3) des Vierzylinders ist mit den beiden Halteklammern (1 und 2) an der Kurvenscheibe des Drosselklappenhebels befestigt. Die Gaszugeinstellung wird mit der Stecksicherung (4) vorgenommen.

Beim Fünfzylinder besteht die gleiche Anordnung für den Gaszug. Es bedeuten: 1 und 2 – Halteklammern; 3 – Gaszug; 4 – Widerlager mit Stecksicherung; 5 – Gaszughülle.

Leerlauf prüfen und Abgastest

Wartung Nr. 7

Unser Audi besitzt eine automatische Leerlaufdrehzahlregelung. Eine Einstellschraube ist gar nicht mehr vorhanden – womit also auch nicht eingestellt werden kann. Stimmt die Leerlaufdrehzahl nicht, wird sie lediglich geprüft. Unter den (nachfolgend aufgeführten) richtigen Prüfbedingungen muß sich ein Drehzahlwert von **750–950/min** (Vierzylinder) bzw. **720–860/min** (Fünfzylinder) einstellen. Wenn nicht:

○ Alle Teile des Ansaugsystems (Schläuche, Dichtungen) auf Undichtigkeit prüfen. Eindringende Nebenluft kann die Leerlaufdrehzahl so stark verändern, daß sie auch vom Steuerventil der Leerlaufdrehzahl-Stabilisierung nicht mehr ausgeglichen werden kann.

○ Fehlerspeicher in der Werkstatt auslesen lassen. Vielleicht liegt ein anderer Fehler im System vor.

Prüfvoraussetzungen

○ Voraussetzung für die Prüfung der Leerlaufdrehzahl ist eine richtig eingestellte Zündung, ein betriebswarmer Motor sowie eine intakte Einspritz- und Zündanlage.

○ Ferner werden alle Stromverbraucher im Wagen abgeschaltet.

○ Der elektrische Kühlerventilator des Vierzylindermotors darf nicht laufen.

○ Kurbelgehäuse-Entlüftungsschlauch (beim Fünfzylindermotor unterhalb des Verteilers) abziehen, Schlauch zum Ansaugrohr verstopfen (es paßt der Verschlußstopfen des CO-Entnahmerohrs).

○ Ölmeßstab herausziehen und Lappen über das Einsteckrohr legen.

○ Schlauch vom Drosselklappenstutzen zum Ventil der Kraftstoff-Verdunstungsanlage oben auf dem dicken Ansaugluftschlauch mit einer Schlauchklemme oder Zange dicht abklemmen.

Abgastest

Für den Heimwerker ist der Abgastest mittlerweile kaum mehr von Interesse, da diese Arbeit zwangsläufig bei der ASU geschieht und außerdem ein Abgas-Meßgerät meist nicht zur Verfügung steht.

In der Werkstatt wird zusätzlich der Steuerstrom zum Drucksteller gemessen, denn auch der Drucksteller muß – wie das Leerlauf-Stabilisierungsventil – in Grundstellung in der Mitte des Regelbereiches sein. Ist das trotz richtigem CO-Wert nicht der Fall, liegt ein Fehler an der Einspritzanlage vor (meist eine Undichtigkeit, wie schon erwähnt).

Geprüft wird zu denselben Meßbedingungen wie beim Einstellen des Leerlaufs.

● Abgasmeßgerät am CO-Meßrohr vorn im Motorraum anschließen. Auf dichtes Abschließen achten.

● Steckverbindung zur Lambdasonde trennen.

● Motor starten und im Leerlauf drehen lassen.

● Es müssen **0,2–1,2 Vol.% CO** (Vierzylinder) bzw. **0,1–1,1 Vol.% CO** (Fünfzylinder) abzulesen sein.

● Ggf. an der CO-Einstellschraube nachstellen.

● Den Stopfen über der CO-Einstellschraube entfernt man so: Loch mit 2,5 mm Durchmesser in den Stopfen bohren. 3-mm-Blechschraube hineindrehen und Stopfen mit der Zange herausziehen.

● **Wichtig:** Während der Einstellschlüssel auf der CO-Einstellschraube angesetzt ist, darf keinesfalls Gas gegeben werden. Schlüssel immer herausnehmen.

● Nach jedem Einstellvorgang kurz Gas geben, ehe der CO-Wert abgelesen wird.

Fingerzeig: **Was Sie über die Abgassonderuntersuchung (ASU), die Katalysator-Funktionsprüfung, Lambdasonden-Prüfung und den Gaszug wissen müssen, finden Sie im Kapitel »Die Mono-Motronic-Einspritzung« beschrieben. Die Störungssuche der Lambda-Regelung steht auf Seite 102.**

Störungsbeistand

Die Störung	– ihre Ursache	– ihre Abhilfe
A Kalter Motor springt nicht an	1 Sicherung Nr. 17 oder eine der Thermosicherungen im schwarzen, braunen bzw. roten Halter (in der Elektronikbox) defekt	Auswechseln
	2 Drucksteller regelt den Druck zu den Steuerschlitzen nicht oder falsch	Drucksteller und Steuergerät prüfen lassen
	3 Steuerventil für Leerlaufstabilisierung defekt	Prüfen
	4 Kaltstartventil spritzt nicht ein	Kaltstartventil prüfen
	5 Kaltstartventil undicht, Dichtung defekt	Dichtheit prüfen
	6 Stauscheibe falsch eingestellt	Stellung prüfen
	7 Stauscheibe oder Steuerkolben schwergängig	Prüfen
	8 Motor erhält Nebenluft	Sämtliche Schlauchleitungen und Flanschverbindungen überprüfen
B Warmer Motor springt nicht an	1 Siehe A 2, 6 und 7	
	2 Einspritzventil(e) undicht, zu niedriger Öffnungsdruck	Prüfen (lassen)
	3 Haltedruck zu niedrig	Messen lassen
	4 Leerlauf zu fett eingestellt	CO-Gehalt einstellen lassen
	5 Leerlauf zu mager eingestellt	CO-Gehalt einstellen lassen
C Kalter Motor schüttelt im Leerlauf	1 Siehe A 2, 3, 5, 6 und 8	
	2 Siehe B 2	
D Kalter Motor stottert beim Beschleunigen	1 Siehe A 4	
	2 Drosselklappenschalter defekt	Prüfen
E Warmer Motor schüttelt im Leerlauf	1 Siehe A 2, 3, 7 und 8	
	2 Siehe B 4 und 5	
F Motor patscht ins Saugrohr	1 Siehe A 2	
	2 Siehe B 5	
G Motor patscht in den Auspuff	1 Siehe A 2 und 5	
	2 Siehe B 4	
	3 Kraftstoffpumpe fällt aus	Siehe Kapitel »Tank und Kraftstoffpumpe«
H Motor stottert, setzt aus	1 Kraftstoffpumpe fördert ungleichmäßig	Fördermenge messen lassen
	2 Kraftstoffsystemdruck falsch	Messen, einstellen lassen
I Motorleistung ungenügend	1 Siehe A 2, 5, 7 und 8	
	2 Siehe B 4 und 5	
	3 Kraftstoffpumpe fördert zu wenig	Fördermenge messen lassen
	4 Drosselklappen gehen nicht in Vollgasstellung	Gaszug einstellen bzw. Drosselklappenverbindung kontrollieren
J Motor läuft nach	1 Siehe A 5, 6 und 7	
	2 Siehe B 2	
K Kraftstoffverbrauch zu hoch	1 Siehe A 2 und 5	
	2 Siehe B 4	
L Warmer Motor dreht im Leerlauf zu hoch	Siehe A 3	

MPI- und MPFI-Einspritzung

Essensausgabe

Auch in der noblen Sechszylinder-Klasse des Audi 100 hilft die Elektronik, die Trinksitten des Motors etwas im Zaum zu halten. Bei möglichen Verbräuchen von über 12 Liter pro 100 km ist man zwar nicht immer überzeugt, daß dieses Vorhaben auch glückt, doch muß man dem schnellen Audi zugute halten, daß aufgrund der hohen Motorleistung hier durchaus ein ICE-Zuschlag angemessen erscheint.

Die Einspritzung

Im 2,8-Liter-Sechszylinder finden wir eine MPI-Einspritzung. Hinter der Abkürzung **MPI** verbirgt sich das englische Wort **M**ulti **P**oint **I**njection – also zu deutsch Mehrpunkt-Einspritzung. (Erkennungsmerkmal der MPI-Einspritzung ist der Luftmassenmesser im Luftansaugschlauch hinten rechts im Motorraum.)
Lediglich zur Unterscheidung ist die fast identische Einspritzung des 2,6-Liter-Motors mit der Abkürzung **MPFI** tituliert. Was dann mit **M**ulti **P**oint **F**uel **I**njection – also zu deutsch Mehrpunkt-Kraftstoff-Einspritzung entschlüsselt wird. (Erkennungsmerkmal: kein Luftmassenmesser.)
Technisches-Unterscheidungsmerkmal dieser beiden Systeme ist die Art, die Menge (bzw. Masse) der angesaugten Luft zu messen:

○ Die MPI macht das mittels Hitzdraht-**Luftmassenmesser**.
○ Die MPFI verwendet dazu einen **Geber für Saugrohrdruck** (im Steuergerät eingebaut und über Schlauchleitung mit dem Ansaugrohr verbunden) sowie einen **Geber für Ansauglufttemperatur** (im Saugrohr).

Zusatzfunktionen

○ Die MPI/MPFI ist ein sehr aufwendiges Einspritzsystem, dessen Steuergerät zusätzlich auch die elektronische Zündung beinhaltet.
○ Das Steuergerät der MPI/MPFI ist voll diagnosefähig. D.h. die im Fahrbetrieb auftretenden Störungen werden in einem Fehlerspeicher abgelegt, der erst nach Abklemmen der Batterie gelöscht wird.
○ Genial daran ist, daß auch diejenigen Fehler gespeichert werden, die nur kurzzeitig auftreten. Erfahrungsgemäß sind es eben jene Defekte, die extrem schwer auffindbar sind.
○ Nach 50 Motorstarts wird ein einmalig auftretender Fehler automatisch aus dem Fehlerspeicher gelöscht.

Die Teile der Einspritzung

Zum besseren Verständnis der Gesamtfunktion unserer Einspritzung ist es wichtig, zunächst die Einzelaufgaben der Bauteile zu kennen.

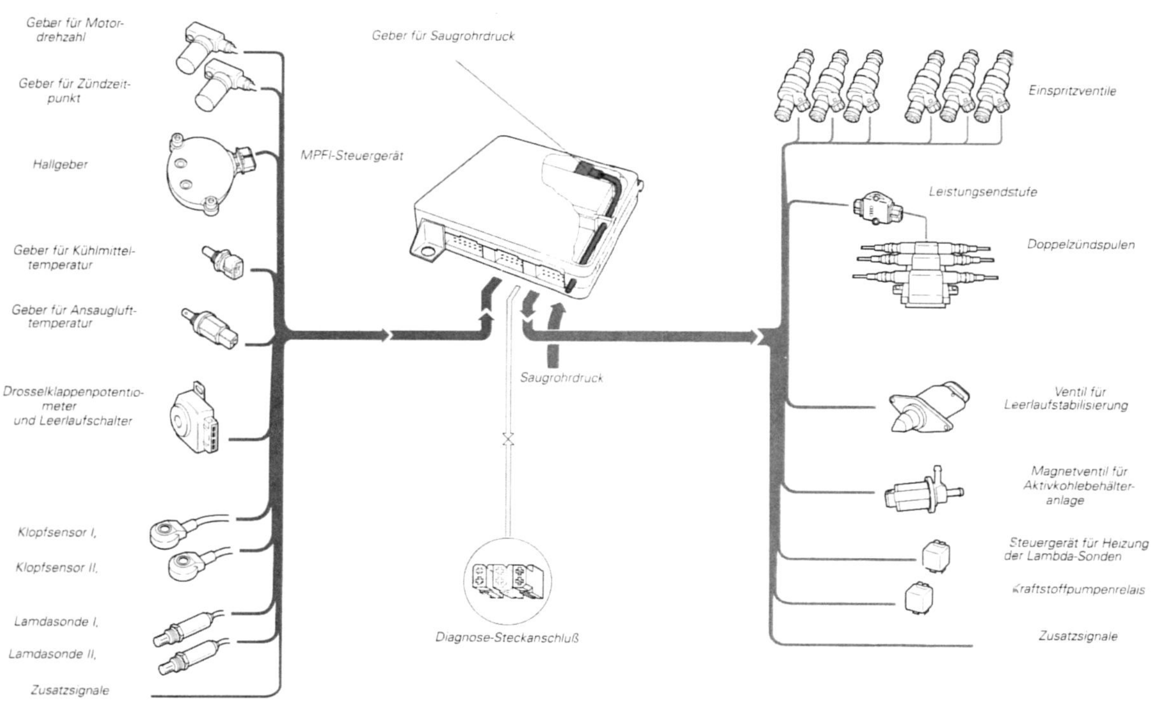

Dieses Schema verdeutlicht die elektrische Seite der Zünd/Einspritzanlage hier am Beispiel der MPFI-Einspritzung mit Geber für Saugrohrdruck. Auf der linken Seite stehen die Geber und Sensoren, die auf das Verhalten des Steuergerätes Einfluß nehmen. Rechts dargestellt sind diejenigen Bauteile der Zündung und Einspritzung, an die das Steuergerät seine Befehle sendet.

Die Zeichnung zeigt die Kraftstoffseite der MPI/MPFI-Einspritzung. Es bedeuten:
1 – Kraftstoffdruckregler;
2 – Kraftstoffverteilerrohr;
3 – Einspritzventil.

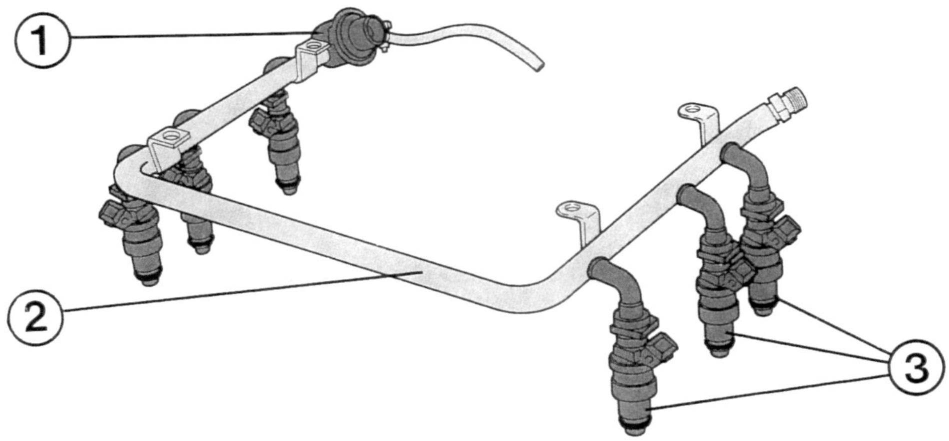

Steuergerät

Zwischen den Eingangsinformationen (durch die verschiedenen Geber) und den Einspritzventilen steht das Steuergerät. Es billigt dem Motor – abhängig von den herrschenden Last- und Temperaturbedingungen eine ganz bestimmte Kraftstoffmenge zu. Dazu variiert das Steuergerät die Öffnungsdauer der elektromagnetisch gesteuerten Einspritzventile. Da der Druck im Kraftstoffsystem stets annähernd konstant ist, kann die Einspritzmenge nur über die Einspritzzeit variiert werden. Woher bezieht das Steuergerät die Informationen, nach denen es die Einspritzzeit festlegt? Dafür sind verschiedene Geber zuständig:

- Nur 2,8-Liter-Motor mit **MPI:** Luftmassenmesser; er gibt Auskunft über die angesaugte Luftmasse.
- Nur 2,6-Liter-Motor mit **MPFI:** Temperaturgeber für Ansaugkrümmer; er liefert in Verbindung mit dem Geber für Saugrohrdruck (im Steuergerät) die Vergleichsgröße für die angesaugte Luftmenge/-masse.
- Kühlmittel-Temperaturgeber; er liefert eine Vergleichsgröße für die Motortemperatur.
- Drosselklappen-Potentiometer; er liefert Informationen über den Lastzustand des Motors.
- Drehzahlgeber; er übermittelt das Drehzahlsignal für den Zündungs- und Einspritzungsteil der MPI/MPFI.
- Geber für Zündzeitpunkt; er meldet die Stellung der Kurbelwelle. So erfährt das Steuergerät, welcher Zylinder mit dem Zünden bzw. Einspritzen dran ist.
- Das Startsignal kommt von der Zündschloß- (Anlasser-)Klemme 50.
- Die Lambdasonden geben Auskunft, ob die Gemischzusammensetzung stimmt.
- Weitere Einflußgrößen stammen von den Klopfsensoren, vom Getriebe, vom Tachometer, ja selbst von der Klimaanlage.

Einspritzventile

Im Ansaugkanal eines jeden Motorzylinders sitzt je ein Einspritzventil. Es mißt dem jeweiligen Zylinder die momentan benötigte Kraftstoffmenge zu und sorgt gleichzeitig für die Feinzerstäubung des Benzins.
Die Ventile werden mittels Elektromagnet betätigt. Dabei wird die Düsennadel ungefähr 0,1 mm von ihrem Sitz abgehoben – der Kraftstoff kann durchfließen. Interessant ist, daß jedes Einspritzventil einzeln genau im Ansaugtakt angesteuert wird. D. h. der eingespritzte Kraftstoff hat gar keine Zeit, an den Saugkanalwänden zu kondensieren (keine Verluste).

Kraftstoff-Verteilerrohr

Es dient dazu, alle Einspritzventile gleichmäßig mit Kraftstoff zu versorgen. Außerdem wirkt das Verteilerrohr als Kraftstoffspeicher und verhindert damit Druckschwankungen. Interessant ist die U-Form des Rohrs, die eine Kraftstoffzuleitung zu allen sechs Ventilen ermöglicht.

Kraftstoff-Druckregler

Er sitzt hinten rechts auf dem Kraftstoff-Verteilerrohr und muß – wie der Name schon sagt – den Druck im Verteilerrohr konstant halten. Das macht er, indem er mehr oder weniger Kraftstoff durch die Rücklaufleitung zum Tank zurückfließen läßt. Läuft mehr zurück, sinkt der Druck; bei geringerer Rücklaufmenge steigt er.
Durch einen Unterdruck-Anschluß weiß der Druckregler gleichzeitig über den Lastzustand des Motors Bescheid. Bei Vollast hebt er den Druck noch etwas an. Dadurch wird mehr Kraftstoff eingespritzt, was der Motor zum Erreichen der vollen Leistung braucht.

Kraftstoffpumpe und Relais

Mehr über die elektrische Kraftstoffpumpe, das Kraftstoffpumpenrelais und die übrigen Relais der MPI/MPFI erfahren Sie im Kapitel »Tank und Kraftstoffpumpe«.

Luftmassenmesser
nur MPI

Im Ansaugluftstrom liegt ein Draht, der elektrisch aufgeheizt wird. Je nach angesaugter Luftmasse verändert sich der Luftstrom, der wiederum den Draht mehr oder weniger stark abkühlt. Die Temperaturänderung bewirkt eine Änderung des elektrischen Widerstands des Drahtes, und der ist vom Steuergerät meßbar.

Geber für Saugrohrdruck nur MPFI

Der Geber für Saugrohrdruck befindet sich im MPFI-Steuergerät. Die Verbindung zwischen Saugrohr und Geber stellt eine dünne Schlauchleitung dar. Für das Steuergerät ist der Saugrohrdruck die wichtigste Information zum Errechnen der Motorlast. Einspritzzeit und Zündzeitpunkt werden dadurch beeinflußt.

Geber für Ansaugluft-temperatur nur MPFI

Der Geber für Ansauglufttemperatur ist in den Saugkanal des dritten Zylinders (hinten rechts) eingeschraubt. In Ergänzung des Gebers für Saugrohrdruck dient er dem Steuergerät zum Errechnen der Motorlast. Bei hoher Ansauglufttemperatur (gleichbedeutend mit niedriger Luftdichte) muß z. B. die Einspritzzeit verkürzt und der Zündzeitpunkt etwas mehr in Richtung »spät« gelegt werden.

Drossel-klappenstutzen

Dort, wo der Ansaugluftstrom in das Saugrohr des Motors eintritt, sitzen in einem Stutzen zwei Drosselklappen. Die kleinere dieser Klappen ist über den Gaszug mit dem Pedal im Innenraum verbunden. Sie dosiert bis in Halbgasstellung den Ansaugluftstrom in den Motor. Mit zunehmend durchgetretenem Gaspedal öffnet ein Gestänge die zweite, größere Klappe, bis bei Vollgas beide Drosselklappen vollständig geöffnet sind.

Drosselklappen-Potentiometer

Der Drosselklappen-Potentiometer wird von der Drosselklappenwelle betätigt. Der Potentiometer erfaßt die momentane Stellung der Drosselklappe und meldet sie in Form elektrischer Spannung dem Steuergerät. Das Steuergerät benötigt diese Lastinformation unter anderem zur Leerlaufregelung, Zündkennfeldauswahl und zur Einspritzzeitberechnung.

Ventil für Leerlauf-stabilisierung

Wie sein Name schon sagt, sorgt dieses Ventil für eine stets konstante Leerlaufdrehzahl – egal ob der Motor kalt oder warm ist oder ob kraftzehrende Verbraucher (Klimaanlage) eingeschaltet sind.
Das Ventil ist dabei nur ausführendes Organ. Kopf der Regelung ist das MPI- bzw. MPFI-Steuergerät. Es vergleicht die Momentan- mit der Solldrehzahl und sorgt so für das fein abgestimmte Öffnen und Schließen des Regelventils zur Drehzahlanpassung. Variiert wird dabei der Querschnitt eines Luft-Nebenkanals, der die Drosselklappe umgeht. Ist der Kanal geöffnet, wird mehr Luft angesaugt, und somit »glaubt« der Luftmassenmesser bzw. der Geber für Saugrohrdruck durch das Mehr an Luft, man habe die Drosselklappe geöffnet. Was wiederum die Einspritzung dazu veranlaßt, die nötige Mehrmenge an Kraftstoff beizusteuern.
Zu bemerken wäre noch, daß verschiedene Leerlauf-Stabilisierungsventile zum Einsatz kommen: Ein stufenlos regelndes bei der MPI; ein von einem sogenannten Schrittmotor angetriebenes bei der MPFI. Letzteres variiert die Öffnung des Bypasses in kleinen, fein abgestimmten Stufen.

Die Funktion

Zusammenspiel der Einzelteile

Bei laufendem Motor saugen die in den Zylindern auf- und ab sausenden Kolben Luft an. Treten Sie das Gaspedal voll durch, saugt der Motor die größtmögliche Menge an, denn beide Drosselklappen sind dann voll geöffnet. Entsprechend geringer ist die Luftmenge/-masse in geschlossener bzw. teilweise offener Stellung der Drosselklappen. Für sauberen Motorlauf muß der Ansaugluft im genau richtigen Verhältnis Kraftstoff beigemischt werden. Zur Bestimmung des Kraftstoff/Luft-Verhältnisses wird bei der MPI die Masse der Ansaugluft herangezogen. Der Luftmassenmesser dient dem MPI-Steuergerät als Informant für die angesaugte Luftmasse. Bei der MPFI dienen Saugrohrdruck und Temperatur als Vergleichsgrößen.
Das Steuergerät kann nun die richtigen Impulse zum Öffnen und Schließen der Einspritzventile geben. Längeres Öffnen ist angesagt, wenn viel Kraftstoff gebraucht wird – kurze Offenzeiten reichen aus, wenn die benötigte Kraftstoffmenge gering ist. Die »Sprühstärke« der Einspritzventile bleibt also konstant. Die Mengenreduzierung erfolgt über die Reduzierung der »Sprühzeit«.

Start

Zum Starten des kalten Motors wird ein fetteres – also kraftstoffreicheres – Gemisch benötigt, weil sich viele der Kraftstofftröpfchen schon auf dem Weg in die Brennräume an den Wänden im Ansaugbereich absetzen und so für die Verbrennung nicht mehr zur Verfügung stehen. Das Gemisch muß also angefettet werden.
Hierfür sorgt ein Kaltstartprogramm, das im Steuergerät gespeichert ist. Während der Kaltstartsteuerung – dies sind eine bestimmte Anzahl an Zündungen – wird die Abspritzdauer der Einspritzventile erhöht. Faktoren, wie Kühlmitteltemperatur und Motordrehzahl, beeinflussen die Abspritzdauer. Nach einer bestimmten Anzahl Motorumdrehungen wird dann die Kaltstart-Kraftstoffmenge langsam an die Normalmenge angepaßt.

Warmlauf

Auch nach dem Start braucht der Motor noch eine gewisse Zeit fetteres Gemisch, denn immer noch kondensiert eine gewisse Kraftstoffmenge im Ansaugbereich. Dafür gibt es die »Nachstartanhebung«. Es wird – temperaturabhängig – noch für eine gewisse Zeit mehr Kraftstoff zugeführt. Die nötige Information über die Motortemperatur erhält das Steuergerät vom Kühlmittel-Temperaturgeber.
Das bei kaltem Motor noch recht zähflüssige Motoröl verursacht eine höhere innere Reibung in der Maschine. Es wird mehr Kraft – sprich Gemisch – gebraucht, um den Motor auf Drehzahl zu halten. Für diese Gemisch-Mehrmenge sorgt das schon erwähnte Leerlauf-Stabilisierungsventil.

Leerlauf

Bei geschlossener Drosselklappe (losgelassenes Gaspedal) wird eine geringe Menge Luft durch einen Bypass-Kanal um die Drosselklappe herumgeführt. Diese Luft wird vom Luftmassenmesser bzw. Drucksensor erfaßt und deshalb mit der hierzu nötigen Menge Kraftstoff zum Leerlaufgemisch ergänzt. Übrigens ist das Leerlaufgemisch etwas fetter als das Normalgemisch, damit der Motor schön rund läuft und keine Zündaussetzer bekommt. Wann die Leerlauf-Anreicherung zu erfolgen hat, erfährt das Steuergerät vom Drosselklappen-Potentiometer. Wieviel Luft durch den Bypass fließt (und damit die Höhe der Leerlaufdrehzahl), bestimmt das Ventil für Leerlaufstabilisierung.

Teillast

Bei Teillast erhält der Motor die Normalmengen an Kraftstoff zugeteilt. Dabei wird auf möglichst geringen Verbrauch Wert gelegt.

Beschleunigen

Wird das Gaspedal plötzlich niedergetreten, wird die Beschleunigungsanreicherung ausgelöst, wenn der Zuwachs der angesaugten Luftmenge/-masse pro Sekunde einen bestimmten Wert überschreitet. Ebenso liefert der Drosselklappen-Potentiometer ein Beschleunigungssignal. Bei kaltem Motor wird zum Beschleunigen noch mehr Kraftstoff gebraucht. Das Steuergerät wertet deshalb den jeweiligen Impuls des Luftmengenmessers bzw. des Drucksensors und des Drosselklappen-Potentiometers als Beschleunigungs-Signal aus und steuert zusätzlichen Kraftstoff bei.

Vollast

Der Drosselklappen-Potentiometer zeigt dem Steuergerät an, daß der Fahrer das Gaspedal voll durchgetreten hat. Zum Erreichen der Höchstleistung bekommt der Motor jetzt ein fetteres Gemisch vorgesetzt (Vollastanreicherung).

Schubbetrieb

Bergab mit losgelassenem Gaspedal braucht dem Motor kein Kraftstoff zugeführt zu werden. Der Wagen rollt durch Gewicht oder Schwung von selbst. An der hohen Drehzahl und der Stellung der geschlossenen Drosselklappe (über den Drosselklappen-Potentiometer) erkennt das Steuergerät, wann Schubbetrieb vorliegt und kann auf »Kraftstoff sparen« schalten.

Drehzahlbegrenzung

Die Einspritzanlage vergleicht die Momentan- mit der Höchstdrehzahl von 6500/min und dreht bei Überschreiten einfach den Kraftstoffhahn zu (siehe auch Kapitel »Die Motoren und ihr Innenleben«).

Lambda-Regelung

Der Katalysator kann nur dann richtig arbeiten, wenn die Luftzahl λ (Lambda) dem Wert 1 möglichst nahekommt, was einem Kraftstoff/Luft-Verhältnis von 14,7:1 entspricht. Damit dies der Fall sein kann, ist die MPI/MPFI mit einer sogenannten Lambda-Regelung versehen. Dabei mißt die Lambdasonde den Sauerstoffgehalt im Abgas – eine Vergleichsgröße für die Zusammensetzung des Kraftstoff/Luft-Gemisches. Weicht die Messung vom Idealwert ab, regelt das Steuergerät nach. Die Regelung arbeitet im Bereich von $\lambda = 0{,}8$ bis $\lambda = 1{,}2$, wobei die Schwankungen durchaus gewollt sind, denn nur dann kann der Katalysator eine fast vollständige Umsetzung der Schadstoffe bewerkstelligen.
Eine Lambda-Sonde gibt erst bei Temperaturen über 350°C ein verwertbares Signal ab. Damit diese Temperatur schnell erreicht wird, ist die Sonde elektrisch beheizt. Bis es soweit ist, bleibt die Anlage ungeregelt und richtet sich nach einem vorgegebenen mittleren λ-Wert.
Sie haben's schon gewußt: Der Sechszylinder-Audi hat zwei Katalysatoren und auch zwei Lambdasonden.

Störungen und Eigendiagnose

Das MPI/MPFI-Steuergerät kann rund 30 Fehler an elektrischen Teilen der Zünd/Einspritzanlage erkennen und in einem Fehlerspeicher ablegen. Dabei wird außerdem eine Unterscheidung getroffen, ob es sich um permanente Fehler oder um sporadische (gelegentliche) Fehler handelt. Sporadisch auftretende Fehler werden nach 50 Motorstarts gelöscht, sofern sie nicht nochmals auftreten.
Einsicht in den Fehlerspeicher erhält die Werkstatt mit dem Fehlerauslesegerät V.A.G 1551 (siehe Kapitel »Regelmäßige Wartung«). Für den Heimwerker besteht keine Möglichkeit zur Fehlerabfrage, weshalb man bei einem vermuteten Defekt an der Zünd/Einspritzanlage der Werkstatt den Auftrag zum Auslesen des Fehlerspeichers geben muß. Zusätzlich können Sie aber auch den Störungsbeistand am Ende des Kapitels zu Hilfe nehmen, in dem eine Vielzahl von Fehlermöglichkeiten über die Eigendiagnose hinaus aufgeführt sind. Der Ordnung halber muß der Fehlerspeicher nach erfolgter Reparatur von der Werkstatt gelöscht werden.

Fingerzeig: Das MPFI-Steuergerät (2,6-Liter-Motor) bleibt noch 1½ Stunden nach Ausschalten der Zündung aktiv. D.h. ein in dieser Zeit an der Einspritzung auftretender Fehler wird in den Fehlerspeicher abgelegt. Das ist auch der Fall, wenn ein Stecker abgezogen wird – etwa zur Kontrolle eines Gebers.

Das heißt aber nicht, daß Sie bis zum Beginn der Reparatur immer 1½ Stunden warten müssen. Denn eine solche Unterbrechung tritt ja nur einmal auf und kommt deshalb in die »Schublade« für sporadische (gelegentliche) Fehler, die bekanntlich wieder gelöscht werden.

Selbsthilfe

Viele Prüfungen an der Einspritzung sind dem Selbsthelfer in Ermangelung der nötigen Prüfgeräte leider unmöglich gemacht. Dennoch bleibt ein gewisses Betätigungsfeld.

Vorgehensweise

Das Steuergerät selbst kann mit Heimwerkermitteln nicht kontrolliert werden. In der Praxis ist hier auch nur sehr selten mit Fehlern zu rechnen. Geber, Schalter und Kabelverbindungen geben ungleich häufiger Anlaß zu Beanstandungen.

Damit bietet sich bei einem Defekt folgende Vorgehensweise an:

○ Alle **Sicherungen**, die die Einspritzung betreffen (Nr. 17 sowie die Thermosicherungen in der Elektronikbox im braunen, roten und gelben Halter) in Ordnung?

○ Sicherstellen, daß die Zündungsseite in Ordnung ist.

○ Kraftstoffversorgung prüfen.

○ Sichtprüfung an den Teilen der Einspritzanlage durchführen.

○ Wurde durch genannte Prüfungen kein Fehler gefunden, den Störungsbeistand am Ende dieses Kapitels studieren, mögliche Fehlerquelle ermitteln, verdächtiges Bauteil nach Prüfanleitung kontrollieren.

○ Brachte das keinen Erfolg, Fehlerspeicher des Steuergeräts in der Audi-Werkstatt auslesen lassen. Das ist aber nur möglich, wenn zuvor **die Batterie nicht abgeklemmt** wurde. Denn so wird der Speicherinhalt komplett gelöscht.

Sichtprüfung

● Luftschläuche auf Dichtheit prüfen. Alle Schläuche – vom dicken Ansaugluftschlauch bis zum kleinen Unterdruckschlauch zum Druckregler – müssen geprüft werden.

● Sind die Dichtungen an den Einspritzventilen in Ordnung; ebenso die Flanschdichtungen der Ansaugkanäle?

● Undichtigkeiten lassen **Nebenluft** ins Ansaugsystem eindringen – Luft also, die das System nicht erfassen kann und die deshalb die Gemischaufbereitung empfindlich stört. Das Gemisch magert unkontrolliert ab, Motorlaufstörungen – hauptsächlich im Leerlauf – sind die Folge.

● Motor warmfahren und zur Prüfung im Leerlauf drehen lassen, Motorhaube öffnen. Bei abgeschaltetem Motor Steckverbindung zur Lambdasonde trennen, damit die Lambda-Regelung ausgeschaltet ist.

● Mit einer Startkraftstoff-Spraydose (z. B. »Startpilot«) gezielt die Flanschdichtungen der Ansaugkanäle und andere verdächtige Teile besprühen.

● Verändert sich die Motordrehzahl beim Besprühen einer bestimmten Stelle, liegt dort die Undichtigkeit.

● Sind an den Kraftstoffleitungen Undichtigkeiten zu erkennen?

● Wurden die Kabelstecker mehrfach auseinandergezogen und wieder verbunden? Korrosion oder ungeschicktes Reißen kann mangelnden Kontakt zur Folge haben.

● Sehen Sie sich die Stecker an den einzelnen Bauteilen der Einspritzung genau an. Sie dürfen nur mit Kontaktspray behandelt werden, Nachbiegen kann Störungen verursachen.

Prüfen der Bauteile

Die folgenden Abschnitte beschreiben Prüfungen an den Komponenten der Einspritzanlage, soweit sie mit Heimwerkermitteln möglich sind.

Einspritzventile

Besteht der Verdacht, daß eines der Einspritzventile nicht funktioniert, können Sie mit einem Leuchtdioden-Spannungsprüfer und einem genauen Ohmmeter leicht die Ursache ergründen:

● Stecker an allen Einspritzventilen abziehen.

● Zuerst die **Spannungsprüfung:** LED-Spannungsprüfer (keine Prüflampe!) an den Steckkontakten des Steckers anschließen. Motor starten: Die Leuchtdioden im Spannungsprüfer müssen flackern, sonst ist keine Versorgungsspannung da, oder das Masse schaltende Steuergerät ist defekt. Mit einem Meßgerät klappt diese Kontrolle nicht.

● **Widerstandsprüfung:** Stecker der Einspritzventile abziehen, Ohmmeter an den beiden Kontakten des Ventils anschließen: Bei kaltem Motor müssen **13,5–17** Ω abzulesen sein.

● Liegt der Wert außerhalb der Toleranz, Ventil ersetzen (sofern genau gemessen wurde).

● **Dichtheit prüfen:** Kraftstoff-Verteilerrohr samt Einspritzventilen ausbauen.

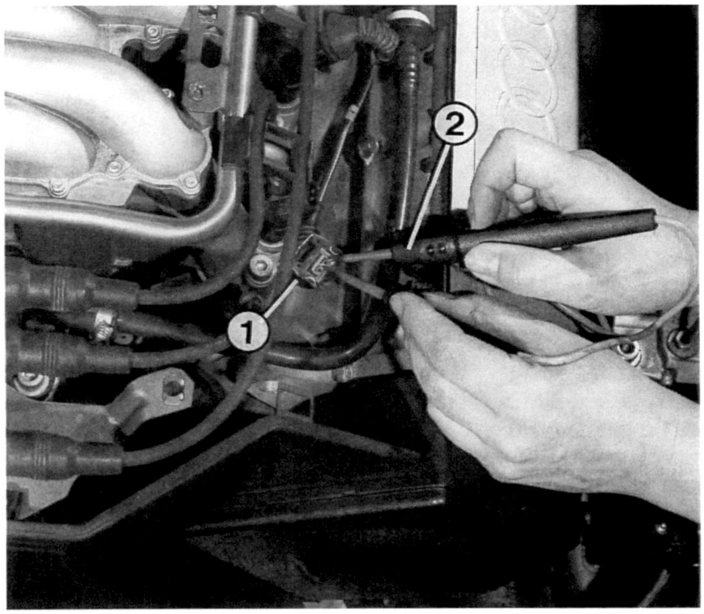

Bei abgezogenem Stecker (1) kann die Stromversorgung der Einspritzventile mit einem Leuchtdioden-Spannungsprüfer (2) kontrolliert werden. Wird der Motor mit dem Anlasser durchgedreht, müssen die Leuchtdioden im Spannungsprüfer flackern. Sonst ist keine Versorgungsspannung da.

- Die Anschlußstecker an den Einspritzventilen sind abgezogen, die Kraftstoffleitungen bleiben angeschlossen.
- Von Helfer den Motor einige Male mit dem Anlasser durchdrehen lassen, damit die Kraftstoffpumpe anläuft und Kraftstoffdruck aufbaut.
- Einspritzventile beobachten: Jedes einzelne darf höchstens 1–2 Kraftstofftropfen in der Minute verlieren. Sonst betreffendes Ventil auswechseln.
- Unabhängig hiervon kann der Spritzstrahl und die Einspritzmenge des Ventils geprüft werden, falls es Motorlaufstörungen erforderlich machen.

Drosselklappen-Potentiometer

- Stecker am Drosselklappen-Potentiometer abziehen.
- Mit einem genauen Ohmmeter den Widerstand zwischen den Kontakten des Potentiometers messen.
- Gemessen wird jeweils bei Drosselklappenstellung »Leerlauf« und »Vollgas« bei **stehendem Motor**.
- Folgende Werte sollen erreicht werden:

Drosselklappenstellung	Messen zwischen den Anschlüssen	Sollwert
(gleichgültig)	1 und 2	1,5 – 2,6 kΩ
Leerlauf	2 und 3	0,75 – 1,3 kΩ
Vollgas	2 und 3	max. 3,6 kΩ

Luftmassenmesser
nur MPI

- Gummitülle am Stecker des Luftmassenmessers zurückschieben, der Stecker bleibt aufgesteckt.
- Genauen Voltmeter von hinten an die Steckerkontakte wie folgt anschließen:
- **Messung 1:** Meßkabel an Kontakt »2« und »3« anschließen. Zündung einschalten.
- Es müssen 12–14 Volt angezeigt werden. Wenn nicht, ist die Spannungversorgung defekt.

Hinten rechts im Motorraum, angeflanscht an das Luftfiltergehäuse, befindet sich beim 2,8-Liter-Motor der Luftmassenmesser (Pfeil).

- Thermosicherungen in der Elektronikbox (Kapitel »Die Karosserie-Elektrik«) prüfen, ggf. Kabel von der zuständigen Thermosicherung zum Luftmassenmesser-Stecker Kontakt »3« prüfen.
- Oder Masseverbindung von Motormasse zu Kontakt »2« prüfen.
- **Messung 2:** Meßkabel an Kontakt »2« und »4« anschließen.
- Zündung einschalten.
- Es müssen 1,0–7,5 Volt angezeigt werden. Wenn nicht, ist der CO-Potentiometer im Luftmassenmesser defekt. Luftmassenmesser ersetzen.
- **Messung 3:** Meßkabel an Kontakt »1« und »2« anschließen.
- Zündung einschalten.
- Es müssen 0,3–1,1 Volt angezeigt werden.
- Motor starten (Kabel bleiben angeschlossen). Alle Verbraucher ausschalten, Kühlerlüfter darf nicht laufen.
- Motordrehzahl kontinuierlich zwischen Leerlauf und 4000/min schwanken lassen.
- Es müssen (je nach Drehzahl) zwischen 1,5 und max. 3,4 Volt angezeigt werden. Wenn nicht, ist der Luftmassenmesser defekt. Ersetzen.

Ventil für Leerlaufstabilisierung
nur MPI

Das Leerlaufstabilisierungsventil sitzt beim 2,8-Liter-Motor rechts am Drosselklappenstutzen. Es wird folgendermaßen geprüft:

- Stecker am Leerlauf-Stabilisierungsventil abziehen und an den beiden Steckkontakten des Ventils einen genauen Ohmmeter anschließen.
- 7–11 Ω müssen am Meßgerät abzulesen sein, sonst ist das Ventil defekt.
- Weitergehende Funktionsprüfung: Leerlauf-Stabilisierungsventil ausbauen; der Stecker bleibt angeschlossen. Drehkolben im Luftdurchlaß des Ventils in »Offen«- oder »Geschlossen«-Stellung bringen (dazu kein Metall-Werkzeug verwenden!).
- Zündung einschalten und Drehkolben beobachten: Er muß sich etwa in Mittelstellung einpendeln.
- Leichtgängigkeit des Drehkolbens prüfen: Er muß sich durch ruckartiges Drehen des ausgebauten Ventils bewegen lassen.
- Außerdem darf er keine Riefen oder Schleifspuren zeigen.

Ventil für Leerlaufstabilisierung
nur MPFI

Achtung! Das Leerlauf-Stabilisierungsventil des 2,6-Liter-Motors darf nicht in Eigenregie ausgebaut werden, da nach dem Wiedereinbau anschließend eine sogenannte **Grundeinstellung** der Einspritzanlage fällig wird, was nur mit dem Fehlerauslesegerät V.A.G 1551 in der Audi-Werkstatt geschehen kann.
Außerdem: Wird der Stecker am Ventil für Leerlaufstabilisierung früher als 1½ Stunden nach dem letzten Abstellen des Motors abgezogen, wird der Fehler »Ventil für Leerlaufstabilisierung defekt« im Fehlerspeicher aufgenommen (was er bislang vielleicht noch gar nicht war).
Prüfen läßt sich an diesem Ventil nur die Wicklung:

- Stecker am Leerlauf-Stabilisierungsventil abziehen.
- Mit genauem Ohmmeter zwischen den Steckkontakten »1« und »4« sowie »2« und »3« des Ventils den Widerstand messen.
- Bei intaktem Ventil müssen jeweils **45–60** Ω angezeigt werden, sonst ist es als defekt anzusehen.
- Weitere Prüfungen sind in Eigenregie nicht möglich.
- Wenn die Werkstatt das Ventil ersetzt, führt sie gleich die besagte Grundeinstellung durch.

Unterschiedliche Ausführungen des Ventils für Leerlaufstabilisierung. Links gezeigt der 2,6-Liter-Motor, rechts der 2,8-Liter-Motor.

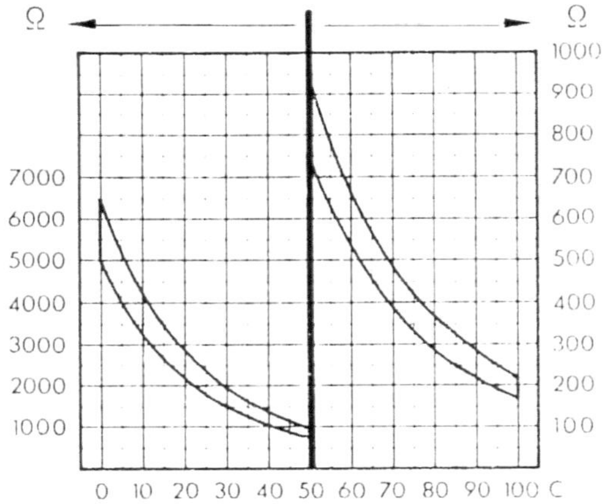

Hinten links am Motor, eingeschraubt in einem Kühlmittelrohr, sitzt der Kühlmittel-Temperaturgeber für die Zünd/Einspritzanlage (Pfeil). Das Diagramm zeigt, bei welcher Temperatur dieser Geber welchen Widerstandswert annehmen muß.

Kühlmittel-Temperaturgeber für Zündung/ Einspritzung

Achtung! Wird der Stecker am Geber für Kühlmittel-Temperatur **beim 2,6-Liter-Motor** früher als 1½ Stunden nach dem letzten Abstellen des Motors abgezogen, wird der Fehler »Geber für Kühlmitteltemperatur defekt« im Fehlerspeicher aufgenommen (was er bislang vielleicht noch gar nicht war).

Allgemein: Der Temperaturgeber kann verantwortlich sein, wenn in bestimmten Temperaturbereichen Mängel im Motorlauf auftreten. Prüfen:

- Stecker am Kühlmittel-Temperaturgeber abziehen.
- Mit genauem Ohmmeter zwischen den beiden Steckkontakten des Gebers den Widerstand messen.
- Gemessenen Widerstand in Abhängigkeit von der Motortemperatur mit dem Sollwert-Diagramm oben vergleichen. Liegt der Wert grob außerhalb der Kurven, Temperaturgeber ersetzen.
- Ergänzend hier zwei Widerstands-Eckwerte: Bei 20°C Kühlmitteltemperatur müssen ca. 2,5 kΩ angezeigt werden, bei 80°C ca. 330 Ω.

Ansaugluft-Temperaturgeber

nur MPFI

Achtung! Wird der Stecker am Geber für Ansauglufttemperatur früher als 1½ Stunden nach dem letzten Abstellen des Motors abgezogen, wird der Fehler »Geber für Ansauglufttemperatur defekt« im Fehlerspeicher aufgenommen (was er bislang vielleicht noch gar nicht war).

- Stecker am Ansaugluft-Temperaturgeber abziehen.
- Mit genauem Ohmmeter zwischen den beiden Steckkontakten des Gebers den Widerstand messen.
- Gemessenen Widerstand in Abhängigkeit von der Ansauglufttemperatur mit dem Sollwert-Diagramm unten vergleichen. Liegt der Wert grob außerhalb der Kurve, Temperaturgeber ersetzen.
- Ergänzend hier ein Widerstands-Eckwert: Bei 20°C (Raumtemperatur, Motor kalt) müssen ca. 6,3 kΩ angezeigt werden.

Lambdasonde prüfen

Für diese Prüfung wird die Steckverbindung im Kabel zur Lambdasonde getrennt. Wo die Steckverbindungen für die rechte und die linke Lambdasonde sitzen, zeigt das Bild auf der folgenden Seite.

- Gemessen wird mit einem genauen Ohmmeter:
- **Sondenheizung prüfen:** Stecker zur Lambda-

Nur der 2,6-Liter-Motor besitzt einen Ansaugluft-Temperaturgeber (3). Der sitzt rechts hinten am Motor in der Nähe des Ventils für Leerlaufstabilisierung (1) und des Kraftstoffdruckreglers (2). Das Diagramm zeigt auch hier den Widerstandswert des Gebers in Abhängigkeit von der Ansauglufttemperatur.

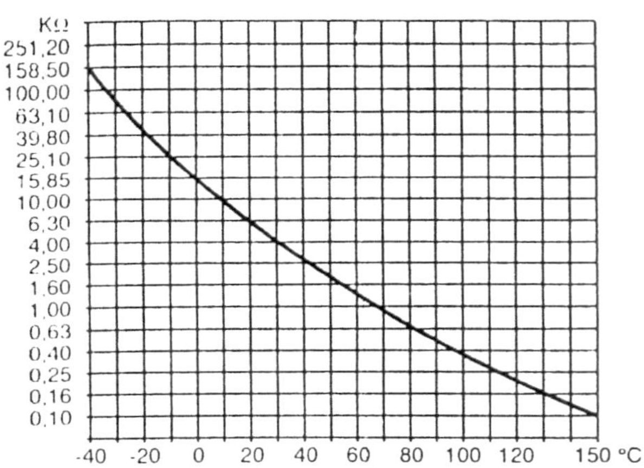

sonden-Heizung trennen. Ohmmeter an beiden Kontakten der Heizungskabel zur Sonde anschließen.
● Sollwert bei intakter Heizung **3–15** Ω.
● Wenn nicht, Lambdasonde ersetzen.
● **Sonde prüfen:** Stecker zur Lambdasonde (Meßleitung) trennen.
● Ohmmeter am Kontakt des Steckers zur Sonde und an Motor-Masse anschließen.
● Sollwert bei intakter Sonde: ∞ Ω.
● Wenn nicht, Lambdasonde ersetzen.
● **Signalleitung zum Steuergerät prüfen:** Stecker zur Lambdasonde (Meßleitung) trennen (wie gehabt).
● Voltmeter am Kontakt des Steckers zum Steuergerät und an Motor-Masse anschließen.
● Bei intakter Leitung müssen **0,35–0,45 Volt** angezeigt werden.
● Wenn nicht, Leitung prüfen.
● Wenn Leitung intakt, Steuergerät ersetzen.

Lambdasonde ersetzen

● Kabelstecker trennen, Kabelbinder lösen.
● Gewinde vor dem Einbau mit einer Montagepaste aus der Audi-Werkstatt bestreichen. Es darf keine Montagepaste an die Schlitze der Sonde geraten.
● Anzugsdrehmoment: 50 Nm.

Einzelteile ausbauen

Bei vielen Einzelteilen der Einspritzung bedarf es keiner zusätzlichen Ausbaubeschreibung. Die Ausnahmen sind in den folgenden Abschnitten behandelt.

Luftmassenmesser ausbauen

● Schlauchband des Luftansaugschlauches lösen.
● Stecker am Luftmassenmesser abziehen.
● Luftfiltergehäuse-Oberteil zusammen mit Luftmassenmesser ausbauen, wie im Kapitel »Luftfilter und Ansaugkanäle« beschrieben.

Einspritzventile ausbauen

● Ansaugschlauch zwischen Luftfilter (Luftmassenmesser) und Motor ausbauen.
● Zündleitungen abziehen und zur Seite legen.
● Stecker von den Einspritzventilen abziehen.
● Kraftstoff-Verteilerrohr vom Saugrohr am Motor abschrauben.
● Unterdruckschlauch vom Kraftstoff-Druckregler abziehen.
● Kraftstoff-Verteilerrohr samt allen 6 Einspritzventilen vorsichtig vom Saugrohr am Motor nach oben abziehen.
● Zum Abbauen eines **einzelnen Einspritzventils** vom Verteilerrohr Sicherungsklammer abziehen und Ventil abnehmen.
● **Einbau:** Vor dem Einbau die O-Ringe an allen Einspritzventilen ersetzen.
● Alle O-Ringe mit neuem Motoröl bestreichen.
● Einspritzventile einzeln und sehr vorsichtig einsetzen, damit keiner der O-Ringe verquetscht oder anderweitig beschädigt wird.

Gaszug

Einbau und Einstellung sind am Ende des Kapitels »Die Mono-Motronic-Einspritzung« beschrieben.

Steckverbindungen hinten im Motorraum: 1 – für Lambdasonden-Heizung (Sonde rechts); 2 – für Zündspule (Zuleitung); 3 – für Lambdasonden-Signal (Sonde rechts; die Steckverbindung befindet sich hinten am Halter); 4 – für Klopfsensor I; 5 – für Motordrehzahlgeber; 6 – für Zündzeitpunktgeber.

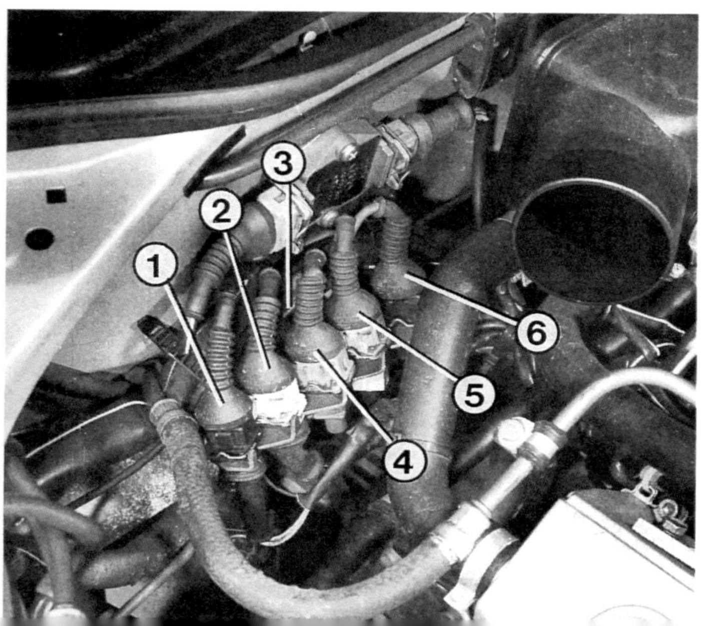

Steckverbindungen hinten links im Motorraum: 1 – für Lambdasonden-Signal (linke Lambdasonde); 2 – für Lambdasonden-Heizung (linke Lambdasonde); 3 – für Klopfsensor II.

Die Einspritzventile (weiße Pfeile) können nur zusammen mit dem Kraftstoffverteilerrohr ausgebaut werden. Dazu die Halteschrauben des Verteilerrohrs (schwarze Pfeile) lösen.

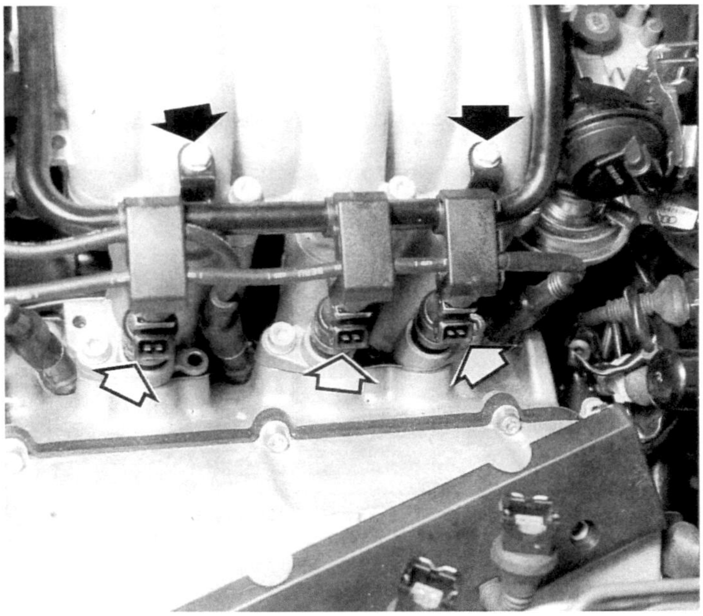

Leerlauf prüfen und Abgastest

Wartung Nr. 7

Die Sechszylindermotoren besitzen eine automatische Leerlaufdrehzahlregelung. Eine Einstellschraube ist nicht mehr vorhanden – womit also auch nicht eingestellt werden kann. Die Leerlaufdrehzahl wird lediglich geprüft. Unter den richtigen Prüfbedingungen (nachfolgend) muß sich ein Drehzahlwert von **680–820/min** (2,6-Liter-Motor) bzw. **700–800/min** (2,8-Liter-Motor) einstellen. Wenn nicht:

○ Alle Teile des Ansaugsystems (Schläuche, Dichtungen) auf Undichtigkeit prüfen. Eindringende Nebenluft kann die Leerlaufdrehzahl so stark verändern, daß sie auch vom Steuerventil der Leerlauf-Stabilisierung nicht mehr ausgeglichen werden kann.
○ Fehlerspeicher in der Werkstatt auslesen lassen. Vielleicht liegt ein anderer Fehler im System vor.

Prüfvoraussetzungen

○ Voraussetzung für die Prüfung der Leerlaufdrehzahl ist ein betriebswarmer Motor sowie eine intakte Einspritz- und Zündanlage.
○ Ferner werden alle Stromverbraucher im Wagen abgeschaltet.
○ Der Kühlerventilator darf nicht laufen.
○ Beide Kurbelgehäuse-Entlüftungsschläuche abziehen, Schlauchenden verstopfen.
○ Klimaanlage ausschalten.
○ Automatik-Wählhebel auf Stellung »N« oder »P«.
○ Motor betriebswarm (mind. 60° C Öltemperatur).
○ Luftfiltereinsatz einwandfrei sauber.
○ Zur Abgasmessung darf keine Absauganlage am Auspuff angeschlossen sein.

Abgastest

Für den Heimwerker ist der Abgastest mittlerweile kaum mehr von Interesse, da diese Arbeit zwangsläufig bei der ASU geschieht und außerdem ein Abgas-Meßgerät meist nicht zur Verfügung steht. Hier die Arbeitsbeschreibung:
Geprüft wird erst, nachdem die Einspritzung mittels des Fehlerauslesegeräts V.A.G. 1551 in die sogenannte Grundstellung gebracht wurde. Was bedeutet, daß bestimmte Regelfunktionen (etwa Lambda-Regelung) außer Funktion sind, damit vernünftige, vergleichbare Meßwerte erzielt werden.

● Abgasmeßgerät am rechten CO-Meßrohr vorn im Motorraum anschließen. Auf dichtes Abschließen achten.
● Motor starten und im Leerlauf drehen lassen.
● Am Meßgerät müssen **0,15–1,0 Vol.% CO** (2,6-Liter) bzw. **0,3–1,2 Vol.% CO** (2,8-Liter) abzulesen sein.
● Beim 2,8-Liter-Motor kann der CO-Gehalt an der CO-Einstellschraube am Luftmassenmesser nachgestellt werden.
● Beim 2,6-Liter-Motor besteht keine Einstellmöglichkeit. Wird der CO-Wert nicht erreicht, müßte sich für die Ursache ein Eintrag im Fehlerspeicher finden.

CO-Wert stimmt nicht

Generell ist bei abweichenden CO-Werten immer nach Undichtigkeiten in Ansaug- und Abgassystem zu forschen. Ferner muß sichergestellt sein, daß die Zündung in Ordnung ist (eine defekte Zündkerze steigert den CO-Gehalt um 1,5 Vol.%).

Zu hoher CO-Wert:
○ Einspritzventile lecken
○ Kraftstoffdruck zu hoch
○ Kühlmittel-Temperaturgeber defekt

Zu niedriger CO-Wert:
○ Nebenluft dringt in das Ansaugsystem ein

Fingerzeige: Was Sie über die Abgassonderuntersuchung (ASU), die Katalysator-Funktionsprüfung und die Lambdasonden-Prüfung wissen müssen, finden Sie im Kapitel »Die Mono-Motronic-Einspritzung« beschrieben. Störungen an der Lambdasonde sind auf Seite 113 beschrieben.
Abklemmen der Batterie löscht den Leerlaufdrehzahl-Korrekturfaktor der Einspritzung. Das System muß sich erst wieder langsam an den richtigen Drehzahlwert herantasten, was einige Minuten dauern kann. Also nicht gleich in Panik verfallen, wenn nach Austausch der Batterie der Wagen plötzlich nicht mehr richtig läuft, sondern erst einige Zeit fahren, bis die Einregulierung abgeschlossen ist.

Störungsbeistand

MPI/MPFI-Einspritzung

Die Störung	– ihre Ursache	– ihre Abhilfe
A Kalter Motor springt nicht oder schlecht an	1 Sicherung Nr. 17 oder eine der Thermosicherungen im braunen, roten bzw. gelben Halter (in der Elektronikbox) defekt	Auswechseln
	2 Kraftstoffpumpenrelais defekt	Überprüfen, ggf. austauschen
	3 Kraftstoffpumpe fördert nicht oder nicht genügend	Benzin im Tank? Pumpe kontrollieren, Fördermenge messen (Kapitel »Tank und Kraftstoffpumpe«)
	4 Kraftstoff-Druckregler defekt	Druck messen lassen
	5 Leerlauf-Stabilisierungsventil defekt	Prüfen
	6 Steuergerät defekt	Prüfen lassen
	7 Kein Drehzahlsignal vom Geber für Motordrehzahl	Kabelverlauf kontrollieren
	8 Motor erhält Nebenluft	Sämtliche Schlauchleitungen überprüfen
B Warmer Motor springt nicht oder schlecht an	1 Unterdruckleitung zum Kraftstoff-Druckregler defekt	Leitung überprüfen
	2 Siehe A 1–4, 6 und 7	
	3 Einspritzventile undicht	Ventile überprüfen
	4 Kühlmittel-Temperaturgeber defekt	Geber überprüfen
C Motor springt an, stirbt aber wieder ab	1 Siehe A 1 und 5	
	2 Siehe B 1	
	3 CO-Wert stimmt nicht	Einspritzung prüfen lassen
	4 Luftmassenmesser (MPI) bzw. Geber für Ansauglufttemperatur oder Geber für Saugrohrdruck (MPFI) defekt	Prüfen
	5 Drosselklappen-Potentiometer defekt	Kontrollieren
D Kalter Motor schüttelt im Leerlauf	Siehe A 5	
E Warmer Motor schüttelt im Leerlauf	1 Siehe A 4 und 5	
	2 Siehe C 3	
F Warmer Motor dreht im Leerlauf zu hoch	Siehe A 5	
G Motor hat Aussetzer	1 Kraftstoffilter verstopft	Filter austauschen
	2 Siehe A 3 und 5	
	3 Siehe B 3	
	4 Siehe C 3 und 4	
H Motor stottert, setzt aus	Kraftstoffpumpe fördert ungleichmäßig	Fördermenge messen
I Motorleistung ungenügend	1 Siehe A 3, 4 und 8	
	2 Siehe C 3 und 5	
	3 Drosselklappen gehen nicht in Vollgasstellung	Gaszug einstellen
J Motor patscht ins Saugrohr	1 Siehe A 4	
	2 Siehe C 3	
K Kraftstoffverbrauch zu hoch	1 Siehe B 4	
	2 Siehe C 3	

Trennung nach Fußtritt

In einem Wagen mit Schaltgetriebe wird die Kupplung für zweierlei gebraucht: Zum einen muß sich mit ihr die Verbindung Motor/Getriebe beim Schalten trennen lassen, denn nur ein nicht belastetes Getriebe läßt den Gangwechsel zu. Zum zweiten kann die Kupplung beim Anfahren den laufenden Motor sanft mit den zunächst noch stehenden Teilen des Antriebs »verbinden«.

Funktion der Kupplung

Die Kraftübertragung zwischen Motor und Getriebe erfolgt durch die Kupplung. Die arbeitet ausschließlich mit Reibung, und das kann man sich so vorstellen: Zwei Anlageflächen nehmen eine dritte in die Zange und halten sie so stark fest, daß sie sich mit den beiden anderen mitdrehen muß. Trick der Sache ist der, daß diese Verbindung jederzeit gelöst werden kann, denn sonst könnten beide Teile genauso gut miteinander verschraubt werden. Um die Teile beim Namen zu nennen: Fest mit dem Motor verbunden sind die **Schwungscheibe** und die federbelastete **Druckplatte.** Dazwischen eingeklemmt ist die **Mitnehmerscheibe**, die mit der Getriebewelle fest verzahnt ist.
Eine weitere wichtige Funktion hat das **Ausrücklager** zu erfüllen: Beim Niedertreten des Kupplungspedals wird es mittels der Kupplungsbetätigung (siehe folgenden Abschnitt) gegen die Druckplatte gepreßt und übernimmt nun gewissermaßen die Federkraft der Druckplatte. Die Mitnehmerscheibe ist dadurch aus ihrer Zwangslage befreit und kann sich zwischen Druckplatte und Schwungscheibe frei drehen. Motor und Getriebe sind kraftmäßig getrennt.
Wird das Kupplungspedal wieder losgelassen, quetscht die Tellerfeder der Druckplatte die Mitnehmerscheibe wieder an die Schwungscheibe und aus ist's mit der Freiheit. Alle drei Teile stellen wieder eine feste, kraftschlüssige Verbindung dar. Die Motorkraft kann auf den Antrieb übertragen werden.

Die Kupplungsbetätigung

Die Kraft, die wir beim Niedertreten des Kupplungspedals aufwenden, muß zum Ausrücklager übertragen werden. Das erfolgt in unserem Audi 100 **hydraulisch** – wie bei der Bremse. Während Sie das Kupplungspedal niedertreten, verdrängt der Kolben im Geberzylinder (am Kupplungspedal) eine gewisse Flüssigkeitsmenge und drückt sie zum Nehmerzylinder (am Getriebe). Dort tritt der Kolben ein Stück aus dem Zylinder heraus und bewegt so mit dem Ausrückhebel das Ausrücklager.

Lebensdauer der Kupplung

Wie im Abschnitt »Funktion der Kupplung« angesprochen, bewirkt jedes Einkuppeln, daß die Beläge der Mitnehmerscheibe an ihren Gegenreibflächen schleifen und dabei heiß werden. Besonders verschleißfördernd ist hierbei das Anfahren mit hoher Motordrehzahl – Kavalierstart genannt –, Anfahren im 2. Gang, »Herummogeln« an Kreuzungen im 2. oder 3. Gang mit teilweise getretenem Kupplungspedal oder das »In-der-Waage-halten« an einer Steigung.

Kupplung und Kupplungsbetätigung:
1 – Mitnehmerscheibe;
2 – Druckplatte;
3 – Ausrücklager;
4 – Kupplungshebel;
5 – Führungshülse für Ausrücklager;
6 – Kupplungs-Nehmerzylinder;
7 – Kupplungs-Geberzylinder;
8 – Kupplungspedal.

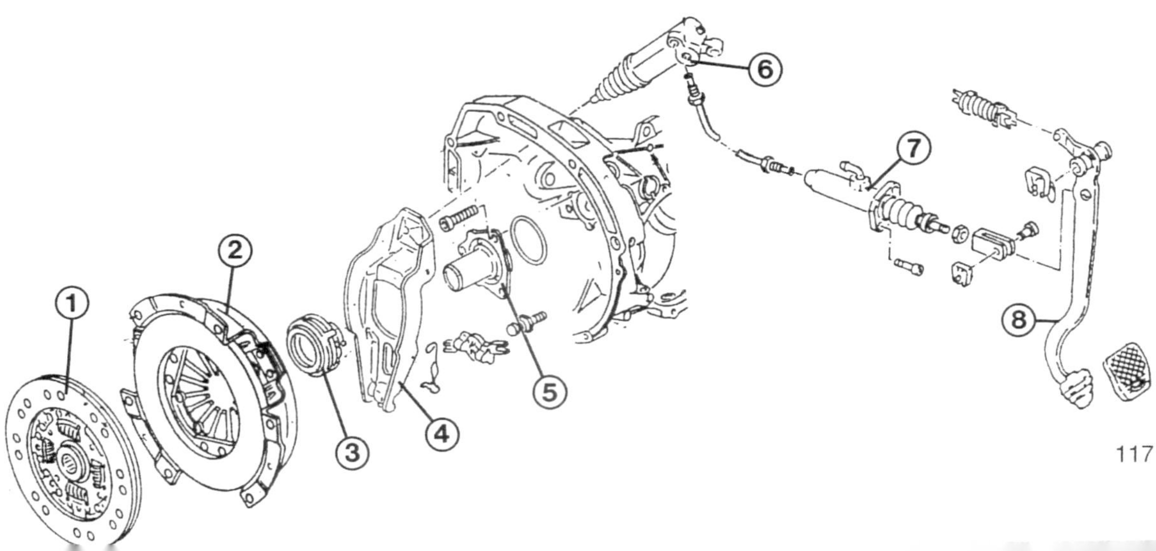

Kupplung prüfen

Der Verschleiß der Mitnehmerscheibe läßt sich im eingebauten Zustand nicht erkennen. Das erste Anzeichen für Verschleiß ist, wenn die Kupplung durchrutscht. Eine schleifende Kupplung bemerken Sie beim Fahren zuerst im höchsten Gang unter Last. Der Motor dreht hoch, ohne daß die Fahrgeschwindigkeit zunimmt. Einen gewissen Aufschluß kann folgende Methode geben, die Sie aber nur gelegentlich anwenden sollten.

Schleift die Kupplung?

- Handbremse anziehen, Motor starten.
- 3. Gang einlegen, langsam einkuppeln und Gas geben.
- Bei einwandfreier Handbremse müßte der Motor abgewürgt werden.
- Dreht der Motor durch, wird ein Kupplungstausch fällig.

Trennt die Kupplung richtig?

Läßt sich das Getriebe auch bei warmem Motor nur schwer durchschalten oder wird der Schaltvorgang sogar von kratzenden oder krachenden Geräuschen »untermalt«, trennt wahrscheinlich die Kupplung nicht mehr richtig. Nur selten ist dieser Effekt auf ein schadhaftes Getriebe zurückzuführen. Um sicherzugehen, machen wir die Probe mit dem 1. oder dem Rückwärtsgang:

- Motor im Leerlauf drehen lassen.
- Kupplungspedal voll durchtreten, etwa drei Sekunden warten, dann versuchen, den 1. oder den Rückwärtsgang einzulegen.
- Läßt sich der Gang nur sehr schwer einlegen oder kratzt das Getriebe hörbar, trennt die Kupplung nicht mehr sauber. Die Mitnehmerscheibe läuft also nicht ganz frei.
- Kupplungshydraulik kontrollieren und entlüften.
- Prüfung nochmals durchführen.
- Andere Ursachen für nicht trennende Kupplung siehe »Störungsbeistand« am Ende des Kapitels.

Kupplungshydraulik prüfen

- Wenn die Kupplung richtig trennt, ist in jedem Fall auch die Kupplungshydraulik in Ordnung.
- Trennt sie dagegen schlecht oder fällt das Pedal ohne Widerstand durch, ist sicher Luft in die hydraulische Anlage geraten. Nur Entlüften hilft da nicht – die Leckstelle muß ausfindig gemacht und repariert werden. Jetzt können Sie entlüften. Andere Ursachen für nicht trennende Kupplung finden Sie im »Störungsbeistand« am Ende dieses Kapitels.
- Zur vorbeugenden Untersuchung der Kupplungshydraulik suchen Sie nach Spuren von Bremsflüssigkeit am Geberzylinder (oben am Kupplungspedal) und am Nehmerzylinder (am Getriebe).
- Ölfeuchte Kupplungszylinder sind undicht und müssen ausgetauscht werden. Am Nehmerzylinder wird sich die Herkunft des Ölschmutzes allerdings ohne gründliche Reinigung dieses Bereiches nur schwer lokalisieren lassen.

Fingerzeig: Die Kupplungshydraulik bezieht ihre Flüssigkeit zwar auch aus dem Bremsflüssigkeitsbehälter, doch droht bei einem Leck in diesem Bereich der Bremsanlage keine Gefahr. Der Entnahmestutzen zur Kupplungshydraulik ist relativ hoch am Behälter angebracht, so daß immer ein ausreichender Flüssigkeitsrest für die Bremse zurückbleibt.

Kupplungs-Geberzylinder ausbauen

- Im Bremsflüssigkeitsbehälter möglichst viel Flüssigkeit absaugen (evtl. mit einer alten Injektionsspritze vom Hausarzt).
- Ablage links unter dem Armaturenbrett abschrauben (Kapitel »Der Innenraum«).
- Darunter liegenden Heizungskanal ausbauen (eine Schraube, eine Klammer).
- Alten Lappen unter den Geberzylinder legen, den Zulaufschlauch abziehen und den Flüssigkeitsrest in den Lappen tropfen lassen.
- Im Motorraum links unten die Druckleitung zum Nehmerzylinder abschrauben.
- Zwei Innensechskant-Halteschrauben des Geberzylinders losdrehen.
- Sicherungsscheibe links am Gelenkbolzen (Verbindung Pedal/Geberzylinder) abhebeln, Bolzen herausdrücken.
- Der Zylinder kann jetzt abgenommen werden.
- Beim **Einbau** eines neuen Zylinders muß die Stange, die auf den Kolben des Geberzylinders drückt, so eingestellt werden, daß das Kupplungspedal ca. 10 mm über dem Bremspedal steht.
- Unbedingt beachten: Die Rückstellfeder muß das Pedal ordnungsgemäß zurückstellen. Dabei darf das Pedal in Ruhestellung nicht oben am Pedalbock anliegen.
- Zum Einstellen Kontermutter an der Druckstange öffnen und Druckstange nach links oder rechts um ihre eigene Achse drehen. Dann Kontermutter wieder anziehen.
- Kupplungshydraulik entlüften.

Fingerzeig: Das Kupplungspedal im Audi 100 ist mit einer sogenannten Übertotpunktfeder versehen. Sie hilft beim Treten des Pedals, drückt es aber nach dem Loslassen in die Ruhestellung. Wandert das

Pedal nicht zurück, ist Luft in die Kupplungshydraulik gelangt oder Pedal- bzw. Federlagerung sind schwergängig.

Kupplungs-Nehmerzylinder ausbauen

- Wagen vorn links aufbocken und abstützen.
- Hydraulik-Druckleitung am Karosserie-Halter vom Schlauch abschrauben – Vorsicht, Bremsflüssigkeit läuft aus. Auffangen.
- Halteschraube am Zylinder lösen, Nehmerzylinder nach hinten aus dem Getriebegehäuse herausziehen.
- Evtl. mit Rostlöserspray und Montierhebel nachhelfen.
- Neuen Zylinder an den blanken Gehäuseflächen leicht einfetten, Betätigungsstößel mit MoS_2-Paste bestreichen.
- Nehmerzylinder ins Getriebegehäuse einsetzen und so weit eindrücken, bis die Befestigungsschraube ins Gewinde am Getriebe eingedreht werden kann (25 Nm). Nur die Spezialschraube mit angedrehter Spitze verwenden.
- Hydraulikanlage entlüften.

Kupplungshydraulik entlüften

Wer nicht das in der Werkstatt übliche Entlüftungsgerät zur Verfügung hat, entlüftet die Kupplungshydraulik so wie die Bremsen (Kapitel »Die Bremsen«) oder – fast ohne Kleckerei – nach der folgenden Methode:

- Entlüftungsnippel einer Vorderradbremse und Nippel des Kupplungs-Nehmerzylinders je ca. 1½ Umdrehungen öffnen.
- Beide Nippel mit einem Schlauch verbinden.
- Bremspedal jetzt mehrmals langsam und behutsam niedertreten, damit Bremsflüssigkeit von der Vorderradbremse durch die Kupplungshydraulik gedrückt wird.
- Nicht mit Gewalt treten, sonst rutscht der Schlauch ab!
- Flüssigkeitsstand im Bremsflüssigkeits-Vorratsbehälter im Auge behalten.
- Wenn keine Luftbläschen aus der Kupplungshydraulik mehr im Bremsflüssigkeitsbehälter aufsteigen, werden beide Entlüftungsnippel zugedreht und der Schlauch abgenommen.
- Bremsflüssigkeitsstand kontrollieren!

Kupplung ausbauen

An speziellen Werkzeugen wird für diese Arbeit ein Zentrierdorn für die Mitnehmerscheibe gebraucht. Dieser Dorn ist nichts anderes als das Ende einer Getriebe-Antriebswelle. Zur Not läßt sich die Kupplungsscheibe jedoch auch mit einem anderen passenden Dorn (Stahlstift, runder Holzstiel etc.) behelfsmäßig zentrieren.

- Getriebe ausbauen.
- Innenvielzahnschrauben 8 mm an der Druckplatte lösen. Dreht sich die Schwungscheibe mit, muß ein Helfer einen Schraubendreher in die Verzahnung am Außenrand stecken. So kann die Drehung der Scheibe an einer lose eingedrehten Getriebe-Befestigungsschraube gebremst werden.
- Druckplatte und Mitnehmerscheibe abnehmen.
- Verschleiß der Druckplatte beurteilen: Zeigen die Spitzen der Tellerfeder Einlaufspuren tiefer als bis zur halben Materialstärke? Stehen die Tellerfederspitzen alle schön parallel zur übrigen Druckplatte oder bilden sie an einer Seite ein Tal? Sind alle Nieten noch fest? Sind die Blattfedern unter dem Anlagering in Ordnung? Ist der Anlagering selbst frei von Rissen und Riefen? Außerdem darf der Ring zur Mitte hin nicht stärker als 0,3 mm durchgebogen sein (Metallineal auflegen). Sonst Druckplatte auswechseln.
- Verschleiß der Mitnehmerscheibe beurteilen: Ist noch genug Belagmaterial vorhanden oder stehen die Messingnieten (meist zuerst an der Druckplatten-

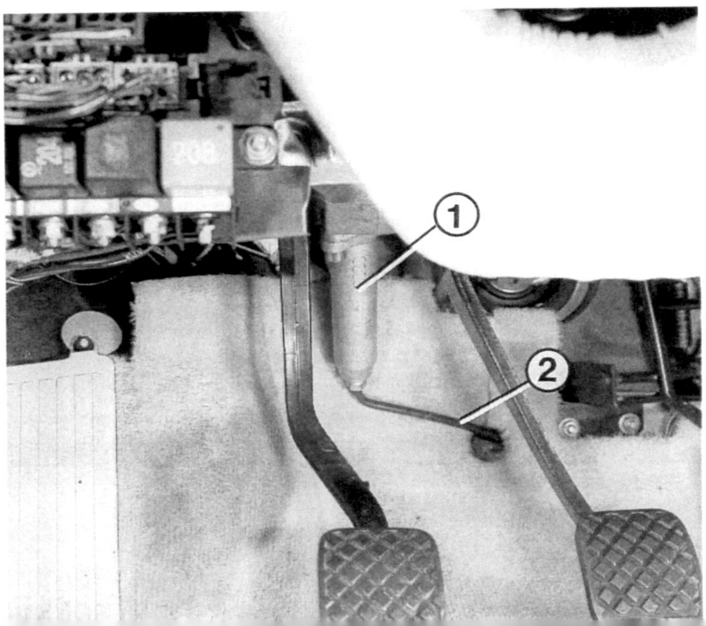

Oberhalb des Kupplungspedals ist der Kupplungs-Geberzylinder (1) und die Verbindungsleitung zum Nehmerzylinder (2) sichtbar.

Seite) schon bedrohlich weit vor? Audi gibt kein exaktes Verschleißmaß an, man muß sich also aufs Gefühl verlassen.

- Wir empfehlen, die Kupplungsscheibe schon beim kleinsten Zweifel auszutauschen. Das spart einen erneuten Kupplungsausbau schon in absehbarer Zeit. Ferner die Schraubenfedern der Scheibe kontrollieren. Ist eine gebrochen: Austausch-Scheibe einbauen.
- Kleines Nadellager hinten in der Mitte der Kurbelwelle und das Ausrücklager auf Leichtgängigkeit prüfen.
- Innenverzahnung der Mitnehmerscheibe mit MoS_2-Paste oder VW-Fett G 000100 fetten.
- Überschüssiges Fett abwischen.
- Keilnuten der Getriebewelle und kleines Nadellager hauchdünn mit hitzebeständigem Fett bestreichen.
- Kupplungsscheibe (Federkäfig zur Druckplatte zeigend) und Druckplatte einsetzen, dabei Kupplungsscheibe mit Dorn zur Schwungscheibe zentrieren (Mittelbohrungen beider Teile müssen fluchten, damit sie beim anschließenden Getriebeeinbau leicht auf die Getriebewelle geschoben werden können).
- Druckplatte in mehreren Stufen über Kreuz bis auf 25 Nm festziehen.
- Getriebe einbauen.

Fingerzeig: Wird eine neue Druckplatte eingebaut, muß unbedingt das Korrosionsschutzwachs auf der Reibfläche mit Verdünnung abgewaschen werden. Sonst frühzeitiger Kupplungs-Verschleiß.

Ausrücklager ausbauen

- Getriebe ausbauen.
- Ausrücklager abziehen.
- Wird das alte Lager wieder eingebaut, darf es nicht ausgewaschen werden – lediglich abwischen.
- Die Führungshülse, auf der das Ausrücklager hin und her verschoben wird, besteht aus Kunststoff und darf nicht gefettet werden.
- Zum Einbau Lager lediglich auf die Führungshülse schieben.

Störungsbeistand

Kupplung

Die Störung	– ihre Ursache	– ihre Abhilfe
A Kupplung rutscht	1 Kupplungsbeläge abgenutzt	Mitnehmerscheibe ersetzen
	2 Anpreßdruck der Kupplung zu gering	Kupplungsdruckplatte ersetzen
	3 Belag verölt	Mitnehmerscheibe und defekte Getriebe- oder Kurbelwellendichtung ersetzen
	4 Kupplung wurde überhitzt	Defekte Teile ersetzen
B Kupplung trennt nicht	1 Luft in der Kupplungshydraulik	Defektes Teil ersetzen, entlüften
	2 Mitnehmerscheibe hat Schlag	Mitnehmerscheibe richten oder ersetzen
	3 Mitnehmerscheibe verzogen oder Belag gebrochen	Mitnehmerscheibe ersetzen
	4 Mitnehmerscheibe klemmt auf Getriebewelle	Kerbverzahnung mit Drahtbürste gründlich reinigen. Anschließend mit VW-Fett G 000100 schmieren
	5 Belag nach sehr langer Standzeit an Schwungscheibe festgerostet	1. Gang einlegen und Anlasser betätigen, damit der Motor anspringt. Kupplungspedal dauernd durchtreten. Gaspedal ruckartig durchtreten und loslassen, um die Kupplung loszubrechen. Andernfalls ausbauen
	6 Tangential-Blattfedern der Druckplatte gebrochen	Druckplatte ersetzen
C Kupplung trennt nicht und rutscht gleichzeitig durch	Kupplungsdruckplatte defekt	Druckplatte auswechseln
D Kupplung rupft	1 Motor oder Getriebeaufhängung defekt	Motor- oder Getriebelager ersetzen
	2 Unebenheiten auf der Anlagefläche von Schwungscheibe oder Druckplatte	Defektes Teil ersetzen
	3 Falsche Beläge	Mitnehmerscheibe ersetzen
E Kupplungsgeräusche	1 Unwucht der Kupplungsdruckplatte bzw. Mitnehmerscheibe	Kupplungsdruckplatte bzw. Mitnehmerscheibe ersetzen
	2 Torsions-Dämpferfeder defekt	Mitnehmerscheibe ersetzen
	3 Ausrücklager defekt	Ausrücklager ersetzen
	4 Nietverbindungen in der Kupplung locker	Kupplungsdruckplatte ersetzen
	4 Nadellager hinten in der Kurbelwelle defekt	Nadellager ersetzen

Stufe um Stufe

Mit seinen unterschiedlichen Übersetzungsstufen paßt das Getriebe die Drehzahl von Motor und Antriebsrädern einander an. So kann der Fahrer Einfluß auf Fahrgeschwindigkeit, Beschleunigungsvermögen und Bergsteigefähigkeit des Wagens nehmen.
Je nach eingebauter Getriebeversion ist man damit in der Lage, unter fünf Gängen den jeweils passenden auszusuchen oder das Automatikgetriebe schalten zu lassen.

Das Schaltgetriebe

Die Motorleistung wird über die Kupplung auf die Eingangswelle des Schaltgetriebes geleitet. Auf dieser Eingangs- oder Antriebswelle sitzen 6 Zahnräder (einschließlich Rückwärtsgang), die mit 6 dazu passenden Zahnrädern auf der sogenannten Abtriebswelle ständig im Eingriff stehen. Diese Zahnräder können frei umlaufen, bis eines von ihnen beim Schalten eines bestimmten Gangs mit seinem entsprechenden Gegenrad auf der Antriebswelle gekuppelt wird. Das Verhältnis der Zähnezahlen des jeweiligen Zahnradpaars ergibt die betreffende Übersetzungsstufe. Unser Audi hat – wie alle Personenwagen – »vollsynchronisierte« Vorwärtsgänge. Zusätzlich ist sogar der Rückwärtsgang synchronisiert, um Kratzgeräusche beim Einlegen dieses Gangs zu vermeiden.
Die Zahnräder auf der Antriebs- und Abtriebswelle sind auf »Nadeln« (stiftartige Rollen) gelagert. Es besteht also keine starre Verbindung zwischen Wellen und Rädern. Die Zahnräder bleiben, wie schon erwähnt, immer im Eingriff. Beim Gangwechsel wird nicht etwa eine Verbindung zwischen den Zahnrädern, sondern zwischen Zahnrad und Welle hergestellt. Um die Drehzahlen von Welle und Zahnrad einander anzugleichen, läßt man einen Teil der Welle gegen einen Teil der anderen Welle über Reibelemente schleifen. Durch die Reibung wird die schnellere Welle abgebremst, bis bei Gleichlauf eine kraftübertragende Verbindung hergestellt werden kann. Da die Synchronisation für diese Drehzahlanpassung einen Sekundenbruchteil braucht, soll man besonders bei kaltem Motor und noch steifem Getriebeöl den Schalthebel nicht gewaltsam »durchreißen«.

Schaltungsprobleme

Wenn sich die Gänge nur noch schwer einlegen lassen oder die Schaltung nach längerer Fahrt plötzlich schwergängig ist, kommt als Fehlerursache weit häufiger die Kupplung in Betracht als das Getriebe (siehe »Störungsbeistand« im Kapitel »Die Kupplung«). Das nachfolgend beschriebene Einstellen der Schaltung dient lediglich dazu, den Schalthebel in die richtige Position zu bringen und damit die Schaltwege auszurichten.

Schaltung einstellen

- Schalthebel in Leerlaufstellung bringen.
- Schalthebelknopf abschrauben.
- Schalthebelabdeckung abnehmen.
- Unter dem Wagen die Querträger vorn und hinten ausbauen und das Wärmeschutzblech abschrauben, damit der Schalthebel von unten zugänglich ist.
- Sechskantschraube am unteren Ende des Schalthebels ein Stück lösen, damit Hebel und Schaltstange gegeneinander verdreht werden können.
- Schalthebel senkrecht stellen und so ausrichten, daß beide Nasen des Kugelanschlags den gleichen Abstand zum Kugelgehäuse aufweisen.

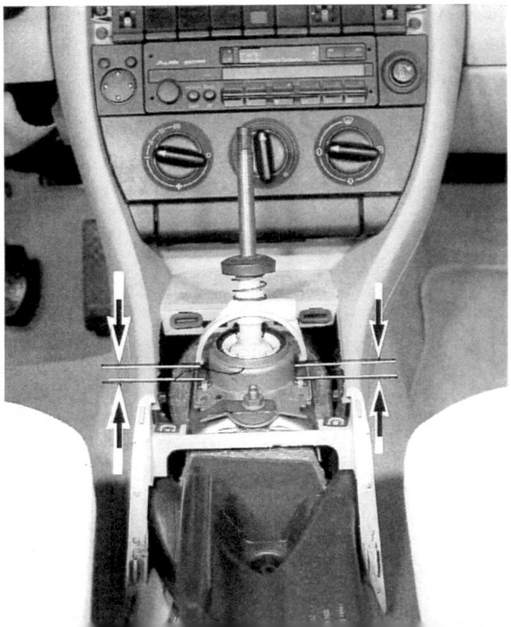

Einstellen der Schaltung.
Links: Rechts und links muß der Abstand zwischen Anschlag und Gehäuse gleich sein.
Rechts: Zum Einstellen die mit Pfeil bezeichnete Schraube am Schaltgestänge unter dem Wagen lösen.

● Die Schraube unter dem Wagen vorsichtig festziehen, damit die Einstellung nicht verändert wird.
● Zum Schluß **Funktion prüfen:**
● Der Schalthebel muß in Leerlaufstellung in der Ebene des 3./4. Gangs stehen.
● Alle Gänge durchschalten. Dabei auf die Funktion der Rückwärtsgangsperre achten.
● Wenn nötig, die Schrauben des Kugelgehäuses lösen und Kugelgehäuse etwas verdrehen.

Schaltgetriebe aus- und einbauen

Fahrzeuge mit Frontantrieb

Der Wagen muß so aufgebockt werden, daß Sie sowohl im Motorraum als auch an der Wagenunterseite arbeiten können. Das Getriebe wird nach unten abgenommen.
Wichtig: Zuordnung der Schrauben am Flansch Motor/Getriebe wegen der zahlreichen unterschiedlichen Schraubenlängen und -durchmesser unbedingt notieren bzw. Schrauben mit Klebeband markieren.

● Masseband der Batterie abnehmen.
● Masseband Getriebe/Karosserie am Getriebe abschrauben.
● Stecker für Tachogeber am Getriebe ausstecken; dazu die Halteklammer am Stecker niederdrücken. Desgleichen den Stecker zum Rückfahrleuchten-Schalter.
● Beim Sechszylinder das Ansaugrohrstück zwischen Luftfilter und Sammelsaugrohr ausbauen.
● Von oben erreichbare Schrauben zwischen Motor und Getriebe lösen.
● Kabelbinder lösen, Steckverbindung zur Lambdasonde trennen.
● Untere Motorraumverkleidung abschrauben (Kapitel »Die Karasserieteile«).
● Vorderes Auspuffrohr vom Krümmer abschrauben, Auspuffanlage komplett ausbauen.
● Querträger unterhalb des Getriebes ausbauen.
● Schaltstange am Getriebe abbauen.
● Seile für procon-ten vom Getriebe abbauen.
● Schutzblech für Antriebswelle rechts (Sechszylinder: auch links) ausbauen.
● Antriebswelle rechts und links vom Getriebe abbauen, Lenkung einschlagen (dabei Wellenenden gegen Herabfallen sichern) und beide Antriebswellen hochbinden.
● Kupplungs-Nehmerzylinder ausbauen; die Leitung kann angeschlossen bleiben.
● Sofern vorhanden, Wärmeschutzblech für das rechte Gummi/Metall-Lager abschrauben.
● Anlasser ausbauen.
● An Fahrzeugen mit Vierzylindermotor das Abdeckblech für Kupplungsglocke ausbauen.
● Motor durch Unterbauen gegen Kippen nach vorn oder hinten sichern.
● Getriebe mit Rangierwagenheber von unten abfangen.
● Befestigungsschrauben für die Getriebestützen/Aggregateträger rechts und links ausbauen.
● Motorlager vorn (Drehmomentstütze bei Fünf- und Sechszylinder) ausbauen.
● Untere Verbindungsschrauben Motor/Getriebe herausdrehen.
● Getriebe vorsichtig mit einem Montierhebel vom Motor abdrücken.
● Jetzt das Getriebe vorsichtig mit dem Rangierheber ablassen.
● Zum Einbau die Kerbverzahnung der Getriebeantriebswelle reinigen und mit MoS_2-Gleitpaste oder VW-Fett G 000 100 schmieren.
● Kontrollieren, ob die Paßhülsen zur Zentrierung des Getriebes im Motorblock eingesetzt sind.
● Schaltung bei eingebautem Getriebe prüfen, ggf. einstellen.
● Kupplungs-Nehmerzylinder erst bei eingebautem Getriebe einsetzen (siehe Kapitel »Die Kupplung«).
● Anzugsdrehmomente siehe Tabelle auf der gegenüberliegenden Seite.

Ausbau des Schaltgetriebes: Hinten hängt das Getriebe rechts und links an sogenannten Getriebestützen, von denen eine hier im Bild mit einem Pfeil bezeichnet ist. Die Verbindung zum Aggregateträger stellt ein elastisches Gummi/Metall-Lager her.

Anzugs-Drehmomente

Anzugsdrehmomente		Nm
Getriebe an Motor	M 8	25
	M 10	45
	M 12	65
Gelenkwelle an Flanschwelle	M 8	45
	M 10	80

Getriebegeräusche

Im Lauf der Zeit kann das Getriebe durch Geräuschentwicklung auf sich aufmerksam machen. Dann sollten Sie zuerst nach dem **Ölstand im Getriebe** sehen.

○ Tritt ein **heulendes Geräusch in einem Gang** auf und verändert sich der Ton beim Gasgeben und Gas wegnehmen, dürfte die Verzahnung des betreffenden Gangradpaares verschlissen sein.

○ Bei **Geräuschen in allen Gängen** liegt es am Achsantrieb oder an den Getriebe-Wellenlagern.

○ **Rauhe, mahlende Geräusche**, die erst bei warmem Getriebe hörbar werden, weisen auf schlagende Synchronringe hin. Bei dünnflüssiger werdendem Öl wird dieses immer an derselben Stelle vom Synchronring weggedrückt.

Fingerzeig: Werkstätten wagen sich nur selten an die Reparatur oder Überholung eines Getriebes, sondern raten lieber zu einem Austauschaggregat. Preiswerter ist in den meisten Fällen der Einbau einer gebrauchten Schaltbox von der Autoverwertung. Achten Sie dabei auf die richtigen Getriebe-Kennbuchstaben. Die sind vorn oben an der linken Seite des Getriebegehäuses (also an der Kupplungsglocke) eingeschlagen. Außerdem ist dort das Herstellungsdatum angegeben mit Tag, Monat und Jahr, wobei von der Jahreszahl nur die letzte Ziffer erscheint.

Automatisches Getriebe

Das Automatikgetriebe für den Audi 100 ist elektronisch/hydraulisch gesteuert. Neben vier Fahrstufen verfügt dieses Getriebe auch noch über zwei Schaltprogramme – »Economy« und »Sport«. Seit ca. 7/92 kommt bei den Sechszylindern die noch feinfühligere DSP-Getriebesteuerung (siehe Seite 125) zum Einsatz.

Funktion allgemein

Kernstück des Automatikgetriebes sind sogenannte Planetensätze. Die bestehen aus einem Zahnrad, um das drei weitere Zahnräder umlaufen. Über diese Anordnung ist ein Ringrad mit Innenverzahnung gestülpt. Jeweils zwei dieser Baugruppen sind zu einem Radsatz zusammengefaßt und bilden ein eigenes kleines Zweiganggetriebe. Das Geniale an diesen Getrieben ist die Art, sie zu schalten. Die Übersetzungsänderung erfolgt lediglich durch Festhalten oder Loslassen von Teilen des Planetensatzes. Geschaltet wird also ohne Unterbrechen des Kraftflusses. Das Halten und Lösen besorgen hydraulisch gesteuerte Lamellenkupplungen und Lamellenbremsen.

Um ein mehrstufiges Getriebe zu erhalten, sind drei Planetensätze hintereinandergeschaltet. So entsteht ein Vierganggetriebe mit Rückwärtsgang. Die Koordination der Radsätze erledigt die hydraulische Getriebesteuerung.

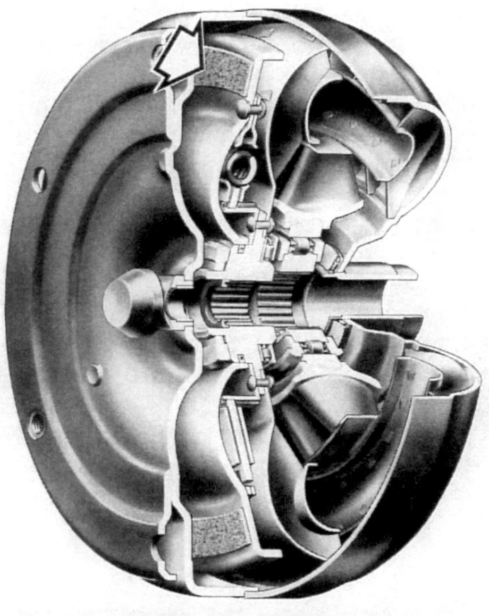

Das Schnittbild des Drehmomentwandlers zeigt deutlich die Schaufeln des Pumpenrades und des Leitrades. Der Pfeil deutet auf den Reibbelag der Wandlerkupplung, die – außer bei kalter ATF – ab höheren Geschwindigkeiten zur Vermeidung von Schlupf auf starren Durchtrieb schaltet.

Der Drehmomentwandler

Die Übertragung der Kraft des Motors auf das Getriebe erfolgt mit Flüssigkeit. Der Motor treibt das Pumpenrad im Drehmomentwandler an. Die in Rotation gebrachte Wandlerflüssigkeit kann nun über ein dazwischen sitzendes Leitrad das mit dem Getriebe verbundene Turbinenrad ebenfalls in Bewegung setzen. Zwischen dem mit Motordrehzahl rotierenden Pumpenrad und dem Turbinenrad am Getriebeeingang herrscht immer ein Drehzahlunterschied. Er ist beim Anfahren am größten, mit zunehmender Geschwindigkeit gleichen sich die Drehzahlen zwischen Pumpen- und Turbinenrad immer mehr an. Aber ein gewisser »Schlupf« bleibt beim herkömmlichen Automatikgetriebe immer noch. Bei unserem Getriebe wird dagegen der Drehmomentwandler im 3. und 4. Fahrbereich überbrückt, d.h. es herrscht eine starre Verbindung zwischen Motor und Automatikgetriebe. So läßt sich der Kraftstoffverbrauch senken.

Die elektronische Getriebesteuerung

Eingangssignale

Das Steuergerät verarbeitet zahlreiche Signale von verschiedenen Bauteilen; Informationen kommen von:

- **Wählhebel mit Multifunktionsschalter** für die Wählhebelstellung. Die Hebelstellung steuert auch das Einschalten der Rückfahrleuchten, die Anlassersperre bei eingelegtem Fahrbereich und ggf. das Ein- und Ausschalten der Geschwindigkeits-Regelanlage.
- **Sport-Taste** für das gewünschte Schaltprogramm (nicht beim Getriebe mit DSP).
- **Drosselklappen-Potentiometer** für die Stellung der Drosselklappe. Dieses von der Einspritzung bekannte Bauteil dient zur Errechnung der Schaltpunkte.
- **Geschwindigkeitsgeber** im Getriebe zur Ermittlung der Fahrgeschwindigkeit ebenfalls für die Schaltpunkte. Fällt dieser Geber aus, nimmt das Steuergerät die Motordrehzahl (Signal von der Zündanlage) als Ersatzwert.
- **Kickdownschalter** (im Gaszug, beim Sechszylinder separat); er gibt Meldung, wenn das Gaspedal voll durchgetreten wurde. Dann wird später hochgeschaltet oder ggf. auch ein oder zwei Fahrbereiche zurückgeschaltet.
- **Bremslichtschalter** für die Freigabe der elektromagnetischen Wählhebelsperre. Nur bei getretenem Bremspedal läßt sich der Wählhebel aus Stellung »P« oder »N« in einen der Fahrbereiche schieben.
- **ATF-Temperaturgeber** für die Temperatur der Getriebeflüssigkeit. Starke Drehzahlunterschiede zwischen Motor und Getriebe können eine erhebliche Erwärmung der ATF bewirken. Wenn ans Steuergerät die Meldung erhöhte Temperatur kommt, wird in den einzelnen Fahrbereichen später hochgeschaltet. Das verringert den Schlupf im Wandler und senkt die ATF-Temperatur – erst dann wird wieder auf das normale Fahrprogramm umgeschaltet.

Steuerung der Schaltvorgänge

Wenn Sie den Wählhebel in Stellung »D« bewegen, gelangt unter Druck stehende ATF an die sogenannten Schaltschieber im Schaltschieberkasten, die ihrerseits die Lamellenkupplungen und -bremsen hydraulisch steuern. Den Druck regelt das Steuergerät mit Magnetventilen und bestimmt so den Zeitpunkt zum Hoch- bzw. Zurückschalten sowie die Schaltübergänge. Gleichzeitig besteht eine Verbindung mit dem Steuergerät der Zünd/Einspritz-Steuerung – beim Hochschalten wird der Zündzeitpunkt etwas zurückgenommen, damit der Schaltübergang weich verläuft. Befehle vom Steuergerät gelangen weiterhin an den Magnet der Wählhebelsperre, das Kombirelais für Anlassersperre und Rückfahrleuchten und ggf. die Leuchtanzeige in der »Sport«-Taste. Ist der Audi 100 mit einer Geschwindigkeitsregelanlage ausgestattet, wird diese vom Steuergerät der Getriebeautomatik nur dann mit Spannung versorgt, wenn ein Vorwärts-Fahrbereich eingelegt wurde und die Geschwindigkeit erstmals 30 km/h überschritten hat.

Eigendiagnose

Das Steuergerät des Automatikgetriebes kann auftretende Fehler erkennen und speichern. Ein Prüfprogramm überwacht die Ein- und Ausgangssignale praktisch aller Geber und Bauteile sowie deren Stromkreise. Aufgetretene Fehler werden in einem Dauerspeicher festgehalten. Beim Inspektions-Service in der Werkstatt wird der Fehlerspeicher abgefragt. Das geschieht mit einem Auslesegerät; eine Möglichkeit für den Heimwerker zur Fehlerspeicherabfrage ist leider nicht vorgesehen. Falls Sie einen Fehler in der Getriebesteuerung vermuten, können Sie den Fehlerspeicher nur in der Audi-Werkstatt abrufen lassen.

Notlauf

Hat das Steuergerät einen Fehler erkannt, der die Funktion erheblich beeinträchtigt oder ist das Steuergerät selbst defekt, wird auf »Notlauf« geschaltet. Hierfür gibt es zwei Notprogramme:

- Das **Getriebe schaltet** wie bisher **automatisch** in die höheren oder niedrigeren Fahrstufen, die Schaltrucke sind jedoch wesentlich ausgeprägter.
- Das **Getriebe schaltet nicht mehr automatisch** hoch oder herunter. In den Wählhebelstellungen »D«, »3« und »2« steht ausschließlich der 3. Fahrbereich zur Verfügung. Nur in Stellung »1« und »R« wird der angewählte Fahrbereich auch eingelegt.

In beiden Fällen ist ein umgehender Besuch bei der Audi-Werkstatt erforderlich, wo zuallererst der Fehlerspeicher ausgelesen wird.

Dieses Schema verdeutlicht die Zusammenhänge zwischen Schaltschieberkasten (1) des Automatik-Getriebes, Wählhebel (2), Multifunktionsschalter (3) und elektronischem Steuergerät (4). Der Handschieber (5) wird direkt vom Wählhebel betätigt.
Je nach Baujahr und Motorversion ist das Steuergerät mit zwei Fahrprogrammen für sportliche und normale Fahrweise ausgestattet oder es ist bereits das Automatikgetriebe mit DSP (Dynamisches Schaltprogramm) eingebaut, das je nach Fahrweise eines seiner fünf Schaltprogramme aufruft.

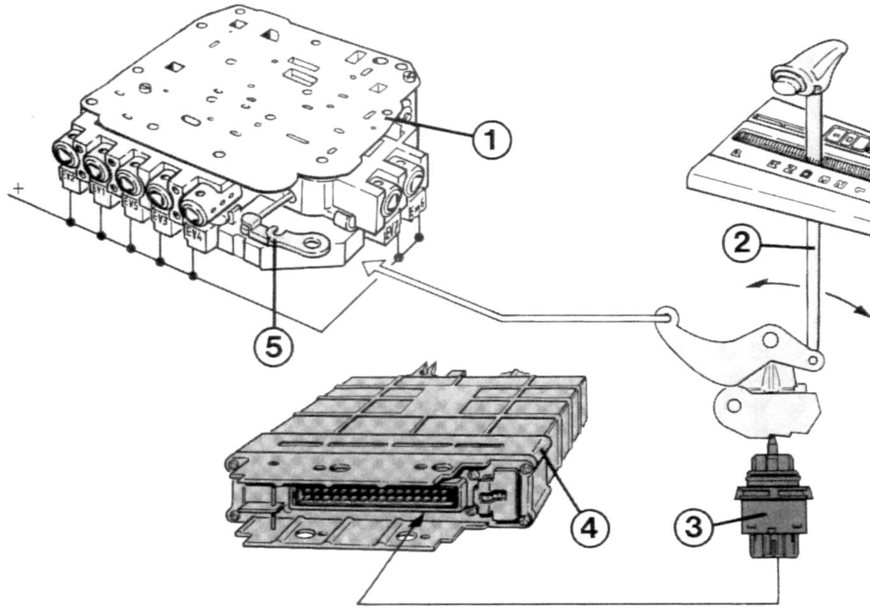

Automatikgetriebe mit DSP

Seit etwa 7/92 ist bei den Audi-100-Sechszylindern mit Front- und quattro-Antrieb und Viergang-Automatikgetriebe dieses mit einem sogenannten Dynamischem Schaltprogramm »DSP« ausgestattet. Das elektronische Steuergerät dieses Getriebes verfügt über fünf Schaltprogramme mit eigenen Kennfeldern. Clou des Automatikgetriebes mit DSP ist seine »Lernfähigkeit«: Das Steuergerät summiert laufend die Häufigkeit der verschiedenen Fahrzustände und wählt automatisch das dem jeweiligen Fahrstil entsprechende Schaltprogramm mit dem gerade geeigneten Kennfeld. Durch früheres bzw. späteres Hoch- oder Zurückschalten ermöglicht DSP »automatisch« mit Hilfe seiner fünf Schaltprogramme sowohl ausgesprochen sportliche als auch besonders ökonomische Fahrweise. Die vom seitherigen Getriebe her bekannte »Sport«-Taste ist hier nicht mehr nötig und daher auch nicht mehr vorhanden.

Automatikgetriebe prüfen

Für den Selbsthelfer bietet das Automatikgetriebe kaum noch Möglichkeiten zur Eigeninitiative. Gezielte Prüfungen helfen jedoch, den Fehler einzukreisen, was nicht zuletzt beim Gebrauchtwagenkauf interessant ist:
○ Der ATF-Stand im Getriebe ist bei Störungen als erstes zu prüfen.
○ Riecht die ATF am Peilstab verbrannt, liegt ein schwerer Getriebeschaden vor. Die Bremsbänder bzw. Kupplungslamellen sind dann defekt.
○ Auf einer Probefahrt können die Schaltpunkte überprüft werden.
○ Die Art, wie die Schaltvorgänge erfolgen, gibt Aufschluß über den Zustand der Automatik.
○ Die Einstellung des Gaszugs mit dem integrierten Kickdownschalter ist eine wichtige Voraussetzung für fehlerfreie Arbeitsweise.
○ Gleiches gilt für die Einstellung des Wählhebelseilzugs.

Beurteilen der Schaltvorgänge

Bei einer Probefahrt können Sie Ihre Aufmerksamkeit auf die Schaltvorgänge richten:
○ Hochschalten: Bei teilweise durchgetretenem Gaspedal ist der Gangwechsel kaum wahrnehmbar; bei Vollgas oder Kickdown werden die Übergänge zwar etwas deutlicher, doch stets muß der höhere Gang geschmeidig fassen. Kurzes Hochdrehen beim Gangwechsel deutet auf Fehler hin, die genauer untersucht werden müssen.
○ Herunterschalten: Ohne Gas (beim Ausrollenlassen) kaum spürbar bei sehr niederen Geschwindigkeiten. Ein Stoß ist beim Rückschalten mit Teil- oder Vollgas normal. Das Zurückschalten ohne Gas mit dem Schalthebel dauert eine bis zwei Sekunden. Wird beim zwangsweisen Zurückschalten mit dem Wählhebel zugleich Gas gegeben, erfolgt der Gangwechsel ohne Verzögerung.

Fingerzeig: Der Audi 100 mit Automatikgetriebe darf nicht weiter als 50 km geschleppt werden, sonst reicht die Getriebeschmierung nicht aus. Aus dem gleichen Grund gilt eine Höchstgeschwindigkeit von 50 km/h. Im Zweifelsfall den bequemeren Weg wählen und den Wagen verladen lassen.

Automatikgetriebe ausbauen
Frontantrieb

Der Wagen muß so hoch aufgebockt werden, daß Sie bequem von unten daran arbeiten können. Besorgen Sie sich zudem einen großen Rangier-Wagenheber zum Abstützen und Ablassen des sehr schweren Automatikgetriebes.
● Batterie abklemmen.
● Kabelstecker für Tachometergeber abziehen.
● Beim Sechszylinder das Ansaugrohrstück zwischen Luftfilter und Sammelsaugrohr ausbauen.
● Bei geteiltem ATF-Einfüllrohr dieses oben lösen und herausziehen. Unterteil des Einfüllrohrs mit einem fusselfreien Lappen zustopfen.
● Von oben erreichbare Verbindungsschrauben

Motor/Getriebe herausdrehen. Man sollte sich notieren, welche Schraube zu welcher Bohrung gehört.

- Motor kippsicher unterbauen.
- Untere Motorraumabdeckung samt Haltern abschrauben.
- Wärmeschutzbleche für Antriebwelle ausbauen.
- Karosserie-Querträger unterhalb des Auspuffrohrs bzw. der Katalysatoren (je nach Motor) ausbauen.
- Auspuffrohre (beim Sechszylinder komplett mit Katalysatoren) ausbauen.
- Gelenkwellen vom Getriebe abschrauben (nicht nach unten fallen lassen).
- Anlasser ausbauen. Dadurch werden die Befestigungsschrauben des Drehmomentwandlers zugänglich.
- Insgesamt drei Haltemuttern des Drehmomentwandlers von der Motorseite der Schwungscheibe her lösen. Dazu die Zentralschraube der Riemenscheibe bzw. des Schwingungsdämpfers (je nach Motor) mit einem Ringschlüssel gegenhalten. Kurbelwelle jeweils ⅓ Umdrehung weiterdrehen.
- Wärmeschutzblech des Multifunktionsschalters abschrauben.
- Stecker am Getriebegehäuse abziehen. Dann Seilhalter für procon-ten aushaken und Seile nach oben drücken.
- Auffangwanne unter die Verschraubung der ATF-Leitungen stellen.
- Halter für ATF-Leitungen abschrauben und Leitungen zur Seite legen.
- Wo vorhanden, Motorstütze vorn abschrauben.
- Getriebe mit Rangierwagenheber anheben und Schrauben an der Getriebeaufhängung lösen.
- Einheit Motor/Getriebe leicht nach hinten kippen; danach Motor wieder stabil unterbauen.
- Getriebestütze rechts am Getriebe abschrauben.
- Halteklammer für Wählhebelzug aushaken und Wählhebelzug abhebeln.
- Untere Verbindungsschrauben Motor/Getriebe herausdrehen.
- Gelenkwellen nach hinten legen.
- Getriebe vom Motor abdrücken; evtl. Montierhebel zu Hilfe nehmen.
- Getriebe vorsichtig ablassen.
- Drehmomentwandler beim Ausbauen des Getriebes von der Mitnehmerscheibe drücken.
- Der Wandler muß im Getriebe bleiben! Achten Sie auch später darauf, daß er nicht herausfällt (mit Draht festbinden).

Automatikgetriebe einbauen

Insgesamt verläuft der Einbau sinngemäß umgekehrt wie der Ausbau. Besondere Beachtung verdienen die folgenden Punkte:

- Kontrollieren, ob der Wandler richtig im Getriebe sitzt. Darauf achten, daß er beim Einbau nicht nach vorn rutscht.
- Zum Festschrauben des Wandlers an der Mitnehmerscheibe unbedingt die Originalschrauben benutzen, sonst wird der Wandler zerstört.
- Evtl. neue ATF einfüllen.
- Auspuff einbauen.
- Wählhebel einstellen.

Drehmomente Automatikgetriebe

Bauteil		Nm
Antriebswelle an Getriebe		80
Drehmomentwandler an Mitnehmerscheibe		60
Getriebe an Motor	M 10	60
	M 12	80
Getriebestütze an Getriebe		40
Getriebestütze an Lager		110

Der Achsantrieb

Das Getriebe und der Achsantrieb sitzen bei unserem Audi 100 – wie bei fast allen Frontantriebswagen – in einem gemeinsamen Gehäuse. Die vom Motor ans Getriebe geleitete Kraft gelangt über ein kleines und ein großes Zahnrad an den Achsantrieb. Am großen Zahnrad ist das Gehäuse des Ausgleichsgetriebes angeschraubt. In diesem Gehäuse sitzen vier ineinandergreifende Kegelräder, von denen zwei mit den Antriebswellen verbunden sind.

Solange wir geradeaus fahren, rollen beide Vorderräder mit der Drehzahl des großen Achsantriebsrades. Die Kegelräder des ebenfalls im gleichen Tempo drehenden Ausgleichsgetriebe-Gehäuses stehen dagegen still. Beim Durchfahren einer Kurve muß das kurvenäußere Rad einen längeren Weg zurücklegen als das innere. Jetzt treten die Kegelräder in Aktion: Die schnellere Drehung des äußeren Rades und seines Kegelrades wirkt über die beiden Übertragungskegelräder auf jenes Kegelrad auf der Kurveninnenseite ein, das nun entsprechend langsamer dreht.

Dieser Ausgleich ist notwendig, sonst würde der Wagen ruckartig mit durchdrehenden Vorderrädern durch die Kurven fahren. Nachteilig wirkt sich das Ausgleichsgetriebe jedoch aus, wenn ein Antriebsrad auf glattem Untergrund durchdreht. Dann wird auf das andere Vorderrad praktisch keine Kraft mehr übertragen, der Wagen rührt sich nicht von der Stelle.

Die Antriebswellen

Damit Sie beim Fahren und Lenken keine Antriebskraft-Einflüsse in der Lenkung spüren, müssen die Gelenke der Antriebswellen die Kräfte in allen Feder- und Lenkstellungen vollkommen gleichmäßig übertragen. Das also ist die Aufgabe dieser Gelenke, von denen an jedem Antriebswellen-Ende eines sitzt. In der Audi-100-Baureihe haben wir es mit zwei verschiedenen Gelenk-Typen zu tun:

○ Zum einen gibt es im Audi sogenannte **homokinetische Gelenke** (Gleichlaufgelenke). Ihre Funktion beruht auf 6 Kugeln, die in speziell geschliffenen Laufbahnen beim Knicken des Gelenks hin und her laufen. So wird bei jedem im Fahrzeug möglichen Beugewinkel der Antriebswelle absolut gleichmäßige Kraftübertragung gewährleistet. Homokinetische Gelenke sind eingebaut an allen Schaltgetriebe-Fahrzeugen mit Vier- und Fünfzylinder-Motor, sowie an allen quattro-Fahrzeugen mit Schaltgetriebe (vorn und hinten). Ferner sind sie eingebaut als äußere Gelenke bei Fahrzeugen mit Automatikgetriebe und an Fahrzeugen mit Sechszylindermotor.

○ Ein sogenanntes **Tripodegelenk** ist an Fahrzeugen mit Automatikgetriebe (Frontantrieb und Allrad – da jedoch nur vorn) und an Fahrzeugen mit Sechszylindermotor (Frontantrieb) als Innengelenk – also getriebeseitig eingebaut. Statt der sechs Kugeln besitzt dieses Gelenk drei Rollen auf Nadellagern. Vorteil dieser Bauart: Geringere Schwingungsübertragung vom Antrieb zur Karosserie.

Manschetten der Antriebswellen prüfen

Wartung Nr. 22

Die Gelenke der Antriebswellen sind durch Gummimanschetten vor Feuchtigkeit und Schmutz geschützt. Deshalb sollten Sie diese Manschetten regelmäßig unter die Lupe nehmen, ob sie nicht durch Risse undicht geworden sind.

● Jeweils ein Antriebsrad hochbocken, Wagen abstützen.

● Betreffende Achswelle langsam durchdrehen und dabei die Manschette auf spröde Stellen bzw. Löcher untersuchen. Auch Fettspuren können auf ein Loch hindeuten.

● Sitzen die Schlauchbinder fest?

● Beschädigte Staubmanschetten baldigst auswechseln, sonst zerstört eindringendes Wasser die Gelenke, und die sind nicht gerade billig!

Störungsbeistand

Antriebswellen

Gewöhnlich gibt es mit den Antriebswellen keine Probleme. Ihre Lebensdauer hängt natürlich von der Fahrweise ab. Vollgasstarts mit eingeschlagenen Vorderrädern und Anfahren mit durchdrehenden Antriebsrädern führen zu vorzeitigem Defekt.

○ Die Gelenke der Antriebswellen zeigen meist schlagartig Ausfallserscheinungen, die aber zwischendurch wieder völlig verschwinden können. Die ruhige Phase kann sich über mehrere Tage und Kilometer erstrecken.

Die Manschetten (Pfeile) an den Gelenken beider Antriebswellen dürfen nicht rissig sein und keine Beschädigungen aufweisen. Denn Schmutz und Wasser bedeuten Gefahr für das Gelenk.

○ Charakteristisch sind **rhythmische Schlag- oder Knack-knack-knack-Geräusche** beim Gasgeben und im Schiebebetrieb. Verändern sich diese Töne noch abhängig vom Lenkeinschlag, dürfte das radseitige Gelenk defekt sein.

○ **Vibrationen und Zitterbewegungen im Lenkrad** bei eingeschlagenen Rädern weisen ebenfalls auf ein schadhaftes äußeres Gelenk.

Antriebswelle vorn ausbauen

Sie brauchen eine neue Sechskant-Kombischraube für die Gelenkwelle außen an der Radnabe sowie eine Dichtung für das innere Wellengelenk (Dichtung nicht nötig bei Sechszylinder mit Schaltgetriebe sowie bei Automatikgetriebe).

● Radkappe abnehmen.

● Radschrauben lockern.

● Sechskantschraube in der Radnabe lösen; hierzu muß der Audi fest auf dem Boden stehen.

● Wagen vorn aufbocken und sichern.

● Rad abbauen.

● Ggf. Abdeckung für Antriebswelle am Getriebe abbauen.

● ABS-Drehzahlfühler etwas zurückziehen.

● Innenvielzahnschrauben der Welle am Getriebe herausdrehen.

● Gelenkwelle vom Antriebsflansch am Getriebe abdrücken.

● Zum Herausnehmen der Welle Lenkung entsprechend einschlagen.

● **Einbau:** Bei homokinetischem Innengelenk neue Dichtung am Innengelenk anbringen. Dazu Schutzfolie an der Dichtung abziehen.

● Antriebswelle erst radseitig einsetzen. Dann die Befestigungsschrauben am getriebeseitigen Antriebswellenflansch über Kreuz festziehen (M 8-Schrauben: 45 Nm; M 10-Schrauben: 80 Nm). Unterlegplättchen bei homokinetischen Gelenken nicht vergessen!

● Wagen ablassen, Räder blockieren. Neue Achsnabenschraube wie folgt anziehen:

● Schraube M 16 x 1,5: Mit 200 Nm anziehen und anschließend ¼ Umdrehung (90°) weiterdrehen.

● ABS-Drehzahlfühler von Hand bis zum Anschlag wieder einschieben.

Antriebswelle hinten ausbauen

Sie brauchen eine neue Sechskant-Kombischraube für die Gelenkwelle außen an der Radnabe sowie eine Dichtung für das innere Wellengelenk (Dichtung nur bei Fahrzeugen mit Fünf- und Sechszylindermotor); außerdem selbstsichernde Muttern für die Achslenkerbefestigung und das Federbein unten.

● Radkappe abnehmen.

● Radschrauben lockern.

● Sechskantschraube in der Radnabe lösen; hierzu muß der Audi fest auf dem Boden stehen.

● Wagen hinten aufbocken und sichern.

● Rad abbauen.

● Innenvielzahnschrauben der Welle am Hinterachsdifferential herausdrehen.

● Bremssattel abschrauben und mit angeschlossener Leitung an der Karosserie hochbinden (siehe Kapitel »Die Bremsen«).

● Bremsscheibe ausbauen (siehe Kapitel »Die Bremsen«).

● Gelenkwelle vom Antriebsflansch am Getriebe abdrücken.

● ABS-Drehzahlfühler etwas zurückziehen.

● Achslenker oben vom Radlagergehäuse abschrauben.

● Befestigungsschraube unten des Federbeins lösen.

● Radlagergehäuse nach unten drücken.

● Welle herausnehmen.

● **Einbau:** Neue Dichtung am Innengelenk anbringen. Dazu Schutzfolie an der Dichtung abziehen.

● Antriebswelle erst radseitig einsetzen. Dann die Befestigungsschrauben am getriebeseitigen Antriebswellenflansch über Kreuz festziehen (M 8-Schrauben: 45 Nm; M 10-Schrauben: 80 Nm). Unterlegplättchen nicht vergessen!

● Achsaufhängung wieder montieren. Mutter für Achslenker: 200 Nm, Mutter für Federbein unten: 90 Nm.

● Bremsscheibe und Bremssattel anbauen (siehe Kapitel »Die Bremsen«).

● Wagen ablassen, Räder blockieren.

● Neue Achsnabenschraube wie folgt anziehen: Mit 200 Nm anziehen und anschließend ¼ Umdrehung (90°) weiterdrehen.

● ABS-Drehzahlfühler von Hand bis zum Anschlag wieder einschieben

Fingerzeige: Fahrzeuge mit ausgebauter Gelenkwelle nicht bewegen; das Radlager wird sonst beschädigt. Im Notfall nur das Außengelenk einbauen.
Je nach Motor- und Getriebeausführung sind beim Audi unterschiedliche Antriebswellen eingebaut. Beim Ersatzteilkauf also Motor- und Fahrzeug-Identnummer bereithalten.

Außengelenk ausbauen
alle Versionen

● Antriebswelle ausbauen.

● An einer intakten Manschette den großen Schlauchbinder aufbiegen, Schutzhülle zurückstreifen.

● Bei beschädigter Manschette diese komplett abnehmen.

● Mit einem Aluminium- oder Kunststoffhammer einen kräftigen Schlag von innen auf den Gelenkkörper ausführen und so das Gelenk von der Welle treiben.

● Vor Einbau des neuen Geleks einen neuen Sicherungsring in die Nut der Antriebswelle einsetzen.

● Tellerfeder und Abstandsscheibe – sofern diese

Links: Das Antriebsgelenk außen:
1 – Sicherungsring;
2 – Abstandsscheibe;
3 – Tellerfeder.
Rechts: Das homokinetische Antriebsgelenk (2) innen:
1 – Sicherungsscheibe;
3 – Antriebswelle.

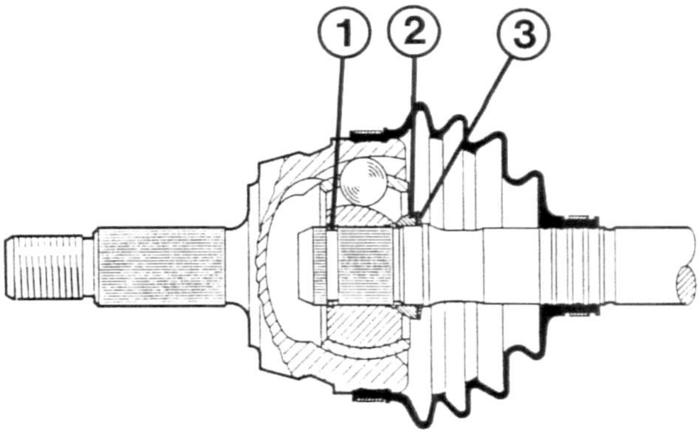

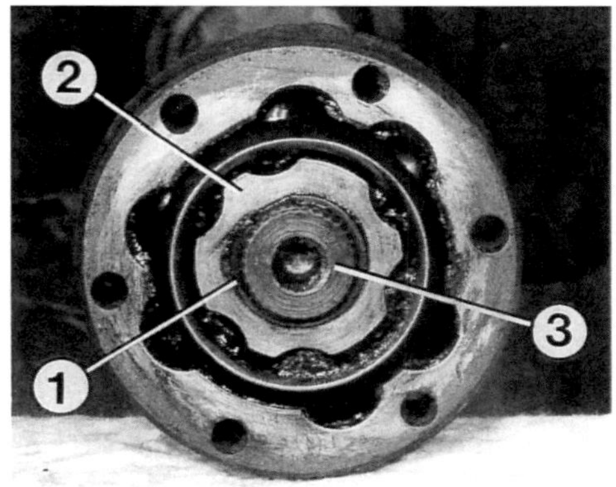

bei der betreffenden Antriebswellen-Version montiert waren – montieren, wie in der Zeichnung oben gezeigt. Gummimanschette nicht vergessen.

- Zum Einbau das Gelenk mit einem Kunststoffhammer auf die Welle treiben, bis der Sicherungsring einrastet.
- Gelenk fetten: Ein neues Gelenk mit 89 mm Außendurchmesser erhält 90 g MoS_2-Fett (VW G6) eingedrückt, davon 40 g ins Gelenk und 50 g in die Manschette.
- Mehr Fett erhalten die Gelenke mit 98 mm Außendurchmesser: 120 g MoS_2-Fett (VW G6) werden so verteilt: 80 g ins Gelenk und 40 g in die Manschette.
- Gebrauchte Gelenke nur nachfetten.
- Klemmschellen der Manschette fest zusammenpressen.

Innengelenk ausbauen
Homokinetische Gelenke

- Antriebswelle ausbauen.
- Am Wellenende den Sicherungsring, der das Gelenk auf der Antriebswelle hält, mit zwei schmalen Schraubendrehern und etwas Geduld aus der Nut »popeln« und abnehmen.
- Antriebsgelenk jetzt von der Welle ziehen; notfalls mit dem Kunststoff- oder Aluminiumhammer etwas nachhelfen.
- Will sich das Gelenk so nicht lösen, muß es in der Werkstatt unter der Reparaturpresse von der Welle gedrückt werden.
- Beim Einbau zuerst Manschette montieren.
- Bei der Version mit Tellerfeder vor der Montage des Gelenks die Tellerfeder auf die Welle schieben bzw. deren Lage kontrollieren: Sie muß am Außenrand zum Gelenk hin gewölbt sein.
- Gelenk auf die Welle schieben, Sicherungsring einsetzen.
- Der Sicherungsring rutscht so noch nicht in die Nut. Deshalb Antriebswelle in den Schraubstock spannen, eine große Stecknuß oder ein Rohrstück über dem Innenteil des Gelenks ansetzen und einen kräftigen Hammerschlag auf die Stecknuß bzw. das Rohrstück ausführen. So rutscht das Gelenk gegen die Kraft der Tellerfeder ein Stück zurück – der Sicherungsring kann in die Nut springen.
- Gelenk fetten: Ein neues Gelenk mit 100 mm Außendurchmesser erhält 90 g MoS_2-Fett (VW G6) eingedrückt, davon 40 g ins Gelenk und 50 g in die Manschette.
- Mehr Fett erhalten die Gelenke mit 108 mm Außendurchmesser: 120 g MoS_2-Fett (VW G6) werden so verteilt: 35 g ins Gelenk und 85 g in die Manschette.
- Gebrauchte Gelenke nur nachfetten.
- Vor dem Anschrauben des Gelenks (bzw. dem Manschettenflansch) die Dichtfläche zwischen Manschettenflansch und Gelenk mit Dichtmittel VW D3 bestreichen.

Innengelenk ausbauen
Tripodegelenke

○ Tripodegelenke lassen sich nicht von der Antriebswelle trennen. Sie werden als Ersatzteil komplett mit Welle und Schutzmanschette geliefert. Beim Auswechseln also nur das äußere Gelenk abbauen und Welle mit Innengelenk ersetzen.

○ Ist nur die Schutzmanschette des Tripodegelenks defekt, wird das Außengelenk der Welle abgebaut. Die Manschette kann dann über die gereinigte Antriebswelle bis zum Tripode-Gelenk durchgeschoben werden. Kritisch: Die Manschette muß vorsichtig über den Wulst in der Mitte der Welle gehoben werden. Dazu Wulst einfetten und Manschette mit stumpfem rundem Werkzeug (Löffelstiel) über die Verdickung heben.

○ Das Gelenk ist mit 140 g Schmierfett G 000605 gefüllt. Gebrauchte Gelenke beim Wechseln der Manschette lediglich nachfetten.

Das Tripodegelenk (1) läßt sich nicht von der Antriebswelle trennen. Anders bei den homokinetischen Gelenken, hier lassen sich Außengelenk (2) und Innengelenk (4) von der eigentlichen Antriebswelle (3) abziehen.

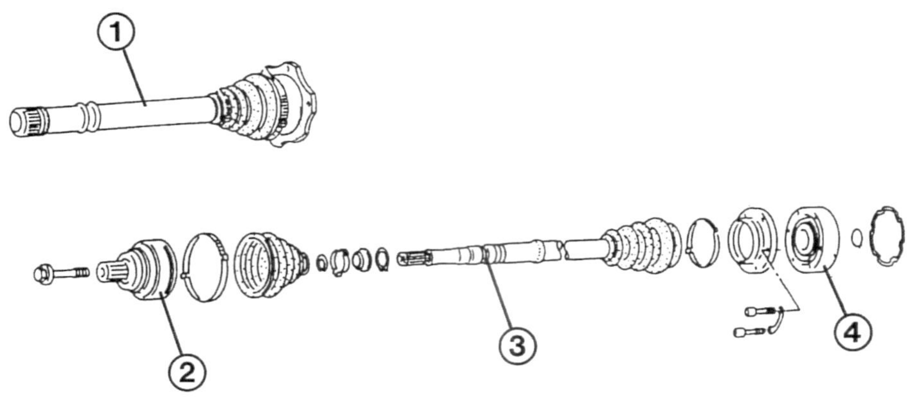

Untergrund-Bewegung

Die Karosserie steht mit der gefederten Radaufhängung sozusagen auf allen Vieren. Dazu gehört auch die Lenkung. Alles zusammen bildet das sogenannte Fahrwerk, von dem der oberflächliche Betrachter nichts sieht. Dabei gibt es über die Beine des Autos allerlei Interessantes zu berichten.

Das Fahrwerk

Vieles zu Aufbau und Konstruktion des Audi-100-Fahrwerks haben Sie bereits im Kapitel »Der Audi 100 stellt sich vor« am Anfang des Buches erfahren. Auf den folgenden Seiten wollen wir hier zunächst alle Prüf- und Wartungsarbeiten aufführen. Danach folgen die Reparaturarbeiten an Lenkung und Fahrwerk.

Manschette des Lenkgetriebes kontrollieren

Wartung Nr. 19

Ganz hinten unten im Motorraum sitzt das Lenkgetriebe, dessen Zahnstange von einer doppelten Gummimanschette geschützt wird. Diese muß regelmäßig kontrolliert werden. Ein rissiger Faltenbalg läßt Wasser und Staub ins Lenkgetriebe dringen, und diese Mischung produziert in Verbindung mit der Fettfüllung eine Art Schleifpaste, die Zahnstangenführung und Lenkritzel stark in Mitleidenschaft zieht.

- Faltenbälge mit der Hand auseinanderziehen oder Lenkung nach rechts und links einschlagen, um Risse in den Gummiwülsten zu erkennen.
- Sitzen die beiden Schlauchbinder an den Enden der Gummimanschette noch fest?
- Eine defekte Manschette sofort ersetzen.
- Diese Arbeit muß die Werkstatt ausführen, da hierzu das Lenkgetriebe ausgebaut werden muß.

Staubkappen und Spiel der Spurstangenköpfe prüfen

Wartung Nr. 20

Die gelenkigen Spurstangenköpfe am äußeren Ende der Spurstangen bestehen aus Stahl-Kugelköpfen, die mit etwas Fett wartungsfrei in eine Kunststoffschale eingebettet sind. Schutz vor Staub und Feuchtigkeit erhalten die Gelenke durch Gummikappen, deren Zustand öfters kontrolliert werden soll:

- Kontrollieren Sie die Staubschutzmanschetten rundum auf Risse.
- Spurstangenköpfe mit gerissenen Manschetten sind generell als defekt anzusehen – austauschen.
- Ob die Gelenke Spiel aufweisen, können Sie bei aufgebocktem Wagen durch Hin- und Herschwenken des Rades um seine Vertikalachse oder durch Rütteln an der Spurstange selbst feststellen.
- Andere Möglichkeit: Von Helfer das Lenkrad hin- und herdrehen lassen und bei auf dem Boden stehenden Wagen mit der Hand am Gelenk fühlen, ob Spiel vorhanden ist.
- Spurstangenköpfe mit Spiel sofort ersetzen!
- Auf gleiche Weise wird geprüft, ob die Gummi/Metall-Lager der Spurstange an der Verbindung zum Lenkgetriebe noch spielfrei sind. Ist eines der Lager defekt, muß leider die ganze Spurstange ersetzt werden.

Die Staubschutzmanschetten (Pfeil) der Spurstangenköpfe müssen regelmäßig auf ihren Zustand kontrolliert werden. Eine rissige Manschette läßt Feuchtigkeit und Schmutz in das Spurstangengelenk eindringen, wodurch dieses ausschlägt. Spurstangenköpfe mit gerissenen Manschetten müssen komplett ersetzt werden, die Manschetten sind nicht einzeln im Teilelager erhältlich.

Staubkappen der Achsgelenke kontrollieren

Wartung Nr. 21

Die Achsgelenke an der **Vorderachse** zwischen Querlenkern und Federbeinen sind wartungsfrei. Die stählernen Kugelköpfe der Achsgelenke sitzen in einer Fett-Dauerfüllung und zusätzlich in Kunststoffschalen. Als Schutz vor Nässe und Schmutz dienen Staubkappen aus Gummi. Eindringender Schmutz wirkt wie Schmirgelsand im Gelenk; Feuchtigkeit läßt es mit der Zeit festrosten.
Gleiches gilt für die Achsgelenke des oberen Querlenkers an der **Hinterachse der quattro-Modelle**.

- **Vorderachse:** Lenkung nach einer Seite voll einschlagen.
- Kappen der Achsgelenke rechts und links auf Beschädigungen kontrollieren.
- Eine schadhafte Staubkappe kann nicht einzeln ersetzt werden; man muß das komplette Gelenk einschließlich Querlenker austauschen. Was auch technisch sinnvoll ist, denn sicher ist bereits Schmutz oder Wasser durch den Riß eingedrungen.
- Damit gilt das Gelenk als defekt, noch bevor sich Spiel oder Quietschgeräusche bemerkbar machen.
- Gelenk austauschen.
- **Hinterachse quattro:** Hinterrad abbauen, Achsgelenkmanschette prüfen, wie schon angesprochen.
- Gleiche Arbeit an der gegenüberliegenden Fahrzeugseite.

Lenkungsspiel prüfen

Wartung Nr. 32

- Linkes Seitenfenster herunterkurbeln/-fahren. Stellen Sie sich neben den Wagen.
- Durchs Fenster greifen und Lenkrad kurz hin und her drehen.
- Bewegt sich das linke Vorderrad aus der Geradeausstellung sofort mit? Achten Sie auf die Felge, denn der elastische Reifen kann einen Teil des Einschlags »schlucken«, ehe er sich bewegt.

Ursachen für Lenkungsspiel

Spiel in der Lenkübertragung kann ausgelöst werden von:

- der Zahnstange des Lenkgetriebes. Hier aufgetretenes Spiel kann evtl. durch Nachstellen beseitigt werden;
- ausgeschlagenen Spurstangengelenken;
- defekten Gelenken am Kupplungsstück der geteilten Sicherheitslenksäule;
- einem defekten Kreuzgelenk zwischen Lenkgetriebe und Lenksäule.

Keilriemen bzw. Keilrippenriemen prüfen

Wie schon erwähnt, wird die Pumpe der Servolenkung je nach Modell über einen Keilriemen oder über einen Keilrippenriemen vom Motor angetrieben. Mehr darüber erfahren Sie im Kapitel »Die Lichtmaschine«.

Ölstand prüfen

Was zum Prüfen des Ölstands im Vorratsbehälter der Servolenkung zu sagen ist, finden Sie im Schmierkapitel vorn im Buch beschrieben.

Radlagerspiel prüfen

Wartung Nr. 37

Die Räder laufen vorn auf zweireihigen Kugellagern. Hinten sind bei den Frontantriebs-Modellen Schrägkegel-

Staubkappen der Achsgelenke kontrollieren: Hier gilt gleiches, was auf der gegenüberliegenden Seite für die Spurstangengelenke gesagt wurde.
Links: Hier sehen Sie das Achsgelenk der Vorderachse unten am Radlagergehäuse.
Rechts: Die Abbildung zeigt die Hinterachse des quattro. Hier befindet sich ein Achsgelenk (Pfeil) an der Innenseite des oberen Querlenkers (1).

Rollenlagern eingebaut. Der quattro hat hinten dieselben Kugellager wie vorn. Sie halten, mit Dauerfetten montiert, normalerweise weitaus mehr als 100000 km durch. Defekte Radlager machen durch Laufgeräusche auf sich aufmerksam. Welches Lager defekt ist, läßt sich kaum während der Fahrt feststellen. Genauer ist die Horchprobe, wenn man bei aufgebocktem Wagen das Rad von Hand dreht. Räder mit defekten Lagern laufen laut und rauh.

● Fassen Sie nacheinander die fest am Boden stehenden Räder oben und versuchen Sie, diese quer zum Wagen zu bewegen.

● Bei einwandfreien Lagern darf praktisch keine »Luft« vorhanden sein.

● Ist Spiel spürbar, von Helfer kräftig die Fußbremse treten lassen und nochmals am Rad rütteln: Ist kein Spiel mehr vorhanden, lag es nur am Radlager.

● Trotzdem noch Spiel: Dann muß die Radaufhängung kontrolliert werden.

● Wagen jetzt hochbocken und das Rad durchdrehen: Bewegt es sich schwer oder ruckweise, ist das Lager viel zu straff eingestellt. Hören Sie deutliche Mahlgeräusche, muß das Lager ausgetauscht werden.

Fingerzeig: Die hinteren Radlager der Frontantriebs-Modelle können nachgestellt werden. Bei den Hinterradlagern der quattro-Modelle sowie bei allen Vorderradlagern ist das nicht möglich.

Die Stoßdämpfer

Die Stöße der Fahrbahn schlucken Reifen und Federn. Die Stoßdämpfer indessen sollen die Schwingungen der Achsen und der Karosserie unterdrücken bzw. zum Abklingen bringen. Richtiger wäre daher die Bezeichnung »Schwingungsdämpfer«. Serienmäßig sind sogenannte Zweirohrdämpfer eingebaut. Sie bestehen aus einem Arbeitszylinder, in dem ein mit einer Kolbenstange verbundener Arbeitskolben auf und ab gleiten kann. Der Arbeitszylinder ist von einem zweiten Zylinder umgeben, der als Vorratsbehälter für das Stoßdämpfer-Hydrauliköl dient. Bei Federbewegungen eines Rades verschiebt sich der Kolben im Zylinder. Das in Bewegung versetzte Spezialöl wird durch Ventile hindurchgepreßt, was die Kolbenbewegung verlangsamt und damit die Schwingungen des jeweiligen Rades dämpft.

Stoßdämpfer prüfen

Stoßdämpfer fallen gewöhnlich nicht schlagartig aus, sondern ihre Wirkung läßt allmählich nach, woran man sich unbemerkt gewöhnt. Faustregel: Nach zwei verschlissenen Reifensätzen besitzen die Stoßdämpfer nur noch 50% ihrer ursprünglichen Wirkung und sind somit zur Erneuerung reif.
Keine genaue Diagnose erhält man durch die bekannte »Schaukelmethode« im Stand, bei der man den Wagen am betreffenden Kotflügel aufschaukelt und plötzlich losläßt: Die Federbewegung müßte sofort gedämpft werden. So läßt sich aber nur ein total ausgefallener Stoßdämpfer feststellen.
Ein genaueres Bild über den Stoßdämpferzustand liefert ein spezieller Prüfstand. Anhand des Diagramms hat man einen Anhaltspunkt über die Funktionsfähigkeit der Stoßdämpfer. Solche Prüfstände haben Autoclubs im »Wandereinsatz« sowie manche Werkstätten und TÜV-Stellen.

Störungsbeistand

Stoßdämpfer

Es gibt einige untrügliche Anzeichen für nachlassende Stoßdämpferwirkung:

○ **Flatternde Lenkung**, weil die Räder keinen ständigen Fahrbahnkontakt haben.

○ **Die Karosserie schwingt** nach Überfahren von Unebenheiten **nach**.

○ **»Schwammiges« Fahrverhalten in Kurven**, wobei die kurveninneren Räder nicht stark genug auf den Boden gedrückt und die äußeren nicht genügend entlastet werden.

○ **Springende Räder**; das muß freilich eine neben- oder hinterherfahrender Begleiter beobachten.

○ **Vielfach unterbrochene Bremsspur bei Vollbremsung** durch springende Räder (wird bei einem Fahrzeug mit Antiblockiersystem durch die ABS-Regelung unterdrückt).

○ **Ungleichmäßige Abnützung der Reifen** und erhöhter Reifenverschleiß.

○ **Erhebliche Ölspuren außen am Stoßdämpfer** bis unter den Federteller des Federbeins. Geringe Leckverluste sind dagegen normal.

Die Radeinstellung

Die Vorderräder müssen für ein sicheres Fahrverhalten in Längs- und Seitenrichtung in bestimmten Winkelstellungen stehen. Damit Sie sich unter der »Lenkgeometrie« etwas vorstellen können, hier eine Erläuterung der Begriffe:
Spur: Beim Audi 100 stehen die Vorderräder im Stillstand vorn geringfügig näher beisammen als hinten. Man

Zum besseren Verständnis der verschiedenen Grundbegriffe bei der Radeinstellung sollen die Zeichnungen beitragen.

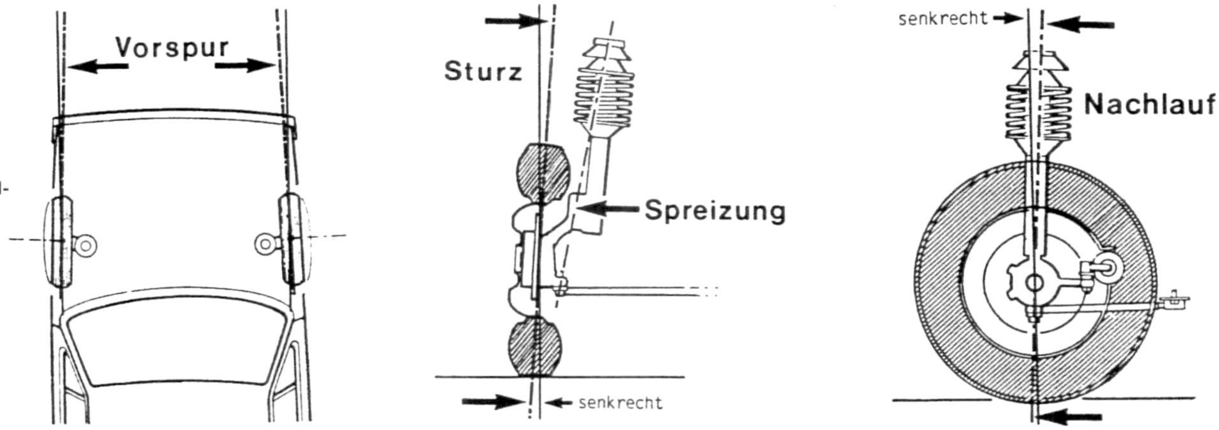

sagt, die Spur ist »positiv« oder der Wagen hat »Vorspur«. Die Reibung zwischen Rad und Straße will das linke Rad nach links weg und das rechte nach rechts weg drücken. Das gleichen die Kräfte des Frontantriebs wieder aus, die bestrebt sind, die Vorderräder vorn zusammenzudrücken. Beim Hineinlenken des Wagens in eine Kurve geht die Vorspur in eine »Nachspur« über. Das geschieht durch die trapezförmige Anordnung des Lenkgestänges: Das kurveninnere Rad schwenkt stärker herum als das kurvenäußere. Dies ist auch notwendig, weil ja in einer Kurve die inneren Räder einen engeren Kreis fahren müssen als die äußeren.

Sturz: So nennt man die leichte Auswärtsneigung der Vorderräder – oben im Radkasten haben sie beim Audi 100 einen engeren Abstand voneinander als unten am Boden. Das heißt in der Fachsprache »negativer« Sturz.

Spreizung: Sie gehört zum Sturz. Spreizung ist die geringfügige Neigung der Schwenkachse, um die beim Lenken die ganze Geschichte schwenkt. Beide Schwenkachsen haben oben einen kleineren Abstand voneinander als unten. Sturz und Spreizung verhindern zusätzlich das Flattern der Räder. Ferner erleichtern sie das Einschlagen der Räder.

Nachlauf: Darunter versteht man die Schrägstellung der Schwenkachse in Fahrzeuglängsrichtung. Das hilft ebenfalls, den Geradeauslauf zu stabilisieren und Flattern der Vorderräder zu verhindern. Außerdem bewirkt er eine Rückstellung der Lenkung nach Kurven.

Radeinstellung messen

Nur nach einer harten Bordsteinberührung, einem Unfall, bestimmten Reparaturarbeiten an der Vorderachsaufhängung oder ganz einfach im Verdachtsfall (einseitig abgefahrene Reifen) wird die Radeinstellung vermessen. Das geht jedoch nur auf einem optischen Achsmeßstand. Zur Messung muß der Reifendruck stimmen, das Fahrzeug unbeladen, durchgefedert und ausgerichtet sein, und die Teile der Vorderradaufhängung und Lenkung dürfen kein Spiel aufweisen. Die richtigen Meßwerte für die Fahrzeugvermessung finden Sie hinten im Buch im Kapitel »Technische Daten«.

Störungsbeistand

Falsche Radeinstellung

Wenn Sie fehlerhafte Lenkgeometrie beim Fahren aufspüren wollen, müssen Sie zuerst sicherstellen, daß beide Vorderreifen dieselbe Reifensorte, Profiltiefe und den vorgeschriebenen Luftdruck aufweisen.

○ **Stehen die Lenkradspeichen** bei Geradeausfahrt **symmetrisch?** Ein schiefsitzendes Lenkrad ist oft das Zeichen für falsche Spureinstellung.

○ **Unruhiger Geradeauslauf**; er ist besonders gut auf schnee- oder eisglattem Untergrund zu erkennen.

○ **Zieht der Audi 100** auf völlig ebener Fahrbahn und bei losgelassenem Lenkrad **zur Seite?**

○ **Stellt sich die Lenkung** nach Kurven wieder **von selbst in Geradeausstellung?**

○ Schauen Sie sich die **Vorderräder** aus fünf bis zehn Meter Entfernung an – **stehen sie** in Geradeausstellung **symmetrisch zueinander?**

○ **Ist das Reifenprofil einseitig abgenutzt?** Bei scharfer Fahrweise ist es allerdings nicht ungewöhnlich, daß an beiden Vorderreifen die Außenkanten stärkere Verschleißspuren zeigen als innen.

○ Eine **verbeulte Felge** deutet auf eine harte Bordsteinberührung, wodurch die Geometrie der Federbein-Vorderradaufhängung leicht aus dem Winkel gerät.

Eigenarbeiten an Fahrwerk und Lenkung

Vorsichtsmaßnahmen

Fahrwerk und Lenkung sind für die Verkehrssicherheit von entscheidender Bedeutung. Eigenarbeiten an diesen Teilen sollte wirklich nur derjenige vornehmen, der sich seiner Sache völlig sicher ist. Andere sind mit derartigen Instandsetzungsarbeiten in einer Fachwerkstatt am besten aufgehoben. Wer jedoch unbedingt an diesen Teilen schrauben will, sollte wenigstens nicht blindlings drauflosschlossern, sondern nach fachkundiger Anleitung arbeiten. So sind auch die Arbeitsbeschreibungen dieses Kapitels zu verstehen.

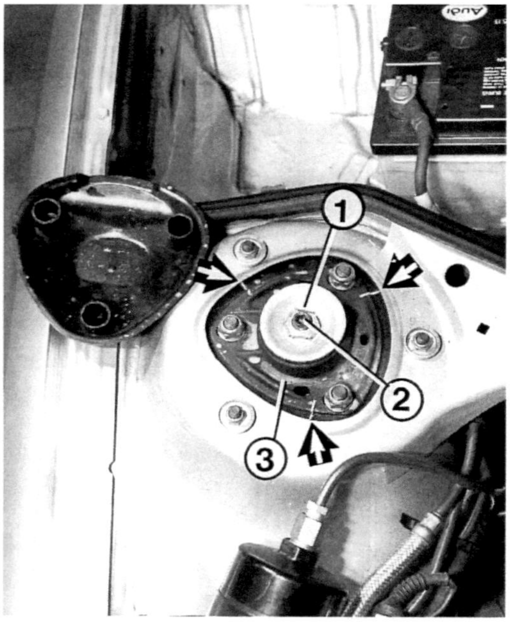

Links: Auswechseln der Stoßdämpfer vorn. Die Zahlen bedeuten:
1 – Kolbenstangenmutter SW 22;
2 – Kolbenstange mit Innensechskant 7 mm;
3 – Federbeinlager.
Die Pfeile zeigen auf die nachträglich angebrachten Markierungen, die die Einbaulage des oberen Federbeinlagers kennzeichnen. Nur wenn die Markierungen nach dem Einbau fluchten, kann auf ein Vermessen der Vorderachse verzichtet werden.
Rechts: Die Zeichnung zeigt alle Einzelteile des vorderen Federbeins.

Vorderradaufhängung zerlegen

An den Teilen der vorderen Radaufhängung läßt sich vieles selbst aus- und einbauen. Für bestimmte Arbeiten sind allerdings Werkstattgeräte erforderlich. Beschädigte Teile der Radaufhängung dürfen nicht gerichtet oder gar geschweißt, sondern müssen grundsätzlich erneuert werden.

Stoßdämpfer vorn auswechseln

Die Stoßdämpfer vorn können beim Audi 100 ohne Ausbau der Feder oder des gesamten Federbeins ausgewechselt werden. Genial einfach wäre das, würde nicht die Befestigung der Stoßdämpfer-Patrone das V.A.G-Spezialwerkzeug 2069 erfordern. Falls man sich dieses Werkzeug nicht ausleihen kann, ist es evtl. möglich, sich mit einem Blech-Steckschlüssel zu behelfen, der einen Außensechskant mit ca. 33,5 mm »Schlüsselweite« besitzt. Klappt das auch nicht, kann im äußersten Notfall die Schutzmanschette hochgestreift werden, damit die Mutter vom Kotflügel aus mit einer großen Rohrzange gedreht wird.
Auch zum Lösen der Kolbenstangen-Mutter oben am Federbein verwendet die Werkstatt ein Spezialwerkzeug, um die Mutter mit dem genauen Drehmoment anzuziehen. Im Notfall müssen hier Ringschlüssel und Feingefühl die gleichen Dienste leisten.
Wichtig: Fahrzeug steht während der Arbeit auf den Rädern und darf keinesfalls bewegt werden. Handbremse anziehen!

- Kunststoff-Abdeckung auf dem Federbeintopf abnehmen.
- Einbaulage des Federbeinlagers kennzeichnen (siehe Bild oben links).
- Kolbenstangenmutter SW 22 losdrehen; Kolbenstange mit Innensechskantschlüssel 7 mm gegenhalten.
- Federbeinlager nach Lösen von drei Muttern SW 13 abnehmen.
- Gummipuffer von der Kolbenstange ziehen.
- Lenkung so einschlagen, daß die Kolbenstange mittig zum Lagerteller ausgerichtet werden kann. Dazu Holzstück zwischen Feder und Radhaus klemmen.
- Scheibe und Anschlagpuffer von der Kolbenstange abnehmen.
- Zwischen den Federwindungen durchfassen und Faltenbalg zurückstreifen.
- Haltemutter der Stoßdämpfer-Patrone tief im Federbein mit Werkzeug 2069 (oder wie beschrieben) losdrehen und Dämpferpatrone nach oben ziehen.
- Fahrzeug bei herausgenommener Dämpferpatrone **nicht mehr bewegen.** Die Feder könnte sonst seitlich wegklappen. **Unfallgefahr!**
- Einbau: Stoßdämpfer einsetzen.
- Schraubkappe mit Werkzeug 2069 mit 24 Nm festziehen.
- Faltenbalg sorgfältig aufsetzen.
- Federbeinlager einbauen (30 Nm; neue selbstsichernde Muttern verwenden, Topfscheibe unterlegen). Beachten, daß die Anzeichnungen am Federbeinlager mit denen am Federbein fluchten, sonst muß die Vorderachse neu vermessen werden!
- Mutter auf der Stoßdämpfer-Kolbenstange mit 60 Nm (neue selbstsichernde Mutter verwenden) anziehen, mit Innensechskantschlüssel gegenhalten.

Federbein vorn komplett ausbauen
Fahrzeuge mit Vier- und Fünfzylindermotor

Die Arbeit ist hier für Fahrzeuge mit **Vier- und Fünfzylindermotor** beschrieben. Beim Sechszylinder muß zusätzlich der Fahrschemel (Audi nennt ihn Aggregateträger). ausgebaut werden. Dazu muß allerdings der Motor mit einer Abfangvorrichtung nach oben abgestützt werden – nach unserer Meinung eine zu schwierige Arbeit für den Selbsthelfer.

- Neue selbstsichernde Muttern für Federbein-Befestigung oben, Spurstange, Stabilisator-Befestigung und Traggelenk-Klemmschraube besorgen.
- Ferner wird eine neue Traggelenk-Klemmschraube und eine neue Schraube für die Antriebswelle (außen) gebraucht.

- Bei noch auf dem Boden stehendem Wagen die zentrale Befestigungsmutter der Radnabe (in Radmitte) lösen.
- Wagen vorn gleichmäßig hochbocken, damit sich der Stabilisator nicht verspannt. Wagen sichern.
- Rad abbauen.
- Untere Motorraumverkleidung ausbauen (Kapitel »Die Karosserieteile«).
- Lagerschalen des Stabilisators an der Karosserie rechts und links abschrauben.
- Bremssattel abschrauben (Kapitel »Die Bremsen«) und mit Bindedraht an der Karosserie befestigen – der Bremsschlauch bleibt angeschlossen.
- Klemmschraube für Traggelenk ganz unten am Federbein losschrauben und herausziehen.
- Mit einem Montierhebel den Zapfen des Traggelenks am Federbein herausziehen. Federbein und Querlenker werden dadurch getrennt. Manschette der Antriebswelle dabei nicht beschädigen.
- **Wichtig:** Zum Abziehen des Traggelenk-Zapfens keinesfalls den Schlitz im Federbein mit einem Schraubendreher weiten! Stattdessen Rostlöser verwenden.
- Spurstangengelenk abdrücken (siehe etwas weiter hinten in diesem Kapitel).
- Auf dem Federbeintopf im Motorraum die Abdeckkappe abnehmen.
- Die drei Muttern ganz außen am Federbeintopf herausdrehen. Dabei das Federbein von unten festhalten.
- Federbein nach unten herausnehmen und gleichzeitig vorsichtig von der Antriebswelle ziehen.
- Antriebswelle nicht nach unten fallen lassen (Gelenkschäden). Mit Draht hochbinden.
- Was zum Einbau der Antriebswelle zu beachten ist, steht im Kapitel »Getriebe und Achsantrieb« beschrieben.
- Äußeres Querlenkerlager festschrauben (neue Schraube und Mutter). Die Schraube muß in die Nut des eingesetzten Achsgelenklager-Bolzens eingreifen (65 Nm).
- Lagerschalen des Stabilisators rechts und links festschrauben (Talkum gegen Quietschgeräusche; 105 Nm).
- Weitere Anzugsdrehmomente: Muttern am Federbeintopf: 30 Nm, Mutter der Spurstange: 60 Nm.
- Wird dasselbe Federbein wieder eingebaut, braucht die Radeinstellung nicht korrigiert zu werden.

Querlenker mit Achsgelenk auswechseln

Fahrzeuge mit Vier- und Fünfzylindermotor

Achsgelenk und Querlenker stellen beim Audi 100 ein gemeinsames Bauteil dar. Wer dieses Teil als Ersatzteil erwirbt, sollte darauf achten, daß es sich um die Version mit bereits eingepreßtem innerem Achslenkerlager handelt. Übrigens: Das innere Achslenkerlager gibt es auch einzeln zum nachträglichen Einpressen, wozu die Reparaturpresse einer Werkstatt erforderlich ist (zusätzlich Einbaulage beachten).
Nachfolgend ist der Aus- und Einbau eines kompletten Querlenkers für Fahrzeuge mit **Vier- und Fünfzylindermotor** beschrieben. Beim Sechszylinder muß zusätzlich der Fahrschemel (Audi nennt ihn Aggregateträger) ausgebaut werden. Dazu muß allerdings der Motor mit einer Abfangvorrichtung nach oben abgestützt werden – nach unserer Meinung eine zu schwierige Arbeit für den Selbsthelfer.

- Neue selbstsichernde Muttern für Stabilisatorbefestigung und Traggelenk-Klemmschraube besorgen. Ferner wird eine neue Traggelenk-Klemmschraube und eine neue Schraube für das Traggelenk innen gebraucht.
- Wagen vorn gleichmäßig hochbocken, damit sich der Stabilisator nicht verspannt. Wagen sichern.
- Untere Motorraumverkleidung ausbauen.
- Lagerschalen des Stabilisators rechts und links ausbauen.
- Klemmschraube für Traggelenk ganz unten am Federbein losschrauben und herausziehen.
- Mit einem Montierhebel den Zapfen des Traggelenks am Federbein herausziehen. Federbein und Querlenker werden dadurch getrennt. Manschette der Antriebswelle dabei nicht beschädigen.

Links: An der Innenseite ist der Querlenker mit einem Gummi/Metall-Lager (Pfeil) am Fahrschemel (Aggregateträger) befestigt. Nach Lösen der hier im Bild sichtbaren Halteschraube muß zusätzlich eine Lagerhülse aus der Schraubenbohrung herausgezogen werden. Rechts: Über das Traggelenk ist der Querlenker (2) an der Vorderachse mit dem Federbeingehäuse verbunden. Die hier mit »1« bezeichnete Verschraubung hält das Querlenkerlager im Federbein. Zum Ausbau Mutter lösen und Schraube herausziehen. Der Schlitz im Federbein darf zum Herausziehen des Traggelenkzapfens keinesfalls geweitet werden. Wie man's besser macht, steht im Text oben.

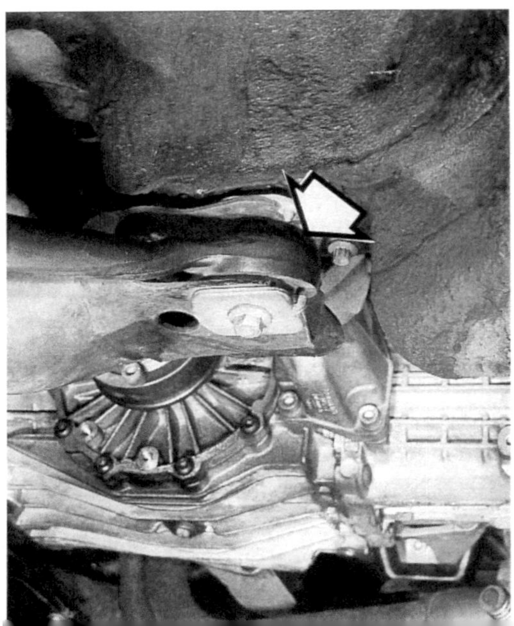

● **Wichtig:** Zum Abziehen des Traggelenk-Zapfens keinesfalls den Schlitz im Federbein mit einem Schraubendreher weiten! Stattdessen Rostlöser verwenden.
● Halteschraube für Querlenker innen herausdrehen.
● Lagerhülse aus der Schraubenbohrung herausziehen.
● Querlenker aus dem Fahrschemel und der Stabilisator-Befestigung aushängen und abnehmen.
● **Einbau:** Querlenker einbauen und ausrichten. Dabei die Einbaureihenfolge und Einbaulage der Gummilager für den Stabilisator beachten.
● Lagerhülse für inneres Querlenkerlager bündig einsetzen.
● Neue Schraube für inneres Querlenkerlager eindrehen. Anzugsvorschrift: Mit 110 Nm anziehen und anschließend 90° weiterdrehen.
● Äußeres Querlenkerlager festschrauben (neue Schraube und Mutter). Die Schraube muß in die Nut des eingesetzten Achsgelenklager-Bolzens eingreifen (65 Nm).
● Lagerschalen des Stabilisators rechts und links festschrauben (Talkum gegen Quietschgeräusche; 105 Nm).
● Fahrzeug mit den Rädern auf den Boden stellen und erst jetzt die Mutter hinten auf dem Stabilisator (Verbindung Stabilisator an Querlenker) festdrehen. Anzugsvorschrift: Mit 120 Nm anziehen und anschließend um 90° weiterdrehen.
● Radeinstellung in der Werkstatt kontrollieren lassen.

Radlager vorn ausbauen

Das Radlager ist mit seinem Außenring ins Radlagergehäuse eingepreßt, am inneren Lagerring ist die Radnabe eingepreßt. Ein neues Radlager darf auf keinen Fall mit dem Hammer in seinen Sitz geklopft werden, sonst ist der nächste Schaden »mit eingebaut«. Deshalb lieber nur das Federbein selbst ausbauen und Bremsscheibe sowie Abdeckblech abschrauben. Das eigentliche Aus- und Einpressen des Lagers sollten Sie dagegen von der Werkstatt durchführen lassen, wo eine Reparaturpresse zur Verfügung steht.

Arbeiten an der Hinterachse

Federbein hinten ausbauen
Fahrzeuge mit Frontantrieb ohne Niveauregulierung

● Neue selbstsichernde Muttern für Verschraubung oben und unten kaufen.
● Wagen beidseitig hochbocken.
● Hochgebockten Wagen sichern.
● Rad abschrauben.
● Achse auf derjenigen Seite, auf der das Federbein ausgebaut werden soll, unterstützen und dabei ca. 10 mm anheben.
● Befestigungsschraube unten am Federbein lösen.
● Drei Befestigungsschrauben oben lösen. Dabei Federbein festhalten.
● Federbein abnehmen.
● Beim Einbau erst die untere Federbeinbefestigung lose eindrehen.
● Hinterachse anheben, bis sich die oberen Befestigungsmuttern eindrehen lassen (25 Nm).
● Fahrzeug mit allen Rädern auf den Boden stellen.
● Erst jetzt untere Befestigungsschraube am Federbein mit 95 Nm festziehen. Sonst verspannt sich das Gummi/Metall-Lager.

Federbein hinten ausbauen
quattro-Fahrzeuge

● Wagen hochbocken.
● Hochgebockten Wagen sichern.
● Rad abschrauben.
● Querlenker auf derjenigen Seite, auf der das Federbein ausgebaut werden soll, unterstützen.
● Befestigungsschraube unten am Federbein lösen und ausbauen.
● Drei Befestigungsschrauben oben lösen. Dabei Federbein festhalten, damit nicht die ganze Hinterachsaufhängung von innen gegen die Kotflügelkante schlägt.
● Befestigungsschraube des Querlenkers oben am Federbein lösen und ausbauen.
● Federbein abnehmen.
● Beim **Einbau** untere Federbeinbefestigung lose eindrehen, Schraube und selbstsichernde Mutter ersetzen.
● Dann Federbein oben am Radhaus anschrauben (55 Nm).
● Befestigungsschraube für oberen Querlenker lose eindrehen, auch hier Schraube und selbstsichernde Mutter ersetzen.
● Fahrzeug mit allen Rädern auf den Boden stellen. Werden die Schrauben der Radaufhängung bei aufgebocktem Wagen angezogen, verspannt sich das Gummi/Metall-Lager.
● Erst jetzt untere Befestigungsmutter am Federbein bzw. Stoßdämpfer mit 90 Nm festziehen und anschließend ¼ Umdrehung (90°) weiterdrehen.
● Mutter der Befestigungsschraube des oberen Querlenkers mit 70 Nm anziehen und anschließend ½ Umdrehung (180°) weiterdrehen.

Stoßdämpfer hinten ausbauen

Beim Audi 100 wird der Stoßdämpfer vom ausgebauten Federbein unter Zuhilfenahme eines Federspanners getrennt. Das ist noch leicht zu bewerkstelligen.
Schwierig wird's beim Einbau: Der Winkel von Stoßdämpfer-Befestigung unten zu Stoßdämpfer-Befestigung oben muß im eingebauten Zustand in einem exakten Winkel zueinander stehen. Ohne die Einbaulehre V.A.G 1752 der Audi-Werkstatt ist das kaum zu bewerkstelligen. Unser Tip: Wer einen Teil der Arbeit selbst ausführen

will, baut das Federbein aus, läßt den Stoßdämpfer in der Audi-Werkstatt exakt einsetzen und baut das Federbein selbst wieder ein.
Vorher muß allerdings festgestellt werden, welches Fahrwerk eingebaut ist. Nur dann können auch die richtigen Stoßdämpfer bestellt werden. Das erfährt man auf dem Fahrzeug-Datenträger – einem Aufkleber im Service-Handbuch bzw. auf dem Kofferraumboden unter der Matte. Es bedeuten:

- 1BA – Serien-Ausführung
- 1BE – Sportfahrwerk
- 1BB – Schlechtwege-Ausführung

Fingerzeig: Stoßdämpfer sollten immer senkrecht stehend gelagert werden. Bei liegender Lagerung fließt das Dämpferöl in den oberen Dämpferbereich, und der Stoßdämpfer kann im Betrieb Klappergeräusche verursachen. Zurückfließen des Öls erreicht man nur, indem man den Stoßdämpfer 24 Stunden lang mit voll ausgezogener Kolbenstange bei Zimmertemperatur senkrecht stellt.

Niveauregulierung

Geht das Wagenheck unter Beladung in die Knie, wird bei Fahrzeugen mit Niveauregulierung Hydraulikflüssigkeit aus dem Pumpenkreis der Servolenkung unter hohem Druck in die hinteren Spezialstoßdämpfer gepumpt, bis sich die Karosserie wieder auf das übliche Niveau hebt.
Wieviel Flüssigkeit benötigt wird, bestimmt das hydraulische Niveauregelventil, das am Stabilisator der Hinterachse abtastet, wie weit das Fahrzeugheck eingefedert ist. Je tiefer das Heck steht, desto weiter öffnet das Ventil. Damit man nicht Gefahr läuft, den Kofferraum zu überladen, geht dieses Spiel nur bis zum Erreichen der maximalen Hinterachslast. Darüber senkt sich das Fahrzeugheck trotz Niveauregulierung.
Damit die Karosserie nach Abstellen des Motors nicht sofort absinkt, sind den Stoßdämpfern Druckspeicher zugeordnet, die durch ein komprimiertes Stickstoffvolumen den Druck im Stoßdämpfer aufrecht erhalten können. Diese Druckspeicher sind es auch, die im Fahrbetrieb diejenige Hydraulikflüssigkeit aufnehmen, die beim Einfedern von der Kolbenstange des Stoßdämpfers verdrängt wird.

Fingerzeig: Das Hydrauliksystem der Niveauregulierung steht auch nach Abstellen des Motors noch unter hohem Druck. Deshalb die Leitungs- und Schlauchverbindungen der Niveauregulierung nicht öffnen.

Hinterradlager auswechseln
Fahrzeuge mit Frontantrieb

Gebraucht wird pro Seite ein neuer Splint, ein Innen- und ein Außenlager sowie ein Dichtring.

- Bremstrommel ausbauen (Kapitel »Die Bremsen«).
- Bei Wagen mit Scheibenbremsen hinten werden die Bremsscheiben einschließlich Radnabe ausgebaut. Dazu Bremssattel ausbauen (Kapitel »Die Bremsen«). Der übrige Ausbau erfolgt wie bei den Bremstrommeln.
- Dichtring hinten in Radnabenmitte abhebeln, Lager herausnehmen und altes Fett aus der Nabe wischen.
- Lager-Laufringe beider Lager aus der Radnabenmitte austreiben. Dazu Messingdorn an unterschiedlichen Stellen jeweils von innen am Laufring ansetzen und den Ring durch sanfte Hammerschläge nach außen schlagen. Achten Sie darauf, daß der Ring nicht verkantet.
- Neuen Lagerring an der Radnabe ansetzen. Alten Lagerring zum Schutz darüber legen (dicke Seite nach unten), damit beim vorsichtigen Einschlagen kein Schaden an der Lauffläche des neuen entsteht.

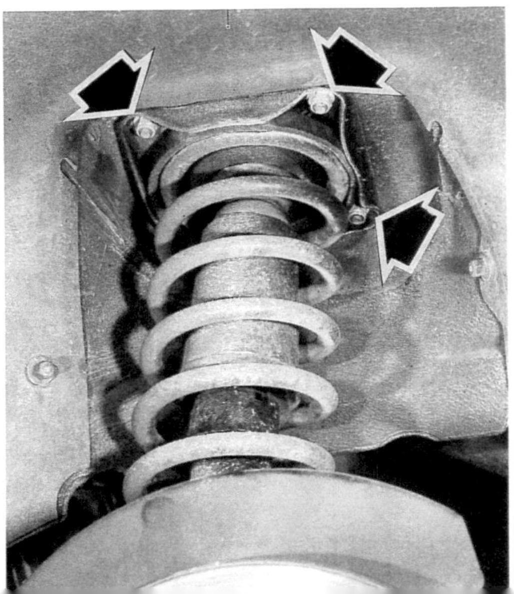

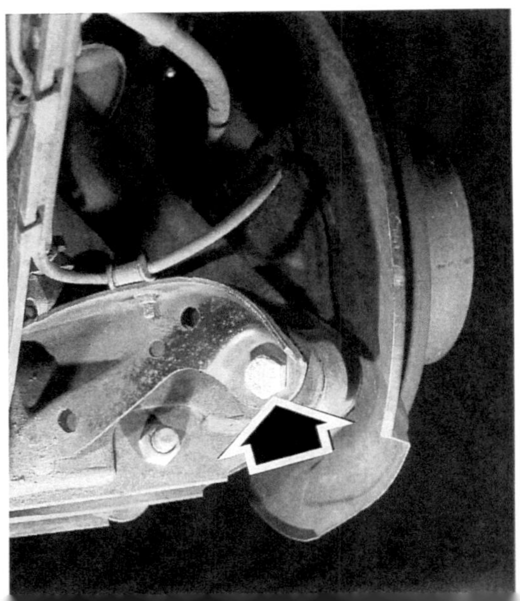

**Die Befestigungspunkte für das hintere Federbein sind bei Fahrzeugen mit Front- und Allradantrieb fast identisch.
Links: Hier sehen Sie die drei oberen Befestigungsschrauben (Pfeile).
Rechts: Gezeigt ist die untere Befestigungsschraube (Pfeil) bei einem Fahrzeug mit Frontantrieb.**

Einstellen der hinteren Radlager bei Fahrzeugen mit Frontantrieb. Links: Lösen der Fettkappe. Ein Meißel wird dazu vorsichtig hinter den Wulst der Fettkappe angesetzt. Mit sehr sanften Hammerschlägen kann nun die Fettkappe ein Stück nach vorn getrieben werden. Meißel an mehreren Stellen ansetzen. Fettkappe nicht verbiegen.
Rechts: Die Druckscheibe (1) unter der Einstellmutter (2; hier noch mit augesetzter Kronensicherung) muß sich bei richtig eingestelltem Radlagerspiel mit der Schraubendreherklinge gerade noch verschieben lassen. Dazu darf die Klinge nicht an der Bremstrommel/-scheibe abgestützt sein.

- Lagerringe jeweils bis zum Anschlag einklopfen.
- Jetzt den zum Schutz aufgesetzten alten Lagerring wieder austreiben.
- Zwischenraum zwischen den beiden Lagerringen mit Fett versehen, auch die Ringe und die Lager selbst werden mit Fett gefüllt.
- Inneres Lager einsetzen.
- Dichtring an der Innenseite gleichmäßig mit einem Gummihammer einklopfen.
- Bremstrommel bzw. -scheibe auf den Achsstummel schieben.
- Äußeres Radlager und Druckscheibe aufstecken.
- Sechskantmutter von Hand auf den Achsstummel schrauben; dabei das Rad ständig drehen, damit sich das Lager nicht verkantet.
- Radlager einstellen (siehe folgenden Abschnitt).
- Bei Wagen mit Scheibenbremse hinten Bremssattel einbauen. Anschließend Bremspedal mehrfach durchtreten.

Hinterradlager einstellen
Fahrzeuge mit Frontantrieb

- Wagen hinten hochbocken und sichern.
- Nabenkappe, Splint und Kronensicherung abnehmen, wie unter »Bremstrommel ausbauen« im Kapitel »Die Bremsen« beschrieben.
- Wagen mit Trommelbremse hinten: Nachstellkeil nach oben drücken, wie im selben Abschnitt erläutert. Die Bremstrommel läuft damit völlig frei.
- Sechskantmutter ohne Kraft und mit viel Gefühl festdrehen, dabei das Rad drehen, damit sich die Lager nicht verklemmen.
- Mutter wieder etwas lockern.
- Das Spiel ist richtig eingestellt, wenn sich die Druckscheibe hinter der Mutter mit einem Schraubendreher unter mäßigem Fingerdruck gerade noch verschieben läßt. Die Schraubendreherklinge dabei nicht am Radnabenrand abstützen.
- Läßt sich jetzt der Sicherungssplint noch nicht durch die Kronensicherung einschieben, wird die Mutter ein wenig in Richtung »Zu« gedreht.
- Nabenkappe mit Gummihammer eintreiben, evtl. einen festen Lappenballen zwischenlegen.

Radlager der quattro-Modelle

Der quattro besitzt auch an der Hinterachse eingepreßte Doppel-Kugellager. Sie brauchen zwar nicht eingestellt zu werden, dafür lassen sie sich aber mangels Preßwerkzeugen auch nicht selbst auswechseln.

Die Lenkung

Damit das Lenken nicht in Arbeit ausartet, besitzen alle Audi-100-Modelle eine hydraulische Lenkkraftunter-

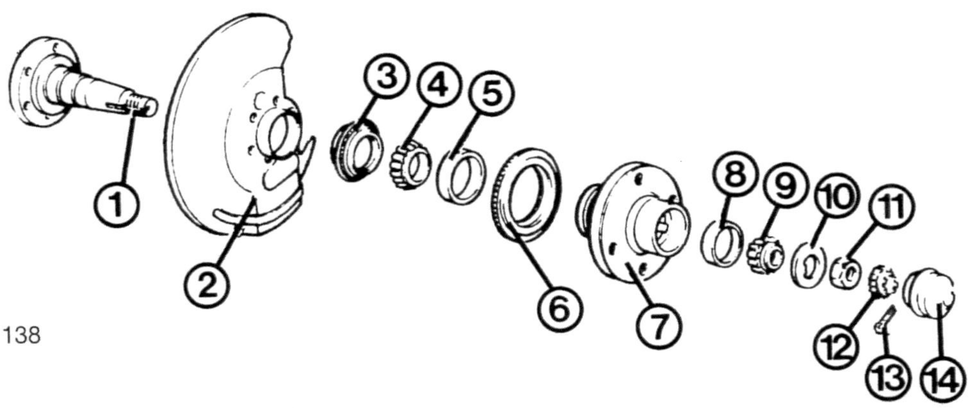

Das Hinterradlager und die zugehörigen Teile: 1 – Achszapfen; 2 – Abdeckblech (bei Scheibenbremsen hinten); 3 – Dichtring; 4 – Radlager innen; 5 – Lagerring innen; 6 – Rotor (bei Fahrzeugen mit ABS); 7 – Radnabe (bei Scheibenbremsen hinten); 8 – Lagerring außen; 9 – Radlager außen; 10 – Druckscheibe; 11 – Mutter; 12 – Kronensicherung; 13 – Splint; 14 – Fettkappe.

stützung – eine sogenannte Servolenkung. Die unterstützende Hilfskraft ist dabei die unter hohem Druck stehende Hydraulikflüssigkeit, die im Lenkgetriebegehäuse auf die als Kolben fungierende Zahnstange geleitet wird.
In welche Richtung dabei gepumpt werden soll, bestimmen Sie beim Drehen des Lenkrades. Diese Drehung wird auf ein Ventilsystem übertragen, das Richtung und Menge des Flüssigkeitsstromes regelt. Den Druck im hydraulischen System erzeugt eine Flügelpumpe, die der Motor über einen Keilriemen bzw. Keilrippenriemen antreibt.

Servotronic

Die Servotronic steuert die Lenkkräfte abhängig von der Fahrgeschwindigkeit. Denn beim Einparken soll sich das Lenkrad extrem leicht drehen lassen, was jedoch bei schneller Autobahnfahrt unerwünscht ist.
Diese Regelung ist gar nicht mal so kompliziert: Das Geschwindigkeits-Signal des Tachometer-Gebers wird von einem Steuergerät (Einbaulage: Hinter dem Handschuhfach) erfaßt und zur Steuerung des Druckventils in der Servolenkung verwendet.
Dieses Druckventil läßt Öl hinter die Ventilkolben der Servolenkung fließen, um Rückstellkräfte an der Lenkung zu erzeugen. Denn das Lenkrad soll ja nach Kurven in Neutralstellung zurückstreben.
Viel Öl hinter den Kolben erzeugt hohe Rückstellkraft, gegen die Sie beim Lenken drücken müssen, wenig Öl bewirkt geringe Rückstellkraft – also leichtgängige Lenkung. Und wieviel Öl hier »gegendrückt«, bestimmt das besagte Ventil.

Störungen an der Servotronic

○ Ist die elektronische Regelung der Servotronic defekt, läßt sich das Fahrzeug in gleicher Weise lenken, wie ein Wagen mit normaler Servolenkung. D.h. beim Rangieren in eine Parklücke sind größere Lenkkräfte erforderlich als während der Fahrt. In diesem Fall Sicherungen und Stromversorgung des Steuergeräts prüfen: zwischen Pin »2« und »7« am Steuergeräte-Stecker muß bei eingeschalteter Zündung Batteriespannung anliegen. Weitergehende Prüfungen sind Werkstattarbeit.
○ Wird die Lenkung dagegen nur in einer Drehrichtung schwergängiger, liegt es am Lenkgetriebe. Ersetzen lassen.

Arbeiten an der Lenkung

Spurstangenkopf auswechseln

Gebraucht wird ein Spurstangenabzieher bzw. ein kleiner Klauenabzieher. Denn der Spurstangenkopf kann nach Lösen der Schraube nicht einfach aus dem Lenkhebel herausgezogen werden; er ist mit einem sogenannten Haftkegel eingesetzt. Die kegeligen Ausformungen an Spurstangenkopf und Lenkhebel passen »saugend« ineinander und können dann nicht mehr ohne Hilfsmittel getrennt werden.
Mit einem Abzieher (der sich schon beim ersten Einsatz amortisiert) geht die Arbeit so:

- Rad abnehmen.
- Selbstsichernde Mutter am Spurstangenkopf losdrehen.
- Spurstangenkopf mit einem Klauenabzieher nach oben aus dem Lenkhebel am Federbein herausdrücken.
- Kontermutter an der Spurstange losdrehen, dabei den Sechskant am Gewindebolzen gegenhalten.
- Lage der Spurstangenkopf-Verschraubung anzeichnen, dann stimmt die Spur nach dem Zusammenschrauben wieder einigermaßen.
- Spurstangenkopf abschrauben und neuen bis zur Markierung eindrehen.
- Kugelbolzen des Spurstangenkopfes in den Lenkhebel hineindrücken, ggf. vorsichtig hineinklopfen.
- Neue selbstsichernde Mutter mit 50 Nm anziehen.
- Kontermuttern mit 50 Nm festziehen, dabei darauf achten, daß die Spurstangenköpfe weder nach vorn noch nach hinten gekippt sind.
- Spur kontrollieren lassen.

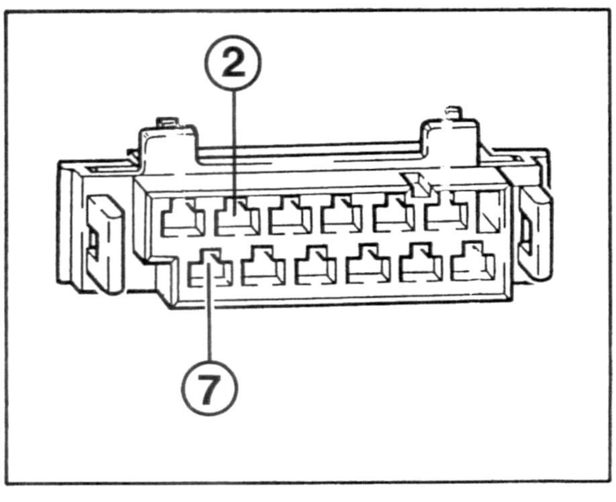

Prüfen der Spannungsversorgung am Servotronic-Steuergerät. Zwischen den hier bezeichneten Anschlüssen »2« und »7« des Anschlußsteckers am Steuergerät muß bei eingeschalteter Zündung Batteriespannung anliegen, sonst ist die Sicherung oder die Zuleitung defekt, weitergehende Prüfungen sind Werkstattarbeit.

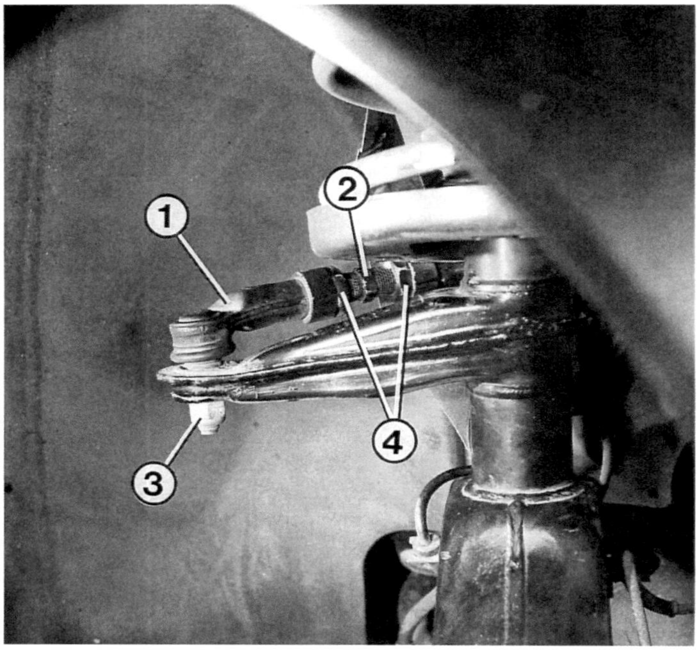

Die Abbildung zeigt den Spurstangenkopf (1) mit seiner selbstsichernden Befestigungsmutter (3), die Einstellgewindestange mit Sechskant (2) sowie die beiden Kontermuttern (4), mit denen die Spurstangeneinstellung arretiert wird.

Spurstange komplett auswechseln

- Neue selbstsichernde Muttern besorgen.
- Spurstangenkopf vom Lenkhebel trennen, wie im vorangegangenen Abschnitt beschrieben.
- Im Motorraum die Spurstange vom Mitnehmer des Lenkgetriebes losschrauben.
- Zusätzlich die senkrecht stehende Verschraubung der Mitnehmer-Deckplatte lösen.
- Beim Festschrauben der neuen Spurstangen Einbaulage beachten:
- **Mittenbefestigung (am Lenkgetriebe):** Kröpfung zeigt in Fahrtrichtung.
- **Spurstangen-Rohr, Mitte:** Wenn Kröpfung im Mittenbereich vorhanden, so zeigt diese nach unten.
- **Spurstangenkopf außen:** Kröpfung zeigt in Fahrrichtung.
- Spurstange an den Mitnehmer des Lenkgetriebes anschrauben (60 Nm).
- Mitnehmer-Deckplatte verschrauben (senkrecht stehende Verschraubung; 40 Nm).
- Darauf achten, daß die Spurstangenköpfe weder nach vorn noch nach hinten gekippt sind. Ist das der Fall, Kontermuttern am Spurstangenkopf lösen, Spurstangenkopf ausrichten.
- Anzugsmoment für Kontermuttern: 50 Nm. Anzugsmoment für Spurstangenkopf an Lenkhebel: Ebenfalls 50 Nm.
- Spur kontrollieren lassen.

Servolenkung auf Dichtheit prüfen

Wurde im Vorratsbehälter ein abgesunkener Flüssigkeitsstand festgestellt, muß umgehend die gesamte Lenkanlage überprüft werden. Sonst könnte während der Fahrt plötzlich die Lenkunterstützung ausfallen. Hier die Prüfschritte:

- Lenkrad einmal nach rechts und nach links zum Anschlag drehen. So baut sich der größtmögliche Leitungsdruck in der Servolenkung auf, und Undichtigkeiten werden am ehesten sichtbar.
- Lenkrad an einem Anschlag festhalten und an folgenden Stellen nach Undichtigkeiten suchen:
- Am Drehkolbenventil. Es sitzt etwa dort, wo die Lenksäule ins Lenkgetriebe mündet. Öl tritt dann im Fahrzeug-Innenraum unter dem Armaturenbrett vorn an der Stirnwand aus.
- An der Zahnstangenabdichtung. Zur Prüfung Schlauchbinder des Faltenbalgs lösen und Faltenbalg zur Seite schieben.
- An der Hydraulikpumpe. Zum Feststellen von Undichtigkeiten muß evtl. vorher eine Motorwäsche durchgeführt werden.
- An den Leitungsanschlüssen. Alle Anschlüsse einzeln prüfen und evtl. nachziehen.

Der Keilriemen bzw. Keilrippenriemen

Mehr über den Keilriemen bzw. Keilrippenriemen der Hydraulikpumpe erfahren Sie im Kapitel »Die Lichtmaschine«.

Die Störung	– ihre Ursache	– ihre Abhilfe
A Hydraulikölstand im Behälter zu niedrig	1 Eingeschlossene Luft im Hydrauliksystem hat sich selbst ausgeschieden	Hydrauliköl bis »MAX«-Marke auffüllen
	2 Undichtigkeiten im Hydrauliksystem	Leitungsanschlüsse nachziehen; neue Dichtungen einsetzen. Hydraulikpumpe bzw. Lenkgetriebe ausbauen und abdichten lassen
B Lenkung ist schwergängig	1 Förderdruck der Pumpe ist zu gering	Druck prüfen lassen. Ggf. Überdruckventil der Pumpe oder komplette Pumpe ersetzen
	2 Lenkgetriebe defekt	Ersetzen lassen
C Lenkgeräusche	1 Hydraulikölstand zu niedrig. Flüssigkeit mit Luftbläschen durchsetzt	Luftbläschen entweichen lassen, Hydrauliköl auffüllen
	2 Saugseitige Verschraubung der Pumpe undicht	Dichtungen ersetzen, Verschraubungen nachziehen
	3 Keilriemen bzw. Keilrippenriemen lose	Nachspannen bzw. Spannvorrichtung prüfen

Lenkgetriebe einstellen

Spiel im Lenkgetriebe läßt sich durch Einstellen beseitigen, vorausgesetzt der Verschleiß der Lenkzahnstange ist noch gering.

- Räder in Geradeausstellung bringen.
- Von Helfer das Lenkrad aus der Mittellage etwas hin- und herdrehen lassen – es werden Knack- bzw. Klappergeräusche hörbar.
- Einstellschraube (Bild unten) währenddessen vorsichtig und langsam rechtsdrehen (hineindrehen), bis sich das Knackgeräusch im Fahrzeuginnern verliert.
- Ausgehend von dieser Stellung die Schraube weitere 45° (⅛ Umdrehung) weiter hineindrehen.
- Probefahrt durchführen: Die Lenkung darf keinesfalls in irgendeiner Stellung schwergängig sein oder gar klemmen. Sie muß von allein in Geradeaus-Stellung zurücklaufen.
- Ist das nicht der Fall, Schraube um 15° zurückdrehen und erneut Probefahrt durchführen.
- Ggf. Vorgang ein weiteres Mal wiederholen.
- Ist in Geradeausstellung der Lenkung noch Spiel vorhanden, während sie bei eingeschlagenen Rädern schon klemmt, läßt sich die Lenkung nicht mehr einstellen. Lenkgetriebe ersetzen.

Pumpe der Servolenkung ausbauen

Soll die Pumpe lediglich wegen Montagearbeiten im Motorraum ausgebaut werden, bleiben ihre Schlauchleitungen angeschlossen, damit kein Schmutz in die Hydraulik gelangt. Falls die Schläuche an der Pumpe abgenommen werden müssen, ist äußerste Sorgfalt vonnöten. Selbst kleinste Schmutzpartikel in der Hydraulikflüssigkeit können Funktionsstörungen verursachen (Ölsorte siehe Schmierkapitel).

- Keilriemen bzw. Keilrippenriemen abnehmen, siehe Kapitel »Die Lichtmaschine«.
- **Vierzylinder:** Untere Motorraumabdeckung ausbauen.
- Muttern vorn an der Pumpe lösen.
- Pumpe abnehmen.
- **Fünfzylinder:** Schloßblech oberhalb des Kühlers abschrauben (Kapitel »Die Karosserieteile«).

Der Pfeil in dieser Abbildung bezeichnet die Einstellschraube des Lenkgetriebes, die ziemlich versteckt rechts unterhalb des Bremskraftverstärkers nahe der hinteren Motorraumwand sitzt.

● Schrauben der Servopumpen-Riemenscheibe lockern.
● Keilrippenriemen abnehmen (Kapitel »Die Lichtmaschine«).
● Schrauben der Servopumpen-Riemenscheibe jetzt vollends herausdrehen, Riemenscheibe abnehmen.
● Drei Befestigungsschrauben der Pumpe (von vorn und hinten) herausdrehen.
● Pumpe abnehmen.
● **Sechszylinder:** Motorabdeckung abnehmen.
● Halteschrauben der Servopumpen-Riemenscheibe lösen.
● Keilrippenriemen abnehmen (Kapitel »Die Lichtmaschine«).
● Riemenscheibe vollends abnehmen.
● Zündkerzenstecker abziehen, Zündspuleneinheit samt Halter abschrauben; alle Teile zusammen abnehmen.
● Hydrauliköl-Zulaufschlauch mit Schlauchklemmen abklemmen und abnehmen (ersatzweise mit Stopfen verschließen).
● Druckleitung abschrauben, mit fusselfreiem Lappen verschließen.
● Pumpe samt Halter losschrauben.
● **Alle:** Hydraulikschläuche, wenn möglich, angeschlossen lassen, und Pumpe mit Schläuchen im Motorraum ablegen (beim Sechszylinder geht das nicht).
● Werden die Schläuche abgebaut, soll dies vor Ausbau der Pumpe geschehen.
● Auf äußerste Sauberkeit achten!
● Beim **Einbau** neue Dichtungen verwenden.
● Hohlschraube mit Sieb zum Wiedereinbau ersetzen und mit 25 Nm anziehen.
● Hohlschraube ohne Sieb mit 40 Nm anziehen.
● Schraubstutzen für Schlauch – sofern ausgebaut – mit 50 Nm anziehen.
● Neue Servopumpe vor dem Anschließen auf der Saugseite mit Hydrauliköl (Spezifikation siehe Kapitel »Schmieren aller Teile«) befüllen. Pumpe durchdrehen, bis auf der Druckseite Öl austritt.
● Servolenkung befüllen und entlüften.

Servolenkung befüllen und entlüften

Befüllt und entlüftet werden muß das Lenksystem, wenn Einzelteile des Hydrauliksystems ausgetauscht wurden und deshalb das Hydrauliköl abgelassen werden mußte.
● Filter im Behälter mit Waschbenzin reinigen.
● Neues Hydrauliköl (Spezifikation siehe Kapitel »Schmieren aller Teile«) bis zur Markierung »MAX« auffüllen. Abgelassenes Öl nicht mehr verwenden.
● Wagen vorn beidseitig aufbocken und Lenkung bei abgeschaltetem Motor mehrmals zügig von Anschlag zu Anschlag durchdrehen.
● Hydrauliköl bis zur »MAX«-Marke nachfüllen.
● Motor starten und 2 Minuten laufen lassen, Räder in Geradeausstellung.
● Dabei den Flüssigkeitsspiegel beobachten: Sobald keine Luftblasen mehr im Behälter aufsteigen, Motor abstellen und sofort Hydrauliköl bis zur MAX-Marke ergänzen.
● Flüssigkeitsstand nach kurzer Fahrt nachprüfen.

Lenkrad ausbauen
(ohne Airbag)

Hier beschrieben ist der Lenkradausbau an Fahrzeugen ohne Airbag. Den nicht ganz unproblematischen Ausbau eines Airbag-Lenkrades finden Sie am Ende dieses Kapitels beschrieben.
● Hupplatte in Lenkradmitte mit kräftigem Ruck von Hand abziehen.
● Lenkrad in Sperrstellung einrasten lassen.
● Lenksäulenmutter mit Stecknuß SW 24 lösen.

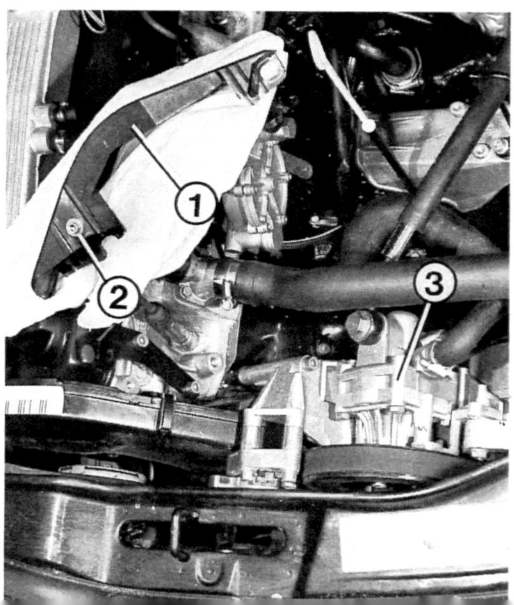

Links: Unten links am Motor ist beim Vierzylinder die Hochdruckpumpe (Pfeil) der Servolenkung befestigt.
Rechts: Nach Lösen der Verschraubung (2) kann die Abdeckung des Keilrippenriemens (1) abgenommen werden. Jetzt ist die Pumpe der Servolenkung (3) zugänglich.

Bevor das Lenkrad, wie hier gezeigt, an der Zentralmutter SW 24 (Pfeil) losgeschraubt werden kann, muß bei Fahrzeugen ohne Airbag die Hupplatte abgezogen werden, wie das im Bild im Kapitel »Die Signaleinrichtungen« gezeigt ist. Bei Fahrzeugen mit Airbag muß zuvor die Airbag-Einheit ausgebaut werden, wozu sorgfältiges Arbeiten nötig ist. Wie es gemacht wird, steht auf der folgenden Seite.

- Vorderräder genau geradeaus stellen, so daß die Lenkradspeichen symmetrisch stehen.
- Mutter und Unterlegscheibe abnehmen, Lenkrad mit ruckelnden Bewegungen abziehen.
- Beim Einbau des Lenkrades auf die symmetrische Ausrichtung der Speichen achten.
- Lenkschloß einrasten lassen.
- Lenksäulenmutter mit 40 Nm anziehen.

Airbag

Als Sonderausstattung kann der Audi mit Airbag für Fahrer und seit 7/92 für Fahrer und Beifahrer ausgerüstet sein, was auf der Fahrerseite am anders geformten Lenkrad mit großer Prallplatte erkennbar ist. Unter dieser befindet sich ein Luftsack, der bei Unfällen von einer kleinen Menge Fest-Treibstoff gezündet wird. Die Zündung erfolgt bei Aufprall mit mindestens 18 km/h auf ein starres Hindernis bzw. vergleichbar höherer Geschwindigkeit bei Kollision zweier Fahrzeuge. Wie stark der Aufprall ist, erfaßt das Auslösegerät, das seinen Platz vorn unterhalb der Mittelkonsole hat. Das Auslösegerät ist es auch, das dann ggf. die »Zündpille« im Airbag auslöst.
Schutz bietet der Airbag übrigens nur in Verbindung mit Sicherheitsgurten – er kann sie nicht ersetzen. Er bewahrt nur vor Kopfverletzungen, hervorgerufen durch den Lenkradkranz.

Sicherheitsvorschriften

Die Gasgeneratoren des Airbags unterliegen den Bestimmungen des Sprengstoffgesetzes. Der Umgang damit ist nur Fachkräften gestattet, denen die umfangreichen Sicherheitsbestimmungen bekannt sind.
Besonders wichtig aus dem Katalog der Vorsichtsmaßnahmen sind die folgenden:
○ Zu Arbeiten am Airbagsystem Batterie abklemmen und Minuspol zusätzlich abdecken.
○ Zusätzlich die **einpolige Steckverbindung der Spannungsversorgung** trennen. Die sitzt bis 6/92 hinter der Mittelkonsole und seit 7/92 im Beifahrer-Fußraum oberhalb der Elektronikbox (Zeichnungen unten).

Obwohl es für den Laien keinerlei Betätigung am Airbag gibt, soll trotzdem erwähnt werden, daß vor jeglichen Arbeiten am Airbag-System die einpolige Steckverbindung (Pfeil) der Spannungsversorgung unbedingt zu trennen ist. Die sitzt bis 6/92 hinter der Mittelkonsole (Zeichnung links) und seit 7/92 im Fahrerfußraum oberhalb der Elektronikbox (rechte Abbildung). Wo die Elektronikbox sitzt, steht im Kapitel »Die Karosserie-Elektrik«, der Ausbau der Mittelkonsole ist im Kapitel »Der Innenraum« beschrieben.

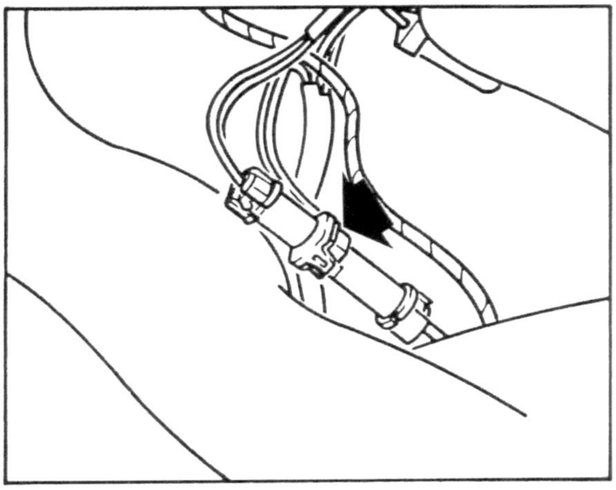

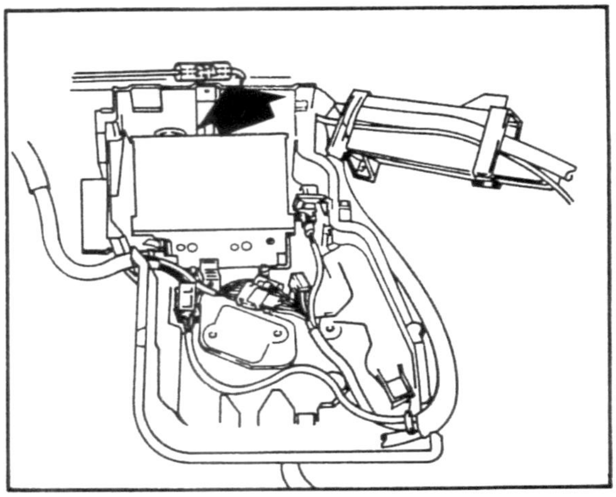

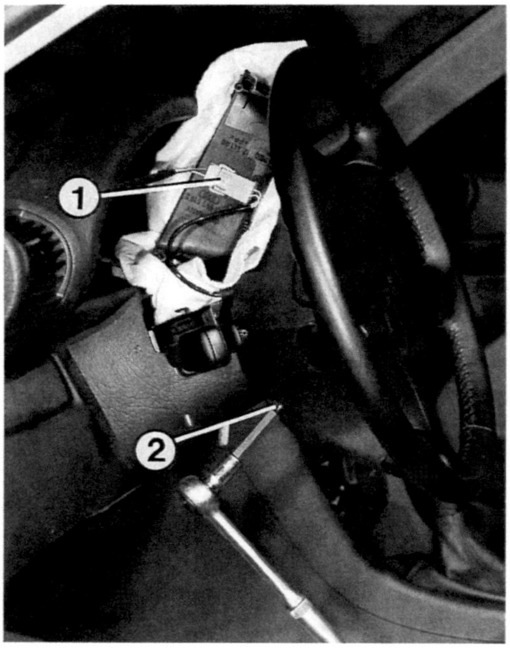

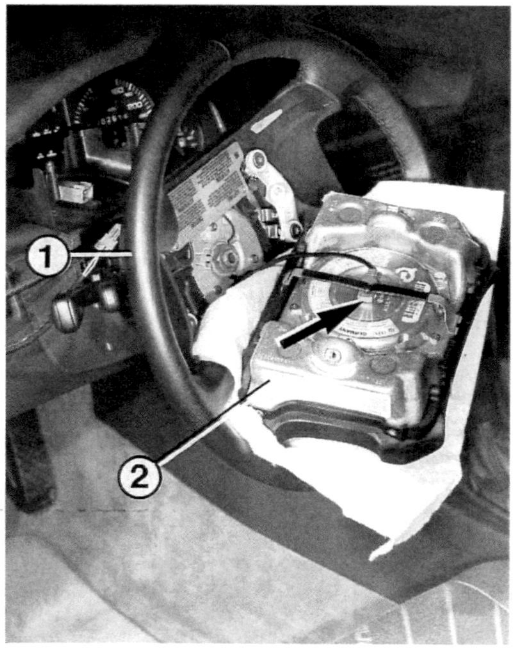

Ausbau der Airbag-Einheit im Lenkrad:
Links: Das Oberteil der Lenksäulenverkleidung ist hier ausgebaut, um die Steckverbindung (1) der Anschlußleitung der Airbag-Einheit zu trennen. Ferner werden hier die TORX-Schrauben T30 (2), die die Airbag-Einheit im Lenkrad halten, gelöst.
Rechts: Hier ist die Airbag-Einheit (2) bereits aus dem Lenkrad (1) ausgebaut. Die Steckverbindung (Pfeil) ist zusätzlich mit einem Drahtbügel gesichert.

- ○ Bei Arbeitsunterbrechung Airbag nie unbeaufsichtigt lassen.
- ○ Airbag-Einheit nur mit Prallplatte (Polsterplatte) nach oben ablegen.
- ○ Zu Schweißarbeiten am Wagen Batterie abklemmen.
- ○ Nach Unfall alle Komponenten des Systems ersetzen.
- ○ Fahrzeug-Verschrottung nur nach Vorschrift!

Lenkrad ausbauen
Fahrzeuge mit Airbag

Der Ausbau des Lenkrads bei einem Wagen mit Airbag kann nur einem geübten Selbsthelfer empfohlen werden. Wer unsicher ist, sollte die Werkstatt mit dieser Arbeit betrauen.

- Sicherheitsvorschriften (siehe Vortext) unbedingt beachten.
- Massekabel an der Batterie abklemmen und Minuspol zusätzlich abdecken.
- Airbag-Einheit am Lenkrad links und rechts von hinten mit TORX-Schlüssel T30 abschrauben.
- Airbag-Einheit nach hinten umlegen.
- Sicherungsbügel des Steckers der Airbag-Einheit aushängen.
- Stecker von der Airbag-Einheit abziehen.
- Airbag-Einheit so ablegen, daß die Audi-Ringe auf der Airbag-Einheit nach oben zeigen.
- Oberteil der Lenksäulenverkleidung ausbauen. Dazu die beiden Kreuzschlitzschrauben im unteren Teil der Lenksäulenverkleidung herausdrehen.
- Steckverbindung der Anschlußleitung der Airbag-Einheit aus dem Verkleidungs-Unterteil ziehen. Dazu die Haltenase in der Mitte des Steckerunterteils mit einem Schraubendreher leicht eindrücken und herausziehen.
- Steckverbindung trennen.
- Lenkrad ausbauen, wie für Fahrzeuge ohne Airbag beschrieben.
- Beim **Einbau** zusätzlich zu den Hinweisen für Fahrzeuge ohne Airbag: Nach Festschrauben des Lenkrades die beiden Halteschrauben der Airbag-Einheit zunächst von Hand eindrehen.
- Dann zuerst die in Fahrtrichtung rechte Schraube mit 6 Nm anziehen.
- Zuletzt die linke Schraube mit 6 Nm anziehen.

Verzögerungen

Sind die Dinge erst einmal ins Rollen gebracht, tut man sich oft schwer, die Bewegung wieder aufzuhalten. Anders beim Audi 100: Seine Bewegungsenergie ist – in den Grenzen der physikalischen Möglichkeiten – dank großzügig dimensionierter Bremsen leicht zu zügeln.

Eigenarbeiten an der Bremse

Bei einer so wichtigen Einrichtung wie den Bremsen kann keine Kontrolle zu viel sein! Wenn Sie also in diesem Bereich zwischendurch mal nach dem Rechten sehen, haben Sie Ihre Wartungsaufgaben sicher besser erfüllt, als derjenige, der seinen Wagen nur in den vorgesehenen Intervallen zur Wartung bringt. Denn gerade vor einer Urlaubsfahrt oder bei schon älteren Fahrzeugen sind verstärkte Kontrollen ratsam.
Andererseits erfordern Reparaturen im Bereich Bremsen ein erhöhtes Verantwortungsbewußtsein. Mit unserem Bremsen-Kapitel haben wir dem Selbstpfleger die Möglichkeit gegeben, z.B. auch Arbeiten an der Bremshydraulik durchzuführen. In solchen Fällen muß jeder Bastler für sich entscheiden, ob sein Kenntnisstand für eine verantwortungsvolle Ausführung dieser Arbeiten ausreicht.

So funktioniert die Bremse

○ Wenn Sie auf das Bremspedal treten, preßt eine mit dem Pedal verbundene Druckstange zwei hintereinanderliegende Kolben in den Hauptbremszylinder (im Motorraum).
○ Die Kolben verdrängen die dort eingeschlossene Bremsflüssigkeit. Dieser so entstehende hydraulische Druck in der Bremsanlage wird über Rohr- und Schlauchleitungen zu den Radzylindern weitergeleitet.
○ In diesen drücken Kolben die Bremsklötze der vorderen Bremssättel gegen die Bremsscheiben.
○ An den Hinterrädern der bis 12/92 gebauten Frontantriebs-Audi-100 mit Vierzylindermotor werden die Bremsbacken gegen die Bremstrommeln gedrückt. Die übrigen Versionen besitzen auch hinten Scheibenbremsen. Scheibenbremsen sind übrigens auch in die vor 12/92 gebauten Vierzylinder eingebaut, sofern sie (auf Wunsch) mit ABS ausgestattet waren.
○ Den Flüssigkeitsdruck übertragen zwei voneinander unabhängige Leitungssysteme (Bremskreise), und zwar für je ein Vorderrad und das gegenüberliegende Hinterrad (diagonal aufgeteilte Zweikreisbremse). Falls ein Bremskreis ausfallen sollte, bleiben also trotzdem immer noch zwei Räder bremsfähig.
○ Die Handbremse wirkt über Seilzüge auf die Hinterräder – egal ob dort Trommel- oder Scheibenbremsen eingebaut sind.
○ Die quattro-Modelle sowie der Fünf- und die Sechszylinder-Frontantriebs-Audi besaßen schon seit Serienbeginn serienmäßig ein Antiblockiersystem. Bei den Vierzylindern war es bis 12/92 nur auf Wunsch zu haben. Mehr zum ABS im folgenden Kapitel.

Fingerzeig: Bei Ausfall eines Bremskreises müssen Sie wesentlich stärker auf das Bremspedal treten (bei gleichzeitig längerem Pedalweg), um Bremswirkung zu erzielen. Auch wird der Anhalteweg länger.

Bremsen prüfen

Ständige Kontrolle

- Zuerst eine Vollbremsung bei Schrittgeschwindigkeit.
- Am Gummiabrieb auf der Straße sehen Sie auch bei ABS, ob die Bremsen gleichmäßig ziehen.
- Gleiche Prüfung mit der Handbremse.
- Für die Bremsenprüfung bei höheren Geschwindigkeiten brauchen Sie eine ebene Strecke.
- Nun aus etwa 50 km/h bei losgelassenem Lenkrad, aber mit griffbereiten Händen zuerst sanft und dann scharf bis zum Stillstand abbremsen.
- Zieht der Wagen zur Seite, ist an den Bremsen oder am Fahrwerk etwas nicht in Ordnung. Ursachen siehe »Störungsbeistand« am Ende des Kapitels.
- Lassen Sie den Audi 100 ein schwaches Gefälle hinunterrollen, um festzustellen, ob die Räder leichtgängig sind.
- Nach der Probefahrt machen Sie die Handprobe:
- Ist eine Felge auf der einen Wagenseite wärmer als auf der anderen Seite?
- Ursachen können sein ein verklemmter Bremssattel, schwergängige hintere Trommelbremsen (wo eingebaut) oder schadhafte Radlager.

Die Bremsflüssigkeit

Diese gelbliche – übrigens giftige und gegen Autolack aggressive – Flüssigkeit greift die Metall- und Gummiteile nicht an. Sie bleibt selbst bei –40°C noch ausreichend dünnflüssig, und sie hat trotz ihrer Dünnflüssigkeit den extrem hohen Siedepunkt von ca. 260°C.
Aber die Bremsflüssigkeit hat auch eine sehr unangenehme Eigenschaft: Sie nimmt gern Wasser auf, sie ist »hygroskopisch«. Und das Wasser kann tatsächlich – z.B. über die Luftfeuchtigkeit – in die Bremsflüssigkeit gelangen: Über den Ausgleichsbehälter sowie durch mikroskopische Undichtigkeiten an den Bremsschläuchen und Gummimanschetten. Solche Wasseraufnahme führt nicht nur zu Korrosion an den Metallteilen der Anlage, sondern bewirkt ein rapides Absinken des Siedepunkts. Bei nur 2,5% Wassergehalt liegt der Siedepunkt nur noch bei 150°C.
Das ist bei starker Belastung der Bremsen gefährlich, weil sie sich dann sehr stark aufheizen. In der Nähe der erhitzten Bremsen können sich Dampfblasen in der Hydraulikflüssigkeit bilden. Die lassen sich zusammenpressen – das Bremspedal kann tief durchgetreten werden; manchmal tritt man sogar ins Leere! In diesem Fall kann bisweilen noch schnelles Pumpen mit dem Bremspedal helfen. Besonders gefährlich ist dieser Effekt nach dem Abstellen des Wagens nach starker Bremsbeanspruchung. Mangels Fahrtwind heizt sich die Bremsenumgebung noch stärker auf; die höchste Temperatur herrscht nach etwa 15 Minuten Standzeit. Erst nach etwa einer halben Stunde ist wieder die normale Bremsflüssigkeitstemperatur erreicht.
Vorbeugend schreibt der Wartungsplan daher den Wechsel der Bremsflüssigkeit alle zwei Jahre vor.
Bremsflüssigkeit muß der **Spezifikation FMVSS116DOT4** entsprechen. Alle so gekennzeichneten Flüssigkeiten können gefahrlos gemischt werden.

Bremsflüssigkeitsstand prüfen

Ständige Kontrolle

- Zu niedriger Bremsflüssigkeitsstand wird beim Audi 100 zwar auch durch eine Kontrolleuchte am Armaturenbrett angezeigt, doch die Sichtkontrolle sollten Sie sich dennoch nicht ersparen:
- Motorhaube öffnen und den Bremsflüssigkeits-Vorratsbehälter evtl. mit einem Lappen reinigen.
- Im durchscheinenden Flüssigkeitsbehälter muß der Bremsflüssigkeitsstand zwischen den Markierungen »MIN« und »MAX« stehen. Dann ist alles in Ordnung.

Bremsflüssigkeitsstand zu niedrig?

Sind die Scheibenbremsbeläge schon etwas abgenutzt, tendiert der Flüssigkeitsspiegel eher zur unteren Markierung; sind sie neu, steht er weiter oben. Das ist völlig normal, denn die bei abgenutzten Belägen schon etwas weiter herausgetretenen Kolben der Scheibenbremse hinterlassen in den Zylindern der Bremssättel ein größeres Volumen, das sich mit Bremsflüssigkeit füllt.
Kritisch wird es dagegen, wenn die Bremsflüssigkeit in einem Behälterteil unter »MIN« abgesunken ist. Da sie nicht verdunstet oder verbraucht wird, muß sie durch ein Leck ausgetreten sein. Also schleunigst nach der Ursache suchen, bevor Sie irgendwann ins Leere treten. Alleiniges Nachfüllen ist keine Lösung!

Bremsanlage auf Undichtigkeiten und Beschädigungen prüfen

Wartung Nr. 16

Zur Kontrolle muß die Wagenunterseite trocken sein, damit Sie undichte Stellen erkennen können. Bremsflüssigkeit kriecht auch unter Schmutz. Feuchtdunkle Stellen lassen eine Undichtigkeit vermuten.

- Kontrollieren Sie sämtliche Anschluß- und Verbindungsstellen; auch die Bremssättel und die Bremsträgerbleche der Trommelbremsen, hinter denen die Radbremszylinder sitzen.
- Die Bremsschläuche dürfen weder feucht noch aufgequollen oder angescheuert sein. Sonst auswechseln.
- Die Bremsleitungen sind zum Schutz gegen Rost mit einer Oberflächenbeschichtung versehen. Wird diese Schutzschicht beschädigt, kann es zu Rostansatz kommen. Deshalb intakte Leitungen nie mit Schraubendreher, Schmirgelleinen oder Drahtbürste säubern.
- Ist die Schutzschicht beschädigt, soll Rostschutzgrundierung dünn aufgestrichen werden.
- Leitungen mit Rostnarben und solche, die plattgedrückt sind, müssen ersetzt werden.
- Sind Schutzkappen auf allen Entlüftungsventilen? Sie sitzen an den Bremssätteln bzw. innen an den Bremsträgerblechen.
- Die Bremsdruckprobe können Sie provisorisch selbst machen:
- Treten Sie mit voller Kraft aufs Bremspedal.
- Es darf auch nach einigen Minuten der vollen Belastung nicht nachgeben, sonst ist eine Manschette im Hauptbremszylinder defekt.
- Durch die undichte Manschette sinkt der Flüssigkeitsstand im Behälter nicht, sondern die unter Druck gesetzte Flüssigkeit mogelt sich an einem Kolben des Hauptbremszylinders vorbei auf die drucklose Seite.
- Undichte Stellen an den Kolbenmanschetten der Bremssättel und Radbremszylinder lassen sich an dunklen Flecken an den Bremsträgerblechen und Bremssätteln erkennen.
- Im Zweifelsfall Werkstatt aufsuchen.

Bremsflüssigkeit wechseln

Wartung Nr. 35

Nicht nur die schon erwähnte Gefahr von Dampfblasen macht den Bremsflüssigkeitswechsel erforderlich, sondern auch die vom aufgenommenen Wasser verursachte Korrosionsgefahr in den Bremszylindern und -leitungen. Beim Flüssigkeitswechsel geht man vor wie beim Entlüften (weiter hinten in diesem Kapitel beschrieben). Gebraucht werden 2 Liter frische Bremsflüssigkeit.

- Wenn möglich, Vorratsbehälter der Bremsflüssigkeit mit einer alten Injektionsspritze entleeren und gleich neu befüllen.
- So lange Bremsflüssigkeit durchpumpen, bis frische Flüssigkeit am Entlüfterventil austritt.
- Dazu durch jedes Entlüfterventil **500 cm³** Bremsflüssigkeit pumpen. Dann ist garantiert jeder Tropfen ausgewechselt.
- Vorgeschriebene Reihenfolge: Hinten rechts, hinten links, vorn rechts und zuletzt vorn links.

Fingerzeig: Gebrauchte Bremsflüssigkeit darf nicht in die Kanalisation geschüttet werden, auch sollte man sie nicht ins Altöl kippen. Am besten wird sie in eigenem Gefäß bei der Sondermüllverwertung (bei der Gemeindeverwaltung nachfragen!) abgegeben.

Die Scheibenbremsen

Zusammen mit jedem Vorderrad dreht sich eine Stahlscheibe frei im Luftstrom. Sogenannte Bremssättel umfassen sattelförmig die Scheiben. Beim Tritt auf das Bremspedal drücken Kolben die Bremsbeläge gegen die Scheiben – es wird gebremst.
Durch den Fahrtwind werden die Scheibenbremsen ständig gekühlt. Zusätzlich gekühlt sind die vorderen Bremsscheiben bei den Sechszylindermotoren: Im Umfang der Bremsscheibe sitzen große Aussparungen, die Luft wegschaufeln und so die Kühlung noch verbessern.
Bei den Scheibenbremsen vorn und – wo vorhanden – auch hinten handelt es sich beim Audi 100 um sogenannte Faustsattelbremsen. Der Bremssattel umfaßt die Bremsscheibe wie eine geballte Faust. Der Bremskolben im Zylindergehäuse drückt den inneren Belag gegen die Bremsscheibe, wodurch das Zylindergehäuse in seiner Führung herübergezogen und der Bremsklotz auf der anderen Seite ebenfalls gegen die Scheibe gepreßt wird.

Die Scheibenbremse bei Nässe

Bei Dauerregen wird die offen liegende Bremsscheibe kräftig geduscht, weshalb die Bremswirkung einen Sekundenbruchteil verspätet einsetzt. Die Feuchtigkeit zwischen Bremsscheiben und -klötzen muß erst zum Verdampfen gebracht werden. In streusalzreichen Wintern tritt diese Erscheinung verstärkt auf, wenn die auf Bremsbelägen und -scheiben sitzende Salzschicht beim Bremsen erst abgeschliffen werden muß.

Scheibenbremsbeläge vorn messen

Wartung Nr. 2

Die großzügig dimensionierten Bremsbeläge der vorderen Scheibenbremsen halten oft bis zu 50000 km. Trotzdem darf die regelmäßige Sichtprüfung nicht vergessen werden:

- Die **Mindestbelagstärke** beträgt **7 mm einschließlich Trägerplatte**. Die Trägerplatte selbst – also das Metallstück, auf das der Belag geklebt ist – hat eine Stärke von ca. 5 mm. Womit das eigentliche Belagmaterial minimal 2 mm stark sein darf.
- Zur flüchtigen Kontrolle bei abgenommener Radkappe mit einer Lampe durch ein Felgenloch leuchten und die Belagstärke abschätzen.

Der Bremsflüssigkeitsbehälter (2) mit Verschlußdeckel (1) und Füllstandsmarken (3).

Messen der Belagstärke an den Vorderradbremsen. Das Belagmaterial der Scheibenbremsen (ohne Trägerplatte) muß eine Stärke von a = minimal 2 mm aufweisen. Ist das Verschleißmaß erreicht, müssen die Scheibenbremsbeläge unbedingt ausgewechselt werden.

● Genauer ist die Kontrolle bei abgenommenen Rädern.

● Meterstab am Belag anlegen und messen. Bremsbelag auf der Innenseite nicht vergessen!

Zustand der Bremsscheiben kontrollieren

Wartung Nr. 17

Wenn die Räder zur Belagkontrolle abgenommen sind, prüft man auch den Zustand der Bremsscheiben.

● Die Scheiben dürfen keine tiefen Rillen (durch Schmutz oder zu stark abgefahrene Beläge) aufweisen. Die Riefen graben sich in neue Bremsbeläge tief ein, was deren Lebensdauer wesentlich verkürzt und überdies die Bremswirkung herabsetzt.

● Riefige Bremsscheiben können auf einer Drehbank nachgearbeitet werden, wenn sie nicht durch lange Laufzeit auf das zulässige Mindestmaß (siehe Tabelle unten) »abgemagert« sind.

● Zu dünne Scheiben müssen paarweise ausgetauscht werden.

● Eine bläuliche Verfärbung der Bremsscheibe ist ohne Bedeutung.

Bremsscheiben-Maße

Bremsscheiben	vorn unbelüftet	vorn innenbelüftet	hinten
Stärke neu Stärke mindestens	15 mm 13 mm	25 mm 23 mm	10 mm 8 mm

Scheibenbremsbläge erneuern

Grundsätzlich müssen rechts und links beide Beläge ausgetauscht werden. Nur Beläge mit »Allgemeiner Betriebserlaubnis« (ABE) verwenden.

Weil die Kolben in den Bremssätteln mit zunehmendem Verschleiß der Beläge weiter herauswandern, müssen sie vor dem Einsetzen neuer, dicker Beläge zurückgedrückt werden. Hierbei wird die Bremsflüssigkeit durch

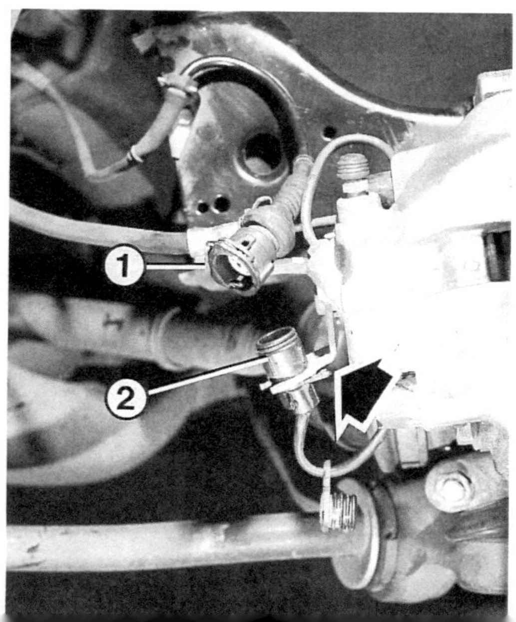

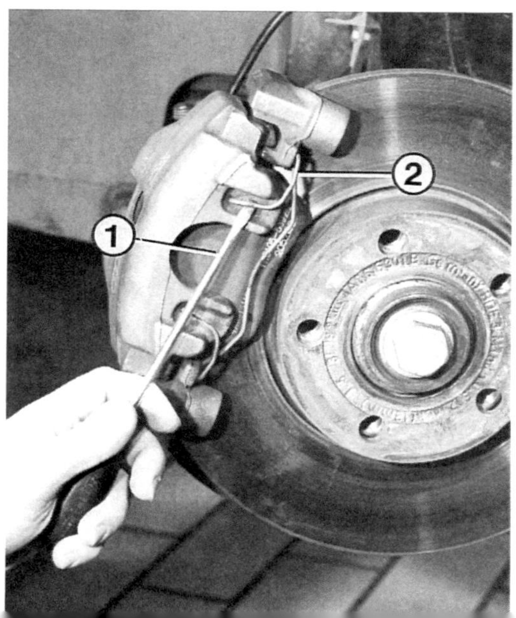

Erste Schritte zum Ausbau der vorderen Bremsbeläge.
Links: Stecker der Bremsbelag-Verschleißanzeige (1) nach Niederdrücken der Drahtsicherung ausstecken. Stecker-Gegenstück (2) aus dem Blechhalter am Bremssattel aushängen. Dazu die Kunststoff-Sperrklinke (Pfeil) mit Schraubendreher vorsichtig anheben, Stecker drehen und aus dem Halter ziehen.
Rechts: Mit einem Schraubendreher (1) wird hier die Haltefeder (2) am Bremssattel ausgehängt.

die Leitungen in den Vorratsbehälter gepreßt. Wurde in der Zwischenzeit unnötigerweise Bremsflüssigkeit nachgefüllt, muß das Zuviel jetzt abgesaugt werden. Andernfalls greift die am Vorratsbehälter austretende Bremsflüssigkeit umliegende lackierte Teile im Motorraum an. Zum Absaugen nur eine absolut saubere Pipette oder alte Injektionsspritze verwenden – nie mit dem Mund ansaugen!

- Wagen vorn aufbocken und sichern.
- Rad abnehmen.
- Lenkung einschlagen, damit die Beläge gut zugänglich sind.
- Stecker für Bremsbelag-Verschleißanzeige nach Niederdrücken der Drahtsicherung ausstecken.
- Stecker-Gegenstück aus dem Blechhalter aushängen. Dazu die Kunststoff-Sperrklinke mit Schraubendreher vorsichtig anheben, Stecker drehen und aus dem Halter ziehen.
- Haltefeder außen am Bremssattel mit Schraubendreher aushängen.
- Abdeckkappen an der Bremsen-Innenseite abnehmen.
- Innensechskantschlüssel im nun sichtbaren Innensechskant der Führungsbolzen ansetzen und beide Bolzen lösen (Bild unten links).
- Bolzen herausziehen, Bremssattelgehäuse abnehmen.
- Bremssattelgehäuse mit Draht am Federbein aufhängen.
- Beläge rechts und links aus den Bremssattelgehäuse nehmen: Der innere Belag muß mit seinen Halteklammern aus dem Bremskolben genommen werden, der äußere Belag muß – notfalls mit Gewalt – aus der Verklebung am Bremssattel gelöst werden.
- Kolben im Bremssattel mit einer Schraubzwinge zurückdrücken. Damit der Kolben nicht verkantet oder beschädigt wird, auf den Anlagering ein kleines Brettchen legen (Bild unten rechts).
- Klebefolienreste an der Anlagefläche des äußeren Belags gründlich entfernen.
- Bremssattel reinigen; vor allem die Führungsschienen müssen frei von Rost sein.
- Neue Beläge einsetzen, zum Ankleben des äußeren Bremssattels die Schutzfolie von der Klebestelle abziehen.
- Bremssattel montieren.
- Führungsbolzen mit **25 Nm** anziehen und Abdeckkappen wieder aufsetzen.
- Nach dem Zusammenbau das **Bremspedal unbedingt mehrmals treten,** bis die Beläge an den Bremsscheiben anliegen. Sonst ist keine Bremswirkung vorhanden!
- Mit den neuen Bremsbelägen – wenn möglich – die ersten 500 km nur behutsam bremsen.

Bremssattel vorn ausbauen

Die vorderen Bremssättel sind mit je zwei sogenannten Rippschrauben am Federbein befestigt. Diese Schrauben besitzen hinter ihrem Sechskantkopf eine geriffelte Fläche, die ein unbeabsichtigtes Lösen der Schraube verhindert. Diese Rippschrauben dürfen keinesfalls durch herkömmliche Schrauben ersetzt werden!

- Rad abschrauben.
- Bremsbeläge mit Bremssattelgehäuse ausbauen (wie im vorigen Abschnitt beschrieben).
- Bremssattelgehäuse mit angeschraubtem Bremsschlauch so aufhängen, daß der Schlauch nicht unter Spannung steht.
- Oder Bremsschlauch bzw. -leitung abschrauben. In diesem Fall Bremspedal niederdrücken und halten, um Auslaufen von Bremsflüssigkeit zu verhindern.
- Halteschrauben des Bremssattels am Bremsträger losdrehen.
- Vor dem Einbau die geriffelten Flächen der Rippschrauben reinigen.

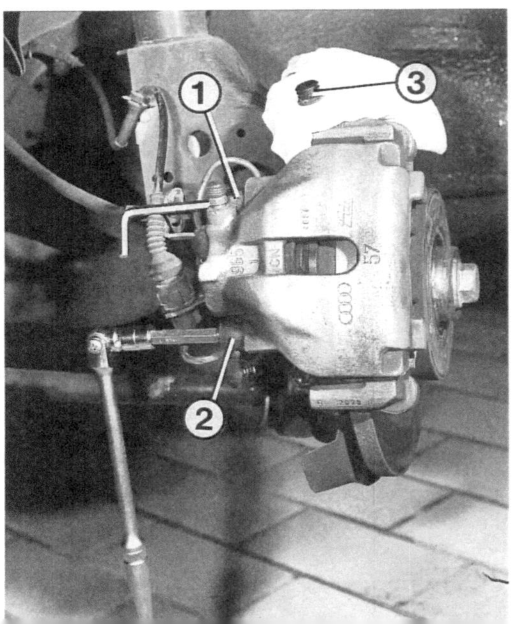

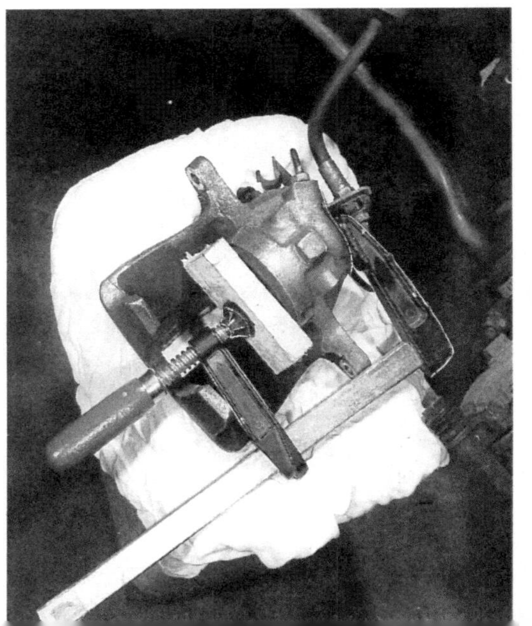

Links: Lösen der beiden Führungsbolzen mit Innensechskant in den Schutzhülsen (1 und 2) nach Abnehmen des Abdeckkäppchens (3).
Rechts: Hier wird der Kolben im Bremssattel mit einer Schraubzwinge zurückgedrückt, damit die neuen Bremsbeläge eingebaut werden können. Zum Schutz haben wir ein kleines Holzbrettchen zwischengelegt.

● Rippschrauben mit **125 Nm** anziehen.
● Bremsschlauch bzw. Leitung wieder festschrauben.
● Bremsanlage entlüften, falls der Bremsschlauch bzw. die Leitung abgeschraubt war.
● **Bremspedal** vor den ersten Metern Fahrt **mehrfach durchtreten,** bis sich normales Pedalspiel einstellt.

Bremskolbenmanschetten wechseln

Wurde die Bremskolbenmanschette im Bremssattel beschädigt, müssen Sie baldigst für Ersatz sorgen, sonst klemmt der Bremskolben aufgrund von Schmutz und Korrosion. Die Manschette gibt's nur zusammen mit dem Bremskolben-Dichtring zu kaufen. Zum Einbau beider Teile muß der Kolben im Bremssattelgehäuse herausgedrückt werden. Aus Sicherheitsgründen sollten Sie diese Arbeit in der Werkstatt durchführen lassen. Eventuell Bremssattel selbst ausbauen und zur Reparatur bringen.

Bremsscheibe vorn ersetzen

Bremsscheiben müssen grundsätzlich beidseitig erneuert werden. Einseitiger Wechsel kann ungleiche Bremswirkung zur Folge haben.
● Bremssattel komplett abschrauben, wie beschrieben, und mit Draht an der Karosserie befestigen; die Hydraulikleitung bleibt angeschlossen.
● Die Bremsscheibe kann nun von Hand von der Radnabe gezogen werden.
● Ist sie festgerostet, mit kräftigen Hammerschlägen nachhelfen – aber nur, wenn die Scheibe ohnehin gewechselt wird.
● Vor dem Ansetzen der neuen Bremsscheibe die Anlagefläche an der Radnabe säubern.

Die Trommelbremse

Die Audi-100-Frontantriebs-Modelle mit Vierzylindermotor (ohne ABS) besitzen bis 10/92 Trommelbremsen an der Hinterachse. Bei dieser Bremsenversion werden zwei Bremsbacken von den Kolben des Radbremszylinders (er sitzt zwischen den oberen Enden der Bremsbacken) gegen die Bremsfläche der Trommel gepreßt. Durch die Anordnung der Bremsbacken wirkt bei der im Audi 100 verwendeten Trommelbremse (Simplex-Bremse = ein Bremszylinder mit zwei Kolben) eine der beiden Bremsbacken selbstverstärkend. Das bedeutet, daß sich die Backe durch die Drehung des Rades in gewissen Grenzen selbsttätig an die Bremstrommel zieht, was die Pedalkraft vermindert. Beim Audi 100 ist es (Vorwärtsfahrt vorausgesetzt) die vordere Bremsbacke, die selbstverstärkend wirkt. Im Fachjargon wird sie Primärbremsbacke oder Auflaufbacke genannt. Die hintere nennt sich dementsprechend Sekundärbacke oder Ablaufbacke.

Selbstnachstellende Trommelbremsen

Die Trommelbremsen brauchen nicht mehr nachgestellt zu werden. Dafür sorgt – anders als bei den Scheibenbremsen – eine Nachstellmechanik. Die Druckstange zwischen den Bremsbacken muß mit zunehmendem Belagverschleiß verlängert werden, damit die Beläge wieder zum Anliegen an die Trommel kommen. Das geschieht durch einen unter Federzug stehenden Keil, der mit den allmählich verschleißenden Belägen in der Druckstange nachrückt.

Trommelbremsbeläge messen

Wartung Nr. 18

● Wagen hinten aufbocken.
● An der Innenseite des jeweiligen Hinterrades am Bremsträgerblech den Kunststoffstopfen abziehen.
● Mit Taschenlampe ins Schauloch leuchten.

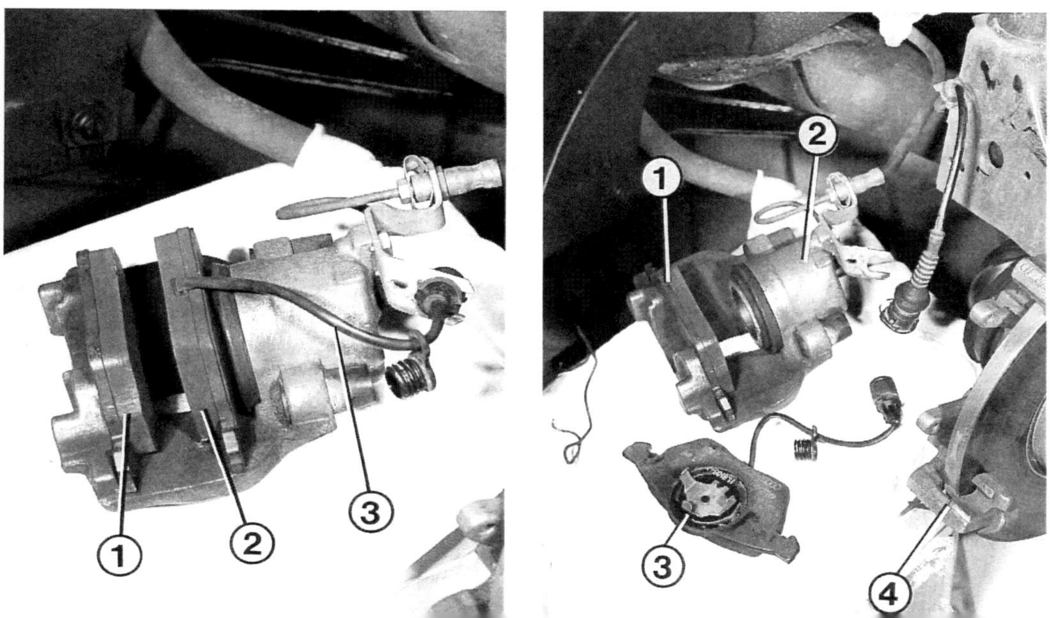

Der Bremssattel ist hier ausgebaut. Es bedeuten:
Links: 1 – äußerer Bremsbelag (festgeklebt);
2 – innerer Bremsbelag (mit Haltefeder eingesteckt);
3 – Leitung der Bremsbelag-Verschleißanzeige.
Rechts: Teile der Vorderradbremse:
1 – äußerer Bremsbelag;
2 – Bremssattel;
3 – innerer Bremsbelag mit Haltefeder;
4 – Bremsträger.

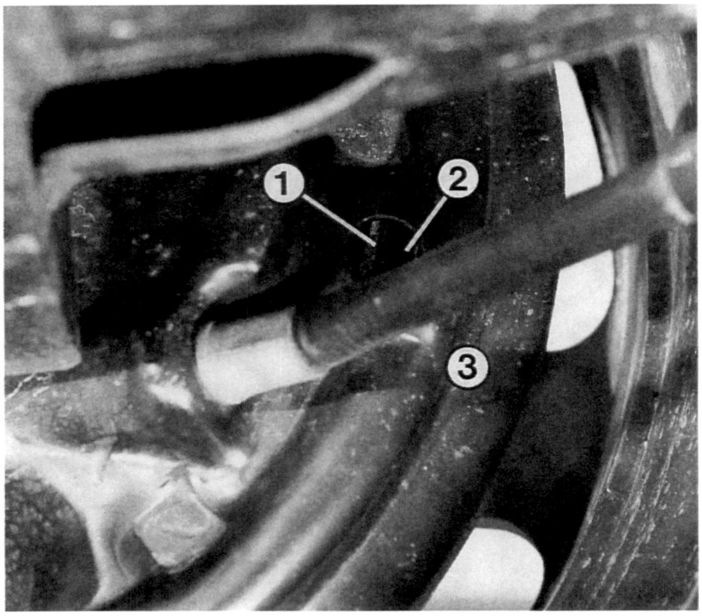

Das Schauloch zur Kontrolle der Belagstärke der hinteren Trommelbremsen sitzt in Fahrtrichtung vorn im Bremsträgerblech (3). Bei abgezogenem Abdeckstopfen sehen Sie die Bremsbacke (1) und den Bremsbelag (2).

- Die Beläge dürfen bis auf **2,5 mm Reststärke – ohne Belagträger** gemessen – abgefahren werden. Dann sind sie reif zum Austausch.
- Neue Bremsbeläge sind 5,25 mm dick.

Bremspedalweg prüfen

Wartung Nr. 29

- Drücken Sie das Bremspedal von Hand nieder.
- Der **Leerweg** soll **höchstens ⅓ des insgesamt möglichen Pedalwegs** betragen.
- Längerer Pedalweg kann bedeuten, daß die Beläge bis auf das Mindestmaß abgefahren sind und erneuert werden müssen.
- Oder die Einstellung der Handbremse stimmt nicht.
- Zu langer Pedalweg kann auch durch verklemmte Bremsbeläge oder einen festgerosteten Bremssattel verursacht werden.
- Weitere Möglichkeit: Es ist Luft in die Bremsanlage gelangt.

Bremstrommel abnehmen

Die Bremstrommel kann auch mit angeschraubtem Rad abgenommen werden. In diesem Fall:

- Eine Radschraube herausdrehen.
- Wagen hinten aufbocken.
- Felge oder Bremstrommel so drehen, daß ein Radschraubenloch in Fahrtrichtung vorn oben steht.
- Durch das Schraubenloch mit einem Schraubendreher den Nachstellkeil nach oben drücken – damit werden die Bremsbacken zurückgezogen.
- Radlager-Fettkappe abziehen (Bild im Kapitel »Radaufhängung und Lenkung«).
- Sicherungssplint im Radlager geradebiegen und herausziehen.
- Kronensicherung abziehen, Sechskantmutter lösen, Druckscheibe und äußeres Radlager abnehmen.
- Bremstrommel abziehen.
- Beim Zusammenbau **unbedingt Radlagerspiel einstellen** (Kapitel »Radaufhängung und Lenkung«).
- Beläge durch einmaliges kräftiges Treten des Bremspedals zum Anliegen an der Trommel bringen.

<u>Fingerzeig:</u> **Läßt sich bei einem älteren Wagen der verrostete Nachstellkeil der Bremse nicht nach oben drücken, sollte ein Helfer das Bremspedal treten, während der Keil nach oben geschoben wird. Bremspedal wieder loslassen und erst jetzt den Schraubendreher aus der Bremstrommel ziehen, sonst rutscht der Keil wieder nach unten. Achten Sie darauf, daß nur dann auf das Pedal getreten wird, wenn beide Bremstrommeln montiert sind.**

Zustand der Bremstrommeln kontrollieren

- Die Reibfläche in der Bremstrommel muß möglichst glatt sein.
- Zeigen sich tiefe Rillen oder Riefen (durch bis auf die Nieten abgefahrene Bremsbeläge), kann die Trommel ausgedreht werden.
- Neue Bremstrommeln haben einen Innendurchmesser von 230 mm.
- Nach dem Ausdrehen darf der Innendurchmesser nicht größer als **231,0 mm** sein, sonst müssen **beide** Bremstrommeln ersetzt werden.

Bremsbacken ausbauen

- Bremstrommel abnehmen.
- Federteller der Druckfedern an den Bremsbacken mit einer Kombizange zurückdrücken, um 90° drehen (Haltestift hinten am Bremsträgerblech festhalten, damit er sich nicht mitdreht) und abziehen, Federn abnehmen.
- Rückzugfeder des Nachstellkeils aushängen.
- Bremsbacken aus der unteren Abstützung und

Bei abgenommener Bremstrommel sehen wir an der Hinterradbremse die folgenden Teile:
1 – Bremsbacke vorn;
2 – Nachstellkeil;
3 – Radbremszylinder;
4 – Handbremszug;
5 – Handbremshebel;
6 – hintere Bremsbacke.

den Kolben im Radbremszylinder herausheben.

- Handbremsseil an den abgezogenen Bremsbacken aushängen.
- Rückzugfedern oben und unten abnehmen.
- Nachstellkeil aus der Druckstange ziehen.
- Anlagefeder oben aus der Druckstange aushängen. Ggf. hierzu die Druckstange in einen Schraubstock spannen.
- Beim Zusammenbau Druckstange in Schraubstock spannen.
- Anlagefeder an der Druckstange und Bremsbacke einhängen. Wie die Feder richtig montiert wird, zeigen die Bilder oben auf dieser und der gegenüberliegenden Seite.
- Bremsbacke auf der Druckstange einsetzen, Nachstellkeil von oben einstecken. Seine Nase zeigt zur Bremsbacke hin.
- Bremshebel der Sekundär-Bremsbacke in die Aussparung der Druckstange einsetzen, obere Rückzugfeder einhängen.
- Handbremsseil bei noch nicht montierten Bremsbacken am Bremshebel einhängen.

Fingerzeig: Abgenutzte Trommelbremsbeläge wechselt man am besten zusammen mit den Bremsbacken aus. Audi bietet einen kompletten Bremsbackensatz als preisgünstiges Austauschteil an. Ähnliche Sätze gibt es auch vom Zubehörhandel. Obwohl es theoretisch möglich ist, raten wir vom eigenhändigen Aufnieten der Beläge auf die alten Bremsbacken ab.

Radbremszylinder der Trommelbremse ausbauen

- Bremstrommel abbauen.
- Bremsbacken ausbauen.
- Entlüftungsventil abschrauben.
- Bremsleitung abschrauben. Sofern nicht gleich anschließend ein neuer Bremszylinder eingesetzt wird, sollten Sie das Bremspedal niedertreten und halten (lassen), um unnötigen Bremsflüssigkeitsverlust zu vermeiden.
- Zwei Halteschrauben hinten am Bremsträgerblech herausdrehen und Bremszylinder abnehmen.

Scheibenbremse hinten

Mit Ausnahme der Vierzylinder-Frontantriebsmodelle ohne ABS bis 12/92 sind an der Hinterachse Scheiben- statt Trommelbremsen eingebaut. Wie an der Vorderachse handelt es sich hierbei um sogenannte Faustsattelbremsen.

Zusätzlich zur hydraulischen Betätigung durch die Fußbremse kann die Hinterrad-Scheibenbremse auch durch die Seilzüge der Handbremse bedient werden. Über einen Hebel, in den der jeweilige Bremszug eingehängt ist, wird der Bremskolben durch einen Druckstößel gegen den Belag gepreßt.

Front- und Allradantriebs-Fahrzeuge besitzen unterschiedliche Bremssattelgehäuse, die sich jedoch hauptsächlich durch die Art der Anlenkung des Handbremszuges unterscheiden.

Automatische Nachstellung

Konstruktionsbedingt sind die Scheibenbremsen im Kraftfahrzeug immer selbstnachstellend: Der Bremskolben wandert mit dem verschleißenden Bremsbelag einfach weiter aus dem Bremssattelgehäuse heraus und sorgt so dafür, daß die Beläge stets knapp an der Bremsscheibe stehen. Durch die nachfließende Bremsflüssigkeit kann ohnehin kein »Spiel« entstehen.

Anders ist das bei mechanischer Betätigung durch die Handbremse: Hier würde der Druckstößel der Handbremsbetätigung den weiter nach außen gerückten Kolben irgendwann nicht mehr erreichen, wenn nicht eine Nachstellvorrichtung vorhanden wäre. Diese »verlängert« gewissermaßen den Druckstößel je nach Bedarf.

Kernstück der Nachstellung ist ein Gewinde, auf dem sich ein zweites Teil je nach Belagverschleiß immer

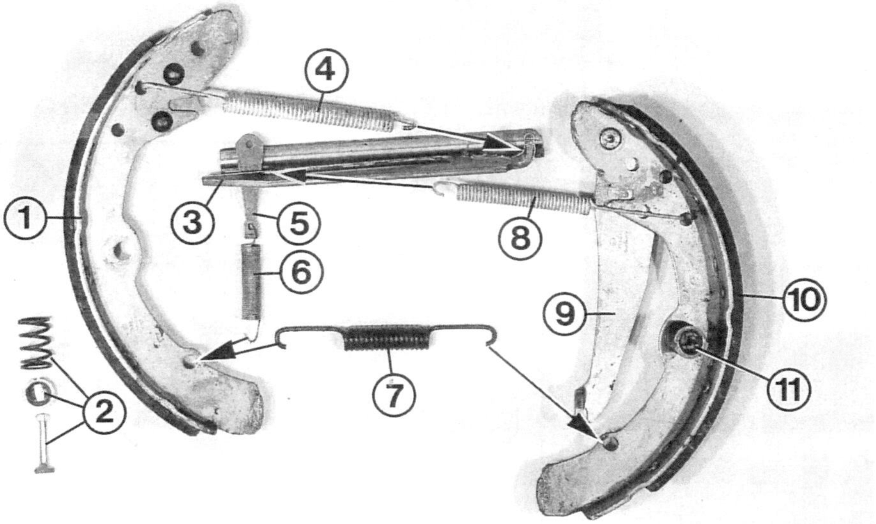

Die Teile der Trommelbremse ausgebaut. Die Pfeile zeigen, wo die Federn eingehängt werden müssen. Es bedeuten:
1 – Bremsbacke vorn;
2 – Niederhalter mit Feder, Federteller und Haltestift;
3 – Druckstange;
4 – Rückzugfeder;
5 – Nachstellkeil;
6 – Zugfeder für Nachstellkeil;
7 – Rückzugfeder unten;
8 – Anlagefeder;
9 – Handbremshebel;
10 – Bremsbelag auf der Bremsbacke hinten;
11 – Niederhalter.

weiter nach vorn schraubt – die Druckvorrichtung wird also länger. Der Bremskolben darf deshalb beim Belagwechsel nicht einfach zurückgedrückt werden, sondern er wird auf der Nachstellvorrichtung zurückgeschraubt.

Scheibenbremsbeläge hinten messen

Wartung Nr. 2

An den hinteren Scheibenbremsen erfolgt die Kontrolle des Belagverschleißes gleich wie an den vorderen. Es gelten hier ebenfalls **7 mm** als Verschleißmaß – gemessen **mit Belagträgerplatte**, was einer reinen Belagstärke von etwa 2 mm entspricht.
Gleichzeitig mit der Belagkontrolle wird der Zustand der Bremsscheiben geprüft. Verschleißmaß und Arbeitsreihenfolge wie bei den Scheibenbremsen vorn.
Gebraucht werden neben den Belägen für die Hinterachse auch **vier neue selbstsichernde Schrauben**, die den Belägen in der Regel beigepackt sind.

Scheibenbremsbeläge hinten erneuern

Obwohl diese Arbeit leicht durchzuführen ist, wird sie zum Problem, wenn der Spezialschlüssel 3131 bzw. 3272 aus der Audi-Werkstatt fehlt. Die nachfolgende Beschreibung setzt also voraus, daß Ihnen die Werkstatt diesen Schlüssel ausleiht oder daß Sie ihn sich nach dem Muster eines geliehenen Schlüssels anfertigen konnten.

- Beide Befestigungsschrauben des Bremssattelgehäuses herausdrehen, dabei den Führungsbolzen an seinem Sechskant gegenhalten.
- Bremssattelgehäuse von Hand zur Fahrzeugaußenseite hin ziehen.
- Bremssattelgehäuse jetzt nach hinten schwenken und abnehmen.
- Beläge aus den Führungsschienen nehmen.
- Spezialschlüssel 3131 bzw. 3272 im Bremskolben ansetzen und den Kolben unter kräftigem Druck von Hand einschrauben.
- Dabei von Helfer den Bremsflüssigkeitsstand am Behälter im Auge behalten lassen. Droht er überzulaufen: Flüssigkeit mit Injektionsspritze absaugen.

<u>Links:</u> Messen der Bremsbelagstärke an den hinteren Scheibenbremsen. Das Belagmaterial der Bremsklötze darf nicht dünner als a = 2 mm sein.
<u>Rechts:</u> Lösen der Befestigungsschraube (2) zum Ausbau des Bremssattels der hinteren Scheibenbremse. Der Führungsbolzen (1) muß mit einem Gabelschlüssel gegengehalten werden. Zum Einbau neue selbstsichernde Schrauben verwenden.

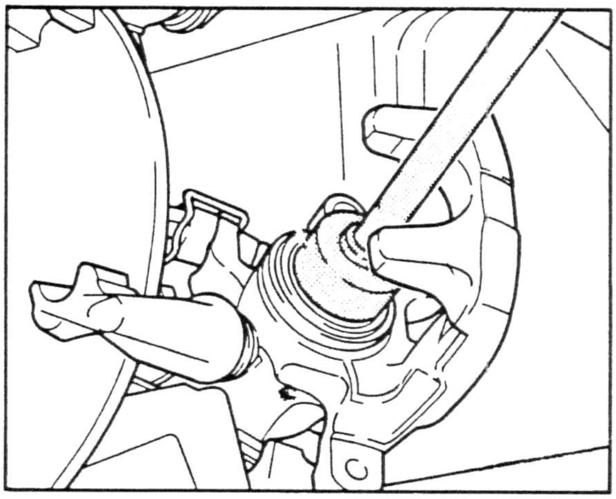

Links: Zum Auswechseln der Bremsbeläge (1) wird das Bremssattelgehäuse (3) der hinteren Scheibenbremsen ausgebaut. Anschließend muß der Bremskolben (2) zurückgestellt werden. **Rechts:** Das geschieht, wie hier in der Zeichnung gezeigt, mit dem Spezialschlüssel 3131 aus der Audi-Werkstatt.

- Niemals den Bremskolben mit Gewalt und ohne zu drehen zurückdrücken. **Der Nachstellmechanismus im Bremskolben würde sonst zerstört.**
- Neue Beläge einsetzen.
- Bremssattelgehäuse mit **neuen** selbstsichernden Schrauben unter **35 Nm** anziehen.
- Nur einen schlanken Gabelschlüssel zum Gegenhalten des Führungsbolzens verwenden. Ein breiter würde eingeklemmt, und die Anzugskraft wäre somit falsch.
- **Generell** nach dem Zerlegen der Bremse eine neue **Grundeinstellung** durchführen.

Grundeinstellung der Hinterrad-Scheibenbremse

- Wagen hinten beidseitig aufbocken und sichern. Räder abnehmen.
- Handbremse lösen.
- Sicherstellen, daß die Handbremszüge nicht vorgespannt sind:
- Zur Kontrolle die Handbremshebel an den Brems-sätteln rechts und links abwechselnd gegen den Anschlag drücken.
- Bewegt sich der Hebel des gegenüberliegenden Bremssattels mit, sind die Handbremsseile zu straff vorgespannt. Dann die zentrale Einstellmutter für die Handbremsseile lösen, bis beide Hebel gerade am Anschlag anliegen.
- **Frontantriebs-Fahrzeuge:** Betätigungshebel des Bremskraftreglers dort, wo die Feder eingehängt ist, in Zugrichtung der Feder auf Anschlag drücken.
- Ein Helfer muß gleichzeitig das Bremspedal bei abgeschaltetem Motor zwei Mal mit mäßiger Kraft durchtreten.
- Hebel wieder loslassen.
- **Fahrzeuge mit Allradantrieb:** Zwischen die Zugfeder des Bremskraftreglers und deren Lagerung an der Hinterachse einen Bohrer mit mindestens 6 mm einschieben. Die Feder wird dadurch gestrafft.
- Bremspedal bei abgeschaltetem Motor zwei Mal mit mäßiger Kraft durchtreten.
- Bohrer wieder herausnehmen.
- **Fahrzeuge mit Niveauregulierung:** Fahrzeug auf die Räder stellen.
- Motor starten und etwa zwei Minuten im Leerlauf drehen lassen.
- Motor wieder abstellen.
- Bremspedal bei abgeschaltetem Motor zwei Mal mit mäßiger Kraft durchtreten.
- Fahrzeug wieder aufbocken.
- **Alle:** Prüfen, ob beide Hinterachsnaben bzw. -räder frei durchdrehen.

Bremssattel hinten ausbauen

- Bremsschlauch abbauen, sofern der Bremssattel gewechselt werden soll.
- Bremssattelgehäuse wie zum Belagwechsel ausbauen. Dabei die Hinweise im entsprechenden Text auf der Vorseite beachten!
- Handbremsseile abbauen.
- Beide Halteschrauben des noch an der Achse befestigten Bremsträgers lösen.
- Zum Einbau die Bremsträger-Halteschrauben mit 65 Nm anziehen.
- Beim Einbau des Bremssattelgehäuses die Hinweise auf der Vorseite bzw. oben beachten.
- Neue Grundeinstellung durchführen.

Bremskolbenmanschetten hinten wechseln

Für das Auswechseln defekter Bremskolbenmanschetten an den hinteren Bremssätteln gilt gleiches wie für vorn gesagt.

Bremsscheibe hinten wechseln

- Bremssattel hinten komplett ausbauen.
- Bremsscheibe abnehmen.
- Anlagefläche an der Radnabe reinigen oder blankschmirgeln und neue Bremsscheibe aufsetzen.
- Neue Grundeinstellung durchführen.

Grundeinstellung an der Hinterradbremse:
Links: Zur Prüfung, ob die Handbremszüge nicht vorgespannt sind, werden die Handbremshebel (1) an den Bremssätteln rechts und links abwechselnd gegen den Anschlag gedrückt (Pfeile). Bewegt sich der Hebel am gegenüberliegenden Bremssattel mit, sind sie Handbremsseile zu straff vorgespannt.
Rechts: Was im Bild links an einem Fahrzeug mit Frontantrieb gezeigt wurde, ist hier nochmals an einem Audi 100 quattro gezeigt. Der Hebel des Bremssattels darf bei gelöster Handbremse nicht vom Anschlag abheben, was hier durch die Abstandsangabe »a« symbolisiert ist.

Die Handbremse

Beim Betätigen des Handbremshebels wird eine Zugstange in Wagenboden-Mitte nach vorn gezogen. An ihrem Ende befindet sich eine Art Wippe – der Ausgleichsbügel. Hier sind auch die Bremsseile eingehängt, die nach hinten zu den Bremstrommeln bzw. -sätteln laufen. Sinn der Ausgleichswippe ist es, die Kraft, die wir beim Anziehen der Handbremse aufgewendet haben, möglichst gerecht an die beiden Hinterräder zu verteilen. Leichte Schwankungen im Reibwert der beiden Bremszüge gleicht die Wippe dabei aus.

○ An Fahrzeugen mit Trommelbremsen hinten ziehen die Bremsseile an den Bremshebeln der hinteren Bremsbacken und drücken diese an die Trommel. Gleichzeitig stützt sich der Bremshebel über die Druckstange an der vorderen Bremsbacke ab. So wird diese ebenfalls nach außen gedrückt und tritt bremsend in Aktion.

○ Bei Fahrzeugen mit Scheibenbremsen hinten wirken die Handbremsseile über den Betätigungshebel, die Druckstange und den Nachstellmechanismus auf die Bremsklötze, wie unter »Scheibenbremse hinten« beschrieben.

Leerweg des Handbremshebels prüfen

Wartung Nr. 31

- Die Wirkung der Handbremse soll mit der **dritten Raste** des Hebels beginnen.
- Bei eingerastetem viertem Zahn sollten die Hinterräder blockiert sein.
- Ist der Hebelweg länger, weist das auf abgenutzte hintere Bremsbeläge oder gedehnte Handbremsseile, weil die Handbremse bei jedem Parken kräftig angezogen wurde.
- Eine Einstellung der Handbremse ist nur nach Auswechseln des Handbremsseils erforderlich.

Handbremszug wechseln

- Wagen hinten aufbocken und sichern.
- Handbremse lösen.
- Wärmeabschirmblech der Abgasanlage im Bereich des Handbrems-Ausgleichsbügels abbauen.

Handbremszug wechseln, hier an einem Fahrzeug mit Frontantrieb und Scheibenbremsen hinten gezeigt. Es bedeuten:
1 – Bremszughülle;
2 – Federklammer;
3 – Nippel des Bremszugs.

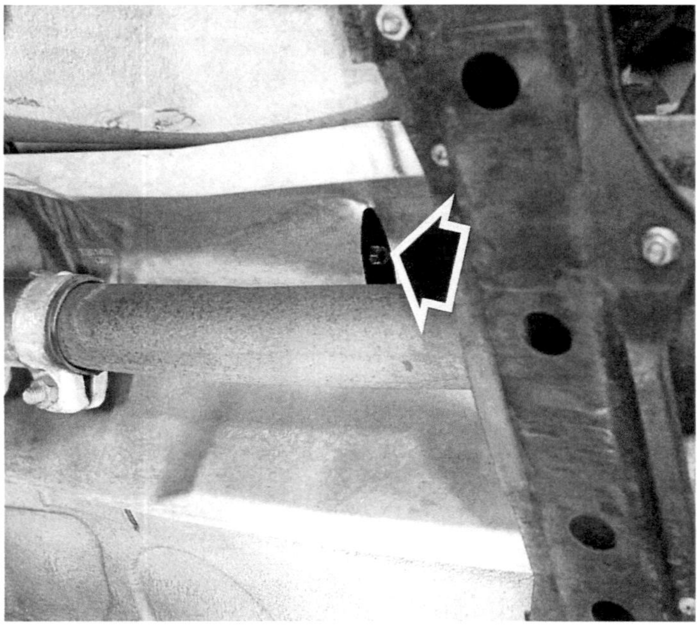

Nachstellen der Handbremse. Durch Drehen der Nachstellmutter (Pfeil) auf dem Gewindestück des Handbremsseils werden die Handbremsseile zu den Rädern gespannt. Die Abbildung zeigt etwa die Mitte des Wagenbodens in Höhe der hinteren Sitzbank.

● Dazu kann es nötig werden, einen Teil der Auspuffanlage auszubauen.
● Nachstellmutter am Ausgleichsbügel losdrehen, bis sich der Bremszug vorn aushängen läßt.
● **Fahrzeuge mit Trommelbremsen hinten:** Bremstrommel abnehmen, Bremsbacken ausbauen und hinteres Seilzugende aus dem Bremshebel aushängen.
● **Bei Scheibenbremsen hinten** die Federklammer am Ende der Zughülle abhebeln und den Nippel des Bremszugs aus dem Betätigungshebel aushängen.
● Seilzug jetzt aus den verschiedenen Haltern an der Hinterachse und am Wagenboden aushängen und abnehmen.
● Beim Einbau die Sicherung am vorderen Ende der Seilzughülle einsetzen.
● Einbaulage des Ausgleichsbügels am Gestänge des Handbremshebels: Die lange Seite zeigt nach rechts.
● Probleme macht das Einhängen des Handbremszugs am Betätigungshebel der Trommelbremse. Deshalb Spiralfeder auf dem Zug mit einem Seitenschneider zurückschieben und durch sanftes Festklemmen des Seitenschneiders auf dem Zug das Verrutschen verhindern. Zug jetzt in den Hebel einhängen.
● An Wagen mit Scheibenbremse hinten unbedingt **Grundeinstellung vornehmen!**
● Bei allen Wagen **Handbremse einstellen**.

Handbremse einstellen

Durch die automatischen Nachstellvorrichtungen sowohl bei Trommel- wie bei Scheibenbremsen braucht die Handbremse nur nach Arbeiten an der Handbremsmechanik sowie nach Auswechseln der Bremsbeläge eingestellt zu werden.

● Wagen hinten beidseitig hochbocken und sichern.
● **Fahrzeuge mit Trommelbremsen hinten:** Handbremse lösen.
● Einstellmutter (Bild oben) bis zum Ende der Gewindestange herausdrehen.
● Bremspedal einmal kräftig niedertreten.
● Handbremshebel **drei Rasten** hochziehen.
● Einstellmutter jetzt so weit anziehen, daß sich beide Räder von Hand noch schwer durchdrehen lassen.
● Handbremse lösen und Freigang der Räder kontrollieren.
● **Fahrzeuge mit Scheibenbremsen hinten:** Grundeinstellung durchführen.
● Nachstellmutter für Handbremsseile so weit anziehen, bis beide Handbrems-Betätigungshebel an den Bremssätteln rechts und links gerade vom Anschlag abheben. Das sollte ein Helfer kontrollieren.
● Nachstellmutter jetzt zwei Umdrehungen lösen.
● Zur Kontrolle die Handbremshebel an den Bremssätteln rechts und links abwechselnd gegen den jeweiligen Anschlag drücken. Bewegt sich nun der Hebel des gegenüberliegenden Bremssattels mit, sind die Handbremsseile zu straff vorgespannt.
● In diesem Fall die Nachstellmutter für die Handbremsseile gerade so weit lockern, bis beide Hebel satt am Anschlag anliegen.
● Handbremse anziehen und wieder lockern; Freigang der Hinterräder kontrollieren.

Der Hauptbremszylinder

Der Hauptbremszylinder ist gewissermaßen das Oberhaupt im Bremssystem. Er sitzt hinten links im Motorraum und gibt den Bremssätteln bzw. Radbremszylindern den Befehl, wann sie zu bremsen haben. Mehr über seine Ausführung und Funktion finden Sie zu Beginn dieses Kapitels.

Der Bereich um den Bremskraftverstärker und Hauptbremszylinder zeigt folgende Teile:
1 – Warnschalter für Bremsflüssigkeitsstand;
2 – Anschluß der Unterdruckleitung vom Saugrohr mit Rückschlagventil;
3 – Vorratsbehälter für Bremsflüssigkeit;
4 – Hauptbremszylinder;
5 – Bremskraftverstärker.

Hauptbremszylinder ausbauen

- Bremsflüssigkeit aus dem Ausgleichsbehälter absaugen.
- Zum Abbau des Unterdrucks im Bremskraftverstärker Unterdruckleitung abziehen.
- Behälter aus dem Hauptbremszylinder herausziehen.
- Sämtliche Bremsleitungen am Hauptbremszylinder abschrauben.
- Beide Halteschrauben hinten am Hauptbremszylinder herausdrehen.
- Hauptbremszylinder vorsichtig und ohne zu verkanten aus dem Bremskraftverstärker herausziehen.
- Beim Zusammenbau neuen Dichtring zwischen Bremskraftverstärker und Hauptbremszylinder einlegen.
- Haltemuttern mit 25 Nm anziehen.
- Dichtstopfen für die Anschlußstutzen des Ausgleichsbehälters innen mit Bremsflüssigkeit anfeuchten, bevor der Behälter aufgedrückt wird.
- Bremsanlage entlüften.

Der Bremskraftverstärker

Scheibenbremsen wirken nicht, wie Trommelbremsen, selbstverstärkend. Es ist eine wesentlich höhere Bremskraft vonnöten. Deshalb besitzt der Audi 100 einen pneumatisch arbeitenden Bremskraftverstärker, der ca. 60% der Bremskraft aufbringt. Das Bremspedal ist jedoch trotzdem direkt mit den Bremskolben im Hauptbremszylinder verbunden, so daß man auch noch bei ausgefallenem Hilfsgerät bremsen kann. Der notwendige Pedaldruck muß dann allerdings vervielfacht werden.
Die Hilfskraft liefert der Unterdruck aus dem Ansaugrohr. Der Bremskraftverstärker ist über einen Schlauch mit dem Saugrohr verbunden. Beim Bremsen verschiebt der Druckunterschied zwischen dem äußeren Luftdruck und dem Unterdruck im Ansaugrohr eine große, elastische Membrane und drückt zusätzlich auf die Kolben im Hauptbremszylinder. Wenn der Motor nicht läuft, kann der Servo auch keine (zusätzliche) Bremskraft liefern. Bleibt der Motor unterwegs plötzlich stehen, haben Sie noch eine Reserve für einige Bremsungen; aber dann werden die Wadenmuskeln voll beansprucht.

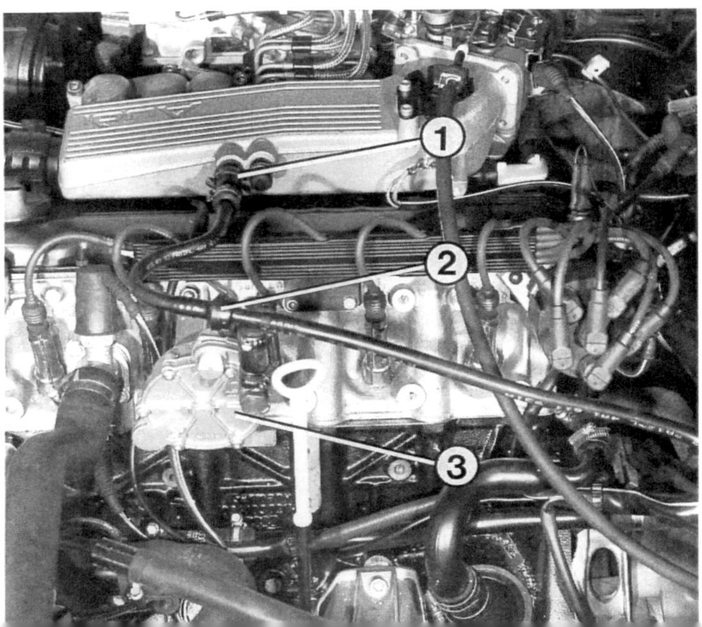

Der Fünfzylindermotor besitzt eine zusätzliche Unterdruckpumpe (3), die den Unterdruck im Schlauch vom Saugrohr (1) noch verstärkt. So ist gewährleistet, daß im Schlauch von der Pumpe zum Bremskraftverstärker stets genug Kraft zur Bremsunterstützung vorhanden ist. Damit der Unterdruck nicht verloren geht, ist vor dem Abzweig zur Pumpe ein Rückschlagventil (2) eingesetzt.

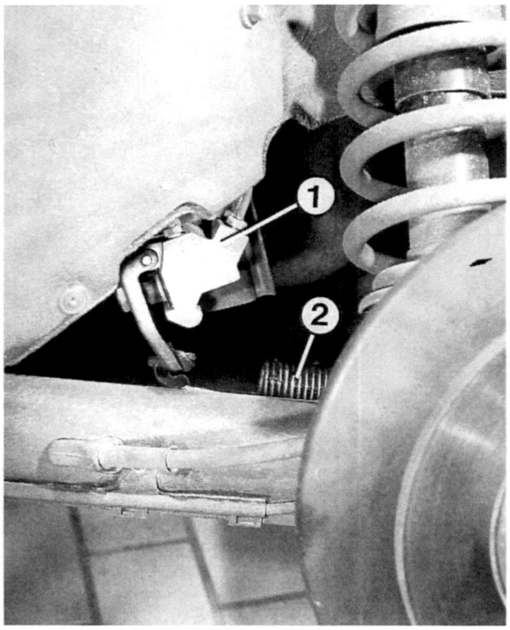

Je nach Beladungszustand läßt der Bremskraftregler (1) mehr oder weniger Druck an die Radzylinder der Hinterachse gelangen. Wie weit die Hinterachse eingefedert ist, erfährt der Regler durch die Verbindung zur Hinterachse, die aus einer kleinen Feder (2) besteht. Im Bild links ist der Bremskraftregler der Frontantriebs-Fahrzeuge abgebildet, im Bild rechts ist ein Fahrzeug mit Allradantrieb gezeigt.

Die Unterdruckpumpe

Zur Verbesserung der Bremskraftunterstützung besitzen einige Motorversionen eine von der Nockenwelle angetriebene Zusatz-Unterdruckpumpe. Durch die Unterdruckpumpe erhöht sich der Unterdruck in der Schlauchleitung zum Bremskraftverstärker.
Folgende Motoren besitzen eine solche Pumpe:

○ Alle Fünfzylinder. Die Pumpe ist links am Zylinderkopf montiert.
○ Alle Sechszylinder bis 5/91. Hier sitzt sie hinten am rechten Zylinderkopf. (Danach ist die Unterdruckpumpe nur noch an Fahrzeugen mit Automatikgetriebe eingebaut.)
○ Ab 3/92 wird in Sechszylinder-Fahrzeuge mit Getriebeautomatik eine Saugstrahlpumpe eingebaut. Die mechanische Pumpe entfällt.

Bremskraftverstärker prüfen

Wartung Nr. 30

● Der Motor muß abgestellt sein.
● Bremspedal **10 Mal** durchtreten.
● Pedal jetzt voll durchgetreten halten und Motor starten.
● Bei intaktem Bremskraftverstärker muß das Pedal jetzt ein Stück nachgeben. Senkt sich das Pedal nicht, ist die Bremskraftverstärkung defekt.
● Ein Fehler im Unterdrucksystem ist am wahrscheinlichsten: Unterdruckschlauch vom Ansaugkrümmer zum Bremskraftverstärker undicht, Rückschlagventil im Unterdruckschlauch direkt am Verstärker, Gummiring zwischen Hauptbremszylinder und Servogerät oder Membrane des Bremskraftverstärkers defekt.
● Zur Kontrolle des Rückschlagventils den Unterdruckschlauch am Bremsservo abziehen.
● Durchblasen muß, Ansaugen darf nicht möglich sein.
● Das Rückschlagventil gibt es nur mit dem dazugehörigen Unterdruckschlauch.
● Zum Austausch eines schadhaften Gummirings zwischen Hauptbremszylinder und Verstärker muß der Zylinder demontiert werden.
● Bleibt zuletzt noch der Defekt des Bremskraftverstärkers selbst. Eine Reparatur ist hier nicht möglich – austauschen.

Bremskraftverstärker ausbauen

● Hauptbremszylinder ausbauen.
● Unterdruckschlauch abbauen.
● Ablage links unter dem Armaturenbrett sowie den dahinterliegenden Luftkanal ausbauen (Kapitel »Der Innenraum«).
● Unter dem Armaturenbrett den Gelenkbolzen im Gabelkopf der Betätigungsstange zum Bremskraftverstärker ausbauen.
● Die selbstsichernden Muttern, die im Wagen-Innenraum den Bremskraftverstärker halten, losdrehen.
● Des weiteren die beiden Muttern oberhalb des Bremskraftverstärkers im Motorraum.
● Bremskraftverstärker vom Motorraum aus abziehen.
● Wird ein neuer Bremskraftverstärker eingebaut, muß die Länge seiner Betätigungsstange in ausgebautem Zustand eingestellt werden:
● Der Abstand zwischen Bohrungsmitte des Gabelkopfs und der Anlagefläche mit den vier Stehbolzen muß 230 mm betragen (Toleranz 0,5 mm).
● Nach dem Einstellen Kontermutter sorgfältig festziehen.
● Gelenkbolzen vor dem Einbau leicht einfetten.
● Neue Sicherung für Gelenkbolzen und neue selbstsichernde Muttern verwenden. Neuen Dichtring zwischen Bremskraftverstärker und Hauptbremszylinder einbauen.

Der Bremskraftregler

Fahrzeuge ohne Niveauregulierung

Der Bremskraftregler sitzt beim Audi 100 in Fahrtrichtung links vor der Hinterachse. Er kann den Flüssigkeitsdruck zu den hinteren Radbremszylindern reduzieren. Das geschieht je nach Beladung: Viel Druck bei vollgeladenem Wagen, wobei die Hinterachse auch beim Bremsen nur wenig entlastet wird; wenig Druck bei Ein- oder Zweimannbesatzung – hierbei hebt sich der Wagen stärker aus den Hinterfedern. Durch zu viel Bremsdruck an den Hinterrädern blockieren diese vorzeitig, und das Auto stellt sich quer.
Der Bremskraftregler erhält über eine Feder, die mit der Hinterachse verbunden ist, Informationen über den Beladungszustand des Wagens – je nachdem wie stark die Hinterachse einfedert.
Bei Fahrzeugen mit Niveauregulierung ist der Bremskraftregler hydraulisch gesteuert und Bestandteil der Niveauregulierung. Er ist mit Heimwerkermitteln weder prüf- noch einstellbar.

Bremskraftregler prüfen
Fahrzeuge ohne Niveauregulierung

Für eine schnelle Funktionsprüfung brauchen Sie einen Helfer. Der Wagen darf nicht aufgebockt sein.
- Treten Sie das Bremspedal kräftig durch und lassen Sie es schnell los.
- Hierbei muß sich der Hebel am Bremskraftregler bewegen.
- Für eine genauere Prüfung sowie für die Prüfung des hydraulisch gesteuerten Bremskraftreglers werden Spezialwerkzeuge gebraucht.

Fingerzeig: Die Betätigung des Bremskraftreglers ist einstellbar. Die Einstellung wird erforderlich, wenn die Hinterradbremsen zu wenig Bremskraft bringen oder wenn sie zum Überbremsen neigen (Blockierbremsung). Eine Neueinstellung des Bremskraftreglers ist auch erforderlich, wenn Fahrwerks-Tuningteile eingebaut wurden, die die Bodenfreiheit der Karosserie verändern.

Arbeiten an der Bremshydraulik

Arbeitstips

○ Bremsflüssigkeit ist giftig. Nicht mit dem Mund in Berührung bringen.
○ Bremsflüssigkeit greift den Fahrzeuglack an. Deshalb keine bremsflüssigkeitsgetränkten Lappen oder -verschmierten Werkzeuge auf die Lackierung legen.
○ Beim Lösen eines Bremsschlauches oder einer Bremsleitung läuft nach und nach der Bremsflüssigkeits-Vorratsbehälter leer. Das verhindern Sie so: Vor dem Lösen der Verschraubung eine Entlüftungsschraube im betreffenden Bremskreis lösen. Entlüftungsschlauch aufstecken und in ein Gefäß leiten. Nun das Bremspedal ganz durchtreten und mittels einer passenden Holzlatte in dieser Stellung halten. Die Zulaufbohrungen im Hauptbremszylinder sind damit verschlossen – es tritt keine Bremsflüssigkeit mehr aus.
○ Zum Lösen und Anziehen der Bremsleitungen sollten Sie sich den unten gezeigten Bremsleitungsschlüssel besorgen. Ferner benötigen Sie zum Gegenhalten der Bremsschläuche einen Gabelschlüssel.
○ Nach Arbeiten an der Bremshydraulik muß grundsätzlich entlüftet werden. Oft genügt es, nur den Bremskreis, an dem gearbeitet wurde, zu entlüften.

Bremsleitungen ausbauen

- Überwurfmutter der Bremsleitung losdrehen. Hierzu Gegenverschraubung – z. B. an einem Bremsschlauch – festhalten.
- Ist die Mutter auf der Leitung angerostet, wodurch sich diese mitdreht, muß die Leitung in jedem Fall erneuert werden. Die dünnwandigen Rohre knikken schnell ab.
- Zum Lösen der Leitungsanschlüsse kann folgender Trick weiterhelfen, wenn das betreffende Leitungsstück ohnehin ausgewechselt werden soll:

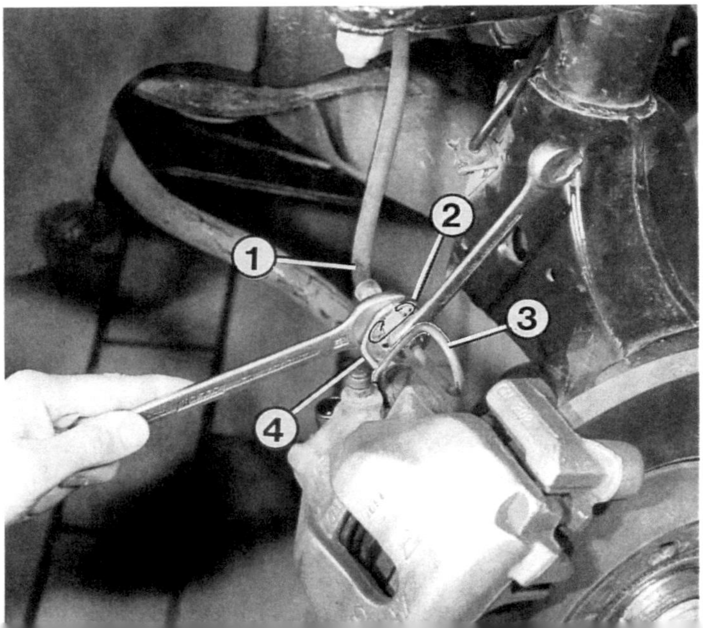

Sind Bremsleitungen (3) und Bremsschläuche (1) mit einem Blechhalter (4) mit Fahrwerksteilen oder der Karosserie verbunden, darf der federnde Schlauchhalter (2) nicht fehlen.
Hier wird die Verbindung mit einem Standard-Gabelschlüssel und einem Bremsleitungsschlüssel (rechts) gelöst.

● Bremsleitung nahe der Verschraubung absägen, Überwurfmutter mit einer Sechskantnuß losdrehen.

● Leitungen in ihren Abstandshaltern verlegen.

● Bremsanlage entlüften.

Bremsschläuche ausbauen

● Zuerst die Überwurfmutter der betreffenden Bremsleitung losdrehen. Dabei darauf achten, daß sich die Leitung nicht verdreht.

● Ist ein Bremsschlauch mit einem Blechhalter an der Karosserie befestigt, dann ist er mit einem Blechbügel gegen Hin- und Herrutschen gesichert. Beim Zusammenbau darf dieser sogenannte Schlauchhalter nicht vergessen werden.

● Beim Einbau den Schlauch immer zuerst an der Stelle festdrehen, an der er sein Außengewinde hat.

● Dann die andere Verschraubung anziehen.

● Der Bremsschlauch darf nicht in sich verdreht sein. Zur Kontrolle dient der Farbstreifen oder Gummianguß entlang des Schlauches.

● Bremssystem entlüften.

● Sofort nach der Reparatur kontrollieren, ob der Schlauch bei Federbewegungen irgendwo scheuern kann.

● Diese Kontrolle nach einer längeren Fahrtstrecke wiederholen.

Bremsanlage entlüften

Entlüftet werden muß nach Reparaturen an der Bremshydraulik, wenn Luft in Bremszylinder und Leitungen eingedrungen ist:

○ **Achtung:** Besitzt das Fahrzeug EDS, muß zum Entlüften die Rückförderpumpe des ABS-Systems laufen, wozu der ABS-Tester angeschlossen werden muß. Werkstattsache.

○ Audi empfiehlt, bei laufendem Motor zu entlüften. Soll das in der Garage geschehen, muß wegen der lebensgefährlichen Abgase unbedingt für ausreichende **Belüftung** des Raumes gesorgt werden.

So wird bei Fahrzeugen ohne EDS entlüftet:

● Bremsflüssigkeits-Vorratsbehälter ganz mit frischer Bremsflüssigkeit auffüllen und auch während des Entlüftens immer dafür sorgen, daß er rechtzeitig vor Absinken des Spiegels mit frischer Flüssigkeit nachgefüllt wird. Sonst wird wieder Luft angesaugt.

● Staubkappe vom Entlüftungsventil nehmen (Arbeitsreihenfolge: hinten rechts; hinten links; vorn rechts; vorn links).

● Durchsichtigen Schlauch (wie von der Scheibenwaschanlage) über das saubergeriebene Ventil schieben und das freie Schlauchende in ein teilweise mit Bremsflüssigkeit gefülltes Gefäß stecken.

● Von Helfer durch Pumpen mit dem Pedal Bremsdruck aufbauen lassen.

● Die Entlüfterschraube am betreffenden Rad ca. 1½ Umdrehungen öffnen und Druck ablassen. Der Helfer läßt dabei den Fuß auf dem Pedal und drückt es nieder.

● Ventil wieder schließen und erneut Druck aufbauen.

● Ventil öffnen wie gehabt.

● Vorgang solange wiederholen, bis im Schlauch keine Luftbläschen mehr sichtbar sind. (Bei stark entleerter Hydraulik zwei Entlüftungsdurchgänge am Wagen machen.) So wird Bremsflüssigkeit – und natürlich auch Luft – durch das Entlüftungsventil gepumpt.

● Kommen keine Luftbläschen mehr, muß der Helfer das Bremspedal in der tiefsten Stellung halten, während Sie das Entlüftungsventil schließen. Mit Gefühl anziehen, sonst reißt das Ventil ab!

● An den übrigen Radbremsen auf gleiche Weise entlüften.

● Zum Entlüften der Hinterradbremsen den Betätigungshebel am Bremsdruckregler kräftig in Zugrichtung der Feder drücken.

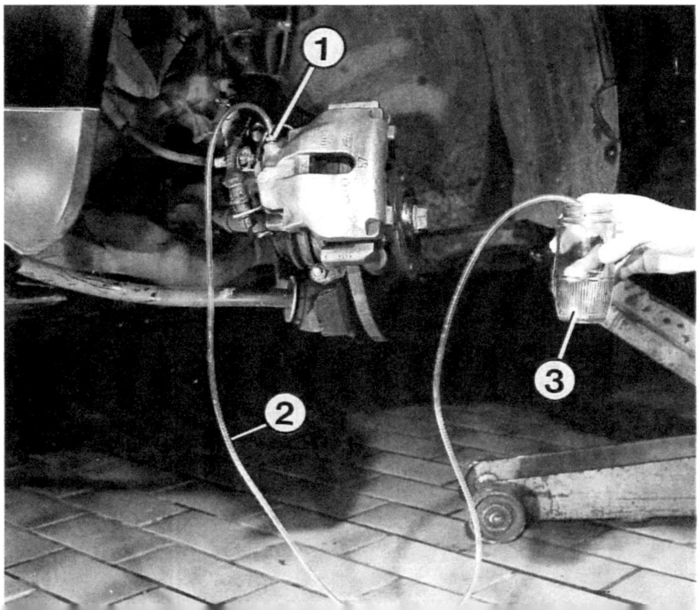

Bremsen entlüften am vorderen Bremssattel: Das Entlüftungsventil (1) wird mit einem Schlüssel SW 7 geöffnet. Der durchsichtige Kunststoffschlauch (2) ist auf das Ventil gesteckt und leitet die herausgepumpte Flüssigkeit in das vorbereitete Gefäß (3).

Die Störung	– ihre Ursache	– ihre Abhilfe
A Bremsen ziehen einseitig	1 Reifendruck ungleichmäßig	Korrigieren bei kalten Reifen
	2 Reifenprofil ungleichmäßig	Reifen wechseln
	3 Beläge verschmiert, »verglast« oder ungleichmäßig abgenutzt	Beläge erneuern
	4 Führungsbolzen im Bremssattel verschmutzt oder verrostet	Reinigen
	5 Kolben im Bremssattel oder Radbremszylinder festgerostet	Gängig machen oder erneuern
	6 Bremsbacken liegen in der Trommel nicht richtig an	Kontrollieren, evtl. neue Bremsbacken montieren
	7 Bremsscheiben stark riefig oder zu dünn	Bremsscheiben ersetzen
	8 Unrunde Bremstrommeln	Ausdrehen oder erneuern
	9 Bremsschläuche gequollen	Schläuche ersetzen
B Bremsen quietschen	1 Falsche Beläge	Original-Beläge einbauen
	2 Staub und Schmutz an den Scheibenbremsen oder in den Trommelbremsen	Beläge ausbauen, Staub und Schmutz entfernen
	3 Siehe A 4, 5, 7 und 8	
C Bremsen rattern und blockieren	1 Siehe A 5	
	2 Überstehende Belagnieten	Erneuern
	3 Siehe A 8	
	4 Rückzugfedern der Bremsbacken zu schwach	Erneuern
	5 Bremsscheibe hat Schlag	Erneuern
	6 Bremsscheibe stark riefig	Erneuern
D Eine oder alle Radbremsen werden sehr heiß	1 Ausgleichsbohrung im Hauptbremszylinder verstopft	Säubern
	2 Kein Spiel zwischen Bremspedal (Druckstange) und Hauptbremszylinderkolben	Einstellen
	3 Verrostete Bremssättel	Überholen lassen
	4 Handbremse löst nicht vollständig	Bremsseile und Hinterradbremse kontrollieren
	5 Rückzugfeder gebrochen (Trommelbremse)	Erneuern
E Pedalweg zu groß, Pedal läßt sich weich und federnd durchtreten	1 Luft im Bremssystem	Bremsanlage entlüften
	2 Bremssystem undicht	Dichtheitsprüfung durchführen
	3 Hauptbremszylinder defekt	Austauschen
	4 Bei starker Bremsbelastung Dampfblasenbildung in zu alter Bremsflüssigkeit	Bremsflüssigkeit austauschen
	5 Siehe A 5	
F Schlechte Bremswirkung bei hohem Pedaldruck	1 Pedalweg normal: Beläge verölt oder verglast	Erneuern
	2 Pedalweg kurz: Bremskraftverstärker defekt	Kontrollieren
	3 Pedalweg lang: Ein Bremskreis ausgefallen durch Undichtigkeit	Kontrollieren, schadhafte Teile auswechseln
G Handbremse wirkt einseitig oder nur schwach	1 Siehe Punkte unter A	
	2 Bremsseil eingerostet	Erneuern
	3 Nachstellmechanik defekt	Kontrollieren

Superbremse

Alle seit 1993 gebauten Audi 100 sind mit einem Antiblockiersystem (kurz: ABS) ausgerüstet, früher war es bei bestimmten Modellen aufpreispflichtig. Fahrzeuge mit vier Scheibenbremsen bieten hierfür ideale Voraussetzungen, weshalb auch die ansonsten mit Trommelbremsen an der Hinterachse ausgerüsteten 74- und 85-kW-Frontantriebs-Versionen bis 12/92 bei eingebautem ABS dort mit Scheibenbremsen versehen sind.

ABS kann nicht alles!

ABS kann keine Bremswunder vollbringen, wie häufig angenommen wird; der Bremsweg wird sich also nicht unter allen Bedingungen wesentlich verkürzen.
Vielmehr hilft ABS, die Lenkfähigkeit des Wagens während einer starken Bremsung zu erhalten. Doch bedarf es dazu eines weit größeren Lenkeinschlags als normal. Das ist nur einer der Punkte, die anders sind als bei einer normalen Bremsanlage:

- Üben Sie deshalb auf einem abgelegenen Parkplatz Vollbremsungen unter Lenkeinschlag.
- Treten Sie dabei voll aufs Bremspedal. Das Dosieren der Bremskraft übernimmt das ABS für Sie.
- Das gilt für Bremsungen bei Geradeausfahrt wie auch bei eingeschlagener Lenkung.
- In Extremfällen werden Sie auch bei ABS das Bremspedal loslassen müssen, um heikle Situationen in der Kurve noch zu retten.

Funktion der Einzelteile

Die Hydraulikeinheit

Sie hat ihren Platz links vorn im Motorraum: Die Einheit ist zwischen den Bremsleitungen vom Hauptbremszylinder und den Bremsleitungen zu den Radbremsen eingebaut. Entsprechend den Befehlen vom elektronischen Steuergerät wird der Druck zu den Radbremsen entweder konstant gehalten, verringert oder wieder aufgebaut. Höher als der Druck, den Sie über das Bremspedal im Hauptbremszylinder erzeugen, kann der Druck aber nicht werden. Für die Druckregelung sind vier schnell schaltende Magnetventile zuständig – also je eines pro Rad.
Sind die Magnetventile stromlos, wird der Druck erhöht. Fließt der Maximalstrom, erfolgt eine Druckreduzierung, und bei mittlerer Stromstärke wird der Druck gehalten. Besonders interessant ist die Druckabbauphase: Weil man die Bremsflüssigkeit, welche vom Hauptbremszylinder hergedrückt wird, zum Druckabbau nicht einfach irgendwohin entweichen lassen kann (das Bremspedal würde sich als Folge ganz durchtreten lassen), pumpt man die Bremsflüssigkeit mit einer kräftigen Rückförderpumpe zum Hauptbremszylinder zurück. Sie merken dies am Bremspedal, das leicht zu pulsieren beginnt, wenn die Rückförderpumpe läuft, das ABS also in Aktion tritt. Bei genauem Hinhören vernehmen Sie auch die Pumpgeräusche. Durch Geräuschdämpfer in der Hydraulikeinheit wird das Geräusch etwas unterdrückt.
Oben an der Hydraulikeinheit finden Sie neben der Steckverbindung noch zwei Relais. Das größere schaltet den Strom zur Rückförderpumpe; über das kleinere Relais werden die Magnetventile angesteuert.

Die Hydraulikeinheit (1) des Antiblockiersystems hat ihren Platz vorne links im Motorraum. Bei abgenommenem Schutzdeckel sind ferner zu sehen das Relais der Magnetventile (2) und das Relais der Rückförderpumpe (3).

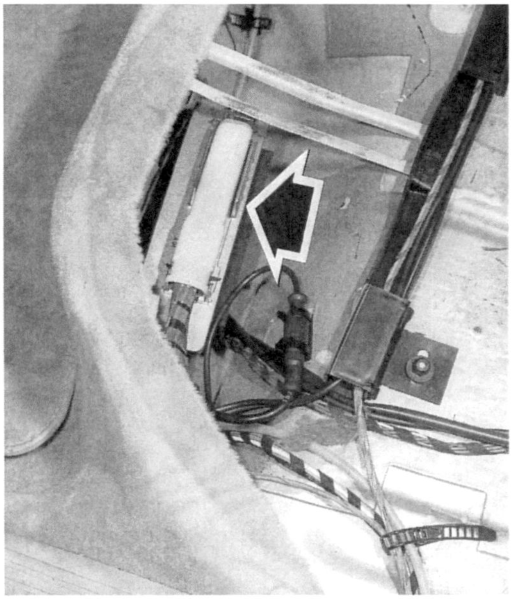

Links: Das Steuergerät des Antiblockiersystems (Pfeil) sitzt links unter der Rücksitzbank.
Rechts: Solche Drehzahlgeber (Pfeil) befinden sich bei einem Fahrzeug mit Antiblockiersystem an allen vier Rädern.

Die Drehzahlgeber

Insgesamt vier Drehzahlgeber erfassen die Drehzahlen jedes einzelnen Rades und leiten diese Information zur Steuerelektronik weiter. Damit kann das Steuergerät seinerseits die Hydraulikeinheit ansteuern. Die Drehzahlgeber selbst bestehen aus einem Magnetkern und einer Spule und sind in geringem Abstand zu einer Zahnscheibe – dem Rotor – montiert. Der Rotor – sein Name sagt es schon – dreht sich mit dem Rad und läßt damit die zahnförmigen Erhebungen an seinem Umfang je nach Geschwindigkeit schneller oder langsamer am Geber vorbeilaufen. Jeder Zahn, der unter dem Geber vorbeiwandert, induziert im Geber einen kurzen Spannungsanstieg. Auf diese Weise wird im Geber eine Wechselspannung erzeugt, die entsprechend der Raddrehzahl ihre Frequenz ändert. Das so entstandene Signal wird vom Steuergerät als Drehzahlinformation verarbeitet.

Das elektronische Steuergerät

Das Steuergerät sitzt links unter der hinteren Sitzbank und verarbeitet die Informationen von den Drehzahlgebern. Gleichzeitig steuert es die Hydraulikeinheit so an, daß die Räder nicht blockieren. Neben der komplizierten Signalaufarbeitung und dem nachfolgenden Logikteil enthält das Steuergerät noch eine Sicherheitsschaltung. Damit kann sich das Gerät selbst überprüfen, Fehler erkennen und die Betriebsspannung überwachen. Werden Fehler festgestellt, schaltet sich das ABS aus, und die Kontrollampe im Armaturenbrett leuchtet auf.

Die Relais

Drei Relais tragen zur Funktion des ABS bei:

- Das Relais für Magnetventile sitzt unter der Abdeckhaube auf der Hydraulikeinheit.
- Das Relais für Rückförderpumpe sitzt ebenfalls unter der Abdeckhaube der Hydraulikeinheit.
- Das ABS-Schrittrelais und das Überspannungs-Schutzrelais sind zum Kombirelais zusammengefaßt. Einbauort: Auf Steckfeld 4 des Zusatzrelaisträgers II (Kapitel »Die Karosserie-Elektrik«). Seit 7/92 ist die Funktion dieses Relais mit in das ABS-Steuergerät integriert.

Der Hauptschalter

Mit dem bis 6/92 eingebauten ABS-Hauptschalter in der Schalterleiste am Armaturenbrett kann das ABS abgeschaltet werden, um bei extremen Fahrbahnverhältnissen eine geringfügige Verkürzung des Bremswegs zu erreichen. So wird beispielsweise bei Kiesuntergrund oder flugschneebedecktem Glatteis von den blockierenden Rädern ein Kies- bzw. Schneekeil vor dem Reifen erzeugt, der zusätzlich bremsen hilft.

Störungen am ABS-System

Ist die Anlage abgeschaltet, leuchtet die ABS-Kontrollampe im Kombi-Instrument auf. Wird der Motor zwischenzeitlich abgestellt und wieder gestartet, schaltet sich das ABS automatisch wieder ein.
Die ABS-Kontrolleuchte im Armaturenbrett leuchtet mit dem Einschalten der Zündung auf. Sie muß verlöschen, wenn der Motor läuft oder spätestens, wenn schneller als 6 km/h gefahren wird. Fällt die Bordspannung unter 10 Volt, leuchtet die Kontrolle ebenfalls. Sie kann weiterhin aufleuchten, wenn ein Rad länger als 20 Sekunden durchdreht. Dann die Zündung wieder ausschalten und erneut starten.
Leuchtet die Kontrolle ständig, ist das ABS nicht betriebsbereit. Eine entsprechend ausgerüstete Audi- oder Bosch-Werkstatt muß nach der Ursache suchen.
Als Laie können Sie allenfalls die Steckverbindungen zum Steuergerät, zu den Drehzahlgebern oder zur Hydraulikeinheit kontrollieren.

Fingerzeig: Auch wenn die ABS-Kontrolle ständig leuchtet, das ABS also abgeschaltet oder defekt ist, kann der Wagen ohne Einschränkungen gefahren werden. Die Bremse funktioniert dann eben wie bei einem Wagen ohne ABS.

Wohlgerundet

Vier schwarze Ringe halten den Audi 100 auf Kurs und geleiten ihn sicher ans Ziel. Das klingt zwar mystisch, hat aber nichts mit schwarzer Magie zu tun, sondern vielmehr mit solch profanen Dingen wie Gummimischung, Profilgestaltung und Reifen-Unterbau.

Welche Reifen sind montiert?

Für Ihren speziellen Wagen gelten diejenigen Reifengrößen, die in Ihrem **Kfz-Schein eingetragen** sind. Reifen mit anderen Bezeichnungen dürfen sich an Ihrem Wagen nicht befinden, sonst kann es Ärger mit der Polizei geben. Denn die Betriebserlaubnis des Wagens ist dann erloschen. Und das wird teuer! Hier die Aufstellung der Reifen, die bei entsprechendem Eintrag an den verschiedenen Audi-100-Versionen montiert sein **können**:

Motor	Reifengröße	Felge	Einpreßtiefe	Bemerkung
74 kW	195/65 R 15 91 T	6 J x 15	45 mm	Stahlfelge
	195/65 R 15 91 T	6 J x 15	45 mm	Alufelge
	195/65 R 15 91 T	7 J x 15	45 mm	Alufelge
	205/60 R 15 91 V	6 J x 15	45 mm	Stahlfelge
	205/60 R 15 91 V	6 J x 15	45 mm	Alufelge
	205/60 R 15 91 V	7 J x 15	45 mm	Alufelge
	215/60 R 15 93 V	7 J x 15	45 mm	Alufelge
	195/65 R 15 91 Q	6 J x 15	45 mm	Winterrad
	195/65 R 15 91 T	6 J x 15	45 mm	Winterrad
85 und 98 kW	195/65 R 15 91 H	6 J x 15	45 mm	Stahlfelge
	195/65 R 15 91 H	6 J x 15	45 mm	Alufelge
	195/65 R 15 91 H	7 J x 15	45 mm	Alufelge
	205/60 R 15 91 V	6 J x 15	45 mm	Stahlfelge
	205/60 R 15 91 V	6 J x 15	45 mm	Alufelge
	205/60 R 15 91 V	7 J x 15	45 mm	Alufelge
	215/60 R 15 93 V	7 J x 15	45 mm	Alufelge
	195/65 R 15 91 Q	6 J x 15	45 mm	Winterrad
	195/65 R 15 91 T	6 J x 15	45 mm	Winterrad
110 und 128 kW	195/65 R 15 91 V	6 J x 15	45 mm	Stahlfelge
	195/65 R 15 91 V	6 J x 15	45 mm	Alufelge
	195/65 R 15 91 V	7 J x 15	45 mm	Alufelge
	205/60 R 15 91 V	6 J x 15	45 mm	Stahlfelge
	205/60 R 15 91 V	6 J x 15	45 mm	Alufelge
	205/60 R 15 91 V	7 J x 15	45 mm	Alufelge
	215/60 R 15 93 V	7 J x 15	45 mm	Alufelge
	195/65 R 15 91 Q	6 J x 15	45 mm	Winterrad
	195/65 R 15 91 T	6 J x 15	45 mm	Winterrad

Die Reifenbezeichnungen

Nach international gültigen Vereinbarungen wird die Reifengröße in Millimeter oder, wie in unserem Fall,

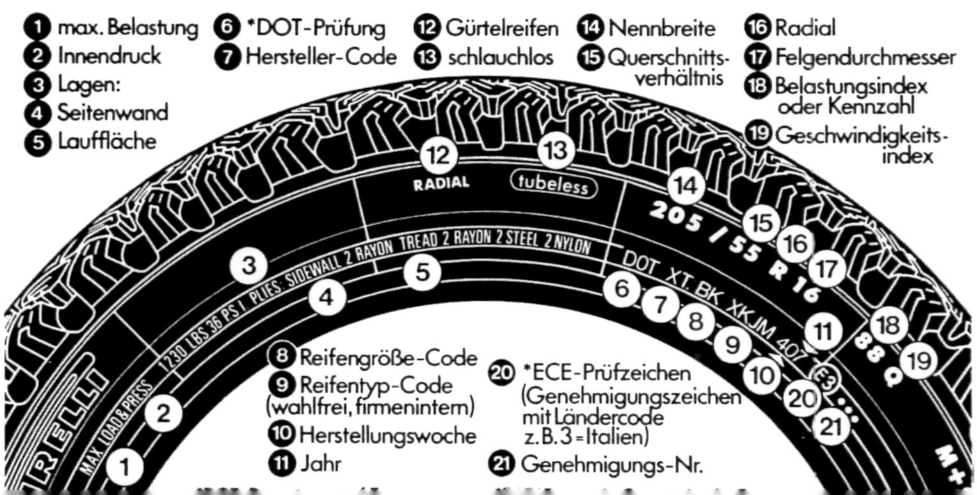

Was so alles an Beschriftung auf eine Reifenflanke paßt, finden Sie hier erklärt.

Ein wichtiges Felgenmaß stellt die Einpreßtiefe »d« dar. Damit bezeichnet man den Abstand zwischen der Felgenmitte und der Anlagefläche der Felge an die Radnabe.

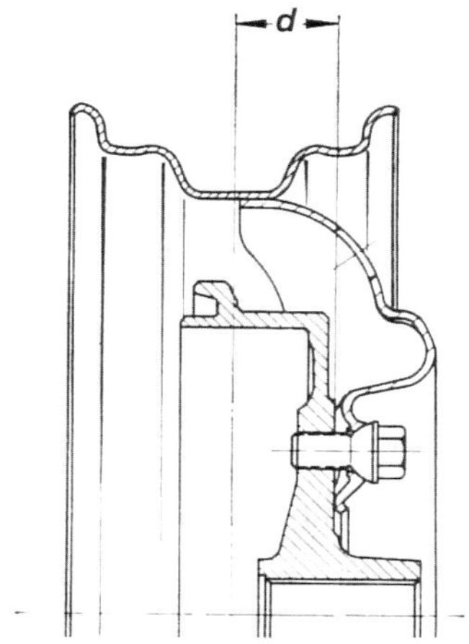

gemischt in Millimeter und Zoll angegeben. Die Bezeichnungen 195/65 R 15 91 T, 205/60 R 15 91 V oder 215/60 R 15 93 V besagen folgendes:
195, 205, 215: Reifenbreite in unbelastetem Zustand in mm.
65, 60: Verhältnis von Reifenhöhe zu Reifenbreite = 65:100 bzw. 60:100. Die alten Standard-Gürtelreifen, wie sie am Audi 100 gar nicht mehr zur Anwendung kommen, haben ein Höhen/Breiten-Verhältnis von 80:100. Entsprechend niedriger ist das Höhen/Breiten-Verhältnis bei 65er-Reifen.
R: Kennzeichnung der Bauart als **R**adial- oder Gürtelreifen.
15: Innendurchmesser des Reifens in Zoll (").
91, 93: Tragfähigkeitszahl.
Q: zulässige Höchstgeschwindigkeit bis 160 km/h – Geschwindigkeitsklasse für herkömmliche M+S-Reifen.
S: bis 180 km/h.
T: bis 190 km/h – auch Hochgeschwindigkeits-M+S-Reifen.
H: bis 210 km/h.
V: bis 240 km/h.
Z: über 240 km/h.

Die Felgen

Am Audi 100 können Felgen mit folgender Bezeichnung montiert sein: **6 J x 15 ET 45** oder **7 J x 15 ET 45**. Bisweilen findet sich noch die Zusatzbezeichnung »H 2« auf der Felge. Die Zahlen und Buchstaben besagen folgendes:
6 bzw. 7: Felgenmaulweite in Zoll, an der Felgenhornbasis quer zur Laufrichtung des Rades gemessen.
J: Kennzeichnung der Felgenhorn-Höhe.
x: Zeichen für Tiefbettfelge.
15: Felgendurchmesser in Zoll, von Wulst zu Wulst gemessen.
ET 45: Einpreßtiefe 45 mm. Dieses Maß erläutert die Zeichnung oben näher.
H 2: Zeichen für Doppelhump-Felge. Zwei höckerartige Erhebungen innen im Felgenbett verhindern, daß die Reifenwülste bei seitlicher Beanspruchung (scharfe Kurvenfahrt mit niedrigem Luftdruck) vom Felgenhorn abgleiten können.
Diese Norm-Bezeichnungen geben nur die Hauptabmessungen der Felgen an, nicht aber die fahrzeugspezifischen Daten, wie Anzahl der Radbefestigungslöcher oder Lochkreisdurchmesser.

Radschrauben und Felgen – eine Einheit

Radschrauben und Felgen stellen eine Konstruktionseinheit dar und dürfen deshalb nicht getrennt werden. Der Kegelsitz an den Befestigungslöchern der Felgen ist genau auf den Kegel der Radschrauben abgestimmt. Andere Kegelformen können den sicheren Sitz der Schraube und damit die Befestigung des Rades nicht garantieren.
Für die am Audi 100 werksseitig montierten und zugelassenen Felgen (Stahl und Leichtmetall) eignet sich ausschließlich die sogenannte Kronenkopfschraube (Teile-Nr. 431601139 A). Sie ist erkennbar an den Einkerbungen oben am Schraubenkopf.
Anderes gilt bei Zubehörfelgen. Hier müssen möglicherweise die Radschrauben des jeweiligen Herstellers verwendet werden!

Felgen für die Winterbereifung

Winterreifen sollten gleich mit den passenden Stahlfelgen gekauft werden. Das ist zwar im ersten Moment teurer, erspart aber andererseits das regelmäßige Ummontieren und Auswuchten. Reifenfachgeschäfte bieten oft Komplettsätze zu günstigen Preisen an. Für die Winterbereifung bieten sich die Standard-Felgen 6 J x 15 an. Oder man besorgt sich gebrauchte Felgen.
Leichtmetallfelgen können unter Streusalzeinwirkung bis zur Verkehrsunsicherheit korrodieren. Schäden im

Felgen-Decklack müssen deshalb möglichst bald ausgebessert werden. Wer den Winter über mit Leichtmetallfelgen fährt, sollte bei jeder Wagenwäsche auch deren Zustand kontrollieren.

Breite Reifen und Felgen

Umrüstungen

Die ab Werk vorgesehenen Reifen/Felgen-Kombinationen sind bereits in der Tabelle am Kapitel-Anfang aufgeführt. Die 215er-Reifen auf 7″-Felgen sind das Äußerste, was da geboten wird.
Darüber hinaus gibt es aber TÜV-Gutachten für noch breitere »Schwarten«, über die Radhersteller und TÜV-Prüfstellen Auskunft geben.

Reifendruck prüfen

Ständige Kontrolle

○ Die genauen Reifendruckwerte für Ihren Wagen finden Sie auf dem Klebeschild **innen in der Tankklappe**.
○ Wer Wert auf Fahrkomfort legt, beläßt es bei den dort genannten Drücken. Sind Sie dagegen bereit, zugunsten feinfühligerer Lenkung, etwas längerer Reifenhaltbarkeit und minimal geringerem Kraftstoffverbrauch einen verminderten Federungskomfort in Kauf zu nehmen, erhöhen Sie die Druckwerte für die Sommerreifen um rund 0,2 bar.
○ **Winterreifen** sollen generell um **0,2 bar härter** gepumpt werden, als es für Sommerreifen angegeben ist.
○ Das **Normal-Reserverad** soll immer auf dem **höchsten**, für den betreffenden Wagen **angegebenen Druckwert** gehalten werden.
○ Befindet sich ein platzsparendes **Notrad** im Wagen, so gilt für dieses ein Reifendruck von **4,2 bar**.

Luftdruck bei kalten Reifen messen

Bereits wenige Kilometer zügiger Fahrt lassen den Reifendruck um 0,2–0,4 bar ansteigen. Diese Druckerhöhung durch Erwärmung ist bei den Luftdruckempfehlungen bereits berücksichtigt worden und darf deshalb nicht abgelassen werden. Am günstigsten ist ein eigener Luftdruckprüfer, womit der Reifendruck vor Antritt der Fahrt bei kalten Reifen gemessen werden kann.

Reifenzustand kontrollieren

Wartung Nr. 24

Die Kontrolle geht am besten bei aufgebocktem Wagen, etwa beim Ölwechsel an der Tankstelle.

● Drehen Sie jedes Rad einmal komplett durch.
● Fremdkörper, wie kleine Steinchen, bohren Sie mit einem schmalen Schraubendreher aus den Profillamellen, ohne den Reifen dabei zu beschädigen.
● Das Reifenprofil muß laut Gesetzesvorschrift seit 1992 über die gesamte Profilbreite noch mindestens **1,6 mm** tief sein.
● Aus Sicherheitsgründen sollten Sie jedoch die Reifen schon bei Erreichen der 3-mm-Profilgrenze wechseln lassen, denn die breiten Reifen des Audi 100 schwimmen früher auf nasser Straße als die schmalen Bereifungen älterer Automodelle.
● Zur Verschleißkontrolle dienen in regelmäßigen Abständen quer zur Lauffläche verlaufende Erhebungen in den Profilrillen. Sie sind an der Reifenflanke durch die Buchstaben »TWI« (tread wear indicator – Profilabnutzungsanzeiger) gekennzeichnet.
● Wenn diese Erhebungen mit den Profilrippen in gleicher Höhe stehen, hat der Reifen noch 1,6 mm Restprofil – ein Alarmzeichen.
● Aus der Art der Profilabnutzung können Sie einiges herauslesen, wie im folgenden Abschnitt beschrieben.

Links: So sieht die Stahlfelge für den Audi 100 aus. Ins Blech eingeprägt finden Sie:
1 – Felgenbezeichnung;
2 – Einpreßtiefe;
3 – Teilenummer.
Rechts: Die richtigen Radschrauben für Stahl- und Leichtmetallfelgen aus dem Hause Audi erkennt man an den Einkerbungen am Schraubenkopf.

Fingerzeig: Lassen sich die Radschrauben nicht in die Radnabe einschrauben, hat sich vielleicht die Bremsscheibe auf der Nabe gedreht. (Das soll u.a. der erwähnte Zentrierstift verhindern.) Scheibe ein Stück drehen, bis die Bohrungen fluchten.

Festen Sitz der Radschrauben kontrollieren

Wartung Nr. 23

● Nach einigen Kilometern Fahrtstrecke soll nach jeder Radmontage kontrolliert werden, ob die Radschrauben richtig angezogen sind.
● Als Anzugsdrehmoment sind 110 Nm vorgeschrieben, also nicht mit einem zusätzlich verlängerten Radschlüssel die Schrauben »anknallen«. Allerding bezieht sich das Drehmoment auf ein intaktes, leicht geöltes Gewinde.

● Zu starkes oder ungleichmäßiges Festschrauben kann dazu führen, daß sich die Bremsscheiben oder -trommeln verziehen. Das ergibt ungleichmäßige Bremswirkung, Bremsenschütteln und punkt- oder flächenförmigen Reifenverschleiß.

Rad-Unwuchten

Die Räder müssen statisch und dynamisch ausgewuchtet werden. Dazu gibt es zwei Methoden:
○ Das Rad wird am Wagen ab- und an einer Auswuchtmaschine angeschraubt. Dort läuft es zur Probe, Unwuchten werden dabei angezeigt und können durch Anbringen von Bleigewichten ausgeglichen werden.
○ Zum Ausschalten letzter Unwuchten ist Feinwuchten erforderlich. Dabei werden auch Unwuchten von Radnabe und Bremsscheibe ausgeglichen. Die am Wagen anmontierten Räder werden mit Motorkraft in die notwendige schnelle Drehung versetzt und die Restunwucht angezeigt. Das gleicht man wieder durch Bleigewichte aus.
○ Der Audi 100 quattro muß zum Feinwuchten an allen vier Rädern aufgebockt sein.
○ In Ermangelung eigenen Antriebes werden die Hinterräder beim Frontantriebs-Audi zum dynamischen Auswuchten durch einen Elektromotor mit Reibrad angetrieben.

Neue Reifen kaufen

Viel Auswahl an Serien-Reifengrößen besteht nicht bei unseren Audi-100-Modellen. Nur zwischen den Größen 195/65 R 15, 205/60 R 15 und 215/60 R 15 kann der Audi-Pilot wählen.
Hier in Kürze die Eigenschaften und Besonderheiten dieser Reifengrößen. **Welche Reifen/Felgen-Kombinationen davon für Ihren Wagen in Frage kommen, entnehmen Sie Ihren Fahrzeugpapieren.**
○ Die Standardgröße 195/65 R 15 steht dem 100er schon sehr gut zu Gesicht. Während die schmälste Bereifung in früheren Modelljahren immer etwas kümmerlich aussah, wirkt dieser Reifen optisch vollwertig. Was die Fahreingenschaften betrifft, läßt sich fast dieselbe Aussage machen: Die 195er sind absolut ausreichend – auch für die stärkeren Motorisierungen. Vorteil: Der schmälere Reifen hat (gegenüber den breiteren) einen geringeren Abrollwiderstand und geringere Laufgeräusche bei gleicher Profilgestaltung.
○ Bei der Bereifung 205/60 R 15 oder 215/60 R 15 besticht in erster Linie das Aussehen. Der teurere Reifen hat gegenüber der 195er-Bereifung kaum längere Lebensdauer und auch keine merklich besseren Fahreigenschaften. Die nachträgliche Umrüstung ist für denjenigen interessant, der seinen 100er sehr zügig bewegt und die Breitreifen-Optik liebt.
○ Der 205er kann auf denselben Felgen gefahren werden wie der 195er. Neue Felgen brauchen also beim Umrüsten nicht gekauft zu werden.
○ Anders beim 215er: Der darf nur auf der Felge 7J x 15 montiert werden.

Winterbereifung

○ Ist Ihr Wagen mit der Standard-Reifendimension 195/65 R 15 ausgerüstet, können Sie möglicherweise – je nach Einsatzgebiet – bei ausreichender Profiltiefe auch mit Sommerreifen durch den Winter kommen.
○ Schlechter sieht es bei den breiteren 205er- oder 215er-Reifen aus; zumal bei höherer Motorleistung. Diese neigen – nicht zuletzt in der »härteren« V-Ausführung – auf Schnee und Eis schneller zum Durchdrehen. Die Anschaffung spezieller Winterreifen ist dann kaum zu umgehen.
○ Bei Winterreifen haben Sie die Wahl zwischen den herkömmlichen M+S-Reifen, die lediglich 160 km/h schnell gefahren werden dürfen, und den teureren Hochgeschwindigkeitsreifen für 190 km/h Höchsttempo.
○ Bei Wagen, die schneller laufen können, als es die bauartbedingte Höchstgeschwindigkeit des Winterreifens zuläßt (siehe Kapitel-Anfang), muß ein Hinweisschild mit der Reifen-Höchstgeschwindigkeit am Armaturenbrett angebracht werden. Die Höchstgeschwindigkeit Ihres Wagens entnehmen Sie bitte dem Kfz-Schein.
○ Ein M+S-Reifen mit weniger als 4 mm Profiltiefe taugt nichts mehr im Winter. Wenn etwa im Gebirge Winterreifen vorgeschrieben sind, werden M+S-Reifen nur dann als solche anerkannt, wenn ihr Profil noch mindestens 4 mm tief ist.

Irrgarten

Keine Angst vor der Vielzahl an Leitungen, Steckern und Sicherungen im Audi 100! Unter Zuhilfenahme der Sicherungstabelle in diesem und der Stromlaufpläne im folgenden Kapitel werden Sie sich bald zurechtfinden.

Minus an Masse

Die Stromzuführung zum Verbraucher erfolgt durch ein Kabel, das sich auf mehr oder weniger komplizierte Art immer zur Batterie zurückverfolgen läßt, wie das auch die Stromlaufpläne im folgenden Kapitel zeigen.
Die Rückleitung besorgen die elektrisch leitenden Metallteile von Karosserie oder Motor. Auf diese Weise wird eine Menge teures Kupferkabel gespart. In manchen Fällen ist jedoch trotzdem ein kurzes Stück Kabel für die Rückleitung unumgänglich – nämlich dann, wenn der Stromverbraucher nicht direkt auf Metall sitzt. Dafür gibt es – über die Karosserie verteilt – eine Anzahl sogenannter Massepunkte.
Auch der Minuspol der Batterie ist natürlich mit der Karosserie – der »Masse«, wie der Autoelektriker sagt – verbunden. Merksatz »**M**inus an **M**asse«.

Orientierungshilfen in der Autoelektrik

Normklemmen-Bezeichnungen

Das bunte Kabelgewirr im Auto ist eigentlich ganz gut geordnet, denn viele Einzelheiten der Kraftfahrzeug-Elektrik sind genormt. Die Zahlen an verschiedenen Bauteilen und Kabelanschlüssen sowie in den Stromlaufplänen haben in allen deutschen und in manchen ausländischen Fahrzeugen dieselbe Bedeutung:
Klemme 15 erhält nur bei eingeschalteter Zündung Strom ab Zündschloß, wobei außer der Zündspule jene Stromverbraucher versorgt werden, die nur bei Betrieb des Wagens Strom erhalten sollen. Die Kabel an den Normklemmen 15 besitzen vielfach eine schwarze Ummantelung, bisweilen auch mit farbigen Zusatzstreifen.
Klemme 30 erhält dauernd Strom vom Pluspol der Batterie bzw. bei laufendem Motor von der Lichtmaschine. Das kann bei unvorsichtigem Umgang mit Werkzeug zu Kurzschlüssen und Funkenregen führen, wenn das Minuskabel der Batterie nicht abgenommen wurde. Diese stets stromführenden Kabel haben meist eine rote Umhüllung, ggf. mit zusätzlichen Farbstreifen.
Klemme 49 ist für die Blink- und Warnblinkanlage zuständig.
Klemme 53 versorgt die Scheibenwischeranlage.
Klemme 56 ist für die Stromzufuhr des Abblendlichts mit gelben und gelb/schwarzen bzw. des Fernlichts mit weißen und weiß/schwarzen Leitungen zuständig.
Klemme 58 gehört zum Standlicht vorn sowie zu den Schluß- und Kennzeichenleuchten. Die Grundfarbe der Kabelumhüllung ist grau, jeweils mit zusätzlichen Farbstreifen.
Klemme 31 ist die Masse-Klemme, mit der ein Stromverbraucher zur Fahrzeugmasse verbunden sein muß, damit der Stromkreis geschlossen ist. Die entsprechenden Kabel sind braun umhüllt.

Bezeichnete Steckverbinder

Im Audi 100 sind Einzelkabel häufig zu ganzen Kabelbündeln in schwarzer Umhüllung zusammengefaßt, was die Suche nach einem bestimmten Kabel erschwert. Orientierungshilfe bieten in diesem Fall die zahlreichen Mehrfachsteckverbindungen, von denen Anzahl der Kabel und genaue Lage in den Stromlaufplänen im folgenden Kapitel verzeichnet sind.

Die Leitungen

Der Querschnitt eines Kabels wird je nach Stromanspruch des betreffenden Verbrauchers gewählt: Ein Kontrollämpchen kommt mit 0,5 mm^2 Kabelstärke aus, der Anlasser braucht dagegen ein 16-mm^2-Kabel. Ein zu dünnes Kabel heizt sich auf, und die Spannung fällt ab. Dann kommen statt der erwünschten 12 Volt z. B. an den Scheinwerfern vielleicht nur 10 oder 9,5 Volt an – das Licht wird trübe.

Kabelsteckverbindungen

Fast alle Steckverbindungen sind zusätzlich mechanisch gesichert. Hier einige Steckersicherungen:
- ○ Stecker der Einspritzanlage sind durch einen Drahtbügel gesichert, der niedergedrückt werden muß.
- ○ Viele Mehrfachstecker haben seitlich zwei Sicherungsrasten, die zum Abziehen niedergedrückt werden müssen.
- ○ Beispielsweise am Kombi-Instrument sitzen Mehrfachstecker, die mit einem Steckbügel gesichert sind.

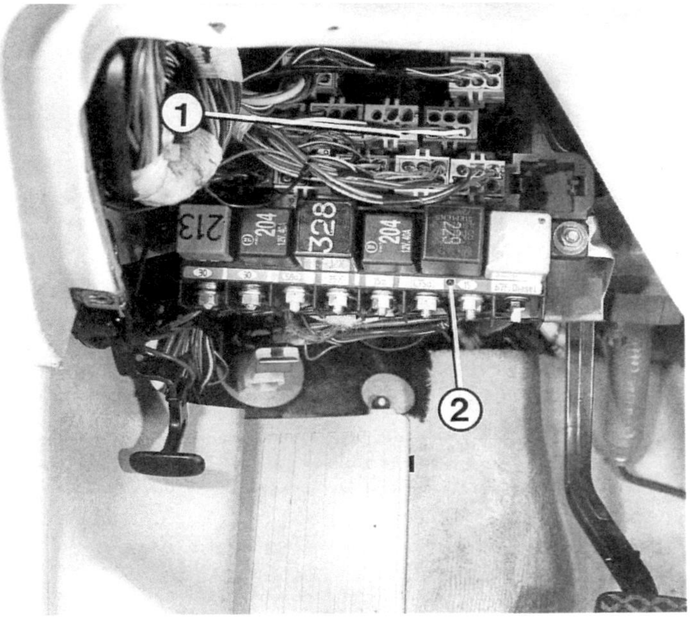

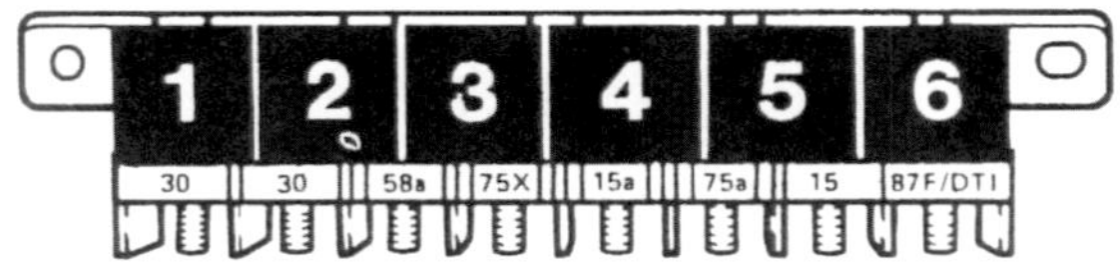

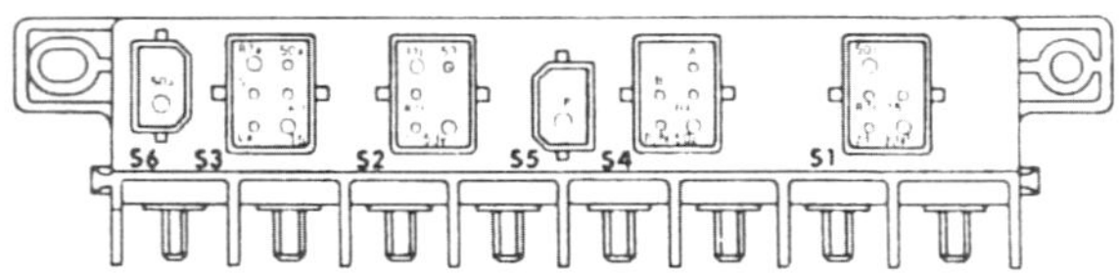

Links: Die Zentralelektrik (2) befindet sich mit der Steckerstation (1) links unter dem Armaturenbrett. Steckplatzbelegung laut Zeichnung.
Rechts: 1 – X-Kontakt-Entlastungsrelais; 2 – Hupenrelais; 3 – Relais für Scheinwerfer-Reinigungsanlage; 4 – Relais für Anlaßsperre und Rückfahrleuchten (bei Automatikgetriebe), Brücke bei Schaltgetriebe, Relais für Startfreigabe (bei DWA), Relais für Anlaßsperre (quattro mit Automatikgetriebe); 5 – Relais für Wisch/Wasch-Intervallschaltung; 6 – Kraftstoffpumpenrelais.
Die Zeichnung darunter zeigt die Zentralelektrik von hinten mit Steckerbezeichnung.

Die Zentralelektrik

Sämtliche Leitungen im Audi 100 sind zu verschiedenen Kabelsträngen zusammengefaßt. Sie alle enden in der sogenannten Zentralelektrik, einem schwarzen Kasten, der sich links unter dem Armaturenbrett befindet.
Dort ist auch Platz für 6 Relais und die Verschraubungen der Hauptkabel der Fahrzeug-Elektrik. Ferner befindet sich oberhalb der Zentralelektrik eine sogenannte Steckerstation, an der die verschiedenen Kabelstränge der Fahrzeugelektrik enden.
Die Zeichnung oben rechts zeigt die Relaisplatzbelegung der Zentralelektrik.

Die Zusatzrelaisträger

Für Relais bzw. Schaltgeräte, die in der Zentralelektrik keinen Platz besitzen, sind an verschiedenen Stellen im Audi 100 sogenannte Zusatzrelaisträger untergebracht.

Der Zusatzrelaisträger I sitzt links hinten im Motorraum. Bei abgenommenen Deckel (3) sind Relais (2) und Thermosicherungen (1) sichtbar. Belegungsliste: 1 – Steuergerät für Lüfternachlauf; 2 – Relais für elektrischen Kühlerventilator 1. Stufe; 3 – Relais für elektrischen Kühlerventilator 2. Stufe; 4 – Relais für Nebelscheinwerfer; 5 – Abschaltrelais für elektronische Differentialsperre; 6 – Steuergerät für Intensiv-Scheibenwaschanlage; 7 – frei; 8 – Relais für Rückfahrleuchten (quattro mit Automatikgetriebe); 9 – Schaltgerät für Magnetkupplung (vollautomatische Klimaanlage) bzw. Steuergerät für Magnetkupplung (manuelle Klimaanlage); 10 – Steuergerät für Magnetkupplung (manuelle Klimaanlage); 11 – Relais für Heckscheibenwischer/-wascher; 12 – frei; 13 – Stromversorgungsrelais für Lautsprecher; 14, 15 – Lampenkontrollgerät; 16 – frei; 17 – Relais für Klimaanlagenbereitschaft (manuelle Klimaanlage); B1 – Thermosicherung I für Sitzverstellung; B2 – Thermosicherung II für Sitzverstellung; B3 – Thermosicherung für Heizwiderstand beheizbarer Schließzylinder; B4 – Thermosicherung für Anhängersteckdose; B5 – frei; A1 – Thermosicherung für elektrische Fensterheber; A2 – Thermosicherung für Zentralverriegelung, Diebstahlwarnanlage und Infrarot-Steuergerät; A3 – Thermosicherung für elektrisches Schiebe/Aufstelldach; A4 – Thermosicherung für Radio/Lautsprecher; A5 – Thermosicherung für Sitzheizung.

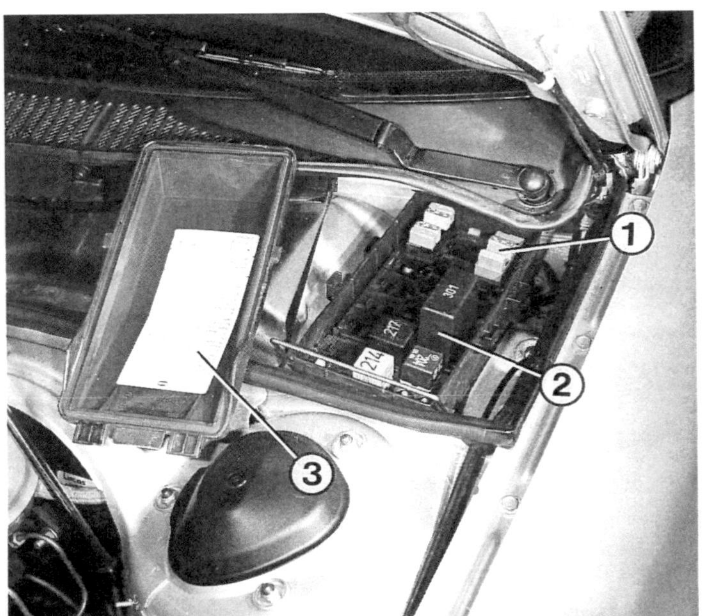

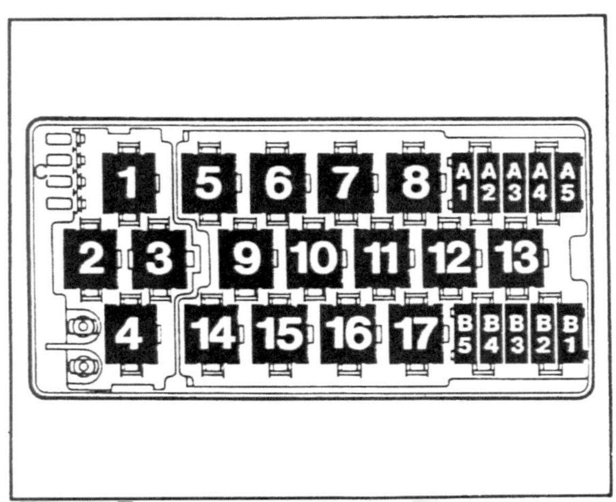

Soll ein intaktes, am Wagen gewuchtetes Rad etwa nach Kontrollen an der Bremse wieder montiert werden, muß es in gleicher Stellung wie zuvor an der Radnabe festgeschraubt werden. Dazu die Einbaulage an Felge und Nabe zueinander kennzeichnen. Die Pfeile zeigen auf die selbst angebrachten Markierungen.

Das Reifenlaufbild

○ **An der Außenseite abgefahrene Vorderreifen** sind beim Audi 100 nichts Ungewöhnliches. Grund ist die erhöhte Belastung dieses Laufflächenbereiches bei Kurvenfahrt.
○ **Einseitig abgefahrenes Profil** kann auch auf falsche Radeinstellung hinweisen; vor allem dann, wenn lediglich ein Reifen schräg abgelaufen ist.
○ **Starke Abnutzung in der Profilmitte** deutet auf wesentlich zu hohen Luftdruck. Dieser Effekt tritt besonders deutlich an den Hinterrädern auf. Oder es wird häufig mit hoher Geschwindigkeit gefahren, wobei sich die Lauffläche rundet.
○ Sind **beide Außenschultern** eines Reifens **stärker abgefahren als die Profilmitte**, wurde lange Zeit mit zu niedrigem Luftdruck gefahren.
○ **Gleichmäßige Auswaschungen** im Profil deuten auf einen defekten Stoßdämpfer.
○ Tritt die **ungleiche Abnutzung nur an bestimmten Stellen** auf, ist das Rad unwuchtig, oder der Reifen-Unterbau ist beschädigt.
○ Eine **einzelne Stelle im Profil mit starker Abnutzung** stammt von einer Bremsung mit blockiertem Rad – eine sogenannte Bremsplatte. Kann eigentlich nur noch vorkommen bei Fahrzeugen ohne ABS, bei defektem oder abgeschaltetem ABS.

Der Radwechsel

Unterwegs ist der Radwechsel nicht ganz problemlos. Die Radschrauben können festgerostet sein oder sie wurden beim letzten Radwechsel in der Werkstatt mit einem Schlagschrauber »angeknallt« (statt mit den vorgeschriebenen 110 Nm festgezogen). Dann hilft das Bordwerkzeug nicht mehr weiter, sondern nur ein kräftiger Radschraubenschlüssel oder ein Radkreuz mit aufgestecktem Rohrstück zur Verlängerung der Hebelkraft.

- Handbremse anziehen und 1. oder Rückwärtsgang bzw. Parksperre einlegen.
- Unterwegs Warnblinkanlage einschalten und Warndreieck aufstellen.
- Räder der anderen Wagenseite gegen Wegrollen sichern, z.B. mit Steinen oder Holzstücken.
- Mit den Fingern in die Löcher der Rad-Vollblende fassen und Blende abziehen.
- Bei Leichtmetallfelgen mit verdeckter Befestigung Schraubendreher in die Aussparung an der Seite der Abdeckkappe stecken und Kappe abhebeln.
- So vorhanden, Radschraubenschloß mit Schlüssel öffnen.
- Radschrauben jeweils knapp eine Umdrehung lockern.
- Bordwagenheber an der Unterseite schräg nach innen stehend an der gekennzeichneten Stelle der Karosserie-Unterkante ansetzen (Kapitel »Der sichere Arbeitsplatz«). Der Wagenheber muß dabei in den senkrechten Steg der Karosserie eingreifen.
- Bei weichem Untergrund Brettchen unterlegen.
- Wagen hochkurbeln.
- Radschrauben vollends herausdrehen.
- Rad abnehmen, Reserverad bzw. Notrad aufstekken. Dabei kann der Zentrierstift aus dem Bordwerkzeug helfen, wenn er zuvor in die Radschraubenbohrung eingedreht wurde.
- Radschrauben an Kegel und Gewinde hauchdünn einfetten oder ölen.
- Schrauben über Kreuz gleichmäßig anziehen. Dabei das Rad hin- und herdrehen, damit es sich einwandfrei auf der Radnabe zentriert.
- Wagen ablassen, Schrauben nachziehen (110 Nm).
- Radblende bzw. Zierkappe aufdrücken. Bei der Radblende auf den Ausschnitt für das Reifenventil achten.
- Festen Sitz der Schrauben nach kurzer Fahrtstrecke prüfen.

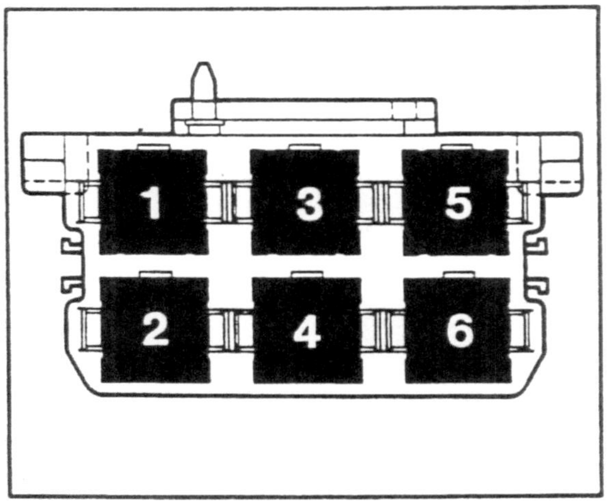

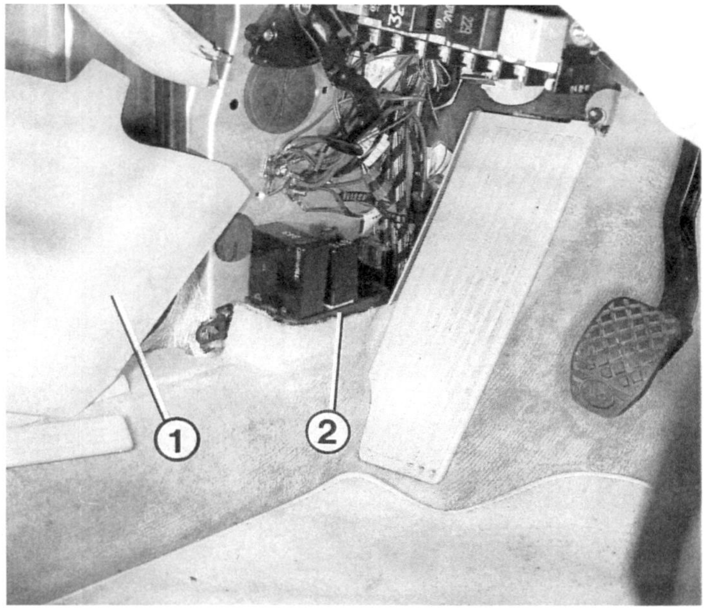

Rechts: Unter der Verkleidung (1) links im Fahrerfußraum befindet sich der Zusatzrelaisträger II (2). Belegungsliste laut Zeichnung oben:
1 – Steuergerät für Fensterheber und Schiebedach bzw. Relais für Schiebedach;
2 – Steuergerät für Fensterheber und Schiebedach;
3 – Relais für Fensterheber und Schiebedach; 4 – Relais für Überspannungsschutz (Airbag), ABS-Kombirelais; 5 – Steuergerät für Wählhebelsperre; 6 – Relais für Automatikgetriebe.

○ Der **Zusatzrelaisträger I** hat seinen Platz links hinten im Motorraum im sogenannten Wasserkasten. Neben zahlreichen Relais und Steuergeräten sind hier auch verschiedene Thermosicherungen und die Anschlüsse zum Einleiten der Fahrzeugdiagnose (siehe dazu das Kapitel »Regelmäßige Wartung«) untergebracht.
○ Der **Zusatzrelaisträger II** befindet sich unter der Seitenverkleidung links im Fahrer-Fußraum. Zum Ausbau der Verkleidung muß die Blende auf des Einstiegs-Abdeckleiste abgehebelt werden. Darunter sind die Kreuzschlitzschrauben zu lösen, dann Blende abnehmen. Kreuzschlitzschraube in der Seitenverkleidung lösen und Verkleidung vorsichtig aus den Haltespangen neben der Türdichtung ziehen.
○ Der **Zusatzrelaisträger III** befindet sich unter der rechten Seitenverkleidung im Beifahrer-Fußraum – also gewissermaßen spiegelbildlich zum Zusatzrelaisträger II. Der Ausbau der Verkleidung erfolgt identisch.

Fingerzeig: Der Deckel des Zusatzrelaisträgers I im Wasserkasten muß verschlossen sein, sonst zieht's während der Fahrt im Fahrer-Fußraum. Das Schließen wird häufig nach Einleiten der Diagnose in der Werkstatt vergessen.

Die Elektronikbox

Um die empfindlichen Steuergeräte für Zündung und Einspritzung vor den hohen Temperaturen zu schützen, die sommers innen im Auto herrschen, wurden sie an einen relativ kühlen Platz verlegt, nämlich unter den Fußboden vor dem Beifahrersitz. Die Kunststoffschachtel, die dort angeordnet ist, nennt Audi »Elektronikbox«. An sie heranzukommen ist nicht einfach: Handschuhkasten ausbauen (Kapitel »Der Innenraum«), Teppichboden entlang der vorgezeichneten Perforierung mit einem scharfen Teppichboden-Messer aufschneiden und zurückklappen. Darunter den Deckel der Elektronikbox aufschneiden.

Der Zusatzrelaisträger III (3) befindet sich unter der Verkleidung (1) rechts im Beifahrerfußraum. Der Aufkleber (2) gibt Auskunft über die Steckplatzbelegung, die jedoch meist für Taxi- und Dieselversionen reserviert ist. Real eingebaut ist bei unseren Benziner-Modellen auf Steckplatz »1« das Steuergerät für Lambdasonden-Heizung (Sechszylinder) bzw. das Relais für Ansaugrohr-Vorwärmung (74-kW-Vierzylinder).

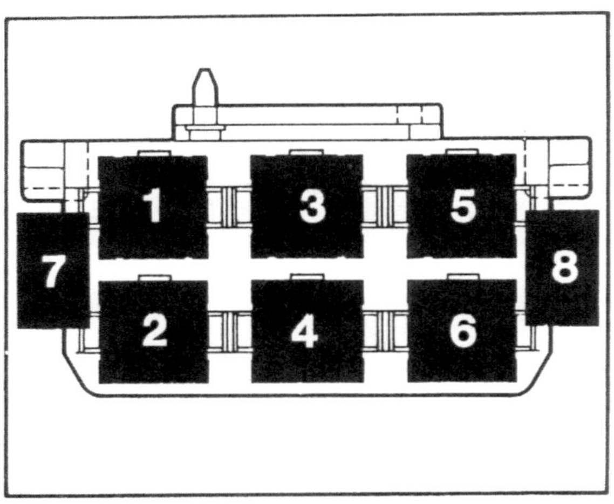

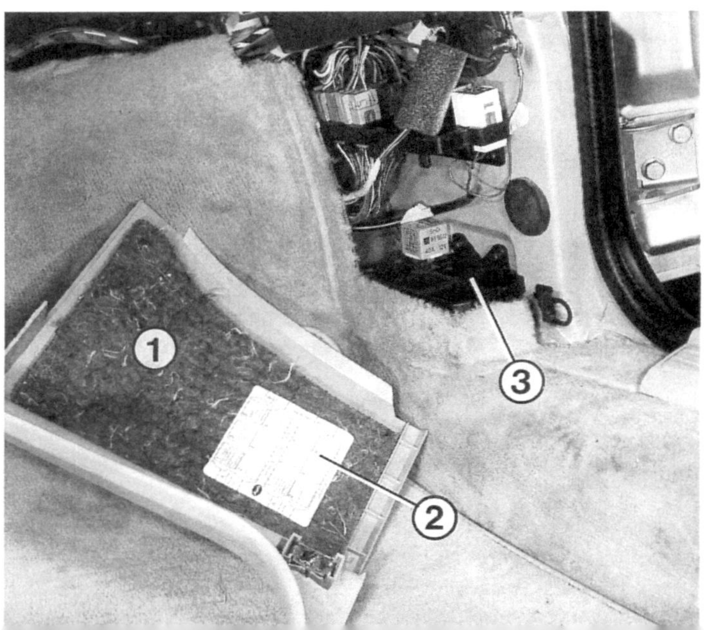

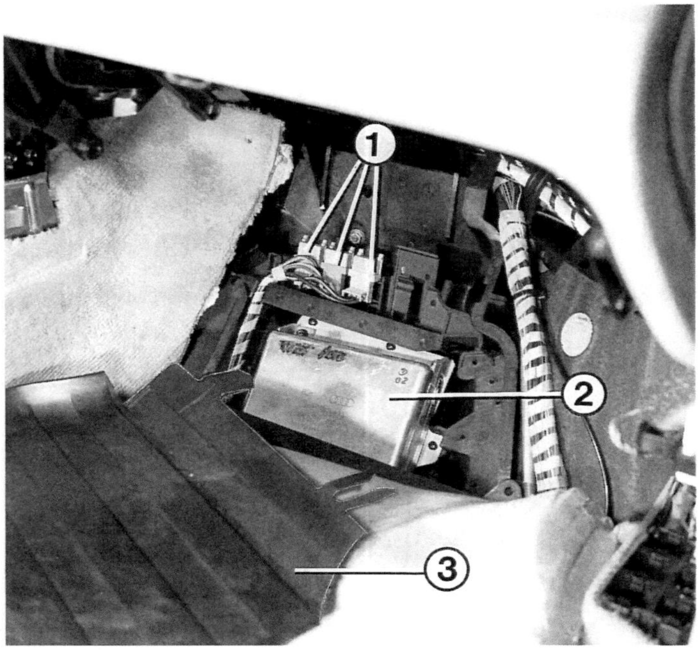

Um an die Elektronikbox rechts unter dem Beifahrerfußboden heranzukommen, muß der Teppichboden entlang der Perforierung aufgeschnitten aufgetrennt und der Deckel der Elektronikbox (3) abgeschraubt werden. Untergebracht sind dort Thermosicherungen (hauptsächlich für die Motorelektronik) und Steuergeräte (2). Belegungsliste siehe Zeichnung rechts.

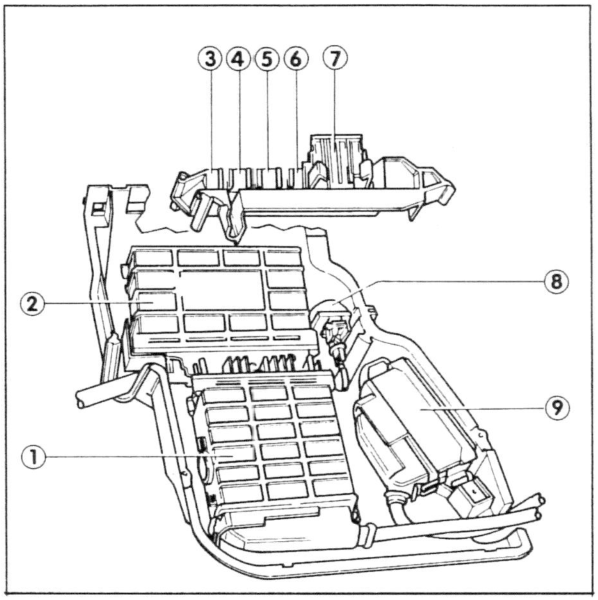

Inhalt der Elektronikbox: 1 – Steuergerät der Einspritzung und Zündung; 2 – Steuergerät des automatischen Getriebes; 3 – Thermosicherung schwarz; 4 – Thermosicherung braun; 5 – Thermosicherung rot; 6 – Thermosicherung gelb; 7 – Codierstecker; 8 – Höhengeber; 9 – Steuergerät für elektronische Zündanlage (nur für Fünfzylindermotor), bei den übrigen Motoren ist Zündung und Einspritzung kombiniert.

Relais und Steuergeräte

Zur Bordelektrik gehören eine Reihe Relais und Steuergeräte, die in der Zentralelektrik oder auf dem Zusatzrelaisträger links unter dem Armaturenbrett bzw. unter der Rücksitzbank untergebracht sind.

○ Ein einfaches **Schaltrelais** verwendet man in erster Linie für leistungsstarke Stromverbraucher. Das hat folgenden Grund: Leitet man den Strom auf langen Kabelwegen über den dazugehörigen Schalter, gibt es Spannungsverlust. Außerdem werden die Schalterkontakte durch den hohen Stromfluß stark beansprucht. Bei einer Relaisschaltung benutzt man den Schalter nur für den geringen Schaltstrom, womit nicht der Verbraucher direkt, sondern dessen Relais eingeschaltet wird.
Stammt der Schaltbefehl nicht von einem Schalter, sondern von einem Steuergerät, gilt dasselbe: Die empfindlichen Elektronikbauteile können hohe Ströme nicht weiterleiten, ohne Schaden zu nehmen.

○ Bestimmte Relais können **zusätzliche Funktionen** auslösen. So schaltet das Blinkrelais die Blinkimpulse und das Relais der Wisch/Wasch-Intervallschaltung steuert den Intervallbetrieb und den Trockenlauf der Scheibenwischer nach dem Scheibenwaschen.

○ **Steuergeräte** besitzen mehr oder minder umfangreiche elektronische Schaltungen für bestimmte Funktionen, bisweilen ist auch noch ein Relais eingebaut. Als Beispiele seien hier das Steuergerät für Öldruckkontrolle oder das Steuergerät für Innenlicht-Abschaltverzögerung genannt.

Funktion der Schaltrelais

○ Beim Einschalten des betreffenden Verbrauchers wird im Relais durch den an Klemme 86 ankommenden »Schaltstrom« der Schaltstromkreis zu Klemme 85 (Masse) geschlossen.

○ Dadurch zieht eine Magnetspule einen kräftigen Kontakt gegen Federdruck an und schließt so den Stromkreis für den »Arbeitsstrom«.

○ Der Arbeitsstrom wird zur Vermeidung von Spannungsabfall auf kurzem Weg direkt an Klemme 30 des Relais herangeführt und von dort weiter – bei geschlossenen Schalterkontakten – über Klemme 87 an den Stromverbraucher weitergeleitet.

○ Bisweilen ist noch eine Klemme 87a vorhanden. Die ist fest mit Klemme 87 verbunden, hat also dieselbe Funktion.

Störungssuche Schaltrelais

● An Klemme 30 muß immer Spannung anliegen, sofern es sich nicht um ein Relais handelt, dessen Verbraucher von einem anderen abhängt. Beispiel: Das Relais der Nebelschlußleuchte erhält nur dann Strom, wenn Licht eingeschaltet ist.

● Zur Kontrolle der Stromversorgung Relais herausziehen und mit Prüflampennadel Klemme 30 im Relaissockel antippen. Kein Strom: Zuleitung defekt.

● Relais abziehen, Klemme 86 mit Batterie-Plus und Klemme 85 mit Masse verbinden. Die Magnetspule muß den Relaiskontakt deutlich hörbar anziehen, sonst ist das Relais defekt.

Behelf bei defektem Schaltrelais

- Relais aus dem Stecksockel abziehen.
- Klemme 30 und 87 im Relaissteckfeld mit einer Büroklammer oder einem kurzen Drahtstück überbrücken. Dadurch erhält der betreffende Verbraucher Dauerstrom.
- Zum Abschalten die Kurzschlußbrücke abziehen, da der betreffende Schalter in diesem Fall ja überbrückt ist.

Das X-Kontakt-Entlastungsrelais

In der Bordelektrik spielt das X-Kontakt-Entlastungsrelais (übrigens ein einfaches Schaltrelais) eine bedeutende Rolle. Deshalb hier die Funktion:
Der X-Kontakt des Zündschlosses erhält nur Strom, wenn der Zündschlüssel in Stellung »Fahrt« steht. Stark stromzehrende Verbraucher, wie Scheibenwischer, heizbare Heckscheibe oder Gebläse, sind über diese Klemme angeschlossen, damit beim Motorstart alle Kräfte der Batterie voll dem Anlasser zugute kommen.
Natürlich können nicht alle diese Verbraucher ihren Strom über den Kontakt am Zündschloß erhalten; dazu ist er zu schwach. Also mußte ein Relais zwischengeschaltet werden, über dessen Arbeitsstromkontakt die Stromversorgung nun erfolgt. Der Zündschloßkontakt ist (neben der Scheinwerfer-Stromversorgung) nur noch für den Schaltstrom zum Relais zuständig.

Die Sicherungen

Jedes elektrische Gerät im Auto braucht nur eine bestimmte, festgelegte Menge an Strom. Entsprechend dieses Stromverbrauchs wurde natürlich auch der Querschnitt des zugehörigen Kabels bemessen.
Steigt der Stromverbrauch in diesem Stromkreis – etwa durch zusätzlich eingebaute Verbraucher oder gar durch einen Kurzschluß –, so wird dieses Kabel überlastet. Dabei kann es warm werden oder gar zu glühen beginnen, wenn nicht rechtzeitig der Stromfluß unterbrochen wird. Und genau das erledigen die Sicherungen.
Damit der Audi bei einem Defekt nicht gleich völlig ohne Strom dasteht, sind die Sicherungen auf verschiedene Stromkreise verteilt, wie bereits angedeutet. Allerdings sind die Schaltungen zwischen Batterie, Generator, Anlasser und Zündschloß nicht von Sicherungen überwacht.

Sicherungen auswechseln

- Soll eine der Stecksicherungen ausgewechselt werden, können Sie sich dazu der kleinen Kunststoffzange, die am Deckel des Sicherungskastens (an der linken Stirnseite des Armaturenbretts) befestigt ist, bedienen.
- Brennt die neue Sicherung sofort wieder durch, klären, ob eine zu schwache Sicherung eingesetzt wurde (siehe Sicherungstabelle).
- War das nicht der Fall, anhand der Sicherungstabelle die angeschlossenen Verbraucher ermitteln und einzeln prüfen. Dabei hilft auch der zuständige Stromlaufplan (folgendes Kapitel).
- Im Zweifelsfall alle Verbraucher ausstecken und nacheinander wieder anschließen. Der Verbraucher, bei dem die Sicherung durchbrennt, war defekt.

Zusatz-Sicherungen

○ Bei bestimmten Zusatzausstattungen sitzen weitere Sicherungen im **Zusatzrelaisträger I** links hinten im Motorraum. Dabei handelt es sich meist um sogenannte Thermosicherungen. Das sind Sicherungen, die nach Überlastung in einem Stromkreis für eine gewisse zeit den Stromfluß unterbrechen, dann aber die Verbindung wieder herstellen.

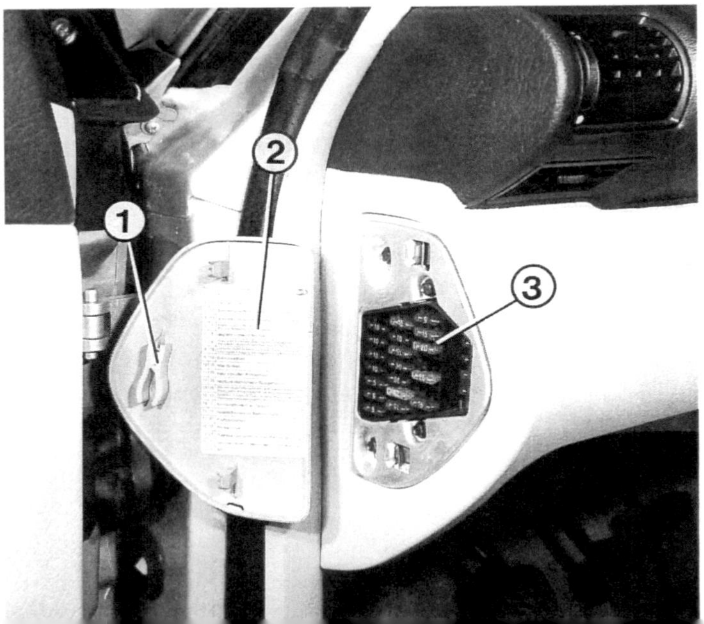

Die Abbildung zeigt den Sicherungskasten (3) an der linken Stirnseite des Armaturenbretts. Im Sicherungskastendeckel ist die mögliche Belegung mit Sicherungen in Kurzform zusammengefaßt (2). Auch eine kleine Kunststoffzange (1) ist dort angebracht, die zum Abziehen der Stecksicherungen dient.

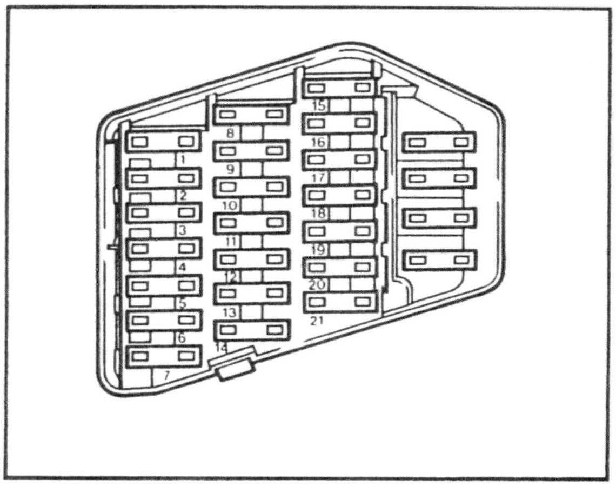

Die kleinen Zahlen in der Zeichnung zeigen die Sicherungsnummern, wie sie in der untenstehenden Sicherungstabelle aufgeführt sind.

○ Sicherungen für Zündanlage und Einspritzung sind in der **Elektronikbox** unter dem Beifahrer-Fußboden untergebracht.

Sicherungstabelle

Sicherungen im Sicherungskasten

Nr.	angeschlossene Verbraucher	Ampere
1	Fernlicht rechts, Kontrolleuchte für Fernlicht	10
2	Fernlicht links	10
3	Abblendlicht rechts, Motor für Leuchtweitenregulierung rechts	10
4	Abblendlicht links, Motor für Leuchtweitenregulierung links	10
5	Schluß- und Standlicht rechts	5
6	Schluß- und Standlicht links	5
7	Kennzeichenbeleuchtung, Instrumentenbeleuchtung, Motorraumleuchte, Handschuhfachleuchte, Beleuchtung für Heizungs/Lüftungs-Betätigung, Ascherbeleuchtung	5
8	Zeituhr, Gepäckraumleuchte, Innenleuchte, Make-up-Spiegel-Beleuchtung, Leseleuchten, Fußraumleuchte, Steckdose/Anzünder, Klimaregelung, Memory-Spiegelverstellung, Bedienung für Memory-Sitz	15
9	Bremsleuchten	10
10	Warnblinkanlage	15
11	Luftgebläse, Klimaanlage	30
12	Heckscheibenheizung, Spiegelheizung	30
13	Blinkleuchten, Scheibenwischeranlage, Scheibenwascherpumpe, beheizte Scheibenwaschdüsen, Getriebeöl-Temperaturschalter (Automatikgetriebe)	25
14	Rückfahrleuchten, Intensiv-Scheibenwaschanlage, Automatikgetriebe, Differentialsperre, Geschwindigkeits-Regelanlage, elektronischer Thermoschalter, Tachometergeber, Infrarot-Fernbedienung für Zentralverriegelung	15
15	Kombi-Instrument, elektrisch verstellbare Außenspiegel, Airbag-Warnleuchte	5
16	Nebelscheinwerfer, Nebelschlußleuchte	15
17	Kraftstoffpumpe	20
18	Frei	–
19	Hupe(n), Kühlerlüfternachlauf (Vierzylinder mit KE-Motronic und Fünfzylinder), Diagnose	25
20	Geschwindigkeits-Regelanlage in Verbindung mit Automatikgetriebe	5
21	Antiblockiersystem	15

Zusätzliche Sicherungen (Thermosicherungen) befinden sich im Zusatzrelaisträger I sowie in der Elektronikbox. Belegung siehe Seite 170 bzw. 172

Die Sicherungsstärke

Zur Unterscheidung der maximal zulässigen Nennstromstärke (Ampere) dienen die Kennfarben des Kunststoffteils: Rot – 10 A; blau – 15 A; gelb – 20 A; weiß – 25 A; grün – 30 A.

Planwirtschaft

Die Stromlaufpläne auf den folgenden Seiten zeigen die einzelnen Stromkreise der elektrischen Anlage nebeneinander aufgezeichnet, so daß der funktionelle Zusammenhang besser zu erfassen ist. Die Lage der Kabel im Auto kann jedoch aus dieser Darstellung nicht hervorgehen.

Wissenswertes zu den Stromlaufplänen

Aufteilung

Auf den folgenden Seiten finden Sie kleine Teil-Stromlaufpläne, die immer nur eine bestimmte Baugruppe des Wagens zeigen. Sinn dieser Aufteilung ist die Platzersparnis. Denn der Bereich Scheibenwischer betrifft einen Audi 100 mit 74-kW-Motor genauso wie einen mit 128 kW. In der Praxis suchen Sie sich denjenigen Bereich heraus, mit dem Sie sich gerade befassen möchten.

Aufbau

Die Stromlaufpläne sind in eine Vielzahl von Strompfaden aufgeteilt, die unten an der Fußleiste durchnumeriert sind. So lassen sich anhand der Stromlaufplan-Erläuterungen die einzelnen Teile leicht auffinden. Die Fußleiste bezeichnet die Fahrzeug-»Masse« (das Blech der Karosserie), über die der Stromkreislauf geschlossen wird. Die graue Leiste an der Oberkante der Pläne zeigt die Zentralelektrik. Die Bezeichnung der Steckkontakte sagt, wo das Kabel angeschlossen ist. Beispiel: S 3/1 sagt, daß dieses Kabel im Mehrfachstecker S 3 an Anschluß 1 der Zentralelektrik zu suchen ist.
Endet ein Kabel in einem rechteckigen Kästchen mit einer Zahl – beispielsweise 15 –, so finden Sie die Fortführung dieser Leitung in der genannten Strompfad-Nummer, also hier in Strompfad 15.

Kabelfarben

In den Stromlaufplänen sind die Kabelfarben abgekürzt angegeben. Es bedeuten: bl – blau; br – braun; ge – gelb; gn – grün; gr – grau; li – lila; ro bzw. rt – rot; sw – schwarz; ws – weiß.

Für welche Modelle?

Auf den folgenden Seiten finden Sie den kompletten Fahrzeug-Stromlaufplan eines **Audi 100, Modelljahr 1993**. Der Motorteil behandelt einen **Sechszylindermotor** mit MPI-Einspritzung.
Ergänzend dazu sind im Anschluß weitere Motor-Stromlaufpläne **anderer Motoren** abgedruckt, die im Bedarfsfall in den erwähnten Fahrzeug-Stromlaufplan hineingedacht werden müssen.
Im Anschluß daran finden Sie Stromlaufpläne von **Zubehör-Einrichtungen**, als da wären Zentralverriegelung, elektrische Fensterheber und Zusatzinstrumente.

Gesamt-Stromlaufplan mit 2,8-Liter-Sechszylindermotor (128 kW)

Batterie, Anlasser, Drehstromgenerator, Relais für Anlaßsperre und Rückfahrlicht

Steuergerät für Multipoint-Injektion, Zündanlage, Einspritzventile, Hallgeber, Thermosicherungen

Steuergerät für Multipoint-Injektion, Klopfsensoren, Drosselklappenpotentiometer, Luftmassenmesser, Leistungsendstufe für Zündspulen

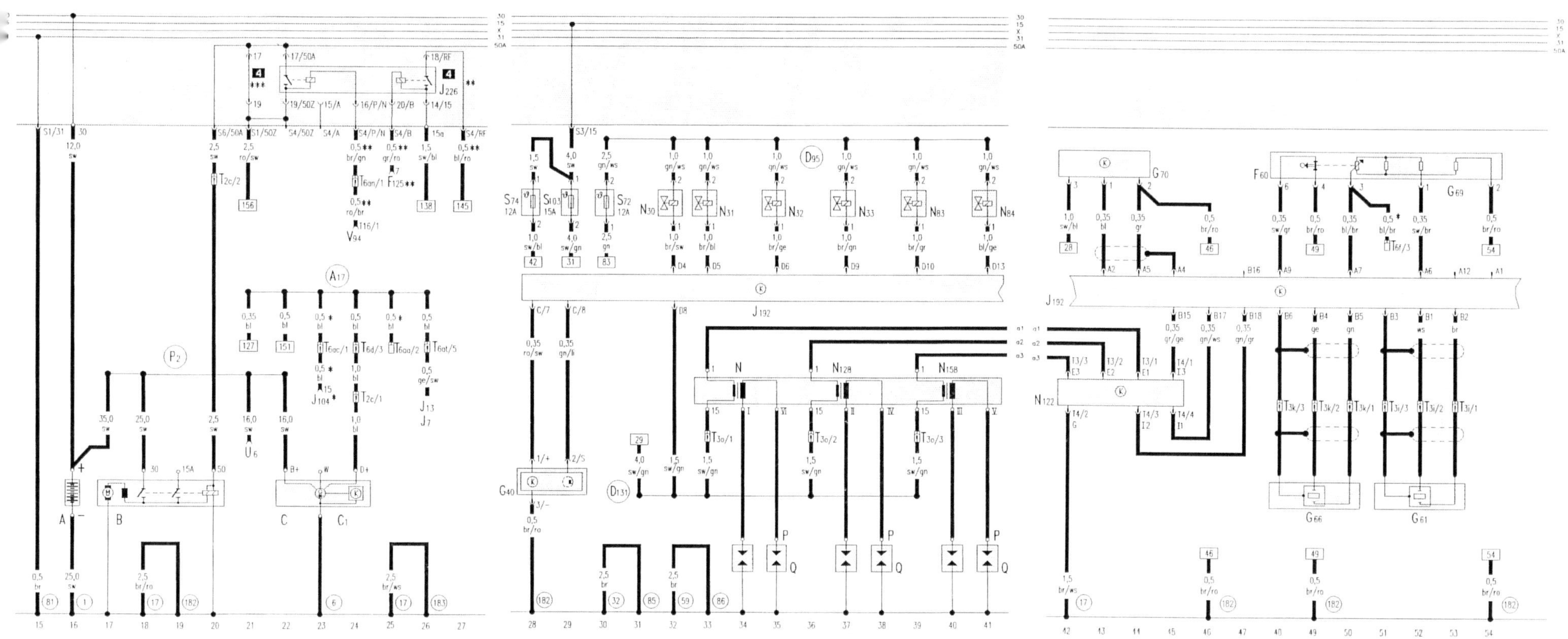

A – Batterie
B – Anlasser
C – Drehstromgenerator
C 1 – Spannungsregler
F 125 – Multifunktionsschalter
J 7 – Batterie-Trennrelais
J 13 – Relais für Frischluftgebläse
J 104 – Steuergerät für ABS mit EDS
J 226 – Relais für Anlaßsperre und Rückfahrlicht
T 2c – Steckverbindung, 2-fach, braun, Nähe Anlasser
T 6d – Steckverbindung, 6-fach, grau, Kupplungsstation 2
T 6aa – Steckverbindung, 6-fach, rot, Kupplungsstation 1
T 6ac – Steckverbindung, 6-fach, blau, Kupplungsstation 1
T 6an – Steckverbindung, 6-fach, weiß, Kupplungsstation 2
T 6at – Steckverbindung, 6-fach, braun, Kupplungsstation 3
T 16 – Steckverbindung, 16-fach, Anschlußstecker C an V 94, unter dem Fondsitz rechts
U 6 – Fremdstartsteckdose
V 94 – Motor für Zentralverriegelung mit Steuergerät für Abschaltverzögerung-Innenleuchten und Diebstahlwarnanlage

(1) – Masseband, Batterie – Aufbau
(6) – Masseband, Motor – Generator
(17) – Massepunkt, am Saugrohr
(81) – Masseverbindung – 1 –, imn Schalttafelleitungsstrang
(182) – Masseverbindung – 1 –, im Leitungsstrang Motorraum-6 Zylinder
(183) – Masseverbindung – 2 –, im Leitungsstrang Motorraum-6 Zylinder
(A17) – Verbindung (61), im Schalttafelleitungsstrang
(P2) – Plusverbindung (30), im Leitungsstrang Batterie

* Länderausführung
** nur Fahrzeuge mit Automatikgetriebe
*** nur Fahrzeuge mit Schaltgetriebe

G 40 – Hallgeber
J 192 – Steuergerät für Multipoint-Injektion
N – Zündspule
N 30 – Einspritzventil Zylinder 1
N 31 – Einspritzventil Zylinder 2
N 32 – Einspritzventil Zylinder 3
N 33 – Einspritzventil Zylinder 4
N 83 – Einspritzventil Zylinder 5
N 84 – Einspritzventil Zylinder 6
N 128 – Zündspule 2
N 158 – Zündspule 3
P – Zündkerzenstecker
Q – Zündkerzen
S 72 – Thermosicherung für Einspritzventile
S 74 – Thermosicherung für Luftmassenmesser
S 103 – Thermosicherung für Zündspulen
T 3o – Steckverbindung, 3-fach, weiß, an der Spritzwand mitte

(32) – Massepunkt, hinter Schalttafel links
(59) – Massepunkt, Nähe Schlußleuchte links
(85) – Masseverbindung – 1 –, im Leitungsstrang Motorraum
(86) – Masseverbindung – 1 –, im Leitungsstrang hinten
(182) – Masseverbindung – 1 –, im Leitungsstrang Motorraum-6 Zylinder
(D95) – Verbindung (Einspritzventile), im Leitungsstrang Motorraum
(D131) – Verbindung (Zündspulen), im Leitungsstrang Motorraum

F 60 – Leerlaufschalter
G 61 – Klopfsensor I
G 66 – Klopfsensor II
G 69 – Drosselklappenpotentiometer
G 70 – Luftmassenmesser
J 192 – Steuergerät für Multipoint-Injektion
N 122 – Leistungsendstufe
T 3 – Steckverbindung, 3-fach, weiß, an der Spritzwand rechts
T 3i – Steckverbindung, 3-fach, blau, an der Spritzwand rechts
T 3k – Steckverbindung, 3-fach, blau, an der Spritzwand mitte
T 4 – Steckverbindung, 4-fach, schwarz, an der Spritzwand rechts
T 6f – Steckverbindung, 6-fach, gelb, im Fußraum vorn rechts

(17) – Massepunkt, am Saugrohr
(182) – Masseverbindung – 1 –, im Leitungsstrang Motorraum-6 Zylinder

Steuergerät für Multipoint-Injektion, Geber für Zündzeitpunkt, Motordrehzahl, Kühlmiteltemperatur und Abgasrückführung

Steuergerät für Multipoint-Injektion, Lambdasonden mit Heizung

Steuergerät für Multipoint-Injektion, Diagnosestecker, Kraftstoffpumpenrelais, Geber für Tankanzeige Kraftstoffpumpe

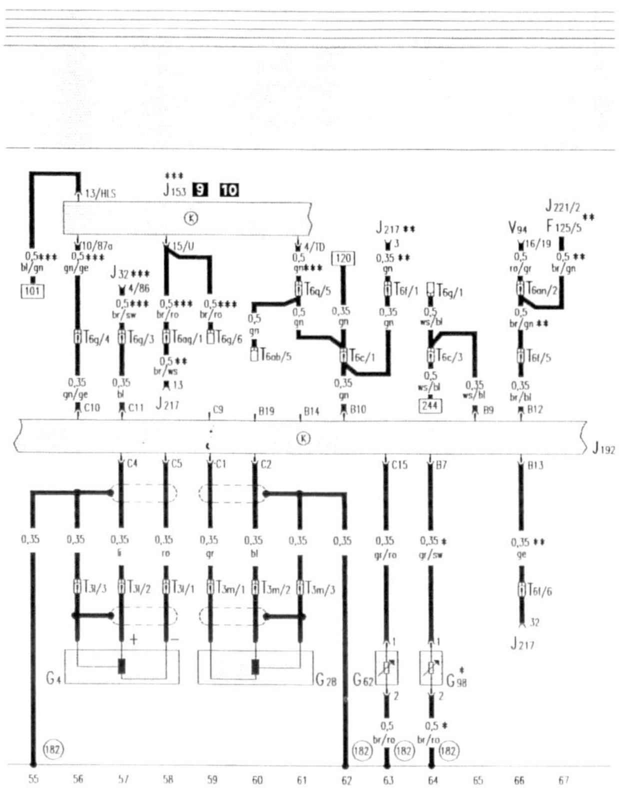

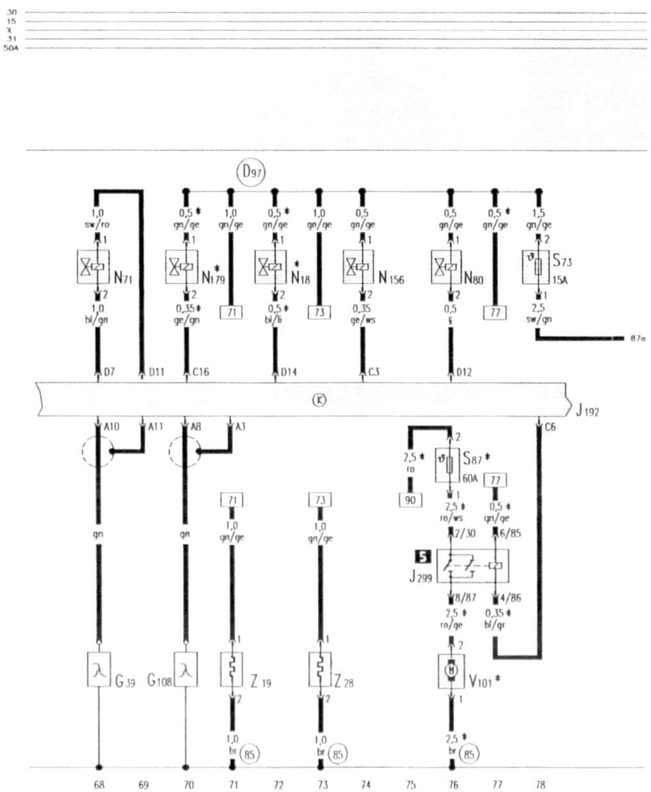

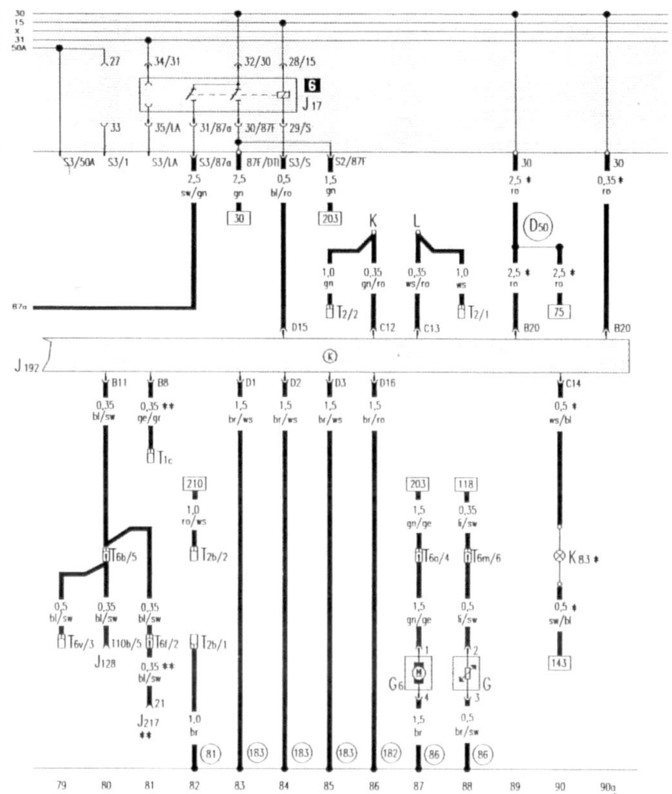

F 125 – Multifunktioinsschalter
G 4 – Geber für Zündzeitpunkt
G 28 – Geber für Motordrehzahl
G 62 – Geber für Kühlmitteltemperatur
G 98 – Temperaturfühler – Abgasrückführung
J 32 – Relais für Klimaanlage
J 153 – Steuergerät für Magnetkupplung
J 192 – Steuergerät für Multipoint-Injektion
J 217 – Steuergerät für autom. Getriebe
J 221 – Steuergerät für Wählhebelsperre
T 3l – Steckverbindung, 3-fach, schwarz, an der Spritzwand rechts
T 3m – Steckverbindung, 3-fach, grau, an der Spritzwand rechts
T 6c – Steckverbindung, 6-fach, grün Kupplungsstation 2
T 6f – Steckverbindung, 6-fach, gelb, im Fußraum vorn rechts
T 6g – Steckverbindung, 6-fach, blau, Kupplungsstation 2
T 6q – Steckverbindung, 6-fach, rot, Kupplungsstation 3
T 6ab – Steckverbindung, 6-fach, gelb, Kupplungsstation 1
T 6ag – Steckverbindung, 6-fach, orange, Kupplungsstation 2
T 6an – Steckverbindung, 6-fach, weiß, Kupplungsstation 2
V 94 – Motor für Zentralverriegelung mit Steuergerät für Abschaltverzögerung–Innenleuchten und Diebstahlwarnanlage

(182) – Masseverbindung – 1 –, im Leitungsstrang Motorraum-6 Zylinder

* Länderausführung
** nur Fahrzeuge mit Automatikgetriebe
*** nur Fahrzeuge mit Schaltgetriebe

G 39 – Lambdasonde
G 108 – Lambdasonde II
J 192 – Steuergerät für Multipoint-Injektion
J 299 – Relais für Sekundärluftpumpe
N 18 – Ventil für Abgasrückführung
N 71 – Ventil für Leerlaufstabilisierung
N 80 – Magnetventil 1 für Aktivkohlebehälter-Anlage (getaktet)
N 156 – Ventil für Registersaugrohrumschaltung
N 179 – Ventil für Registersaugrohrumschaltung
S 73 – Thermosicherung für Heizung-Lambdasonde
S 87 – Thermosicherung für Anhängerbetrieb
V 101 – Motor für Sekundärluftpumpe
Z 19 – Heizung für Lambdasonde
Z 28 – Heizung für Lambdasonde 2

(85) – Masseverbindung – 1 –, im Leitungsstrang Motorraum
(D97) – Verbindung (50), im Leitungsstrang Motorraum rechts

* Länderausführung

G – Geber für Kraftstoffvorratsanzeige
G 6 – Kraftstoffpumpe (Vorförderpumpe)
J 17 – Kraftstoffpumpenrelais
J 128 – Anzeigeeinheit mit Computer
J 192 – Steuergerät für Multipoint-Injektion
J 217 – Steuergerät für autom. Getriebe
K – Diagnosestecker auf Zusatzrelaisträger 1
K 83 – Fehlerlampe für Eigendiagnose
L – Diagnosestecker auf Zusatzrelaisträger 1
T 1c – Steckverbindung, 1-fach, schwarz, im Fußraum vorn rechts
T 2 – Steckverbindung, 2-fach, weiß, Diagnosestecker, auf Zusatzrelaisträger I
T 2b – Steckverbindung, 2-fach, schwarz, Diagnosestecker, auf Zusatzrelaisträger I
T 6b – Steckverbindung, 6-fach, rot, Kupplungsstation 2
T 6f – Steckverbindung, 6-fach, gelb, im Fußraum vorn rechts
T 6m – Steckverbindung, 6-fach, grün, Kupplungsstation 1
T 6o – Steckverbindung, 6-fach, braun, Kupplungsstation 1
T 6v – Steckverbindung, 6-fach, blau, Kupplungsstation 3
T 10b – Steckverbindung, 10-fach, schwarz, am Schalttafeleinsatz

(81) – Masseverbindung – 1 –, im Schalttafelleitungsstrang
(86) – Masseverbindung – 1 –, im Leitungsstrang hinten
(182) – Masseverbindung – 1 –, im Leitungsstrang Motorraum-6 Zylinder
(183) – Masseverbindung – 2 –, im Leitungsstrang Motorraum-6 Zylinder
(D50) – Plusverbindung (30), im Leitungsstrang Motorraum

* Länderausführung
** nur Fahrzeuge mit Automatikgetriebe

Motorkühlung

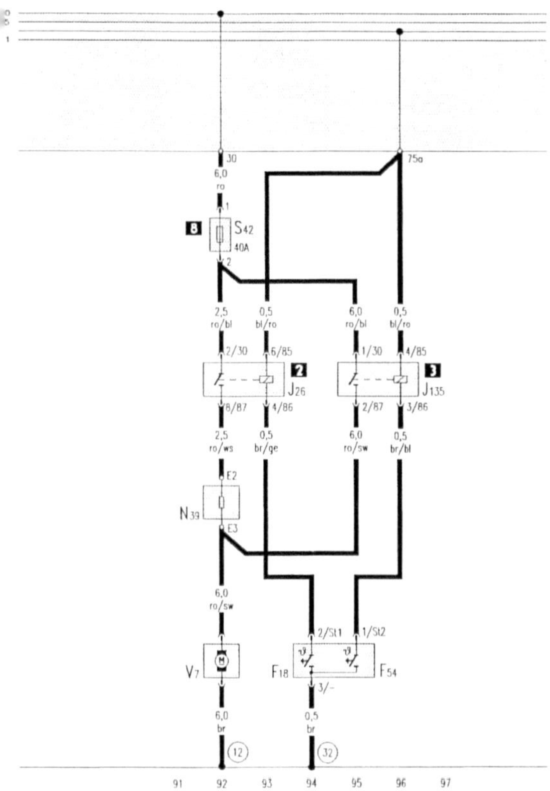

Autochecksystem, Kühlwasser- und Öldrucküberwachung

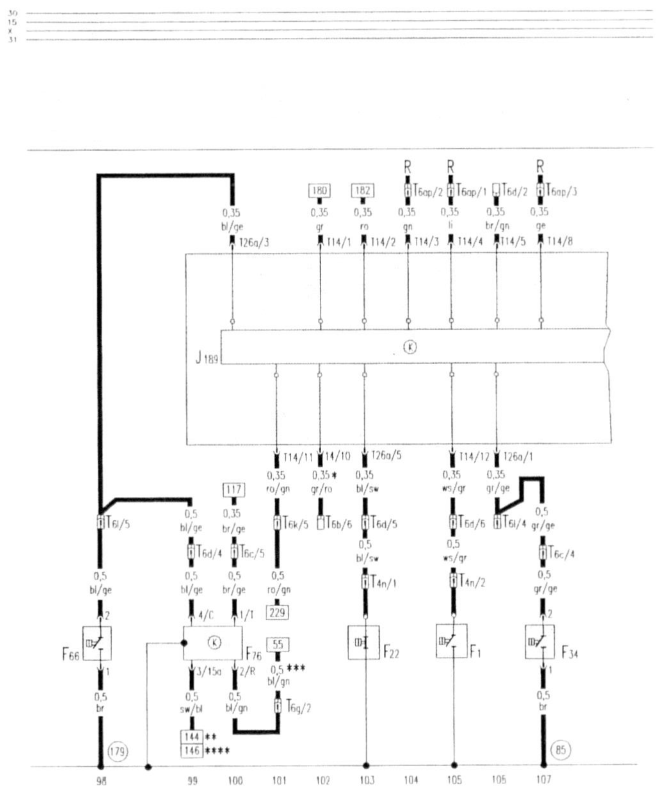

Autochecksystem, Bremsbelagüberwachung

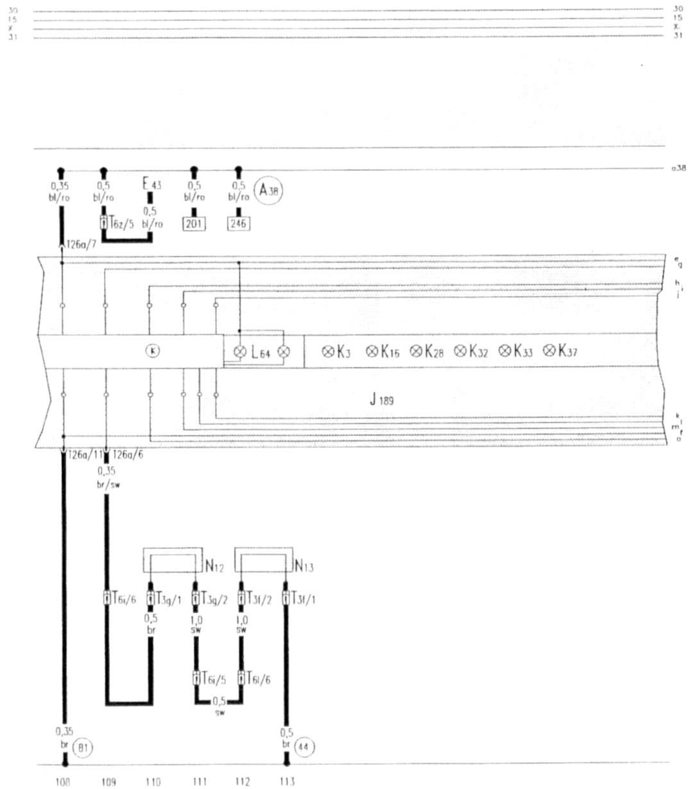

F 18 – Thermoschalter für Lüfter für Kühlmittel
F 54 – Thermoschalter für Lüfter für Kühlmittel
J 26 – Relais für Lüfter für Kühlmittel
J 135 – relais für 3. Stufe für Lüfter für Kühlmittel
N 39 – Vorwiderstand für Lüfter für Kühlmittel
S 42 – Einzelsicherung für Lüfter für Kühlmittel
V 7 – Lüfter für Kühlmittel

(12) – Massepunkt, im Motorraum links

(32) – Massepunkt, hinter Schalttafel links

F 1 – Öldruckschalter (0,9 bar)
F 22 – Öldruckschalter (0,3 bar)
F 34 – Warnkontakt für Bremsflüssigkeitsstand
F 66 – Schalter für Kühlmittelmangelanzeige
F 76 – Elektronischer Thermoschalter
J 189 – Autochecksystem
R – Radio
T 4n – Steckverbindung, 4-fach, schwarz, im Motorraum vorn links
T 6c – Steckverbindung, 6-fach, grün, Kupplungsstation 2
T 6b – Steckverbindung, 6-fach, rot, Kupplungsstation 2
T 6d – Steckverbindung, 6-fach, grau, Kupplungsstation 2
T 6g – Steckverbindung, 6-fach, blau, Kupplungsstation 2
T 6k – Steckverbindung, 6-fach, rot, Kupplungsstation 1
T 6l – Steckverbindung, 6-fach, gelb, Kupplungsstation 1
T 6ap – Steckverbindung, 6-fach, weiß, Kupplungsstation 3
T 14 – Steckverbindung, 14-fach, schwarz, am Schalttafeleinsatz
T 26 – Steckverbindung, 26-fach, grün, am Schalttafeleinsatz

(85) – Masseverbindung – 1 –, im Leitungsstrang Motorraum

(179) – Masseverbindung, im Leitungsstrang Scheinwerfer links

* Länderausführung
** nur Fahrzeuge mit Schaltgetriebe
*** nur Fahrzeuge mit manueller Klimaanlage
**** nur Fahrzeuge mit Automatikgetriebe

E 43 – Schalter für Spiegelverstellung
J 189 – Autochecksystem
K 3 – Kontrollampe für Öldruck
K 16 – Kontrollampe für Kraftstoffreserve
K 28 – Kontrollampe für Kühlmitteltemnperatur/Kühlmittelmangelanzeige
K 32 – Kontrollampe für Bremsbelag
K 33 – Kontrollampe für Bremsflüssigkeitsstand
K 37 – Kontrollampe für Scheibenwaschwasserstand
L 64 – Anzeigenbeleuchtung für Auto-Check-System
N 12 – Bremswächter rechts (Brechelement)
N 13 – Bremswächter links (Brechelement)
T 3f – Steckverbindung, 3- fach, an der Spritzwand links
T 3g – Steckverbindung, 3-fach, an der Spritzwand rechts
T 6i – Steckverbindung, 6-fach, braun, Kupplungsstation 2
T 6l – Steckverbindung, 6-fach, gelb, Kupplungsstation 1
T 6z – Steckverbindung, 6-fach, dunkelbraun, Kupplungsstation 1
T 26a – Steckverbindung, 26-fach, grün, am Schalttafeleinsatz

(44) – Massepunkt, Säule A – links, unten

(81) – Masseverbindung – 1 –, im Schalttafelleitungsstrang

(A38) – Plusverbindung (15a II), im Schalttafelleitungsstrang

Autocheckssystem, Zusatzinstrumente im Schalttafeleinsatz, Analoguhr

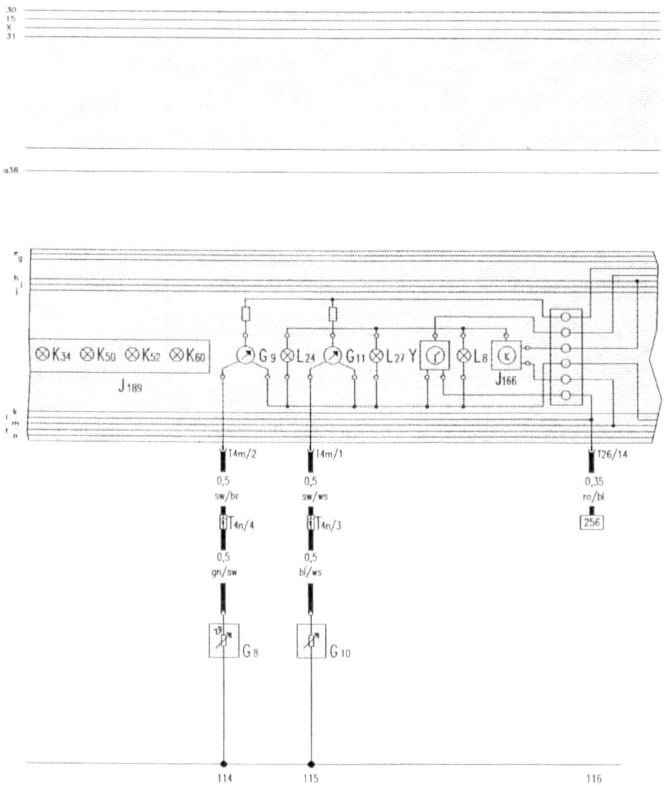

Schalttafeleinsatz, Kraftstoffanzeiger, Kühlmitteltemperaturanzeiger, Schalttafelbeleuchtung mit Regler, Schalter für Handbremse

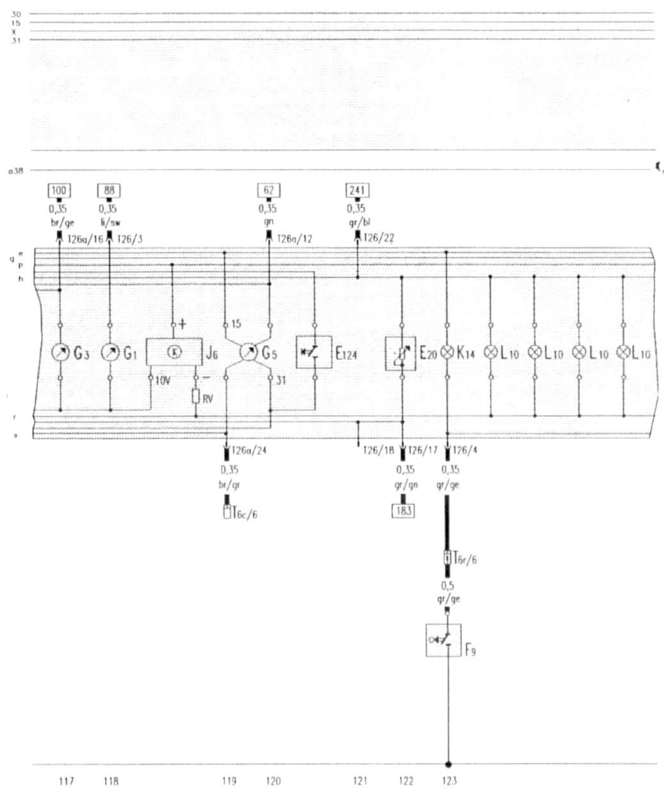

Schalttafeleinsatz, Kontrollampen, Geschwindigkeitsmesser mit Geber

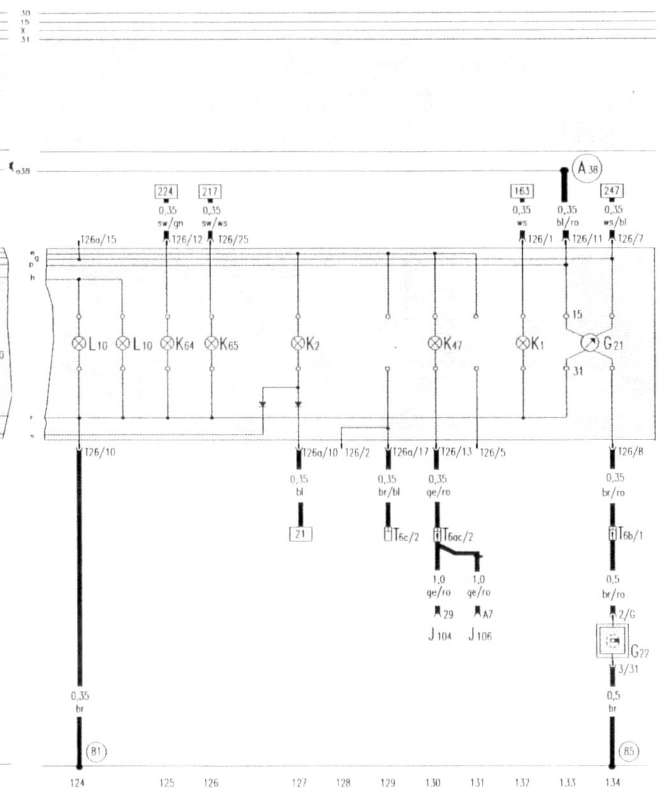

G 8 – Geber für Öltemperatur
G 9 – Öltemperaturanzeige
G 10 – Geber für Öldruck
G 11 – Öldruckanzeige
J 166 – Verstärker für Instrumentenbeleuchtung
J 189 – Autochecksystem
K 34 – Kontrollampe für Bremslicht
K 50 – Kontrollampe für Symbol „O.K."
K 52 – Kontrollampe für Ladezustand Batterie grüne Leuchtdiode, mehr als 12,5 Volt
K 60 – Kontrollampe für Abblendlicht und Schlußlicht
L 8 – Lampe für Beleuchtung Zeituhr
L 24 – Lampe für Beleuchtung Öltemperaturanzeiger
L 27 – Lampe für Beleuchtung Öldruckanzeiger
T 4m – Steckverbindung, 4-fach, schwarz, am Schalttafeleinsatz
T 4n – Steckverbindung, 4-fach, schwarz, im Motorraum vorn links
T 26 – Steckverbindung, 26-fach, rot, am Schalttafeleinsatz
Y – Analoguhr

E 20 – Regler für Beleuchtung – Schalter und Instrumente
E 124 – Taste für Uhrverstellung
F 9 – Schalter für Handbremskontrolle
G 1 – Kraftstoffvorratsanzeige
G 3 – Kühlmitteltemperaturanzeige
G 5 – Drehzahlmesser
J 6 – Spannungskonstanter
K 14 – Kontrollampe für Handbremse
L 10 – Lampe für Beleuchtung Schalttafeleinsatz
T 6c – Steckverbindung, 6-fach, grün, Kupplungsstation 2
T 6r – Steckverbindung, 6-fach, schwarz, Kupplungsstation 3
T 26 – Steckverbindung, 26-fach, rot, am Schalttafeleinsatz
T 26a – Steckverbindung, 26-fach, grün, am Schalttafeleinsatz

G 21 – Geschwindigkeitsmesser
G 22 – Geber für Geschwindigkeitsmesser
J 104 – Steuergerät für ABS mit EDS
J 106 – Relais für Masgnetventile – ABS
K 1 – Kontrollampe für Fernlicht
K 2 – Kontrollampe für Generator
K 47 – Kontrollampe für ABS
K 64 – Kontrollampe für WArnblinkanlage und Blinker rechts
K 65 – Kontrollampe für Blinker links
L 10 – Lampe für Beleuchtung Schalttafeleinsatz
T 6b – Steckverbindung, 6-fach, rot, Kupplungsstation 2
T 6c – Steckverbindung, 6-fach, grün, Kupplungsstation 2
T 6ac – Steckverbindung, 6-fach, blau, Kupplungsstation 1
T 26 – Steckverbindung, 26-fach, rot, am Schalttafeleinsatz
T 26a – Steckverbindung, 26-fach, grün, am Schalttafeleinsatz

(81) – Masseverbindung – 1 –, im Schalttafelleitungsstrang
(85) – Masseverbindung – 1 –, im Leitungsstrang Motorraum
(A38) – Plusverbindung (15a II), im Schalttafelleitungsstrang

Rückfahrleuchten mit Schalter

Zündanlaßschalter, Lichtschalter, Entlastungsrelais für X-Kontakt

Sicherungshalter, Scheinwerfer, Standlicht, Blinkleuchten, Lampenkontrollgerät, Schlußlicht links

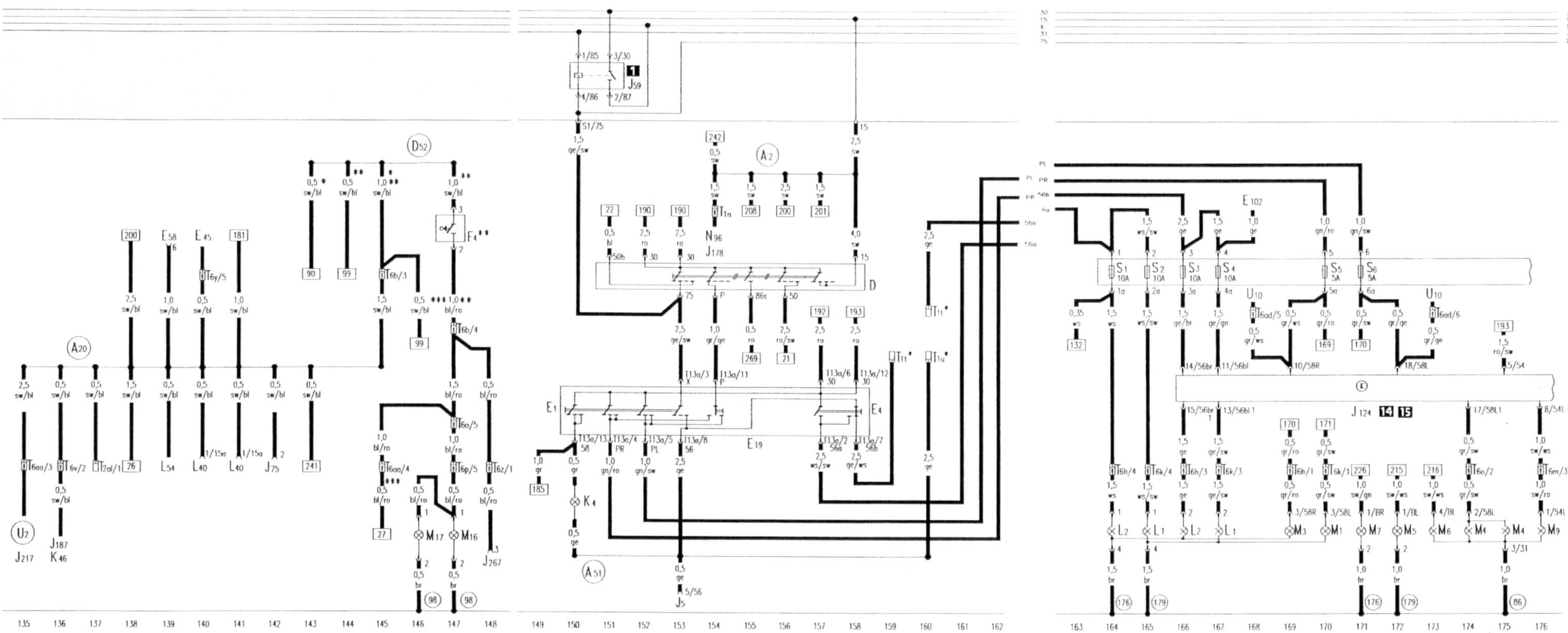

E 45 – Schalter für GRA
E 58 – Schalter für Zusatzreinigungspumpe (Scheibenreinigungsmittel)
F 4 – Schalter für Rückfahrleuchten
J 75 – Stewuergerät für Zusatzreinigungsanlage
J 187 – Steuergerät für Differenztialsperre
J 217 – Steuergerät für autom. Getriebe
J 267 – Steuergerät für Spiegelmemory
K 46 – Kontrollampe für Differentialsperre hinten
L 40 – Lmpe für Beleuchtung – Schalter für Nebelscheinwerfer- und -schlußleuchte
L 54 – Lampe für Beleuchtung/Einsteller Leuchtweitenregelung
M 16 – Lampe für Rückfahrlicht links
M 17 – Lampe für Rückfahrlicht rechts
T 2d – Steckverbindung, 2-fach, im Fußraum vorn links
T 6b – Steckverbindung, 6-fach, rot, Kupplungsstation 2
T 6o – Steckverbindung, 6-fach, braun, Kupplungsstation 1
T6p – Steckverbindung, 6-fach, schwarz, im Kofferraum hinten links
T 6v – Steckverbindung, 6-fach, blau, Kupplungsstation 3
T 6y – Steckverbindung, 6-fach, schwarz, hinter Verkleidung für Lenkstockschalter
T 6z – Steckverbindung, 6-fach, rot, Kupplungsstation 1
T 6aa – Steckverbindung, 6-fach, rot, Kupplungsstation 1
(98) – Masseverbindung, im Leitungsstrang Heckklappe
(A20) – Verbindung (15a), im Schalttafelleitungsstrang
(D52) – Plusverbindung (15a), im Leitungsstrang Motorraum
(U2) – Veblindung – 1 – (15), im Leitungsstrang automatisches getriebe

* Länderausführung
** nur Fahrzeuge mit Schaltgetriebe
*** nur Fahrzeuge mit Automatikgetriebe

D – Zündanlaßschalter
E 1 – Lichtschalter
E 4 – Schalter für Handabblendung und Lichthupe
E 19 – Schalter für Parklicht
J 5 – Relais für Nebelscheinwerfer
J 59 – Entlastungsrelais für X-Kontakt
J 178 – Auslösegerät für Airbag
K 4 – Kontrollampe für Standlicht
N 96 – Spannungswandler für Airbag
T 1n – Steckverbindung, 1-fach, rot, hinter der Schalttafel mitte
T 1t – Steckverbindung, 1-fach, gelb, hinter der Schalttafel links
T 1u – Steckverbindung, 1-fach, rot, hinter der Schalttafel links
T 13a – Steckverbindung, 13-fach, schwarz, hinter Verkleidung für Lenkstockschalter
(A2) – Plusverbindung (15), im Schalttafelleitungsstrang
(A51) – Verbindung (56), im Schalttafelleitungsstrang

* Stecker gekuppelt, je nach Scheinwerferausführung

E 102 – Einsteller für Leuchtweitenregelung
J 124 – Lampenkontrollgerät hinten
L 1 – Zweifadenlampe für Scheinwerfer links
L 2 – Zweifadenlampe für Scheinwerfer rechts
M 1 – Lampe für Standlicht links
M 3 – Lampe für Standlicht rechts
M 4 – Lampe für Schlußlicht links
M 5 – Lampe für Blinklicht vorn links
M 6 – Lampe für Blinklicht hinten links
M 7 – Lampe für Blinklicht vorn rechts
M 9 – Lampe für Bremslicht links
S 1 – Sicherung im Sicherungshalter
S 2 – Sicherung im Sicherungshalter
S 3 – Sicherung im Sicherungshalter
S 4 – Sicherung im Sicherungshalter
S 5 – Sicherung im Sicherungshalter
S 6 – Sicherung im Sicherungshalter
T 6h – Steckverbindung, 6-fach, schwarz, Kupplungsstation 2
T 6k – Steckverbindung, 6-fach, rot, Kupplungsstation 1
T 6m – Steckverbindung, 6-fach, grün, Kupplungsstation 1
T 6o – Steckverbindung, 6-fach, braun, Kupplungsstation 1
T 6ad – Steckverbindung, 6-fach, schwarz, Kupplungsstation 1
U 10 – Steckdose für Anhängerbetrieb
(86) – Masseverbindung – 1 –, im Leitungsstrang hinten
(176) – Masseverbindung, im Leitungsstrang Scheinwerfer rechts
(179) – Masseverbindung, im Leitungsstrang Scheinwerfer links

Schlußlicht rechts, Sicherungshalter, Lampenkontrollgerät, Kennzeichenleuchte, Handschuhfachleuchte, Motorraumleuchte

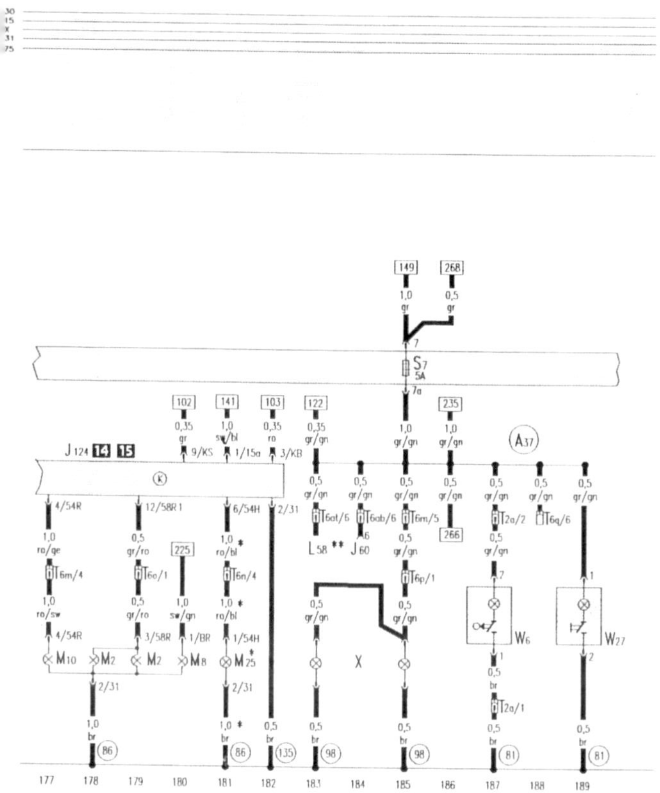

J 60 – Relais für automatisches Getriebe
J 124 – Lampenkontrollgerät hinten
L 58 – Beleuchtung für Vorschaltuhr
M 2 – Lampe für Schlußlicht rechts
M 8 – Lampe für Blinklicht hinten rechts
M 10 – Lampe für Bremslicht rechts
M 25 – Lampe für hochgestztes Bremslicht
S 7 – Sicherung im Sicherungshalter
T 2a – Steckverbindung, 2-fach, schwarz, hinter der Schalttafel rechts
T 6m – Steckverbindung, 6-fach, grün, Kupplungsstation 1
T 6n – Steckverbindung, 6-fach, grau Kupplungsstation 1
T 6o – Steckverbindung, 6-fach, braun, Kupplungsstation 1
T 6p – Steckverbindung, 6-fach, schwarz, im Kofferraum hinten links
T 6q – Steckverbindung, 6-fach, rot, Kupplungsstation 3
T 6ab – Steckverbindung, 6-fach, gelb, Kupplungsstation 1
T 6at – Steckverbindung, 6-fach, braun, Kupplungsstation 3

W 6 – Handschuhfachleuchte
W 27 – Motorraumleuchte
X – Kennzeichenleuchte

(81) – Masseverbindung – 1 –, im Schalttafelleitungsstrang
(86) – Masseverbindung – 1 –, im Leitungsstrang hinten
(98) – Masseverbindung, im Leitungsstrang Heckklappe
(135) – Masseverbindung – 2 –, im Schalttafelleitungsstrang
(A37) – Verbindung (58a), im Schalttafelleitungsstrang

* nur Fahrzeuge mit hochgesetzter Bremnsleuchte
** nur Fahrzeuge mit Standheizung

Sicherungshalter, Bremslichtschalter

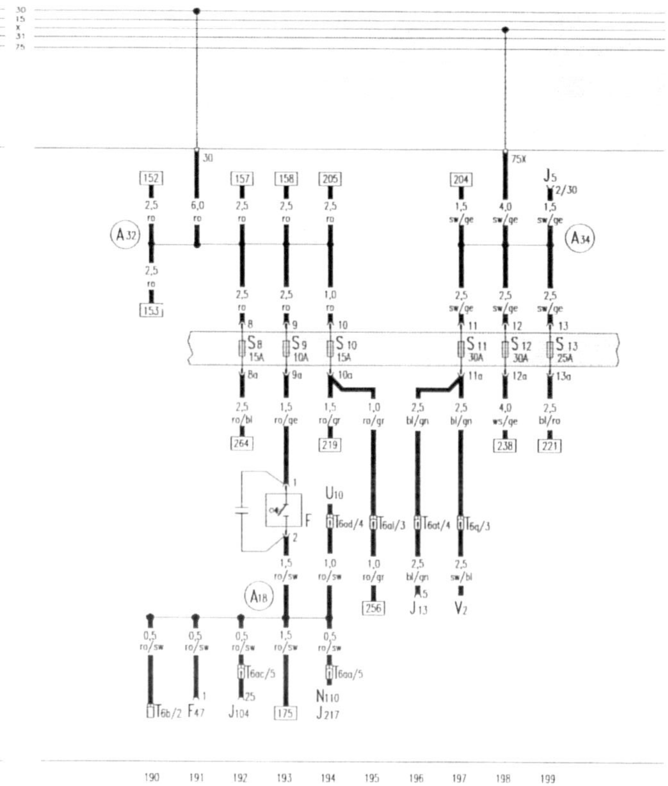

F – Bremslichtschalter
F 47 – Bremspedalschalter für GRA/ Dieseldirekteinspritzanlage
J 5 – Relais für Nebelscheinwerfer
J 13 – Relais für Frischluftgebläse
J 104 – Steuergerät für ABS mit EDS
J 217 – Steuergerät für autom. Getriebe
M 110 – Magnet für Wählhebelsperre
S 8 – Sicherung im Sicherungshalter
S 9 – Sicherung im Sicherungshalter
S 10 – Sicherung im Sicherungshalter
S 11 – Sicherung im Sicherungshalter
S 12 – Sicherung im Sicherungshalter
S 13 – Sicherung im Sicherungshalter
T 6b – Steckverbindung, 6-fach, rot, Kupplungsstation 2
T 6q – Steckverbindung, 6-fach, rot, Kupplungsstation 3
T 6aa – Steckverbindung, 6-fach, rot, Kupplungsstation 1
T 6ac – Steckverbindung, 6-fach, blau, Kupplungsstation 1
T 6ad – Steckverbindung, 6-fach, schwarz, Kupplungsstation 1
T 6al – Steckverbindung, 6-fach, blau, Kupplungsstation 1
T 6at – Steckverbindung, 6-fach, braun, Kupplungsstation 3
U 10 – Steckdose für Anhängerbetrieb
V 2 – Frischluftgebläse (01273-4124)

(A18) – Verbindung (54), inm Schalttafelleitungsstrang
(A32) – Plusverbindung (30), im Schalttafelleitungsstrang
(A34) – Verbindung (75x), im Schalttafelleitungsstrng

Sicherungshalter, Signalhorn

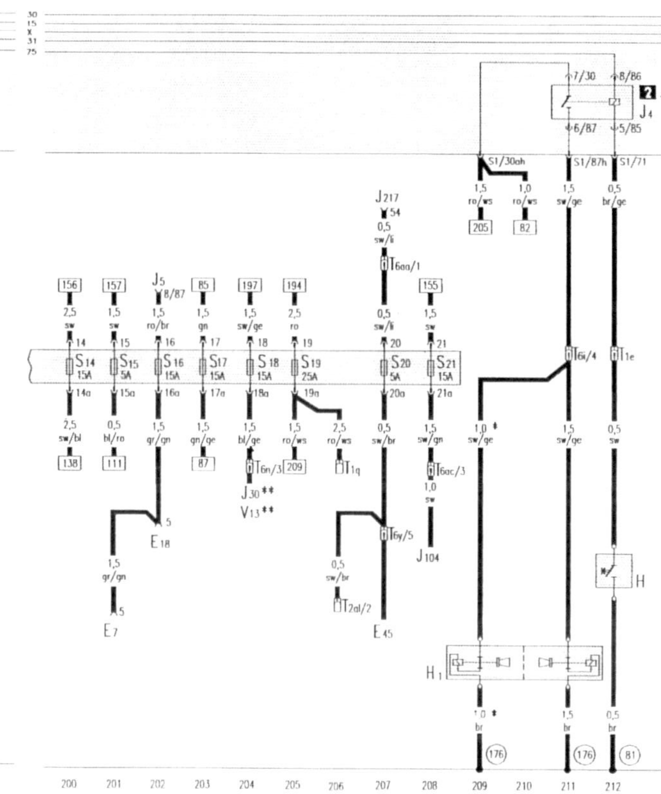

E 7 – Schalter für Nebelscheinwerfer
E 18 – schalter für Nebelschlußleuchte
E 45 – Schalter für GRA
H – Signalhornbetätigung
H 1 – Signalhorn/Doppeltonhorn
J 4 – Relais für Doppeltonhorn
J 5 – Relais für Nebelscheinwerfer
J 30 – Relais für Heckscheibenwischer und -wascher
J 104 – Steuergerät für ABS mit EDS
J 217 – Steuergerät für autom. Getriebe
S 14 – Sicherung im Sicherungshalter
S 15 – Sicherung im Sicherungshalter
S 16 – Sicherung im Sicherungshlater
S 17 – Sicherung im Sicherungshalter
S 18 – Sicherung im Sicherungshalter
S 19 – Sicherung im Sicherungshalter
S 20 – Sicherung im Sicherungshalter
S 21 – Sicherung im Sicherungshalter

T 1e – Steckverbindung, 1-fach, gelb, hinter Verkleidung für Lenkstockschalter
1q – Steckverbindung, 1-fach, rot, Nähe Zentralelektrik
T 2al – Steckverbindung, 2-fach, im Fußraum vorn links
T 6i – Steckverbindung, 6-fach, braun, Kupplungsstation 2
T 6n – Steckverbindung, 6-fach, grau, Kupplungsstation 1
T 6y – Steckverbindung, 6-fach, schwarz, hinter Verkleidung für Lenkstockschalter
T 6aa – Steckverbindung, 6-fach, rot, Kupplungsstation 1
T 6 – Steckverbindung, 6-fach, blau, Kupplungsstation 1
V 13 – Heckscheibenwaschpumpe

(81) – Masseverbindung – 1 –, im Schalttafelleitungsstrang
(176) – Masseverbindung, im Leitungsstrang Scheinwerfer rechts

* Länderausführung
** Avant – Fahrzeuge

Warnlichtschalter, Blinkerschalter, Warnblinkrelais

Scheibenwischschalter für Intervallbetrieb, Scheibenwisch- und -waschanlage, Scheinwerferreinigungsanlage

Beheizbare Heckscheibe

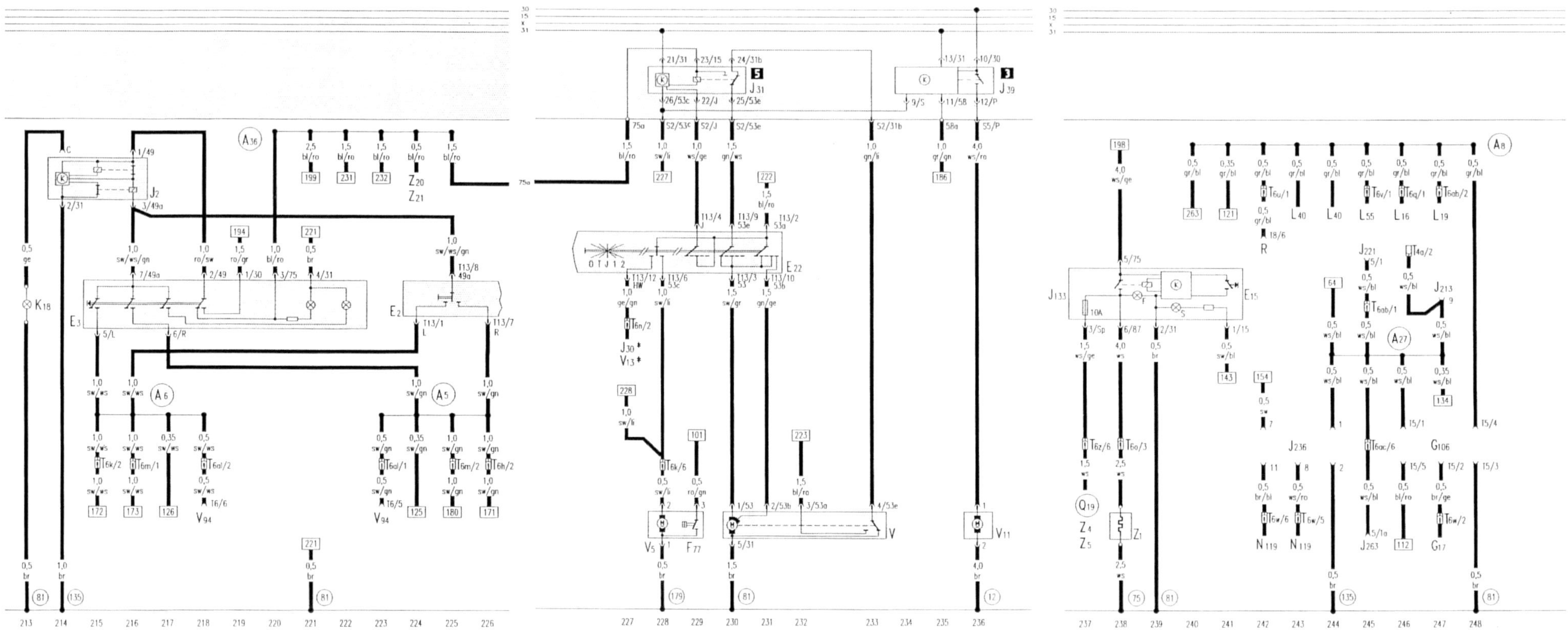

E 2 – Blinkerschalter
E 3 – Warnlichtschalter
J 2 – Warnblinkrelais
K 18 – Kontrollampe für Anhängerbetrieb
T 6 – Steckverbindung, 6-fach, Anschlußstecker B an V 94 unter dem Fondsitz rechts
T 6h – Steckverbindung, 6-fach, schwarz, Kupplungsstation 2
T 6k – Steckverbindung, 6-fach, rot, Kupplungsstation 1
T 6m – Steckverbindung, 6-fach, frün, Kupplungsstation 1
T 6al – Steckverbindung, 6-fach, blau, Kupplungsstation 1
T 13 – Steckverbindung, 13-fach, braun, hinter Verkleidung für Lenkstockschalter
V 94 – Motor für Zentralverriegelung mit Steuergerät für Abschaltverzögerung-Innenleuchten und Diebstahlwarnanlage
Z 20 – Heizwiderstand für Spritzdüse links
Z 21 – Heizwiderstand für Spritzdüse rechts

(81) – Masseverbindung – 1 –, im Schalttafelleitungsstrang
(135) – Masseverbindung – 2 –, im Schalttafelleitungsstrang
(A5) – Plusverbindung (Blinker rechts) im Schalttafelleitungsstrang
(A6) – Plusverbindung (Blinker links) im Schalttafelleitungsstrang
(A36) – Verbindung (75a), im Schalttafelleitungsstrang

E 22 – Scheibenwischerschalter für Intervallbetrieb
F 77 – Warnkontakt für Scheibenwaschwasser
J 30 – Relais für Heckscheibenwischer und -wascher
J 31 – Relais für Wasch-Wisch-Intervallautomatik
J 39 – Relais für Scheinwerfer-Reinigungsanlage
T 6k – Steckverbindung, 6-fach, rot, Kupplungsstation 1
T 6 – Steckverbindung, 6-fach, grau, Kupplungsstation 1
T 13 – Steckverbindung, 13-fach, braun, hinter Verkleidung für Lenkstockschalter
V – Scheibenwischermotor
V 5 – Scheibenwaschpumpe
V 11 – Pumpe für Scheinwerfer-Reinigungsanlage
V 13 – Heckscheibenwaschpumpe

(12) – Massepunkt, im Motorraum links
(81) – Masseverbindung – 1 –, im Schalttafelleitungsstrang
(179) – Masseverbindung, im Leitungsstrang Scheinwerfer links

* Avant - Fahrzeuge

E 15 – Schalter für beheizbare Heckscheibe
G 17 – Temperaturfühler für Außentemperatur
G 106 – Außentemperaturanzeiger
J 133 – Verzögerungsrelais für beheizbare Heckscheibe
J 213 – Steuergerät für GRA
J 211 – Steuergerät für Wählhebelsperre
J 236 – Steuergerät für Servotronic
J 263 – Abschaltrelais für EDS
L 16 – Lampe für Beleuchtung Frischluftregulierung
L 19 – Lampe für Skala für Schaltbetätigung
L 40 – Lampe für Beleuchtung – Schalter für Nebelscheinwerfer- und -schlußleuchte
L 55 – Beleuchtung für Differenzialsperrenanzeige
N 119 – Magnetventil für Servotronic
R – Radio
T 4a – Steckverbindung, 4-fach, schwarz, neben Steuergerät für GRA
T 5 – Steckverbindung, 5-fach, gelb, am Schalttafeleinsatz

Beheizbare Heckscheibe

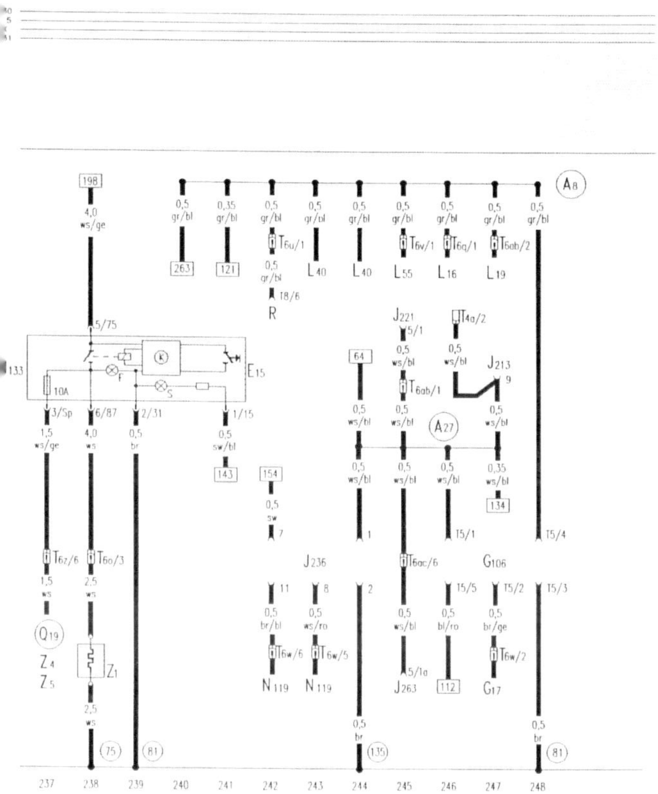

T 6o – Steckverbindung, 6-fach, braun, Kupplungsstation 1
T 6q – Steckverbindung, 6-fach, rot, Kupplungsstation 3
T 6u – Steckverbindung, 6-fach, gelb, Kupplungsstation 3
T 6v – Steckverbindung, 6-fach, blau, Kupplungsstation 3
T 6w – Steckverbindung, 6-fach, orange, Kupplungsstation 1
T 6z – Steckverbindung, 6-fach, dunkelbraun, Kupplungsstation 1
T 6ab – Steckverbindung, 6-fach, gelb, Kupplungsstation 1
T 6ac – Steckverbindung, 6-fach, blau, Kupplungsstation 1
T 8 – Steckverbindung, 8-fach, am Radio
Z 1 – beheizbarfe Heckscheibe
Z 4 – beheizbarer AEußenspiegel (Fahrerseite)
Z 5 – beheizbarer Außenspiegel (Beifahrerseite)

(75) – Massepunkt, Säule hinten, rechts
(81) – Masseverbindung – 1 –, im Schalttaeelleitungsstrang
(135) – Masseverbindung – 2 –, im Schalttafelleitungsstrang
(A8) – Plusverbindung (58 D2), im Schalttafelleitungsstrang
(A27) – Verbindung (Geschwindigkeitssignal), im Schalttafelleitungsstrang
(Q19) – Verbindung (spiegelheizung), im Leitungsstrang Fensterheber

Türkontaktschalter, Fußraumleuchten, Kofferraumleuchte, Innenleuchte, Make-up-Spiegel

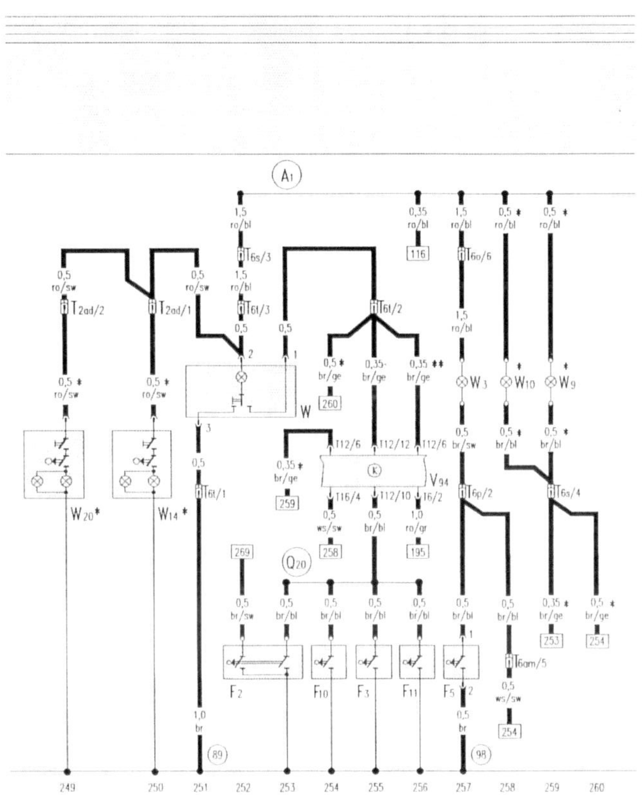

F 2 – Türkontakschalter vorn links
F 3 – Türkontaktschalter vorn rechts
F 5 – Schalter für Kofferraumbeleuchtung
F 10 – Türkontaktschalter hinten links
F 11 – Türkontaktschalter hinten rechts
T 2ad – Steckverbindung, 2-fach, blau, auf Zusatzrelaisträger I
T 6 – Steckverbindung, 6-fach, Anschlußstecker B an V 94, unter dem Fondsitz rechts
T 6o – Steckverbindung, 6-fach, braun, Kupplungsstation 1
T 6p – Steckverbindung, 6-fach, schwarz, im Kofferraum hinten links
T 6s – Steckverbindung, 6-fach, braun, Kupplungsstation 1
T 6t – Steckverbindung, 6-fach, schwarz, Kupplungsstation 1
T 6am – Steckverbindung, 6-fach, weiß, im Kofferraum hinten links
T 12 – Steckverbindung, 12-fach, Anschlußstecker A an V 94, unter dem Fondsitz rechts
T 16 – Steckverbindung, 16-fach, Anschlußstecker C an V 94, unter dem Fondsitz rechts
V 94 – Motor für Zentralverriegelung mit Steuergerät für Abschaltverzögerung-Inneleuchten und Diebstahlwarnanlage

W – Innenleuchte vorn
W 3 – Kofferraumleuchte
W 9 – Fußraumleuchte links
W 10 – Fußraumleuchte rechts
W 14 – beleuchteter Make-up-Spiegel (Beifahrerseite)
W 20 – beleuchteter Make-up-Spiegel (Fahrerseite)

(89) – Masseverbindung – 1 –, im Leitungsstrang Fensterheber
(98) – Masseverbindung, im Leitungsstrang Heckklappe
(A1) – Plusverbindung (30a) im Schalttafelleitungsstrang
(Q20) – Verbindung – 1 – (Türkontaktschalter), im Leitungsstrang Fensterheber

* Mehrausstattung
** Fahrzeuge ohne Fußraumleuchten

Zigarrenanzünder vorne und Hinten, Warnsummer für Standlicht und Radio

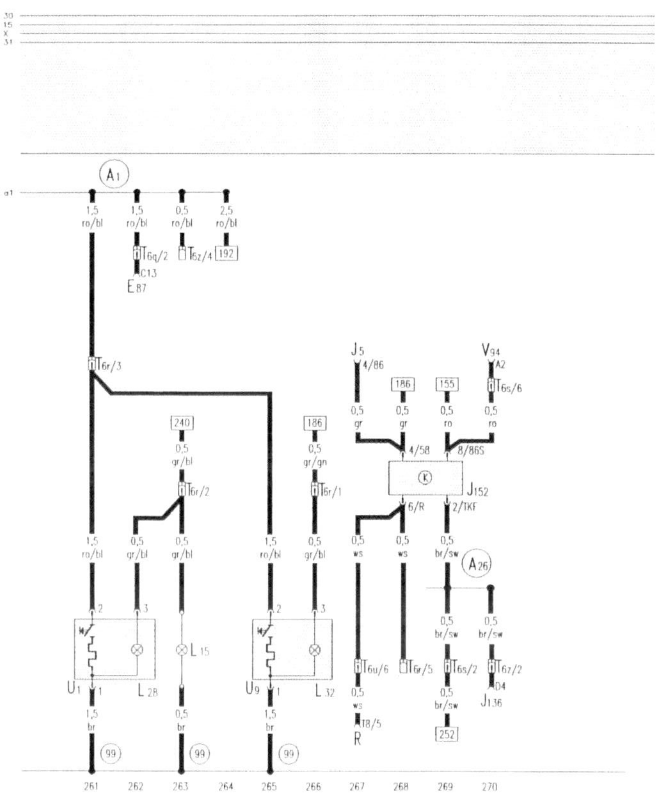

E 87 – Bedienungs- und Anzeigeeinheit für Klimaanlage
J 5 – Relais für Nebelscheinwerfer
J 136 – Steuergerät für Sitzverstellung mit Memory
J 152 – Warnsummer für Standlicht und Radio
L 15 – lampe für Ascherbeleuchtung
L 28 – Lampe für Beleuchtung Zigarrenanzünder
L 32 – Lampe für Beleuchtung für Zigarrenanzünder hinten
R – Radio
T 6q – Steckverbindung, 6-fach, rot, Kupplungsstation 3
T 6r – Steckverbindung, 6-fach, schwarz, Kupplungsstation 3
T 6s – Steckverbindung, 6-fach, braun, Kupplungsstation 1
T 6u – Steckverbindung, 6-fach, gelb, Kupplungsstation 3
T 6z – Steckverbindung, 6-fach, dunkelbraun, Kupplungsstation 1
T 8 – Steckverbindung, 8-fach, am Radio
U 1 – Zigarrenanzünder
U 9 – Zigarrenanzünder hinten
V 94 – Motor für Zentralverriegelung mit Steuergerät für Abschaltverzögerung-Innenleuchten und Diebstahlwarnanlage

(99) – Masseverbindung, im Leitungsstrang Konsole
(A1) – Plusverbindung (30a) im Schalttafelleitungsstrang
(A26) – Verbindung (Türkontaktschalter/Fahrerseite), im Schalttafelleitungsstrang

2,0-Liter-Vierzylindermotor (74 kW) mit Mono-Motronic

Steuergerät für Mono-Motronic, Kraftstoffpumpenrelais, Geber für Kühlmitteltemperatur, Drosselklappenpotentiometer, Lambdasonde, Einspritzventil, Heizwiderstand für Ansaugluftvorwärmung, Thermosicherung für Heizung Lambdasonde

Steuergerät für Mono-Motronic, Drosselklappensteller, Hallgeber, Thermosicherungen, Relais für Ansaugrohrvorwärmung, Ventil für Aktivkohlefilter, Zündspule mit Leistungsendstufe, Diagnoseanschluß

Sicherungen, Kraftstoffpumpe, Temperaturüberwachung, Geber für Kraftstoffvorratsanzeiger, Schalter für Kühlmittelmangelanzeige

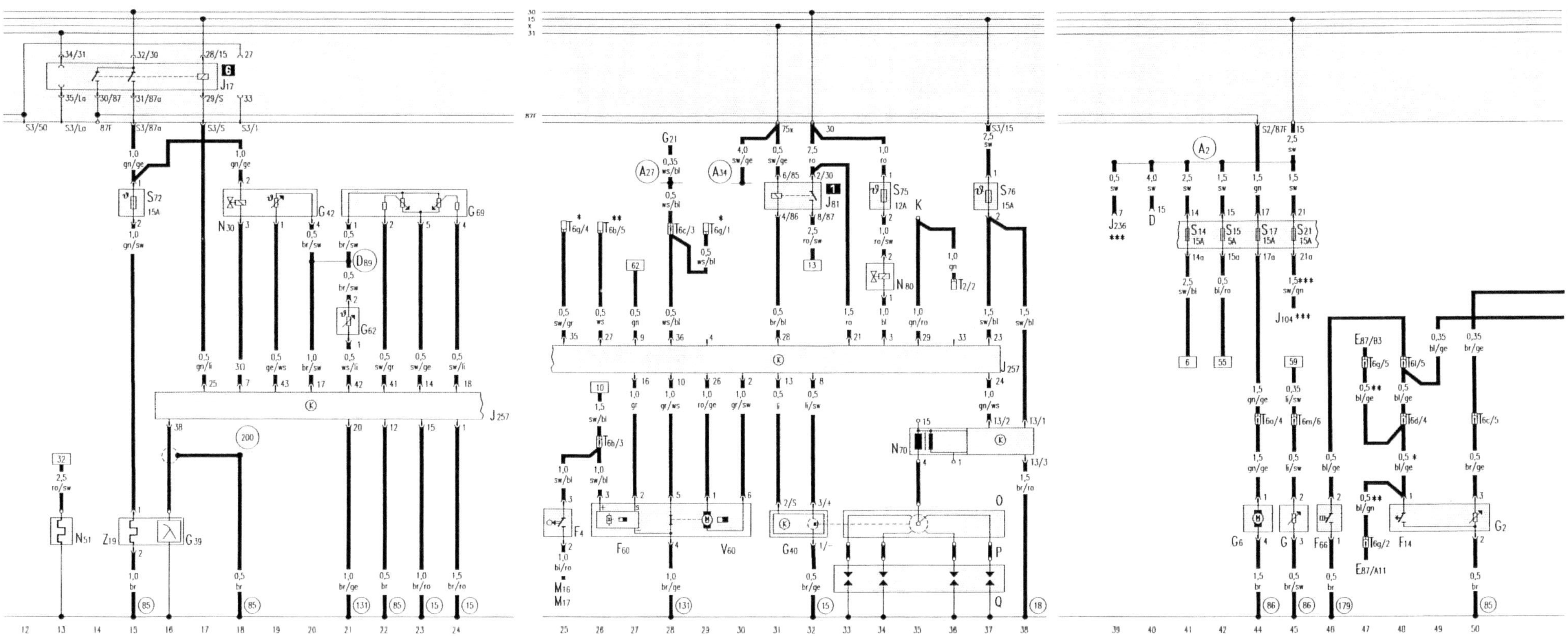

G 39 – Lambdasonde
G 42 – Geber für Ansauglufttemperatur
G 62 – Geber für Kühlmitteltemperatur
G 69 – Drosselklappenpotentiometer
J 17 – Kraftstoffpumpenrelais
J257 – Steuergerät für Mono-Motronic
N 30 – Einspritzventil Zylinder 1
N 51 – Heizwiderstand für Ansaugrohrvorwärmung
S 72 – Thermosicherung für Heizung für Lambdasonde
Z 19 – Heizung für Lambdsonde

(15) – Massepunkt, am Zylinderkopf
(85) – Masseverbindung – 1 –, im Leitungsstrang Motorraum
(131) – Masseverbindung – 2 –, im Leitungsstrang Motorraum
(200) – Masseverbindung (Abschirmung), im Leitungsstrang Motorraum
(D89) – Verbindung (Steuergeräte), im Leitungsstrang Motorraum

F 4 – Schalter für Rückfahrleuchten
F 60 – Leerlaufschalter
G 21 – Geschwindigkeitsmesser
G 40 – Hallgeber
J 81 – Relais für Ansaugrohrvorwärmung
J 257 – Steuergerät für Mono-Motronic
K – Diagnoseanschluß auf Zusatzrelaisträger 1
M 16 – Lampe für Rückfahrlicht links
M 17 – Lampe für Rückfahrlicht rechts
N 70 – Zündspule mit Leistungsendstufe 1
N 80 – Magnetventil 1 für Aktivkohlebehälter-Anlage (getaktet)
O – Zündverteiler
P – Zündkerzenstecker
Q – Zündkerzen
S 75 – Thermosicherung für N80
S 76 – Thermosicherung für J257
T 2 – Steckverbindung, 2-fach, weiß, auf Zusatzrelaisträger I
T 3 – Steckverbindung, 3-fach, weiß, an der Spritzwand rechts

T 6b – Steckverbindung, 6-fach, rot, Kupplungsstation 2
T 6c – Steckverbindung, 6-fach, grün, Kupplungsstation 2
T 6g – Steckverbindung, 6-fach, blau, Kupplungsstation 2
V 60 – Drosselklappensteller

(15) – Massepunkt, am Zylinderkopf
(18) – Massepunkt, am Motorblock
(131) – Masseverbindung – 2 –, im Leistungsstrang Motorraum
(A27) – Verbindung (Geschwindikeitssignal), im Schalttafelleitungsstrang
(A34) – Verbindung (75x), im Schalttafelleitungsstrang

* – Fahrzeuge mit Klimaanlage
** – Fahrzeuge mit Bordcomputer (FAS-Signal)

D – Zündanlaßschalter
E 87 – Bedienungs- und Anzeigeeinheit für Klimaanlage
F 14 – Kühlmittel-Temperatur-Kontrollschalter (zu heiß)
F 66 – Schalter für Kühlmittelmangelanzeige
G – Geber für Kraftstoffvorratsanzeige
G 2 – Geber für Kühlmitteltemperaturanzeige
G 6 – Kraftstoffpumpe
J 104 – Steuergerät für ABS mit EDS
J 236 – Steuergerät für Servotronic
S 14 – Sicherung im Sicherungshalter
S 15 – Sicherung im Sicherungshalter
S 17 – Sicherung im Sicherungshalter
S 21 – Sicherung im Sicherungshalter
T 6c – Steckverbindung, 6-fach, grün, Kupplungsstation 2
T 6d – Steckverbindung, 6-fach, grau, Kupplungsstation 2
T 6g – Steckverbindung, 6-fach, blau, Kupplungsstaion 2
T 6l – Steckverbindung, 6-fach, gelb, Kupplungsstation 1
T 6m – Steckverbindung, 6-fach, grün, Kupplungsstaion 1
T 6o – Steckverbindung, 6-fach, braun, Kupplungsstation 1

(85) – Masseverbindung – 1 –, im Leitungsstrang Motorraum
(86) – Masseverbindung – 1 –, im Leitungsstrang hinten
(179) – Masseverbindung, im Leitungsstrang Scheinwerfer links
(A2) – Plusverbindung (15), im Schalttafelleitungsstrang

* – Fahrzeuge ohne Klimaanlage
** – Fahrzeuge mit Klimaanlage
*** – Fahrzeuge mit Mehrausstattung

Motorkühlung

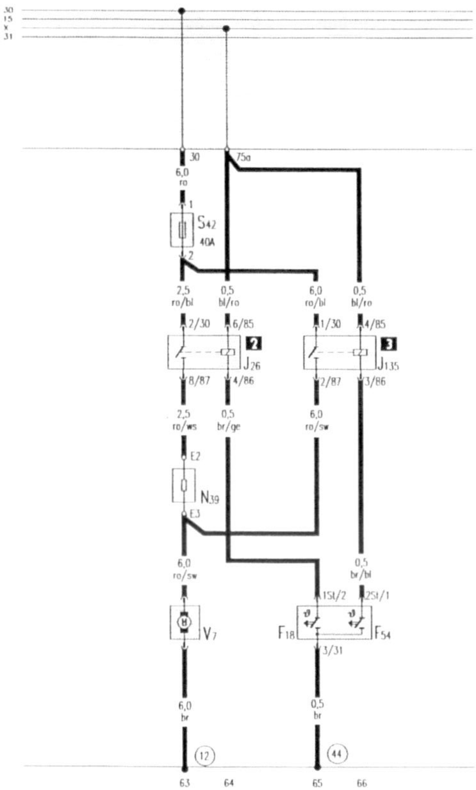

- F 18 – Thermoschalter für Lüfter für Kühlmittel
- F 54 – Thermoschalter für Lüfter für Kühlmittel
- J 26 – Relais für Lüfter für Kühlmittel
- J 135 – Relais für 3. Stufe für Lüfter für Kühlmittel
- N 39 – Vorwiderstand für Lüfter für Kühlmittel
- S 42 – Einzelsicherung für Lüfter für Kühlmittel
- V 7 – Lüfter für Kühlmittel
- (12) – Massepunkt, im Motorraum links
- (44) – Massepunkt, Säule A – links, unten

Steuergerät für K-Motronic, Kraftstoffpumpenrelais, Kaltstartventil, AKF-Ventil, Thermosicherungen, Ventil für Leerlaufstabilisierung, Drucksteller, Diagnoseanschlüsse, Lambdasonde

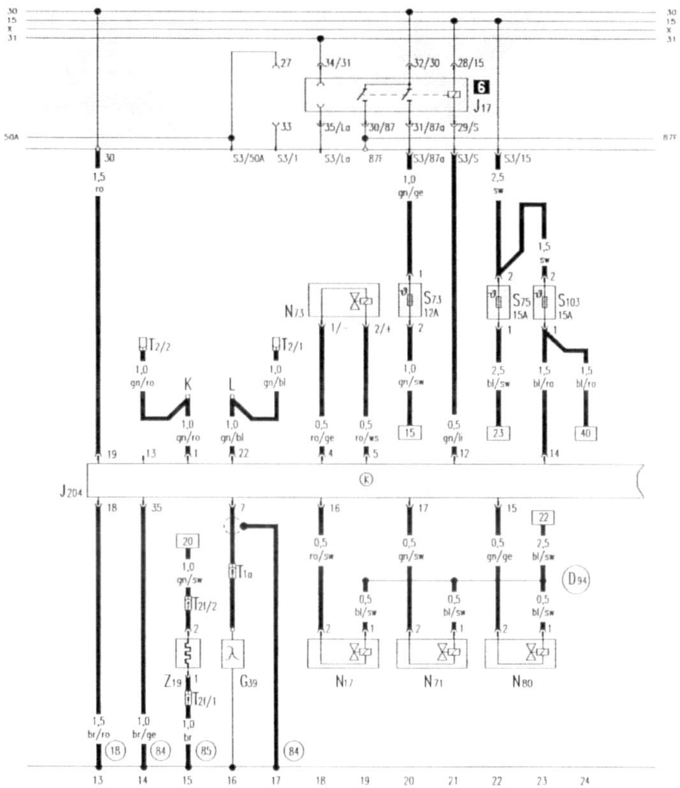

- G 39 – Lambdasonde
- J 17 – Kraftstoffpumpenrelais
- J 204 – Steuergerät für KE-Motronic
- K – Diagnoseanschluß auf Zusatzrelaisträger 1
- L – Diagnoseanschluß auf Zusatzrelaisträger 1
- N 71 – Ventil für Leerlaufstabilisierung
- N 73 – Drucksteller
- N 80 – Magnetventil 1 für Aktivkohlebehälter-Anlage (getaktet)
- S 73 – Thermosicherung für heizung-Lambdasonde
- S 75 – Thermosicherung für N 80
- S 103 – Thermosicherung für Zündspulen
- T 1a – Steckverbindung, 1-fach, Nähe Lambdasonde
- T 2 – Steckverbindung, 2-fach, weiß, Diagnosestecker auf Zusatzrelaisträger I
- T 2l – Steckverbindung, 2-fach, schwarz, Nähe Lambdasonde
- Z 19 – Heizung für Lambdasonde

- (18) – Massepunkt, am Motorblock
- (84) – Masseverbindung, Motormasse, im Leitungsstrang vorn rechts
- (85) – Masseverbindung – 1 –, im Leitungsstrang Motorraum
- (D94) – Plusverbindung (Thermosicherung – KE-Jetronic), im Leitungsstrang Motorraum

Steuergerät für K-Motronic, Leerlauf- und Vollastschalter, Luftmengenmesser, Hallgeber, Klopfsens Geber für Kühlmitteltemperatur

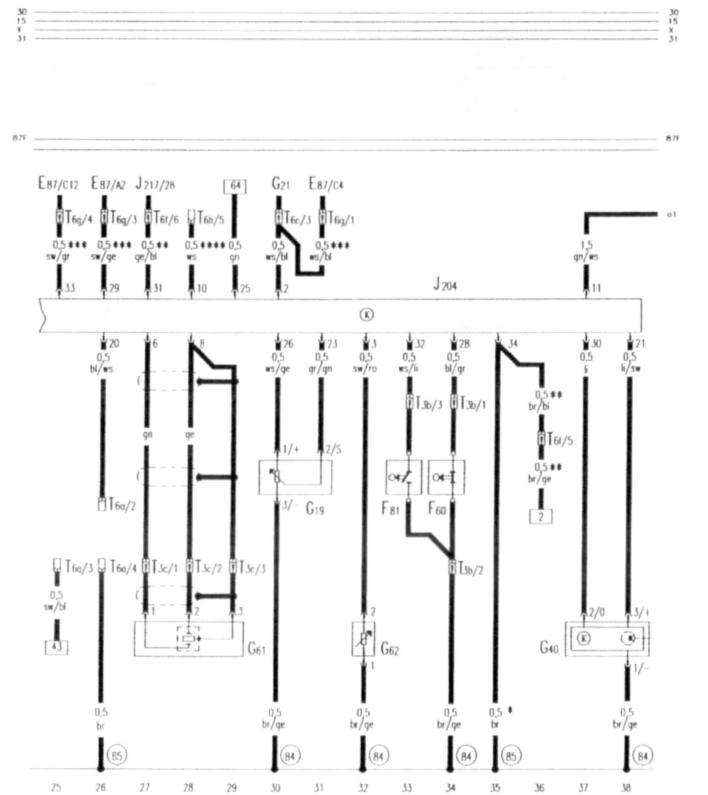

- E 87 – Bedienungs- und Anzeigeeinheit für Klimaanlage
- F 60 – Leerlaufschalter
- F 81 – Vollastschalter
- G 19 – Potentiometer für Luftmengenmesser
- G 21 – Geschwindigkeitsmesser
- G 40 – Hallgeber
- G 61 – Klopfsensor I
- G 62 – Geber für Kühlmitteltemperatur
- J 204 – Steuergerät für K-Motronic
- J 217 – Steuergerät für autom. Getriebe
- T 3b – Steckverbindung, 3-fach, schwarz, Nähe Drosselklappenteil
- T 3c – Steckverbindung, 3-fach, grün, am Klopfsensor
- T 6a – Steckverbindung, 6-fach, schwarz, im Fußraum vorn rechts
- T 6b – Steckverbindung, 6-fach, rot, Kupplungsstation 2
- T 6c – Steckverbindung, 6-fach, grün, Kupplungsstation 2
- T 6f – Steckverbindung, 6-fach, gelb, Kupplungsstation 1
- T 6g – Steckverbindung, 6-fach, blau, Kupplungsstation 2

- (84) – Masseverbindung, Motormasse, im Leitungsstrang Motorraum
- (85) – Masseverbindung – 1 –, im Leitungsstrang Motorrau

- * – Fahrzeuge mit Schaltgetriebe
- ** – Fahrzeuge mit Automatikgetriebe
- *** – Fahrzeuge mit Klimaanlage
- **** – Fahrzeuge mit Bordcomputer

2,3-Liter-Vierzylindermotor (98 kW)

Sicherungen, Zündspule mit Leistungsendstufe, Kraftstoffpumpe, Temperaturüberwachung

Motorkühlung

Steuergerät für KE-Jetronic, beheizbare Lambdasonde, Kodierstecker, Kaltstartventil, Ventil für Leerlaufstabilisierung, AKF-Ventil

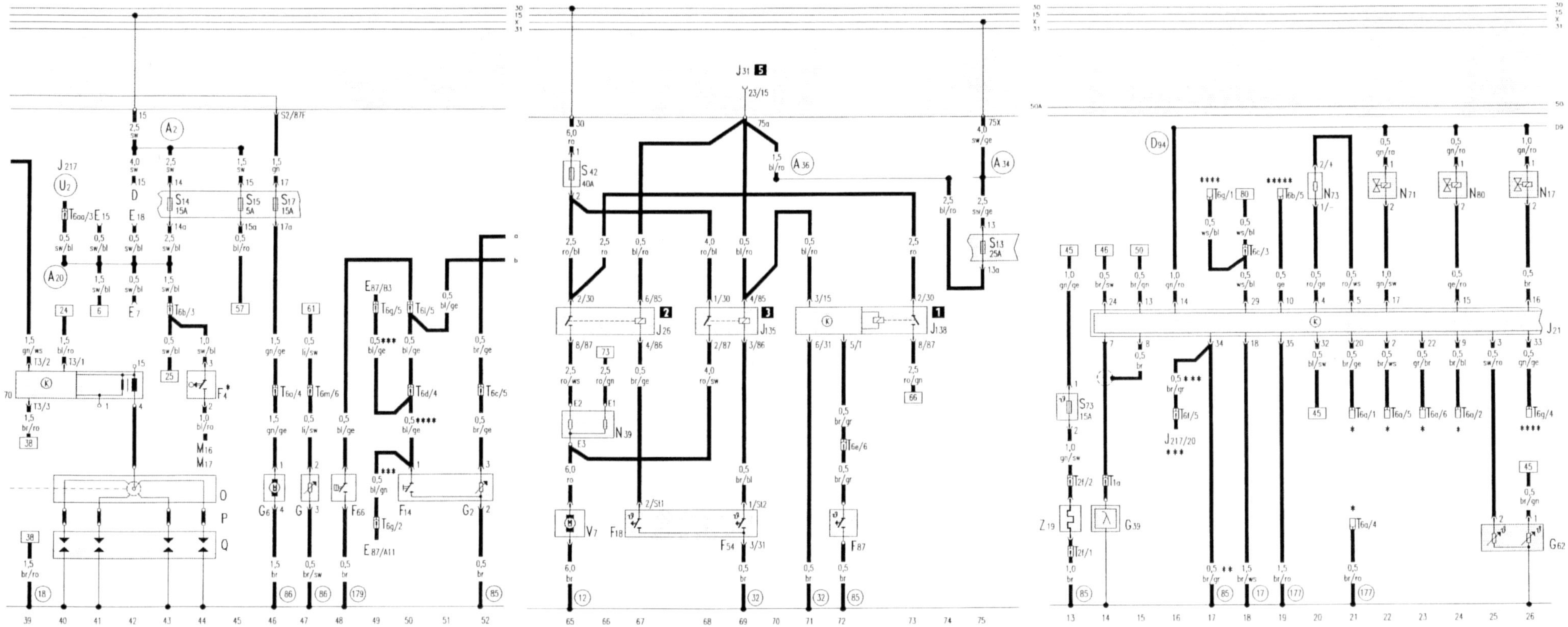

D – Zündanlaßschalter
E 7 – Schalter für Nebelscheinwerfer
E 15 – Schalter für beheizbare Heckscheibe
E 18 – Schalter für Nebelschlußleuchte
E 87 – Bedienungs- und Anzeigeeinheit für Klimaanlage
F 4 – Schalter für Rückfahrleuchten
F 14 – Kühlmittel-Temperatur-Kontrollschalter (zu heiß)
F 66 – Schalter für Kühlmittelmangelanzeige
G – Geber für Kraftstoffvorratsanzeiger
G 2 – Geber für Kühlmitteltemperaturanzeiger
G 6 – Kraftstoffpumpe (Vorförderpumpe)
J 217 – Steuergerät für autom. Getriebe
M 16 – Lampe für Rückfahrlicht links
M 17 – Lampe für Rückfahrlicht rechts
N 70 – Zündspule mit Leistungsendstufe 1
O – Zündverteiler
P – Zündkerzenstecker
Q – Zündkerzen
S 14 – Sicherung im Sicherungshalter
S 15 – Sicherung im Sicherungshalter
S 17 – Sicherung im Sicherungshalter
T 3 – Steckverbindung, 3-fach, weiß, Anschluß für Leistungsendstufe für Zündspule
T 6b – Steckverbindung, 6-fach, rot, Kupplungsstation 2
T 6c – Steckverbindung, 6-fach, grün, Kupplungsstation 2
T 6d – Steckverbindung, 6-fach, grau, Kupplungsstation 2
T 6g – Steckverbindung, 6-fach, blau, Kupplungsstation 2
T 6l – Steckverbindung, 6-fach, gelb, Kupplungsstation 1
T 6m – Steckverbindung, 6-fach, grün, Kupplungsstation 1
T 6o – Steckverbindung, 6-fach, braun, Kupplungsstation 1
T 6aa – Steckverbindung, 6-fach, rot, Kupplungsstation 1
(18) – Massepunkt, am Motorblock
(85) – Masseverbindung – 1 –, im Leitungsstrang Motorraum
(86) – Masseverbindung – 1 –, im Leitungsstrang hinten
(179) – Masseverbindung, im Leitungsstrang Scheinwerfer links
(A2) – Plusverbindung (15) im Schalttafelleitungsstrang
(A20) – Verbindung (15a), im Schalttafelleitungsstrang
(U2) – Verbindung – 1 – (15), im Leitungsstrang automatisches Getriebe
* – Fahrzeuge mit Schaltgetriebe
*** – Fahrzeuge mit Klimaanlage
**** – Fahrzeuge ohne Klimaanlage

F 18 – Thermoschalter für Lüfter für Kühlmittel
F 54 – Thermoschalter für Lüfter für Kühlmittel
F 87 – Thermoschalter für Lüfternachlauf
J 26 – Relaisi für Lüfter für Kühlmittel
J 31 – Relais für Wasch-Wisch-Intervallautomatik
J 135 – Relais für 3. Stufe für Lüfter für Kühlmittel
J 138 – Steuergerät für Kühlerlüfternachlauf
N 39 – Vorwiderstand für Lüfter für Kühlmittel
S 13 – Sicherung im Sicherungshalter
S 42 – Einzelsicherung für Lüfter für Kühlmittel
T 6e – Steckverbindung, 6-fach, weiß, Kupplungsstation 1
V 7 – Lüfter für Kühlmittel
(12) – Massepunkt, im Motorraum links
(32) – Massepunkt, hinter Schalttafel links
(85) – Masseverbindung – 1 –, im Leitungsstrang Motorraum
(A34) – Verbindung (75x), im Schalttafelleitungsstrang
(A36) – Verbindung (75a), im Schalttafelleitungsstrang

G 39 – Lambdasonde
G 62 – Geber für Kühlmitteltemperatur
J 21 – Steuergerät für KE-Jetronic
J 217 – Steuergerät für autom. Getriebe
N 17 – Kaltstartventil
N 71 – Ventil für Leerlaufstabilisierung
N 73 – Drucksteller
N 80 – Magnetventil 1 für Aktivkohlebehälter-Anlage (getaktet)
S 73 – Thermosicherung für Heizung-Lambdasonde
T 1a – Steckverbindung, 1-fach, Nähe Lambdasonde
T 2f – Steckverbindung, 2-fach, schwarz, im Motorraum
T 6a – Steckverbindung, 6-fach, schwarz, in Elektronikbox
T 6b – Steckverbindung, 6-fach, rot, Kupplungsstation 2
T 6c – Steckverbindung, 6-fach, grün, Kupplungsstation 2
T 6f – Steckverbindung, 6-fach, gelb, in Elektronikbox
T 6g – Steckverbindung, 6-fach, blau, Kupplungsstation 2
Z 19 – Heizung für Lambdasonde
(17) – Massepunkt, am Saugrohr
(85) – Masseverbindung – 1 –, im Leitungsstrang Motorraum
(177) – Masseverbindung (Saugrohr), im Leitungsstrang Motorraum
(D94) – Plusverbindung (Thermosicherung-KE-Jetronic), im Leitungsstrang Motorraum
* – Fahrzeuge mit Parameterkodierstecker
** – Fahrzeuge mit Handschaltgetriebe
*** – Fahrzeuge mit Automatikgetriebe
**** – Fahrzeuge mit Klimaanlage
***** – Fahrzeuge mit Bordcomputer (FAS-Signal)

Steuergerät für KE-Jetronic, Steuergerät für elektronische Zündanlage mit Klopfregelung, Drosselklappenschalter, Höhengeber, Luftmengenmesser

Steuergerät für elektronische Zündanlage mit Klopfregelung, Zündanlage, Lüfter für Kühlmittel

Steuergerät für elektronische Zündanlage mit Klopfregelung, Kraftstoffpumpenrelais, Klopfsensor

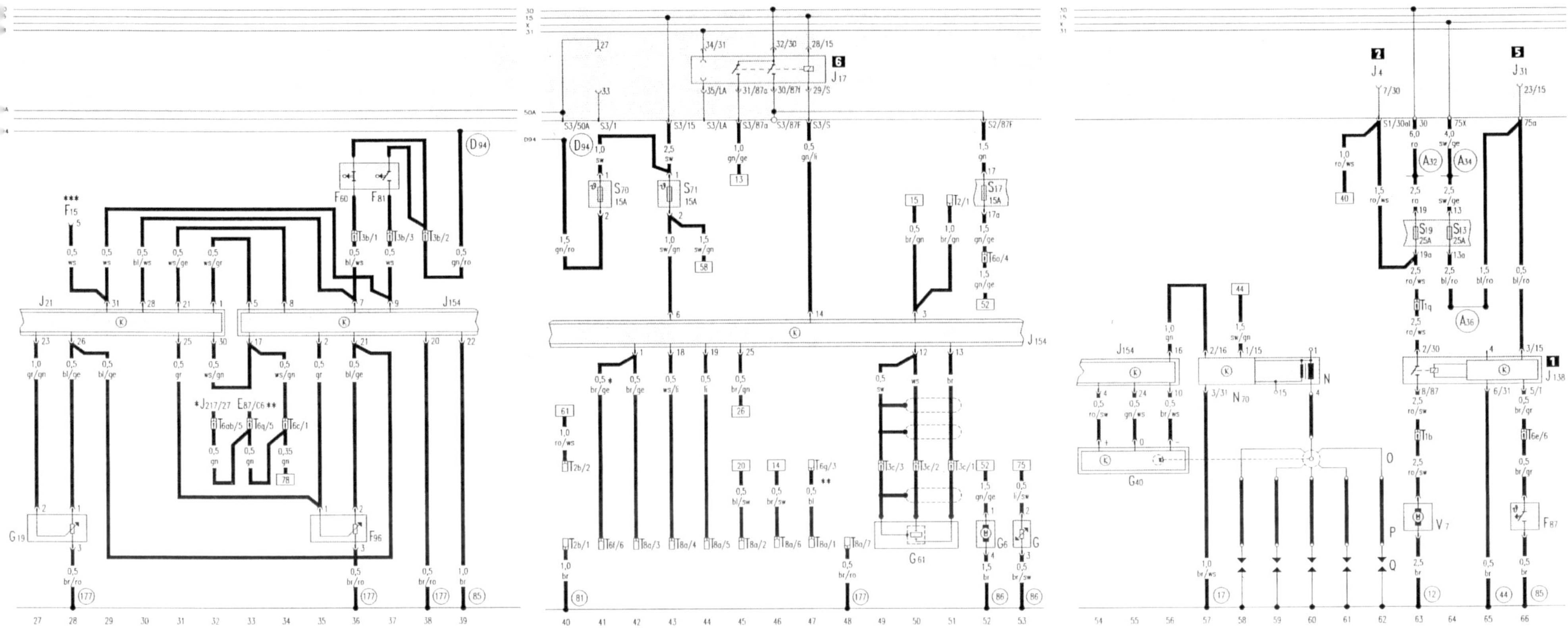

E 87 – Bedienungs- und Anzeigeeinheit für Klimaanlage
F 15 – Getriebeschalter (1. Gang bei 5-Ganggetriebe)
F 60 – Leerlaufschalter
F 81 – Vollastschalter
F 96 – Höhengeber
G 19 – Potentiometer für Luftmengenmesser
J 21 – Steuergerät für KE-Jetronic
J 154 – Steuergerät für elektronische Zündanlage mit Klopfregelung
J 217 – Steuergerät für autom. Getriebe
T 3b – Steckverbindung, 3-fach, Nähe Drosselklappenteil
T 6c – Steckverbindung, 6-fach, grün, Kupplungsstation 2
T 6q – Steckverbindung, 6-fach, rot, Kupplungsstation 3
T 6ab – Steckverbindung, 6-fach, gelb, Kupplungsstation 1

(85) – Masseverbindung – 1 –, im Leitungsstrang Motorraum

(177) – Masseverbindung (Saugrohr), im Leitungsstrang Motorraum

(D94) – Plusverbindung (Thermosicherung-KE-Jetronic), im Leitungsstrang Motorraum

* – Fahrzeuge mit Automatikgetriebe
** – Fahrzeuge mit Klimaanlage
*** – Fahrzeuge mit Klimaanlage und Handschaltgetriebe

G – Geber für Kraftstoffvorratsanzeige
G 6 – Kraftstoffpumpe
G 61 – Klopfsensor I
J 17 – Kraftstoffpumpenrelais
J 154 – Steuergerät für elektronische Zündanlage mit Klopfregelung
S 17 – Sicherung im Sicherungshalter
S 70 – Thermosicherung für KE-Jetronic
S 71 – Thermosicherung für Klopfregelung
T 2 – Steckverbindung, 2-fach, braun, auf Zusatzrelaisträger I
T 2b – Steckverbindung, 2-fach, schwarz, auf Zusatzrelaisträger I
T 3c – Steckverbindung, 3-fach, grün, am Klopfsensor
T 6f – Steckverbindung, 6-fach, gelb, Kupplungsstation 1
T 6g – Steckverbindung, 6-fach, blau, Kupplungsstation 2
T 6o – Steckverbindung, 6-fach, braun, Kupplungsstation 1
T 8a – Steckverbindung, 8-fach, schwarz, im Fußraum vorn rechts

(81) – Masseverbindung – 1 –, im Schalttafelleitungsstrang

(86) – Masseverbindung – 1 –, im Leitungsstrang hinten

(177) – Masseverbindung (Saugrohr), im Leitungsstrang Motorraum

(D94) – Plusverbindung (Thermosicherung-KE-Jetronic), im Leitungsstrang Motorraum

* – Fahrzeuge mit Automatikgetriebe
** – Leitung entfällt bei Fahrzeugen mit Handschaltgetriebe und ohne Klimaanlage

F 87 – Thermoschalter für Lüfternachlauf
G 40 – Hallgeber
J 4 – Relais für Doppeltonhorn
J 31 – Relais für Wasch-Wisch-Intervallautomatik
J 138 – Steuergerät für Kühlerlüfternachlauf
J 154 – Steuergerät für elektronische Zündanlage mit Klopfregelung
N – Zündspule
N 70 – Zündspule mit Leistungsendstufe 1
O – Zündverteiler
P – Zündkerzenstecker
Q – Zündkerzen
S 13 – Sicherung im Sicherungshalter
S 19 – Sicherung im Sicherungshalter
T 1b – Steckverbindung, 1-fach, blau, im Motorraum vorn links
T 1q – Steckverbindung, 1-fach, rot, Nähe Zentralelektrik
T 6e – Steckverbindung, 6-fach, weiß, Kupplungsstation 1
V 7 – Lüfter für Kühlmittel

(12) – Massepunkt, im Motorraum links

(17) – Massepunkt, am Saugrohr

(44) – Massepunkt, Säule A – links, unten

(85) – Masseverbindung – 1 –, im Leitungsstrang Motorrau

(A32) – Plusverbindung (30), im Schalttafelleitungsstrang

(A34) – Verbindung (75x), im Schalttafelleitungsstrang

(A36) – Verbindung (75a), im Schalttafelleitungsstrang

Zentralverriegelung mit verzögerter Innenleuchte

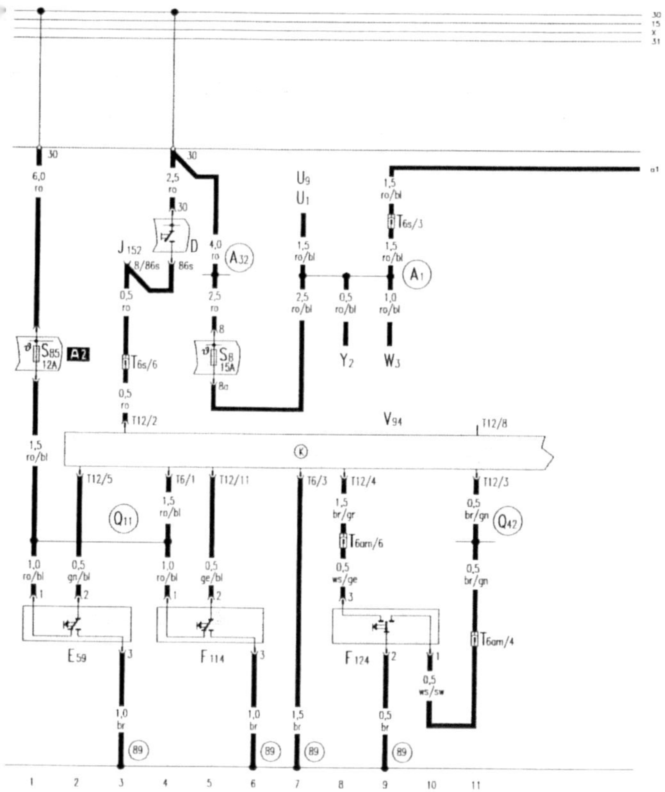

D – Zündanlaßschalter
F 59 – Schalter für Zentralverriegelung (Fahrerseite), Tür offen
F 114 – Schalter für Zentralverriegelung (Beifahrerseite), Tür offen
F 124 – Kontaktschalter im Schließzylinder für Heckklappe
J 152 – Warnsummer für Standlicht und Radio
S 8 – Sicherungen im Sicherungshalter
S 85 – Thermosicherung für Motor/Zentralverriegl.
T 6 – Steckverbindung, 6-fach, Stecker „B" an V94 unter dem Fondsitz rechts
T 6s – Steckverbindung, 6-fach, braun, Kupplungsstation 1
T 6am – Steckverbindung, 6-fach, weiß, im Kofferraum hinten links
T 12 – Steckverbindung, 12-fach, Stecker „A" an V94 unter dem Fondsitz rechts
U 1 – Zigarrenanzünder
U 9 – Zigarrenanzünder hinten
V 94 – Motor für Zentralverriegelung (Bidruckpumpe)
W 3 – Kofferraumleuchte
Y 2 – Digitaluhr
(89) – Masseverbindung – 1 –, im Leitungsstrang Fensterheber
(98) – Masseverbindung, im Leitungsstrang Heckklappe
(A1) – Plusverbindung (30a) im Schalttafelleitungsstrang
(A32) – Plusverbindung (30), im Schalttafelleitungsstrang
(Q11) – Plusverbindung (30az) im Leitungsstrang Fensterheber/Zentralverriegelung und Türkontaktschalter
(Q42) – Verbindung (Schließzylinder-auf) im Leitungsstrang Fensterheber/Zentralverriegelung und Türkontaktschalter

Zentralverriegelung mit verzögerter Innenleuchte

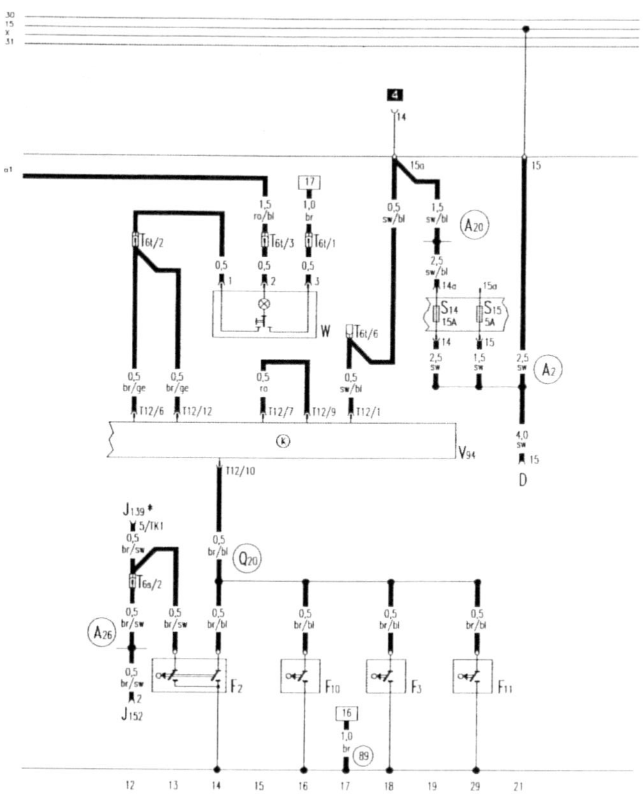

D – Zündanlaßschalter
F 2 – Türkontaktschalter vorn links mit Kontakt für Summer
F 3 – Türkontaktschalter vorn rechts
F 10 – Türkontaktschalter hinten links
F 11 – türkontaktschalter hinten rechts
J 139 – Steuergerät für Fensterheber/Ausstellfenster und Schiebedach
J 152 – Warnsummer für Standlicht und Radio
S 14 – Sicherungen im Sicherungshalter
S 15 – Sicherungen im Sicherungshalter
T 6t – Steckverbindung, 6-fach, schwarz, Kupplungsstation 1
T 6s – Steckverbindung, 6-fach, braun, Kupplungsstation 1
T 12 – Steckverbindung, 12-fach, Stecker „A" an V 94, unter dem Fondsitz rechts
V 94 – Motor für Zentralverriegelung (Bidruckpumpe)
W – Innenleuchte vorn
(89) – Masseverbindung – 1 –, im Leitungsstrang Fensterheber
(A2) – Plusverbindung (15) im Schalttafelleitungsstrang
(A20) – Verbindung (15a), im Schalttafelleitungsstrang
(A26) – Verbindung (Türkontaktschalter/Fahrerseite), im Schalttafelleitungsstrang
(Q20) – Verbindung – 1 – (Türkontaktschalter), im Leitungsstrang Fensterheber

Elektr. verstell- und beheizbare Außenspiegel

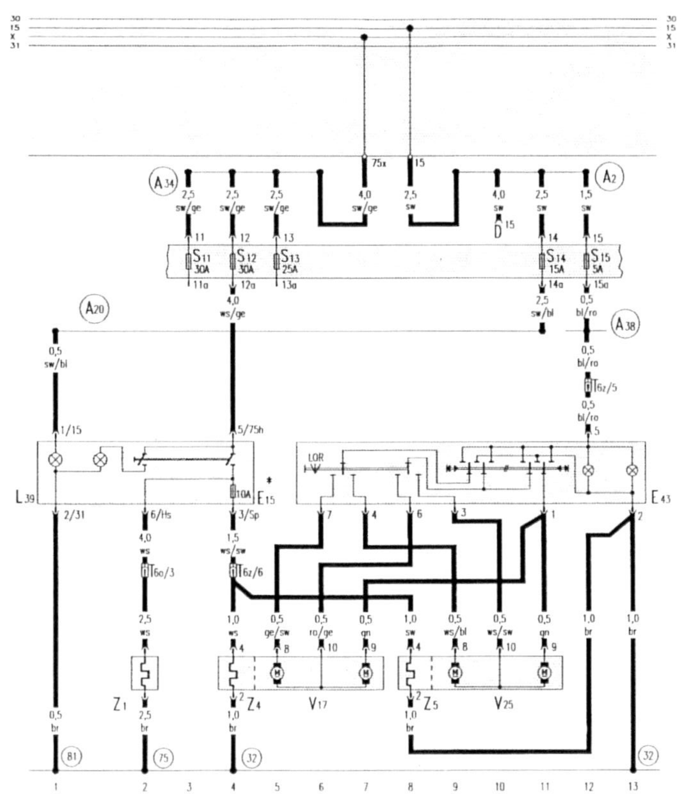

D – Zündanlaßschalter
E 15 – Schalter für beheizbare Heckscheibe
E 43 – Schalter für Spiegelverstellung
L 39 – Lampe für Beleuchtung für Schalter für beheizbare Heckscheibe
S 11 – Sicherung im Sicherungshalter
S 12 – Sicherung im Sicherungshalter
S 13 – Sicherung im Sicherungshalter
S 14 – Sicherung im Sicherungshalter
S 15 – Sicherung im Sicherungshalter
T 6o – Steckverbindung, 6-fach, braun, Kupplungsstation 1
T 6z – Steckverbindung, 6-fach, dunkelbraun, Kupplungsstation 1
V 17 – Motor für Spiegelverstellung (Fahrerseite)
V 25 – Motor für Spiegelverstellung (Beifahrerseite)
Z 1 – beheizbare Heckscheibe
Z 4 – beheizbarer Außenspiegel (Fahrerseite)
Z 5 – beheizbarer Außenspiegel (Beifahrerseite)
(32) – Massepunkt, hinter Schalttafel links
(75) – Massepunkt, Säule hinten, rechts
(81) – Masseverbindung – 1 –, im Schalttafelleitungsstrang
(A2) – Plusverbindung (15) im Schalttafelleitungsstrang
(A20) – Verbindung (15a), im Schalttafelleitungsstrang
(A34) – Verbindung (75x), im Schalttafelleitungsstrang
(A38) – Plusverbindung (15all), im Schalttafelleitungsstrang

* – Darstellung von E 15 nur für Fahrzeuge ohne Klimaanlage. Fahrzeuge mit Klimaanlage siehe Hauptstromlaufplan Nr. 1.

Elektrische Fensterheber, 4-türig

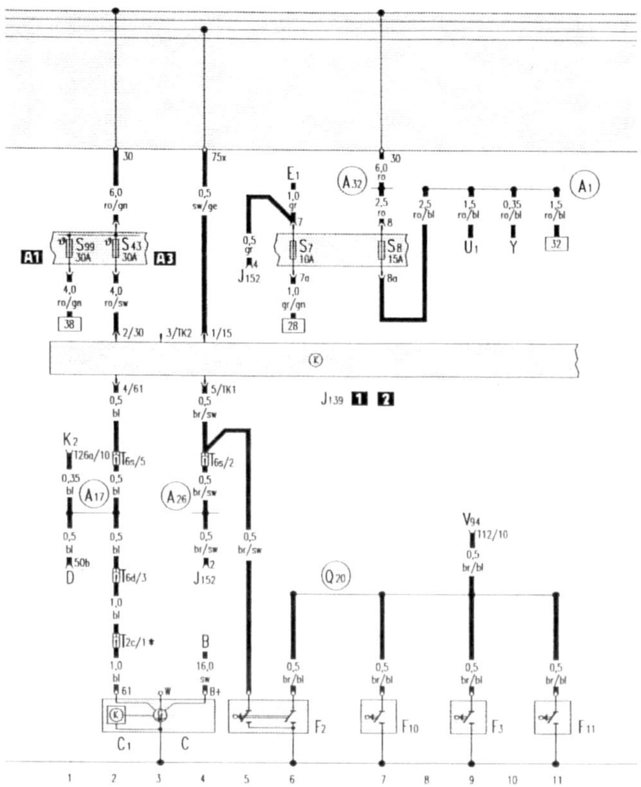

Elektrische Fensterheber, 4-türig

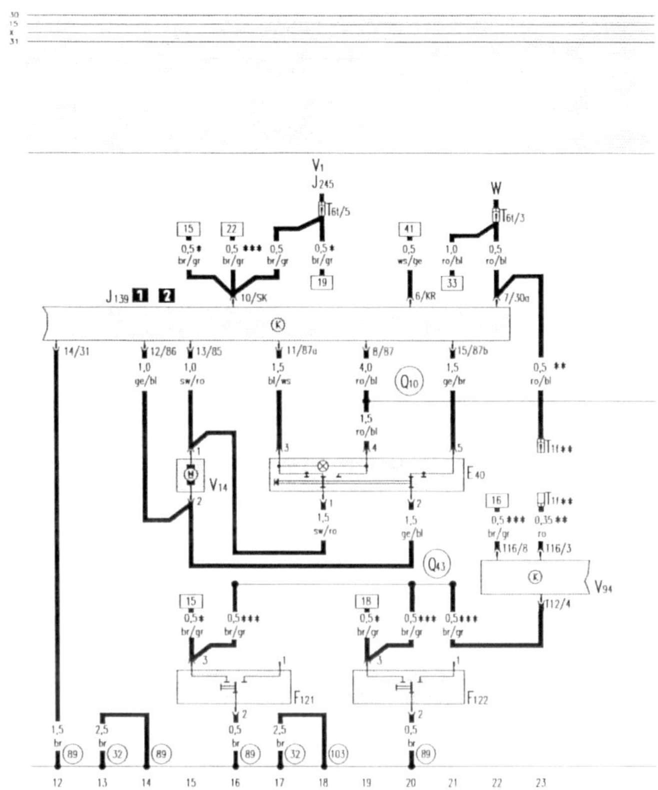

Elektrische Fensterheber, 4-türig

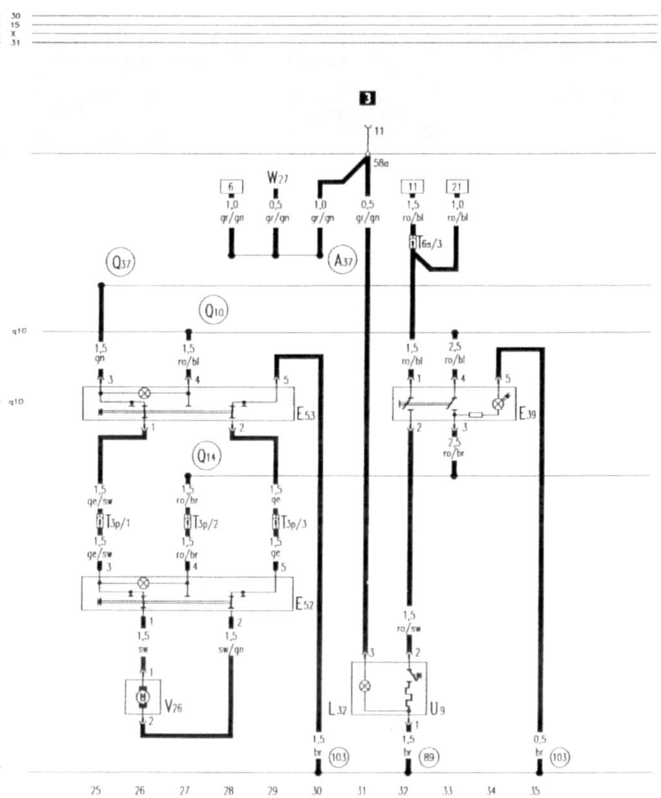

Hinweis: ab 09/92 Fahrgestellnummer 4 APN 029 840 Entfall automatischer Hochlauf,
Leitung 0,5 bl in Steckverbindung T 6s/5 nicht gesteckt.

- B – Anlasser
- C – Drehstromgenerator
- C 1 – Spannungsregler
- D – Zündanlaßschalter
- E 1 – Lichtschalter
- F 2 – Türkontaktschalter vorn links
- F 3 – Türkontaktschalter vorn rechts
- F 10 – Türkontaktschalter hinten links
- F 11 – Türkontaktschalter hinten rechts
- J 139 – Steuergerät für Fensterheber und Schiebedach
- J 152 – Warnsummer für Standlicht und Radio
- K 2 – Kontrollampe für Generator
- S 7 – Sicherung im Sicherungshalter
- S 8 – Sicherung im Sicherungshalter
- S 43 – Thermosicherung für Fensterheber
- S 99 – Thermosicherung für autom. Fensterschließung
- T 2c – Steckverbindung, 2-fach, braun, Nähe Anlasser
- T 6d – Steckverbindung, 6-fach, grau, Kupplungsstation 2
- T 6s – Steckverbindung, 6-fach, braun, Kupplungsstation 1
- T 12 – Steckverbindung, 12-fach, Anschlußstecker A an V 94, unter dem Fondsitz rechts
- T 26a – Steckverbindung, 26-fach, grün, am Schalttafeleinsatz
- U 1 – Zigarrenanzünder
- V 94 – Motor für Zentralverriegelung mit Steuergerät für Abschaltverzögerung-Innenleuchten und Diebstahlwarnanlage
- Y – Analoguhr
- (A1) – Plusverbindung (30a) im Schalttafelleitungsstrang
- (A17) – Verbindung (61), im Schalttafelleitungsstrang
- (A26) – Verbindung (Türkontaktschalter/Fahrerseite), im Schalttafelleitungsstrang
- (A32) – Plusverbindung (30), im Schalttafelleitungsstrang
- (Q20) – Verbindung – 1 – (Türkontaktschalter), im Leitungsstrang Fensterheber
- * – nur bei Fahrzeugen mit 6 Zyl.-Motor, 2,8 Ltr., 126 kW, Motorkennbuchstabe AAH

- E 40 – Schalter für Fensterheber, vorn links
- F 121 – Türaußengriffschalter in Fahrertür für Diebstahlwarnanlage
- F 122 – Türaußengriffschalter in Beifahrertür für Diebstahlwarnanlage
- J 139 – Steuergerät für Fensterheber und Schiebedach
- J 245 – Steuergerät für Schiebedachverstellung
- T 1f – Steckverbindung, 1-fach, rot, unter dem Fondsitz mitte
- T 6t – Steckverbindung, 6-fach, schwarz, Kupplungsstation 1
- T 12 – Steckverbindung, 12-fach, Anschlußstecker A an V 94, unter dem Fondsitz rechts
- T 16 – Steckverbindung, 16-fach, Anschlußstecker C an V 94, unter dem Fondsitz rechts
- V 1 – Motor für Schiebedach
- V 14 – Motor für Fensterheber, links
- V 94 – Motor für Zentralverriegelung mit Steuergerät für Abschaltverzögerung-Innenleuchten und Diebstahlwarnanlage
- W – Innenleuchte vorn
- (32) – Massepunkt, hinter Schalttafel links
- (89) – Masseverbindung – 1 –, im Leitungsstrang Fensterheber
- (103) – Masseverbindung – 2 –, im Leitungsstrang Fensterheber/Zentralverriegelung und Türkontaktschalter
- (Q10) – Plusverbindung (87), im Leitungsstrang Fensterheber/Zentralverriegelung und Türkontaktschalter
- (Q43) – Verbindung (Schließzylinder zu), im Leitungsstrang Fensterheber
- * – Schließanlage mechanisch
- ** – Stecker zusammengesteckt bei Länderausführung Schweiz
- *** – Länderausführung und mit Diebstahlwarnanlage

- E 39 – Sperrschalter für Fensterheber hinten (in Fahrertür)
- E 52 – Schalter für Fensterheber hinten links (in der Tür hinten links)
- E 53 – Schalter für Fensterheber hinten links (in Fahrertür)
- L 32 – Lampe für Beleuchtung für Zigarrenanzünder hinten
- T 3p – Steckverbindung, 3-fach, schwarz, in der Tür hinten links
- T 6s – Steckverbindung, 6-fach, braun, Kupplungsstation 1
- U 9 – Zigarrenanzünder hinten
- V 26 – Motor für Fensterheber hinten links
- W 27 – Motorraumleuchte
- (89) – Masseverbindung – 1 –, im Leitungsstrang Fensterheber
- (103) – Masseverbindung – 2 –, im Leitungsstrang Fensterheber/Zentralverriegelung und Türkontaktschalter
- (A37) – Verbindung (58a), im Schalttafelleitungsstrang
- (Q10) – Plusverbindung (87), im Leitungsstrang Fensterheber/Zentralverriegelung und Türkontaktschalter
- (Q14) – Verbindung (Sperrschalter), im Leitungsstrangn Fensterheber/Zentralverriegelung und Türkontaktschalter
- (Q37) – Verbindung (Relais J261), im Leitungsstrang Fensterheber

Elektrische Fensterheber, 4-türig

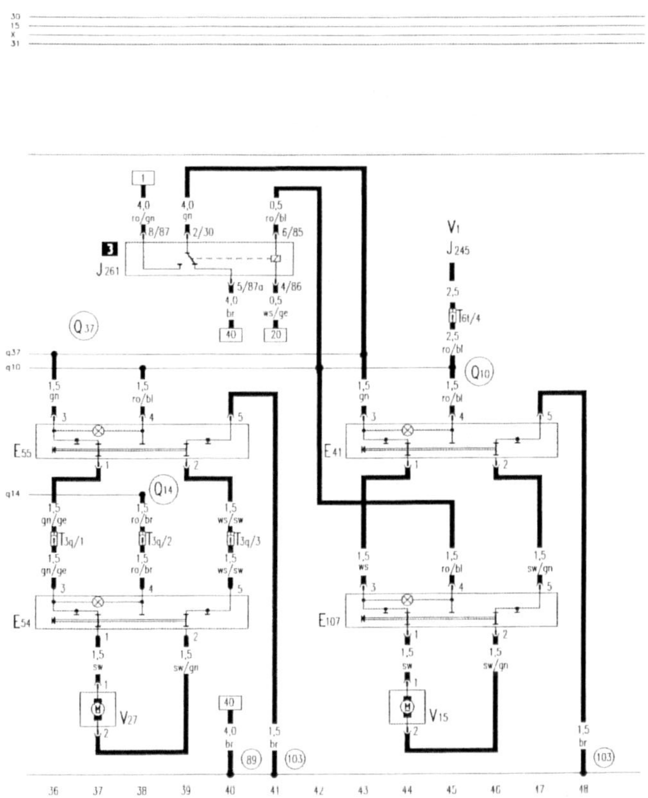

- E 41 – Schalter für Fensterheber, vorn rechts (in Fahrertür)
- E 54 – Schalter für Fensterheber hinten rechts (in der Tür hinten rechts)
- E 55 – Schalter für Fensterheber hinten rechts (in Fahrertür)
- E 107 – Schalter für Fensterheber (in Beifahrertür)
- J 245 – Steuergerät für Schiebedachverstellung
- J 261 – Relais für automatische Fenster- und Schiebedachschließung
- T 3q – Steckverbindung, 3-fach, in der Tür hinten rechts
- T 6t – Steckverbindung, 6-fach, schwarz, Kupplungsstation 1
- V 1 – Motor für Schiebedach
- V 15 – Motor für Fensterheber, rechts
- V 27 – Motor für Fensterheber hinten rechts

- (89) – Masseverbindung – 1 –, im Leitungsstrang Fensterheber
- (103) – Masseverbindung – 2 –, im Leitungsstrang Fensterheber/Zentralverriegelung und Türkontaktschalter
- (Q10) – Plusverbindung (87), im Leitungsstrang Fensterheber/Zentralverriegelung und Türkontaktschalter
- (Q14) – Verbindung (Sperrschalter), im Leitungsstrang Fensterheber/Zentralverriegelung und Türkontaktschalter
- (Q37) – Verbindung (Relais J261), im Leitungsstrang Fensterheber

Zusatzinstrumente

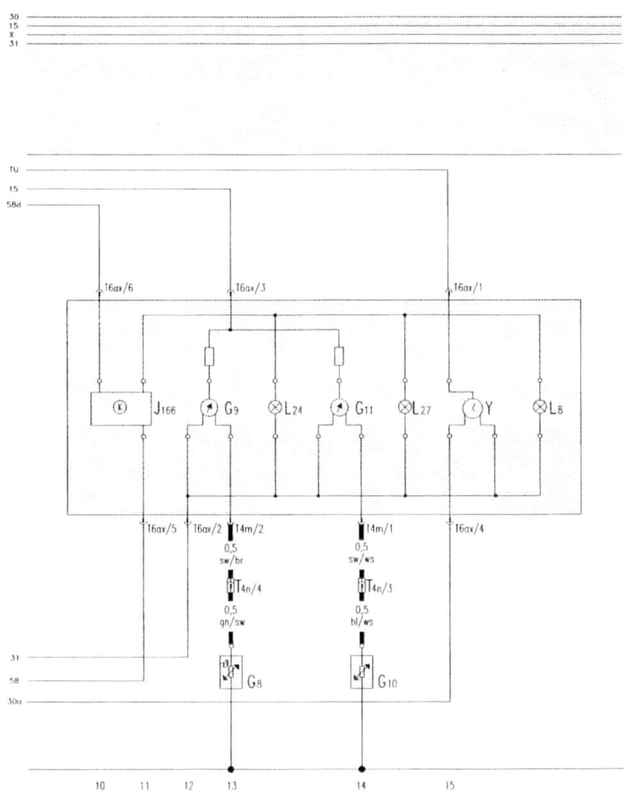

- G 8 – Geber für Öltemperatur
- G 9 – Öltemperaturanzeige
- G 10 – Geber für Öldruck
- G 11 – Öldruckanzeige
- J 166 – Verstärker für Instrumentenbeleuchtung
- L 8 – Lampe für Beleuchtung Zeituhr
- L 24 – Lampe für Beleuchtung Öltemperaturanzeiger
- L 27 – Lampe für Beleuchtung Öldruckanzeiger
- T 4m – Steckverbindung, 4-fach, schwarz, am Schalttafeleinsatz
- T 4n – Steckverbindung, 4-fach, schwarz, im Motorraum vorn links
- T 6ax – Steckverbindung, 6-fach, interne Verbindung Schalttafeleinsatz
- Y – Analoguhr

Zusatzinstrumente

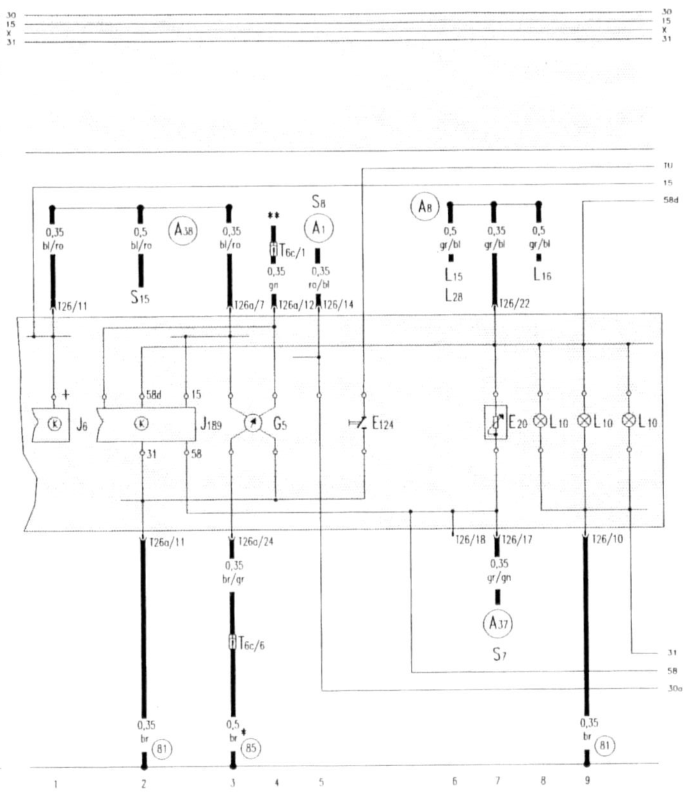

- E 20 – Regler für Beleuchtung – Schalter und Instrumente
- E 124 – Taste für Uhrverstellung
- G 5 – Drehzahlmesser
- J 6 – Spannungskonstanter
- J 189 – Autochecksystem
- L 10 – Lampe für Beleuchtung Schalttafeleinsatz
- L 15 – Lampe für Ascherbeleuchtung
- L 16 – Lampe für Beleuchtung Frischluftregulierung
- L 28 – Lampe für Beleuchtung Zigarrenanzünder
- S 7 – Sicherung im Sicherungshalter
- S 8 – Sicherung im Sicherungshalter
- S 15 – Sicherung im Sicherungshalter
- T 6c – Steckverbindung, 6-fach, grün, Kupplungsstation 2
- T 26 – Steckverbindung, 26-fach, rot, am Schalttafeleinsatz
- T 26a – Steckverbindung, 26-fach, grün, am Schalttafeleinsatz

- (81) – Masseverbindung – 1 –, im Schalttafelleitungsstrang
- (85) – Masseverbindung – 1 –, im Leitungsstrang Motorraum
- (A1) – Plusverbindung (30a) im Schalttafelleitungsstrang
- (A8) – Plusverbindung (58 D2) im Schalttafelleitungsstrang
- (A37) – Verbindung (58a), im Schalttafelleitungsstrang
- (A38) – Plusverbindung (15all), im Schalttafelleitungsstrang

- * – Fahrzeuge mit 5 Zyl.-Motoren
- ** – Drehzahlsignal motorabhängig

Stromereien

Die Batterie ist der Mittelpunkt der Bordelektrik im Audi 100. Ihr Energievorrat wird von den verschiedenen Stromverbrauchern in Anspruch genommen – wieder aufgeladen wird sie von der Lichtmaschine.

Die richtige Batterie

Besitzt der Audi 100 einen Staub- und Pollenfilter (seit 8/92 Serie) oder eine Klimaanlage, ist der Batterie-Einbauort im Wasserkasten (rechts hinten im Motorraum) belegt. Die Batterie sitzt bei diesen Wagen rechts unter der Rücksitzbank, wo sie im übrigen auch zur gleichmäßigeren Gewichtsverteilung im Audi 100 beiträgt. Damit trotzdem Starthilfe ohne Ausbau der Rücksitzbank möglich ist, ist hier ein Pluspolabgriff rechts hinten im Motorraum eingebaut.
Folgende Batterien sind im Audi 100 eingebaut:
- 12 V/40 Ah, Typ-Nummer 54045 (nur Vierzylinder)
- 12 V/63 Ah, Typ-Nummer 56318 (alle)

Batterie-Daten

Spannung und Kapazität: In der Angabe 12 V/40 Ah gibt die vorangestellte 12 V natürlich die Spannung an. Hinter dem Schrägstrich ist die Stromstärke in ihrer »zeitlich lieferbaren Menge« vermerkt – »Ah« steht für Amperestunden. Das ist die Nenn-Batteriekapazität, die nach Normbedingungen gemessen wird. In der Praxis rechnet man allerdings nur mit ⅔ der angegebenen Kapazität; bei einer älteren Batterie lediglich mit der Hälfte.
Kälteprüfstrom: Die Zahl 220 A bzw. 300 A nennt die Stromstärke, welche die Batterie bei –18°C liefern kann.
Typ-Nummer: Eine fünfstellige Zahl dient bei allen deutschen Batterie-Herstellern zur Kennzeichnung der Batterie. Beim Audi 100 lauten die entsprechenden Kennzahlen 54045 bzw. 56318. Die erste Zahl (5) steht für die Batteriespannung von 12 Volt. Die darauf folgenden Zahlen 40 bzw. 63 geben die Batterie-Kapazität an. Die beiden letzten Ziffern kennzeichnen Konstruktionsmerkmale, wie Bauform, Pol-Lage, Schlauch zur Entgasung und Bodenleiste.

Wie lange reichen die Reserven?

Wie lange ein Stromverbraucher mit dem Stromvorrat aus der Batterie funktionieren kann, errechnen wir aus folgender Formel: **Betriebszeit = Batteriekapazität x Bordnetzspannung : Leistung des Verbrauchers.** In der Praxis sollten Sie aber nie mit der vollen Batteriekapazität, sondern nur mit bis ⅔ der Nennkapazität rechnen. Es ergeben sich dann beispielsweise die folgenden Betriebszeiten:

Batterie	Parklicht	Standlicht	Warnblinkanlage
40 Ah	ca. 32 Std.	ca. 13 Std.	ca. 3 Std.
63 Ah	ca. 56 Std.	ca. 19 Std.	ca. 6 Std.

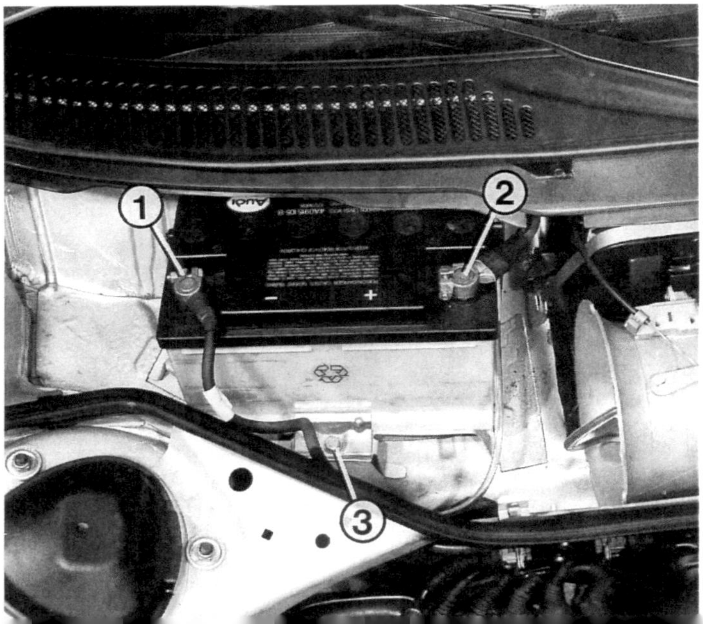

Besitzt der Audi 100 einen Staub- und Pollenfilter (seit 8/92 Serie) oder eine Klimaanlage, ist die Batterie rechts unter der Rücksitzbank eingebaut. Bei allen anderen Fahrzeugen sitzt sie – wie hier gezeigt – im sogenannten Wasserkasten unter der Abdeckung rechts hinten im Motorraum. Zum Ausbau zuerst die Minus-Klemme (1) lösen, dann die Plus-Klemme (2). Entgasungsschlauch an der Seite der Batterie nicht vergessen. Jetzt kann die Schraube (3) am Halteblech für den Batteriefuß gelöst werden.

Temperatureinfluß auf die Batterie

Batterien haben die Eigenart, um so unwilliger auf Kälte zu reagieren, je weniger Strom sie gespeichert haben. Völlig leere Akkus sind so empfindlich, daß sie bei Frost einfrieren und platzen können. Ist die Batterie dagegen randvoll geladen, verträgt sie die Kälte verhältnismäßig gut. Vor der kalten Jahreszeit empfiehlt sich bei einem älteren Akku die Kontrolle des Ladezustands.

Batteriesäurestand kontrollieren

Wartung Nr. 5

Die Batterieflüssigkeit besteht aus Schwefelsäure, die mit destilliertem Wasser verdünnt ist. Ein Teil dieses Wassers kann verdunsten oder wird beim Ladevorgang in Wasserstoff und Sauerstoff zersetzt.

Der Audi 100 besitzt eine sogenannte wartungsfreie Batterie nach DIN 72311, die ein größeres Flüssigkeitsvolumen besitzt. Unter normalen Bedingungen soll sie ihr gesamtes Leben ohne Nachfüllen von destilliertem Wasser auskommen. Erhöhten Wasserverlust verursachen lediglich höhere Umgebungstemperaturen, längere Aufenthalte in heißen Regionen (Urlaub), ein defekter Lichtmaschinen-Spannungsregler, Selbstentladung bei langen Standzeiten des Fahrzeugs oder Tiefentladung, etwa durch eingeschaltetes Standlicht über Nacht.

- Die Batterieflüssigkeit muß mindestens bis zum unteren der beiden am Gehäuse auflackierten oder eingeprägten Striche reichen, zumindest aber die Plattenoberkanten gut bedecken.
- Bei abgesunkenem Flüssigkeitspegel Verschlußstopfen herausdrehen.
- Bei einer normal geladenen Batterie bis zum oberen Strich bzw. bis 15 mm über die Plattenoberkanten **destilliertes Wasser** auffüllen.
- In eine stark entladene Batterie nur so viel Wasser einfüllen, daß die Platten oben bedeckt sind. Beim Wiederaufladen steigt der Flüssigkeitsstand nämlich erheblich.
- Erst nach dem Laden bis zur oberen Marke nachfüllen.
- Die Wassermenge aus der Einfüllflasche muß gut dosierbar sein, sonst wird der Akku überfüllt.
- Eine überfüllte Batterie »kocht über«, die Säure tritt an den Verschlußstopfen aus.

Batterie ausbauen

- Zuerst sicherstellen, daß der **Diebstahlcode** des Radios vorliegt, damit dieses nach Anklemmen der Batterie wieder in Betrieb genommen werden kann.
- **Fahrzeuge ohne Klimaanlage/Pollenfilter:** Schwarze Wasserkastenabdeckung (hinten im Motorraum) an der Vorderkante hochheben und nach vorn abnehmen.
- **Fahrzeuge mit Klimaanlage/Pollenfilter:** Rücksitzbank nach Lösen von zwei Kreuzschlitzschrauben ausbauen.
- **Alle:** Grundsätzlich **zuerst das Minuskabel** abnehmen, um beim weiteren Hantieren Kurzschlüsse zu vermeiden.
- Mutter an der Klemme des Minuskabels lösen, Klemme vom Batteriepol abheben.
- Pluskabel-Klemme lösen und abnehmen.
- Schraube der Halteleiste am Batteriefuß losdrehen, Schraube und Leiste abnehmen.
- Plastikschlauch an der zentralen Entgasung abziehen.
- Batterie herausheben.
- Beim Einbau zuerst das Pluskabel anschließen, dann die Minusklemme.
- Ein Vertauschen der Kabelklemmen ist nur mit Gewalt möglich, denn der Plus-Polkopf ist dicker als der Minus-Polkopf.
- Schlauch der Zentralentgasung nicht vergessen.
- Bei Radio mit Anti-Diebstahl-Codierung die Code-Nummer wieder eingeben.

Kontaktpflege an der Batterie

- Oxidkristalle an den Batterieklemmen mit warmem Sodawasser abwaschen oder mit »Neutralon« von Varta behandeln.
- Batteriepolköpfe und Kabelklemmen mit Säureschutzfett (Bosch »Ft 40v1«) einstreichen.
- Kein Fett erhalten die Polkopfseiten und die Innenseiten der Klemmen, sonst kann es Kontaktschwierigkeiten geben.

Ladezustand der Batterie prüfen

Erscheint der Akku trotz richtigem Säurestand kraftlos, muß der Ladezustand kontrolliert werden. Auskunft darüber gibt das spezifische Gewicht der Batteriesäure. Sie brauchen für die Kontrolle einen speziellen Hebe-Säuremesser (Aräometer), den Sie sich bei der Tankstelle ausleihen können.

- Batterie-Verschlußstopfen herausdrehen.
- So viel Batteriesäure ansaugen, daß die Meßspindel frei schwimmt.
- Säuregewicht ablesen. Es bedeuten: 1,28 kg/l = Batterie voll geladen; 1,20 kg/l = halb geladen; 1,12 kg/l = entladen.

Batterie laden

Heimladegerät anschließen

- Fahrzeuge mit **Batterie im Kofferraum:** Pluskabel am Batterie-Pluspol, Minuskabel am Batterie-Minuspol anklemmen.
- Fahrzeuge mit **Batterie unter der Rücksitzbank:** Pluskabel am Pluspolabgriff im Motorraum anklemmen, Minuskabel an blankes Motorblock-Metall anklemmen.
- Die Batterie kann zum Laden im Wagen eingebaut bleiben.
- Die Batteriekabel brauchen beim schwachen Heimladegerät ohnehin nicht abgenommen zu werden.
- Die Batteriestopfen können eingeschraubt bleiben. Das sich beim Laden bildende Gas kann durch die Entlüftungsbohrungen in den Stopfen entweichen.
- Der Ladestrom soll anfangs etwa 10% der Batteriekapazität betragen (z. B. 5 A beim 50-Ah-Akku) und sich während der Ladung automatisch verringern.
- Die Batterie ist voll geladen, wenn ihre Säuredichte innerhalb von zwei Stunden nicht mehr ansteigt.
- Beim Batterieladen wird das destillierte Wasser teilweise zersetzt. Es bilden sich Gasblasen aus Wasserstoff und Sauerstoff – das hochexplosive Knallgas.
- Deshalb für gute Durchlüftung des Raumes sorgen; besonders, wenn mit hohem Strom geladen wird.
- Beim Laden der Batterie in deren Nähe nicht rauchen und kein offenes Feuer verwenden.
- Auch Funken beim Ab- oder Anklemmen des Laders bzw. der Batteriekabel können das Knallgas entzünden.

Start mit leerer Batterie

Bei Fahrzeugen mit Katalysator wird oft vor dem Anrollenlassen, Anschieben oder Anschleppen gewarnt. Falls der Motor lediglich wegen einer leeren Batterie nicht anspringt, ist das aber ungefährlich. Anders bei einem Defekt an der Zündanlage: Da können unverbrannte Gemischanteile nachgezündet werden und die Temperatur im Katalysator auf gefährliche Höhen treiben.

Starthilfekabel

- Fahrzeug mit geladener Batterie so dicht heranfahren, daß die Starthilfekabel von rechts in den Motorraum des Audi 100 gelegt werden können.
- Kontrollieren Sie, ob an Ihrem stromlosen Fahrzeug alle Stromverbraucher abgeschaltet sind.
- Mit dem ersten Kabel die Pluspole beider Batterien verbinden.
- Bei einem Audi 100 mit Batterie unter der Rücksitzbank wird das Pluskabel am Pluspolabgriff hinten recht im Motorraum angeklemmt.
- Anderes Starthilfekabel zuerst am Minuspol der geladenen Fremdbatterie und dann im Motorraum des stromlosen Wagens an blanker Masse (z. B. direkt am Motor) anschließen.
- Motor des Hilfswagens starten und mit erhöhter Drehzahl laufen lassen, damit die Lichtmaschine kräftig Spannung liefert.
- Falls der Motor nicht gleich anspringt, zwischendurch eine Abkühlungspause für den Anlasser einlegen. Hilfsmotor weiterlaufen lassen, wodurch die leere Batterie bereits etwas nachgeladen wird.
- Beim Abklemmen der Starthilfekabel zuerst die Klemme vom Minuspol der geladenen Fremdbatterie abnehmen.

Links: Bei Fahrzeugen mit Staub- und Pollenfilter oder Klimaanlage sitzt die Batterie rechts unter der Rücksitzbank. Auch hier zum Ausbau zuerst den Minuspol (1) und erst dann den Pluspol (3) lösen. Anschließend die Schraube der Halteleiste (2) lösen. Entgasungsschlauch nicht vergessen.
Rechts: Damit bei genannten Fahrzeugen zur Starthilfe nicht die Rücksitzbank ausgebaut werden muß, befindet sich im Motorraum rechts hinten ein sogenannter »Pluspol-Abgriff«. Hier kann nach Hochklappen der kleinen Abdekkung das Starthilfekabel (Plus) angeklemmt werden. Das zweite Starthilfekabel (Minus) wird irgendwo an blankes Metall am Motorblock oder einer Schraube angeklemmt.

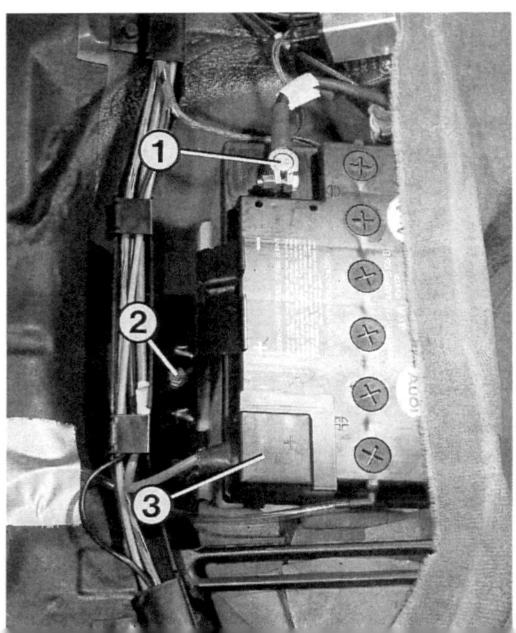

Elektrizität auf Rädern

Weil der Audi 100 kein Verlängerungskabel hinter sich herziehen kann, muß die Stromherstellung direkt im Auto erfolgen. Diese Aufgabe erledigt die Lichtmaschine. Aber nicht nur fürs Licht, wie die veraltete Bezeichnung für den Generator vermuten läßt, sondern für alle elektrischen Einrichtungen im Audi.

Der Drehstromgenerator

Leistung

Je nach Baujahr, Motorisierung und Ausstattung finden wir im Audi 100 Generatoren mit Leistungen von **70, 90, 110 und 120 Ampere**.
Um die Leistung der Generatoren zu ermitteln, muß der angegebene Höchststrom mit der Nennspannung von 14 Volt multipliziert werden. Macht z. B. **90 A x 14 V = 1260 Watt**.
Sie haben es schon bemerkt: Die Lichtmaschine liefert wirklich 14 Volt im 12-Volt-Bordnetz. Denn nur durch diesen kleinen Spannungsunterschied kann Strom zur Batterie fließen, damit diese aufgeladen wird.
Die Übersetzung von Kurbelwellen-Riemenscheibe zu Lichtmaschinen-Riemenscheibe ist übrigens so gewählt, daß schon bei Leerlaufdrehzahl etwa ⅔ der Lichtmaschinenleistung erzeugt werden können.

Umgang und Vorsichtsmaßnahmen

Die Drehstrom-Lichtmaschine hat neben ihrer insgesamt recht hohen Leistung einen entscheidenden Vorzug: Sie liefert schon bei Leerlaufdrehzahl des Motors Strom. Ferner halten ihre Schleifkohlen weit über 80 000 km. Getreu ihres Namens erzeugt sie jedoch Drehstrom, den wir im Auto überhaupt nicht gebrauchen können, denn die Batterie kann natürlich nur Gleichstrom speichern. Deshalb sind im Generator drei Gleichrichter-Dioden eingebaut, die den Drehstrom in einen pulsierenden Gleichstrom umwandeln. Diese Dioden sind allerdings gegen hohe Spannungen empfindlich, und deshalb sollten Sie folgende Punkte beachten:

- Bei laufendem Generator darf kein Kabel zwischen Akku und Lichtmaschine gelöst bzw. angeschlossen werden. Dadurch kann die Spannung schlagartig ansteigen (Spannungsspitzen) und eine Diode »verheizt« werden.
- Ohne richtig angeschlossene, intakte Batterie darf die Drehstrom-Lichtmaschine nicht laufen. Denn der Akku dient gewissermaßen als Puffer gegen Überspannungen.
- Sämtliche Kabelanschlüsse zwischen der Drehstrom-Lichtmaschine, der Batterie und dem Karosserieblech oder dem Triebwerkblock (Masse) müssen ganz fest sitzen. Schon ein Wackelkontakt kann zu gefährlichen Spannungsspitzen führen.
- Beim Schnelladen der Batterie (nicht zum Aufladen mit dem Heimlader) und beim elektrischen Schweißen an der Karosserie müssen beide Kabel vom Akku abgeklemmt werden, damit die Lichtmaschinen-Dioden keinen Schaden erleiden.

Die Ladekontrolleuchte

- Die Kontrolleuchte im Kombi-Instrument hat zwei Plus-Anschlüsse, und zwar einerseits von der Klemme D+

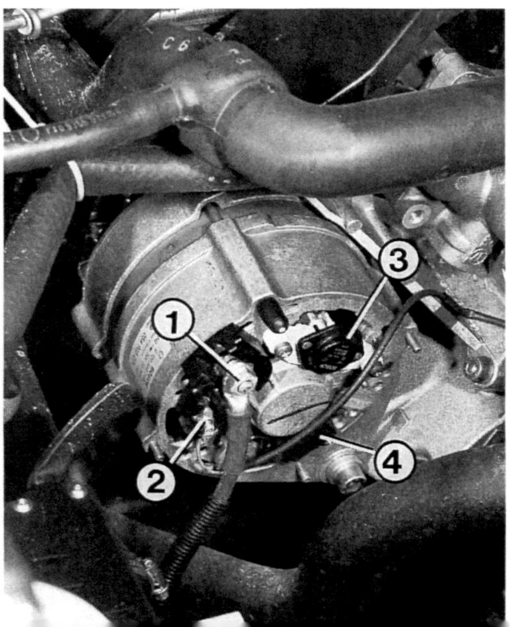

Links: Die Bosch-Lichtmaschine (ältere Version von hinten):
1 – B+-Anschluß (zur Batterie);
2 – D+-Anschluß zur Ladekontrolle;
3 – Spannungsregler;
4 – Entstörkondensator.
Rechts: Die Bosch-Lichtmaschine der neueren Generation ist an der Abdeckung (1) erkennbar. Die Position »2« zeigt das B+-Kabel zur Batterie.

des Generators (blaues Kabel) und andererseits von Klemme 15 über die grüne Mehrfach-Steckverbindung hinten am Instrument vom Zündschloß kommend (blau/rotes Kabel).

○ Mit Einschalten der Zündung führt Klemme 15 Spannung. Die Lichtmaschine steht aber noch, so daß der spannungslose D+-Kontakt als »Minus« wirkt. Die Kontrollampe leuchtet auf, denn zwischen dem von der Batterie versorgten Bordnetz und dem noch stehenden Generator herrscht eine Spannungsdifferenz.

○ Wird der Motor gestartet und hat die Lichtmaschine ihre Ladedrehzahl erreicht, verbindet der Spannungsregler den Stromerzeuger mit der Bordelektrik. Nun kommt Plusstrom von Klemme 15 und zusätzlich von Klemme D+. Damit besteht keine Spannungsdifferenz mehr, die Ladekontrolle verlöscht.

○ Beim Einschalten der Zündung muß die brennende Ladekontrolle die Drehstrom-Lichtmaschine »vorerregen«. Nur so kann diese schon aus niedrigen Drehzahlen heraus Strom liefern. Allerdings ist die Vorerregung nur beim ersten Anlaufen des Generators erforderlich.

Nicht immer wird geladen

Ob die Batterie von der Lichtmaschine geladen wird, beweist das Verlöschen der Kontrollampe nicht. Es besagt nur, daß zwischen Batterie und Generator keine Spannungsdifferenz mehr besteht. Wenn im Motorleerlauf beispielsweise sämtliche Stromverbraucher eingeschaltet sind, leuchtet die Ladekontrolle nicht auf, obwohl mehr Strom der Batterie entnommen wird, als eine der leistungsschwächeren Lichtmaschinen liefern kann: Es besteht dennoch keine Spannungsdifferenz zur Batterie.

Der Spannungsregler

Die Lichtmaschine kann man mit einem Fahrraddynamo vergleichen: Je schneller sie dreht, um so höher steigt die Spannung und somit auch der gelieferte Strom. Ein derartiges Auf und Ab würden die Stromverbraucher im Auto nicht lange ertragen, deshalb muß ein besonderer Regler die Lichtmaschinenspannung begrenzen und ein Überladen der Batterie verhindern. Dieser Regler – ein elektronischer Feldregler – ist direkt an der Drehstrom-Lichtmaschine festgeschraubt.

Selbsthilfe an Generator und Regler

Wartungsarbeiten an der Drehstrom-Lichtmaschine fallen nicht an, wenn man einmal vom wirklich selten notwendigen Schleifkohlenwechsel absieht. Tiefergehende Schäden sind mit Heimwerkermitteln nicht zu beheben.

Ladespannung prüfen

● Voltmeter zwischen dem Anschluß des dicken roten Kabels an der Lichtmaschine und Masse anklemmen.
● Motor mit mittlerer Drehzahl laufen lassen.
● Bei intaktem Regler sind jetzt **13,3 bis 14,6 Volt** abzulesen.
● Ist das nicht der Fall, Schleifkohlen kontrollieren bzw. Regler austauschen.
● Ansonsten ist die Lichtmaschine selbst defekt.

Schleifkohlen kontrollieren

● Batterie-Minuspol abklemmen.
● **Bosch-Lichtmaschine:** Wo vorhanden, Abdekkung hinten auf der Lichtmaschine abbauen.
● Regler von der Lichtmaschine abbauen. Dazu zwei Schlitzschrauben lösen.

Links: Zur Abnahme der Abdekkung (2) an der Bosch-Lichtmaschine drei Kreuzschlitzschrauben (1) lösen, B+-Kabel vom Schraubbolzen (3) abnehmen und Haltenasen (Pfeile) ausrasten. Rechts: Den Spannungsregler (2) halten zwei Kreuzschlitzschrauben (1). Position »3« bezeichnet die Achse des Klauenpolläufers in der Lichtmaschine.

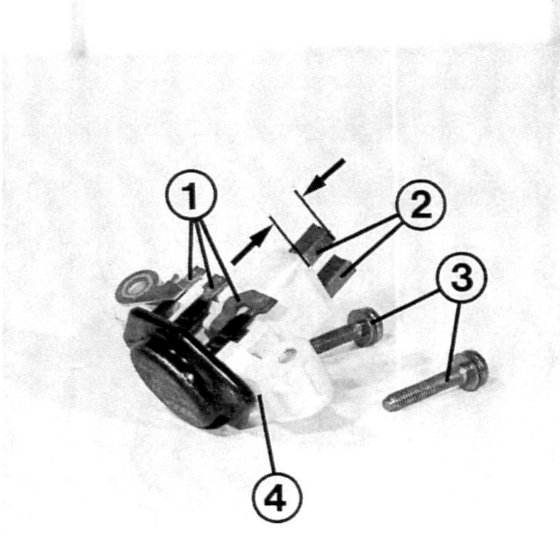

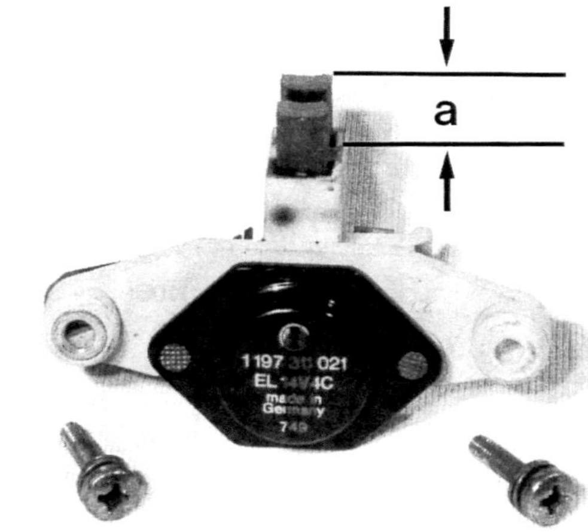

Links: Am ausgebauten Spannungsregler (4; hier die neuere Bauart) haben wir die Länge der Schleifkohlen (2) durch die Pfeile gekennzeichnet. Position »1« zeigt die Kontakte des Spannungsreglers, mit »3« sind die Halteschrauben bezeichnet.
Rechts: Bei ausgebautem Bosch-Spannungsregler der älteren Bauart wird hier die Länge der Schleifkohlen gemessen: Kürzer als »a« = 5 mm dürfen sie nicht sein.

- Regler gewissermaßen herausklappen, damit die Kohlebürsten nicht hängenbleiben.
- Überstand der Schleifkohlen messen:
- Neue Schleifkohlen sind **13 mm** lang; Verschleißmaß **5 mm**.
- **Valeo-Lichtmaschine:** Beide Halteschrauben des Reglers an der Lichtmaschinen-Rückseite herausdrehen.
- Regler herausziehen.
- Länge der herausragenden Kohlen messen.
- Bei **5 mm** Restlänge sind die Schleifkohlen abgenutzt.
- Die Kohlen für die Valeo-Lichtmaschine sind nicht einzeln erhältlich; es muß der ganze Regler ausgetauscht werden.

Schleifkohlen auswechseln

Das Auswechseln der Schleifkohlen ist an den Reglern der neuen Bosch-Lichtmaschinen-Generation nicht mehr möglich – die Kohlebürsten sind auch nicht mehr als Ersatzteil lieferbar. Sind sie abgenutzt: kompletten Regler austauschen. Gleiches gilt für die Valeo-Lichtmaschine; die Schleifkohlen sind nicht als Ersatzteil erhältlich – es muß als ein neuer Lichtmaschinen-Regler gekauft werden, wenn die Kohlen abgenutzt sind.
Bei den **Bosch-Lichtmaschinen der älteren Generation** ist das Auswechseln dagegen noch möglich. Gebraucht werden dann ein Lötkolben, Elektrolot und außerdem Kenntnis im Löten.

- Regler aus der Lichtmaschine ausbauen, wie vorstehend beschrieben.
- Anschlußlitzen auslösen, Schleifkohlen herausziehen.
- Druckfedern von den alten Kohlen abziehen und auf die neuen stecken.
- Anschlußlitzen anlöten.
- Dabei wenig Lötzinn verwenden und schnell arbeiten, damit sich die Anschlußlitzen nicht mit Zinn vollsaugen. Sonst werden sie starr.

Fingerzeig: Bei ausgebauten Schleifkohlen können Sie die Kupfer-Schleifringe des Lichtmaschinen-Ankers (auf ihnen laufen die Kohlen) gleich mit prüfen. Haben sie schon tiefe Einlaufspuren, kann man sie in der Autoelektrik-Werkstatt überdrehen und polieren lassen.

Lichtmaschine ausbauen

- Batterie-Massekabel abklemmen, sonst Kurzschlußgefahr.
- **Vierzylinder:** Wo vorhanden, Abdeckkappe für Schwenkbolzen vorn in der Zahnriemenabdeckung abhebeln.
- Wo vorhanden, Massekabel abschrauben.
- Klemmschraube am Lichtmaschinen-Spannbügel herausdrehen.
- Anschlußkabel abbauen.
- Keilriemen bzw. Keilrippenriemen entspannen und abnehmen.
- Schwenkbolzen lösen und herausziehen, dabei den Generator festhalten.
- **Fünfzylinder:** Schloßträgerblech ausbauen (Kapitel »Die Karosserieteile«).
- Keilrippenriemen abnehmen (weiter hinten im Kapitel beschrieben).
- Anschlußkabel abbauen.
- Befestigungsschrauben lösen, Lichtmaschine abnehmen.
- **Sechszylinder:** Untere Motorraumabdeckung ausbauen.
- Keilrippenriemen abnehmen (weiter hinten im Kapitel beschrieben).
- Von unten Anschlußkabel und Kühlluftführung ausbauen.
- Befestigungsschrauben lösen, Lichtmaschine abnehmen.

Fahren mit defekter Lichtmaschine

Wenn die Lichtmaschine oder ihr Regler streikt, ist die Weiterfahrt noch nicht gefährdet, denn die Batterie kann hilfreich einspringen. Bei Tag reicht der Batteriestrom noch eine ganze Weile, obwohl die elektronische Zündung zum Aufbau eines brauchbaren Zündfunkens eine Mindestspannung benötigt, ebenso die elektrische Benzinpumpe. Zudem ist der Akku oft nur zu ⅔ geladen. Je nach Batteriekapazität reicht es aber zu mindestens fünf Stunden Fahrt. Im Winter kommt erschwerend hinzu, daß die Batterie schwächer auf der Brust ist. Außerdem brauchen Sie das Licht schon wesentlich früher. Stromsparen heißt also die Devise:

○ Die Fahrt nicht unnötig unterbrechen. Der Anlasser benötigt besonders viel Strom. Wenn möglich, den Wagen anrollen lassen.

○ Heizbare Heckscheibe, Gebläse und Radio sollten Sie nicht einschalten.

○ Mit dem Scheibenwischer möglichst sparsam umgehen.

○ Nachts ohne Fernlicht und Nebelscheinwerfer fahren.

○ Kabel an der Lichtmaschine abnehmen und einzeln isolieren, damit sich die Batterie nicht über den defekten Generator oder Spannungsregler entladen kann.

Zustand von Keilriemen bzw. Keilrippenriemen kontrollieren

Wartung Nr. 12

● Drehen Sie zur Kontrolle der Riemen den Motor einige Male ganz durch.

● Nur so können Sie wirklich alle Flächen der Riemen sehen. Oft hat der Riemen nämlich nur einen einzigen, aber tiefen Riß, der bei der Kontrolle möglicherweise genau auf der Riemenscheibe zu liegen kommt.

● Angerissene oder ausgefranste Riemen umgehend ersetzen.

Spannung der Keilriemen und Keilrippenriemen prüfen

Wartung Nr. 13

Ein zu straff gespannter Riemen wird zu stark auf Dehnung beansprucht, was seine Gewebeeinlage zerstört. Zu schwach gespannt ist der Schlupf auf der Riemenscheibe zu hoch, so daß der Riemen sich zu stark erhitzt.

Keilriemenspannung

Bei mäßigem Daumendruck auf den **Keilriemen** soll er sich zwischen zwei Riemenscheiben wie folgt durchdrücken lassen:

Motor	Keilriemen für	Riemendurchhang unter Daumendruck
Vierzylinder bis 8/91	Lichtmaschine	ca. 10 mm
alle Vierzylinder	Wasserpumpe, Servopumpe	ca. 5 mm
alle Vierzylinder	Klimakompressor	ca. 5 mm

Wurde ein neuer **Keilriemen** montiert, sollten Sie die Riemenspannung nach etwa 100 km kontrollieren und gegebenenfalls nachspannen; neue Riemen längen sich anfangs stärker.

Spannung der Keilrippenriemen

○ Der **Keilrippenriemen** des Vierzylindermotors ab 9/91 wird zur Kontrolle gleich neu gespannt. Also Riemen entspannen und Spannung einstellen, wie im folgenden Absatz beschrieben.

Keilriemen spannen beim Vierzylinder.
Links: Servopumpen-Keilriemen.
1 – Klemmschraube;
2 – Einstellmutter mit Zahnkranz.
3 – Sicherungsschraube;
Rechts: Lichtmaschinen-Keilriemen.
1 – Einstellmutter mit Zahnkranz;
2 – Klemmschraube;
3 – Spannbügel mit Zahnstange.

○ Der **Keilrippenriemen** des Fünf- und Sechszylindermotors hat durch die automatische Spannvorrichtung zwangsläufig immer die richtige Riemenspannung.

Keilriemen bzw. Keilrippenriemen spannen

Vierzylinder

● **Lichtmaschinen-Keilriemen bis ca. 8/91:** Klemmschraube am Spannbügel des Generators lösen.

● Die darunter sitzende Einstellmutter mit Zahnkranz so weit verdrehen, bis die Riemenspannung stimmt.

● Klemmschraube anziehen.

● Läßt sich die Lichtmaschine nicht bewegen, muß ihr Schwenkbolzen gelockert werden.

● Der ist nach Abnehmen der Zahnriemenabdekkung – von vorn zugänglich.

● Falls der Schwenkbolzen gelockert wurde, diesen zuletzt wieder anziehen.

● **Lichtmaschinen-Keilrippenriemen ab ca. 9/91:** Klemmschraube am Spannbügel des Generators lösen.

● Schwenkbolzen unten an der Lichtmaschine lokkern, Leichtgängigkeit prüfen.

● Die Einstellmutter mit Zahnkranz unter Zuhilfenahme eines Ringschlüssel-Einsteckwerkzeugs SW 22 für den Drehmomentschlüssel mit **6 Nm** anziehen und halten – so stimmt die Riemenspannung für einen **neu montierten Riemen**.

● Soll die Riemenspannung an einem **gebrauchten Riemen** kontrolliert werden, wird auf **4 Nm** eingestellt.

● Klemmschraube anziehen.

● Zuletzt Schwenkbolzen wieder anziehen.

● **Keilriemen für Wasserpumpe und Servolenkung:** Untere Motorraumverkleidung ausbauen (Kapitel »Die Karosserieteile«).

● Klemmschraube am Spannbügel der Servopumpe lösen.

● Die darunter sitzende Einstellmutter mit Zahnkranz so weit verdrehen, bis die Riemenspannung stimmt.

● Klemmschraube anziehen.

● Läßt sich die Servopumpe nicht bewegen, muß ihr Schwenkbolzen gelockert werden.

● **Keilriemen für Klimaanlagen-Kompressor:** Das Einstellen der Riemenspannung erfolgt durch Herausnehmen bzw. wieder Hinzufügen von Distanzscheiben zwischen der vorderen und hinteren Hälfte der Keilriemenscheibe:

● **Mehr Distanzscheiben** zwischen den Riemenscheibenhälften ergibt **geringere Riemenspannung**.

● **Weniger Distanzscheiben** zwischen den Hälften der Riemenscheiben bewirken **höhere Riemenspannung**.

● Überzählige Distanzscheiben werden zwischen Nabe und vorderer Riemenscheibenhäflte eingelegt.

● Muttern mit 25 Nm anziehen, dabei darauf achten, daß der Keilriemen nicht zwischen den Riemenscheibenhälften eingeklemmt wird.

● Kurbelwelle zwei Mal durchdrehen.

● Riemenspannung prüfen durch kräftigen Daumendruck an der freilaufenden Stelle zwischen Kurbelwelle und Klimaanlagen-Kompressor.

● Motor starten und kurz laufen lassen.

● Spannung des Keilriemens erneut kontrollieren, ggf. Distanzscheiben herausnehmen oder hinzufügen.

● Bei richtiger Riemenspannung die Schrauben nochmals mit 25 Nm anziehen.

Fünf- und Sechszylinder

○ Das Spannen des Keilrippenriemens besorgt eine federbelastete Spannrolle. Einstellen ist nicht mehr nötig.

○ Ist die Feder gebrochen, hängt der Riemen lose über den Riemenscheiben. In diesem Fall Spannvorrichtung ersetzen.

Keilriemen gerissen

Vierzylinder

Während der Keilrippenriemen eigentlich ein ganzes Autoleben lang halten sollte, kann es bei einem der Keilriemen schon vorkommen, daß es Bruch gibt.

Einer der folgenden drei Effekte tritt auf, wenn der Riemen gerissen ist:

○ Die rote Ladekontrolle leuchtet plötzlich während der Fahrt auf.

○ Die Servolenkung wird schlagartig schwergängig.

○ Die Klimaanlage stellt den Betrieb ein.

○ Der Motor **überhitzt**, weil die Kühlwasserpumpe ohne Antrieb ist. Das ist der gefährlichste Effekt, weil er mit Verspätung eintritt.

Motorüberhitzung durch Keilriemenschaden

Wenn beim **Vierzylindermotor** der Keilriemen zur Servopumpe reißt, ist auch die Wasserpumpe ohne Antrieb, und der Motor wird überhitzt. Folge: Die Zylinderkopfdichtung oder bisweilen sogar der ganze Zylinderkopf sind unrettbar verloren – mit entsprechend hohen Reparaturkosten.

○ **Deshalb:** Wird die Lenkung beim **Vierzylinder** während der Fahrt plötzlich schwergängig, **sofort anhalten** und nachsehen, ob der Keilriemen über den Riemenscheiben von Wasserpumpe und Servopumpe noch intakt ist. Wenn nicht: Wagen abschleppen lassen!

○ Bei anderen Keilriemen (Keilrippenriemen) ist der Schaden nicht ganz so tragisch. Sie fahren dann eben ohne Lichtmaschine (siehe »Fahren mit defekter Lichtmaschine«) oder ohne Klimaanlage bis zur nächsten Werkstatt.

○ Die **Fünf- und Sechszylindermotoren** dürften theoretisch von dieser für den Vierzylinder genannten Problematik dank Keilrippenriemenantrieb nicht betroffen sein.

Keilriemen- und Keilrippenriemen-Übersicht

In nachfolgender Tabelle sind die Keilriemen- und Keilrippenriemen-Größen für die verschiedenen Audi-100-Modelle zusammengestellt:

Modell	Keilriemen bzw. Keilrippenriemen (KRR) für	Bezeichnung
Vierzylinder bis ca. 8/91	Lichtmaschine Wasserpumpe, Servopumpe Klimaanlagen-Kompressor	9,5 x 950 mm 9,5 x 850 mm 12,5 x 795 mm
Vierzylinder ab ca. 9/91	Lichtmaschine (KRR) Wasserpumpe, Servopumpe Klimaanlagen-Kompressor	14,24 x 856 mm 9,5 x 900 mm 12,5 x 805 mm
Fünfzylinder ohne Klimaanlage mit Klimaanlage	 alle Aggregate (KRR) alle Aggregate (KRR)	 21,36 x 1293 mm 21,36 x 1693 mm
Sechszylinder ohne Klimaanlage mit Klimaanlage	 alle Aggregate (KRR) alle Aggregate (KRR)	 21,36 x 1675 mm 21,36 x 2260 mm

Keilriemen für Lichtmaschine ersetzen

Vorbeugend wird nur der **Lichtmaschinen-Keilriemen** beim Vierzylinder bis 8/91 ersetzt. Das hier gesagte gilt aber auch für das Ersetzen der übrigen Keilriemen. Wartung Nr. 40

Keilriemen bzw. Keilrippenriemen auswechseln am Vierzylinder

● Der neue Keilriemen darf keinesfalls mit dem Schraubendreher über die Riemenscheiben »gewürgt« werden, denn die so entstehenden Bruchstellen würden den nächsten Riemenschaden schon vorprogrammieren.

● Deshalb den alten Keilriemen zum Auswechseln erst entspannen.

● Jetzt kann er leicht von den Riemenscheiben genommen werden, und auch der neue Riemen läßt sich bequem wieder auflegen.

Die Abbildung zeigt die Einbaulage des Klimakompressors (1) bei einem Vierzylindermotor. Der Vierzylinder besitzt eine zusätzliche, vorn aufgesetzte Riemenscheibe (2), an der auch die Einstellung der Keilriemenspannung erfolgt.

Die Teile der Kurbelwellen-Riemenscheibe bei Vierzylindermotoren mit Klimaanlage. Es bedeuten: 1 – Riemenscheibennabe; 2 – übrige Distanzscheiben; 3 – vordere Riemenscheibenhälfte; 4 – Distanzscheiben; 5 – hintere Riemenscheibenhälfte.

Zum Ausbauen des Keilrippenriemens beim Fünfzylinder wird ein Gabelschlüssel, wie gezeigt, an der Spannvorrichtung (2) angesetzt und in Pfeilrichtung geschwenkt. Zum Sichern der Spannvorrichtung bei entlastetem Riemen steckt man einen Dorn (1) in die dafür vorgesehene Bohrung sowie die dahinterliegende Bohrung an der Konsole.

Hier ist der Verlauf des Keilrippenriemens an einem Fahrzeug mit Fünfzylindermotor (ohne Klimaanlage) gezeigt. Die Teile und Riemenscheiben: 1 – Spannvorrichtung; 2 – Riemenscheibe der Servopumpe; 3 – Lichtmaschine; 4 – Riemenscheibe des Kühlerventilators; 5 – Kurbelwellen-Riemenscheibe.

- Zu beachten: Gegebenenfalls müssen andere Keilriemen mit abgebaut werden oder Sie müssen die vordere Motorstütze abschrauben.
- Anschließend Riemen spannen, etwa 100 km fahren und dann nachspannen (Keilriemen spannen – siehe weiter vorn im Kapitel).
- Im gleichen Abschnitt ist auch beschrieben, wie der Keilrippenriemen für die Lichtmaschine (ab 9/91) gespannt wird.
- Welcher Keilriemen wo im Audi 100 zum Einsatz kommt, sagt Ihnen die Tabelle auf der Vorseite.

Keilrippenriemen am Fünfzylinder auswechseln

- Schloßträgerblech abbauen (siehe Kapitel »Die Karosserieteile«).
- Luftführung zum Luftfilter ausbauen.
- Viscolüfter ausbauen, wozu Spezialwerkzeug erforderlich ist (siehe dazu Kapitel »Das Kühlsystem«).
- Viscolüfter in die Lüfterzarge (Lüfterring) am Kühler einlegen.
- Jetzt Lüfterzarge am Kühler abschrauben und zusammen mit dem Viscolüfter nach oben herausziehen.
- Gabelschlüssel an der Spannvorrichtung ansetzen und diese rechtsschwenken.
- Spannvorrichtung sichern. Dazu Dorn (z.B. passenden Bohrerschaft) in die dafür vorgesehene Bohrung stecken.
- Laufrichtung des Riemens mit Kreide oder Filzstift kennzeichnen.
- Keilrippenriemen abnehmen.
- Zum Einbau bei aufgelegtem Keilrippenriemen die Spannvorrichtung mit Schlüssel wieder anheben und Dorn entfernen.
- Anzugsvorschrift für den Kühlerlüfter beachten (siehe dazu Kapitel »Das Kühlsystem«).

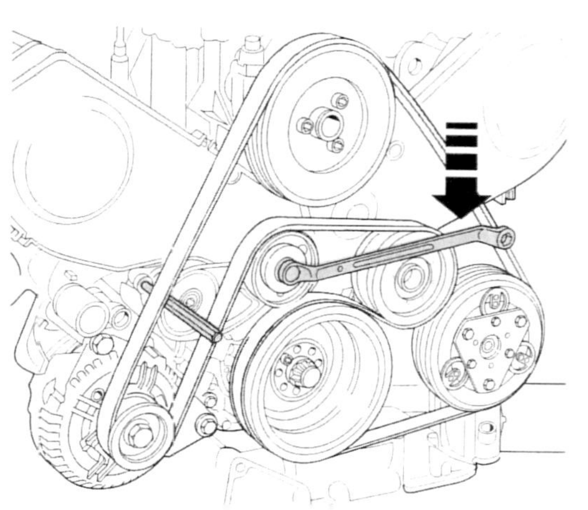

Links: Die Spannrolle zum Spannen des Keilrippenriemens ist bei diesem Sechszylindermotor mit einer TORX-Schraube befestigt, auf der zum Schwenken ein TORX-Einsatz (2) mit Hebel angesetzt wurde. Der Dorn (1; hier ein Durchschlag) ist in die dazu vorgesehene Bohrung an der Spannvorrichtung eingesteckt, wodurch die Spannvorrichtung in dieser Stellung blockiert wird.
Rechts: In der Zeichnung ist die Spannrolle mit einer Sechskantschraube befestigt und kann somit mit einem Ringschlüssel geschwenkt werden (Pfeil).

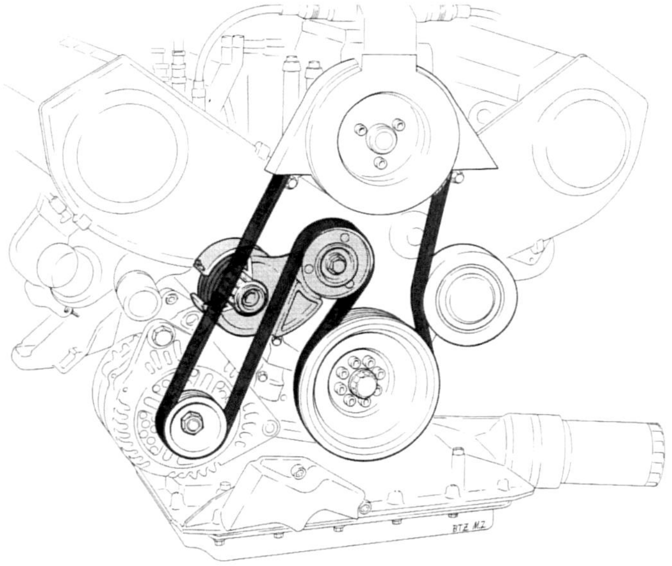

So wird der Keilrippenriemen bei einem Sechszylinder ohne Klimaanlage über die verschiedenen Riemenscheiben geschlungen.

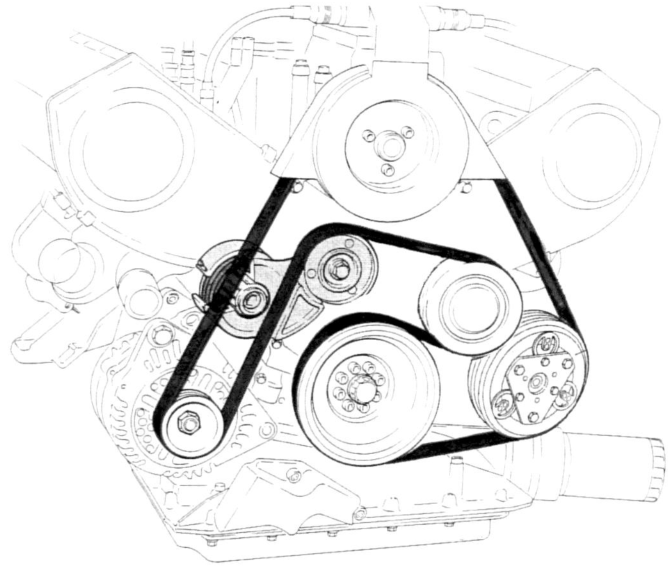

Hier der Verlauf des Keilrippenriemens bei einem Sechszylinder mit Klimaanlage.

Keilrippenriemen am Sechszylinder auswechseln

- Abdeckung für Keilrippenriemen abbauen.
- **Ältere Ausführung:** Ringschlüssel SW 15 am Sechskant der Spannrolle ansetzen.
- **Neuere Ausführung:** Deckel der Spannrolle abhebeln und TORX-Schlüssel in der Zentralschraube ansetzen. Oder Innensechskantschlüssel 10 mm unterhalb der Spannrolle ansetzen.
- **Alle:** Spannvorrichtung rechtsschwenken.
- Spannvorrichtung sichern. Dazu Dorn (z.B. passenden Bohrerschaft) in die dafür vorgesehene Bohrung stecken.
- Laufrichtung des Riemens mit Kreide oder Filzstift kennzeichnen.
- Keilrippenriemen abnehmen.
- Beim Einbauen Keilrippenriemen zuerst über Antriebsrollen und Umlenkrolle legen; zuletzt über die Spannrolle.
- Spannvorrichtung mit Schlüssel wieder anheben und Dorn entfernen.
- Abdeckung wieder anbauen.

Störungsbeistand

Batterie und Lichtmaschine

Die Störung	– ihre Ursache	– ihre Abhilfe
A Rote Ladekontrolle brennt nicht beim Einschalten der Zündung	1 Batterie leer	Mit Starthilfekabeln starten oder Wagen anschleppen
	2 Batteriekabel gebrochen, Kabelklemmen lose oder oxidiert	Batteriekabel und -klemmen kontrollieren
	3 Glühlampe defekt	Ersetzen
	4 Kabelweg zwischen Zündschloß, Ladekontrolle und Lichtmaschine unterbrochen	Stromweg mit Prüflampe kontrollieren
	5 Massekabel zwischen Lichtmaschine und Motorblock gebrochen	Kabel kontrollieren
	6 Schleifkohlen abgenutzt	Regler ersetzen
	7 Spannungsregler defekt	Regler austauschen
	8 Lichtmaschine schadhaft	Lichtmaschine instand setzen lassen
	9 Nach zu heftiger Motorwäsche hat eingedrungene Feuchtigkeit einen isolierenden Schmierfilm zwischen den Schleifringen und Kohlen gebildet	Lichtmaschine mit Druckluft ausblasen oder Schleifringe und Kohlen sauberreiben
B Ladekontrolle brennt oder glimmt bei laufendem Motor	1 Keilriemen bzw. Keilrippenriemen lose oder schadhaft	Riemen spannen oder ersetzen bzw. Spannvorrichtung kontrollieren
	2 Mangelnder Kontakt an Kabelanschlüssen oder unterbrochene Kabel	Kabelanschlüsse und Kabel prüfen
	3 Siehe A 6–8	
C Batterieoberfläche feucht	1 Batterie überfüllt	Zuviel eingefülltes destilliertes Wasser durch Überladen herausgasen. Keine Säure absaugen
	2 Batterieverschlüsse verstopft	Entlüftungslöcher säubern
	3 Siehe A 7	
D Batterie gast stark	Siehe A 7	

Startschuß

○ Beim Zündschlüsseldreh in Stellung »Start« gelangt Spannung an die Klemme 50 des oben auf dem Anlasser sitzenden Magnetschalters.
○ Dadurch schiebt ein Einrückhebel das Zahnritzel des Anlassers auf einem Steilgewinde in den Zahnkranz der Motor-Schwungscheibe.
○ Beim Eingreifen des Ritzels schaltet der Magnetschalter den vollen, von Klemme 30 kommenden Batteriestrom ein, so daß der Anlasser den Motor erst nach dem Einspuren des Ritzels kräftig durchdreht.
○ Anlasser-Motor und Zahnritzel sind durch ein Untersetzungsgetriebe verbunden. Der Elektromotor dreht deshalb wesentlich schneller als das Ritzel. Dadurch besitzt der Anlasser mehr Schwungenergie.
○ Ist der Motor angesprungen, wird das Ritzel aus der Schwungscheibe wieder ausgespurt.

Anlasser ausbauen

● Massekabel an der Batterie abnehmen, sonst Kurzschlußgefahr.
● Motorraumverkleidung unten ausbauen (Kapitel »Die Karosserieteile«).
● Wagen rechts vorn aufbocken und sichern.
● Alle Kabel am Magnetschalter abnehmen.
● Wo vorhanden: Halter in Fahrtrichtung vorn am Anlasser ausbauen.
● Halteschrauben bzw. Muttern am Halteflansch des Anlassers (also in Fahrtrichtung hinten) losdrehen.
● Anlasser herausziehen.

Schleifkohlen auswechseln

Wenn der Anlasser streikt, sind möglicherweise nur seine Schleifkohlen abgenutzt. Diese Kohlebürsten sind nur komplett mit Halteplatte erhältlich. Da das Anlassergehäuse nach dem Öffnen abgedichtet werden muß, sollten Sie sich Dichtungsmittel »D 3« aus dem Teilelager besorgen. Ferner wird beim Vierzylinder ein kräftiger Lötkolben und Elektrolot gebraucht.
● Anlasser ausbauen.
● An der geschlossenen Seite des Anlassers zwei Schlitzschrauben an dem kleinen Lagerdeckel herausdrehen, Deckel abnehmen.
● Sicherungsscheibe und Einstellscheibe vom darunter liegenden Wellenstumpf abnehmen.
● Beide Schlitzschrauben (oder Muttern mit Stehbolzen) am hinteren Gehäusedeckel herausdrehen und Deckel abnehmen.
● Länge der Schleifkohlen messen – **Mindestlänge 8 mm**.
● Zum Auswechseln der Schleifkohlen die Halteplatte an ihrem Anschluß vom Magnetschalter abschrauben.
● Anlasser wieder zusammenbauen, dabei Gehäusedeckel, Halteschrauben und Lagerdeckel mit Dichtungsmittel abdichten.

Magnetschalter ausbauen

● Anlasser ausbauen.
● Kabel zum Anlasser losschrauben.
● Drei Schlitzschrauben am Halteflansch des Magnetschalters losschrauben.
● Magnetschalter ein Stück zurückziehen, und die Öse aus dem Einrückhebel des Anlassers aushängen.

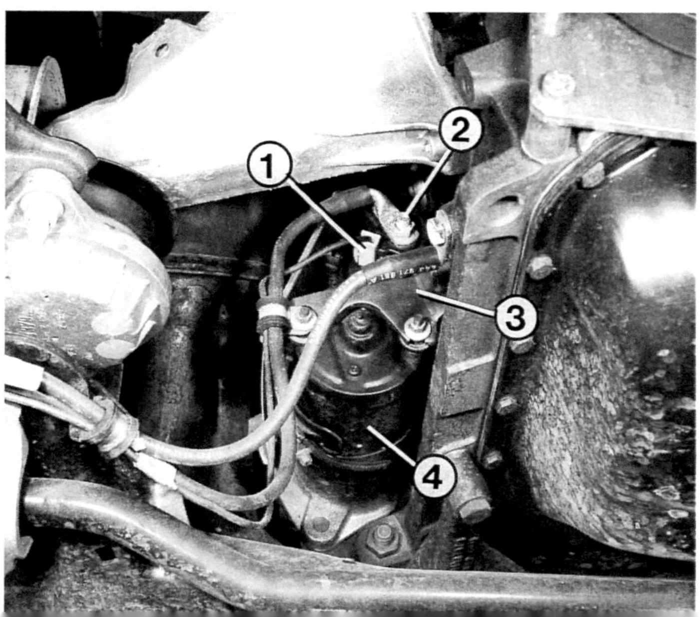

Nicht gerade leicht zugänglich: Der Anlasser an der rechten Motorseite (hier beim Vierzylinder gezeigt). Es bedeuten:
1 – Klemme-50-Kabel (vom Zündschloß);
2 – Klemme-30-Kabel (von der Batterie);
3 – Halter für Anlasser;
4 – Anlasser.

Hier ist der Anlasser (Fünfzylinder) zerlegt:
1 – Kohlebürsten-Halter;
2 – Anker;
3 – Ritzelgetriebe;
4 – Lagergehäuse;
5 – Gehäuse;
6 – Gehäusedeckel;
7 – Lagerdeckel;
8 – Sicherungsscheibe, Einstellscheibe und Dichtung.

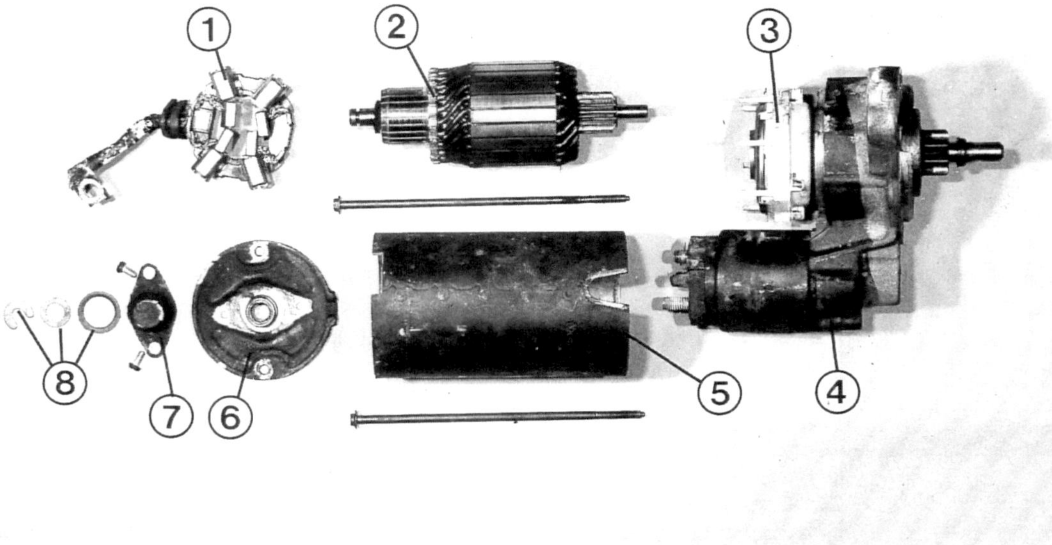

Nicht immer wird Ihnen unser Störungsbeistand so weit helfen können, daß der Anlasser anschließend den Motor anwirft. Hat der Audi 100 jedoch ein Schaltgetriebe, können Sie ihn immerhin anschieben oder anschleppen lassen.

Die Störung	– ihre Ursache	– ihre Abhilfe
A Beim Drehen des Zündschlüssels in Startstellung dreht der Anlasser zu langsam oder gar nicht	1 Kontrollampen brennen schwach oder verlöschen	
	a) Batterie entladen	Mit Starthilfekabeln starten
	b) Kabelanschlüsse lose oder oxidiert	Kabelanschlüsse kontrollieren
	c) Anlasser hat Masseschluß	Anlasser überholen lassen
	2 Kontrollampen brennen hell, Klicken aus Richtung Anlasser	Kurz auf den Magnetschalter klopfen. Dreht der Anlasser weiterhin nicht:
	a) Kohlebürsten bzw. deren Anschlüsse im Anlasser gelöst	Kohlebürsten überprüfen
	b) Kontakte im Magnetschalter verschmort	Magnetschalter ersetzen
	c) Anlasserwicklung schadhaft	Anlasser überholen lassen
	3 Kontrollampen brennen hell, keinerlei Geräusche	
	a) Magnetschalter hängt, da verklebt oder zu heiß	Von Helfer Zündschlüssel in Startstellung drehen lassen und mit Schraubenschlüssel o.ä. auf den Magnetschalter klopfen
	b) Anschluß der Klemme 50 am Magnetschalter lose	Anschluß überprüfen
	c) Klemme-50-Leitung vom Zündschloß zum Magnetschalter am Anlasser unterbrochen	Leitung mit Prüflampe kontrollieren
B Anlasser läuft, ohne den Motor durchzudrehen	1 Einrückvorrichtung klemmt	Anlasser überholen lassen
	2 Verzahnung des Ritzels oder der Motor-Schwungscheibe beschädigt	Wagen bei eingelegtem Gang ein Stück vorschieben. Erneut starten. Beschädigte Teile ersetzen lassen
C Magnetschalter schaltet in schneller Folge ein und aus, Anlasser läuft nicht an	Batterie stark entladen, beim Einschalten des Magnetschalters fällt die Spannung ab, und er schaltet wieder ab	Batterie laden
D Anlasser läuft weiter, obwohl Zündschlüssel losgelassen wurde	1 Magnetschalter hängt und schaltet nicht ab	Zündung sofort abschalten, notfalls Batterie abklemmen. Magnetschalter ersetzen
	2 Zünd-/Anlaßschalter defekt	Zünd-/Anlaßschalter ersetzen
E Ritzel spurt nach Anspringen des Motors nicht aus	1 Rückstellfeder des Einrückhebels lahm oder gebrochen	Zündung sofort abschalten. Reparieren lassen
	2 Verzahnung des Ritzels bzw. der Motorschwungscheibe verschmutzt oder beschädigt	Reinigen bzw. schadhafte Teile ersetzen lassen

Höchste Spannung

Die Zündanlage sorgt durch gezielt abgefeuerte Zündfunken für den richtigen Verbrennungsablauf im Motor. Und das geht Knall auf Fall, denn bei gemütlichen 3000/min Motordrehzahl fordert jeder Motorzylinder 25 Funken pro Sekunde. Macht z.B. beim Vierzylinder 100 in der Sekunde, 6000 in der Minute, 360000 in der Stunde u.s.w.

Was die Zündung leistet

Damit an der Zündkerze im Verbrennungsraum überhaupt ein Funke überspringen kann, muß zwischen den Zündkerzenelektroden eine Spannung von mindestens 30000 Volt vorhanden sein. Die Batterie liefert aber nur eine Spannung von 12 Volt. Die Batteriespannung muß also gewaltig hochtransformiert werden. Ferner geht es beim Funkenüberschlag nicht um Zehntel- oder Hunderstel-, sondern um Tausendstelsekunden. Nur ein Minimales zu spät oder zu früh, und die Zündung und damit die Leistung des Motors ist mangelhaft.

Wann wird gezündet?

Der Funke muß im richtigen Augenblick überspringen. Diesen Augenblick herauszufinden, ist allerdings nicht ganz einfach.

Am wirkungsvollsten ist die Verbrennung, wenn das Kraftstoff/Luft-Gemisch in dem Moment entzündet wird, da dieses auf engstem Raum zusammengepreßt ist. Diese höchste Verdichtung herrscht beim Viertaktmotor in jenem Augenblick, in dem der Kolben bei Beendigung des Kompressionshubs von der Aufwärtsbewegung in eine Abwärtsbewegung übergehen will. Bevor sich die Bewegungsrichtung des Kolbens umkehrt, steht er einen winzigen Sekundenbruchteil lang im höchsten Punkt in seiner Bewegungsbahn still. Diesen Punkt nennt man den »Oberen Totpunkt« (OT).

Zurück zum richtigen Zeitpunkt für den Zündfunken: Idealer Zündzeitpunkt ist also der Moment, in dem der Kolben gerade seine Abwärtsbewegung beginnt. Die Verdichtung ist am höchsten, und der Kolben kann mit Kraft und Schwung zum Motorblock hinuntergedrückt werden. Trotzdem wäre es falsch, den Zündzeitpunkt genau auf OT zu legen. Denn das Kraftstoff/Luft-Gemisch braucht eine gewisse Zeit (rund 1/3000 s), bis es sich entzündet hat und den vollen Verbrennungsdruck entwickelt. Also wird der Zündzeitpunkt vorverlegt. Wir haben »Frühzündung«. Der Startschuß für den Funken erfolgt deshalb noch während der Aufwärtsbewegung des Kolbens, der Verbrennungsdruck setzt jedoch erst knapp nach dem OT ein.

Oberer Totpunkt und Frühzündung

Mit steigender Motordrehzahl muß der Zündfunke immer früher überspringen, denn – wir haben das im letzten Abschnitt schon angesprochen – das Kraftstoff/Luft-Gemisch braucht ja immer die gleiche Zeit zur Entzündung. Nur so erfolgt die Verbrennung wieder genau zur richtigen Zeit, nämlich dann, wenn der Kolben gerade wieder beginnt abwärts zu laufen.

Das Verbrennen des Kraftstoff/Luft-Gemisches hängt aber auch von dessen Zusammensetzung ab. Bei nur

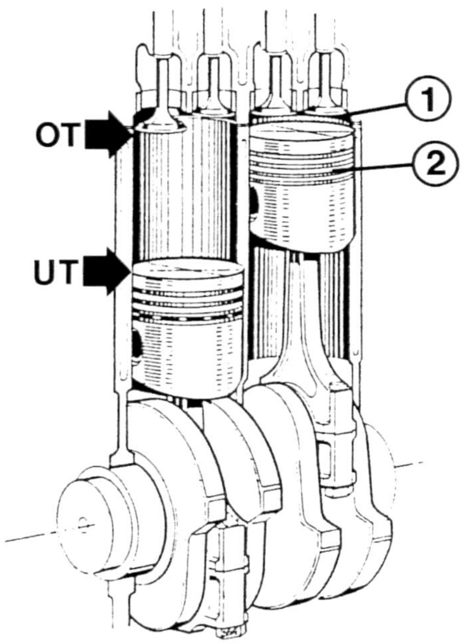

Die Zeichnung verdeutlicht die Begriffe »Oberer« und »Unterer Totpunkt«. Der Raum dazwischen ist der »Hubraum«. Dagegen befindet sich der Verbrennungsraum zwischen höchster Kolbenstellung (2) und Zylinderkopfunterkante (1).

gering durchgetretenem Gaspedal (bei »Teillast«) ist das Gemisch in den Brennräumen weniger zündfähig; es verbrennt daher langsamer und muß auch aus diesem Grund früher gezündet werden.

Zündverstellung in Richtung »spät«

Andere Situationen erfordern es, den Zündzeitpunkt in Richtung »spät« zu verschieben. Die Zündung erfolgt dann erst, wenn der Kolben den OT längst passiert hat. Es wird also fast in den Auspufftakt hinein gezündet, was die Abgaszusammensetzung verbessert, die Motorleistung aber verschlechtert. Demzufolge ist Spätzündung genau richtig, wenn der Motor ohne Last im Schiebebetrieb (z. B. bergab ohne Gas) läuft.

Verschiedene Zündsysteme

Die Zündung ist in fast allen unseren Audi-100-Modellen Bestandteil eines kompletten Motormanagements. Was sich kompliziert liest, ist doch relativ einfach: Bei den Vier- und Sechszylindern wird die Zündung vom selben Steuergerät regiert wie die Einspritzung. Das hat z. B. den Vorzug, daß die Reaktionen beider Bereiche optimal aufeinander abgestimmt werden können. Außerdem können dieselben Geber und Fühler für Gemischbildung und Zündverstellung herangezogen werden. Folgende Zündsysteme sind eingebaut:

- Eine **Mono-Motronic-Zündung** besitzt der 74-kW-Motor. Schon bei dieser einfachsten Motorisierung erfolgt die Zündverstellung – also die Anpassung des Zündzeitpunkts an die jeweilige Motorsituation – auf rein elektronischem Weg.
- Die **KE-Motronic** ist beim 85-kW-Motor bis 6/92 nicht nur für die Einspritzung, sondern auch für die Zündung zuständig.
- Eine **Digifant-Zündung** ist im 85-kW-Motor ab 7/92 eingebaut. Prinzip gleich wie bei Mono- und KE-Motronic: Alles in einem Steuergerät, Zündverstellung elektronisch.
- Eine **Vollelektronische Zündung (VEZ)** besitzen die 98-kW-Fünfzylinder. Diese Zündanlage hat zwar ein eigenes Steuergerät, doch stehen Zündung und Einspritzung in stetigem Datenaustausch. Die Zündverstellung erfolgt elektronisch.
- Die **MPI- bzw. MPFI-Zündung** der Sechszylindermotoren ist natürlich wieder Bestandteil des Motormanagements. Besonderheit: Hier handelt es sich um eine verteilerlose Zündung (ruhende Zündverteilung). Jeweils zwei gegenüberliegende Zylinder besitzen eine gemeinsame Zündspule, die nur dann einen Funken erzeugt, wenn ihn der jeweilige Zylinder benötigt. Technisch bedingt (Einsparung von Bauteilen) erhält aber jeder Zylinder bei jeder Motorumdrehung noch einen (unnützen, aber unschädlichen) Funken in den Auspufftakt.

Fingerzeig: Wie schon angedeutet, haben die Zündsysteme sehr viele Gemeinsamkeiten. Die Zündanlagen der Vier- und Fünfzylinder-Motoren sind sogar weitgehend identisch. Gerade der Hochspannungsteil – dort wird der Zündfunke erzeugt – ist bei diesen Anlagen so gut wie gleich. Gravierende Unterschiede gibt's da nur beim Sechszylinder.

So entsteht der Zündfunke

- Das Grundprinzip der Zündung besteht darin, daß zunächst der Batteriestrom durch die Primärwicklung der Zündspule fließt.
- Diese Wicklung besteht aus wenigen Windungen eines dicken Drahtes. Unter der Wirkung des Stromes baut sich um den Eisenkern in der Zündspule ein kräftiges Magnetfeld auf – unsere Zündenergie.

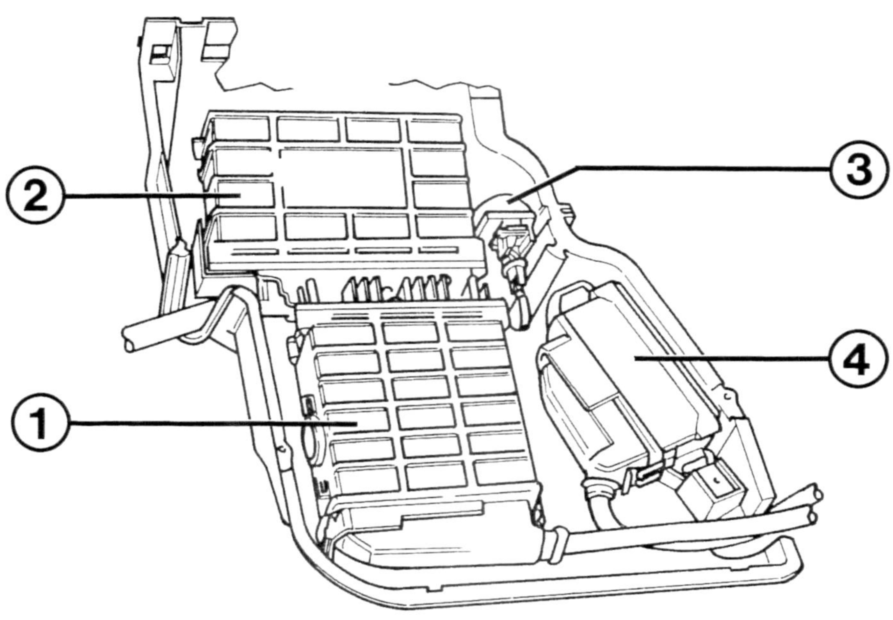

In der Elektronikbox unten im Beifahrer-Fußraum sitzt beim Fünfzylinder das Steuergerät (4) der vollelektronischen Zündung (VEZ). Ebenfalls an dieser Stelle haben der Höhengeber (3), das KE-III-Jetronic-Steuergerät (1) sowie das Steuergerät des Automatikgetriebes (2) ihren Platz. Mehr dazu siehe Kapitel »Die Karosserie-Elektrik«.

○ Nähert sich der Kolben in seinem Zylinder dem Punkt, da die angesaugte und verdichtete Ladung gezündet werden soll – dem Zündzeitpunkt –, wird der Strom zur Zündspule unterbrochen. Das geschieht auf Veranlassung des Steuergerätes in der sogenannten Endstufe.
○ Mit dem Ausschalten des Stromes bricht das Magnetfeld in der Zündspule zusammen. Dabei passiert folgendes: In der Sekundärwicklung aus sehr vielen Windungen eines dünnen Drahtes entsteht ein Hochspannungs-Stromstoß von einigen zigtausend Volt.
○ Diese Zündspannung wird über den Verteiler (beim Sechszylinder direkt) derjenigen Zündkerze zugeleitet, die in der Zündfolge des Motors gerade an der Reihe ist. Das Gemisch wird entzündet, der Motor dreht weiter. Der Stromkreis wird wieder geschlossen, und das Spiel läuft von neuem ab.

Ausführendes Organ

Die Endstufe

In der Endstufe sitzt ein leistungsfähiger Transistor, und der schaltet den Strom zur Zündspule (bzw. zu den Zündspulen) ein und aus. So können die hohen Ströme die empfindliche Elektronik des Steuergerätes nicht stören. Das macht er aber nicht in jenem Moment, in dem der Hallgeber (Vier- und Fünfzylinder) bzw. der Geber für Zündzeitpunkt (Sechszylinder) seinen Impuls liefert. Vielmehr legt das Steuergerät den jeweils richtigen Zündzeitpunkt fest und liefert damit den Schaltimpuls.

Kopf der Anlage

Das Steuergerät

Bei den meisten Motoren ist die Steuerung der Zündung mit der Steuerung der Einspritzung kombiniert. Also gibt es auch nur ein gemeinsames Steuergerät. Eine Ausnahme bildet nur der Fünfzylinder: Hier besitzen Zündung und Einspritzung eigene Steuergeräte. Von der Funktion her ergeben sich jedoch keine Unterschiede. Hier ein kleiner Abriß dessen, was so ein Steuergerät tut:
○ Bei unseren Zündsystemen bedarf es keiner zusätzlichen Einrichtung zur Verstellung des Zündzeitpunkts. Dem Steuergerät stehen alle möglichen Motordaten und -kennwerte zur Verfügung. Hallgeber bzw. Geber für Motordrehzahl und Kurbelwellenstellung, sowie Geber für Motortemperatur, Drosselklappenstellung etc. machen's möglich. Aus all diesen Daten und Informationen errechnet das Steuergerät den für den jeweiligen Belastungszustand richtigen Zündzeitpunkt.
Zeichnet man den Zündwinkel (Zündzeitpunkt) über dem Lastzustand des Motors und der Motordrehzahl auf, erhalten wir ein sogenanntes Zündkennfeld. Das Kennfeld neuerer Zündsysteme wird wegen seiner bizarren Form gerne gezeigt – es läßt auf genaue Einflußnahme auf die Betriebszustände schließen.
○ Ferner stehen Korrekturprogramme zur Verfügung für Motorstart, Kaltlauf, Schubbetrieb etc.
○ Das Steuergerät genehmigt der Zündspule immer gerade so viel Strom, wie diese im Moment benötigt. Im Extremfall (Zündung eingeschaltet, Motor steht) kann es also bei dieser Zündung auch nach längerer Zeit nicht zu einer Schädigung der Zündspule kommen.
○ Die Klopfregelung der Motoren mit 85, 98 und 110 kW erlaubt es, den Motor immer mit größtmöglicher Frühzündung zu betreiben, was bestmögliche Leistungsausbeute verspricht. Nebeneffekt der Sache: Der für Euro-Superkraftstoff (95 Oktan) ausgelegte Motor kann mit leichten Leistungseinbußen aber gefahrlos auch mit Normalbenzin (91 Oktan) gefahren werden, denn das Steuergerät erkennt die niedrigere Oktanzahl und schaltet auf ein anderes Zünd-Kennfeld mit geringerer Frühzündung um.
○ Ebenfalls mit Klopfregelung ist der 128-kW-Sechszylinder ausgestattet. Doch er besteht auf Eurosuper 95

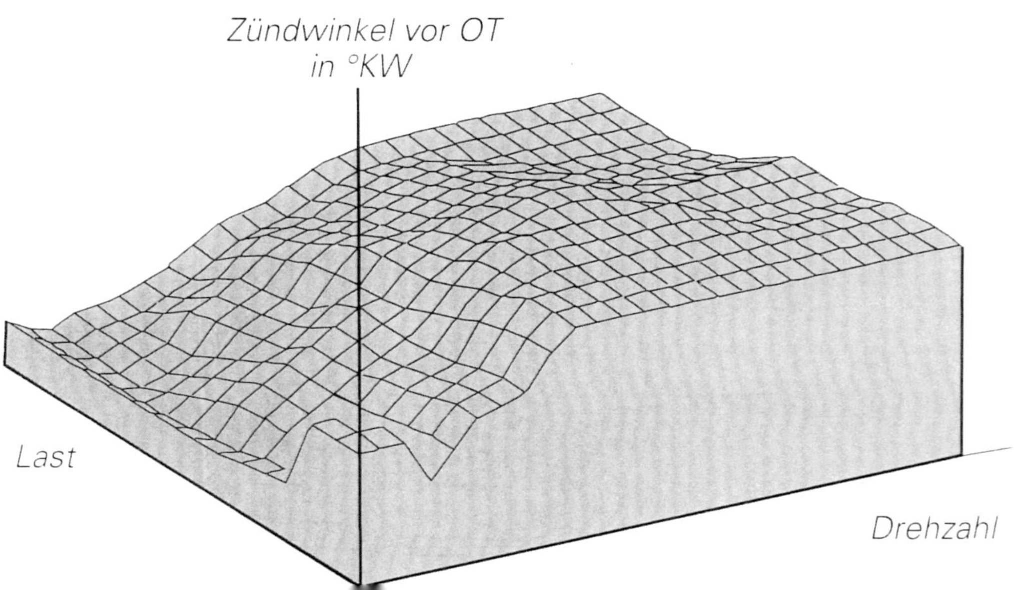

Zeichnet man den Zündwinkel über dem Lastzustand des Motors und der Motordrehzahl auf, ergibt sich ein sogenanntes Zündkennfeld. Je bizarrer dessen Form aussieht, desto genauer geht die Zündung auf den jeweiligen Betriebszustand des Motors ein.

Links: Der geöffnete Verteiler (hier am Vierzylindermotor):
1 – Hallgeber;
2 – Blendenrotor;
3 – Anschlußstecker für Hallgeber.
Rechts: Der Hallgeber sitzt beim Sechszylindermotor ganz hinten am linken Zylinderkopf. Hier zu sehen:
1 – Hallgebergehäuse;
2 – Anschlußstecker.

Oktan – Normal ist hier nicht zulässig. Wer sich und dem Audi etwas Gutes tun will, tankt Super Plus bleifrei. Das Steuergerät schaltet dann auf ein anderes Kennfeld, das mehr Durchzugsvermögen anbietet.

○ Keine Klopfregelung hat der 74-kW-Motor, der für Normalbenzin ausgelegt ist.

○ Natürlich findet ein Datenaustausch mit der Einspritzung statt. Auch deshalb, weil einige Geber am Motor doppelt genutzt werden. Das ist sogar beim Fünfzylinder der Fall, obwohl bei ihm Zündung und Einspritzung getrennte Steuergeräte haben (KE-III-Jetronic- und VEZ-Steuergerät).

○ Zuletzt ist noch ein Fehlerspeicher eingebaut, der über das Werkstatt-Fehlerauslesegerät Defekte in der Zündanlage anzeigt (siehe auch Kapitel »Regelmäßige Wartung«).

Impulse für das Steuergerät

Der Hallgeber

Das im letzten Abschnitt erwähnte Ein- und Ausschalten des Stromes zur Zündspule besorgt (über den Umweg über Steuergerät und Endstufe – davon später), der Hallgeber, der beim Vier- und Fünfzylinder im Verteiler und beim Sechszylinder hinten am linken Zylinderkopf sitzt. Sein Name hat nichts mit großen Sälen oder Echo zu tun, sondern stammt vom Entdecker des Hall-Effekts, den man sich bei diesem Geber zunutze macht. Der Hallgeber sitzt unten im Verteilergehäuse und besteht aus folgenden Teilen: einem Blendenrotor mit 4, 5 bzw. 6 Aussparungen (je nach Zylinderanzahl), einem Dauermagneten und ihm gegenüberliegend dem eigentlichen Hall-IC. Das ganze funktioniert ähnlich wie eine Lichtschranke, nur daß hier anstelle von Licht mit magnetischen Wellen gearbeitet wird.
Ganz deutlich wird das, wenn wir uns eine automatische Aufzugstür vorstellen. Stehen Sie vor der Tür und unterbrechen den Lichtstrahl, bleibt die Aufzugstür offen. Sobald Sie den Lichtstrahl freigegeben haben, erhält der Türmechanismus den Schließbefehl.
Zurück zur Zündung: Steht eine Rotorblende im Magnetfeld, so läßt der Hallgeber Strom zum Steuergerät fließen. Verläßt die Blende den Luftspalt zwischen Hall-IC und Dauermagnet, kommt kein Strom ans Steuergerät. Das sind die Impulse zum Auslösen der Zündung.

Fingerzeig: Die Ausschnitte im Blendenrotor des Verteilers sind so gelegt, daß der Zündimpuls z.B. beim Vierzylinder bis zu 60° vor OT an das Steuergerät gelangt. In dem so vorgegebenen Spielraum (bis 60°) errechnet das Steuergerät anhand der Informationen über Motordrehzahl (durch die Zündimpulsfolge) und Last (durch die Widerstandswerte vom Luftmengenmesser, Drosselklappen-Potentiometer bzw. Saugrohrdruckgeber) den optimalen Zündzeitpunkt.

Geber für Motordrehzahl und Geber für Zündzeitpunkt
Sechszylinder

Zusätzlich zum Hallgeber besitzen die Sechszylinder-Motoren einen Geber für Motordrehzahl und einen Geber für Zündzeitpunkt. Beides sind sogenannte Induktionsgeber.

○ Der Geber für Motordrehzahl funktioniert folgendermaßen: Spule und Magnet sind im Geber untergebracht. Das Gegenstück bilden die zackenförmigen Erhebungen am Zahnkranz der Schwungscheibe hinten auf der Kurbelwelle. Jedesmal, wenn nun ein Zahn unter dem Geber vorbeiläuft, ändert sich das Magnetfeld des Dauermagneten, und in der Spule wird Spannung erzeugt. Dieses kleine Spannungssignal genügt zur Weiterverarbeitung im Steuergerät der MPI/MPFI. Die Information über die Drehzahl der Kurbelwelle liegt somit vor.

○ Um auch noch die genaue Stellung der Kurbelwelle zu erfassen, wurde ein Stahlstift an einer definierten Stelle am Umfang der Schwungscheibe angebracht. Läuft der Stift unter dem Geber vorbei, wird eine Spannungsspitze erzeugt, was das Steuergerät zur Positionsbestimmung zu deuten weiß.

Klopfregelung

nicht beim 74-kW-Motor

Klopfende Verbrennung – entstanden, wenn der Zündzeitpunkt zu weit in Richtung »früh« gelegt wurde – schadet dem Motor. Folgen sind Überhitzung, Lager- und Kolbenschäden.
Andererseits ist die Leistungsausbeute des Motors am höchsten, wenn der Zündzeitpunkt so weit als möglich in Richtung »früh« gelegt wurde, wenn also hart an der Klopfgrenze gefahren wird. Zu viele Faktoren (Kraftstoffqualität, Brennraumablagerungen etc.) beeinflussen diese Klopfgrenze, als daß man sie genau festlegen könnte. Man braucht also einen großen »Sicherheitsabstand« bei der herkömmlichen Zündeinstellung. Oder einen »Horchposten«, der ermittelt, ob klopfende Verbrennung vorliegt – eine Klopfregelung.

Funktion der Klopfregelung

Die Verbrennung in den Zylindern wird von einem sogenannten Klopfsensor überwacht, der beim Vier- und Fünfzylindermotor links am Motorblock festgeschraubt ist. Der Sechszylinder besitzt zwei Sensoren rechts und links oben am Block. Der Klopfsensor »spürt« es, wenn die Verbrennung im Zylinder statt der üblichen gleichförmigen Schwingungen ein ungleichmäßiges Schwingungsbild zeigt. Diese Information leitet er zum Steuergerät weiter. Dort passiert folgendes: Mit Eingang des Signals »klopfende Verbrennung bei der letzten Zündung« erhalten die nun folgenden Zylinder mit normaler Verbrennung weiterhin ihren errechneten Zündzeitpunkt. Doch an demjenigen Zylinder, an dem Klopfen festgestellt wurde, wird der Zündzeitpunkt um ca. 3° zurückgenommen. Das geschieht wohlgemerkt nur bei diesem einen Zylinder. Die anderen behalten den ursprünglich errechneten Zündzeitpunkt.
Sollte die klopfende Verbrennung im betreffenden Zylinder anhalten, wird beim nächsten Arbeitstakt der Zündzeitpunkt abermals um 3° zurückgenommen. Das kann bis maximal 15° (vom Soll-Zündzeitpunkt aus gerechnet) geschehen.
Sobald im entsprechenden Zylinder die Verbrennung wieder normal abläuft, wird der Zündzeitpunkt nach kurzer Verweilzeit wieder in Richtung »früh« verstellt. Das geschieht um ca. 0,5°, es folgt eine Pause über mehrere Arbeitstakte, bevor erneut um 0,5° weiter in Richtung »früh« verstellt wird. Das geht so lange, bis der ursprüngliche Zündzeitpunkt erreicht ist oder der Klopfsensor abermals klopfende Verbrennung meldet.

Der Klopfsensor

In diesem Fühler ist ein »Piezokeramik«-Stückchen eingesetzt, ein Werkstoff, den wir als Funkenspender vom Gasfeuerzeug her kennen. Mechanische Kräfte (Zug, Druck), die auf die Piezokeramik wirken, werden von dieser in elektrische Spannung umgesetzt. Ungleichmäßige Schwingungen – erzeugt durch klopfende Verbrennung – genügen, um den Sensor zu aktivieren. **Wichtig:** Anzugsdrehmoment für Klopfsensor exakt 20 Nm.

Vorsicht beim Umgang mit der Zündung

Im Motorraum des Audi 100 warnt ein Aufkleber vor den **hohen Spannungen** der Zündanlage, und das nicht ohne Grund: Schon in der dünnen Steuerleitung zur Zündspule können Spannungen bis zu 100 Volt mit hoher Stromstärke auftreten, ganz zu schweigen von der Zündspannung, die mit über 30000 Volt (aber geringer Stromstärke) gefährlich hoch ist. Zwar hört man glücklicherweise nichts davon, daß Autobesitzer von ihrer Zündung ermordet wurden, doch kann das Berühren blanker Kontakte unter ungünstigen Umständen vor allem für Herzgefährdete sehr gefährlich werden. Deshalb:

○ Sämtliche elektrische Leitungen – auch Anschlüsse von Prüfgeräten – nur bei **ausgeschalteter Zündung** berühren oder ab- bzw. anklemmen.

Der Klopfsensor (Pfeil) sitzt beim Fünfzylinder (linke Abbildung) sowie bei den Vierzylinder an der linken Motorseite. Der Sechszylindermotor (Bild rechts) besitzt je einen Klopfsensor rechts und links oben unter dem Saugrohr. Wichtig: Die Halteschraube des Klopfsensors muß mit exakt *20 Nm* angezogen werden, sonst ist der Klopfsensor ohne Funktion

○ Abklemmen der Batterie nur bei **ausgeschalteter Zündung**.
○ Soll der Motor vom Anlasser lediglich durchgedreht werden ohne anzuspringen, muß die Zündung lahmgelegt werden (siehe folgenden Abschnitt).
○ Zur Motorwäsche muß die Zündung ausgeschaltet sein.
○ Zur Starthilfe bei leerer Batterie mit einem Schnellader darf dieser höchstens eine Minute lang angeschlossen sein und die Spannung nicht mehr als 16,5V betragen.
○ Bei einem bestehenden oder vermuteten Defekt an der Zündanlage zum Abschleppen des Fahrzeugs Zündung lahmgelegen (siehe folgenden Abschnitt).
○ An Klemme 1/– der Zündspule keinen Kondensator anschließen.
○ Zündverteilerläufer nicht gegen einen beliebigen austauschen, er hat einen Widerstand von 1 kΩ und die Kennzeichnung »R1« (Vier- und Fünfzylinder).
○ An den dicken Zündkabeln nur Widerstände mit 1 kΩ verwenden (Vier- und Fünfzylinder).
○ Nur Kerzenstecker mit einem Widerstand von 5 kΩ verwenden.
○ Zum elektrischen Schweißen am Fahrzeug müssen die Kabel an der Batterie abgeklemmt werden.

Arbeiten an der Zündanlage

Zündung lahmlegen

Das Steuergerät bzw. die Endstufe der Zündanlage erleidet unweigerlich Schaden, wenn der Motor bei einem abgezogenem Zündkabel vom Anlasser durchgedreht wird. Deshalb:

- **Vier- und Fünfzylinder:** Stecker an der Endstufe (neben der Zündspule) bei ausgeschalteter Zündung abziehen.
- **Sechszylinder:** Beide Stecker an der Endstufe (an der hinteren Motorraumwand) bei ausgeschalteter Zündung abziehen.

Störungssuche an der Zündung

Wer einem Fehler in der Zündung auf die Spur kommen will, muß ganz systematisch vorgehen:
○ Ob überhaupt ein Zündfunken erzeugt wird, klärt man mit einer einfachen **Zündspannungs-Prüfung**.
○ Die Stromversorgung der Zünd- bzw. Einspritzanlage läuft über die **Thermosicherungen** im braunen, schwarzen und roten Halter (in der Elektronikbox. Bei Versagen der Zündung diese Sicherungen prüfen (Kapitel »Die Karosserie-Elektrik«).
○ Eine genaue **Sichtprüfung** der Zündanlage deckt die häufigsten Fehlerursachen (Kabel, Stecker, Spannungsüberschläge) auf.
○ Erst jetzt **Zündspule, Hallgeber oder Geber für Motordrehzahl bzw. für Zündzeitpunkt** nacheinander durchprüfen.
○ War all das ohne Erfolg, muß die Werkstatt den **Fehlerspeicher abfragen**.

Ist Zündspannung vorhanden?

Gleich zu Anfang prüfen wir, ob die Zündanlage überhaupt Zündfunken zustandebringt:

- Eines der Zündkabel an der Zündkerze abziehen, Kerze herausschrauben.
- Zündkabel wieder auf die Kerze stecken und diese so auf dem Motorblock ablegen, daß sie sicheren Massekontakt hat. Besser noch das Gewindeteil der Kerze mittels Starthilfekabel leitend mit dem Motor verbinden.
- Motor von Helfer mit dem Anlasser durchdrehen lassen.
- Springen kräftige Funken an der Kerzenelektrode

Lahmlegen der Zündung durch Abziehen der Stecker (Pfeile) an den Zündungsendstufen, links beim Vier-/Fünfzylinder gezeigt, rechts beim Sechszylinder.

Die Abbildung zeigt das Zündspulenpaket der Sechszylindermotoren bei abgenommener Motorabdeckung. Die Zahlen an den Hochspannungsanschlüssen geben Aufschluß, zu welchem Zylinder das betreffende Zündkabel geführt werden muß.

Hier wird geprüft, ob die Zündanlage überhaupt einen Zündfunken zustande bringt. Sicherheitshalber sollte die Kerze mittels eines Starthilfekabels leitend mit dem Motor verbunden werden, was hier aus Gründen der Darstellung nicht gezeigt ist.

über, ist Zündstrom vorhanden, doch vielleicht stimmt die Zündungs-Grundeinstellung nicht (siehe entsprechenden Abschnitt in diesem Kapitel).

● Funkt nichts, versuchen Sie es mit der Kerze eines anderen Zylinders. Springen immer noch keine Funken über, muß die Zündanlage komplett geprüft werden.

Sichtprüfung der Zündanlage

○ Sitzen alle Kabelanschlüsse und Steckkontakte an Zündspule, VEZ- bzw. Zünd/Einspritzungs-Steuergerät und am Verteiler fest?
○ Ist in den Mehrfachsteckern am Steuergerät eventuell ein einzelner Steckkontakt zurückgerutscht?
○ Ist an der Zündspule Vergußmasse herausgedrückt worden? Dann ist sie wahrscheinlich defekt.
○ Zeigen sich am Zündspulengehäuse Risse oder Brandspuren von überschlagenden Funken?
○ Kontrollieren Sie zusätzlich die Haupt- oder Zündkerzenkabel auf festen Sitz und Schäden an der Isolation. Die modernen Zündanlagen sind durch ihre hohen Zündspannungen empfindlicher gegen Funkenüberschläge und Kriechströme.
○ Zeigt die Verteilerkappe Schäden? Vor allem die Innenseite beachten!
○ Sind alle Teile der Zündanlage sauber und trocken? Feuchter Schmutz begünstigt Spannungsüberschläge.

Fingerzeig: Beachten Sie bei den folgenden Messungen, daß Meß- und Prüfgeräte nur bei ausgeschalteter Zündung an- und abgeklemmt werden dürfen.

Stromversorgung der Zündanlage in Ordnung?

Neben einem Totalausfall der Zündanlage durch fehlende Spannung kann auch zu geringe Versorgungsspannung erhebliche Störungen bewirken! Deshalb ist hier ein Voltmeter besser zur Prüfung.

● Sind die Sicherungen in Ordnung?
● **Vier- und Fünfzylinder:** Stecker an der Leistungsendstufe neben der Zündspule abziehen.
● Meßgerät am abgezogenen Stecker anschließen zwischen Kontakt »1« (Klemme 15) und Kontakt »3« (Masse).
● Zündung einschalten.
● 11,5 Volt müssen dort mindestens abzulesen sein.
● Messen Sie gar keine Spannung oder eine zu geringe, liegt der Fehler im Kabelweg zum Zündschloß.
● Gleiches gilt für den Anschlußstecker bei Fahrzeugen mit dem sogenannten Zündtrafo.
● **Vierzylinder:** Gleiche Messung am schwarz/blauen Kabel des Motronic- bzw. Digifant-Steuergerätes.
● **Fünfzylinder:** Gleiche Messung am schwarz/blauen Kabel des VEZ-Steuergerätes.
● Auch dort müssen mindestens 11,5 Volt abzulesen sein.
● **Sechszylinder:** Weiße Steckverbindung an der hinteren Motorraumwand (Spannungsversorgung der Zündspulen) trennen, Meßgerät nacheinander zwischen **jedem** der drei Klemme-15-Anschlüsse im Oberteil der Steckverbindung und Masse anschließen.
● Zündung einschalten.
● Mindestens 11,5 Volt müssen dort jeweils abzulesen sein.
● Messen Sie gar keine Spannung oder eine zu geringe, liegt der Fehler im Kabelweg zum Zündschloß.
● Gleiche Messung am schwarz/grünen Kabel des MPI/MPFI-Steuergeräts.
● Auch dort müssen mindestens 11,5 Volt abzulesen sein.

Fehlerquellen

○ Voraussetzung: Batterie geladen, Sicherungen i.O.
○ Zündschloß defekt (Kapitel »Instrumente und Geräte«).
○ Unterbrechung in der Zuleitung Zündschloß/Zentralelektrik und Zentralelektrik/Zündspule(n) bzw. Zentralelektrik/Steuergerät. Kabelverlauf und Stecker anhand der Stromlaufpläne hier im Buch kontrollieren.

Zündspule prüfen
Vier- und Fünfzylinder

● Die **Sichtprüfung** an der Zündspule wurde bereits durchgeführt.
● Zur **Widerstandsprüfung** alle Leitungen an der Zündspule bei ausgeschalteter Zündung abnehmen. Wir messen die Primär- und Sekundärwicklung.
● Mit einem genauen Ohmmeter zwischen den Zündspulenklemmen 1/– und 15/+ messen.
● Sollwert: **0,5–1,5** Ω.
● Nächste Messung zwischen Klemme 1/– und 4:
● Hier müssen **5–9 kΩ** abzulesen sein.
● Werden die genannten Werte nicht erreicht, Zündspule ersetzen.
● Mit diesen Messungen läßt sich ein Kurzschluß zwischen den Wicklungen nicht erkennen. Fällt also der Verdacht trotz guter Meßergebnisse auf die Zündspule, sollten Sie die ausgebaute Spule bei einer Autoelektrik-Werkstatt durchprüfen lassen.

Leistungsendstufe prüfen
Vier- und Fünfzylinder

Die Leistungsendstufe neben der Zündspule läßt sich nicht einzeln auf Funktion prüfen. Man geht so vor:
● **Ansteuerung prüfen:** Stecker an der Leistungsendstufe neben der Zündspule abziehen.
● Meßgerät am abgezogenen Stecker anschließen zwischen Kontakt »2« (Ansteuerung) und Kontakt »3« (Masse).
● Motor mit dem Anlasser durchdrehen.
● 2 Volt müssen mindestens abzulesen sein.
● **Spannungsversorgung der Zündanlage prüfen**, wie schon beschrieben.
● **Zündspule prüfen**, siehe vorigen Abschnitt.
● Bringt die Zündanlage keinen Funken zustande, obwohl die genannten Prüfungen keine Fehler ergaben, muß die Leistungsendstufe defekt sein. Dann Endstufe und Zündspule gemeinsam wechseln.

Zündtrafo
Vierzylinder

An einigen Vierzylinder-Motoren sind die Zündspule und die Endstufe zu einem Bauteil (Zündtrafo genannt) zusammengefaßt. Die Anschlüsse von Klemme 1 und 15 der Zündspule sind unter einem Abdeckkäppchen zugänglich. Die Masseverbindung läuft direkt über das Gehäuse. In ihrer Funktion entspricht die Anordnung der Zündspule mit Endstufe.

Zündtrafo prüfen

● Die **Sichtprüfung** wurde bereits durchgeführt.
● Zur **Widerstandsprüfung** Dreifachstecker und Hauptzündkabel am Zündtrafo bei ausgeschalteter Zündung abnehmen. Wir messen Primär- und Sekundärwicklung des Spulenteils.
● Mit einem Ohmmeter zwischen den Zündtrafoklemmen 1/– und 15/+ messen.
● Sollwert: **0,5–0,7** Ω.
● Nächste Messung zwischen Klemme 15 und 4.
● Sollwert: **3–4 kΩ**.
● Werden die genannten Werte nicht erreicht, Zündtrafo ersetzen.
● Mit diesen Messungen läßt sich ein Kurzschluß zwischen den Wicklungen nicht erkennen. Fällt also der Verdacht trotz guter Meßergebnisse auf den Zündtrafo, sollten Sie den ausgebauten Trafo bei einer Autoelektrik-Werkstatt durchprüfen lassen.
● Zur **Spannungsprüfung** brauchen Sie ein Voltmeter sowie Hilfskabel mit Prüfspitzen.
● An den beiden äußeren Kontakten des Zündtrafo-Dreifachsteckers die Meßkabel anklemmen.
● Zündung einschalten, am Voltmeter müssen etwa 12 Volt abzulesen sein. Lag keine Spannung an, Leitungsunterbrechung in der Plus- oder Masseleitung suchen.
● Zündung ausschalten.

Die Zündspule der Vier- und Fünfzylindermodelle ist hier im Bild mit den richtigen Klemmenbezeichnungen versehen.
Die Zeichnung unten zeigt die Kontaktbelegung des Anschlußsteckers an der Leistungsendstufe (wichtig bei Prüfungen).

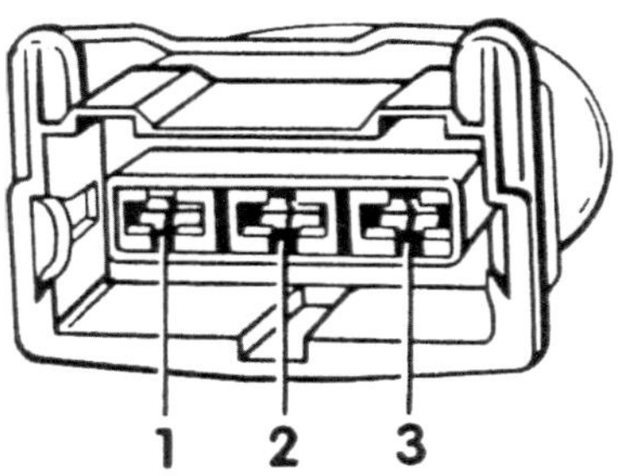

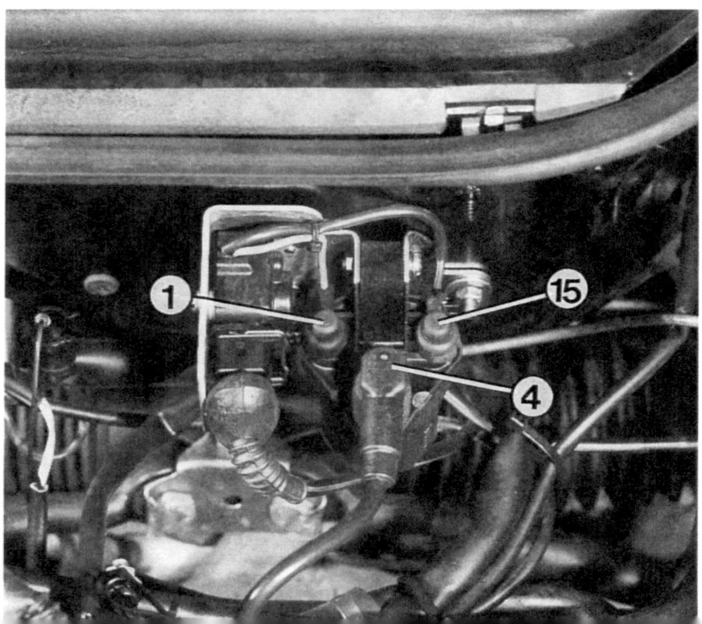

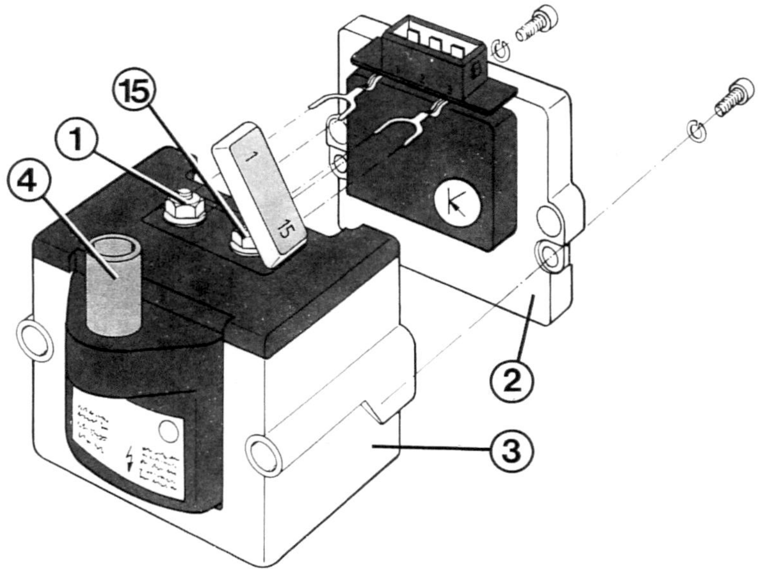

Einige Vierzylinder-Modelle sind mit einem solchen Zündtrafo ausgestattet. Zündspule (3) und Endstufe (2) sind hier in einem Gehäuse untergebracht. Auch hier sind die Anschlüsse wieder mit den richtigen Klemmenbezeichnungen versehen, wobei die Klemmen 1 und 15 erst nach Öffnen des kleinen Kläppchens zugänglich sind. Auch der dreipolige Anschlußstecker ist hier sichtbar.

● **Impulsprüfung:** Zunächst Sicherung 17 im Sicherungskasten abziehen, damit nicht unnötig Kraftstoff eingespritzt wird.
● Mit Hilfsleitungen und Prüfspitzen einen Leuchtdioden-Spannungsprüfer an den Kontakten »2« und »3« des Zündtrafo-Steckers anschließen.
● Von Helfer den Anlasser betätigen lassen.
● Die Leuchtdiode muß flackern. Wenn nicht, liegt es am Hallgeber, oder das Motronic- bzw. Digifant-Steuergerät ist defekt.
● Zündung ausschalten.

Zündspulen prüfen
Sechszylinder

● Die **Sichtprüfung** wurde bereits durchgeführt.
● Zur **Widerstandsprüfung** alle Zündleitungen an den Zündspulen abziehen. Wir messen die **Sekundärwicklung** der Spule.
● Mit einem Ohmmeter zwischen den Zündleitungsbuchsen von Zylinder 1 und 6 (Spule 1) messen.
● Sollwert: **9–14 kΩ**.
● Gleiche Messung wiederholen zwischen den Zündleitungsbuchsen von Zylinder 2 und 4 sowie zwischen den Zündleitungsbuchsen von Zylinder 3 und 5 (Spule 2 und 3).
● War alles in Ordnung, wird die **Sekundärwicklung** der Spulen gemessen.
● Weiße Steckverbindung an der hinteren Motorraumwand (Spannungsversorgung der Zündspulen) trennen, Meßgerät wahlweise an **einem** der drei Klemme-15-Anschlüsse im Oberteil der Steckverbindung anschließen.
● **Dreipoligen Stecker** an der Leistungsendstufe (ebenfalls an der hinteren Motorraumwand) abziehen, zweites Meßgeräte-Kabel nacheinander an allen drei Klemmen im Stecker anschließen.
● Sollwert: Es müssen bei allen drei Messungen **0,5–1,0** Ω angezeigt werden.
● Werden die genannten Werte nicht erreicht, Zündspulen-Paket ersetzen.

Leistungsendstufe prüfen
Sechszylinder

● Stecker an allen sechs Einspritzventilen abziehen.
● **Vierpoligen Stecker** an der Leistungsendstufe (an der hinteren Motorraumwand) abziehen.
● Leuchtdioden-Spannungsprüfer an Masse anschließen.
● Mit dem freien Kabel des Spannungsprüfers im

Die Leistungendstufe (Pfeil) für die Zündspulen des Sechszylindermotors ist an der hinteren Motorraumwand untergebracht. Die Zeichnung zeigt die Kontaktbelegung des vierpoligen Anschlußsteckers. Der dreipolige Stecker entspricht der Zeichnung auf der Vorseite (Vier-/Fünfzylinder).

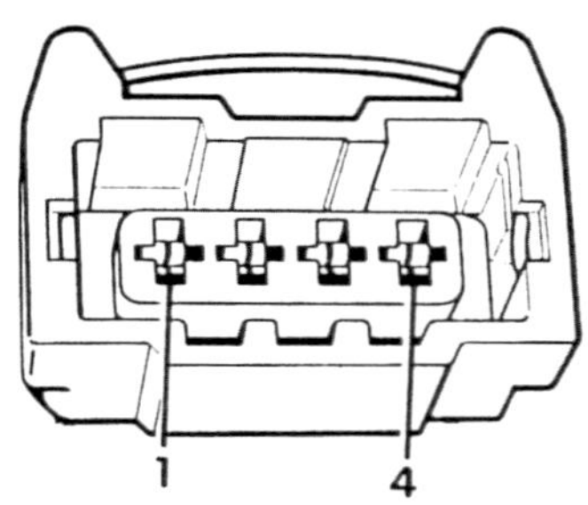

abgezogenen Stecker nacheinander an Pin »1«, »3« und »4« halten.
● Ein Helfer dreht dabei jedesmal den Motor mit dem Anlasser durch.
● Der Leuchtdioden-Spannungsprüfer muß bei allen drei Messungen flackern, sonst Ansteuerung prüfen bzw. Leistungsendstufe ersetzen.

Hallgeber prüfen
Vier- und Fünfzylinder

● Stecker an der Leistungsendstufe neben der Zündspule abziehen.
● Am Stecker des Hallgebers (seitlich am Zündverteiler) bei aufgestecktem Stecker die Gummitülle zurückschlagen, damit die Steckerkontakte von hinten zur Messung zugänglich sind.
● Voltmeter an Klemme »2« (violettes Kabel) und Klemme »3« (violett/braunes Kabel) des Anschlußsteckers anklemmen.
● Zündung einschalten und Motor langsam von Hand durchdrehen, damit die Lochblende im Verteiler sich ebenfalls dreht und so in den Hallgeber ein- und austritt.
● Meßgerät beobachten: Es soll 0–0,5 Volt anzeigen, wenn sich die Blende außerhalb des Hallgebers befindet. Mindestens 4 Volt soll es anzeigen, wenn die Blende in den Hallgeber eingetreten ist.
● Sind keine Impulse zu messen, als nächstes die Stromversorgung des Hallgebers prüfen:
● Stecker am Verteiler abziehen und Voltmeter an die beiden äußeren Kontakte des Steckers anschließen.
● Zündung einschalten, es müssen jetzt mindestens 9 Volt abzulesen sein.
● Wenn nicht, ist das Steuergerät oder die Kabelverbindung defekt.

Hallgeber prüfen
Sechszylinder

● Alle Stecker an den Einspritzventilen abziehen.
● Gummitülle hinten auf dem Stecker am Hallgeber zurückschlagen (Stecker bleibt aufgesteckt).
● Mit Leuchtdioden-Spannungsprüfer kontrollieren, ob zwischen Klemme »1« und »3« des Steckers (am Stecker sind die Klemmen bezeichnet) bei eingeschalteter Zündung Spannung anliegt.
● Wenn nicht, Zuleitung prüfen.
● Leuchtdioden-Spannungsprüfer zwischen Klemme »2« und »3« anschließen.
● Von Helfer Motor mit dem Anlasser durchdrehen lassen.
● Der Leuchtdioden-Spannungsprüfer muß blinken, dann ist der Hallgeber in Ordnung.

Fingerzeig: Ein defekter Hallgeber kann einzeln ausgetauscht werden.

Geber für Motordrehzahl prüfen
Sechszylinder

Der Drehzahlgeber sitzt über dem Zahnkranz der Schwungscheibe. Seine Kabelsteckverbindung ist zum Steckerhalter an der hinteren Motorraumwand nach oben geführt.
● Verlegung des Kabels vom Geber zum Halter an der hinteren Motorraumwand verfolgen, Steckverbindungen und Kabel prüfen.
● **Elektrische Prüfung** mit genauem Ohmmeter:
● Schwarze dreipolige Steckverbindung trennen und Ohmmeter am Kabel zum Geber zwischen Kontakt »1« und »2« (siehe Zeichnung) anschließen.
● Der Ohmmeter muß 1 kΩ anzeigen, sonst ist der Geber defekt.
● Der dritte Kontakt ist die Abschirmung des Kabels.
● Ohmmeter zum Prüfen der Abschirmung jetzt zwischen Kontakt »1« und »3« sowie danach an »2« und »3« anschließen.
● Der Ohmmeter muß ∞ Ω anzeigen, sonst ist der Geber defekt.

Fingerzeig: Eine weitere Prüfung ist das Abschrauben des Gebers und Reinigen seiner Stirnseite.

Rechts: Steckverbindungen hinten rechts im Motorraum beim Sechszylinder:
1 – für Lambdasonden-Heizung für Lambdasonde rechts;
2 – für Zündspule (Zuleitung);
3 – für Lambdasonden-Signal (rechte Lambdasonde; die Steckverbindung befindet sich hinten am Halter);
4 – für Klopfsensor I;
5 – für Motordrehzahlgeber;
6 – für Zündzeitpunktgeber.
Unten: Die Zeichnung zeigt die Kontaktbelegung der Anschlußstecker der Geber für Motordrehzahl und Zündzeitpunkt.

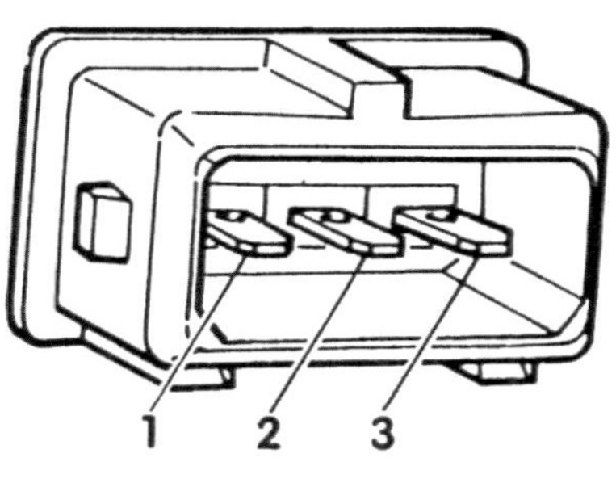

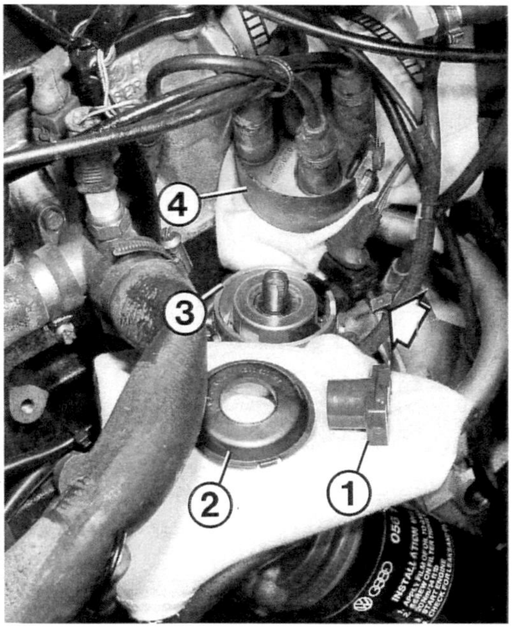

Verteiler öffnen: Halteklammern (Pfeile) mit einem Schraubendreher abdrücken, Verteilerdeckel (4) vom Gehäuse (3) heben, Verteilerfinger (1) abziehen, Staubschutzdeckel (2) abnehmen.

Schmutz oder Fett an dieser Stelle stört die Funktion. Zu beachten: Niemals den Halter des Gebers abschrauben, sondern nur den Geber selbst. Wurde der Halter gelöst, muß er in der Werkstatt mit Spezialwerkzeug neu eingestellt werden.

Geber für Zündzeitpunkt prüfen
Sechszylinder

Der Geber für Zündzeitpunkt ist links hinten direkt in den Motorblock eingesetzt. Geprüft wird er an der grauen, dreipoligen Steckverbindung am Halter an der hinteren Motorraumwand.
Die eigentliche Prüfung verläuft völlig identisch wie die des Gebers für Motordrehzahl, wie im vorigen Abschnitt beschrieben.

Steuergerät prüfen

Für das Steuergerät (VEZ bzw. Zünd-/Einspritzanlage) gibt es keine Prüfmethode im herkömmlichen Sinn. Einem Fehler kommen Sie jedoch durch Abfragen des Fehlerspeichers auf die Spur (Kapitel »Regelmäßige Wartung«). Untergebracht sind alle Steuergeräte in der Elektronikbox im Beifahrer-Fußraum (siehe Kapitel »Die Karosserie-Elektrik«).

Der Zündverteiler

Vier- und Fünfzylinder

Der Verteiler ist »zweigeschossig«. In jedem Geschoß werden unterschiedliche Tätigkeiten ausgeführt:
- In seinem Hochspannungsteil verteilt der Verteilerfinger die Zündfunken an die Zündkerzen.
- Im Untergeschoß des Verteilers sitzt der Hallgeber, der die Zündimpulse auslöst.

Verteiler öffnen

- Blech-Halteklammern des Deckels mit einem Schraubendreher abdrücken.
- Massekabel der Abschirmung abziehen.
- Verteilerdeckel abnehmen, die Zündkabel bleiben aufgesteckt.
- Verteilerfinger abziehen, darunterliegenden Staubschutzdeckel abnehmen.
- Beim Einbau den Staubschutzdeckel so auflegen, daß seine Haltenase in die Aussparung im Verteilergehäuserand zu liegen kommt.

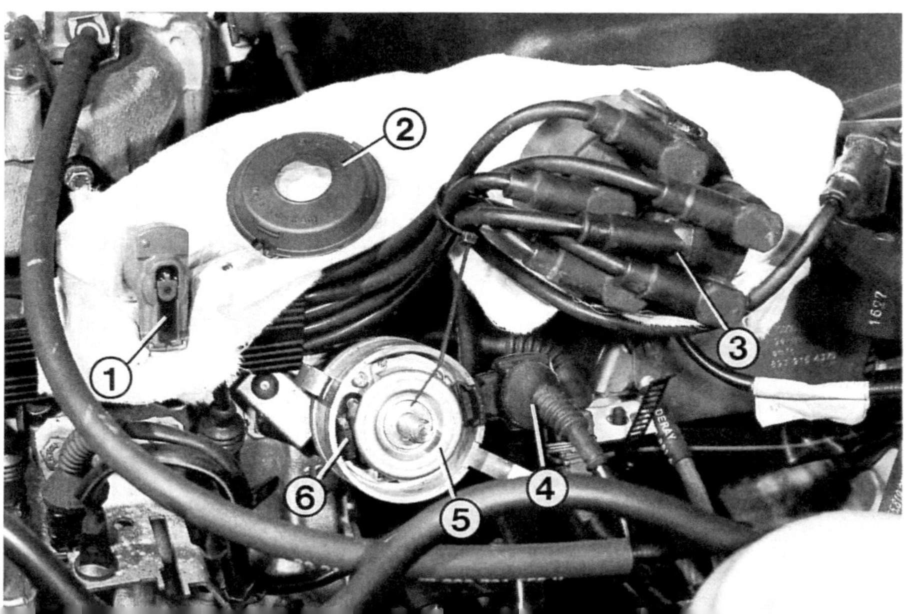

Der zerlegte Verteiler des Fünfzylindermotors:
1 – Verteilerfinger;
2 – Staubschutzdeckel;
3 – Verteilerdeckel;
4 – Anschlußstecker;
5 – Lochblende;
6 – Hallgeber.

● Der Verteilerfinger besitzt eine angegossene Erhebung, die in die Aussparung in der Verteilerwelle einrastet.

● Verteilerkappe abnehmen. Sie muß innen und außen sauber sein, damit keine Strombrücke über Schmutz, Abrieb oder Feuchtigkeit den Zündstrom ableitet.
● Die Kontaktkohle in der Mitte muß glatt und glänzend sein, sich leicht einfedern lassen und ohne zu klemmen wieder zurückfedern.
● Der Verteilerfinger darf an seiner Kontaktzunge und über der Vergußmasse des Entstörwiderstands zwischen Mittelkontakt und der Zunge nicht verschmort sein.

● Auch der Verteilerdeckel besitzt als Verdrehsicherung eine angegossene Nase, die in den Einschnitt im Verteilergehäuse einrasten muß.

Zündverteiler kontrollieren

● Der richtige Verteilerfinger muß die Kennzeichnung »R1« tragen.
● Bleistiftartige Striche im Verteilerdeckel sind Brandspuren von Kriechströmen, die sich über Schmutz oder Feuchtigkeit einen Weg gebahnt und eingebrannt haben.
● Behelfsmäßige Abhilfe schafft hier Auskratzen mit einem Schraubendreher oder Messer und Überstreichen mit Alleskleber, Nagellack oder im Notfall auch Lippenstift.

Verteiler ausbauen

● **Ausbau:** Zylinder 1 auf **OT Zündzeitpunkt** stellen, siehe Kapitel »Die Motoren und ihr Innenleben«.
● Verteilerdeckel abnehmen.
● Schraube am Halteblech des Verteilers (unten am Verteilerfuß) losdrehen, Zündverteiler abziehen.
● **Einbau:** Die OT-Stellung von Nockenwelle und Kurbelwelle muß noch stimmen (kontrollieren).
● Nur Vierzylinder: Der Aufnahmezapfen der Ölpumpenwelle muß im Einsteckloch für den Zündverteiler parallel zur Kurbelwelle gestellt werden.
● Verteilerwelle so drehen, daß die Kontaktplatte des Verteilerfingers zur Marke im Verteilergehäuserand zeigt.
● Verteiler einsetzen, ggf. Verteilergehäuse drehen, bis die Marke wieder fluchtet. Anschließend Zündung einstellen, siehe Kapitel-Ende.

Der Klopfsensor

nicht beim 74-kW-Motor

Der Klopfsensor wird über die Fehlerabfrage geprüft (siehe auch Kapitel »Regelmäßige Wartung«). Andere Kontrollmöglichkeiten stehen nicht zur Verfügung. Bisweilen macht jedoch ein defekter Klopfsensor auch durch heftiges Motorklingeln beim Beschleunigen auf sich aufmerksam.
Beim Einbau eines neuen Sensors unbedingt auf das richtige **Anzugsdrehmoment** der Befestigungsschraube von **20 Nm** achten.

Der Hochspannungsteil

Zur Hochspannungsseite der Zündanlage gehören neben Zündspule und Verteiler – von ihnen war bereits die Rede – die Zündkabel, Entstörstecker und natürlich die Zündkerzen.

Die Zündkabel

Die dicken Verbindungskabel von der Zündspule zum Verteiler bzw. vom Verteiler zu den Zündkerzen (Sechszylinder ohne Verteiler) bereiten normalerweise keine Probleme. Sie müssen mit ihren Entstörsteckern (zur Radio-Entstörung) fest in die Buchsen des Verteilerdeckels eingesteckt sein. Ihre Steckverbindungen dürfen nicht oxidiert sein, und sie müssen guten Kontakt zu den Kerzensteckern haben.

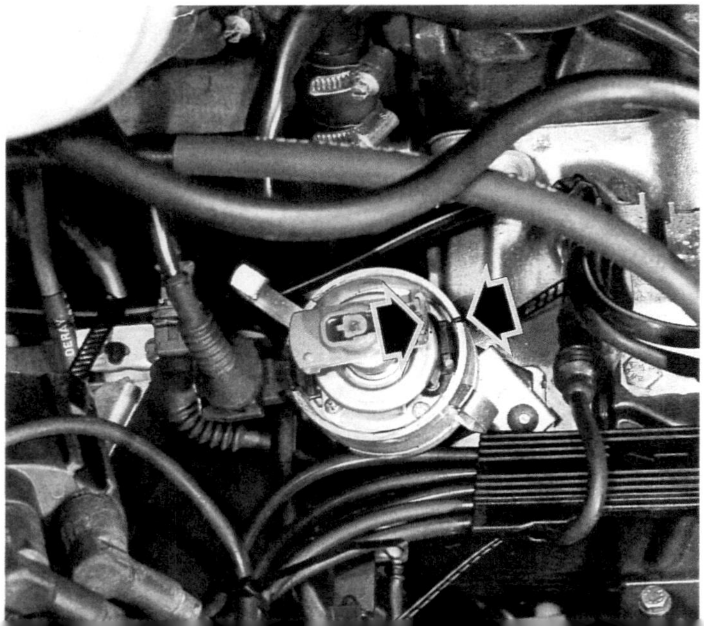

OT-Stellung des Verteilers: Die Kontaktplatte des Verteilerfingers muß der Kerbe am Gehäuserand gegenüberstehen (Pfeile). Die Kerbe ist bei abgenommenem Staubschutzdeckel sichtbar.

Wenn Zündkabel hart und brüchig geworden sind, sollten Sie neue Kabel einbauen. Die gibt es für die Sechszylinder-Motoren komplett mit beiden Steckern zu kaufen.
Für die Vier- und Fünfzylinder-Motoren kaufen Sie Kupferlitzen-Zündkabel als Meterware und die dazugehörenden Messingklemmen für die Kabelenden im Teilelager. Messingklemmen auf den Kabelenden festquetschen, Kerzenstecker und Entstörstecker bis zum Einrasten aufschieben, fertig.

Fingerzeig: »Undichte« Stellen am Zündkabel lassen sich leicht erkennen, wenn man nachts bei laufendem Motor in den Motorraum schaut. Der am Kabel überspringende Zündfunke ist dann gut sichtbar. Unbedenklich sind dagegen schwache Lichtblitze, die an den Kabeln »entlanglaufen«.

Kerzenstecker, Entstörstecker

○ Im Audi dürfen nicht beliebige Kerzenstecker verwendet werden. Die richtigen Stecker müssen einen Innenwiderstand von 4–6 kΩ haben.
○ Ähnliches gilt für die Entstörstecker der Zündkabel an den Anschlüssen des Verteilers und der Zündspule. Diese müssen 0,6–1,4 kΩ besitzen.
○ Der Verteilerfinger hat ebenfalls einen festgelegten Entstörwiderstand von 0,6–1,4 kΩ. Gekennzeichnet ist er mit dem Aufdruck »R 1«.

Fingerzeig: Wenn der Motor ständig oder zeitweise (bei feuchtem Wetter) nicht auf allen Zylindern läuft, liegt das nicht selten an defekten Kerzensteckern. Dort kommt es zu Funkenüberschlägen zwischen dem Blechmantel und Hochspannungselektrode durch das Isolationsmaterial hindurch. Gemeinerweise sieht man's dem Kerzenstecker meist nicht an, ob er durchschlägt. Zum Prüfen Kerzenstecker gegen anderen austauschen. Behelf für unterwegs: Blechabschirmung des Steckers entfernen.

Die Zündfolge

Für ausgewogenen Motorlauf werden die Zylinder z.B. beim Vierzylinder nicht etwa in der Folge 1–2–3–4 gezündet, sondern gewissermaßen durcheinander. Entsprechend der Zündfolge sind die Zündkabel im Verteilerdeckel eingesteckt. Wenn der Verteilerfinger bei abgenommenem Verteiler- und Staubschutzdeckel auf die Kerbe im Gehäuserand zeigt, steht Zylinder 1 (der vorderste in Fahrtrichtung) auf Zündzeitpunkt. Das ist ein Anhaltspunkt beim Aufstecken der Zündkabel.
Die Zündfolge bei unseren Motoren lautet:
○ **Vierzylinder:** 1–3–4–2, der **Verteilerfinger** ist **rechtsdrehend** (im Uhrzeigersinn).
○ **Fünfzylinder:** 1–2–4–5–3, der **Verteilerfinger** ist **rechtsdrehend** (im Uhrzeigersinn).
○ **Sechszylinder:** 1–4–3–6–2–5. Kein Verteiler – die Anordnung der Zündkabelanschlüsse am Zündspulenpaket entspricht der Anordnung der Zylinder. Beispiel: Zündkabel am Anschluß hinten rechts kommt zum Zylinder hinten rechts.

Zündkerzen ersetzen

Wartung Nr. 36

Der Wartungsplan sieht alle 30000 km einen Kerzenwechsel vor. Das erscheint uns ein realistisches Intervall zu sein, bei dem keine Veranlassung besteht, es kraft besseren Wissens zu verlängern. Gerade bei Fahrzeugen mit Katalysator muß besonders darauf geachtet werden, daß die Zündanlage intakt ist – wir sprachen schon davon. Trotzdem lohnt es sich, die ausgebauten Kerzen kritisch zu beäugen: Lesen Sie im übernächsten Abschnitt, was das »Kerzengesicht« aussagt.
Übrigens, wenn Sie die Kerzen zwischendurch zur Kontrolle ausgebaut haben: Von Hand sollten Sie die Zündkerzen möglichst nicht reinigen. Das schadet der Isolierschicht der Zündkerzen-Mittelelektrode (Speckstein). Aber den Elektrodenabstand können Sie prüfen.

Zündkerzen ausbauen

● Zündkerzenstecker von den Kontaktstiften der Kerzen ziehen. Nicht an den Kabeln zerren!
● Zündkerzen herausdrehen und der Zylinderreihenfolge nach ablegen, damit Rückschlüsse vom Kerzenzustand auf den betreffenden Zylinder gezogen werden können.
● Sitzen die Kerzen sehr fest, keine Gewalt anwenden, sonst kann das Kerzengewinde im Leichtmetallkopf ausreißen.
● Motor heißfahren und jetzt die Kerzen herausdrehen.
● Beim Einbau dürfen kalte Kerzen nicht in den warmen Motor fest eingedreht werden. Auch bei Einhalten des vorgeschriebenen Drehmoments sitzen sie später wie eingenietet fest.
● Zündkerzen sollen mit 20 Nm festgezogen werden. Wenn kein Drehmomentschlüssel zur Hand ist:
● Kerze eindrehen, bis der Dichtring anliegt – sie läßt sich dann von Hand oder mit dem Kerzenschlüssel ohne Kraftanstrengung nicht mehr weiterdrehen.
● Jetzt mit dem Kerzenschlüssel **bei neuen Kerzen eine knappe Viertelumdrehung** weiter anziehen.
● **Bei gebrauchten Kerzen** wird der Kerzenschlüssel **nur etwa 15°** weitergedreht, das genügt.

Zündkerzen sollen mit 20 Nm festgezogen werden. Wenn kein Drehmomentschlüssel zur Hand ist: Kerze eindrehen, bis der Dichtring (Pfeil) anliegt – sie läßt sich dann von Hand oder mit dem Kerzenschlüssel ohne Kraftanstrengung nicht mehr weiterdrehen. Jetzt mit dem Kerzenschlüssel bei neuen Kerzen eine knappe Vierteldrehung weiter anziehen. Bei gebrauchten Kerzen wird der Kerzenschlüssel nur etwa 15° weitergedreht, das genügt.

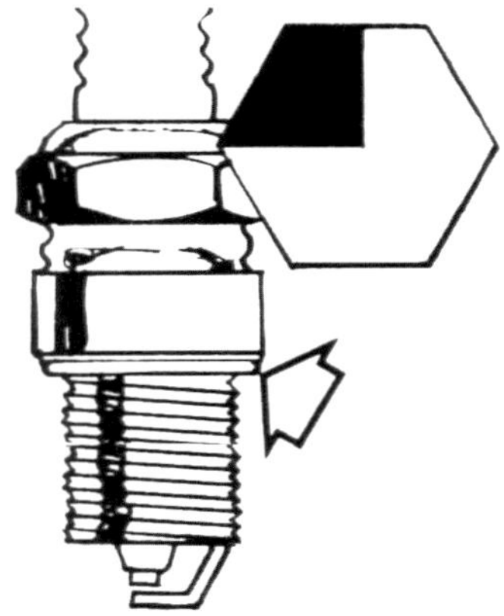

Das »Zündkerzengesicht«

Die Zündkerzen sind gewissermaßen Augenzeugen der Verbrennung im Motor. Das Aussehen der Kerzenspitze (das »Kerzengesicht«) läßt erkennen, ob der Motor optimal arbeitet. Vorher sollte der Wagen auf der Landstraße oder Autobahn gründlich warmgefahren werden. Die Kontrolle nach Kurzstreckenverkehr kann zu Fehlschlüssen führen. Sehen Sie sich die Isolatorspitze mit der Mittelelektrode und die Seitenelektroden an:

○ **Isolatorspitze grau bis bräunlich gefärbt:** Gute Einstellung der Einspritzanlage, der Motor läuft wirtschaftlich.

○ **Starke Ablagerungen:** Ursache können Zusätze im Motoröl oder Kraftstoff sein oder erhöhter Ölverbrauch. Evtl. Öl- bzw. Kraftstoffmarke wechseln.

○ **Schwarze rußartige Ablagerungen:** Zündkerze erreicht durch häufigen Kurzstreckenverkehr ihre Selbstreinigungs-Temperatur nicht, falscher Wärmewert.

○ **Isolatorspitze weißlich gefärbt:** Zündzeitpunkt zu stark in Richtung »früh« eingestellt, elektronische Zündzeitpunktverstellung bzw. Klopfsensor funktioniert nicht.

○ **Schmelzerscheinungen an Mittel- und Seitenelektroden:** Glühzündungen durch Ablagerungen im Verbrennungsraum, überhitzte Ventile, falschen Zündzeitpunkt, defekte Zündzeitpunktverstellung, defekten Klopfsensor oder Hitzestau durch mangelhafte Kühlung.

○ **Bruch der Isolatorspitze**, im Anfangsstadium als Haarrisse erkennbar: Klopfende Verbrennung durch minderwertigen Kraftstoff, falsche Zündeinstellung, schadhafte Zündzeitpunktverstellung, defekten Klopfsensor, ungenügende Motorkühlung oder Gemischabmagerung durch Nebenluft.

○ **Ölschicht über Elektroden und Innenraum der Kerze:** Kolbenringe, Ventilführungen oder Ventilschaftabdichtungen schadhaft.

○ Zeigt das Zündkerzengesicht keine Besonderheiten, aber leidet der Motor unter Startunwilligkeit oder Ruckeln, kann es dennoch an den Kerzen liegen. Unsichtbare Risse im Keramikisolator können beim Kaltstart durch kondensierenden Kraftstoff gefüllt werden, wodurch der Zündfunke abgeleitet wird. Auch unter Druck können Kerzen versagen, obwohl der Funke in ausgebautem Zustand überspringt.

Der Elektrodenabstand

Das Kraftstoff/Luft-Gemisch bzw. das verbrannte Altgas wirkt korrosiv auf die metallischen Zündkerzenelektroden. Und die hohe Spannung beim Funkenüberschlag sprengt kleine Metallpartikel ab, wodurch der Funkenspalt mit zunehmender Laufzeit der Zündkerzen vergrößert wird. Folgende Zündkerzen-Elektrodenabstandswerte sind vorgeschrieben:

○ **Vier- und Fünfzylinder: 0,7–0,9 mm**

○ **Sechszylinder: 0,9–1,1 mm**

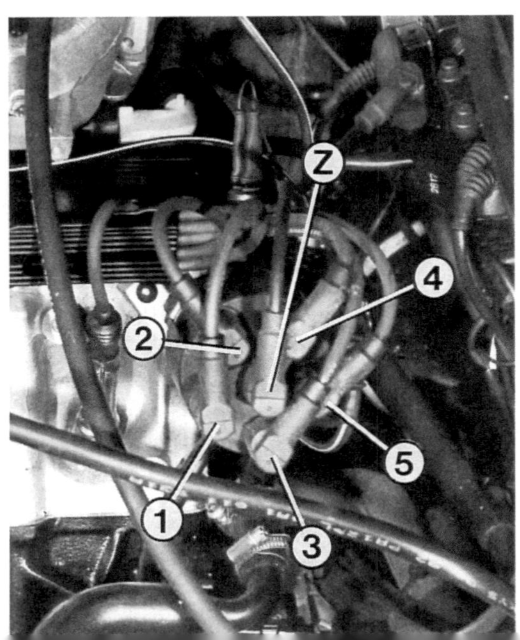

Der Zündfolge nach werden die Zündkabel des Verteilers mit den Zündkerzen verbunden. Die Zahlen zeigen, zu welchem Zylinder (Zählweise: von vorn nach hinten) das betreffende Kabel geführt werden muß. Links ist der Vier-, rechts der Fünfzylinder gezeigt.

Bei den Drei-Elektroden-Zündkerzen im Audi 100 kann sich der Zündfunke die jeweils kürzeste Übersprungstrecke »aussuchen«. Ein Nachbiegen der Elektroden wird deshalb kaum erforderlich werden.

Die richtigen Zündkerzen

Kerzenbezeichnungen

Nach der Bezeichnung in der Tabelle unten kaufen Sie die richtigen Zündkerzen für Ihr Audi-100-Modell. Was verbirgt sich hinter den Zahlen und Buchstaben?
Wärmewert: Zündkerzen müssen auf die im Motor auftretenden Brennraum-Temperaturen abgestimmt sein. Eine Kennzahl besagt, wieviel Hitze die Zündkerze ertragen, d.h. ableiten kann, ohne selbst zu heiß zu werden. Leitet die Kerze zu viel Wärme ab, erreicht sie ihre Selbstreinigungs-Temperatur nicht, und die Zündkerzenelektroden setzen Ruß an.
Elektroden: Beim Audi 100 werden ausschließlich Zündkerzen mit drei Masse-Elektroden verwendet.
Einschraubgewinde: Es muß bei den Zündkerzen für den Audi 100 19 mm lang sein; der Gewindedurchmesser beträgt 14 mm.
Schlüsselweite: Der Sechskant zum Ansetzen des Zündkerzenschlüssels ist bei den Vier- und Fünfzylindermotoren 20,8 mm breit, beim Sechszylinder mißt er dagegen 16 mm.
Dichtsitz: Für sämtliche Motoren sind Kerzen mit flachem Dichtsitz vorgeschrieben. Sie besitzen einen unverlierbaren Dichtring, also keinen zusätzlichen Dichtring einlegen.

Zündkerzen für den Audi 100

Die in der Tabelle genannten Zündkerzen entsprechen den Audi-Werks-Empfehlungen.

Motor Kennbuchstaben	2,0 l/74 kW AAE	2,0 l/85 kW AAD	2,0 l/85 kW ABK	2,3 l/98 kW AAR	2,6 l/110 kW ABC	2,8 l/128 kW AAH
Beru	14–7 DTU	14–7 DTU	14–8 DTU	14 G–8 DTU	–	–
Bosch	W 7 DTC	W 7 DTC	W 8 DTC	–	–	–
Champion	N 7 BYC	N 7 BYC	N 9 BYC	N 9 BMC	–	–
NGK	–	–	–	–	BKUR 6 ET 10	BKUR 6 ET 10
Elektrodenabstand	0,7–0,9 mm	0,7–0,9 mm	0,7–0,9 mm	0,7–0,9 mm	0,9–1,1 mm	0,9–1,1 mm

Zündzeitpunkt prüfen

Wartung Nr. 6

Der Zündzeitpunkt kann sich bei den elektronisch gesteuerten Zündanlagen im Audi 100 eigentlich nicht verstellen. Trotzdem kontrolliert die Werkstatt im Rahmen des Leerlauf- und Abgastests auch die Zündeinstellung. Dazu muß als erstes der Fehlerspeicher abgefragt werden. Dann muß das Steuergerät in die Grundeinstellung gebracht werden. Das geschieht ebenfalls mit dem Fehlerauslesegerät.
Es hat keinen Sinn, die Zündeinstellung selbst zu korrigieren, wenn nicht zuerst der Fehlerspeicher abgefragt wurde. Da unsere Steuergeräte »selbstlernend« sind, können sie eine notwendige Angleichung der Zündeinstellung vornehmen, wenn etwa ein Gebersignal ausgefallen ist. Bevor nun an der Zündeinstellung etwas verändert wird, muß erst gesichert sein, daß kein Fehler in der Anlage die Zündeinstellung verfälscht hat. Gleiches gilt für die sogenannte Grundeinstellung mit dem Fehlerauslesegerät V.A.G 1551. Solange das Steuergerät nicht in Grundeinstellung gebracht wurde, kann keine korrekte Einstellung erfolgen. Deshalb ist für diese Arbeit die Audi-Werkstatt der richtige Partner. Sie kontrolliert nach den unten angegebenen Werten.

Zündungs-Einstellwerte

Die Tabelle zeigt zur Zündeinstellung einen Prüf- und einen Einstellwert, was so zu verstehen ist: Bei der zeitsparenden Kontrolle richtet man sich nach der größeren Toleranz des Prüfwerts. Muß man ohnehin einstellen, soll das gründlich geschehen, und zwar möglichst genau auf den Einstellwert.

Motor Kennbuchstaben	2,0 l/74 kW AAE	2,0 l/85 kW AAD, ABK	2,3 l/98 kW AAR	2,6 l/110 kW ABC	2,8 l/128 kW AAH
Prüfwert	4–8° vor OT	4–8° vor OT	13–17° vor OT	7–27° vor OT	–*
Einstellwert	6±1° vor OT	6±1° vor OT	15±1° vor OT	–*	–*

* keine Angabe

Fingerzeig: Leerlaufschalter und Klopfsensor haben bei entsprechend ausgestatteten Wagen Einfluß auf den Zündzeitpunkt. Den defekten Klopfsensor erkennt man daran, daß der Zündzeitpunkt nach einem kurzen Gasstoß mindestens 10° zu spät liegt.

Die Sicht der Dinge

Unser Audi 100 besitzt durch seine großen Scheinwerferreflektoren ein ausgezeichnetes Fern- und Abblendlicht. Ein Vorzug, den der Fahrer bei Nacht natürlich besonders zu schätzen weiß. Weitere Sicherheitsaufgabe der Beleuchtungseinrichtungen ist es natürlich, den Wagen für andere Verkehrsteilnehmer gut erkennbar zu machen.

Beleuchtung kontrollieren

Ständige Kontrolle

- Zündung einschalten und nacheinander sämtliche Beleuchtungseinrichtungen betätigen:
- Standlicht, Abblendlicht, evtl. eingebaute Nebelscheinwerfer, Fernlicht.
- Blinker vorn rechts und links sowie Warnblinker.
- Rücklichter und Kennzeichenleuchten und Nebelschlußleuchte.
- Blinker hinten rechts und links, Warnblinker, Rückfahrleuchten.
- Bremslicht, wozu allerdings ein Helfer nötig ist.

Fingerzeig: Aufmerksame Fahrer kontrollieren die Beleuchtungsanlage praktisch bei jeder Nachtfahrt. Eine ausgefallene Scheinwerfer-Glühlampe bemerkt man an dem schmalen »Lichtfinger« vor dem Wagen. In einer Kolonne reflektiert die Stoßstange oder Lackierung des Vorderwagens oft das Licht der Scheinwerfer und vorderen Blinker. Vor einer hellen Wand können Sie ebenfalls im Sitzen prüfen, ob jeweils zwei Lichtpunkte zu sehen sind und ob es beim Blinken orangefarben leuchtet. Zur Kontrolle der hinteren Leuchten eignet sich wieder am besten eine helle Wand.

Ersatzlampen

Ein kleiner Vorrat der wichtigsten Ersatzlampen gibt Ihnen unterwegs die Möglichkeit, einen Lampendefekt sofort »ambulant« zu behandeln.

- ○ Halogen-Zweifadenlampe H 4, 60/55 Watt, DIN-Form YD (Hauptscheinwerfer).
- ○ Halogen-Einfadenlampe H 3, 55 Watt, DIN-Form YC (Nebelscheinwerfer).
- ○ Kugellampe, 21 Watt, DIN-Form RL (Blinker vorn und hinten, Rückfahrleuchten, Nebelschlußleuchte).
- ○ Zweifaden-Kugellampe, 21/5 Watt, DIN-Form SL (Brems- und Schlußlicht).
- ○ Röhrenlampe, 4 Watt, DIN-Form HL (Standlicht, Kennzeichenleuchten).

Scheinwerferlampen auswechseln

Hauptscheinwerferlampe

Alle Glühlampen in den Scheinwerfern werden vom Motorraum her ausgebaut.

- Scheinwerfer-Abdeckkappe im Motorraum linksdrehen und abnehmen.
- Kabelstecker abziehen.
- Federbügel der Lampenhalterung zusammendrücken und nach hinten klappen.

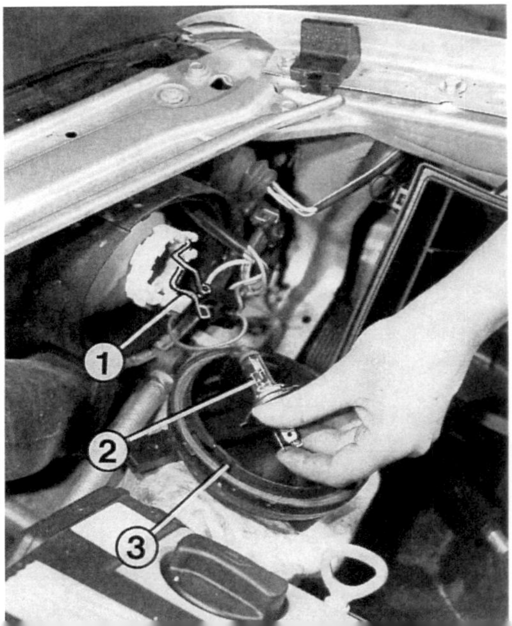

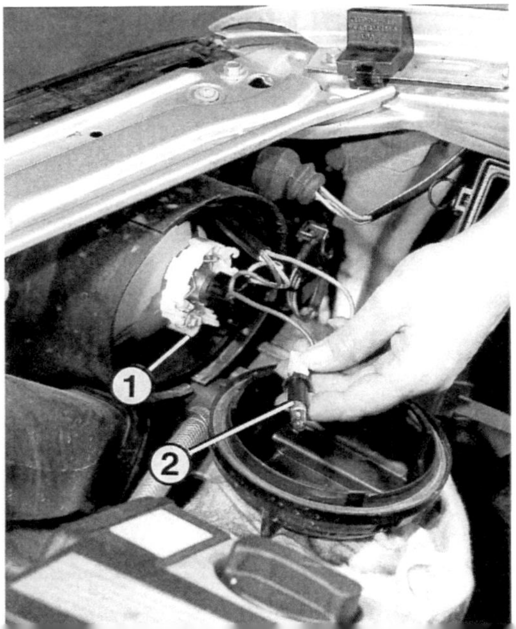

Links: Ausbau der Hauptscheinwerferlampe (2) nach Abnehmen der Abdeckkappe (3) und Lösen des Federbügels (1).
Rechts: Die Standlichtlampe mit ihrer Lampenfassung (2) ist unterhalb der Hauptscheinwerferlampe in die Fassung am Scheinwerfer-Reflektor (1) eingesteckt. Zum Herausziehen die kleine Raste niederdrücken.

Links: Die hier mit Pfeilen bezeichneten Schrauben müssen zum Ausbau des Scheinwerfers gelöst werden. Zwei weitere Scheinwerfer-Halteschrauben sitzen oben am Schloßblech. Rechts: Mit Innensechskantschlüsseln (Pfeile) läßt sich die Scheinwerfereinstellung bei geöffneter Motorhaube korrigieren. Die Einstellschraube an der Fahrzeugaußenseite korrigiert die Höhe des Leuchtstrahls, die an der Fahrzeuginnenseite die Seiteneinstellung.

- Glühlampe herausziehen.
- Die neue Hauptscheinwerferlampe muß so eingesetzt werden, daß ihre drei Stecker-Kontaktzungen ein nach unten offenes »U« bilden.

Standlichtlampe

- **Vorbereitungen**, wie im letzten Abschnitt beschrieben.
- Fassung der Standlichtlampe nach hinten aus dem Reflektor ziehen. Dabei die Raste leicht zurückdrücken.
- Röhrenlampe leicht in die Fassung drücken, linksdrehen und herausziehen.

Scheinwerfer ausbauen

- Blinkleuchtengehäuse ausbauen (weiter hinten im Kapitel beschrieben).
- Blende unter den Scheinwerfern ausbauen (Kapitel »Die Karosserieteile«).
- Zwei Halteschrauben oben im Schloßblech herausdrehen; zwei weitere unterhalb des Scheinwerfers.
- Scheinwerfer nach vorn herausnehmen.
- Hinten am Scheinwerfer die Abdeckung lösen (linksdrehen), Mehrfachstecker und Standlicht-Anschlußkabel abziehen.
- Kabelstrang samt Tülle durch die Öffnung am Scheinwerfergehäuse ziehen.

Scheinwerfer zerlegen

Wenn ein Scheinwerferglas beschädigt oder der Reflektor matt geworden ist, braucht nicht gleich der komplette Scheinwerfer ersetzt zu werden. Beide Teile können als Ersatzteil gekauft werden.

- Gummiblende (zur Verbesserung des c_w-Werts) an der Streuscheibe aushaken.
- Alle Halteklammern rund um das Scheinwerferglas abhebeln.
- Streuscheibe und Abdichtgummi abnehmen.
- Verchromte Zierblende rund um den Reflektor vorsichtig abhebeln und herausziehen.

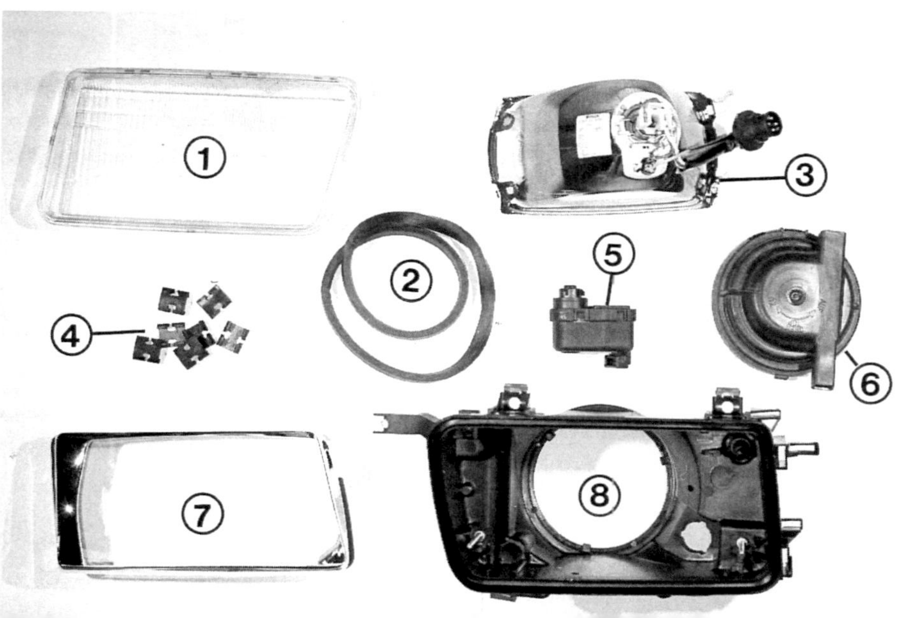

Die Teile des Hauptscheinwerfers. Nicht abgebildet ist die Gummiblende außen am Scheinwerferglas:
1 – Streuscheibe;
2 – Abdichtgummi;
3 – Reflektor mit Lampengehäuse;
4 – Halteklammern;
5 – Motor der Leuchtweitenregelung;
6 – Abdeckkappe;
7 – Zierblende;
8 – Scheinwerfergehäuse.

● Beide Einstellschrauben so lange drehen, bis der Reflektor von Hand angehoben werden kann.
● Am unteren Lagerpunkt (Verbindung zum Motor der Leuchtweitenregulierung) wird der Reflektor wie folgt ausgerastet:
● Dünnen Schraubendreher in die Öffnung hinten im Scheinwerfergehäuse stecken und dort die Betätigungsstange des Elektromotors nach unten aus der Verrastung am Reflektor drücken.
● Nach dem Zusammenbau Scheinwerfer einstellen.

Scheinwerfereinstellung kontrollieren

Wartung Nr. 33

Von selbst wird sich ein Scheinwerfer kaum verstellen. Wenn jedoch der Reflektor oder gleich der ganze Scheinwerfer ausgewechselt wurde, muß die Einstellung des Scheinwerferstrahls kontrolliert werden. Unbedingt erforderlich ist ein Justieren natürlich auch, wenn bei einem Unfall die Wagenfront in Mitleidenschaft gezogen wurde oder nach dem Einsetzen neuer Federungsteile. So wird eingestellt:
● Leuchtweitenregulierung auf »0« stellen.
● Wurde nur einer der Scheinwerfer beschädigt oder ausgewechselt, genügt es fürs erste, wenn Sie in einigem Abstand vor eine helle Wand fahren, das Licht einschalten und dann die Höhe des Lichtstrahls am neu bestückten Scheinwerfer dem Strahl des unveränderten Scheinwerfers angleichen.
● Wurden die Scheinwerfer gerade mit einem Werkstattgerät neu eingestellt, können Sie die Höhe der Lichtpunkte beispielsweise an der Garagenwand markieren. Wichtig ist natürlich auch der **Abstand**, in dem der Audi zur Wand steht. Also anzeichnen. Mit Hilfe dieser Markierung kann dann, wann immer nötig, die Scheinwerfereinstellung am Audi in Eigenregie kontrolliert werden.
● Die genaueste Methode, die Scheinwerfer einzustellen, ist nach wie vor die Justierung mit einem Einstellgerät, wie es Tankstellen, Bosch-Dienste und Werkstätten besitzen.
● Die Einstellung der **Fernscheinwerfer** des Sechszylinders stimmt automatisch, wenn das Abblendlicht richtig eingestellt ist.
● Lichtstrahl der **Nebelscheinwerfer** einstellen: Im Bild unten links am Scheinwerfer gezeigt.
● Bei fünf Meter Abstand vor der Einstellwand müssen die Scheinwerferstrahlen der Nebelleuchten 100 mm unterhalb des jeweiligen Scheinwerfermittelpunkts liegen. Es wird nur die Höhe eingestellt.

Wo sitzen die Einstellschrauben?

● Bei geöffneter Motorhaube sind die Scheinwerfer-Einstellschrauben von oben durch Bohrungen im Schloßblech zu erreichen.
● Zum Drehen der Einstellschrauben muß ein Innensechskantschlüssel verwendet werden.
● Zum Justieren des Scheinwerferstrahls wird zuerst die Höheneinstellung korrigiert. Erst dann erfolgt die Seiteneinstellung.
● Die **Nebelscheinwerfer** sind nur in der Höhe einstellbar:
● Grill-Blende im Stoßfänger (neben den Nebelleuchten) abziehen.
● Darunter sind zwei Halteschrauben und die außermittig sitzende Einstellschraube sichtbar.

Nebelscheinwerfer

Lampenwechsel

● Grill-Blende im Stoßfänger (neben den Nebelleuchten) abziehen.
● Darunter zwei Halteschrauben herausdrehen (siehe Bild unten links).

Links: Nach Abnehmen der kleinen Grillblende im Stoßfänger neben den Nebelleuchten sind folgende Schrauben sichtbar: Die Einstellschraube (weißer Pfeil) sowie die Halteschrauben des Nebelscheinwerfergehäuses (schwarze Pfeile).
Rechts: Zum Ausbau der Nebelscheinwerferlampen muß das Scheinwerfergehäuse (2) ausgebaut werden. Anschließend nach Lösen der beiden Kreuzschlitzschrauben (Pfeile) den hinteren Deckel (1) des Scheinwerfergehäuses abnehmen.

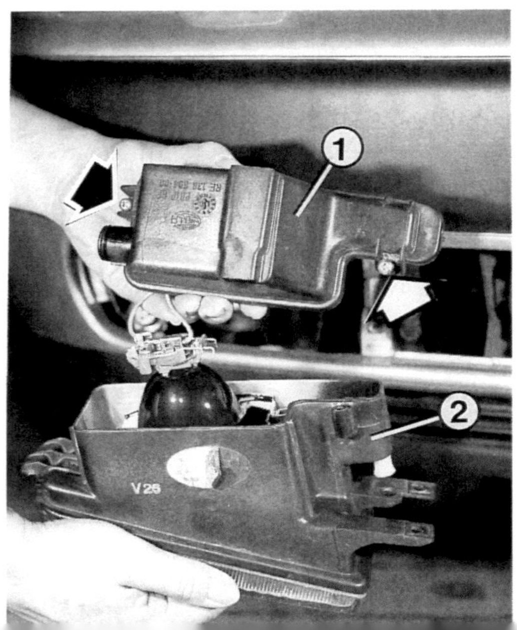

● Nebelleuchte nach vorn schwenken, dabei Haltelaschen aus den Führungen im Stoßfänger ziehen.
● Drahtspange drücken und Stecker abziehen.
● Zwei Kreuzschlitzschrauben lösen, Deckel hinten an der Nebelleuchte abnehmen.
● Federbügel der Lampenhalterung zusammendrücken und hochklappen.
● Nebelscheinwerferlampe herausziehen.
● Beim Einsetzen der neuen Glühbirne muß der Lampensockel genau in die Aussparung im Reflektor passen.
● Beim **Einbau** beachten: Leuchte erst in den Ausschnitt im Stoßfänger drücken, dann die Kreuzschlitzschrauben in den Stoßfänger eindrehen.

Nebelleuchten nachträglich einbauen

Zubehör-Nebelscheinwerfer sehen an der glattflächigen Karosserie des Audi 100 nicht sehr gut aus und lassen sich auch kaum an sinnvoller Stelle stabil anbringen. Man muß also auf die Original-Nebelleuchten (Teile-Nr. 4A0941699 und 4A0941700 für Weißlicht oder 4A0941699 A und 4A0941700 A für Gelblicht) zurückgreifen, was zur Folge hat, daß auch die Grill-Blenden im Stoßfänger gegen die schmäleren für Nebelscheinwerfer-Einbau ausgetauscht werden müssen (Teile-Nr. 4A0853683 F und 4A0853684 A). Zusätzlich wird das Nebelscheinwerfer-Relais (Teile-Nr. 141951253 B) und der Original-Schalter fürs Armaturenbrett (Teile-Nr. 893941535) gebraucht. Ferner benötigt man ein Steckergehäuse (Teile-Nr. 893971972) sowie zwei Steckergehäuse an Nebelscheinwerfer (2 x Teile-Nr. 443971920). Was noch an Krimskrams und Elektroleitungen fehlt, führt Audi in seinem Programm »Leitungssätze zum Selbstbau«.
Die meisten dieser Teile gibt es in einem kompletten Einbausatz zusammengefaßt (Teile-Nr. 4A0998139 bzw. 4A0998139 A). Allerdings fehlen die Steckergehäuse, und die Nebelleuchten sind zwangsweise für Weißlicht.

● Grill-Blenden am Stoßfänger vorn abziehen.
● Blindstopfen im Armaturenbrett (neben Nebelschlußleuchtenschalter) abziehen sowie den Nebelschlußleuchtenschalter selbst ausbauen.
● Ablage links unter dem Armaturenbrett ausbauen.
● Anhand des Schaltplans im Kapitel »Stromlaufpläne« mit den Steckergehäusen einen Kabelsatz fertigen, der der Original-Verdrahtung entspricht.
● Kunststoffdübel einstecken, Nebelscheinwerfer einbauen, Stecker anschließen.
● Schmälere Grill-Blenden für Nebelscheinwerfer anbringen.
● Im Relaisträger hinten links im Motorraum die Drahtbrücke auf Relais-Steckplatz 4 durch das Nebelscheinwerfer-Relais ersetzen.
● Nebelscheinwerferschalter anschließen (Kapitel »Instrumente und Geräte«).
● Einschalten, Funktion beim Einschalten zusätzlich zu Stand-, Abblend- oder Fernlicht prüfen.

Blinkleuchten vorn

Lampengehäuse ausbauen, Lampenwechsel

● Im Motorraum neben dem Scheinwerfergehäuse Haltezunge des Blinkergehäuses mit Schraubendreher nach unten drücken.
● Blinkleuchtengehäuse nach vorn herausschieben.
● Lampenfassung etwas linksdrehen und nach hinten herausziehen.
● Glühlampe ein wenig in die Fassung drücken, nach links drehen und herausziehen.
● Einbau: Fassung in das Blinkergehäuse drücken und bis zum Anschlag rechtsdrehen.
● Zum Einbau das Blinkergehäuse sorgfältig in die Führungen am Scheinwerfergehäuse einschieben und Haltezunge einrasten lassen.

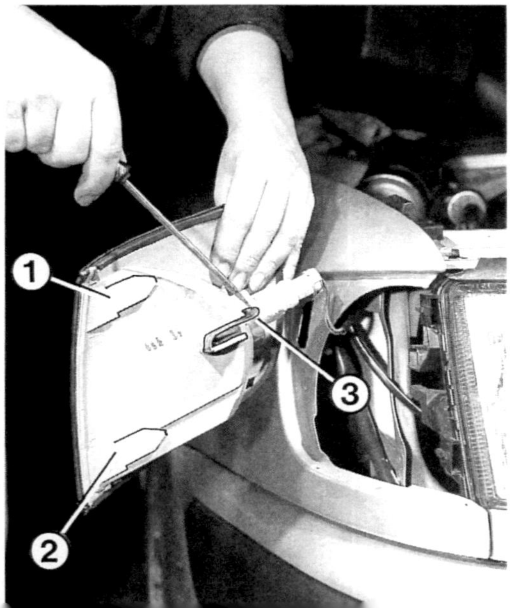

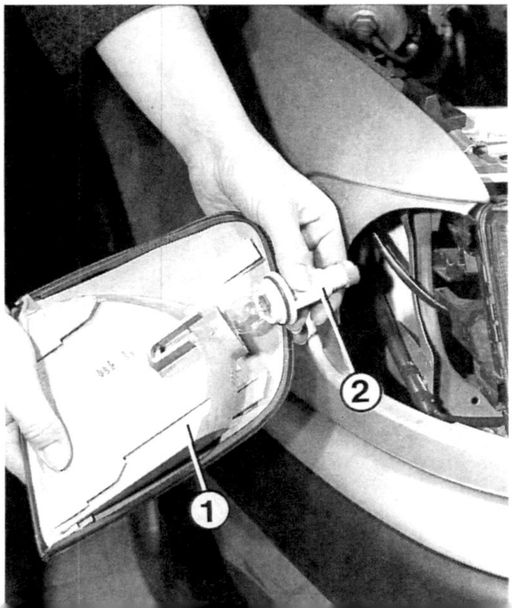

Links: Zum Abbauen des Blinkergehäuses vom Scheinwerfergehäuse muß die Haltezunge (3) vom Motorraum aus mit einem langen Schraubendreher niedergedrückt werden. Dann läßt sich das Gehäuse aus den Führungen (1 und 2) nach vorn herausziehen.
Rechts: Ausbau der Blinkerlampe: Nach Linksdrehen der Lampenfassung (2) im Blinkleuchtengehäuse (1) kann die Fassung zum Lampenwechsel ausgebaut werden (hier bei ausgebautem Lampengehäuse gezeigt).

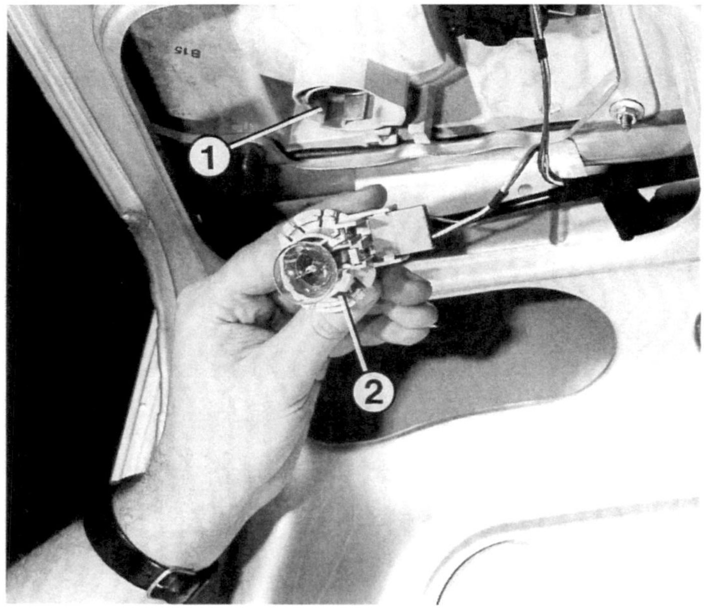

Rückleuchten im Kofferraumdeckel. Die Lampenfassung (2) kann nach Linksdrehen aus dem Leuchtengehäuse (1) herausgezogen werden.

Heckleuchten

Lampenwechsel

● **Heckleuchte außen:** Drehriegel nach links drehen und Fassungsteil abnehmen.

● **Leuchten im Kofferraumdeckel:** Zuerst Abdekkung/Verkleidung abbauen (für Avant siehe Kapitel »Die Karosserieteile«).

● Lampenfassung etwa 30° linksdrehen und herausziehen.

● Das Auswechseln der Glühbirnen geschieht in allen Fällen gleich – Lampe ein wenig in ihre Fassung drücken, nach links drehen und herausziehen.

● Beim Einsetzen der Zweifadenlampe für die Brems-/Schlußleuchte beachten, daß deren seitliche Haltezapfen unterschiedlich hoch angesetzt sind. Dadurch kann die Lampe nur in einer bestimmten Stellung ohne Gewalt in die Fassung eingesetzt werden.

Ausbau

● **Heckleuchte außen:** Lampenfassung ausbauen (siehe vorhergehenden Abschnitt).

● Kofferaumverkleidung im Bereich der Heckleuchte zurückschlagen.

● Vier Sechskantmuttern vom Kofferraum her losdrehen.

● Leuchtengehäuse von außen abziehen. Klebt das Gehäuse aufgrund der zwischengelegten Dichtschnur noch stark an der Karosserie, muß es mit einem lappenumwickelten Schraubendreher vom Blech abgehebelt werden.

● **Einzelleuchten am Kofferraumdeckel:** Lampenfassung(en) ausbauen (siehe vorigen Abschnitt).

● An der rechten Heckleuchte das Schloßteil nach Lösen von zwei Sechskantschrauben ausbauen.

● Insgesamt vier Sechskantmuttern von der Klappen-Innenseite her losdrehen.

● Auch hier kann die Heckleuchte durch die zwischengelegte Dichtschnur festgeklebt sein – abhebeln.

● Zum Einbau neue Dichtschnur verwenden.

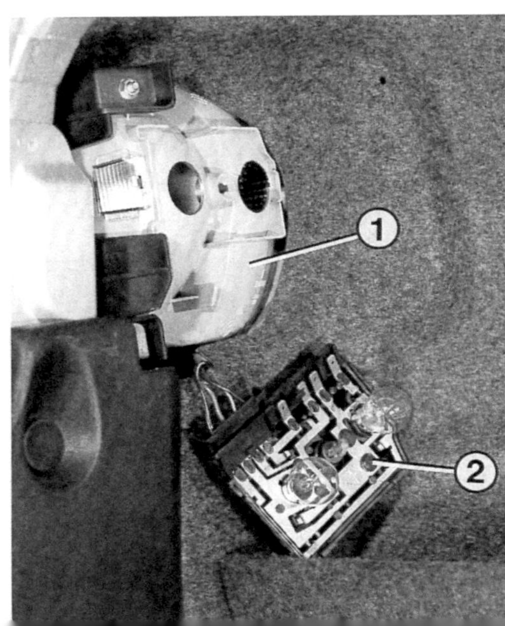

Lampenwechsel an den Heckleuchten.
Links: Abnehmen der Fassung (1) nach Lösen des Drehriegels (Pfeil).
Rechts: Die Lampenfassung (2) ist vom Lampengehäuse (1) abgenommen.

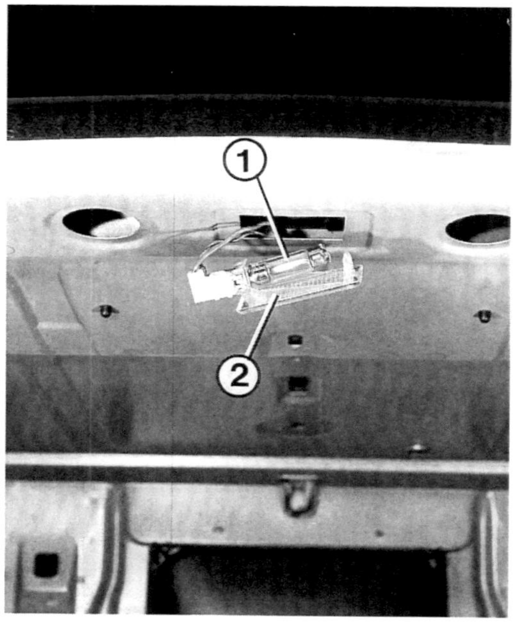

Links: Die Kennzeichenleuchte:
1 – Lampenträger;
2 – Glühlampe;
3 – Deckglas.
Rechts: Die Kofferraumleuchte (2) ist bei der Limousine oben vor der Kofferraumklappe ins Blech eingesteckt. Hier ist sie ausgebaut, um die Soffittenlampe (1) auszuwechseln.

Kennzeichenleuchten

● Beide Kreuzschlitzschrauben des Deckglases in der hinteren Klappe herausdrehen.
● Deckglas abnehmen und darunter sitzenden Lampenträger herausnehmen.
● Glühlampe durch leichten Druck und Linksdrehung abnehmen.
● Beachten Sie beim Einbau, daß der längere Teil der Abschirmung im Deckglas nach hinten zeigt.

Sonstige Leuchten

Innenleuchte

Die Soffittenlampe (10 Watt, 41 mm lang, DIN-Form K) muß bei geöffneten Türen und entsprechender Schalterstellung brennen. Sie erhält dauernd Strom.
● Sicherung der Innenleuchte herausnehmen, sonst Kurzschlußgefahr.
● **Fahrzeuge ohne Schiebedach:** Leuchte an der rechten Seite (gegenüber dem Schalter) vorsichtig ausrasten und Leuchte aus dem Dachausschnitt ziehen.
● **Fahrzeuge mit Schiebedach:** Abdeckung für Schiebedachmotor (die in die Leuchte integriert ist) an der Vorderseite (also zur Frontscheibe hin) vorsichtig ausrasten und aus dem Dachausschnitt nehmen. Dazu brauchen Sie kräftige Fingernägel, einen breitflächigen Schraubendreher oder einen flachen Löffelstiel.
● Beim Einbau die Häkchen an der hinteren Seite zuerst in den Dachausschnitt einstecken.

Türkontaktschalter der Innenleuchte

Brennt die Innenleuchte in der entsprechenden Schalterstellung bei geöffneter Tür nicht, gerät der betreffende Türkontaktschalter in Verdacht. Er stellt die Masseverbindung zu der ständig unter Strom stehenden Innenleuchte her und schließt damit den Stromkreis – die Lampe kann brennen. Störungen am Schalter können sich ergeben, wenn (siehe gegenüberliegende Seite)

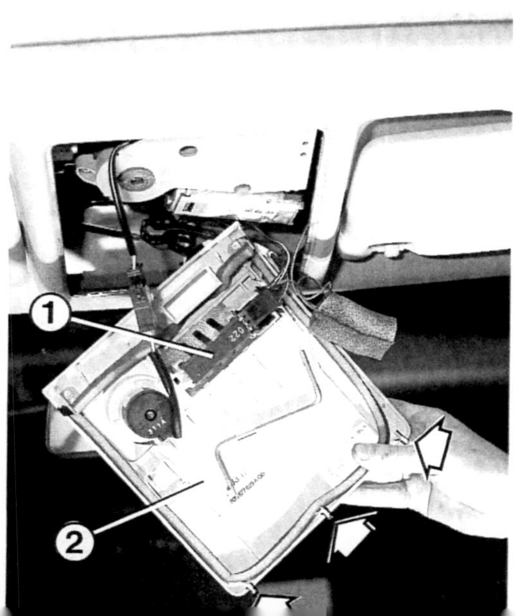

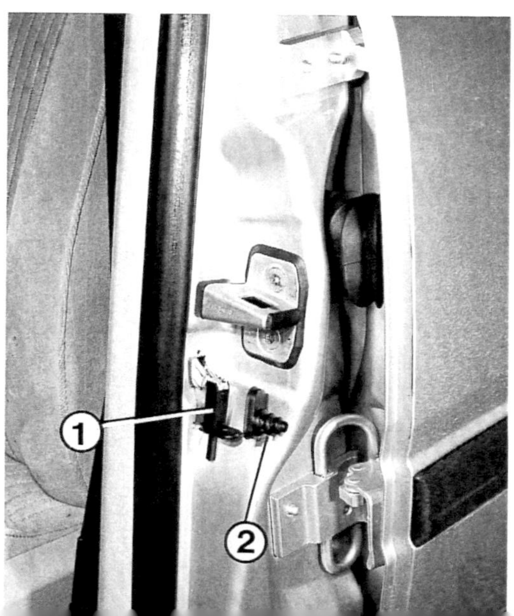

Links: Bei Fahrzeugen mit elektrischem Schiebedach ist die Innenleuchte vorn in die Abdeckung des Schiebedachmotors (2) integriert. Zum Auswechseln der Soffittenlampe muß die Abdeckung an der Vorderkante abgehebelt und aus den Haltehaken an der Hinterkante (Pfeile) ausgehängt werden. Dann Lampenabdeckung (1) abziehen.
Rechts: Der Türkontaktschalter (1) ist mit einer Kreuzschlitzschraube befestigt und mit einer Gummitülle (2) abgedeckt.

Links: Der Make-up-Spiegeleinsatz (1) kann bei Fahrzeugen mit beleuchtetem Make-up-Spiegel vorsichtig aus dem Rahmen in der Sonnenblende herausgehebelt werden. Sichtbar sind dann der Mikroschalter (2) und die beiden Soffittenlampen der Spiegelbeleuchtung (3 und 4).
Rechts: Auswechseln der Lampe der Leseleuchten (1) nach Herunterklappen des Haltegriffes (2) und Lösen der beiden Halteschrauben (Pfeile).

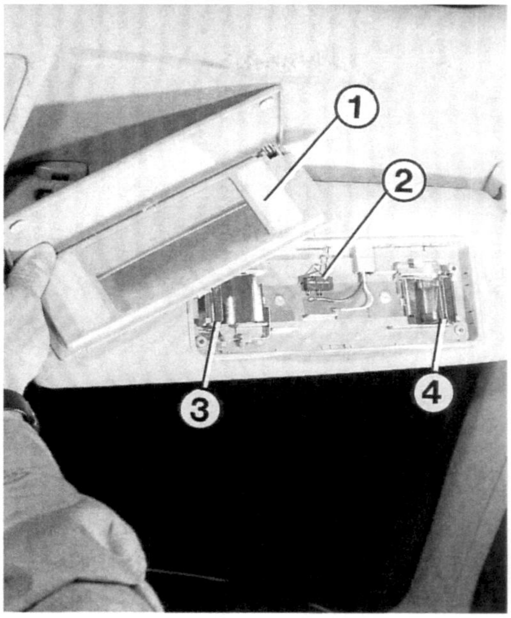

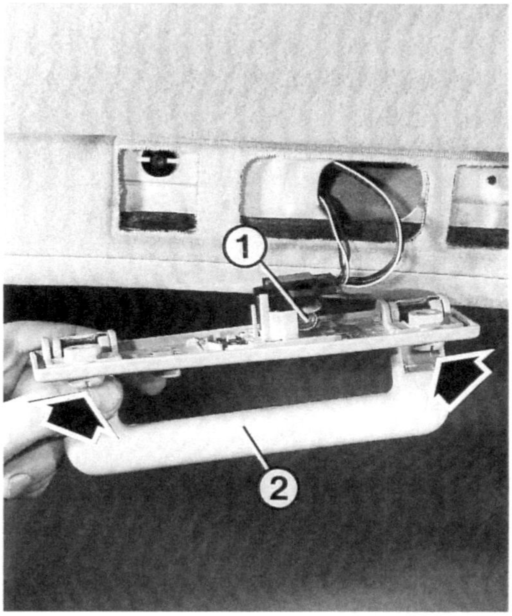

○ der Druckstift des Schalters in der Führung klemmt oder verbogen ist. Schalter ersetzen;
○ der Kabelstecker vom Schalter abgefallen ist. Stecker zum besseren Halt etwas zusammenbiegen und wieder aufstecken;
○ die Kontaktfläche des Schalters zur Halteschraube hin oder der Steckeranschluß oxidiert ist. Oxidschicht mit einem scharfkantigen Schraubendreher wegkratzen oder mit Schleifpapier entfernen.
Der Türkontaktschalter selbst ist nur mit einer Kreuzschlitzschraube an den Türpfosten angeschraubt. Zum Ausbau Gummitülle abziehen, Schraube herausdrehen und Schalter herausziehen.

Innenleuchte mit Sonderfunktionen

Je nach Ausstattung (Zentralverriegelung bzw. Abschaltverzögerung) wird das Innenlicht durch das Steuergerät des Zentralverriegelungs-Motors (siehe Kapitel »Instrumente und Geräte«) beeinflußt:
Bei Zentralverriegelung:
○ Nach Herausziehen des Zündschlüssels leuchtet das Innenlicht auf.
○ Beim Aufschließen des Wagens wird das Innenlicht eingeschaltet.
○ Beim Einschalten der Zündung sowie beim Zuschließen des Wagens geht das Licht aus.
Abschaltverzögerung:
○ Nach Schließen der Tür brennt die Leuchte noch etwa 30 Sekunden. Es sei denn, zuvor wurde die Zündung eingeschaltet oder die Zentralverriegelung betätigt.
○ Bleibt die Tür länger als vier Minuten geöffnet, wird die Innenleuchte abgeschaltet.

Leseleuchte

● Haltegriff nach unten ziehen und zwei Abdeckkäppchen abhebeln.
● Darunter sitzende Kreuzschlitzschrauben herausdrehen.
● Haltegriff und Leuchte abnehmen.
● Glühlampe (5 Watt) auswechseln.

Kofferraumleuchte

Die Kofferraumleuchte (Soffittenlampe 5 Watt, 36 mm lang, DIN-Form L) sitzt etwas versteckt im Querblech unter der Heckscheibe.
● Kofferraumdeckel bzw. Heckklappe öffnen.
● Einen Schraubendreher in die Aussparung seitlich am Lampengehäuse stecken, und die Leuchte vorsichtig heraushebeln.
● Nach Auswechseln der Glühlampe das Lampengehäuse – die Kabelseite zuerst – wieder einsetzen.

Motorraumleuchte

● Leuchten-Glas seitlich rechts und links etwas zusammendrücken und abnehmen.
● Die 10-Watt-Lampe besitzt einen Bajonettverschluß.

Leuchten am Armaturenbrett

Instrumentenbeleuchtung

An dieser Stelle ist lediglich die Beleuchtung der Anzeigeinstrumente behandelt. Die ebenfalls im Kombi-Instrument sitzenden Kontrolleuchten finden Sie im Kapitel »Instrumente und Geräte« beschrieben. Ausbau der Instrumentenbeleuchtung:
● Lenkrad ausbauen (Kapitel »Radaufhängung und Lenkung«).
● Kombi-Instrument ausbauen (Kapitel »Instrumente und Geräte«).
● Hinten am Kombi-Instrument sind nach Abklappen des hinteren Gehäusedeckels (davor zwei TORX-Schrauben lösen) die Lampenfassungen der Instrumentenbeleuchtung zugänglich.

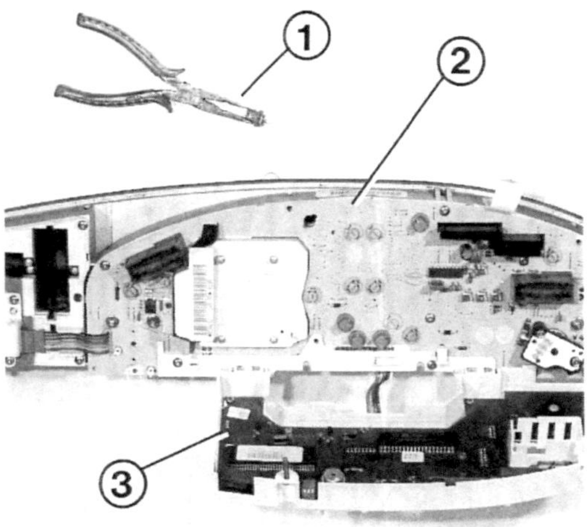

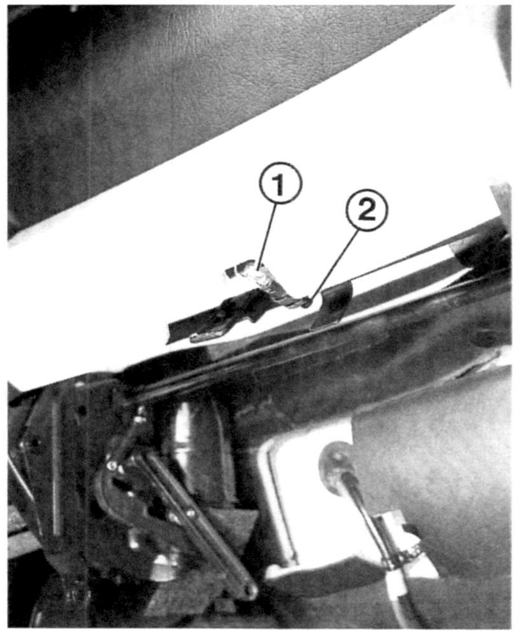

Links: An der Instrumenten-Oberkante zwei TORX-Schrauben lösen. Jetzt den hinteren Gehäusedeckel (3) vom Kombi-Instrument (2) abklappen. Die Lämpchen im Kombi-Instrument werden samt Fassung am besten mit einer kleinen Flachzange (1) ausgewechselt – 90° linksdrehen.
Rechts: Fassung und Kontaktschalter der Handschuhfach-Beleuchtung sind zu einem Teil zusammengefaßt und sitzen an der Oberkante des Handschuhfach-Ausschnitts. Das Lämpchen (1) kann nach Linksdrehen aus dem Bajonett-Verschluß gelöst werden. Der Kontaktschalter wird durch einen Bügel des Handschuhfachscharniers (2) betätigt.

- Zum Auswechseln linksdrehen und herausziehen.
- Die Glassockellämpchen bilden mit der Fassung eine Einheit.
- Fassung mit Lampe wieder ins Kombi-Instrument einsetzen und bis zum Anschlag rechtsdrehen.

Heizhebelbeleuchtung

- Alle drei Heizungs/Lüftungs-Drehregler nach hinten abziehen.
- Darunter zwei Kreuzschlitzschrauben herausdrehen, Blende abnehmen.
- Jetzt ist das hier eingesteckte Glassockellämpchen sichtbar.
- Lämpchen aus der Fassung ziehen.

Ascher-Beleuchtung

- Alle drei Heizungs/Lüftungs-Drehregler nach hinten abziehen.
- Darunter zwei Kreuzschlitzschrauben herausdrehen, Blende abnehmen.
- Rechts und links in den Ecken oberhalb des Aschers je eine kleine Schraube herausdrehen.
- Ascher nach hinten abziehen.
- Lampenfassung hinten am Aschergehäuse abziehen.
- Lampe auswechseln.

Anzünder-Beleuchtung

- **Anzünder vorn:** Alle drei Heizungs/Lüftungs-Drehregler nach hinten abziehen.
- Darunter zwei Kreuzschlitzschrauben herausdrehen, Blende abnehmen.
- Genau unterhalb des Anzünders sind jetzt zwei Schrauben sichtbar – die rechte davon herausdrehen.
- Anzünder samt Einbaublende etwas nach unten drücken und herausziehen.
- Kleine Haltelasche anheben, Lampenfassung am Anzünder abziehen.
- **Anzünder hinten:** »Bodenbelag« der Ablagewanne hinten in der Mittelkonsole am hinteren Ende ablösen und etwas nach vorn ziehen.
- Darunter die Kreuzschlitzschraube herausdrehen.
- Blende um den hinteren Anzünder mit schmalem Schraubendreher ablösen.

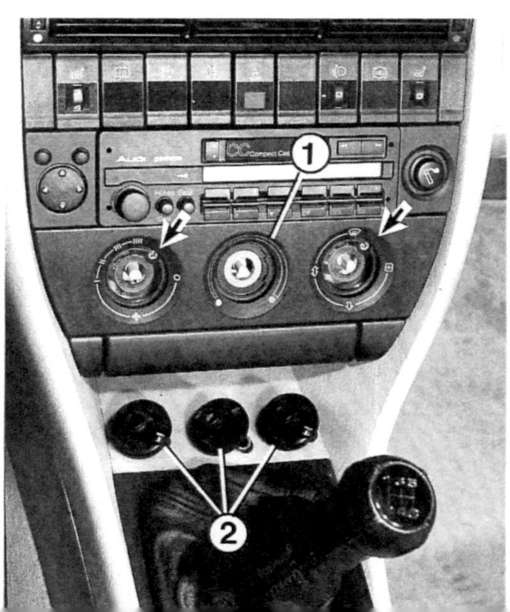

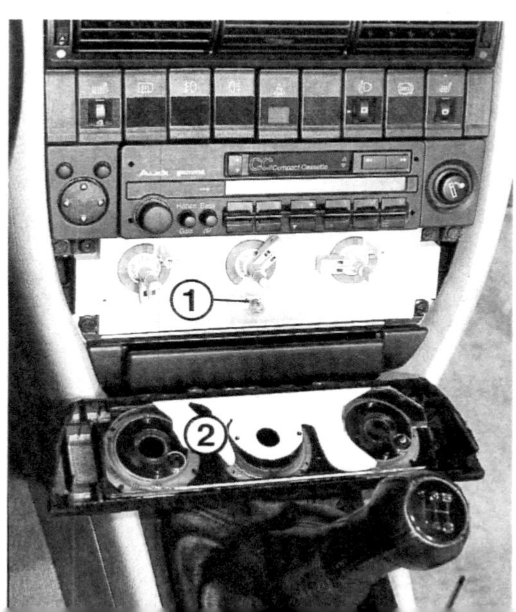

Auswechseln der Heizhebelbeleuchtung.
Links: Alle Drehregler (2) abziehen. Die mit Pfeilen bezeichneten Kreuzschlitzschrauben lösen. Heizhebelblende (1) abziehen.
Rechts: Bei abgenommener Heizhebelblende (2) ist das Glassockellämpchen (1) unterhalb des Heizungsreglers zugänglich. Das Lämpchen wird einfach abgezogen.

Ausbau der Ascherbeleuchtung vorn.
Links: Nach Ausbau der Heizhebelblende (wie in den Bildern unten auf der gegenüberliegenden Seite beschrieben) können die beiden Halteschrauben des Aschergehäuses (Pfeile) gelöst werden.
Rechts: An der Rückseite des Aschergehäuses (2) ist die Fassung (1) der Glassockellampe lediglich in den Lampenhalter eingesteckt (Pfeil).

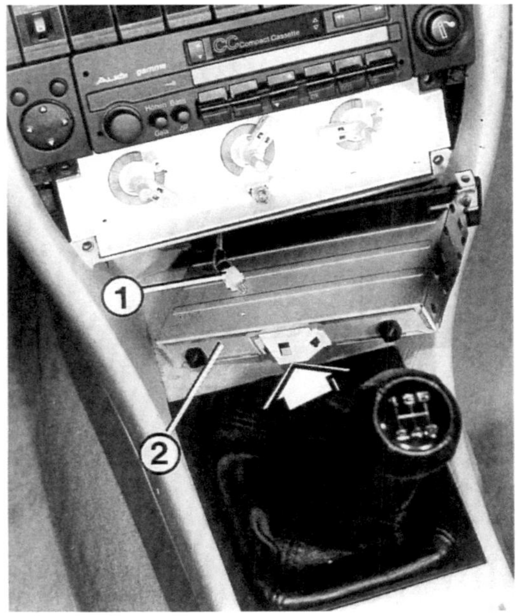

- Darunter zwei Kreuzschlitzschrauben herausdrehen.
- Anzünder samt Luftdüse nach hinten aus der Mittelkonsole ziehen.
- Kleine Haltelasche anheben, Lampenfassung am Anzünder abziehen.

Handschuhfach-Leuchte

Die Handschuhfachbeleuchtung ist mit dem Kontaktschalter in einem Gehäuse kombiniert. Strom erhält sie nur bei eingeschaltetem Stand- oder Fahrlicht.

- An der Rückseite das 4-Watt-Glühlämpchen linksdrehen (man muß umdenken: die Lampe zeigt nach vorn) und nach oben herausziehen (Bajonettverschluß).
- Zum Ausbau der ganzen Fassung mit Schalter die Stecker abziehen und Fassung zum Innenraum hin aus der Halterung drücken.

Fahrstufen-Anzeige

Zur Beleuchtung der Fahrstufen-Anzeige am Wählhebel der Getriebeautomatik dient bei eingeschalteter Zündung eine Glassockellampe (1,2 Watt, DIN-Form W).

- Mittelkonsole ausbauen (Kapitel »Der Innenraum«).
- Lampenfassung links an der Wählhebelkonsole abclipsen.
- Glassockellampe aus der Fassung herausnehmen.

Beleuchtungen in den Schaltern

Fast alle Schalter besitzen beleuchtete Symbole, doch in den wenigsten lassen sich die Lämpchen der Symbolbeleuchtung auch auswechseln. Im Defektfall muß also der dunkle Schalter akzeptiert werden – oder man tauscht ihn aus.
Keine Regel ohne Ausnahme: Einige der Schalter oberhalb des Radios haben auswechselbare Lämpchen (siehe dazu Kapitel »Instrumente und Geräte«).

Links: Die Fassung der Anzünderbeleuchtung vorn (2) kann abgezogen werden, wenn zuvor der Anzünder (1) nach Lösen seiner Halteschraube etwas nach unten gedrückt und abgezogen wurde. Die Halteschraube ist nach Ausbau der Heizhebelblende (Abbildungen auf der gegenüberliegenden Seite) zugänglich.
Rechts: Ausbau der Anzünderbeleuchtung hinten. Es bedeuten:
1 – Lampenfassung für Anzünderbeleuchtung;
2 – Luftdüse;
3 – Blende.
Der Pfeil zeigt auf die Stelle, wo bei zurückgeschlagenem Bodenbelag der Ablagewanne die zu lösende Kreuzschlitzschraube sitzt.

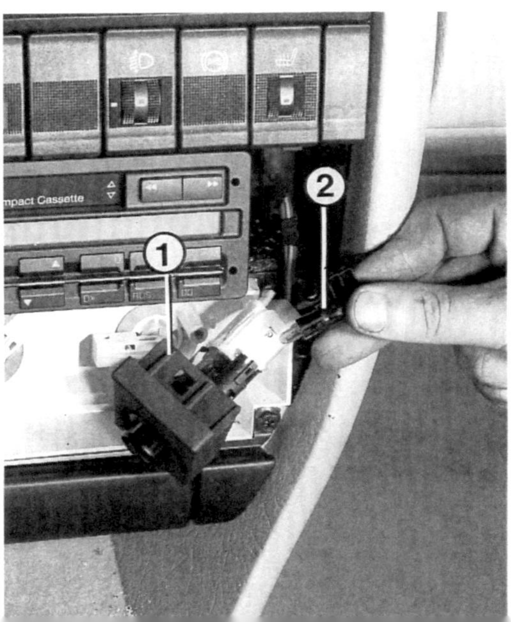

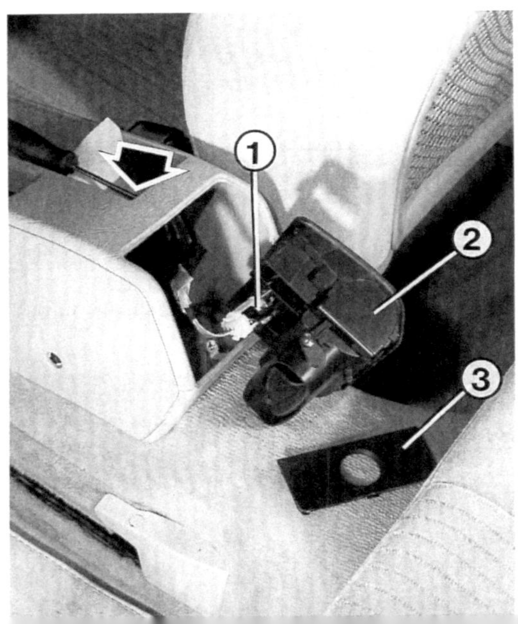

Zeichen setzen

Die Verständigung von Auto zu Auto mit Signaleinrichtungen wie Bremslicht, Blinker und Hupe klappt bestens. Grund genug, diesen Einrichtungen die nötige Beachtung zu schenken.

Blink- und Warnblinkanlage prüfen

Ständige Kontrolle

Die Warnblinkanlage muß ständig funktionieren, deshalb wird ihr Schalter direkt von Batterie-Plus über eine Sicherung versorgt. Die Richtungsblinker erhalten dagegen nur bei eingeschalteter Zündung Strom von Klemme 15.

● Drücken Sie bei ausgeschalteter Zündung den Warnblinkschalter am Armaturenbrett:

● Alle vier Blinkleuchten, die Kontrolleuchte im Warnblinkschalter und beide Kontrolleuchten der Richtungsblinker leuchten im gleichen Rhythmus auf.

● Warnblinker ausschalten, Zündung einschalten.

● Bei gedrücktem Blinkerhebel müssen eine Blinkerseite sowie die jeweils zuständige grüne Kontrollleuchte regelmäßig aufleuchten.

Blinker-Störungen

○ Blitzt bei eingeschalteten Richtungsblinkern die grüne Kontrolleuchte nur kurz auf, ist eine Glühlampe ausgefallen. Beim Warnblinken macht sich der Lampenausfall im Blinker-Rhythmus nicht bemerkbar. Lampenwechsel siehe Kapitel »Die Beleuchtung«.

○ Brennen bei eingeschalteten Richtungs- oder Warnblinkern die Leuchten dauernd, ist das Blinkrelais defekt, siehe folgenden Text.

○ Leuchten die Blinker mal in langsamer Folge, mal schnell und sind alle Steckverbindungen einschließlich der Massekabel zu den Leuchten in Ordnung, muß das Relais erneuert werden.

○ Funktioniert nur Warnblinken ohne Richtungsblinken oder umgekehrt, fehlt es an der Spannungsversorgung durch die betreffende Sicherung (siehe Tabelle im Kapitel »Die Karosserie-Elektrik«) oder am betreffenden Schalter (Ausbau siehe Kapitel »Instrumente und Geräte«).

Blinkrelais ausbauen

Das Blinkrelais sitzt beim Audi 100 nicht in einem der Relaisträger, sondern getrennt von den übrigen Relais – mit einer Blechklammer befestigt – hinter dem Kombi-Instrument im Armaturenbrett. Grund: So ist das charakteristische Blinkgeräusch besser hörbar. Hier der Ausbau:

● Kombi-Instrument ausbauen.

● Relais mit angeschlossenen Kabeln und Blechklammer abziehen.

● Mehrfachstecker ausstecken.

Behelf bei defektem Blinkrelais

Mit einem ausgefallenen Blinkrelais ist eine längere Fahrt nicht ganz ungefährlich, denn im dichten Verkehr und vor allem bei Dunkelheit wird Ihre Abbiegeabsicht den anderen Autofahrern nicht ersichtlich. In diesem Fall:

● Blinkrelais ausbauen, Stecker abziehen.

● Kurzschlußbrücke zwischen den Klemmen 49 und 49a herstellen.

● Dazu eine Büroklammer oder ein kurzes Drahtstück um die genannte Steckerzungen am Relais schlingen und jetzt das Relais wieder einstecken.

● Bei gedrücktem Blinkerhebel leuchtet jetzt eine Blinkerseite dauernd.

● Durch Ein- und Ausschalten mit dem Blinkerhebel erhalten Sie einen Blinker-Rhythmus.

Bremsleuchten prüfen

Ständige Kontrolle

Die Kontrolle der Bremslichter sollten Sie zu Ihrer eigenen Sicherheit so oft wie möglich durchführen.

● Die Garagenwand hinter dem Wagen muß rechts und links hell rot aufleuchten, wenn Sie auf das Bremspedal treten.

● Oder in einer Kolonne prüfen Sie mit dem Rückspiegel, ob sich in den Scheinwerfer-Reflektoren oder in der Lackierung des Hintermannes beide Bremslichter spiegeln.

Der Bremslichtschalter

Der Bremslichtschalter sitzt beim Audi 100 oberhalb des Bremspedals und ist erst nach Abbau des Ablagefaches links und des dahinter sitzenden Luftkanals (Kapitel »Der Innenraum«) zugänglich. Wird das Pedal niedergedrückt, wandert der Schalterstift heraus und schließt den Kontakt zu den Bremsleuchten.

Bei ausgebautem Kombi-Instrument ist hier das Blinkrelais (Pfeil) sichtbar, das mit einer Halteklammer an einer Strebe des Armaturenbretts festgeklemmt ist.

Bremslichtschalter einstellen

- Ablage links unter dem Armaturenbrett und dahinterliegenden Heizkanal ausbauen (Kapitel »Der Innenraum«).
- Bremspedal von Hand niederdrücken.
- Bremslichtschalter mit Kraft in seiner Führung ganz nach vorn drücken.
- Bremspedal jetzt loslassen und ganz nach hinten an den Anschlag ziehen.
- Der Bremslichtschalter richtet sich dadurch von selbst aus.

Bremslichtschalter überprüfen

Sind beide Bremslichter ausgefallen, kontrolliert man, ob es am Bremslichtschalter liegt:

- Kabelstecker am Bremslichtschalter abziehen.
- Kabelanschlüsse im Stecker mit einer Büroklammer oder einem Drahtstück überbrücken.
- Brennen jetzt die Bremslichter (obwohl sie es bislang nicht taten), war der Bremslichtschalter defekt.

Störungsbeistand

Bremsleuchten

Die Störung	– ihre Ursache	– ihre Abhilfe
A Eine Bremsleuchte brennt nicht	1 Glühlampe durchgebrannt	Austauschen
	2 Spannungszuleitung unterbrochen. Brennen alle übrigen Glühlampen in derselben Heckleuchte? Falls nicht:	Kabel kontrollieren
	3 Unterbrechung in der Masseverbindung	Masseanschluß überprüfen
B Beide Bremslichter brennen nicht	1 Sicherung defekt	Ersetzen
	2 Bremslichtschalter falsch eingestellt oder defekt	Überprüfen, ggf. ersetzen
	3 Siehe A 1 und 3	
C Bremslicht brennt dauernd	1 Siehe B 2	
	2 Kabel zum Bremslichtschalter haben direkten Kontakt	Kabel kontrollieren

Hupe prüfen

Ständige Kontrolle

Ein Druck auf die Hup-Platte im Lenkrad, und bei eingeschalteter Zündung muß die Hupe bzw. müssen die Zweiklanghörner tönen. Die Hup-Platte schafft die Masseverbindung im Steuerstromkreis des Huprelais (Kapitel »Die Karosserie-Elektrik«). Die Stromzuführung zum Relais stammt von Klemme X, die nur bei eingeschalteter Zündung Strom führt.

Massekontakt beim Betätigen der Hupe schaffen die Kontakte im Lenkrad (1) und in der Hupplatte (2). Das Weiterleiten des Kontakts besorgt die Steckverbindung (Pfeile).

Bei geschlossenem Stromkreis (sprich: bei gedrückter Hupplatte) schließen die Relaiskontakte, und die Hupe wird in einem schwarz/gelb ummantelten Kabel mit Strom versorgt. Die Massezuleitung zur Hupe erfolgt in einem braunen Kabel.

Hupe defekt?

- Untere Motorraumverkleidung abbauen (Kapitel »Die Karosserieteile«).
- Kabelstecker abziehen.
- Betreffende Hupe ausbauen.
- An jedem Steckanschluß der Hupe ein Hilfskabel aufstecken und diese mit dem Plus- bzw. Minuspol der Batterie verbinden.
- Bleibt es ruhig, ist das betreffende Signalhorn defekt.
- Ein krächzendes oder völlig stummes Horn läßt sich bisweilen durch Drehen der Einstellschraube an der Hupenrückseite wieder stimmen oder zu neuem Leben erwecken.
- Schraube unter der Vergußmasse freilegen.
- Nach dem Einstellen die Schraube mit Karosseriedichtmasse wieder feuchtigkeitsdicht verschließen.
- Die gleiche Prüfmethode gilt für jedes der Zweiklanghörner.

Die Lichthupe

Gleichgültig, ob die Zündung oder die Scheinwerfer eingeschaltet sind oder nicht, die Fernlicht-Glühfäden und die Fernlichtkontrolle leuchten immer auf, wenn Sie den Blinkerhebel zum Lenkrad hin ziehen. Falls die Lichthupe nicht funktioniert, obwohl die Scheinwerfer bei eingeschalteter Beleuchtung brennen:

- Hebelschalter-Element ausbauen (Kapitel »Instrumente und Geräte«).
- Mit Prüflampe kontrollieren, ob am roten Klemme-30-Kabel zum Hebelschalter-Element Spannung anliegt.
- Falls ja, dürfte der Lichthupen-Kontakt defekt sein. Komplettes Schalter-Element auswechseln.

Bei abgebautem Stoßfänger sind hier die Hupen (Pfeil) sichtbar, die sich beim Audi 100 etwa unterhalb des rechten Scheinwerfers befinden.

Alle guten Geister

Im Audi 100 tummelt sich ein Zwergenstaat voller dienstbarer Geister: Anzeigeinstrumente und Kontrolleuchten informieren über Fahrzeug- und Motorzustände, Scheibenwischer und heizbare Heckscheibe sorgen für gute Sicht, die Zentralverriegelung hilft beim Verschließen des Wagens.

Kontrollinstrumente und -leuchten prüfen

Wartung Nr. 28

Setzen Sie sich hinter das Lenkrad und kontrollieren Sie nacheinander:

- Läuft die Zeiger- bzw. Digitaluhr?
- Zündung einschalten. Es müssen aufleuchten Ladekontrolle, ABS-Kontrolleuchte (nur kurze Zeit), Airbag-Kontrolleuchte (verlöscht nach ca. 10 Sekunden) und bei angezogener Handbremse die Handbrems-Kontrolleuchte.
- Wagen ohne Auto-Check-System: Im Leuchtenfeld oben zwischen den Rundinstrumenten blinkt die Kühlmittel-Warnleuchte und die Bremskontrolleuchte zur Funktionskontrolle; ebenso brennt die Öldruckkontrolle.
- Bei Wagen mit Auto-Check-System erscheint im Leuchtenfeld zwischen den Rundinstrumenten beim Einschalten der Zündung der Schriftzug »Bremslicht«. Nach kurzem Antippen des Bremspedals muß jetzt das Zeichen »OK« aufleuchten.
- Mit etwas Verzögerung wandern die Zeiger von Tankuhr und Kühlmittel-Temperaturanzeige (nur bei warmem Motor) über die Skalen.
- Blinker einschalten: Je nach gewählter Richtung muß eine der grünen Blinker-Kontrolleuchten rhythmisch aufleuchten. Warnblinkschalter drücken: Die Warnblink-Kontrolleuchte (im Schalter) und beide Blinker-Kontrolleuchten blinken.
- Blinkerhebel zum Lenkrad ziehen: Die Fernlichtkontrolle muß leuchten.
- Motor starten – arbeitet der Drehzahlmesser?
- Bei einer Probefahrt die Funktion von Tachometer und Kühlmittel-Temperaturanzeige überprüfen.

Kombi-Instrument ausbauen

- Lenkrad abbauen.
- Obere Hebelschalterabdeckung hinter dem Lenkrad ausbauen. Dazu von unten zwei Kreuzschlitzschrauben rechts und links im unteren Verkleidungsteil lösen und oberes Verkleidungsteil abnehmen.
- Drei Kreuzschlitzschrauben unten an der Blende unter dem Kombi-Instrument lösen.
- Blende links abziehen und aus der Steckverbindung am rechten Blenden-Ende ziehen.
- Drei Kreuzschlitzschrauben unten am Kombi-Instrument lösen.
- Kombi-Instrument vorsichtig aus dem Armaturenbrett ziehen.
- Mehrfachstecker nach Lösen ihrer Sicherung (Kunststoffspangen hochhebeln bzw. Sicherungen entriegeln) vorsichtig abziehen.

Lösen der Blende unter dem Kombi-Instrument nach Herausdrehen von zwei Kreuzschlitzschrauben (Pfeil) und Herausziehen der Steckverbindung am rechten hinteren Ende.

Ausbau des Kombi-Instruments nach Lösen von drei Kreuzschlitzschrauben an der Unterseite bei abgenommener Blende.

Die Teile des Kombi-Instruments

Kombi-Instrument zerlegen

Bei der Beschreibung gehen wir von dem im Audi 100 am häufigsten verbauten VDO-Kombi-Instrument aus: Ohne Zerlegung des Kombi-Instruments lassen sich von der Rückseite her die folgenden Teile ausbauen:
○ **Außentemperaturanzeige:** Zwei Kreuzschlitzschrauben an der Anzeigeeinheit lösen, zwei weitere am Stecker.
○ **Warnsummer Licht/Radio:** Halteklammer vom Kombi-Instrument abziehen.
○ **Kontrollampen:** Sollen alle Kontrollampen zugänglich sein, müssen oben am Instrument zwei TORX-Schrauben gelöst werden. Dann läßt sich der hintere Gehäusedeckel nach unten klappen. Die Glühlampen der Kontrolleuchten sind beim Audi fest mit ihren Fassungen verlötet und auch nur komplett als Ersatzteil erhältlich. Beim Ersatzteilkauf Farbe der Fassungen beachten: Es sind 1,1-Watt-, 1,2-Watt-und 2-Watt-Lämpchen (mit unterschiedlich eingefärbten Fassungen) eingesetzt. Zum Ausbau die Lampenfassung eine Vierteldrehung linksdrehen und herausziehen.
○ **Skalenbeleuchtung:** Siehe Kontrolleuchten.
○ **Regelwiderstand für Skalenbeleuchtung:** Zwei TORX-Schrauben lösen, hinteren Gehäusedeckel nach unten klappen. Zwei Sechskantmuttern herausdrehen, Regelwiderstand nach hinten abnehmen.
○ **Codierstecker für Bordcomputer:** Abziehen.
○ **Steuergerät für Mini-Check-System, Auto-Check-System, Bordcomputer:** Zwei TORX-Schrauben lösen, hinteren Gehäusedeckel nach unten klappen. Leiterplatte (Steuergerät) innen im Gehäusedeckel abschrauben.
Nach Zerlegen des Kombi-Instruments (dazu 8 kleine TORX-Schrauben außen an der Instrumenten-Rückseite herausdrehen, Grundplatte abheben) sind die folgenden Einzelteile zugänglich.
○ **Tachometer:** Vier Kreuzschlitzschrauben an der Rückseite herausdrehen.
○ **Zeigeruhr (große Ausführung im Kombi-Instrument):** Vorsichtig aus den Steckverbindungen ziehen.
○ **Drehzahlmesser:** Vorsichtig aus den Steckverbindungen ziehen, abnehmen.
○ **Digitaluhr:** Drehzahlmesser ausbauen. Zwei kleine Schlitzschrauben an der Digitaluhr herausdrehen und Uhr nach vorne abziehen.
○ **Tankuhr bzw. Temperaturanzeige:** Je zwei Sechskantmuttern an der Rückseite lösen. Gehäuse an der Vorderseite aus den Haltehaken ausrasten.
○ **Mini-Check-System** (Kontrolleuchteneinheit Kühlmitte /Bremse/Öl druck): Drehzahlmesser bzw. große Zeigeruhr ausbauen, zwei Schlitzschrauben lösen, Leuchteneinheit aus den Anschlußkontakten ziehen.
○ **Auto-Check-System:** Wie Mini-Check-System.
○ **Bordcomputer:** Wie Mini-Check-System.
○ **Leiterplatte Kombi-Instrument:** Alle Instrumente/Anzeigefelder sowie den Regelwiderstand für Skalenbeleuchtung ausbauen. Verschraubung lösen, Leiterplatte abnehmen
○ **Spannungskonstanter:** Auf Leiterplatte verlötet/vernietet.

Der Tachometer

Früher waren Geschwindigkeitsmesser üblich, die von einer biegsamen Welle – der Tachowelle – angetrieben

Das Kombi-Instrument (2) ist hier bei noch angeschlossenen Kabeln aus dem Einbauschacht (1) im Armaturenbrett herausgenommen.

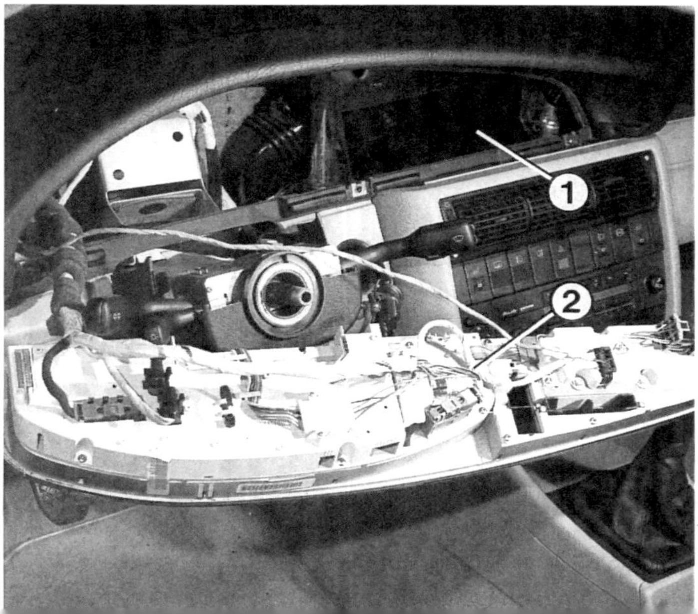

Dieser Stecker am Kombi-Instrument kann erst nach Hochhebeln (Pfeile) der Kunststoffspange abgezogen werden. Am Stecker daneben müssen zwei Kunststoffspangen zusammengedrückt werden.

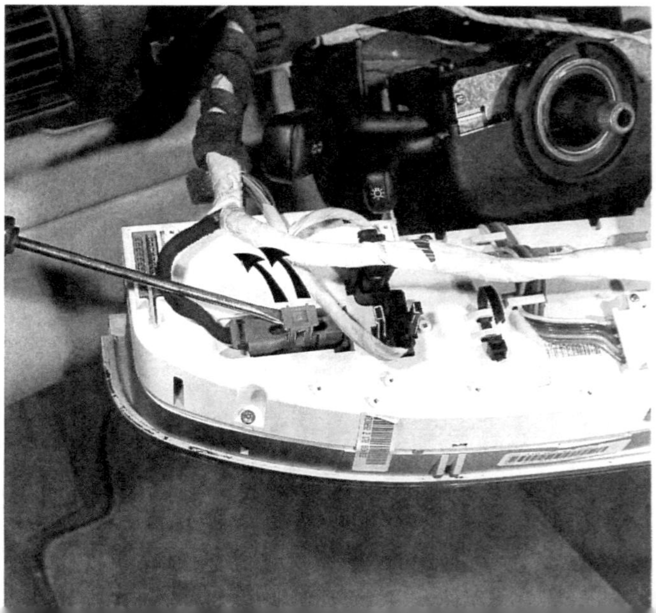

Links: Bei abgebautem Stoßfänger (2) ist hier der Fühler (1) für die Temperaturanzeige am Armaturenbrett sichtbar.
Rechts: An der linken Kante des Kombi-Instruments ist der sogenannte Codier-Stecker (Pfeil) eingesteckt, der bei Fahrzeugen mit Bordcomputer die verschiedenen Anzeigen für unterschiedliche Länderversionen aufruft.

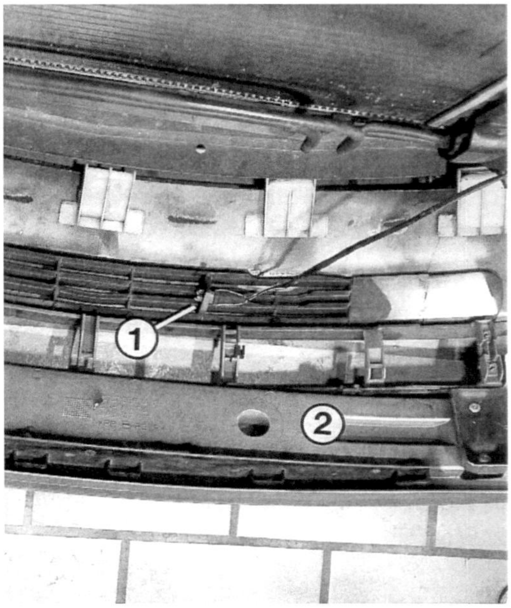

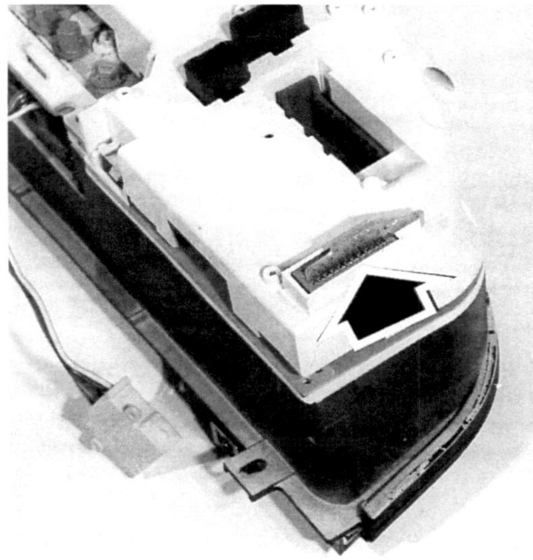

wurden. Solche Instrumente finden wir heute nur noch in Kleinwagen. Demgemäß sitzt also auch im Audi ein elektronischer Tachometer – ein Meßgerät ähnlich dem Drehzahlmesser. Genau wie dieser erhält er Drehzahlimpulse – doch nicht vom Motor, sondern von einem Geber im Getriebe. Dort wird gemessen, wie oft sich die Räder drehen. Das Instrument bringt die Umdrehungs-Impulse mit einem Zeitfaktor in Bezug, und man erhält eine Vergleichsgröße für die Geschwindigkeit. Der Kilometerzähler funktioniert in Ermangelung eines mechanischen Antriebs auch teilweise elektrisch: Ein sogenannter Schrittmotor dreht die Antriebswelle des Zähler-Getriebes schrittweise weiter – je nach Anzahl der Umdrehungsimpulse.
Vorteile des elektronischen Tachometers: Geräuschfreier Tachoantrieb, genauere Anzeige.
Wenn der Tachometer nicht funktioniert, zuerst die zuständige Sicherung im Sicherungskasten überprüfen (Kapitel »Die Karosserie-Elektrik«).

Tachometer-Impulsgeber

Die Umdrehungs-Impulse für den Tachometer liefert der Reedkontakt-Geber links am Getriebe. Der Reedkontakt ist ein Kontaktsatz, der luftdicht eingeschlossen in einer Gashülle untergebracht ist. Geschlossen wird der Kontakt, wenn ein Magnetfeld auf ihn einwirkt. Damit der Reedkontakt eine Impulsfolge liefern kann, muß er im Drehzahl-Rhthmus geöffnet und geschlossen werden. Deshalb beeinflußt ein Rad mit Aussparungen, das sich vor dem Geber dreht, das auf den Kontaktsatz einwirkende Magnetfeld.

Tachometer-Impulsgeber prüfen

- Linkes Vorderrad hochbocken.
- Halteklammer am Anschlußstecker niederdrükken und Stecker abziehen.
- Ohmmeter an beiden Kontakten des Gebers anschließen.
- Linkes Vorderrad jetzt langsam von Hand durchdrehen: Die Anzeige des Ohmmeters muß zwischen 0 Ω und ∞ Ω pendeln.
- Ist das nicht der Fall, Geber austauschen.

Der hintere Gehäusedeckel (2) ist hier vom Kombi-Instrument (1) abgebaut. Im Gehäusedeckel befindet sich die Leiterplatte (das Steuergerät) für Mini-Check-System, Auto-Check-System oder Bordcomputer.

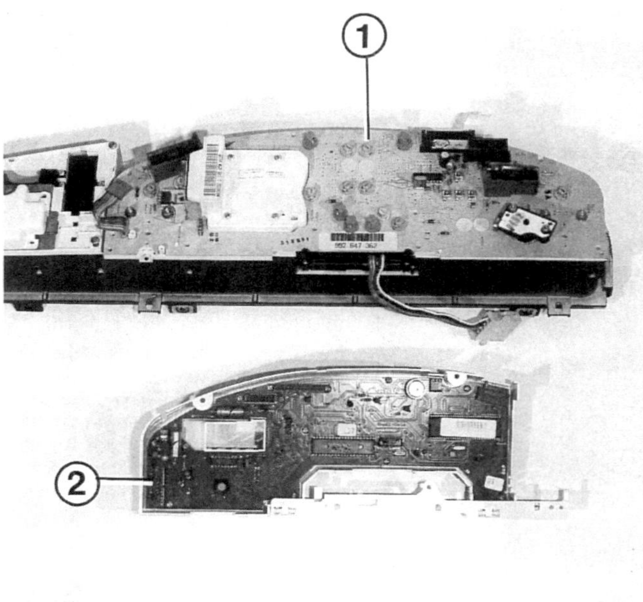

Das Kombi-Instrument zerlegt. Es bedeuten: 1 – Grundplatte; 2 – Bordcomputer mit Auto-Check-System; 3 – Tankanzeige; 4 – Drehzahlmesser; 5 – Tachometer; 6 – Rückstellknopf für Tages-Kilometerzähler.

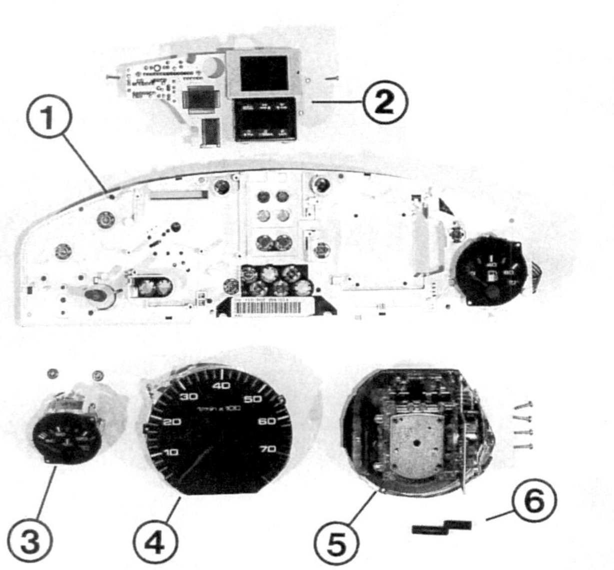

Tachometer-Impulsgeber ausbauen

- Halteklammer am Anschlußstecker niederdrükken und Stecker abziehen.
- Raste am Haltebügel des Gebers etwas nach unten drücken und Geber ein wenig nach rechts drehen.
- Geber aus dem Getriebe ziehen.
- Beim Einbau auf den richtigen Sitz des Gummi-Dichtrings achten.

Der Drehzahlmesser

Wie oft die Kurbelwelle des Motors in der Minute rotiert, zeigt der Drehzahlmesser an. Dazu erhält er von der Zündanlage die Zündimpulse übermittelt. Die werden von der Elektronik im Instrument summiert und aufbereitet an das Meßwerk der Analoganzeige weitergegeben.
Bei Störungen gilt es, die zuständige Sicherung (Kapitel »Die Karosserie-Elektrik«) und die entsprechenden Leitungen zu prüfen. Auch in der Leiterplatte des Kombi-Instruments kann der Fehler stecken. Der Drehzahlmesser selbst kann mit Eigenmitteln nicht repariert werden.

Die Zeituhr

Nur in der kleinsten Audi-100-Version (74 kW) ist serienmäßig eine große Zeigeruhr im Kombi-Instrument eingebaut. In allen stärker motorisierten Audis sitzt an dieser Stelle ein Drehzahlmesser, der mit einer kleinen Digitaluhr kombiniert ist. Besitzt der Wagen die kleinen Zusatzinstrumente rechts in der Instrumententafel, ist dort eine Zeigeruhr eingebaut.
Alle Uhrenversionen sind quarzgesteuert und laufen ausgesprochen exakt. Läuft die Digital- oder Zeigeruhr überhaupt nicht, beschränkt sich die Fehlersuche auf die zuständige Sicherung oder das stromzuführende Kabel. Eine Reparatur ist bei der Digitaluhr überhaupt nicht und bei der Zeigeruhr nur in der VDO-Spezialwerkstatt (Branchentelefonbuch) möglich.
Wie die Zeituhr ausgebaut wird, finden Sie zu Anfang des Kapitels im Abschnitt »Kombi-Instrument zerlegen« bzw. weiter hinten unter »Zusatzinstrumente« beschrieben.

Die Tankanzeige

Der Benzinstand wird am Armaturenbrett elektrisch angezeigt. Die Tankuhr ist also nichts anderes als ein Voltmeter, an dem bei eingeschalteter Zündung volle Spannung anliegt. Damit die Spannung am Instrument immer gleich hoch ist, wurde in der Stromzuleitung ein Spannungskonstanter vorgeschaltet, auf den wir noch zu sprechen kommen.
Der Zeigerausschlag der Tankuhr wird über den Massekontakt variiert. Das besorgt der Tankgeber, der je nach Tankfüllung einen höheren oder niedrigeren Widerstand hat. Den Tankgeberausbau finden Sie im Kapitel »Tank und Kraftstoffpumpe« beschrieben.

Störungen

○ Zu hoher oder zu niedriger Stand: Spannungskonstanter defekt (wie er ausgebaut wird, steht am Anfang des Kapitels im Abschnitt »Kombi-Instrument zerlegen«) oder Tankanzeige nicht richtig eingestellt (siehe folgenden Abschnitt).
○ Keine Anzeige: Spannungs-Konstanter bzw. Tankgeber oder Anzeigeinstrument defekt.

Links vorn am Getriebe sehen wir den Stecker für den Rückfahrleuchten-Schalter (1) und den Tachometer-Impulsgeber (2). Zum Ausbau des Impulsgebers Stecker nach Niederdrücken des Sicherungsbügels abziehen, Raste (Pfeil) nach unten drücken, Impulsgeber drehen und herausziehen.

Links: Zum Einstellen der Tankanzeige, wie im Text unten beschrieben, wird an dem gezeigten Einstellrädchen (Pfeil) gedreht. Rechts: Damit man zu diesem Zweck das Kombi-Instrument nicht zerlegen muß, ist hier gezeigt, wie man mit einer Nadel (1) das Rädchen (2) hin oder her dreht. Die Nadel muß von hinten in das Kombi-Instrument eingesteckt werden.

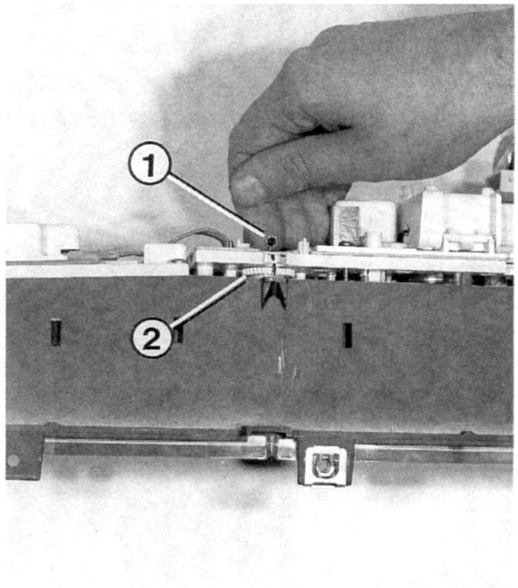

Tankanzeige einstellen

- Tank bis zum letzten Tropfen leerfahren.
- Genau 4 Liter Kraftstoff einfüllen.
- Zündung einschalten und 2 Minuten warten.
- Der Zeiger der Tankuhr muß jetzt genau am ersten großen Balken des roten Reservefeldes stehen.
- Tut er das nicht, kann er eingestellt werden.
- Kombi-Instrument ausbauen.
- Von der Instrumenten-Rückseite her mit einer Nadel das Zahnrädchen in der Einstellbohrung nach Bedarf rechts- oder linksdrehen, bis der Zeigerausschlag stimmt (wie erwähnt).

Tankgeber prüfen

- Kofferraumverkleidung zurückklappen, schwarzen Deckel abschrauben, darunter den Mehrfachstecker abziehen.
- Hilfskabel in den Steckanschluß des violett/schwarzen Kabels stecken und direkt an Masse halten.
- Zündung kurz einschalten:
- Schlägt der Zeiger der Tankuhr voll aus, sind Zuleitung und Tankanzeige selbst in Ordnung. War das seither nicht der Fall, dürfte der Tankgeber defekt sein.
- Bleibt der Zeiger in Leer-Stellung, liegt der Fehler in der Zuleitung, am Spannungskonstanter oder am Instrument. Der Tankgeber ist wahrscheinlich in Ordnung.

Kühlmittel-Temperaturanzeige

Die Anzeige für die Kühlmitteltemperatur funktioniert ähnlich wie die Tankanzeige. Plusstrom erhält das Instrument bei eingeschalteter Zündung, die Masseverbindung stellt der Temperaturgeber am Motor (siehe Bilder) her. Dieser Geber ist ein veränderlicher Widerstand, der mit zunehmender Erwärmung mehr Stromdurchfluß zuläßt, so daß das Bimetall im Instrument stärker beheizt wird und die Nadel weiter ausschlägt. Zwei verschiedene Temperaturgeber kommen zum Einsatz:

○ **Standard-Geber** (kombiniert mit Schalter »zu heiß« für Kühlmittel-Warnleuchte). Eingebaut im Vierzylinder ohne Klimaanlage.
○ **Elektronischer Thermoschalter** (mit weiteren Funktionen) bei Vierzylinder mit Klimaanlage, Fünfzylinder und Sechszylinder.
○ **Kontaktbelegung** der Temperaturgeber siehe Abbildungen auf der folgenden Seite.

Fingerzeig: Bei zu hoher Kühlmitteltemperatur wird zusätzlich eine rotblinkende Warnleuchte eingeschaltet. Bei Wagen mit Auto-Check-System erscheint das Symbol »Kühlmittel«.

Störungen

○ Fehlerhafte Anzeige der Kühlmitteltemperatur bei gleichzeitig ungenauer Benzinstandsanzeige lassen auf einen schadhaften Spannungskonstanter schließen.
○ Keine Anzeige kann ihre Ursache im Temperaturgeber oder Instrument haben.
○ Richtige Anzeige und gleichzeitig blinkendes Warnlicht kann auch am Schalter der Kühlmittel-Mangelanzeige im Ausgleichsbehälter liegen.

Kühlmittel-Temperaturanzeige prüfen

- Mehrfachstecker am Temperaturgeber im Motorraum abziehen.
- Den Einzel-Steckkontakt zur Temperaturanzeige (braun/gelbes Kabel) im Mehrfachstecker (siehe Bilder auf der folgenden Seite) mit einem Drahtstück verlängern und an blankes Metall (Masse) halten.

Belegung des Gebers für Motortemperatur beim Vierzylinder ohne Klimaanlage. Es bedeuten:
1 – Kontakt für Kontrolleuchte »Kühlmittel zu heiß«;
2 – Masse;
3 – Kühlmittel-Temperaturanzeige.
Bei Vierzylinder-Modellen mit Klimaanlage kommt derselbe Thermoschalter zum Einsatz, wie in den Abbildungen unten für Fünf- und Sechszylinder gezeigt.

● Zündung kurz einschalten:
● Wandert die vorher regungslose Anzeigenadel nun zügig über die Skala, war der Temperaturgeber defekt – auswechseln.
● Rührt sich nichts im Anzeigeinstrument, ist die Zuleitung oder das Instrument selbst defekt. Der Ausbau ist zu Anfang des Kapitels beschrieben.

Der Spannungskonstanter

An der Rückseite des Kombi-Instruments ist ein kleines Kästchen mit drei Anschlüssen angenietet – der Spannungskonstanter. Er muß u. a. die Tank- und die Temperaturanzeige mit absolut gleichmäßiger Spannung versorgen. Andernfalls lassen Spannungsschwankungen die Zeigernadeln pendeln.
Wenn beide Geräte »verrückt spielen« oder gar nichts anzeigen, liegt es sicher am Konstanter. Wer elektronisch begabt ist, kauft das Teil anhand der aufgedruckten Bezeichnung im Elektronik-Laden und wechselt es aus. Andernfalls Leiterplatte ersetzen (siehe »Kombi-Instrument zerlegen«).

Spannungs-konstanter prüfen

● Kombi-Instrument ausbauen, Kabel wieder anschließen.
● Zündung einschalten.
● Voltmeter zwischen mittlerem und oberem Anschluß des Konstanters anklemmen (Kombi-Instrument von hinten betrachtet).
● Das Meßgerät muß 9,75–10,25 Volt anzeigen.
● Liegt die Spannung außerhalb der Toleranz, ist der Konstanter defekt. Keine Spannung da – Stromzufuhr prüfen:
● Dazu das Voltmeter zwischen mittlerem und unterem Anschluß des Konstanters anschließen. Liegt keine Batteriespannung an, muß nach der Unterbrechung in der Zuleitung gesucht werden.

Zusatzinstrumente

Als Sonderausstattung können in den freien Feldern rechts im Kombi-Instrument drei Zusatzinstrumente –

Links: Oben im Schlauchstutzen links am Zylinderkopf sitzt beim Fünfzylinder der sogenannte elektronische Thermoschalter. Die Belegung der Kontakte (in der Zeichnung symbolisiert) lautet wie folgt:
T – Temperaturanzeige;
R – Klimaanlage;
+ – Stromversorgung;
C – Kontrolleuchte »Kühlmittel zu heiß«.
Rechts: Der Sechszylindermotor besitzt denselben elektronischen Thermoschalter (Pfeil) mit identischer Kontaktbelegung. Einbaulage: Hinten rechts am Motor ins Kühlmittelrohr eingeschraubt.

An der Rückseite des Kombi-Instruments ist der Spannungskonstanter (Pfeil) auf einem kleinen Kühlblech angeschraubt oder angenietet.

Öldruckmesser, Öltemperaturgeber und Zeituhr – eingebaut sein. Zum Ausbau zuerst Kombi-Instrument ausbauen (siehe Kapitel-Anfang). Dann Grundplatte von hinten abschrauben. Prüfen der Instrumente:

- **Öldruckmesser, Öltemperaturgeber:** Kabel am jeweiligen Geber (Einbaulage siehe folgenden Abschnitt) abziehen, gegen Masse halten:
- Schlägt das Instrument nicht aus, ist die Zuleitung oder das Instrument selbst defekt.
- Andernfalls liegt es am Geber.
- Zum Ausbau der Einzel-Instrumente Abdeckung hinten abschrauben, zentrale Befestigungsmutter lösen, Instrument abziehen.
- **Zeituhr:** Spannung an den Anschlüssen der Uhr mit Voltmeter oder Dioden-Spannungsprüfer prüfen.
- Spannung da, aber keine Anzeige: Uhr defekt.

Einbaulage Öldruckgeber, Öltemperaturgeber

○ **Vierzylinder:** Beide Geber befinden sich am Ölfilterflansch links am Motor.

○ **Fünfzylinder:** Der Geber für Öldruck befindet sich an der linken Seite des Motorblocks, der Öltemperaturgeber sitzt unten am Motor rechts vorn. Dort ist er statt der Verschlußschraube für das Überdruckventil der Ölpumpe eingedreht. Vorsicht beim Herausdrehen: Schraube steht unter Federkraft. Die Einbaulage von Feder und Ventilkolben ist wichtig!

○ **Sechszylinder:** Der Geber für Öldruck befindet sich an Fahrzeugen bis Baujahr 7/91 hinten am linken Zylinderkopf, seit 8/91 sitzt er an der linken Seite des Motorblocks vorn unten. Der Öltemperaturgeber sitzt links unten an der Stirnseite des Motors. Wegen schlechter Zugänglichkeit sind die Kabel zu den Gebern nochmals in einer Steckverbindung hinten am linken Zylinderkopf zusammengefaßt.

Kabelfarben an der Steckverbindung: Grün/schwarz oder schwarz/braun zum Geber für Öltemperatur; blau/weiß oder schwarz/weiß zum Öldruckgeber; weiß/grau zum Öldruckschalter 1,8 bzw. 2,5 bar; blau/schwarz zum Öldruckschalter 0,3 bar.

Kontrolleuchten oben im Kombi-Instrument

○ Bei Fahrzeugen **ohne Auto-Check-System** sitzt im Leuchtenfeld oben zwischen den Rundinstrumenten

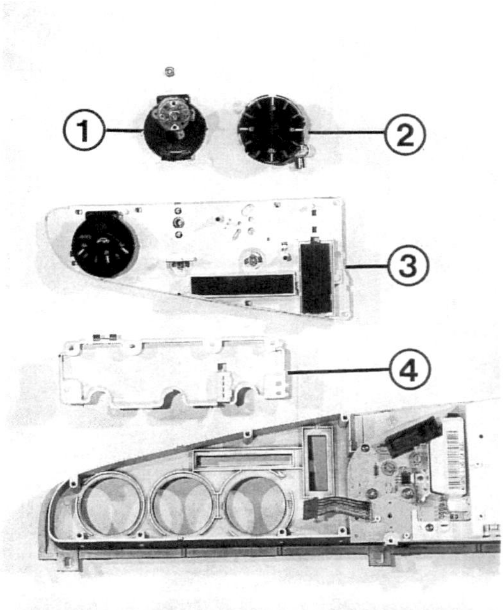

Links: Ausbau der Zusatzinstrumente aus dem Kombi-Instrument. Es bedeuten:
1 – Öltemperaturanzeige (gesichert mit einer Mutter);
2 – Zeituhr (nur gesteckt);
3 – Instrumentengrundplatte;
4 – Abdeckung für Grundplatte.
Rechts: Besitzt das Fahrzeug Zusatzinstrumente, ist dieser Öldruckgeber (2) anstelle des 0,3-bar-Öldruckschalters eingebaut. Angeschlossen ist das Kabel zum Öldruckmesser und das Kabel zum Öldruckschalter. Gleich daneben sitzt hier beim Vierzylindermotor der Öltemperaturgeber (1) – ebenfalls auf dem Ölfilterflansch.

die Warnleuchte für Kühlmittel (Übertemperatur und Kühlmittelstand zu gering), die Bremskontrolleuchte (Bremsflüssigkeitsstand zu gering) sowie die Öldruck-Kontrolleuchte (in Verbindung mit Summer). Diese Leuchteneinheit wird von Audi mit »Mini-Check-System« bezeichnet.

○ Bei Fahrzeugen **mit Auto-Check-System** ist das Leuchtenfeld oben für die Anzeigesymbole des Check-Systems reserviert (weiter hinten im Kapitel behandelt).

Kühlmittel-Kontrolleuchte

Blinkt während der Fahrt die Kühlmittel-Kontrolleuchte, sofort anhalten:

● Kühlmittelstand kontrollieren (Kapitel »Das Kühlsystem«) und gegebenenfalls Kühlflüssigkeit bzw. Wasser nachgießen.

● Bei heißem Motor und richtigem Kühlmittelstand kontrollieren, ob der elektrische Kühlerventilator bei eingeschalteter Zündung läuft. Steht er trotz glühend heißem Kühler still, hilft der Störungsbeistand für den Kühlerventilator weiter (Kapitel »Das Kühlsystem«).

● Letzte Möglichkeit: Einer der beiden Geber der Kontrolleuchte ist defekt (siehe folgenden Abschnitt).

Störungssuche Kühlmittel-Kontrolleuchte

● **Kontrollampe prüfen:** Die Kühlmittelkontrollleuchte blinkt zur Funktionskontrolle beim Einschalten der Zündung. Ist das nicht der Fall:

● Zuständige Sicherung (Kapitel »Die Karosserie-Elektrik«) kontrollieren.

● War diese intakt, Kombi-Instrument ausbauen, Kontrollampe ausbauen und prüfen.

● Ist die Lampe in Ordnung, Kabel prüfen bzw. Mini-Check-System austauschen (siehe »Kombi-Instrument zerlegen«).

● **Temperaturgeber am Motor prüfen:** Blinkt die Kontrolleuchte auch bei kaltem oder normal betriebswarmem (laufendem!) Motor, kann der Temperaturgeber defekt sein.

● Mehrfachstecker am Temperaturgeber abziehen: Die Lampe muß verlöschen.

● Kabel zur Kühlmittel-Kontrolleuchte (welches das ist, zeigen die Abbildungen auf Seite 236) gegen Masse halten: Lampe muß wieder blinken.

● Ist beides der Fall, ist die Lampe in Ordnung; es kann also nur der Geber oder die Zuleitung defekt sein. Kontrollieren bzw. auswechseln. Oder es liegt am Geber für Kühlmittelstand.

● **Geber für Kühlmittelstand** im Ausgleichsbehälter prüfen: Der Geber ist von unten in den Ausgleichsbehälter eingesetzt und fest mit dem Behälter verbunden.

● Bei trotz richtigem Kühlmittelstand blinkender Lampe die Kabel am Geber abziehen.

● Hört die Blinkerei damit auf, Geber innen im Behälter reinigen oder Behälter ersetzen.

Bremskontrolleuchte

Bei eingeschalteter Zündung blinkt die Bremskontrolleuchte zur Funktionskontrolle, bei laufendem Motor muß sie verlöschen. Blinkt sie länger oder leuchtet sie während der Fahrt auf, muß sofort der Bremsflüssigkeitsstand geprüft werden. Möglicherweise ist ein Bremskreis undicht geworden und damit ausgefallen, was Sie zusätzlich am länger gewordenen Pedalweg spüren (mehr dazu im Kapitel »Die Bremsen«).

Störungssuche Bremskontrolleuchte

● **Kontrollampe prüfen:** Siehe Text »Kontrolleuchte prüfen« im Abschnitt »Störungssuche Kühlmittel-Kontrolleuchte«.

● Blinkt die Kontrolleuchte bei laufendem Motor, obwohl der Flüssigkeitsstand im Bremsflüssigkeitsbehälter über der »MIN«-Marke steht, versuchshal-

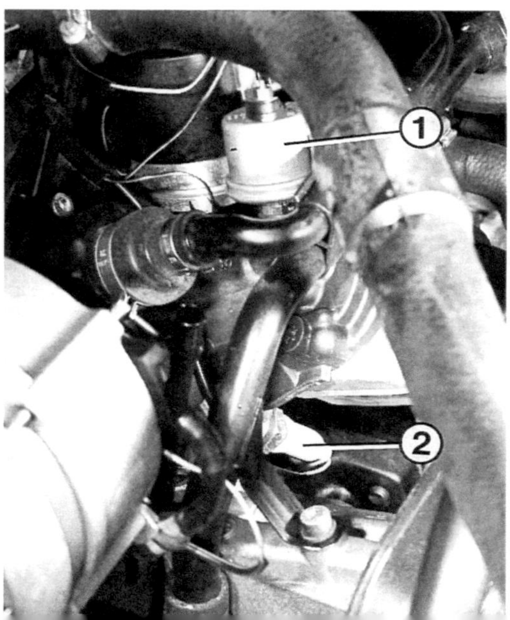

Einbaulage der Öldruckschalter:
Links: Beim Vierzylinder sitzt der 0,3-bar-Öldruckschalter oben auf dem Ölfilterflansch (1; hier ist statt des reinen Öldruckschalters der Öldruckgeber kombiniert mit -schalter eingebaut). Unten am Ölfilterflansch sitzt der 1,8-bar-Öldruckschalter (2).
Rechts: An der linken Motorseite sitzen beim Fünfzylinder der 0,3-bar-Öldruckschalter (1) und der 1,8-bar-Öldruckschalter (2).

Alle Leitungen zum Öltemperaturgeber, Öldruckgeber und zu beiden Öldruckschaltern sind in dieser Steckverbindung (Pfeil) hinten am linken Zylinderkopf zusammengefaßt.

ber den Stecker am Füllstandsgeber des Bremsflüssigkeitsbehälters abziehen.

● Verlöscht die Lampe, ist der Geber im Behälter defekt – Behälter ersetzen.

Öldruck-Kontrolleuchte

Der Motoröldruck wird im Audi 100 von zwei Öldruckschaltern und einem Steuergerät mit Warnsummer (beide letztere sind im Mini-Check-System kombiniert) überwacht. Vereinfacht dargestellt funktioniert das so:

○ Bei eingeschalteter Zündung liegt am einen Anschluß der Öldruck-Kontrolleuchte ständig Spannung an.

○ Ist der Öldruck (z. B. bei stehendem Motor) niedriger als 0,3 bar, hält der **Öldruckschalter 0,3 bar** seine Kontakte geschlossen und schafft damit die Masseverbindung zum zweiten Anschluß der Kontrollampe – die Lampe brennt (blinkt).

○ Steigt nach dem Motorstart der Öldruck an, werden die Kontakte im Schalter **geöffnet**, und die Lampe verlöscht.

○ Der zusätzlichen Überwachung dient beim Vier- und Fünfzylinder sowie beim Sechszylinder bis 7/91 der **Öldruckschalter 1,8 bar** bzw. beim Sechszylinder ab 8/91 der **Öldruckschalter 2,5 bar**. Er ist in seiner Funktion mit dem Steuergerät im Mini-Check-System kombiniert: Sinkt der Motoröldruck unter den Schaltdruck von 1,8 bzw. 2,5 bar, **schließt** er seine Kontakte und stellt die Masseverbindung zum Steuergerät im Mini-Check-System her – der 0,3-bar-Öldruckschalter zeigt dabei noch längst keine Regung.

○ Das Mini-Check-System läßt aber nur dann die Kontrollampe leuchten, wenn der Öldruck **länger als eine Sekunde** unter den Schaltdruck fällt und dies bei einer Motordrehzahl von **mehr als 2100/min** geschieht.

○ Zusätzlich gibt das Mini-Check-System einen Warnton von sich. Sinn dieser Einrichtung ist es, Motorschäden aufgrund von zu geringem Öldruck (etwa durch zu niedrigen Ölstand) zu vermeiden.

Die Öldruckschalter

In Sachen Öldruckschalter gab es bei Sechszylinder eine grundsätzliche Änderung: Bis 7/91 war der 1,8-bar-Öldruckschalter hinten am linken Zylinderkopf montiert. Ab 8/91 wurde er nach unten an die linke Motorblock-

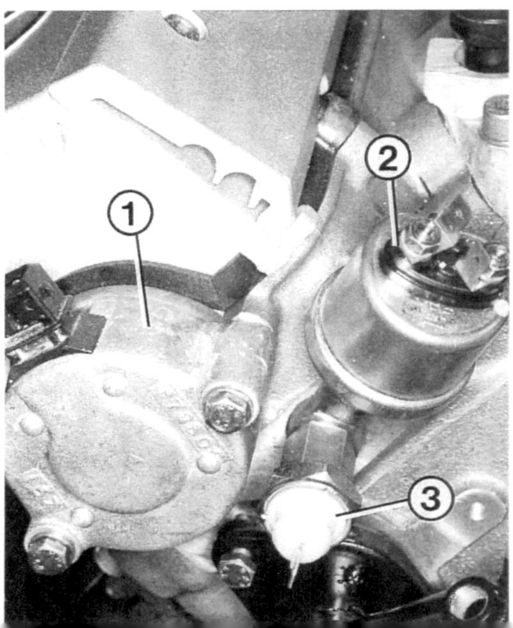

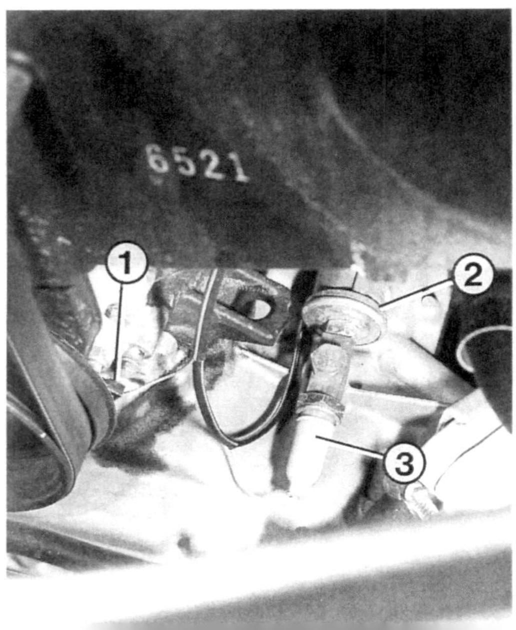

Links: Beim Sechszylinder bis Baujahr 7/91 sind die Öldruckschalter (2 und 3) hinten am linken Zylinderkopf neben dem Hallgebergehäuse (1) montiert.
Rechts: Neben der Kurbelwellen-Riemenscheibe sitzt beim Sechszylinder seit 8/91 der Geber der Öldrucktemperaturanzeige (1). Gleich daneben ist auch der Öldruckschalter 2,5 bar (3) eingebaut. Etwas weiter hinten sitzt der Öldruckschalter 0,3 bar oder, wie hier, der kombinierte Geber/Schalter (2).

seite verlegt, wo aber höherer Öldruck herrscht, weshalb bei dieser Einbaulage ein 2,5-bar-Schalter verwendet werden mußte.
Generell sind die Isolierstücke der Öldruckschalter zur Unterscheidung verschieden eingefärbt:
○ **Braun** eingefärbt ist der **0,3-bar-Öldruckschalter**. Bei Fahrzeugen mit Öldruckmesser ist statt diesem Schalter der Öldruckgeber eingesetzt, der jedoch zusätzlich einen Schaltkontakt für die Kontrolleuchte besitzt.
○ **Weiß** eingefärbt ist der **1,8-bar-Öldruckschalter** (Vier- und Fünfzylinder, Sechszylinder bis 7/91).
○ **Rot** eingefärbt ist der **2,5-bar-Öldruckschalter** (Sechszylinder ab 8/91).

Störungssuche

● **Leuchtet die Warnlampe** (evtl. mit zusätzlichem Warnton) **bei laufendem Motor, müssen Sie sofort anhalten!**
● Motor sofort abstellen, Ölstand kontrollieren. Falls in Ordnung:
● Kabel am **0,3-bar-Schalter** abziehen und **in der Luft** hängen lassen, Zündung einschalten: Brennt die Lampe weiter, hat die Zuleitung Masseschluß – ungefährlich für den Motor.
● Kabel am **1,8-bar- (bzw. 2,5-bar-)Öldruckschalter** abziehen und **an Masse** halten, Zündung einschalten: Brennt die Lampe weiter bzw. ertönt weiterhin der Warnton, liegt der Defekt am Mini-Check-System bzw. an der Zuleitung – ungefährlich für den Motor.
● Zeigen sich andere als die beschriebenen Effekte, besteht der Verdacht, daß die Ölversorgung im Motor unterbrochen ist. Wagen abschleppen lassen!
● Vielleicht ist einer der Öldruckschalter defekt. Manchmal funktioniert er wieder, wenn an seiner Steckerzunge gewackelt wird.
● **Bleibt die Öldruckkontrolle** nach Einschalten der Zündung **dunkel:**
● Zuerst Sicherung kontrollieren (Kapitel »Die Karosserie-Elektrik«).
● Kabel am 0,3-bar-Schalter abziehen und gegen Masse halten: Brennt die Leuchte jetzt, war der Öldruckschalter defekt. Brennt sie nicht, ist die Zuleitung oder die Lampe selbst defekt.

Steuergerät für Öldruckwarnung im Mini-Check-System prüfen

● Kabel am 1,8-bar-Schalter abziehen und in der Luft hängen lassen. Motor starten und mit ca. 2500/min drehen lassen.
● Nach 2 Sekunden muß die Öldruck-Kontrollampe aufblinken, und der Summer muß dreimal ertönen. Andernfalls ist das Mini-Check-System defekt – ersetzen!
● Leuchtet nur die Kontrollampe und ertönt der Summer **nicht,** ist die Leitung vom Generator Klemme 61 unterbrochen (D+).
● Leuchtet die Kontrolle und ertönt der Summer **bei aufgestecktem** Kabel am Öldruckschalter und bei einer Motordrehzahl von ca. 2500/min, so ist der Öldruckschalter 1,8 bar (bzw. 2,5 bar) defekt – intakte Motorschmierung vorausgesetzt.
● Motor **im Leerlauf** drehen lassen, Kabel am 1,8-bar- (bzw. 2,5-bar-)Schalter abziehen und in der Luft hängen lassen. Werden nun Lampe und Summer aktiv, ist die Leitung von Klemme 1 (Drehzahlsignal) zum Mini-Check-System unterbrochen.

Öldruckschalter auswechseln

● Richtigen Öldruckschalter mit brauner, weißer bzw. roter Isolierung kaufen (siehe Vortext), dazu einen neuen Dichtring.
● Öldruckschalter mit nur 25 Nm festziehen.

Blinker-Kontrolleuchten

Rechts und links neben dem oberen Leuchtenfeld sitzen die beiden Kontrolleuchten für die Richtungsblinker. Sie sind jeweils direkt an die Leitungen zu den Blinkleuchten angeschlossen und blinken deshalb im gleichen Takt wie diese. Die Zuleitung erfolgt ohne Sicherung. Masse kommt von der zentralen Masse-Versorgung des Kombi-Instruments zu den Lämpchen. Mehr über die Blinker-Kontrolle lesen Sie im Kapitel »Die Signaleinrichtungen«.

Kontrolleuchten unten

Im Leuchtenfeld des Kombi-Instruments befindet sich eine ganze Reihe von Kontrolleuchten, auf die wir in den folgenden Absätzen eingehen wollen. In der Reihenfolge der Beschreibungen beginnen wir mit der Leuchte links oben.
Wie die einzelnen Kontrolleuchten ausgebaut werden, erfahren Sie am Anfang des Kapitels unter »Kombi-Instrument zerlegen«.

Ladekontrolleuchte

Bei laufendem Motor darf die Ladekontrolle weder glimmen noch aufleuchten. Sonst sitzt ein Fehler in der Stromversorgung, siehe »Störungsbeistand« im Kapitel »Die Lichtmaschine«. Brennt das rote Lämpchen beim

Einschalten der Zündung nicht, ist vermutlich die Glühlampe durchgebrannt, oder aber das Kabel zur Lichtmaschine ist defekt bzw. hat sich gelöst.
Mehr über die Ladekontrolleuchte erfahren Sie im Kapitel »Die Lichtmaschine«.

ABS-Kontrolleuchte

Bei Fahrzeugen mit Antiblockiersystem (ABS) brennt diese Kontrolleuchte zur Funktionskontrolle beim Einschalten der Zündung. Wenn nicht, Lämpchen auswechseln (wie gehabt). Bei laufendem Motor muß die Anzeige verlöschen.
Ferner leuchtet die Kontrolle, wenn das ABS am Hauptschalter (bis 6/92) ausgeschaltet wurde.
Brennt sie dagegen während der Fahrt, liegt ein Defekt im Bremssystem vor. In die Werkstatt fahren und kontrollieren lassen (siehe auch Kapitel »Das Antiblockiersystem«).

Fernlichtkontrolle

Bei eingeschaltetem Fernlicht oder beim Lichthupen erhält die Fernlichtkontrolle von der Fernlicht-Sicherung (Kapitel »Die Karosserie-Elektrik«) des rechten Scheinwerfers Strom. Ob die Fernlichtfäden wirklich brennen, kann sie aber nicht anzeigen; das muß man selbst kontrollieren. Die Masse-Zufuhr kommt auch hier vom Kombi-Instrument.

Handbrems-Kontrolleuchte

Bei angezogener Handbremse schließt ein Schalter am Handbremshebel die Verbindung zur Masse. Damit kann die Kontrollampe, die bei eingeschalteter Zündung auf ihrem anderen Anschluß mit Spannung versorgt wird, aufleuchten. Bei gelöster Handbremse verlöscht sie wieder.

Störungssuche

- **Die Lampe brennt nicht bei angezogener Handbremse:** Sicherung kontrollieren (Kapitel »Die Karosserie-Elektrik«).
- Glühlampe ausbauen und kontrollieren (Kapitel-Anfang).
- Brachte das keinen Erfolg, Schalter hinten am Handbremshebel nach Ausbau des hinteren Mittelkonsolen-Teils freilegen (siehe Kapitel »Der Innenraum«), Kabel am Schalter (hinten neben der Handbremse) abziehen und Stecker an blankes Metall halten.
- Brennt die Lampe jetzt, war der Schalter defekt.
- **Die Lampe verlöscht nicht bei gelöster Handbremse:** Kabel am Schalter der Handbremse lösen, wie vorstehend beschrieben, doch Stecker in der Luft hängen lassen.
- Brennt die Lampe nicht mehr, war der Schalter defekt/falsch montiert.
- Leuchtet sie dagegen weiter, ist das Kabel durchgescheuert und hat Massekontakt.

Kontrolleuchten rechts

Oberhalb des Zusatzinstrumenten-Felds befindet sich ein weiteres Feld für Zusatz-Kontrolleuchten. Sie sind im folgenden beschrieben.

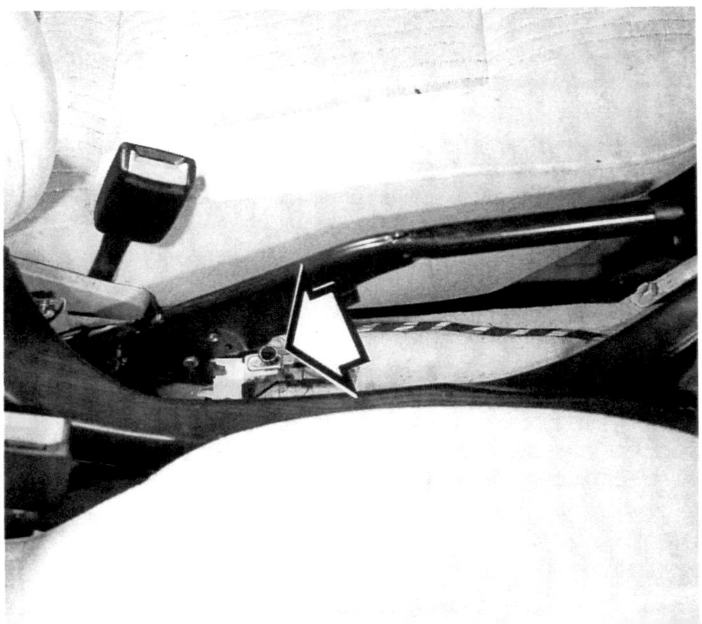

Genau unterhalb des Handbremshebels ist bei ausgebauter Mittelkonsole der Schalter der Handbremskontrolleuchte (Pfeil) sichtbar.

Anhänger-Blinkerkontrolle

Sie blinkt rhythmisch mit, wenn bei angeschlossener Anhängerbeleuchtung die betreffende Blinkleuchte am Anhänger funktioniert. Ist eine Anhänger-Blinkleuchte defekt, blinkt die Kontrolle beim jeweiligen Richtungsblinken nicht mit. Sie blinkt auch nicht – wie das früher üblich war – einmal beim Einschalten des Blinkers auf. Übrigens: Bei eingeschalteter Warnblinkanlage und angeschlossener Anhängerbeleuchtung leuchtet die Kontrolle auch dann mit, wenn eine der Hänger-Blinkleuchten nicht funktioniert.

Airbag-Kontrolleuchte

Bei Fahrzeugen mit Airbag brennt diese Kontrolleuchte zur Funktionskontrolle etwa 10 Sekunden lang nach Einschalten der Zündung. Wenn nicht, Lämpchen auswechseln (siehe am Anfang des Kapitels unter »Kombi-Instrument zerlegen«). Bei laufendem Motor muß die Anzeige verlöschen.
Eine Störung liegt vor, wenn die Lampe während der Fahrt aufleuchtet, wenn sie nach Starten des Motors nicht verlöscht, aber auch, wenn sie überhaupt nicht brennt.

Das Auto-Check-System

Auf Sonderwunsch besitzt der Audi 100 das sogenannte Auto-Check-System. Es überwacht acht Funktionen bzw. Betriebszustände nach dem Einschalten der Zündung und nach Einschalten des Fahr- und Bremslichts. Ebenso wird während der Fahrt aktiv kontrolliert. Damit ersetzt das Check-System eine Anzahl der in Standardausstattung vorhandenen herkömmlichen Kontrolleuchten.
Die Störungsanzeige, deren Leuchtfeld sich in der Mitte des Kombi-Instruments befindet, ist in die Gruppen »Gefahrenanzeige« und »Warnanzeige« aufgeteilt.
Defekte, die die Fahrzeugsicherheit beeinträchtigen oder Folgeschäden verursachen können, gelten als Gefahrenanzeige und erscheinen rot im Leuchtfeld. Es sind dies:

○ **Bremsanlage:** Bremsflüssigkeitsstand zu niedrig.

○ **Motoröldruck:** Der Öldruck im Leerlauf liegt unter 0,3 bar, oder bei mehr als 2100/min Motordrehzahl werden 1,8 bar (Vier- und Fünfzylinder, Sechszylinder bis 7/91) bzw. 2,5 bar (Sechszylinder ab 8/91) nicht erreicht.

○ **Kühlmittel:** Die Kühlmitteltemperatur liegt über 120° C oder Betriebstemperatur wird nicht erreicht oder der Kühlmittelstand ist zu niedrig.

Zusätzlich zur Gefahrenanzeige ertönt dreimal ein Warnton aus dem Kombi-Instrument. Gefahrenanzeigen haben Vorrang vor den Warnanzeigen im System. Solange eine Gefahrenanzeige vorliegt, wird die Warnanzeige unterdrückt. Sie erscheint erst wieder, wenn die Ursache der Gefahrenanzeige behoben wurde.
Die Warnanzeigen erscheinen in gelber Farbe auf dem Leuchtfeld in Verbindung mit einem einmaligen Warnton. Es sind dies:

○ **Bremslicht:** Dieses Symbol erscheint sofort nach Einschalten der Zündung. Wird das Bremspedal betätigt, verlöscht das Symbol – vorausgesetzt, daß beide Bremslichter funktionieren.

○ **Beleuchtung:** Dieser Prüfschritt kann vom Check-System nicht im automatischen Prüfablauf vorgenommen werden. Zur Kontrolle muß der Fahrer zuvor das Abblendlicht einschalten. Gleichzeitig werden nun Abblendlicht und Rücklicht überprüft. Gleichzeitigen Ausfall beider Abblendlicht- oder Rücklicht-Glühfäden kann das System konstruktionsbedingt nicht anzeigen. Allerdings ist das auch ein unwahrscheinlicher Defekt.

○ **Batterie:** Das Batterie-Symbol leuchtet auf, wenn die Batteriespannung nicht mehr zwischen den Sollwerten von 10,6–15,6 Volt liegt.

○ **Scheibenwaschanlage:** Diese Anzeige macht auf zu niedrigen Wasserstand im Scheibenwaschwasser-Behälter aufmerksam.

○ **Tank:** Das Zapfsäulen-Symbol leuchtet auf, wenn nur noch 12 Liter Kraftstoff im Tank sind.

Liegen mehrere Defekte im Warnanzeigen-Bereich vor, leuchten die Symbole im Wechsel auf, solange die Zündung eingeschaltet ist.

○ **Die »OK«-Anzeige** soll erscheinen, wenn nach Einschalten der Zündung und nach Niedertreten des Bremspedals der Schriftzug »Bremslicht« verlöscht ist. »OK« besagt hier, daß alle Prüfpunkte ohne Defektmeldung passiert wurden. Das Leuchtzeichen verlöscht nach kurzer Zeit.

Wie wird geprüft?

Das Steuergerät des Auto-Check-Systems sitzt im hinteren Gehäusedeckel des Kombi-Instruments und ist mit der Anzeigeeinheit über Mehrfach-Stecker verbunden.
Zur Ausübung seines Amtes erhält das Auto-Check-System zunächst Informationen über die Betriebszustände des Motors. Sie stammen von Klemme 1 der Zündung (Drehzahlinformation), von Klemme 50 des Anlassers (Motor wird gestartet) und von Klemme 61 der Lichtmaschine (Motor läuft).
Dazu kommen die Informationen von den verschiedenen Gebern an den zu prüfenden Teilen. Meist sind das dieselben Geber, die auch die Kontrolleuchten am herkömmlichen Armaturenbrett leuchten lassen.

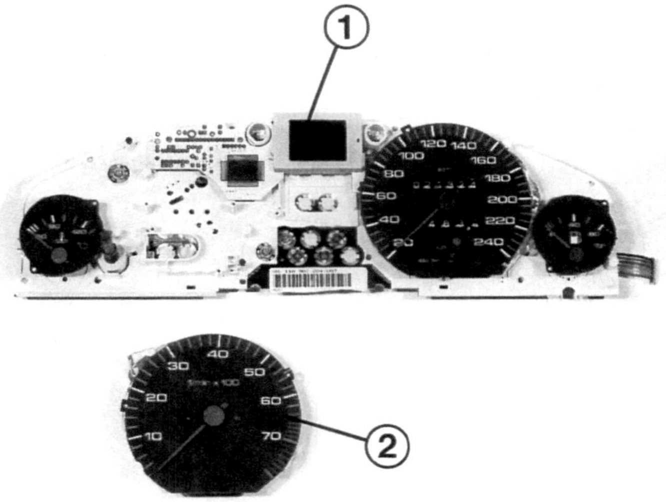

Nach Ausbau des Drehzahlmessers (2) können die Leiterplatte und das Anzeigefeld des Auto-Check-Systems von der Instrumentengrundplatte abgeschraubt werden.

Grundsätzlich anders funktionieren die Prüfstationen für die Fahrzeugbeleuchtung. Diese »Lampenkontrollgeräte« arbeiten auf magnetischer Basis und vergleichen den Stromfluß in den Leitungen beispielsweise zum rechten und linken Abblendlicht. Wird in einer Leitung aufgrund einer Unterbrechung oder eines Lampendefekts kein Strom verbraucht, stellt das Kontrollgerät eine Differenz fest und meldet dies dem Steuergerät. Keine Differenz besteht natürlich auch dann, wenn der wirklich seltene Fall eintritt, daß beide Lampen defekt sind. Dagegen ist das Kontrollgerät machtlos.

Fingerzeig: Beim Anschließen einer Steckdose für die nachträglich montierte Anhängerkupplung muß darauf geachtet werden, daß die Kabel zu den Rückleuchten schon vor dem Lampenkontrollgerät (es sitzt im Relaisträger hinten links im Motorraum) angezapft werden. Nimmt man den Strom zur Steckdose an einer der Rückleuchten ab, besteht bei eingesteckter Anhängerbeleuchtung unterschiedlicher Stromfluß im Lampenkontrollgerät, und es meldet »Lampendefekt«.

Anzeigeeinheit ausbauen

Wie das Auto-Check-Modul ausgebaut wird, finden Sie am Anfang dieses Kapitels unter »Kombi-Instrument zerlegen« beschrieben.

Störungssuche Auto-Check-System

Die Prüfung des Auto-Check-Systems ist dem Heimwerker nur teilweise möglich: Man prüft zuerst alle Geber – war hier kein Fehler zu finden, muß es am Auto-Check-System-Modul liegen.

- Die Geber werden in derselben Weise geprüft, wie das bei den Kontrolleuchten im herkömmlichen Armaturenbrett beschrieben ist (siehe vorangegangene Seiten).
- Der Geber für Waschwasserstand, der nur bei Auto-Check eingebaut ist, wird so geprüft: Leuchtet die Kontrolle trotz gefülltem Scheibenwaschbehälter, Kabelstecker am Behälter abziehen. Verlöscht die Warnanzeige jetzt, ist der Geber defekt.
- Die Prüfung des kombinierten Lampenkontrollgeräts für vorn und für hinten (Einbaulage: Relaisträger hinten links im Motorraum) sollten Sie der Werkstatt überlassen.

Eigenkontrolle der Anzeigeeinheit

- Bei eingeschalteter Zündung und stehendem (oder mit max. 5 km/h fahrendem) Wagen den Knopf links unten am Kombi-Instrument drücken.
- Alle Anzeige-Symbole werden nacheinander abgerufen, sofern Anzeige und System in Ordnung sind.
- Der Abruf ist nicht möglich, wenn eine Gefahrenanzeige vorliegt.

Zusatzfunktionen auf dem Auto-Check-Anzeigefeld

Geschwindigkeitswarnung: Nach Speichern der momentanen Fahrgeschwindigkeit (Drücken des linken Knopfes im Kombi-Instrument bei gewünschter Geschwindigkeit) meldet sich das Auto-Check-System mit Symbol und Warnton immer dann, wenn diese wesentlich überschritten wird. Diese Speicherung bleibt bis zum Ausschalten der Zündung erhalten, wenn nicht eine andere Geschwindigkeit gespeichert oder der Speicher gelöscht wird (Knopf ganz links ca. eine Sekunde drücken).
Radiofrequezanzeige: Ist das Anzeigefeld nicht von Informationen aus dem Auto-Check-System belegt, wird bei entsprechend ausgerüsteten Radios die eingestellte Radiofrequenz angezeigt. Zusätzlich informiert das Anzeigefeld über Stereoempfang oder eingelegte Tonbandcassette (Tape). Bei Sendern mit Signalen des Radio-Daten-Systems erscheint RDS in der Anzeige. Der Sender-Name läßt sich dann am Radio-Display ablesen.

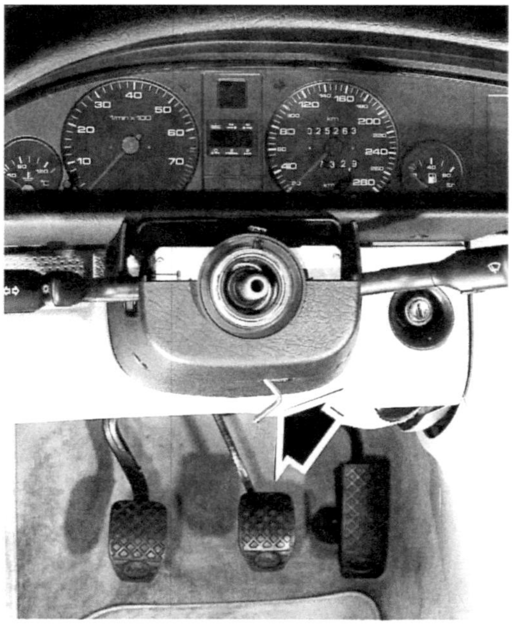

Ausbau der Hebelschalter:
Links: Bei abgebautem Lenkrad nach Lösen der beiden Kreuzschlitzschrauben (Pfeile) das Oberteil der Lenksäulenverkleidung (1) vom Unterteil (2) trennen.
Rechts: Lösen der Hebelschalter von der Lenksäule durch Losdrehen der schräg eingesetzten Klemmschraube mit einem Innensechskantschlüssel (Pfeil) oder bei älteren Baujahren mit einem Kreuzschlitz-Schraubendreher.

Die Schalter

Hebelschalter

Die Hebelschalter hinter dem Lenkrad sind beim Audi 100 zu einer kompletten Einheit zusammengefaßt, und können damit auch nur im Verbund gewechselt werden. Hier der Ausbau:

- Lenkrad ausbauen (Kapitel »Radaufhängung und Lenkung«). Besondere Vorsicht verlangt ein Lenkrad mit Airbag.
- Innensechskantschlüssel bzw. Kreuzschlitz-Schraubendreher schräg in die Aussparung unten an der Lenksäulenverkleidung stecken und nach der Schraube tasten.
- Schraube ein wenig lockern, aber nicht ganz herausdrehen.
- Zusätzliche Arbeiten bei **Fahrzeugen mit verstellbarer Lenksäule:** Hebel für Längsverstellung nach unten schwenken und Sicherungsfeder mit einem kleinen Schraubendreher abhebeln.
- Hebel für Längsverstellung abziehen.
- Innensechskantschraube am Hebel für Neigungsverstellung lösen, Hebel abziehen.
- Obere Verkleidung des Hebelschalters ausbauen, Halteschraube des Faltenbalgs losdrehen.
- **Alle:** Hebelschalterelement herausziehen.
- Alle Stecker abziehen.
- Soll der Schalter ausgetauscht werden, die zwei Schrauben unten in der Verkleidung lösen und oberes Verkleidungsteil abnehmen.
- Unteres Verkleidungsteil aus der Verhakung lösen.

Drucktasten-schalter

Mindestens drei Drucktastenschalter sitzen beim Audi 100 unterhalb der mittleren Luftaustrittsdüsen.

- Einen Blindstopfen mit Schraubendreher heraushebeln, um an den danebenliegenden Schalter von hinten heranzukommen.
- Will das nicht klappen, Radio ausbauen (weiter hinten in diesem Kapitel) und mit angeschlossenen Kabeln aus dem Einbauschacht ziehen.
- In jedem Fall: Schalter von hinten aus der Einbauöffnung drücken.
- Mehrfachstecker abziehen.

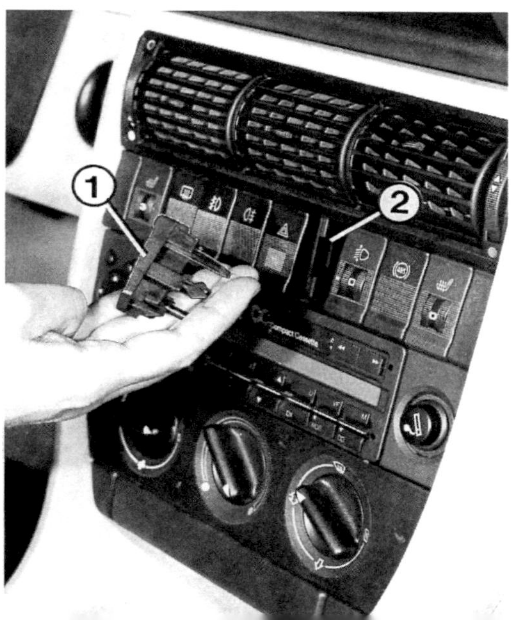

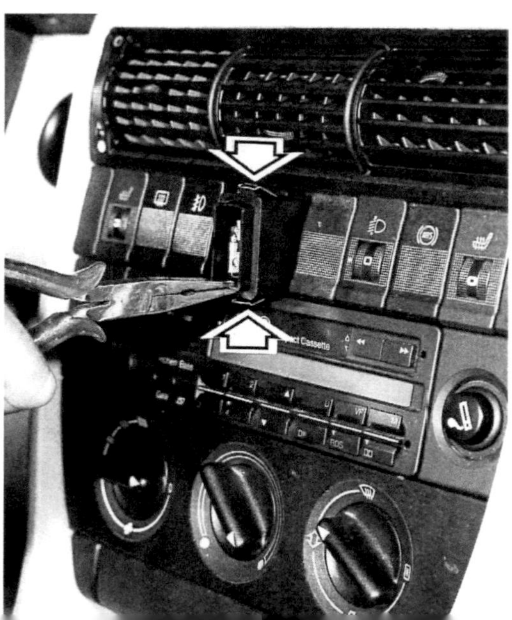

Links: Der nachträgliche Einbau eines Schalters in der Schalterleiste kann nach Entfernen eines Blindstopfens (1) aus dem Steckplatz (2) erfolgen.
Rechts: Bei abgehebeltem Schalterdruckknopf kann der Schalter mit einer Zange aus der Schalterleiste herausgezogen werden, wie hier gezeigt. Die Schalter halten sich lediglich durch Federklammern (Pfeile).

Links: Zum Auswechseln der Lämpchen für Symbol (1) und Funktionskontrolle (2) muß der Schalter (3) abgehebelt werden.
Rechts: Teile des Schalters für Differentialsperre (quattro):
1 – Steckergehäuse;
2 – Lampenfassung mit Elektronik;
3 – Schalterblende;
4 – Schalter.

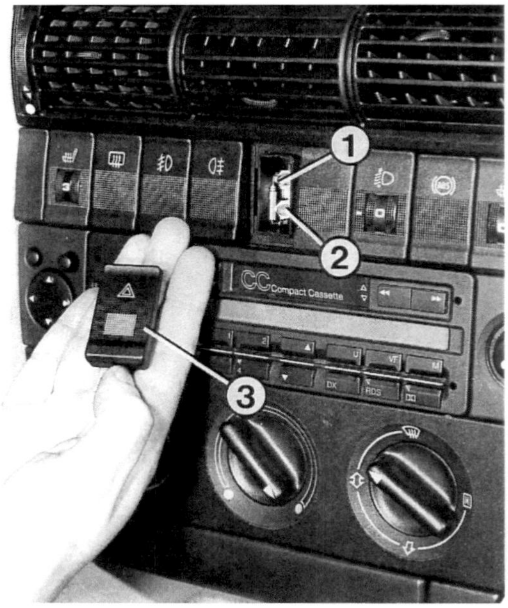

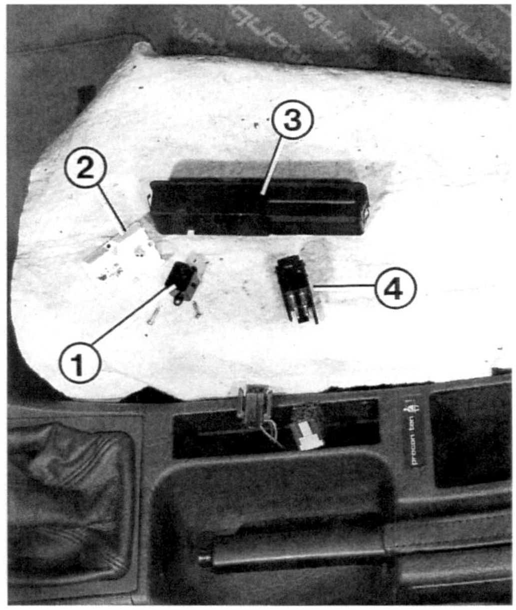

Schalterbeleuchtung auswechseln

In den Drucktastenschaltern befinden sich kleine Glassockellämpchen für die Symbolbeleuchtung und teilweise ein weiteres zur Beleuchtung des Pfeilsymbols »Schalter ein«. Auswechseln der Lämpchen:

- Schaltertaste vorsichtig mit einem kleinen Schraubendreher abhebeln.
- Glassockellämpchen mit einer spitzen Telefonzange oder einer kräftigen Pinzette herausziehen.
- Neues Glassockellämpchen einsetzen.
- Beim Warnblinkschalter wird ein 2-Watt-Lämpchen eingesetzt, bei allen anderen 0,8-Watt-Lämpchen.
- Leider klappt diese Methode nicht bei jeder Schalterversion. Läßt sich das Lämpchen so nicht wechseln, muß der ganze Schalter ersetzt werden.

Schalter im linken Türgriff

Die Schalter für die elektrischen Fensterheber sind in der oberen Blende des linken Türgriffs untergebracht. Ausbau:

- Mit schmalem Schraubendreher oder stumpfem Messer von hinten zwischen Schalterblock und Türverkleidung fahren.
- Dadurch wird die Haltespange an der Hinterkante des Schalterblocks ausgerastet.
- Schalterblock herausheben, Mehrfachstecker abziehen.
- Die Einzelschalter lassen sich aus dem Schalterblock ausrasten, indem man einen sehr schmalen Schraubendreher entlang des Schaltergehäuses bis zu den Rasten hochschiebt. Dann Schaltergehäuse herausziehen.
- Der Sperrschalter für die hinteren Fensterheber läßt sich nach derselben Methode ausrasten. Die beiden Halterasten sitzen an den Schmalseiten des Schalters.

Das Zündschloß

An dieser Stelle wollen wir uns nur mit dem elektrischen Teil des Zündschlosses befassen. Die Reparatur des Schließzylinders muß dagegen die Werkstatt vornehmen, denn zum Ausbau muß an einer bestimmten Stelle des Gehäuses gebohrt werden.

Links: Mit einem schmalen Schraubendreher wird die Haltespange an der Hinterkante des Schalterblocks ausgerastet (Pfeil). Die Einzelschalter (2) lassen sich aus den Schalterblock (1) ausrasten, indem man einen sehr schmalen Schraubendreher entlang des Schaltergehäuses bis zu den Rasten hochschiebt und dann das Schaltergehäuse herauszieht.
Rechts: Ausbau der Fensterheberschalter an der rechten Tür nach Abbau des Türgriffes (Kapitel »Die Karosserie«) und Ausbau des Türöffners (3). Der Fensterheberschalter (2) kann nach Abziehen des Steckers (1) aus dem Türöffner vorsichtig ausgerastet werden.

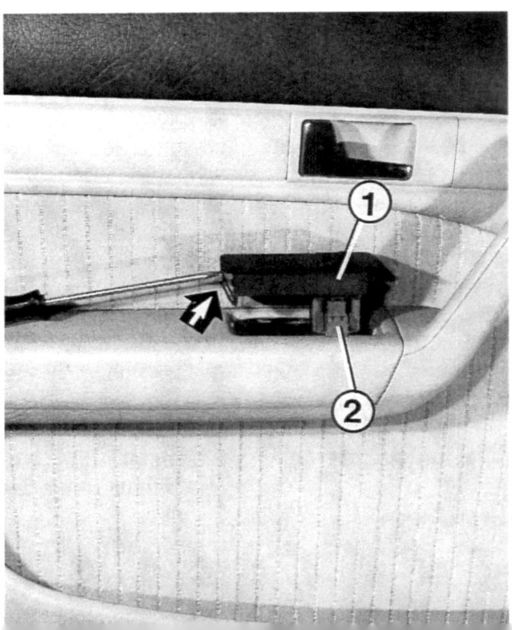

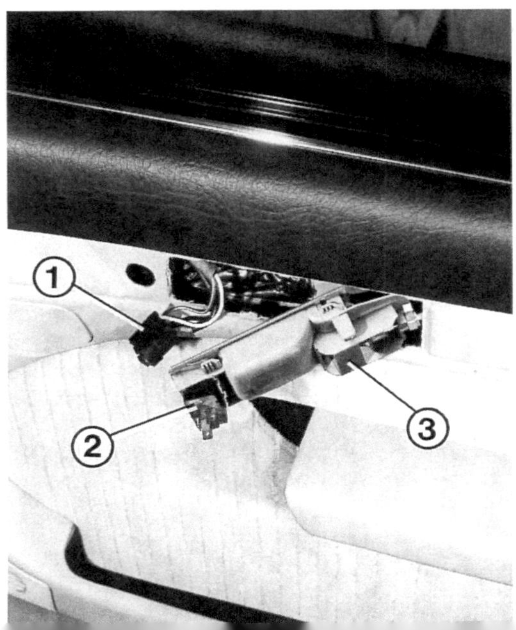

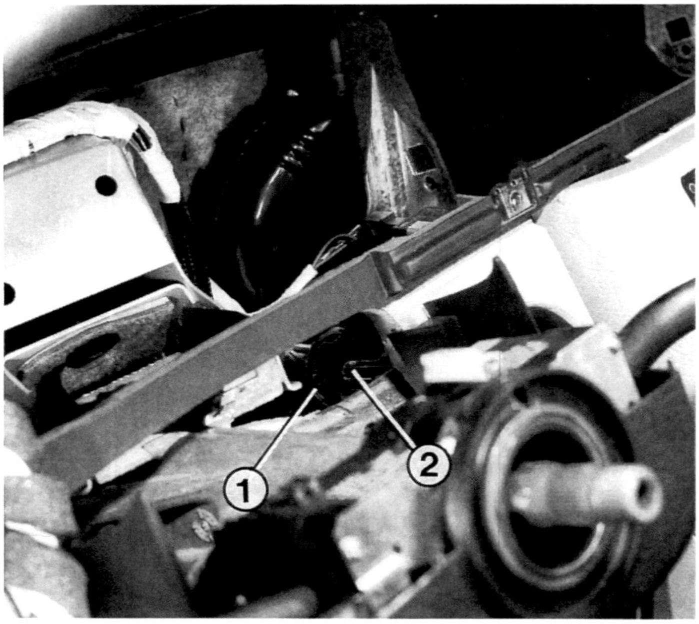

Bei ausgebautem Kombi-Instrument und ausgebauter oberer Lenksäulenverkleidung ist hier eine der beiden Madenschrauben (2) zu sehen, die das Zündschloß-Schalterteil – mit noch angeschlossenem Stecker (1) – am Schloßteil halten.

Zündschloß-Schalterteil ausbauen

● Kombi-Instrument ausbauen (Kapitel-Anfang). Das Lenkschloß ist nun von oben zugänglich.
● Siegellack abkratzen und zwei kleine Madenschrauben rechts und links am Halter des Lenkschloß-Schalterteils lösen.
● Schalterteil nach hinten abziehen.
● Beim Einsetzen des neuen Schalterteils darauf achten, daß der Schloß-Betätigungsstift in die Aussparung am Schalterteil einrastet.
● Madenschrauben eindrehen und mit einem Lacktupfer sichern.

Zündung kurzschließen

Diese Beschreibung soll keinen Autodieb aus Ihnen machen, sondern Ihnen helfen, bei defektem Zündschloß weiterfahren zu können. Der Zündschlüssel muß trotzdem vorhanden sein, und er muß sich natürlich im Zündschloß drehen lassen, damit die **Lenksperre entriegelt** werden kann. Bei Defekten am Lenkschloß selbst sollten Sie nicht mehr weiterfahren, denn die Lenkradsperre könnte sonst während der Fahrt einrasten.

● Ablagefach links unter dem Armaturenbrett ausbauen (Kapitel »Der Innenraum«).
● Mehrfachstecker am Zündschloß abziehen. Die Kabelstecker, an denen kurzgeschlossen werden soll, liegen nun frei.
● Verbinden Sie nun, z.B. mit einer Büroklammer, die Kontakte des roten und des schwarzen Kabels. Damit ist die Zündung eingeschaltet.
● Zum Starten mit dem Anlasser basteln Sie sich nun eine isolierte, zweite Drahtbrücke, die zuerst mit dem rot/schwarzen Kabel verbunden wird.
● Die zweite Drahtbrücke nun kurz gegen die bereits bestehende Brücke halten und sofort wieder wegziehen: Der Anlasser wirft jetzt den Motor an.
● Zweite Brücke am besten ganz entfernen und die erste gut isolieren, damit sie nicht mit einem blanken Teil in Berührung kommen kann. Sonst gibt's einen saftigen Kurzschluß, denn das rote Kabel besitzt keine Sicherung.
● Zum Abstellen des Motors die Verbindung zwischen dem roten und schwarzen Kabel abziehen.

Schalter prüfen

● Mit einer Prüflampe mit Nadelkontakt können Sie die Kabelisolierung durchstechen und feststellen, welche Kabel Spannung führen.
● Suchen Sie den zum jeweiligen Schalter passenden Stromlaufplan heraus.
● Zuerst wird geprüft, ob der Schalter überhaupt Spannung geliefert bekommt; hierzu muß vielfach die Zündung oder die Beleuchtung eingeschaltet werden.
● Dann wird kontrolliert, ob der Schalter in entsprechender Stellung die Spannung weiterleitet.
● Am Beispiel des **Zündschloß-Schalterteils** sieht das folgendermaßen aus:
● Ablage links unter dem Armaturenbrett bzw. Kombi-Instrument ausbauen, um an die Kabel heranzukommen.
● Anschlußkabel der Prüflampe an Masse anschließen.
● Mit der Prüfspitze die Isolierung des zu prüfenden Kabels durchstechen:
● Die beiden dicken roten Klemme-30-Kabel müssen ständig Batteriestrom führen.
● Die grau/gelbe Klemme-P-Leitung steht in Ruhestellung des Zündschlosses unter Spannung und wird beim Zündschlüsseldreh stromlos.
● Das schwarz/gelbe Klemme-X-Kabel (auch Klemme 75) steht ausschließlich in Schlüsselstellung »Zündung ein« unter Strom.
● Das dünne rote Kabel zum Warnsummer für Standlicht und Radio erhält nur Strom, wenn der Schlüssel abgezogen wurde.
● Das schwarze Kabel der Klemme 15 erhält Spannung in Stellung »Zündung ein« und »Anlassen«.
● Die rot/schwarze Leitung von Klemme 50 für den Startbefehl an den Anlasser steht nur in Stellung »Anlassen« unter Spannung.

Licht/Radio-Warnsummer

Ein Summer ertönt, wenn bei geöffneter Tür und abgezogenem Zündschlüssel noch Licht brennt oder das Radio eingeschaltet ist.
Das ermahnende Geräusch kommt von einem Warnsummer, der hinten am Kombi-Instrument angeklemmt ist. Wem der Störenfried lästig wird, der kann ihn nach Ausbau des Kombi-Instruments entfernen oder gegen einen wohlklingenderen aus einem anderen Fahrzeugfabrikat austauschen.

Zigaretten-Anzünder

Der elektrische Anzünder erhält Dauerstrom über die zuständige Sicherung. Falls der Anzünder trotz intakter Sicherung nicht funktioniert, ist der Heizwendeleinsatz locker oder durchgebrannt. Dieser Einsatz läßt sich abschrauben und austauschen.

Heizbare Heckscheibe

Die heizbare Heckscheibe wird direkt über den Schalter am Armaturenbrett aus- und eingeschaltet. Strom gelangt bei eingeschalteter Zündung vom X-Kontakt-Entlastungsrelais über die Sicherung in einem weiß/gelben Kabel zum Schalter. Von dort aus fließt er bei entsprechender Schalterstellung über diverse Steckverbinder in einem weißen Kabel zur Heckscheibe.

Störungssuche

Falls die heizbare Heckscheibe kalt bleibt, kommen folgende Möglichkeiten in Betracht:

- Sicherung defekt.
- Schalter defekt. Ausbauen (wie hier im Kapitel beschrieben) und mit Elektrikprüflampe kontrollieren, ob bei eingeschalteter Zündung und gedrücktem Schalter das weiße Kabel unter Strom steht.
- Beide Dachpfosten-Abdeckungen neben der Heckscheibe abziehen.
- Zuleitung zur Heckscheibe prüfen: Mit Elektrik-Prüflampe kontrollieren, ob hinten am weißen Anschlußkabel links an der Scheibe Spannung anliegt. (Das gilt auch für Wagen mit Heckscheibenantenne.)
- Am rechten Dachpfosten prüfen, ob der Massekontakt der Scheibe in Ordnung ist.
- Sind Heizfäden beschädigt und dadurch unterbrochen, hilft Leitsilberlack. Dieser wird z.B. von Doduco, Postfach 480, 7530 Pforzheim hergestellt und ist im Autozubehörhandel erhältlich.

Scheibenwischer und -wascher prüfen

Ständige Kontrolle

- Zündung einschalten.
- Laufen die **Scheibenwischer** in beiden Geschwindigkeiten und gehen sie beim Ausschalten in die Parkstellung zurück?
- Funktioniert die **Wisch-Intervallschaltung** und die **Wisch/Wasch-Automatik**?
- Sprüht die **Intensivreinigungsanlage** (Sonderausstattung) nach Knopfdruck für kurze Zeit Reinigungsflüssigkeit auf die Scheibe?
- Heckwischer Avant: Läuft der Wischer, solange der Wischerschalter nach vorn gedrückt wird?
- Geht der Wischer dann auf Intervallbetrieb?
- Wird er beim zweiten Drücken auf den Wischerschalter ausgeschaltet?
- Spritzt Wasser aus den Wascherdüsen, solange der Wischerschalter angezogen wird?

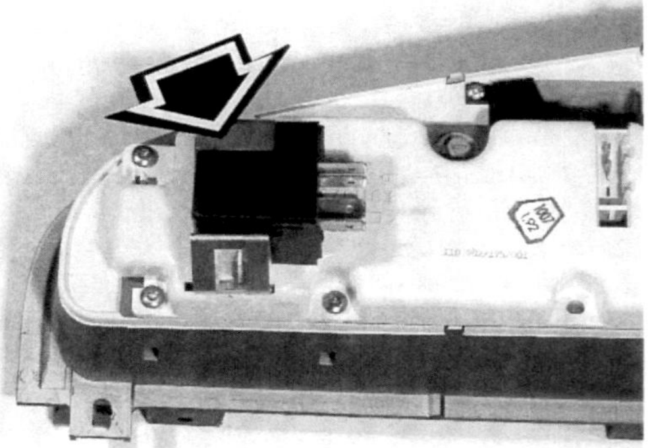

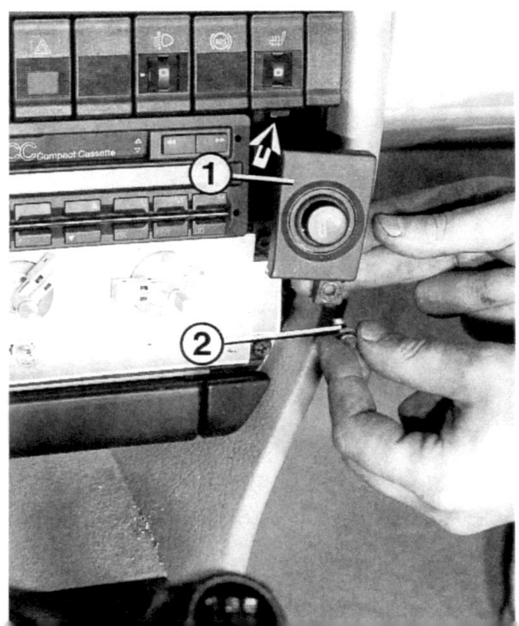

Links: Der Licht/Radio-Warnsummer (Pfeil) sitzt ganz rechts hinten am Kombi-Instrument. Hier ist er bei ausgebautem Instrument gezeigt.
Rechts: Ausbau des Zigaretten-Anzünders vorn: Heizhebelblende ausbauen, wie im Kapitel »Die Beleuchtung« beschrieben. Schraube rechts unten am Anzünder (2) lösen. Anzünder (1) aus der Raste (Pfeil) nach unten herausziehen und abnehmen.

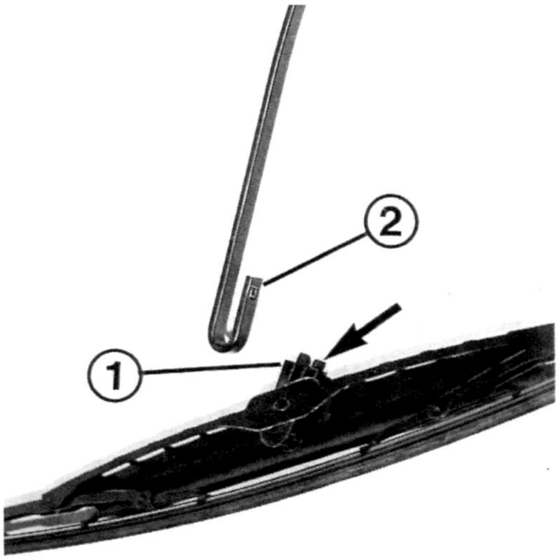

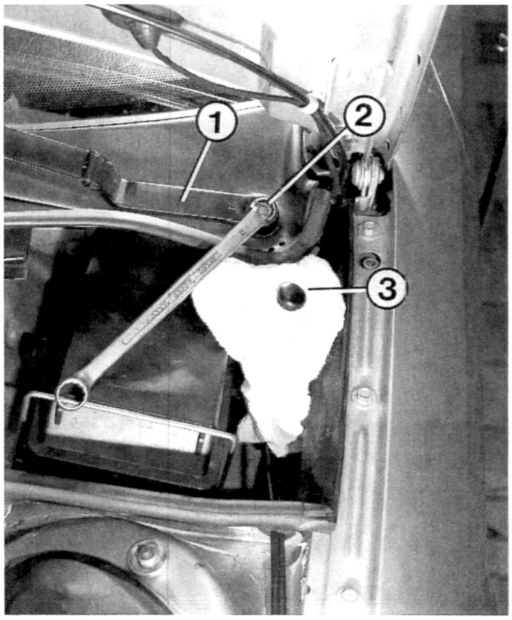

Links: Um das Wischerblatt (1) vom Wischerarm (2) abzubauen, muß das kleine Hebelchen (Pfeil) nach unten gezogen werden, damit die Raste aus der Aussparung am Wischerarm ausklinkt.
Rechts: Der Wischerarm (1) kann nach Abdrücken der Abdeckkappe (3) und Lösen seiner Haltemutter (2) von der Wischerachse abgenommen werden. Etwas hin- und herruckeln, damit sich die Verzahnung löst.

Scheibenwischer auswechseln

Die Gummis der Scheibenwischer halten etwa ein halbes Jahr. Danach können Sie sich entscheiden, ob Sie ein komplettes Wischerblatt oder – billiger – nur das Wischergummi erneuern wollen. In jedem Fall muß das Wischerblatt vom Wischerarm abgebaut werden:

- Wischerarm hochklappen.
- Kunststoffhebel an der Mittelachse des Wischerblatts nach unten drücken, gleichzeitig das Wischerblatt vom Wischerarm ziehen.
- Beim Einbau Wischerblatt bis zum Einrasten der Haltenocke auf den Wischerarm drücken.

Wischergummi auswechseln

Ist das Metallgestänge des Wischerblatts noch in Ordnung, braucht nur das Wischergummi ausgewechselt zu werden:

- Wischergummi nach Muster im Zubehörladen oder in der Werkstatt kaufen.
- Halteklammer um das Wischergummi an einem Ende des Wischerblatts aufbiegen.
- Altes Gummi herausziehen und die beidseits eingelegten Metallstreifen am neuen Gummi einsetzen. Darauf achten, daß die Krümmung nach unten (zur Scheibe hin) zeigt.
- Neues Wischergummi einschieben und Halteklammer wieder zusammenquetschen.

Wischerarme ausbauen

- Motorhaube öffnen.
- Schwarze Schutzkappe vorn auf der Wischerachse abhebeln und die Sechskantmutter darunter herausdrehen. Unterlegscheibe abnehmen.
- Wischerarm mit ruckelnden Bewegungen von der Kerbverzahnung der Wischerachse abziehen.
- Wischerarme beim Einbau so festschrauben, daß der linke Wischer 10 mm (von oben gesehen) in der schwarzen Fläche an der Scheiben-Unterkante steht.
- Der rechte Wischer wird so festgeschraubt, daß er genau an der Kante der schwarzen Fläche unten an der Windschutzscheibe zu liegen kommt.
- Dazu muß sichergestellt sein, daß sich der Wischermotor in Parkstellung befindet.
- Sechskantmuttern mit 16 Nm festziehen.

Scheibenwischermotor

Der Scheibenwischermotor wird bei eingeschalteter Zündung über das X-Kontakt-Entlastungsrelais und die Sicherung (Kapitel »Die Karosserie-Elektrik«) mit Strom versorgt. Die Kabelklemmen am Wischermotor haben dabei folgende Bedeutung:

- ○ Klemme 53 erhält Spannung für die erste Wischergeschwindigkeit.
- ○ Klemme 53a liefert Plusstrom für die Wischer-Endabstellung. D.h. der Wischermotor bekommt über diese Klemme so lange Plusstrom, bis der Motor in die Parkstellung gelaufen ist.
- ○ Klemme 53b führt die Spannung für die zweite Wischergeschwindigkeit.
- ○ Über Klemme 53e wird der Wischermotor beim Zurücklaufen der Scheibenwischer nach dem Abschalten abgebremst, damit die Wischer nicht über ihre Parkstellung hinauslaufen.
- ○ Klemme 31 ist für den Massekontakt zuständig.

Fingerzeig: Bei eingeschalteter Zündung dürfen die Wischerblätter nicht außerhalb ihrer Parkstellung blockiert sein, etwa durch dicken Schnee oder weil sie angefroren sind. Klemme 53a liefert dann nämlich ununterbrochen Spannung. Da der Wischermotor durch die festhängenden Scheibenwischerblätter nicht drehen kann, brennt er nach einer gewissen Zeit durch. In einem solchen Fall die Behinderung unbedingt beseitigen, damit die Wischer in ihre Endstellung laufen können.

Scheibenwischer

Die Störung	– ihre Ursache	– ihre Abhilfe
A Scheibenwischer laufen nicht	1 Sicherung defekt	Austauschen
	2 Entlastungsrelais für X-Kontakte defekt	Relais prüfen
	3 Wischerantriebskurbel lose	Festschrauben
	4 Stromzufuhrkabel vom Sicherungskasten zum Wischerschalter unterbrochen	Leitung überprüfen
	5 Masseleitung zum Wischermotor unterbrochen	Leitung überprüfen
	6 Wischermotor durchgebrannt	Austauschen
	7 Schalter defekt	Austauschen
B Scheibenwischer laufen nicht in Stufe I	1 Klemme 53 am Wischermotor defekt	Motor austauschen
	2 Klemmen 53a/53 im Wischerschalter unterbrochen	Schalter austauschen
C Scheibenwischer laufen nicht in Stufe II	1 Leitung Klemme 53b vom Wischerschalter zum Motor unterbrochen	Leitung überprüfen
	2 Klemmen 53a/53b im Wischerschalter unterbrochen	Schalter austauschen
	3 Klemme 53b am Wischermotor defekt	Motor austauschen
D Scheibenwischer laufen nur in Stufe II	Leitung Klemme 53 vom Wischerschalter zum Motor unterbrochen	Leitung überprüfen
E Keine Wischerrückstellung	1 Leitung Klemme 53e zwischen Wischerschalter und Motor unterbrochen (läuft über das Wisch/Wasch-Relais)	Leitung kontrollieren
	2 Wischermotor defekt	Mit Prüflampe kontrollieren: Zwischen Klemme 53a und Masse muß Lampe dauernd brennen. Zwischen Klemme 53e und Masse muß Lampe kurz vor Erreichen der Parkstellung verlöschen. Bei Gegenprüfung zwischen Klemme 53e und Batterie-Plus muß Lampe kurz vor Erreichen der Parkstellung aufleuchten. Wenn nicht, Motor austauschen
F Scheibenwischer laufen nicht im Intervallbetrieb	1 Wisch/Wasch-Relais defekt	Austauschen
	2 Leitung Klemme J zwischen Wischerschalter und Relais unterbrochen	Leitung überprüfen
	3 Kontakt J im Wischerschalter defekt	Schalter austauschen
G Intervallbetrieb läßt sich nicht ausschalten	1 Siehe E 1	
	2 Siehe F 1	
	3 Kontakt J im Wischerschalter öffnet nicht	Schalter austauschen
	4 Kurzschluß der Leitung Klemme J zum Wischerschalter	Leitung instand setzen
H Scheibenwischer wischen nach Wascherbetätigung nicht trocken	Siehe F 1	
J Scheibenwischer bleiben nach dem Abschalten nicht oder nur kurz in Parkstellung stehen	Mangelhafter Kontakt am Schleifkontakt im Wischermotor	Wischermotor zerlegen, Kontakte blankschleifen. Ggf. Motor austauschen

Wischermotor oder Zuleitung defekt?

Zur Klärung, ob der Wischermotor oder die Zuleitung bzw. der Schalter defekt ist, hilft Ihnen folgende Prüfung:

- Abdeckung über dem Wasserfangkasten ganz hinten im Motorraum an der Vorderkante hochziehen und abnehmen.
- Mehrfachstecker am Wischermotor abziehen.
- Zwei Hilfskabel legen: Eines vom Pluspol der Batterie zu Klemme 53 oder 53b (Anschlüsse des schwarz/grauen oder grün/gelben Kabels).
- Das zweite Kabel wird vom Minuspol der Batterie zu Klemme 31 am Scheibenwischermotor gelegt (an dieser Stelle steckte bisher das braune Kabel).
- Der Scheibenwischer muß jetzt, je nach benutzter Klemme, auf Stufe I oder II laufen. Tut er das nicht, ist er defekt.
- Läuft er jetzt, liegt der Fehler im Schalter bzw. der Zuleitung.

Wischermotor ausbauen

- Zündung einschalten und Wischer in Endstellung laufen lassen.
- Wischerarme ausbauen.
- Schwarze Kunststoffabdeckung des Wasserfangkastens an der Vorderkante hochziehen und abnehmen.
- Zwei Sechskantschrauben oben an den Wischerachsen und eine unten am Wischermotor herausdrehen.
- Mehrfachstecker am Wischermotor abziehen.
- Wischergestänge komplett mit Wischermotor ausbauen.
- Betätigungsstangen zu den Wischerachsen abhebeln.
- Drei Schrauben am Wischermotor herausdrehen. Um an alle Schrauben heranzukommen, muß die Kurbel des Wischermotors evtl. ein Stück weitergedreht werden.

Neuen Wischermotor einbauen

Soll ein neuer Wischermotor eingebaut werden oder wurde der alte Motor zu Reparatur von der Haltekonsole getrennt, gilt es folgendes zu beachten:

- Motor elektrisch anschließen und kurze Zeit laufen lassen. Ausschalten und warten, bis er in Parkstellung gelaufen ist.
- Motor in die Konsole einbauen, Antriebskurbel und Wischerstangen aufsetzen.
- Die Betätigungsstange zur linken Wischerachse kommt nach unten auf die Motorkurbel, die zur rechten Wischerachse nach oben auf die Motorkurbel.
- Antriebskurbel so festschrauben, daß sie in der in der Zeichnung rechts unten gezeigten Stellung steht.
- Wird die Antriebskurbel nicht in dieser definierten Stellung befestigt, läuft der Wischerarm beim Anlaufen zuerst nach unten.
- Einbau des Wischergestänges: Halteschrauben nur schwach anziehen, da sie in Kunststoffdübeln sitzen!

Heckscheibenwischer

Der Scheibenwischer für die Heckklappe wischt los, wenn Sie den Wischerhebel in Richtung Armaturenbrett drücken. Gleichzeitig läuft die Wascherpumpe an, und mit einer gewissen Verzögerung tritt Wasser an der Spritzdüse aus. Bei kurzem Antippen des Schalters wird der Heckwischer-Intervallbetrieb eingeschaltet. Abgeschaltet wird das Intervallwischen durch nochmaligen Druck auf den Schalter. Klemme 53 liefert den Strom für den Wischermotor, Klemme 53a dient der Wischerrückstellung.

Heckwischermotor ausbauen

- Wischerarm abschrauben.
- Mutter der Wischerachse lösen und mit Distanzstück und Dichtung abnehmen. Teile in Ausbaureihenfolge ablegen.
- Verkleidung der Heckklappe abnehmen.
- Schlauch der Scheibenwaschanlage am Wischermotor abziehen.
- Halteblech des Heckwischermotors losschrauben und mit dem Wischermotor herausnehmen.
- Mehrfachstecker abziehen.
- Motor vom Halteblech abschrauben.
- Beim Einbau eines neuen Motors diesen in Parkstellung laufen lassen, wie für den Frontwischermotor beschrieben.
- Wischerarm festschrauben:
- Das Wischerblatt soll in Ruhestellung 40 mm von der unteren Heckscheibenkante entfernt stehen.

Störungsbeistand

Heckscheibenwischer

Die Störung	– ihre Ursache	– ihre Abhilfe
A Heckscheibenwischer läuft nicht	1 Sicherung defekt	Ersetzen
	2 Heckwischerrelais defekt	Relais prüfen
	3 Leitungen zum Heckwischerrelais unterbrochen	Leitungen instand setzen
	4 Leitungen zum Wischermotor unterbrochen	Leitungen überprüfen, speziell zwischen Heckklappe und Karosserie, ggf. instand setzen
	5 Wischermotor defekt	Austauschen
B Heckscheibenwischer läuft dauernd	1 Anschlußleitungen zum Wischermotor vertauscht	Rot/gelbe Leitung an Klemme 53, blau/gelbe Leitung an Klemme 53a anschließen
	2 Siehe A 2	

Scheibenwaschwasser auffüllen

Ständige Kontrolle

Abgasrückstände, Öldunst und Silikon aus Lackpflegemitteln setzen sich hartnäckig aufs Glas. Deshalb empfiehlt sich ein Reinigungszusatz zum Waschwasser, im Winter zusätzlicher Gefrierschutz.

Ist die Kunststoffabdeckung des Wasserkastens abgenommen und die dahinterliegende Abdeckung der Wischerachsen abgeschraubt (4 Innensechskantschrauben), sind die Halteschrauben (Pfeile) des Wischergestänges (1) zugänglich. Nach Lösen der Verschraubungen können Wischergestänge und Wischermotor (2) gemeinsam abgenommen werden.

- Der Wasser-Einfüllstutzen befindet sich links im Motorraum neben dem Kühlmittel-Ausgleichsbehälter. Der Behälter faßt bei Wagen ohne Scheinwerfer-Reinigungsanlage **ca. 4,4 Liter**.
- Bei Fahrzeugen mit Scheinwerfer-Reinigungsanlage passen **ca. 6,4 Liter** hinein.
- Erst Zusatzmittel und anschließend Wasser einfüllen, damit sich die Flüssigkeiten gut vermischen.
- Bei einem Audi 100 ohne beheizte Wascherdüsen können diese bei tiefem Frost doch einfrieren.
- Zur Vorbeugung empfiehlt sich eine höhere Frostschutzkonzentration. Das Beimischen von Brennspiritus kann in Verbindung mit Frostschutzmittel zu Flockenbildung und damit Verstopfungen in den Düsen führen.
- Um Verstopfungen der Waschwasserdüsen vorzubeugen, empfiehlt sich der Einbau eines handelsüblichen Benzinfilters in die Waschwasserleitung.
- **Heckscheibenwaschanlage Avant:** Der Waschwasserbehälter mit schwenkbarem Einfüllstutzen befindet sich unter der Klappe rechts im Laderaum, siehe folgende Seite.
- An Fahrzeugen mit **Intensiv-Scheibenwaschanlage** befindet sich der Behälter für die Reinigungsflüssigkeit (erhältlich im Audi-Teilelager) rechts hinten im Motorraum. Füllmenge: **1 Liter**.

Spritzstrahl einstellen

Vier Wasserstrahlen treffen beim Betätigen der Scheibenwaschanlage auf die Windschutzscheibe des Audi 100 auf. Wohin das am besten zu geschehen hat, zeigt die Zeichnung auf der folgenden Seite.

- Nadel in das Loch der Spritzdüse stecken.
- Das Düsenloch selbst befindet sich in einer Kugel, die mit Hilfe der Nadel verdreht wird.
- Spritzdüse drehen, bis die Spritzwasserstrahlen, wie in der Zeichnung gezeigt, auf die Windschutzscheibe auftreffen.

Elektrisch beheizte Waschwasserdüsen

Trotz Frostschutzbeimischung kann das Scheibenwaschwasser durch den kalten Fahrtwind in den Spritzdüsen einfrieren. Dagegen hilft die gegen Aufpreis lieferbare Düsenbeheizung.

Direkt vor den Düsen sitzt ein Metallgehäuse mit einem temperaturabhängigen Heizwiderstand. Mit dem Einschalten der Zündung (Klemme X) erhält dieser Widerstand Spannung. Durch einen anfangs hohen Stromfluß (0,5–0,7 Ampere) werden die Düsen schnell aufgetaut. Zum Halten der Temperatur fällt der Strom

Im Bild rechts ist der Wischermotor (1) vom Gestänge abgebaut. Am Getriebeteil (2) sieht man die Gewindelöcher der Befestigungsschrauben (Pfeile). Wie die Antriebskurbel beim Einbau stehen muß, zeigt die Zeichnung: Nämlich aus der Waagrechten um α = ca. 13° zum Motor hin.

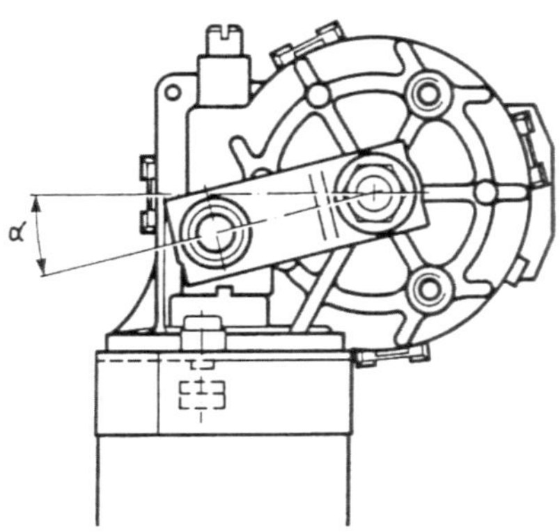

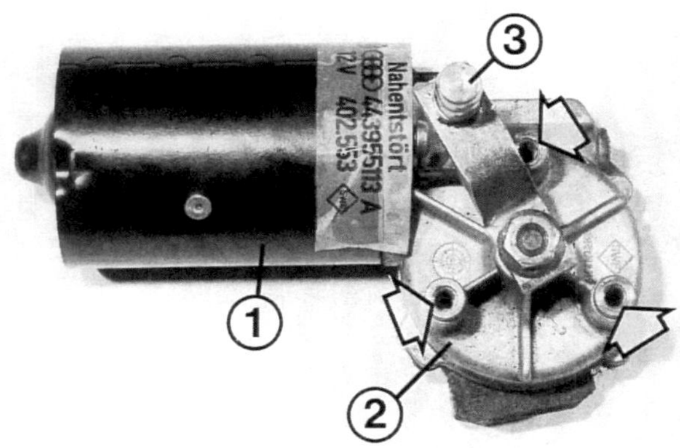

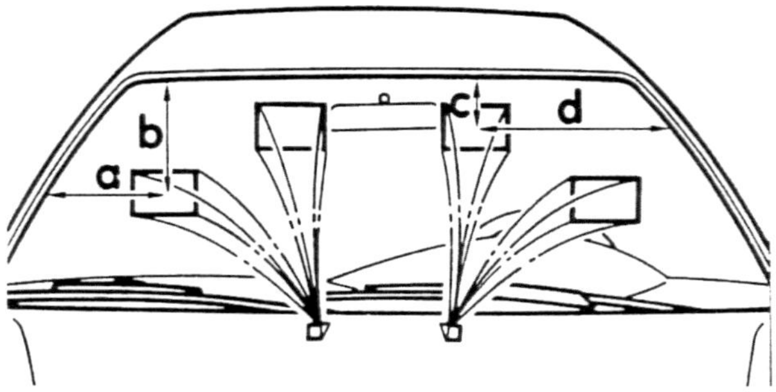

So werden die Spritzdüsen der Scheibenwaschanlage eingestellt: a = 23 cm; b = 28 cm; c = 16 cm; d = 48 cm.

nach der Aufheizphase auf rund 200 mA ab. Wenn die Außentemperaturen unter −15°C fallen, wird der Temperatur-Haltestrom auf 320 mA erhöht.

Störungssuche

Wenn die Wascherdüsenbeheizung nicht funktioniert, kontrollieren Sie folgendes:

- Bei geöffneter Motorhaube Steckverbindung zur Düse trennen.
- Mit Spannungsprüfer bei eingeschalteter Zündung kontrollieren, ob Spannung anliegt.
- Ist die Masseverbindung intakt?
- Wenn nicht, Leitungsunterbrechung suchen.
- Fehlt es nicht an der Stromversorgung, muß die Düse ersetzt werden.

Scheinwerfer-Reinigungsanlage

Bei entsprechend ausgestatteten Wagen richtet die Scheinwerfer-Waschanlage je zwei Wasserstrahlen auf die Streuscheiben, wenn bei eingeschaltetem Abblend- oder Fernlicht die Scheibenwaschanlage betätigt wird. Gesteuert wird der Waschvorgang durch ein eigenes Relais (siehe »Die Karosserie-Elektrik«). Die separate Wasserpumpe sitzt – wie die der Scheibenwaschanlage – unten im Vorratsbehälter.
Frostschutz- und Reinigungsmittel sollen der Scheinwerferwaschanlage im gleichen Verhältnis wie bei der Scheibenwaschanlage zugesetzt werden.
Selbstverständlich müssen die Wasserstrahlen der Scheinwerferwaschanlage an der richtigen Stelle der Streuscheibe auftreffen. Läßt die Scheinwerfer-Reinigung zu wünschen übrig, muß der Spritzstrahl mit dem V.A.G-Werkzeug 3010 A eingestellt werden. Fährt das Teleskop der Reinigungsanlage nicht aus, kann es einzeln ersetzt werden. Gleiches gilt für die Düsen mit Druckventil (Ausbau siehe folgenden Abschnitt).

Reinigungs-teleskop ausbauen

- Abdeckkappe von Hand ausclipsen.
- Teleskop von Hand herausziehen und Düse von Hand unter leichtem Drehen abziehen.
- Scheinwerfer ausbauen.
- Zuleitungsschlauch abklemmen (Schlauchklemme, Zange).
- Mutter vorn abschrauben, Schrauben hinten lösen.
- Schlauch und Distanzstück abnehmen, Teleskop herausziehen.

Intensiv-Scheibenwaschanlage

Die Intensiv-Scheibenwaschanlage sprüht auf Knopfdruck eine begrenzte Zeit Reinigungsflüssigkeit auf die Scheibe. Tut sie das nicht, kann's an der Sicherung, am Schalter, an der Pumpe (links am Behälter) oder am Zeitrelais (Einbauort: Zusatzrelaisträger I hinten links im Motorraum auf Steckplatz 6) liegen.

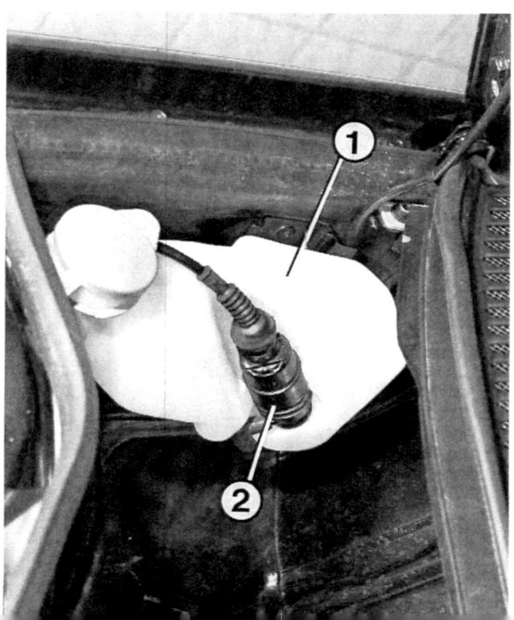

Links: Die Abdeckkappe (1), die vorn auf dem Teleskop der Scheinwerfer-Reinigungsanlage (2) steckt, läßt sich nach Aushängen an drei Stellen (Pfeile) leicht abziehen.
Rechts: Vorratsbehälter (1) und Pumpe (2) der Intensiv-Scheibenwaschanlage sitzen rechts hinten im Motorraum im sogenannten Wasserfangkasten.

Links: Mit Hilfe von zwei Entriegelungsbügeln (1 und 2) wird hier das Radio ausgebaut. Die Entriegelungsbügel drücken auf die Haltefedern (3), wodurch sich das Radio aus dem Schacht ziehen läßt.
Rechts: Die Hecklautsprecher sind vom Kofferraum aus mit drei Kreuzschlitzschrauben (Pfeile) befestigt.

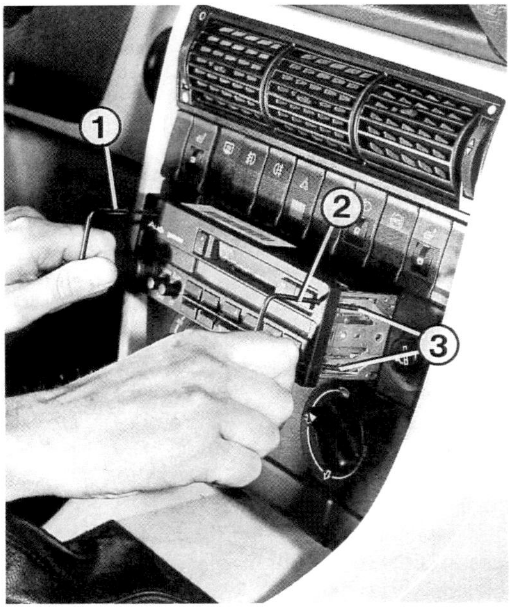

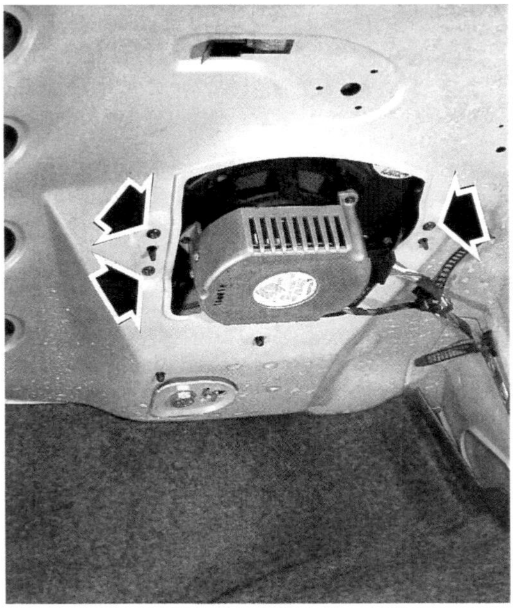

Radio

Radio ausbauen

In unseren Beschreibungen gehen wir lediglich auf die Einbauweise wie ab Werk ein.

- Sicherstellen, daß die **Code-Nummer** der Anti-Diebstahl-Codierung vorliegt.
- Batterie abklemmen.
- Entriegelungsbügel (bisweilen bei Radio-Einbausätzen mit dabei) in die vier Bohrungen seitlich an der Frontblende stecken und Radio aus der Mittelkonsole ziehen.
- Oder vier passende Nägel oder Drahtstifte in die Bohrungen schieben und damit die Haltefedern entriegeln.
- Radio nach vorn herausziehen, evtl. zusätzlich mit einem Schraubendreher vorsichtig heraushebeln.
- Kabel- und Antennenstecker abziehen.
- Beim Einbau darauf achten, daß der Haltestift hinten am Radio in die dafür vorgesehene Öse im Armaturenbrett eingeführt wird. Radio dazu absolut waagrecht halten.
- Radio jetzt ein wenig in die Montageöffnung drükken, damit die Haltefedern einrasten können.
- Anti-Diebstahl-Codierung des Radios nach Bedienungsanleitung eingeben.

Fingerzeig: Der Anti-Diebstahl-Code muß auch nach Abklemmen der Batterie, Auswechseln der Radiosicherung oder Ausstecken der Radio-Stromversorgung neu eingegeben werden.

Heckscheibenantenne

Hauptvorteil der Heckscheibenantenne: Sie bietet keinerlei Angriffspunkt für Mitmenschen mit Zerstörungswut. Außerdem kann sie in der Waschanlage keinen Schaden erleiden.
Als Antenne für Mittelwelle fungieren bei dieser Antennenart zwei Metall-Leiterbahnen ganz oben an der

Links: Der Massepunkt (Pfeil) für heizbare Heckscheibe und Heckscheibenantenne befindet sich am rechten hinteren Dachpfosten. Hier wurde die Dachpfostenverkleidung abgezogen.
Rechts: Hinter der linken Dachpfostenverkleidung verbergen sich:
1 – Anschluß für die Mittelwellen-Antenne;
3 – Anschluß für heizbare Heckscheibe und UKW-Antenne;
2 – Antennenverstärker.
4 – Steuerleitung vom Radio;
5 – Anschlußleitung vom Schalter der heizbaren Heckscheibe.

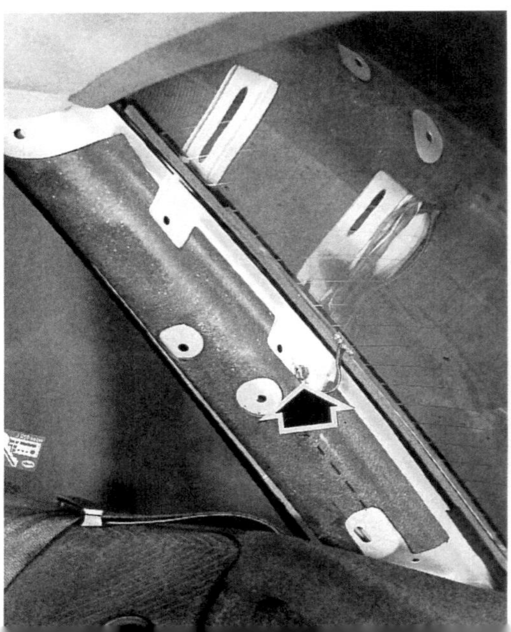

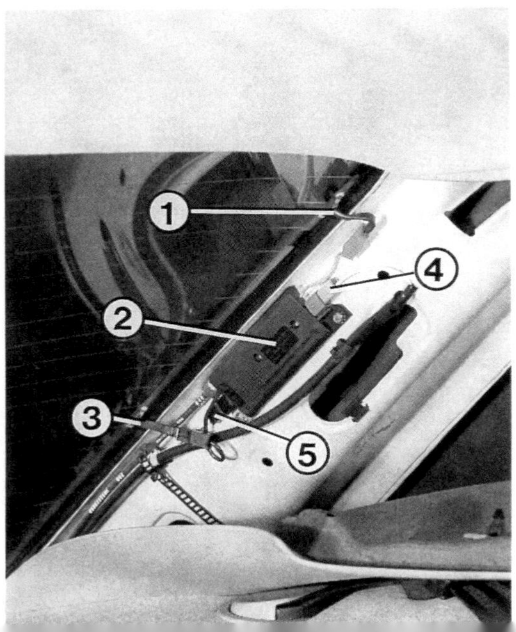

Scheibe. Dem UKW-Empfang dienen die gleichzeitig als Heizdraht verwendeten restlichen Leiterbahnen. Ein Antennenverstärker unter der linken hinteren Dachpfostenverkleidung gleicht die fehlende Höhe dieser Antennenanlage aus.

Störungssuche Heckscheiben-antenne

● Rücksitzlehne ausbauen (Kapitel »Der Innenraum«), Hecklautsprecher ausbauen, Heckablage nach vorn ausrasten, dann beide Dachpfostenverkleidungen hinten abziehen.
● Masseverbindung der Heckscheibenheizung am rechten Dachpfosten kontrollieren; ebenso, ob der Antennenverstärker gute Masseverbindung an seiner Befestigungsschraube hat.
● Leiterbahnen auf der Heckscheibe genau kontrollieren: Liegt eine sichtbare Unterbrechung vor? Wenn ja, mit Leitsilberlack reparieren (siehe heizbare Heckscheibe) oder neue Heckscheibe einsetzen lassen.
● Jetzt folgt die **elektrische Prüfung:** Stecker oben am Verstärker abziehen, Spannung gegen Masse messen. Dazu Radio einschalten.
● Batteriespannung vorhanden: Stromversorgung des Verstärkers ist in Ordnung. Keine Spannung: Leitungsunterbrechung beseitigen.
● Am gleichen Kabel **Strom messen** zwischen Anschluß der Verstärkers und dem abgezogenen Kabel.
● Das Amperemeter muß 30–50 mA anzeigen, sonst hat der Antennenverstärker keine Stromaufnahme und ist demzufolge defekt – austauschen.
● Weitere Prüfung: Unteres Kabel an der heizbaren Heckscheibe abziehen, Zündung und Heckscheibenheizung einschalten, Spannung am Kabel messen:
● Es muß Batteriespannung anliegen, sonst ist die Zuleitung oder der Verstärker defekt. Schaden eingrenzen:
● Unteres Kabel am Verstärker abziehen, Spannung bei eingeschalteter Zündung und Heckscheibenheizung messen:
● Liegt Batteriespannung an, ist die Zuleitung intakt, also Verstärker defekt. Wenn nicht, liegt der Fall umgekehrt.

Lautsprecher in der Türverkleidung vorn

Bei werksseitig eingebauten Lautsprechern sitzen diese in den Verkleidungen der vorderen Türen. Hier der Ausbau:
● Türverkleidung ausbauen.
● **Mitteltonlautsprecher:** Lautsprecherbox unten an der Türverkleidung abschrauben.
● Drei Befestigungsschrauben des Lautsprechers lösen und Kabel ausstecken.
● **Hochtonlautsprecher:** Kreuzschlitzschrauben hinten am Lautsprecher lösen, Kabel ausstecken.

Hecklaut-sprecher ausbauen

Oben rechts und links in der Heckablage sitzen beim Audi 100 die Hecklautsprecher.
● Vom Kofferraum aus unterhalb der Heckablage drei Kreuzschlitzschrauben lösen.
● In Innenraum die Lautsprecher samt Blende aus der Heckablage heben, Kabel ausstecken.
● Beim Einbau die Haltezapfen der Lautsprechergehäuse in die Aussparungen im Blech einführen.

Elektrische Spiegelverstellung

Beide Spiegel werden vom Schalter links in der Mittelkonsole eingestellt. Außerdem werden die Spiegelflächen

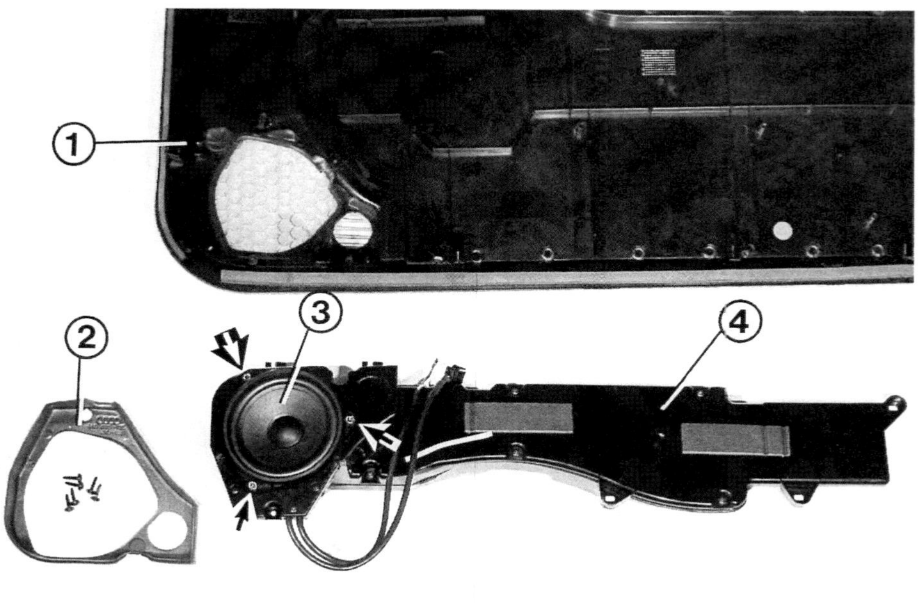

Der Mittelton-Lautsprecher (3) ist mit drei Schrauben (Pfeile) in eine separat auf die Türverkleidung (1) aufgeschraubte Lautsprecherbox (4) eingeschraubt. Zwischen Lautsprecherbox und Verkleidung ist zur Vermeidung von Vibrationsgeräuschen eine Dichtung (2) zwischengelegt.

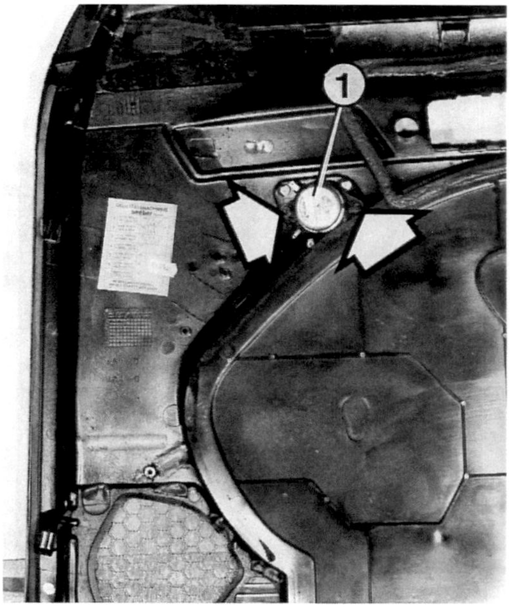

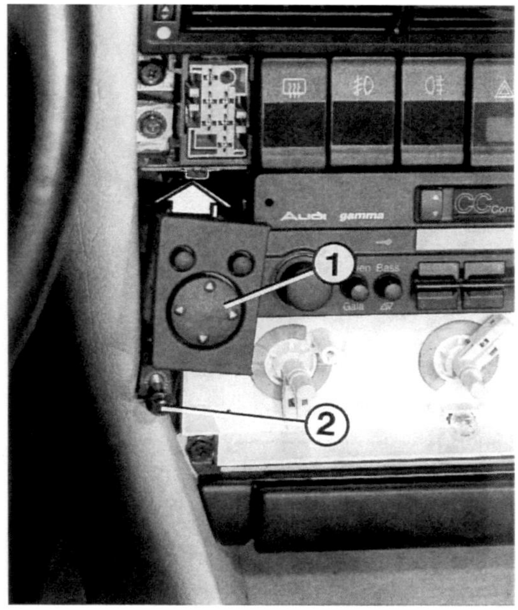

Links: Der Hochton-Lautsprecher (1) ist separat mit zwei Schrauben (Pfeile) an der Türverkleidung festgeschraubt.
Rechts: Der Schalter der elektrischen Spiegelverstellung (1) ist an seiner Oberkante in eine Kunststoffraste (Pfeil) eingesteckt. An der Unterkante ist er mit einer Sechskantschraube (2) verschraubt. Die Schraube ist erst nach Abnehmen der Heizhebelverkleidung zugänglich. Wie das gemacht wird, steht im Kapitel »Die Beleuchtung«.

bei eingeschalteter Heckscheibenbeheizung beheizt. Weitere Informationen zum Spiegel (mit mechanischer Verstellung) finden Sie im Kapitel »Die Karosserieteile«.
Falls sich beim Betätigen der Spiegelverstellung nichts regt:

- Zuerst Sicherung prüfen (Kapitel »Die Karosserie-Elektrik«).
- Als nächstes Schalter ausbauen (siehe Bild oben rechts) und nach der Anleitung (weiter vorn diesem Kapitel) überprüfen.
- Ist der Schalter in Ordnung, Spiegelglas ausbauen, um an die Anschlüsse des Verstellmotors heranzukommen (Kapitel »Die Karosserieteile«).
- Kommt bei eingeschalteter Zündung und betätigtem Schalter Spannung an den Kontakten des Motors an bzw. ist der Masseanschluß in Ordnung?
- Wenn ja, kann nur noch der Motor defekt sein. Den gibt es leider nicht einzeln zu kaufen, sondern nur mit dem kompletten Spiegel.
- Man kann das Spiegelglas jedoch vorübergehend auch durch Drücken von Hand noch verstellen.
- Bei ausgefallener **Spiegelbeheizung** prüfen Sie den Stromweg vom Heizscheibenschalter ausgehend nach dem entsprechenden Stromlaufplan.

Die Zentralverriegelung

Sämtliche Türen sowie die Kofferraum- und die Tankklappe lassen sich durch den Schlüsseldreh an Fahrertür-, Beifahrertür- oder Kofferraumschloß ent- bzw. verriegeln. Kernstück der Anlage ist eine sogenannte Bi-Druckpumpe, die von einem Elektromotor angetrieben wird. Beim Schlüsseldreh in Richtung »Auf« erzeugt die Pumpe Überdruck, wodurch die verschiedenen Schaltelemente im Auto die jeweilige Verriegelung freigeben. Umgekehrt wird beim Zuschließen Unterdruck erzeugt, und die Schaltelemente verriegeln.
Mit der Bi-Druckpumpe kombiniert ist auch das Steuergerät der Zentralverriegelung sowie das Steuergerät für die Diebstahlwarnanlage, sofern im Fahrzeug eingebaut.

Fingerzeig: Spezialität beim Kofferraumschloß: In senkrechter Schlüsselstellung ist der Kofferraum – unabhängig von der Zentralverriegelung – immer verschlossen. So kann verhindert werden, daß sich fixe Diebe beim Ampelstop der Koffer bemächtigen. In waagrechter Stellung reagiert das Kofferraumschloß ganz normal auf die Zentralverriegelung.

Zentralverriegelung prüfen

- Fahrer- bzw. Beifahrertür oder Kofferraum mit dem Schlüssel ent- bzw. verriegeln.
- Die Zentralverriegelung muß sich von allen drei Schlössern aus aktivieren lassen.
- Nach etwa zwei Sekunden sollten alle Schlösser verriegelt sein.
- Läuft die Pumpe länger als fünf Sekunden ist die Anlage undicht – in diesem Fall darf die Bi-Druckpumpe höchstens 35 Sekunden lang laufen, dann muß sie abschalten.

Fingerzeig: Sollte die Zentralverriegelung einmal ausfallen, können Türen und Gepäckraumdeckel bzw. Heckklappe auch konventionell per Schlüssel geöffnet und verriegelt werden. Ebenso lassen sich die Türverriegelungsknöpfe von Hand betätigen.

Störungssuche an der Elektrik

Die nachfolgende Beschreibung versteht sich für Fahrzeuge mit und ohne Diebstahlwarnanlage. Elektrisch geprüft wird an der 6-poligen und der 12-poligen Steckverbindung an der Bi-Druckpumpe. Fahrzeuge mit

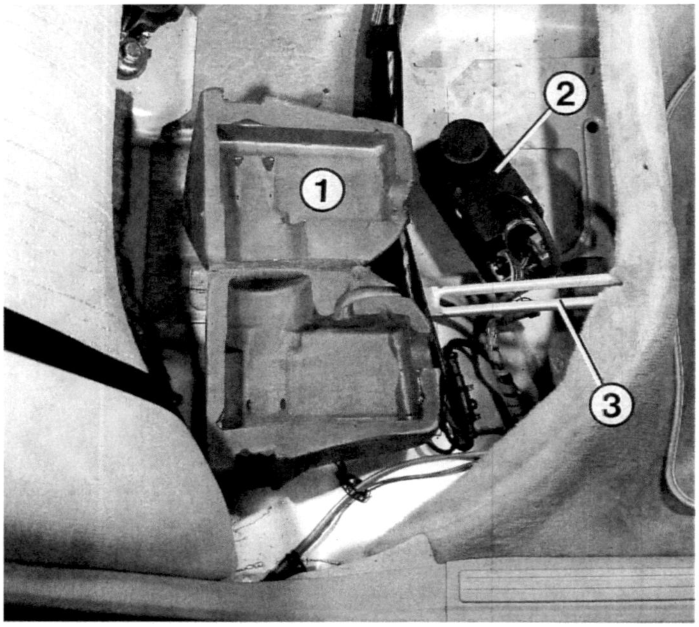

Die Bi-Druckpumpe (2) ist in ein Schaumstoff-Formstück (1) eingepackt und unter dem Blechsteg (3) rechts unter der Rücksitzbank verstaut. Durch diese Lagerung findet keine Schwingungsübertragung von der Pumpe auf die Karosserie statt.

Diebstahlwarnanlage besitzen eine weitere 16-polige Steckverbindung an der Pumpe, die jedoch bei dieser Beschreibung unbeachtet bleibt.
Falls also die Pumpe weder beim Schlüsseldreh an der Fahrer- oder Beifahrertür noch am Kofferraumschloß läuft:

● Sicherung kontrollieren (Kapitel »Die Karosserie-Elektrik«).

● Rücksitzbank ausbauen; die Bi-Druckpumpe sitzt ganz rechts unter der Rücksitzbank unter einer Blechstrebe in Schaumstoff eingepackt.

● Bi-Druckpumpe »auspacken«, Mehrfachstecker von der Pumpe abziehen.

● Umhüllung des schmalen (12-poligen) Mehrfachsteckers nach Durchzwicken des Kabelbinders abclipsen.

● **Schaltelement Fahrertür prüfen:** Am Stecker zwischen dem Kontakt der grün/blauen Leitung und Karosserie-Masse eine Prüflampe anschließen.

● Die Prüflampe muß dauernd brennen, wenn die Fahrertür mit dem Schlüssel entriegelt ist. Dann ist der Öffner-Kontakt des Schaltelements in Ordnung.

● Bleibt die Lampe dunkel, ist der Öffner-Kontakt für die Fahrertür defekt oder die Kabelzuleitung ist unterbrochen.

● Prüflampe jetzt umklemmen: Statt an Masse kommt der eine Prüflampen-Kontakt jetzt an Batterie-»+«. Der andere Kontakt bleibt am Stecker (Kontakt des grün/blauen Kabels).

● Fahrertür mit dem Schlüssel verschließen.

● Leuchtet die Prüflampe jetzt dauernd, ist der Schließer-Kontakt des Schaltelements in Ordnung.

● Bleibt die Lampe dunkel, ist das Schaltelement defekt – sofern es nicht an einer Kabelunterbrechung liegt.

● **Schaltelement Beifahrertür prüfen:** Am abgezogenen Stecker der Pumpe zwischen dem Kontakt der gelb/blauen Leitung und Karosserie-Masse eine Prüflampe anschließen.

● Die Prüflampe muß dauernd brennen, wenn die Beifahrertür mit dem Schlüssel entriegelt ist. Dann ist der Öffner-Kontakt des Schaltelements in Ordnung.

● Bleibt die Lampe dunkel, ist der Öffner-Kontakt für die Beifahrertür defekt oder die Kabelzuleitung ist unterbrochen.

● Prüflampe umklemmen: Statt an Masse kommt der eine Prüflampen-Kontakt jetzt an Batterie-»+«. Der andere Kontakt bleibt am Stecker (Kontakt des gelb/blauen Kabels).

● Beifahrertür mit dem Schlüssel verschließen.

● Leuchtet die Prüflampe nun dauernd, ist der Schließer-Kontakt des Schaltelements in Ordnung.

● Bleibt die Lampe dunkel, ist das Schaltelement defekt – sofern es nicht an einer Kabelunterbrechung liegt.

● **Schaltelement Kofferraum-/Heckklappenschloß prüfen:** Im abgezogenen Stecker der Pumpe zwischen dem Kontakt der braun/grünen Leitung und Batterie-»+« eine Prüflampe anschließen.

● Die Prüflampe muß brennen, solange das Kofferraumschloß mit dem Schlüssel entriegelt wird. Dann ist der Öffner-Kontakt des Schaltelements in Ordnung.

● Bleibt die Lampe dunkel, ist der Öffner-Kontakt für das Kofferraumschloß defekt oder die Kabelzuleitung ist unterbrochen.

● Prüflampe umklemmen: Statt an das braun/grüne kommt der eine Prüflampen-Kontakt jetzt an das braun/graue Kabel. Der andere Kontakt bleibt an Batterie-»+«.

● Kofferraumschloß mit dem Schlüssel verschließen.

● Leuchtet die Prüflampe, solange der Schlüssel in Schließstellung gehalten wird, ist der Schließer-Kontakt des Schaltelements in Ordnung.

● Bleibt die Lampe dunkel, ist das Schaltelement defekt – sofern es nicht an einer Kabelunterbrechung liegt.

● **Bi-Druckpumpe prüfen:** Ist die Ansteuerung der Pumpe über die Schaltelemente gesichert (wie im Vortext geprüft), bleibt als Schadensursache nur noch die Stromversorgung (über das dünne schwarz/blaue Kabel im 12-poligen Stecker sowie das dicke rot/schwarze Kabel im kleinen 6-poligen Stecker)

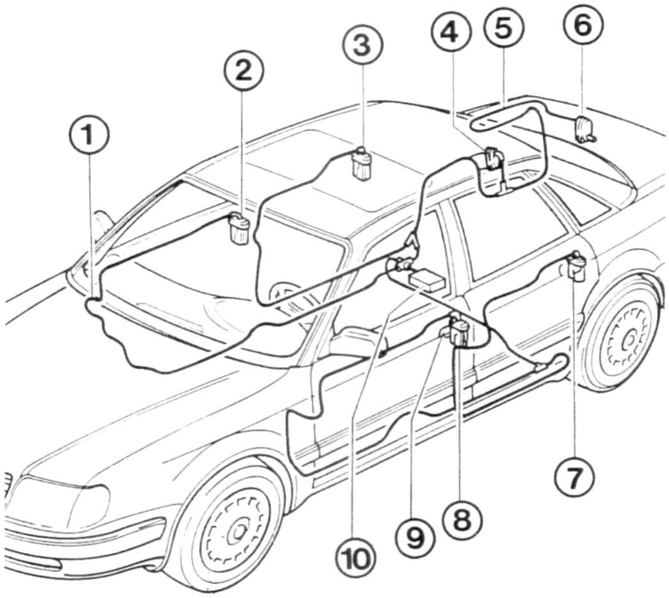

Teile und Schlauchverlegung der Zentralverriegelung sind hier zu sehen:
1 – eine der Unterdruckleitungen;
2 – Schaltelement Beifahrertür;
3 – Schaltelement Tür rechts hinten;
4 – Schaltelement Tankklappe;
5 – Unterdruckleitung zum Kofferraumschloß;
6 – Schaltelement Kofferraumklappe;
7 – Schaltelement Tür links hinten;
8 – Schaltelement Fahrertür;
9 – Türgriff mit Mikroschalter (nur mit Zentralverriegelung und/oder Diebstahlwarnanlage);
10 – Bi-Druckpumpe.

und ein defekter Masse-Anschluß (dickes braunes Kabel).

● Wenn sonst alles i.O., ist die Bi-Druckpumpe defekt. Auswechseln.

Störungssuche an der Pneumatik

Zur Überprüfung einer undichten Zentralverriegelung (Kennzeichen: Bi-Druckpumpe läuft zu lange) muß die Anlage der Reihe nach durchgeprüft werden: Wo die Bauteile und Schläuche sitzen, sehen Sie in der Zeichnung oben.

● **Bi-Druckpumpe:** Schlauch direkt an der Pumpe mit Flachzange zusammendrücken und somit dicht verschließen. Eines der Schlösser betätigen.

● Läuft die Bi-Druckpumpe beim Betätigen der Zentralverriegelung **länger als 3, maximal 7 Sekunden**, ist die Bi-Druckpumpe **undicht**. Austauschen.

● **Schaltelemente an den Türen und Klappen:** Nacheinander alle Schlauchleitungen direkt an den Schaltelementen abdrücken. Dazu die entsprechenden Verkleidungen abbauen (Kapitel »Die Karosserieteile«). Jeweils eines der Schlösser betätigen.

● Die Bi-Druckpumpe darf beim Betätigen der Zentralverriegelung **nicht länger als 3, maximal 7 Sekunden** laufen.

● Nach Abklemmen des defekten (undichten) Bauteils läuft die Bi-Druckpumpe normal – d. h. kürzer als 3 Sekunden. Defektes Teil austauschen.

Die elektrischen Fensterheber

Die Funktionsweise der Fensterheber im Audi 100 wird nicht nur von den Schaltern, sondern auch vom Steuergerät für Fensterheber im Zusatzrelaisträger links im Fahrer-Fußraum bestimmt:

○ Bei laufendem Motor gleitet die Fahrertür-Scheibe auf kurzes Antippen des Schalters bis zum Anschlag auf oder zu. Es sei den, das Fenster wird durch Antippen des Schalters in Gegenrichtung gestoppt.

○ Aus Sicherheitsgründen gibt es diese Komfort-Schaltung in den seit 10/92 gebauten Fahrzeugen nur noch für die Abwärtsbewegung der Scheibe.

○ Bei stehendem Motor läuft diese Scheibe nur, solange die Fensterheber-Taste angetippt wird. Das gilt für Zu- und Auf-Richtung sowie für offene und geschlossene Tür.

○ Nur auf Tastendruck laufen auch die übrigen Scheiben im Wagen, es sei denn, sie wurden vom Zentralschalter in der Fahrertür-Armlehne blockiert (für Fenster hinten).

○ Wenn bei stehendem Motor die Fahrertür geöffnet und wieder verschlossen wurde, sind die Fensterheber abgeschaltet (Diebstahlschutz).

○ Komfortschließung: Bei Fahrzeugen mit vier Fensterhebern können diese beim Zuschließen an Fahrer oder Beifahrertür gleichzeitig geschlossen werden. Schlüssel dazu längere Zeit in Schließstellung halten. Bei elektrischem Schiebedach schließt auch dieses.

Störungen

Die Motoren der elektrischen Fensterheber werden auf gleiche Weise ausgebaut wie die mechanischen Heber, siehe Kapitel »Die Karosserieteile«. Eine Reparatur des Elektromotors ist nicht vorgesehen.

● Wenn sich keine Fensterscheibe mehr rührt, Sicherungsautomat im Zusatzrelaisträger I hinten links im Motorraum (Kapitel »Die Karosserie-Elektrik«) auf Durchgang prüfen. Da es sich um einen Sicherungsautomaten handelt, müßte die Stromzufuhr nach kurzer Zeit automatisch wieder eingeschaltet werden.

● Arbeitet nur ein Fensterheber nicht, bauen Sie den betreffenden Schalter aus und überprüfen ihn, wie in diesem Kapitel beschrieben.

● Ist der Schalter in Ordnung, betreffende Türverkleidung abnehmen.

● Kabelstecker am Fensterhebermotor abziehen und mit Prüflampe kontrollieren, ob beim Betätigen des Fensterhebers auch tatsächlich Spannung anliegt.

● War bis hier kein Fehler zu entdecken, ist der Fensterhebermotor defekt.

● Kam dagegen keine Spannung am Motor an, muß der Kabelverlauf bzw. das Steuergerät überprüft werden.

● Schlechter Lauf einer Scheibe dürfte an einer verklemmten Fensterführung liegen.

Behelf unterwegs

Mit streikendem Fensterheber brauchen Sie trotzdem nicht mit offenem Fenster zu fahren:

● Ist der Schalter defekt, versuchen Sie, das Fenster mit dem zweiten Schalter zu schließen.

● Geht das nicht (z.B. an der Fahrertür), bauen Sie den Schalter eines anderen Fensters aus bzw. stekken die Anschlußkabel auf einen zweiten, intakten um (Schalter-Ausbau: weiter vorn in diesem Kapitel).

● Mit diesem intakten Schalter können Sie das Fenster schließen.

● Bei unterbrochener Zuleitung zum Elektromotor Steckverbinder trennen, ein Hilfskabel vom Batterie-Pluspol und ein zweites von Masse zum Elektromotor legen und Scheibe nach oben laufen lassen.

● Ist der Hebermotor blockiert, können Sie bei abgenommener Türverkleidung das Fenster vom Fensterheber abbauen. Dazu den Sicherungsring an der Rückseite des Fensterhebers vom Verbindungspunkt Heber/Scheibe abdrücken (Spiegel dazu verwenden) und Scheibe aushängen. Scheibe jetzt nach oben schieben und in dieser Stellung mit Klebeband oder einem Holzkeil fixieren.

Elektrisches Schiebedach

Im Audi 100 kommen zwei verschiedene Schiebe-/Hebedach-Versionen zum Einsatz:

○ **Das elektrische Schiebedach mit Tastenbetätigung.** Ist dieses Schiebedach in einem Fahrzeug mit vier elektrischen Fensterhebern eingebaut, ist eine Komfort-Schließung enthalten – bei längerem Halten des Schlüssels in Schließ-Stellung schließen alle Fenster und das Schiebedach. Kombiniert ist eine Tipp-Funktion für schnelles Öffnen und Schließen bei kurzem Antippen des Schalters. Funktion bei eingeschalteter Zündung sowie nach Abschalten der Zündung solange, bis die Fahrertür einmal geöffnet und wieder geschlossen wurde.

○ **Das elektrische Schiebedach mit Vorwählautomatik.** Es fährt die am Drehschalter gewählte Position selbsttätig an, ohne daß währenddessen ein Schalter gedrückt werden muß. Funktion bei eingeschalteter Zündung und 30 Sekunden nach Abschalten der Zündung.

Störungssuche

In Eigenregie geprüft werden kann: Je nach Dach-Version die Sicherung Nr. 8 im Sicherungskasten und die Thermosicherungen auf Steckplatz A1 und A3 im Zusatzrelaisträger I (siehe Kapitel »Die Karosserie-Elektrik«). Beim normalen Schiebedach kann das Relais (neben dem Schiebedachmotor) geprüft werden (Relaisprüfung siehe Kapitel »Die Karosserie-Elektrik«). Spannungsversorgung prüfen:

❶ Beim normalen Schiebedach (ohne Fensterheber) am Relaissockel von Steckplatz 1 im Zusatzrelaisträger II (rotes und rot/schwarzes Kabel), siehe auch Kapitel »Die Karosserie-Elektrik«.

❷ Beim Schiebedach mit Komfortschließung am Relaissockel von Steckplatz 1/2 im Zusatzrelaisträger II (rot/blaues und rot/schwarzes Kabel).

❸ Beim Vorwahldach am roten Kabel der Steuergeräte-Steckverbindung (am Schiebedach-Motor).

Notbetätigung

Wie das Schiebedach auch bei ausgefallener Elektrik geschlossen werden kann, erklärt der Bildtext unten.

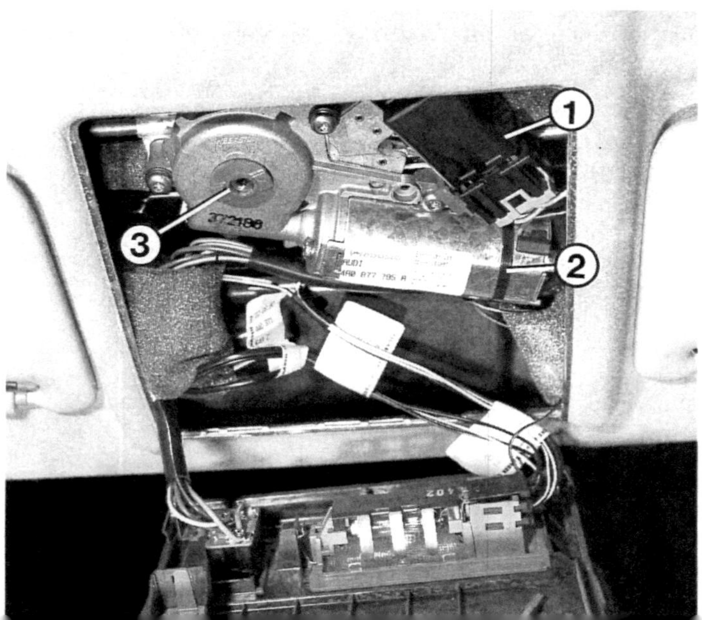

Hier ist die Verkleidung des elektrischen Schiebedachmotors abgenommen (Verkleidung an der Vorderkante vorsichtig abziehen und die empfindlichen Häkchen an der Hinterkante aushaken). Sollte ein Defekt an Schiebedachmotor (2) oder Relais (1) vorliegen, kann das Schiebedach auch manuell geschlossen werden. Dazu das rote Kupplungsstück (3) mit der Flachseite des in der Abdeckung eingeclipsten Innensechskantschlüssels heraushebeln und abnehmen. Schlüssel nun in das Sechskantloch am Kupplungsstück stecken und Schiebedach schließen. Etwas anders sieht es im Bereich des Schiebedachmotors bei einem Fahrzeug mit Vorwähl-Dach aus.

Frühlingslüfte

Die Außenluft tritt zwischen Motorhaube und Frontscheibe ein und wird vom Fahrtwind oder zusätzlich vom Gebläse in den Innenraum gedrückt. Hat das Fahrzeug einen Staub- und Pollenfilter, wird sie vor Eintritt in den Gebläsekasten gereinigt. Beim Einschalten der Heizung öffnet eine Klappe den Luftweg durch den Wärmetauscher, einen kleinen Heizkörper, durch den aufgeheiztes Motorkühlmittel fließt. Ist die Heizung abgestellt, strömt die Luft unter Umgehung des Wärmetauschers über einen anderen Kanal in den Innenraum.

Heizung und Lüftung prüfen

● Drehregler links für **Luftzufuhr und Gebläse** langsam von links nach rechts drehen: Die Luftzufuhr wird geöffnet, das Gebläse steigert seine Geschwindigkeit in vier Stufen.

● Drehregler Mitte für **Heizleistung** nach rechts drehen: Die Heizleistung nimmt zu. Die Luftzufuhr erfolgt auf dem Weg durch den Wärmetauscher.

● Regler nach links drehen: Die Heizleistung nimmt ab. Der Luftstrom umgeht den Wärmetauscher.

● Drehregler rechts für **Luftverteilung** der Reihe nach unter die Skalensymbole stellen: Vom Linksanschlag nach rechts gedreht bewirkt der Hebel nacheinander Luftzufuhr

a) aus den Düsen in Armaturenbrettmitte;

b) aus den Fußraum-Luftdüsen;

c) aus den Defrosterdüsen unter der Windschutzscheibe.

● In den Reglerstellungen b) und c) tritt zusätzlich eine gewisse Luftmenge an den mittleren Düsen aus, sofern diese nicht mit den Rändelrädern geschlossen werden.

Das Luftgebläse

Der Gebläsemotor läuft in vier Geschwindigkeiten, die durch den Drehregler »Luftzufuhr und Gebläse« am Armaturenbrett eingestellt werden.

Die Geschwindigkeitsstufen werden durch Zuschalten verschieden großer Widerstände (bzw. durch Hintereinanderschalten derselben) erreicht. Die Widerstände sind in die Masse-Zuleitung zum Gebläsemotor eingeschaltet. Die Plusstromzufuhr (über Sicherung) bleibt also konstant – lediglich der Massekontakt wird »verbessert« bzw. »verschlechtert«.

Störungssuche Gebläsemotor

● Wenn das Gebläse **in keiner Schalterstellung** rauscht, kontrollieren Sie zuerst die zuständige Sicherung (Tabelle im Kapitel »Die Karosserie-Elektrik«).

● Laufen trotz intakter Sicherung auch die Scheibenwischer nicht, liegt es am X-Kontakt-Entlastungsrelais, siehe Kapitel »Die Karosserie-Elektrik«.

● Gebläsemotor prüfen: Abdeckung des Wasserkastens ganz hinten im Motorraum abnehmen.

● Zweipoligen Stecker am Gebläsemotor abziehen, zwei Hilfskabel zu den jetzt freien Anschlußkontakten legen: Vom Batterie-Pluspol zum Kontakt, auf dem das blau/rote Kabel steckte, vom Batterie-Minuspol

Links: Die Halteplatte der Vorwiderstände (2) ist von links in den Gebläsekasten (1) eingesetzt (Pfeil). Die Abbildung zeigt den Wasserkasten ganz hinten im Motorraum bei abgenommener Abdeckung.
Rechts: Die Bedienungs-Einheit Heizung/Lüftung ist hier ausgebaut. Zu sehen sind der Gebläseschalter (1), der Zug für Temperaturregelung (2) und der Zug der Luftmengenregelung (3).

zu dem Kontakt, auf dem das rot/braune Kabel steckte.

- Ist der Gebläsemotor intakt, muß er sich jetzt mit voller Geschwindigkeit drehen. Wenn nicht, auswechseln.
- Läuft das Gebläse **nicht in allen Geschwindigkeiten**, ist möglicherweise einer der Vorwiderstände defekt.
- Vorwiderstände ausbauen, Sichtprüfung vornehmen. Ist einer der Widerstände durchgebrannt, kompletten Widerstandsträger ersetzen.
- Sind die Vorwiderstände intakt, bleibt neben einer Leitungsunterbrechung nur noch der Drehregler im Armaturenbrett als Übeltäter übrig – komplette Heizungsbetätigung auswechseln.

Gebläsemotor ausbauen

Der Gebläsemotor ist zusammen mit seinem Lüfterrad gewuchtet, so daß beide Teile auch nur gemeinsam ausgetauscht werden können.

- Wasserkastenabdeckung hinten im Motorraum komplett ausbauen.
- Wo vorhanden, Staub- und Pollenfilter ausbauen.
- Stecker der Anschlußkabel abziehen.
- Ansaugschacht mit Frischluft-Absperrklappe ausbauen.
- Sicherungsring, Haltescheibe und Tülle auf der entgegengesetzten Seite des Heizungsgehäuses (in Höhe der Gebläsemotor-Mittelachse) abbauen.
- Gebläsemotor aus dem Heizungsgehäuse nach rechts herausziehen.
- Blätter etc. aus dem Luftschacht fischen.

Gebläse-Vorwiderstände ausbauen

- Wasserkastenabdeckung hinten im Motorraum komplett ausbauen.
- Kreuzschlitzschraube unten an der Halteplatte der Vorwiderstände herausdrehen.
- Halteplatte aus dem Heizungsgehäuse herausziehen.
- Beim Einbau darauf achten, daß die Platte wirklich dicht im Gehäuse sitzt.

Staub- und Pollenfilter wechseln

Wartung Nr. 38

Alle 30000 km schreibt Audi das Auswechseln des seit 8/92 serienmäßig eingebauten Staub- und Pollenfilters vor:

- Wasserkastenabdeckung hinten im Motorraum komplett ausbauen.
- Zwei Haltemuttern des Pollenfilters lockern, Filter ein wenig nach links drehen und abziehen.

Fingerzeig: Fahrzeuge ohne Staub- und Pollenfilter können leider nicht ganz so einfach nachgerüstet werden, wie man das wünschen möchte. Denn Bestandteil dieser Maßnahme wäre das Verlegen der Fahrzeugbatterie unter den Rücksitz – wegen der neu zu verlegenden dicken Leitungen keine ganz einfache Maßnahme.

Heizungs/Lüftungs-Betätigung

Alle Funktionen des Heizungs/Lüftungs-Systems im Audi 100 lassen sich von der Bedienungseinheit im Armaturenbrett aus steuern.
Drei sogenannte Bowdenzüge verlaufen von dort aus zum Gehäuse der Heizung, oft »Luftkasten« genannt. In diesem Gehäuse sitzen die Luftklappen, die den Luftstrom in die richtige Richtung leiten.

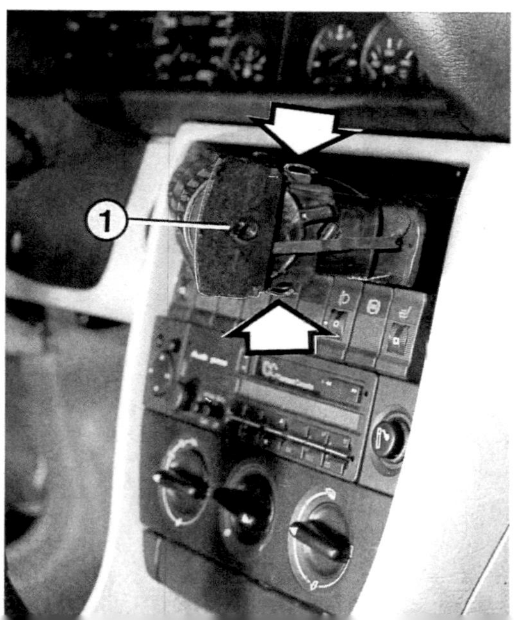

Links: Der Staub- und Pollenfilter (1) ist mit zwei Haltemuttern (Pfeile) am Gebläsekasten befestigt.
Rechts: Die Luftdüse (1) in Armaturenbrettmitte ist hier ausgebaut. Gut zu sehen sind die beiden federnden Haltespangen (Pfeile), mit denen die Düse in der Einbauöffnung gehalten wird.

Der Betätigungszug für Luftmengenregulierung. Ausbau:
Links: An der Bedieneinheit ist der Zug mit seiner Öse (1) am Hebel der Bedieneinheit eingehängt. Die Zughülle (3) stützt sich auf das Widerlager (2), das in der Bedieneinheit eingesteckt und verrastet ist. Falls die Verrastung beim Ausbau bricht, kann das Widerlager mit einer herkömmlichen Blechschraube gesichert werden.
Rechts: Die Zughülle (1) endet auch vorn an der Luftklappe an einem Widerlager. Der Zug selbst (2) ist am Betätigungshebel der Luftklappe lediglich eingehängt.

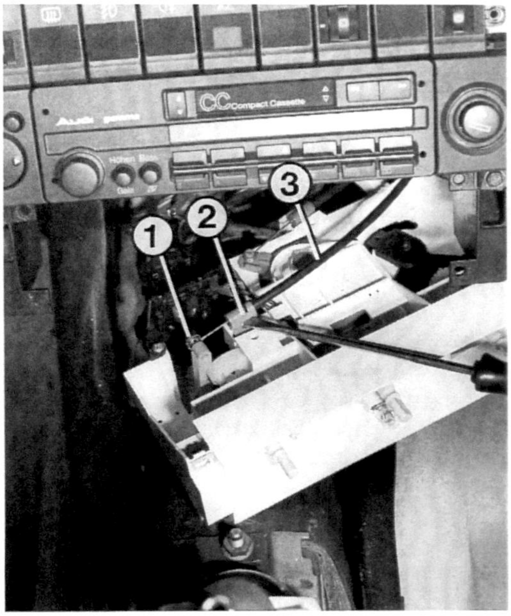

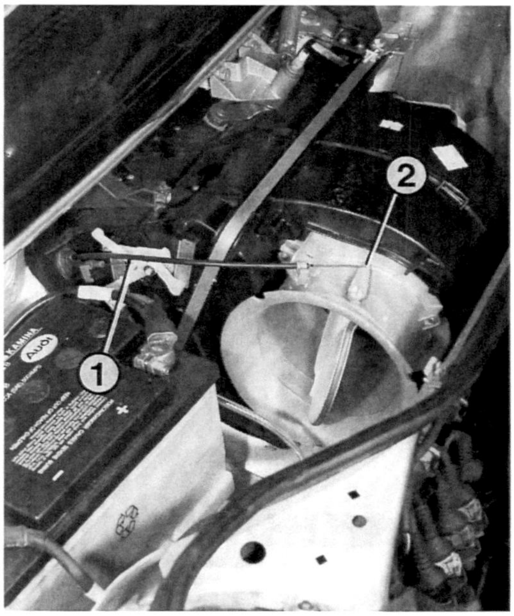

Betätigungszüge auswechseln

- Der Austausch ist bei allen Zügen nahezu gleich:
- Radio ausbauen.
- Handschuhfach und Mittelkonsole ausbauen (Kapitel »Der Innenraum«).
- Die Betätigungseinheit Heizung/Lüftung kann jetzt ein Stück aus dem Armaturenbrett gezogen werden, was ausreicht, um an die Befestigung der Bowdenzüge heranzukommen.
- Widerlager des Betätigungszugs mit einem Schraubendreher aus der Verhakung an der Betätigungseinheit heraushebeln.
- Das Zugende ist zu einer Öse gebogen und lose in den Betätigungshebel eingehängt.
- Wasserkastenabdeckung hinten im Motorraum komplett ausbauen.
- Am Luftkasten sind die Hüllen der Bowdenzüge an Ösen festgeschraubt oder mit Kunststoffklammern eingeclipst.
- Losschrauben bzw. Raste zusammendrücken und Klammern aushängen.

Luftdüsen ausbauen

Zum Herausziehen einiger Düsen empfiehlt Audi den Selbstbau eines kleinen Ausziehhakens aus 3-mm-Draht, dessen Ende 6 mm rechtwinklig umgebogen wird.

- **Düse links oben:** Gitterchen anheben und von Hand aus dem Luftkanal ziehen.
- **Düse links mitte:** Ausziehhaken etwa in der Mitte im Ausströmgitter ansetzen und Düse herausziehen.
- **Düse links unten:** Düse links mitte ausbauen.
- Haltefedern aushängen, Düse herausziehen.
- **Düse in Armaturenbrett-Mitte:** Blindstopfen rechts und links der Schalterleiste mit kleinem Schraubendreher abhebeln.
- An dieser Stelle Schraubendreher unten am Düsengehäuse ansetzen und Düse aushebeln.
- **Düse rechts oben**: Gitterchen anheben und von Hand aus dem Luftkanal ziehen.
- Bei regelbarer Düse beachten, daß beim Einbau der Stift der Reglertaste ins Gegenstück eingreift.
- **Düse rechts unten:** Ausziehhaken etwa in der Mitte im Ausströmgitter ansetzen (abwechselnd rechts und links) und Düse herausziehen.
- **Düse hinten in der Mittelkonsole:** Auskleidung der Ablageschale hinten in der Konsole ein Stück nach vorn klappen.
- Darunter die Kreuzschlitzschraube lösen.
- Blende um den Anzünder mit schmalem Schraubendreher abhebeln.
- Darunter zwei Kreuzschlitzschrauben lösen.
- Düse von Hand herausziehen.

Störungsbeistand

Heizung

Die Störung	– ihre Ursache	– ihre Abhilfe
A Heizleistung ungenügend	1 Heizungszug gerissen oder Verzahnung des Heizungs-Drehknopfes defekt	Kontrollieren bzw. auswechseln
	2 Heizklappe öffnet nicht	Klappen- und Hebelstellung kontrollieren
	3 Luftklappe öffnet nicht	Betätigungszug, Klappen- und Hebelstellung kontrollieren
	4 Laubstückchen haben sich vor den Wärmetauscher gelegt	Gebläse ausbauen, Wärmetauscher mit Staubsauger reinigen
	5 Kühlerthermostat öffnet zu früh, Kühlmittel bleibt zu kalt	Thermostat austauschen
B Heizung läßt sich nicht abstellen	Siehe A 1	

Windgesicht

Extrem strömungsgünstige Karosserien werden bei Audi schon seit 1982 gebaut. Was damals sensationell war, ist heute Stand der Technik: Eine aerodynamisch optimierte Karosserieform und zahllose Ausstattungs-Details, wie bündig anliegende Seitenscheiben oder eine Dichtleiste zwischen Motorhaube und Scheinwerfern. Im folgenden Kapitel soll jedoch weniger auf die Vorzüge der Karosserieform hingewiesen werden, als vielmehr auf die Möglichkeit, Karosserieteile ab- und anzubauen.

Stoßfänger vorn

Ausbau

- Untere Motorraumverkleidung ausbauen.
- Den Kunstoff-Grill unten im Stoßfänger (beginnend an der Trennstelle rechts) ausclipsen und abnehmen.
- Wo vorhanden, Nebelscheinwerfer abschrauben.
- Im Grill-Ausschnitt des Stoßfängers rechts und links je eine Sechskantschraube herausdrehen.
- Motorhaube öffnen.
- Die Blech-Blenden unterhalb der beiden Scheinwerfer abschrauben und an der Außenkante vom Kotflügel abziehen.
- Bei Fahrzeugen mit Scheinwerfer-Reinigungsanlage die Teleskope der Reinigungsdüsen von Hand herausziehen und die lackierte Kunststoffblende am Düsenstock ausclipsen. Anschließend Blechblende über den Düsenstock hebeln.
- Von oben je zwei Sechkantschrauben unterhalb des Scheinwerfers herausdrehen.
- Kreuzschlitzschraube im Radhaus – etwa in Höhe der Stoßfänger-Oberkante – herausdrehen. Diese Schraube entfiel ab ca. 3/92. Beim Einbau eines neuen Stoßfängers in ein solches Fahrzeug muß der kleine Halter unter dieser Schraube nachträglich angenietet werden.
- Seitenwangen des Stoßfängers aus dem Karosseriehalter am Kotflügel aushängen. Dazu Stoßfänger an der Seite nach unten drücken und gleichzeitig von der Karosserie wegziehen.
- Stoßfängerenden über die Radhausschalen hebeln und nach vorne abnehmen. Jetzt kann der Stoßfänger nach vorn gezogen werden.
- Fahrzeuge mit Außentemperaturanzeige: Temperaturfühler am Stoßfänger abbauen.
- Die **Stoßleisten** vorn auf dem Stoßfänger lassen sich einzeln abbauen:
- Der Kennzeichenhalter in der Mitte des Stoßfängers ist mit zwei Schrauben von vorn befestigt.
- Ist dieser abgebaut, lassen sich die beiden seitlichen Stoßleisten mit einer flachen Kunststoffspachtel oder einem stumpfen Messer einzeln entriegeln. Dazu die kleinen Haltekeile niederdrücken, während man mit der Hand die Stoßleiste vorsichtig abzieht.

Einbau

- Temperaturfühler befestigen.
- Stoßfänger zunächst auf die Stoßfängerhalter heben.
- Jetzt die Stoßfänger-Seitenwangen so einführen, daß die Stoßfängerenden nicht mit der Radhausschale kollidieren.

Untere Stoßfänger-Befestigungschraube (Pfeil) bei abgenommenem Grillteil bzw. Nebelscheinwerfer.

Obere Stoßfänger-Befestigungschraube (Pfeil) bei abgebauter Blechblende unterhalb des Scheinwerfers.

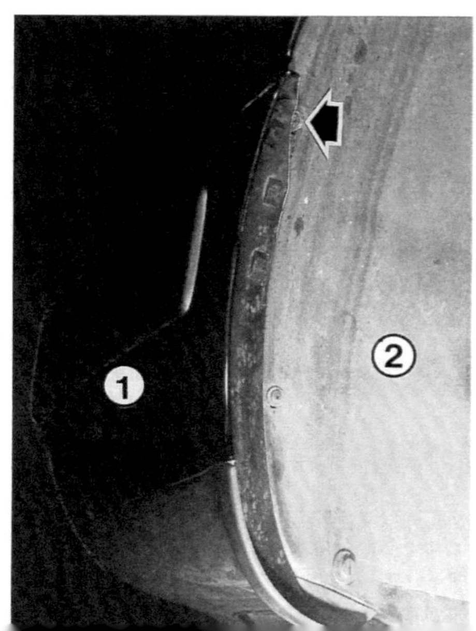

Der Pfeil deutet auf die Verbindungsschraube zwischen Stoßfänger-Seitenwange (1) und Radhausschale (2).

Links: Der Halter für die Seitenwangen des Stoßfängers läßt sich nach Lösen der hier mit Pfeilen bezeichneten Schrauben nach oben oder unten versetzen, um die Höheneinstellung des Stoßfängers an der Seite zu korrigieren.
Rechts: Die Stoßleisten vorn auf dem Stoßfänger lassen sich abbauen, wenn man die kleinen Haltekeile (1) z. B. mit einem stumpfen Messer (2) einzeln entriegelt. Der Kennzeichenhalter in Stoßfängermitte ist zusätzlich mit zwei Schrauben (Pfeil) befestigt.

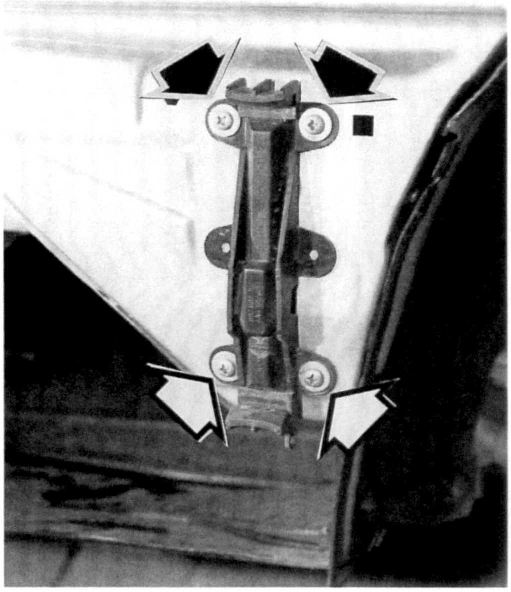

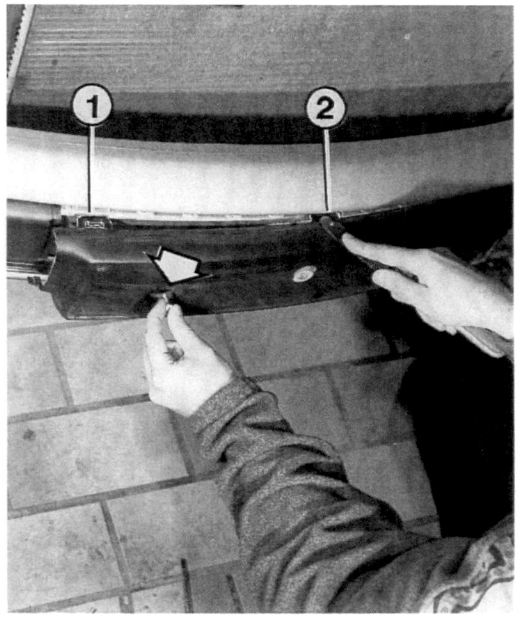

● Seitenwangen zuerst an der Unterkante der Halter am Kotflügel einhängen. Dann seitlich auf den Stoßfänger drücken; die Oberkante rastet ein.
● Schrauben festziehen.

Stoßfänger ausrichten

● Nach Einbau des Stoßfängers kontrollieren, ob der Spalt zwischen dem Blechstreifen unterhalb der Scheinwerfer und dem Stoßfänger rundum gleich ist.
● Entscheidend ist aber das Maß zwischen Motorhauben-Unterkante und Stoßfänger.
● Dieser Abstand soll **5–10 mm** breit sein.
● Ist das nicht der Fall, Stoßfänger nochmals abbauen und Stoßfänger-Halter lösen und in den Langlöchern etwas verschieben.

Unfallschäden

Die Kunststoff-Stoßfänger des Audi 100 springen auch nach heftigeren Kollisionen nahezu perfekt wieder in ihre ursprüngliche Form zurück. So bleiben Unfallschäden an den Teilen hinter dem Stoßfänger bisweilen unentdeckt. Nach Auffahrunfällen unbedingt die folgenden Teile auf Beschädigung kontrollieren:
○ Stoßfänger-Vorderseite unter der Stoßleiste (Risse in Querrichtung)
○ Halter des Stoßfängers
○ Halter der Scheinwerfergehäuse
○ Motorhauben-Unterkante
○ Kühlergrill

Wagenfront

Verkleidung unten ausbauen

Die untere Motorraumverkleidung trägt wesentlich zum guten Strömungsbeiwert und zur Geräuschdämpfung bei. Leider muß diese Verkleidung zu vielen Wartungsarbeiten am Motor ausgebaut werden.

Links: Der Halter (1) für den Stoßfänger ist mit zwei Schrauben (Pfeile) am Längsträger (2) der Karosserie befestigt. Zum Korrigieren der Höheneinstellung kann dieser Halter nach unten oder oben verschoben werden.
Rechts: Der Stoßfänger (3) ist hier vom Fahrzeug abgebaut. Sehr gut zu sehen jetzt die Einbaulage der beiden Stoßfängerhalter (1 und 2).

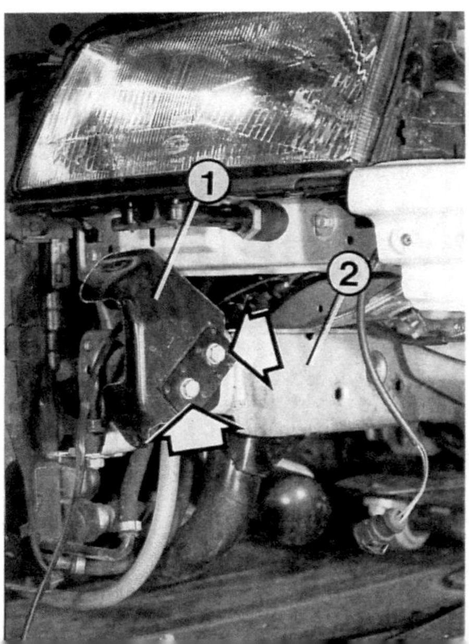

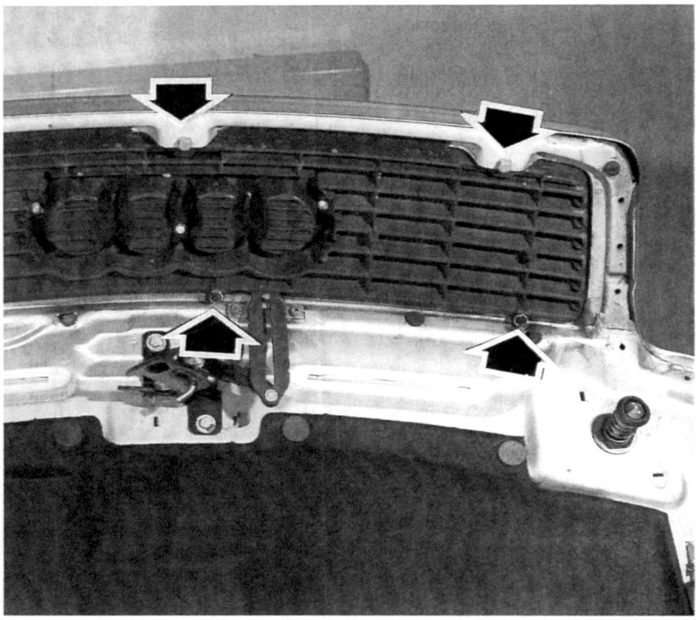

Die Pfeile zeigen die Halteschrauben des Kühlergrills.

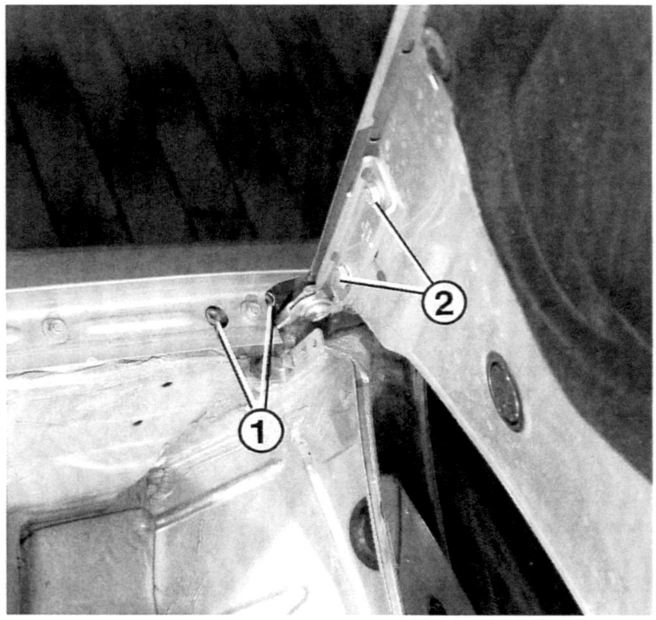

Zum Ausbau der Motorhaube werden die mit »2« bezeichneten Schrauben gelöst. Die mit »1« bezeichneten Schrauben zwischen Scharnier und Karosserie brauchen nur zum Einstellen der Motorhaube gelöst zu werden.

- Wagen vorn aufbocken und sichern.
- Rechts und links in den Radhäusern je zwei Kunststoffschrauben 90° linksdrehen (Schnellverschluß).
- Am hinteren Ende der Verkleidung unter dem Motor drei Schnellverschlüsse mit Schraubendreher 90° linksdrehen.
- Verkleidung vorn an der Haltespange des Stoßfängers aushängen.
- Verkleidung nach hinten abziehen.
- Beim Einbau Verkleidung sorgfältig in die Halter unten am Stoßfängerrand schieben. Dann zuerst die Seitenwangen befestigen.
- Leichter geht's zu zweit.

Kühlergrill ausbauen

- Motorhaube öffnen.
- Oben und unten an der Rückseite des Grills drei Sechskantschrauben lösen.
- Clips unter den oberen Schrauben abnehmen, Grill herausnehmen.
- **Einbau:** Kühlergrill in die Einbauöffnung der Motorhaube einsetzen.
- Clips an der Oberkante ansetzen und Schrauben sehr sanft anziehen (6 Nm).
- Schrauben unten mit 6 Nm festziehen.

Blende unter den Scheinwerfern ausbauen

- Motorhaube öffnen.
- Kreuzschlitzschraube am inneren Ende der Blende lösen.
- Äußeres Ende der Blende zur Fahrzeugmitte hin abziehen – die Blende ist hier nur eingesteckt.
- Bei Fahrzeugen mit Scheinwerfer-Reinigungsanlage die Teleskope der Reinigungsdüsen von Hand herausziehen und die lackierte Düsenabdeckung am Düsenstock ausclipsen. Anschließend Blechblende über den Düsenstock hebeln.

Die hier mit Pfeilen bezeichneten Schrauben müssen zum Ausbau des Schloßträgerbleches an der rechten und linken Fahrzeugseite gelöst werden.

Die Blende »1« unter den Scheinwerfern ist mit nur einer Kreuzschlitzschraube (2) befestigt. Zur Karosserieaußenseite hin ist sie in ein Formteil am Kotflügel eingesteckt (Pfeile).

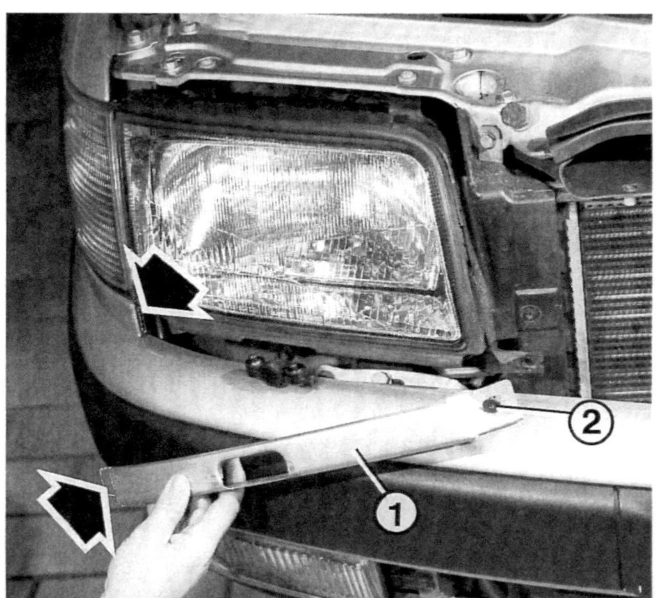

Ausbau

- Kabel der Motorraumbeleuchtung, der Wascherdüsenbeheizung sowie Masseband lösen.
- Tip: Wird dieselbe Haube wieder eingebaut, beim Herausziehen der Kabel eine Schnur am Kabelende befestigen. Schnur mit Kabel durch die Haube ziehen. Die Schnur bleibt in der Haube und hilft beim Einbau, die Kabel einzuziehen.
- Schlauch zur Scheibenwaschanlage abziehen.
- Sicherungsscheibe am oberen Haltebolzen der Gasdruckfeder abnehmen.
- Wo vorhanden, Scharnierabdeckung abnehmen.
- Schrauben an den Scharnieren rechts und links lockern.
- Die Haube ist zu schwer, um sie allein auszubauen. Deshalb Haube mit Helfer von rechts und von links halten.
- Jetzt den Haltebolzen der Gasdruckfeder herausdrücken und Feder ablegen.
- Schon gelockerte Schrauben von Hand vollends herausdrehen und Haube abnehmen.
- Falls erforderlich, können nun die Haubenscharniere von der Karosserie abgeschraubt werden.

Motorhaube einstellen

Bei geschlossener Motorhaube muß der Abstand zu beiden Kotflügeln gleich sein (Spaltmaß: 6–7 mm), und auch an ihrer Vorderkante muß sie mit den Kotflügeln fluchten. Ferner muß die Höheneinstellung stimmen. Die Haube darf nicht über oder unter den Kotflügel-Oberkanten stehen.

- Zur **Einstellung in Längsrichtung** werden die Schrauben oben zwischen Scharnier und Haube gelöst.
- Zur **seitlichen Einstellung** die Schrauben zwischen Scharnier und Karosserie lösen.
- Haubendeckel in der gewünschten Richtung verschieben und Schrauben festziehen.
- An der **Vorderkante** der Haube erfolgt die Höheneinstellung über den Haubenverschluß:
- Kontermutter an den Anschlagpuffern lösen und Anschlagpuffer rechts und links ganz in das Abschlußblech hineindrehen.
- Blech-Kontermutter am Schloßzapfen der Haube mit einer Rohrzange lösen und Schloßzapfen mit Schraubendreher heraus- oder hineindrehen, bis die Hauben-Oberkante vorn in gleicher Höhe mit den Kotflügeln steht.
- Durch Schließen der Haube die Höheneinstellung vorn (rechts und links!) prüfen.
- Kontermutter wieder festziehen.
- Darauf achten, daß der Schloßzapfen genau in die Öffnung am Frontblech einschwenkt. Wenn nicht, kann er nach Lösen der Kontermutter seitlich und längs verschoben werden.
- Anschlagpuffer so weit herausdrehen, bis die Haube nach dem Schließen nicht mehr wackelt. Bis zum Erreichen der richtigen Einstellung sind mehrere Versuche nötig.
- Tip: Wer Knetmasse vom Filius zur Hand hat, kann diese auf den noch eingedrehten Anschlagpuffer kleben. Nach Schließen der Haube erhält man durch die zusammengedrückte Knetmasse das genaue Maß, um das der Anschlagpuffer nachgestellt werden muß.

Schloßträger ausbauen

Der Ausbau des Schloßträgers wird zu einigen Montagearbeiten, wie beispielsweise Motorausbau, aber auch nach Unfallschäden nötig.

- Rechts und links je vier Schrauben oben am Schloßträger herausdrehen.
- Kreuzschlitzschraube innen für Scheinwerfergehäuse-Befestigung rechts und links herausdrehen.
- Sechskantschrauben des Kühler-Halters oben rechts und links herausdrehen.
- Befestigungsclips des Haubenzugs ausrasten.

Einstellen der Hauben-Vorderkante durch Lösen der Blechmutter (1) und Heraus- oder Hineindrehen des Schloßzapfens (2).

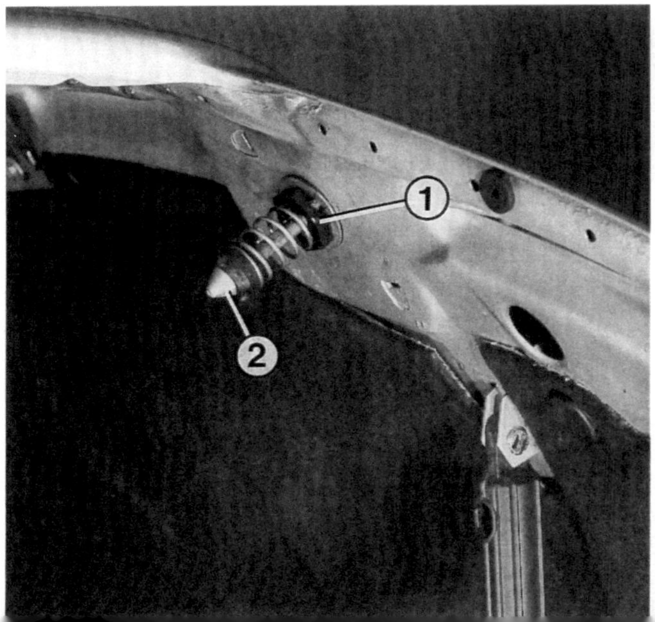

Bei richtiger Einstellung muß die Motorhaube auf den Anschlagpuffern »1« satt aufliegen. Zum Einstellen Kontermutter »2« lösen.

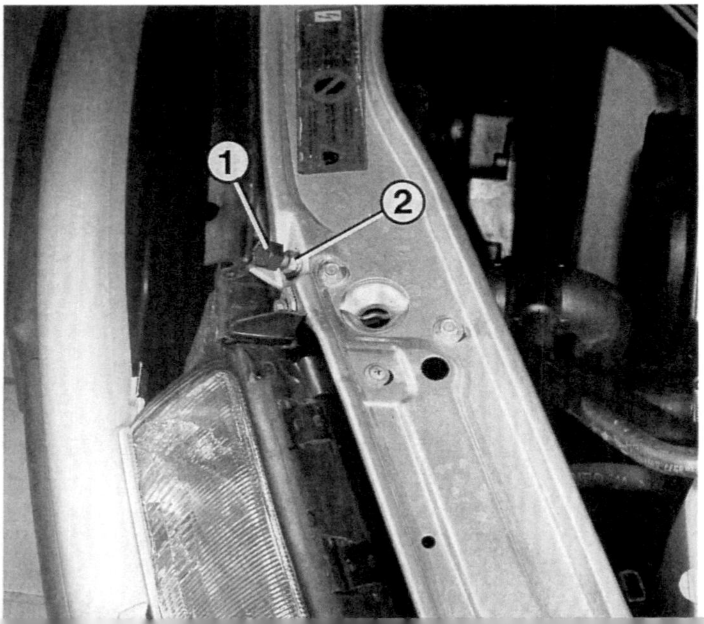

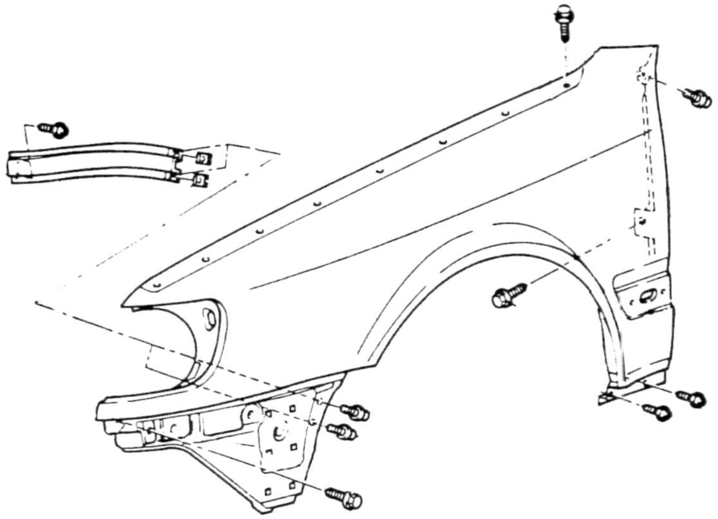

Die Zeichnung zeigt, an welchen Stellen der Kotflügel angeschraubt ist.

Haubenzug auswechseln

- Motorhaube öffnen, Schraubnippel am rechten Haubenschloß lösen.
- Wenn schlecht zugänglich, Schloßblech ausbauen.
- Kunststoff-Führungshülse abnehmen.
- Zug aus den Kunststoff-Clips am Schloßblech aushängen.
- Ablagefach links unter dem Armaturenbrett ausbauen (Kapitel »Der Innenraum«).
- Entriegelungsgriff im Fahrerfußraum abschrauben.
- Haubenzug in den Innenraum durchziehen. Vorsicht, der störrische Zug kann Augenverletzungen verursachen!
- Neuen Zug von innen durch die Gummitülle schieben, Entriegelungsgriff festschrauben.
- Führungshülse links aufsetzen.
- Zug durch die Schloßriegel und die Halter im Schloßblech schieben.
- Führungshülse rechts aufschieben, Zug straffen und Schraubnippel festdrehen.

Kotflügel und Radhausschalen

Radhausschalen vorn ausbauen

Zum Schutz vor Steinschlag und Schmutz besitzt der Audi in den Radkästen Kunststoffschalen.

- Betreffendes Vorderrad abnehmen.
- Alle Befestigungsschrauben/-muttern der Radhausschale lösen.
- Lage der Verschraubungen an der Radhausschale: Innenrand (4 x), Kotflügelrand oben (1 x), Außenrand vorn (2 x), Hinterkante unten (3 x).
- Außerdem Schnellverschlüsse am Anschluß an die untere Motorraumverkleidung 90° linksdrehen.
- Radhausschale aus dem Kotflügelrand ausrasten und nach innen vom Radausschnitt wegdrücken.
- Beim Einbau Kunststoff-Muttern und Kreuzschlitzschrauben nur sanft anziehen, sonst dreht das Gewinde im Kunststoff durch!

Kotflügel ausbauen

- Radhausschale ausbauen.
- Stoßfänger ausbauen.
- Blinker abbauen (Kapitel »Die Beleuchtung«).
- Unterhalb des Blinkleuchtengehäuses eine Sechskantschraube herausdrehen.
- Haltesteg vom Kotflügel abschrauben (zwei

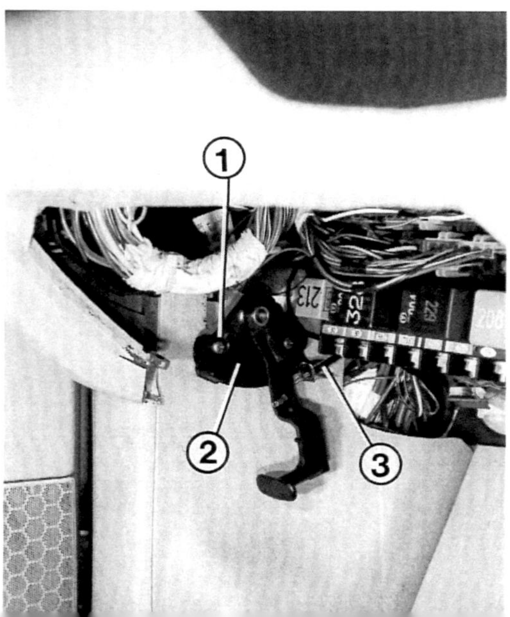

Links: Zum Auswechseln des Haubenzugs Kreuzschlitzschrauben (1) lösen. Der Zug (3) ist nur zusammen mit dem Griff und Grundplatte (2) erhältlich. Rechts: Der Motorhauben-Entriegelungszug (4) wirkt auf den Federriegel des Schlosses (3). An seinem Ende ist der Zug mit einem Schraubnippel (1) gesichert. Eine Hülse (2) führt den Zug im Entriegelungshebel. Das Schloß ist hier bei abgebautem Schloßträgerblech gezeigt.

Sechskantschrauben von außen im vorderen Bereich des Radausschnitts).
● An der Kotflügel-Unterkante hinten von der Innenseite her die Verschraubung der Gummi-Abdeckung lösen, Abdeckung einige Millimeter nach vorn ziehen und abnehmen.
● Unter der Abdeckung werden zwei Kreuzschlitz- bzw. TORX-Schrauben sichtbar. Herausdrehen.
● Unter dem Ausschnitt für den Stoßfänger eine Schraube herausdrehen.
● Im Radhaus ganz hinten das sogenannte Schließteil ausbauen – eine Abdeckung in Richtung Türscharnier.
● Darunter abermals eine Schraube herausdrehen.
● Vordertür öffnen: Eine Schraube oberhalb der Scharniere herausdrehen.
● Sechskantschrauben an der Kotflügel-Oberkante herausdrehen.
● Kotflügel abheben.

Kotflügel einbauen

● Alte Dichtbandreste am sogenannten Schließteil (hintere Kotflügel-Befestigungskante) entfernen.
● Neue Dichtschnur (Teile-Nr. AKD 541007) ankleben.
● Kotflügel anbauen.
● Spalt zur Haube bei noch losen oberen Kotflügel-Befestigungsschrauben einstellen. Er soll 4–5 mm betragen.

Seitenleisten

Stoßleisten abbauen

● **Stoßleiste auf dem Kotflügel vorn:** Radhausschale an der Hinterkante losschrauben (drei Verschraubungen lösen) und etwas zur Seite drücken.
● Von der Kotflügel-Innenseite her eine Sechskantmutter lösen.
● Stoßleiste vorn etwas anheben, nach hinten schieben und vom Kotflügel abnehmen.
● **Stoßleiste am Seitenteil hinten:** Die Leiste geht bei der Demontage zu Bruch (Haltenase bricht).
● Zum Ausbau Stoßleiste bei geöffneter hinterer Tür kräftig nach vorn aus dem Halter schieben.
● Beim Einbau neue Leiste von vorn bis zum Einrasten in den Halteclip drücken.
● Wer's nochmal mit der alten Leiste probieren will, muß sie zusätzlich verkleben (z.B. mit transparenter Silikon-Dichtmasse.
● **Stoßleisten auf den Türen:** Verschraubung der Leiste – jeweils an der Tür-Hinterkante – lösen.
● Leiste nach hinten aus der Verrastung an der Tür ziehen und abnehmen.

Abdeckleiste unten abbauen

An der Unterkante der Türen sowie an den anschließenden Blechteilen sitzt eine dünne Abdeckleiste. Hier der Ausbau:
● **Leiste am vorderen Kotflügel:** Radhausschale an der Hinterkante losschrauben (drei Verschraubungen lösen) und etwas zur Seite drücken.
● Von der Kotflügel-Innenseite her eine Sechskantmutter lösen.
● Abdeckleiste vorn aushängen und etwas anheben, danach nach vorn ziehen und vom Kotflügel abnehmen.
● Beim Einbau Leiste an der Stirnseite am Blech einhängen.
● **Leisten an den Türen:** Abschlußkappe vorn auf der Leiste abdrücken und Leiste nach hinten bei geöffneter Tür von den Clips ziehen.
● **Leiste am hinteren Radausschnitt:** Überdekkung der Leiste am hinteren Radausschnitt aushängen/aushebeln.
● Leiste nach vorn vom Halteclip schieben.
● Beim Einbau die Lasche der Abdeckleiste unter die Schwellerverkleidung einschieben. Überdeckung am Radausschnitt einhängen.

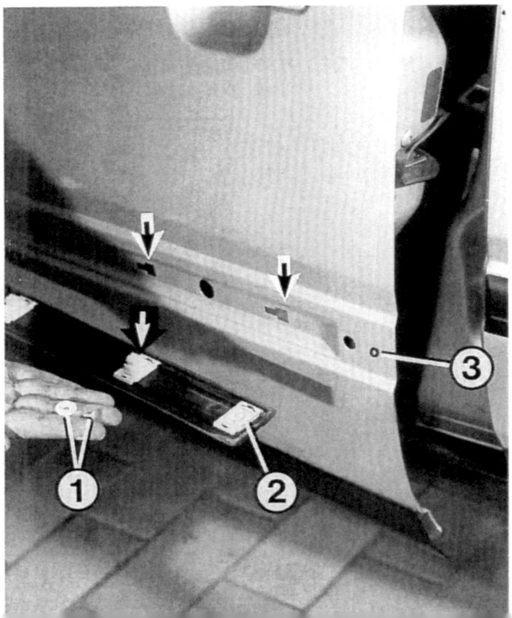

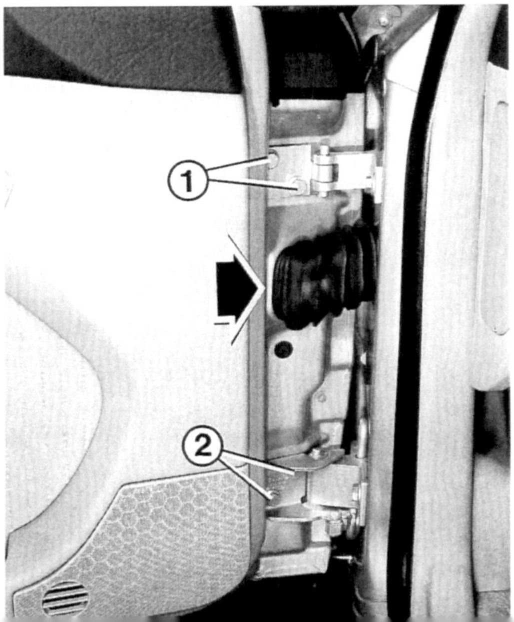

Links: Die Stoßleisten an den Türen sind mit Kunststoffhaltern in den Durchbrüchen der Tür eingehängt (Pfeile). Das hintere Ende der Leiste ist mit einem Gewindebolzen »2« durch die Bohrung von der Tür mittels Mutter und Unterlegschraube verschraubt.
Rechts: Ausbau der Tür. Zuerst alle elektrischen Leitungen aus der Tür herausziehen, Faltenbalg (Pfeil) aushängen und insgesamt vier Sechskantschrauben (1 und 2) herausdrehen.

Die Türen

Der Audi 100 besitzt – wie mittlerweile bei Audi üblich – zweiteilige Türen. Das Tür-Innenteil – der »Träger für Türeinbauteile« – ist im Tür-Außenteil – dem »Türgrundkörper« – lediglich mit vier Schrauben befestigt. Dadurch kann bei einem leichten Unfallschaden das Außenteil ersetzt werden, ohne daß der Fensterheber- und Entriegelungsmechanismus umständlich umgebaut werden muß.

Türdichtungen pflegen

Die außenbündigen Türdichtungen am Audi 100 bedürfen besonderer Pflege, denn rissige Dichtungen bewirken nicht nur Undichtigkeiten, sondern auch höhere Windgeräusche während der Fahrt. Beste Pflege für die Dichtungen ist Hirschtalg. Der hat den angenehmen Nebeneffekt, die Dichtungen winters nicht an der Karosserie festfrieren zu lassen, was lästiges Auftauen mit dem Fön erspart.

Tür ausbauen

● Bei Fahrzeugen mit Türlautsprechern, elektrischer Spiegelverstellung oder elektrischen Fensterhebern muß zum Trennen der Kabelsteckverbindung in der Tür deren Verkleidung abgenommen werden, siehe übernächsten Abschnitt. Gleiches gilt für die Kabel und Schläuche der Zentralverriegelung.

● Am oberen und unteren Scharnier je zwei Sechskantschrauben losdrehen, Tür abnehmen. Die Scharniere bleiben an der Karosserie.

● Nach dem Einbau neue Tür einpassen (folgender Abschnitt).

Richtige Türeinstellung

○ Zur Einstellung einer Tür muß der Audi mit allen Vieren **waagrecht** auf dem Boden stehen. Bei aufgebocktem Fahrzeug kann sich die Karosserie etwas verwinden, so daß die Türjustierung anschließend nicht stimmt.

○ Eingestellt wird nach folgenden Kriterien:
Die **Spaltmaße** an Vorder- und Hinterkante der Türen müssen stimmen. Sonst Türe ausmitteln. Spaltmaße: Kotflügel/Vordertür: 4–5 mm; Vordertür/Hintertür: 4,5–5,5 mm; Hintertür/Seitenteil hinten: 3,5–4,5 mm.

○ Die **Karosserie-Kontur** muß stimmen: Entlangpeilen, ob die Blechkante in Höhe der Türgriffe ohne Stufe durchläuft oder ob die Tür zu hoch oder zu tief eingebaut ist. Ferner: An ihrem vorderen und hinteren Ende müssen die Türen mit den angrenzenden Blechteilen bündig sein. Sie dürfen also nicht nach innen oder nach außen versetzt eingebaut sein.

○ **Windgeräusche** müssen vermieden werden. Auch das ist mit richtigem Einstellen der Tür zu schaffen: Dazu muß der »Träger für Türeinbauteile« – besser gesagt: sein oberer Teil, der Fensterrahmen – satt im Türausschnitt sitzen. Kontrollmaß: Die Fensterscheibe sitzt 5,5–7,5 mm weiter innen als die schwarze Dachkanten-Zierleiste. Die Dichtung muß rundum gut anliegen.

Tür einpassen

● **Längseinstellung** zum Einstellen der Türspalte: Hintere Schraube Türscharnier/Karosserie herausdrehen, die dahinter sitzende Gewindebuchse ebenfalls ein Stück herausdrehen.

● Vordere Schraube Türscharnier/Karosserie etwas lockern, so daß die Tür verschoben werden kann.

● Tür schließen und Türspalte ausrichten.

● Tür vorsichtig öffnen und Scharnierschrauben anziehen.

● **Höheneinstellung** (Kontur): Schrauben zwischen Scharnier und Karosserie lockern (wie gehabt), Tür nach oben oder unten verschieben.

● Schrauben wieder festziehen.

● **Seiteneinstellung, Tür-Vorderkante** (Windgeräusche): Schrauben zwischen Scharnier und Türkasten lockern.

● Tür schließen und bis zum bündigen Sitz (siehe vorigen Abschnitt) in den Türausschnitt drücken.

● Tür vorsichtig öffnen, Schrauben festziehen.

● **Seiteneinstellung, Tür-Hinterkante** (Windge-

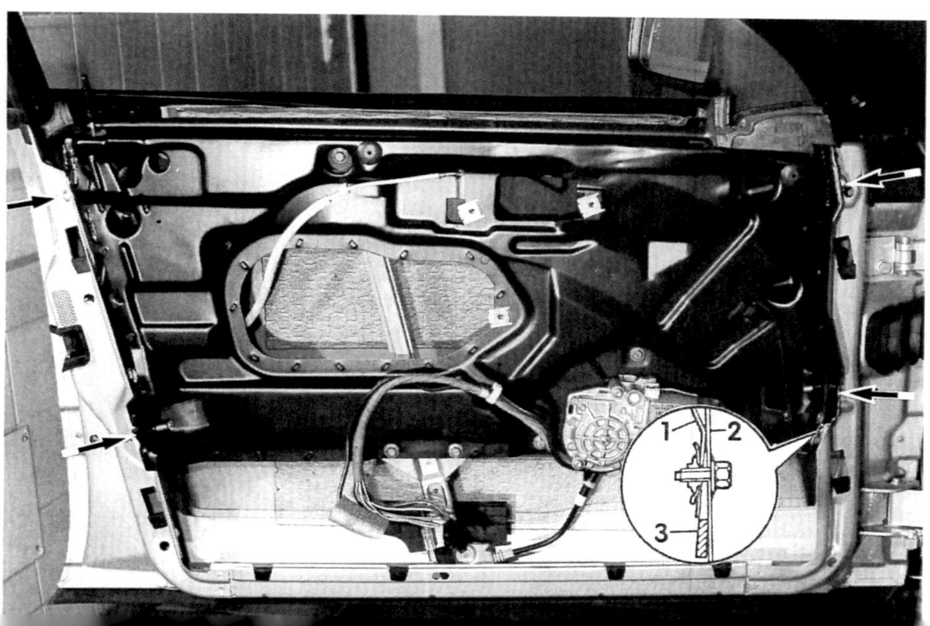

Links: Die Pfeile zeigen die Sechskantschrauben, die zum Trennen der beiden Türteile gelöst werden müssen. Die »Lupe« zeigt die Lage des Einstellkeils (3), der zum Einstellen zwischen den Träger für Türeinbauteile (1) und den Türgrundkörper (2) mehr oder weniger weit eingeschoben wird.
Unten: Einstellung der Türrahmen-Oberkante. Die äußere Dichtlippe (2) muß rundum an der Dachsäule und der Dachzierleiste (1) satt anliegen. Der Abstand »a« zwischen Dachzierleiste (1) und Türscheibe (3) muß 5,5–7,5 mm betragen.

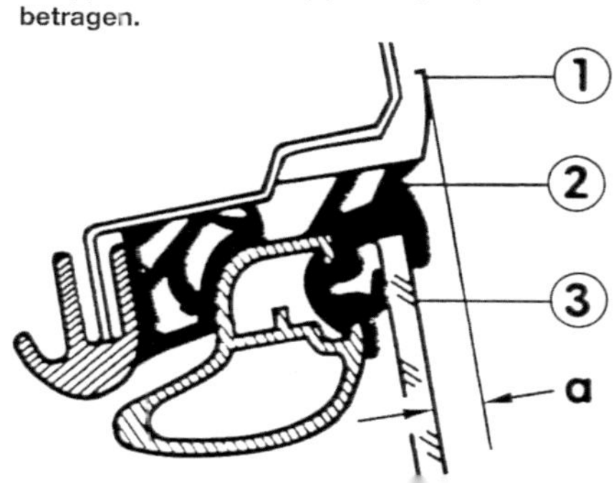

räusche): Schließkeil, in den das Türschloß einrastet, ein wenig lockern.

● Tür schließen und bis zum bündigen Sitz in den Türausschnitt drücken.

● Tür öffnen, Schließkeil festziehen.

● Prüfen Sie auch vom Wageninnern aus, ob die Tür gleichmäßig an ihrer Gummidichtung anliegt.

● **Fensterrahmen einstellen:** Wenn der Türgrundkörper richtig eingestellt ist, wird kontrolliert, ob der Fensterrahmen sauber im Türausschnitt sitzt. Dabei darf die äußere Türdichtung nicht über die Dachleiste herausragen. Ferner muß sie einwandfrei in der Türausschnitts-Kontur sitzen.

● Muß eingestellt werden, Türverkleidung abbauen und die vier Halteschrauben des Fensterrahmens lockern.

● Tür schließen.

● Ein Helfer drückt den Rahmen in den Türausschnitt – lieber etwas zu weit eindrücken, denn das Türgummi drückt dagegen. Nochmals das Kontrollmaß: Die Fensterscheibe sitzt 5,5–7,5 mm weiter innen als die schwarze Dachkanten-Zierleiste.

● Stimmt die Einstellung, Schrauben von innen festziehen (zuerst die oberen). Anzugsdrehmoment: 30 Nm.

● **Zusätzlich beachten:** Unter der vorderen unteren Verschraubung des Trägers für Türeinbauteile befindet sich ein Einstellkeil, der immer eingebaut sein muß. Durch Verstellen dieses Einstellkeils kann die Neigung der Tür gegenüber den angrenzenden Karosserieteilen im Bereich des hinteren Türpfostens eingestellt werden:

● Steht die Tür hinten unten zu weit nach außen, Einstellkeil weiter einschieben. Effekt: Die Tür neigt sich an der Oberkante nach außen und an der Unterkante nach innen.

Türen zerlegen

Türverkleidung ausbauen

Beschrieben ist der Ausbau der Türverkleidungen an den Vordertüren. Die Verkleidung der hinteren Türen ist sinngemäß gleich zu behandeln.

● Fensterkurbel ausbauen: Von der Kurbelachse her mit Schraubendreher unter den Kurbelgriff fahren und Haltezunge niederdrücken. Abdeckung zur Kurbelachse hin abziehen. Darunter sitzende Kreuzschlitzschraube losdrehen.

● Fahrertür mit Schaltern in der Armlehne: Schalter ausbauen (Schalterausbau: Flachen Schraubendreher oder stumpes Messer zwischen Schalter-Hinterkante und Armlehne schieben und auf diese Weise die Haltefeder ausrasten. Schalterblock hochziehen, Stecker abziehen).

● Vordertüren ohne Schalter mit mechanischer Spiegelverstellung: Beide Rändelräder abziehen. Evtl. Schraubendreher zu Hilfe nehmen.

● Dorn oder Kreuzschlitz-Schraubendreher von unten in die Bohrung am Tür-Innengriff stecken und damit den Haltehaken für die vordere Türgriff-Blende ausrasten.

● Blende abnehmen.

● Die jetzt im Türgriff sichtbaren beiden Kreuzschlitzschrauben herausdrehen.

● Kleine Blende vor dem Türöffner nach vorn ausrasten. (An der rechten Fahrzeugseite ggf. den Fensterheber-Schalter ausstecken.)

● Türöffnerschale nach vorn ziehen und ausrasten.

● An der Rückseite des Türöffners die Spange abziehen und den Zug aushängen.

● Vorn und hinten an der Stirnseite der Verkleidung oben je eine Kreuzschlitzschraube herausdrehen.

● Gummi-Anschlußstücke vorn und hinten an der Verkleidung vom Fensterrahmen ablösen.

● Der Knopf der Tür-Innenverriegelung bleibt eingebaut.

● Türverkleidung jetzt durch Schläge mit dem Handballen von unten gegen die Armlehne etwas nach oben klopfen, damit die Haltehaken an der Rückseite der Verkleidung aus dem Türkasten ausrasten.

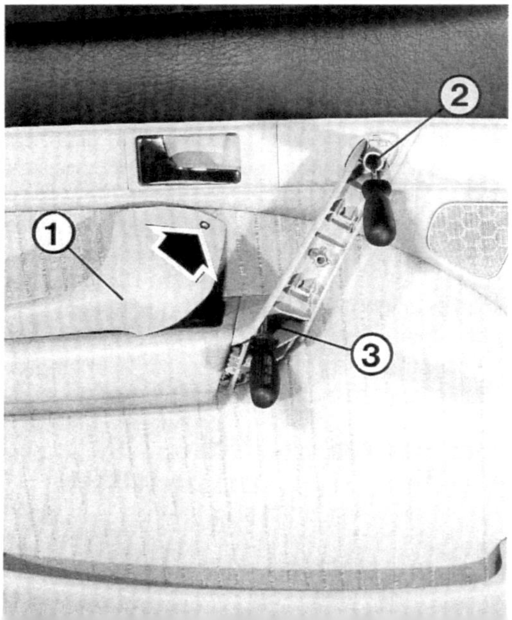

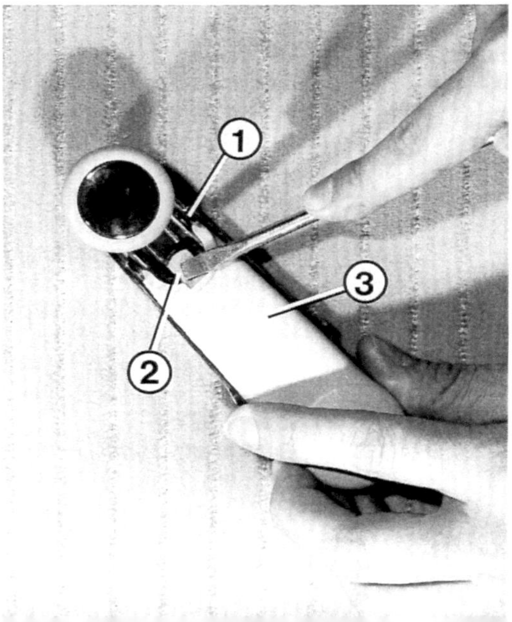

Ausbau der Türverkleidung: Links: Durch die Bohrung (Pfeil) kann die Türgriffblende (1) entriegelt werden. Zum Abschrauben des Türgriffes die beiden Kreuzschlitzschrauben (2 und 3) lösen. Rechts: Die Abdeckung (3) der Fensterkurbel (1) läßt sich nach Niederdrücken der Haltezunge (2) abnehmen.

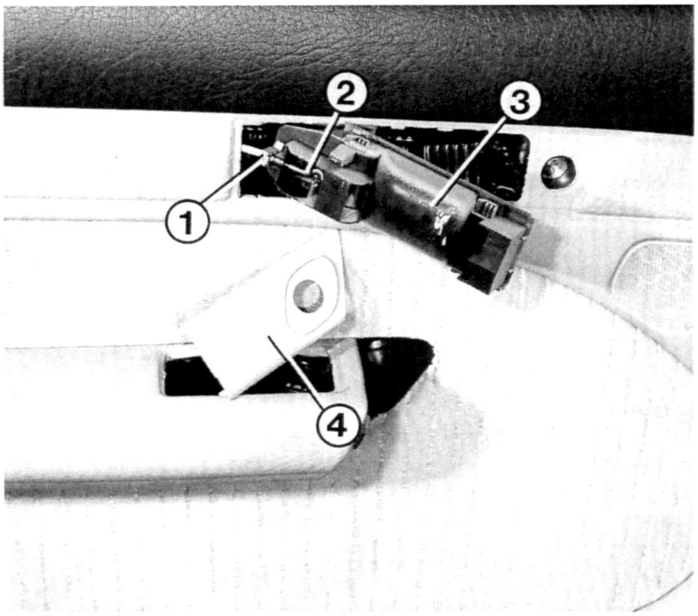

Nach Ausbau des Türgriffes und der Türgriffblende (4) wird der Türöffner (3) aus der Verkleidung herausgezogen und umgedreht. Dann Spange (1) abziehen und Zugende (2) aushängen.

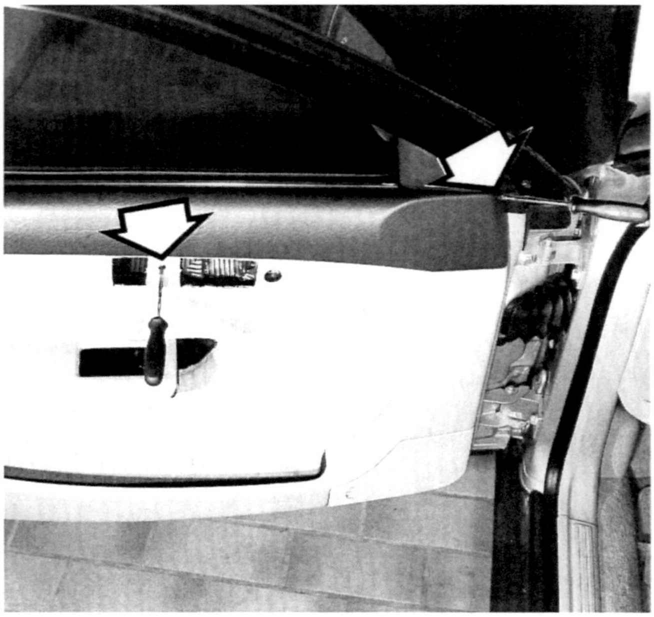

Zwei weitere Verschraubungen zum Lösen der Türverkleidung sind hier mit Pfeilen bezeichnet (unter dem Türöffner und an beiden Stirnseiten oben an der Verkleidung).

- Verkleidung abnehmen.
- Vor dem Wiedereinbau der Verkleidung die Gummi-Zwischenstücke in die Haltehaken-Öffnungen am Türkasten einsetzen.
- Damit sich die Haltehaken besser schieben lassen, die Gummistücke mit etwas Vaseline oder Silikonpaste bestreichen.
- Die gefütterte Dämpfungsmatte auf Beschädigung prüfen und festclipsen.
- Beim Einbau darauf achten, daß der Türverriegelungsknopf richtig in die Öffnung an der Verkleidung eingesetzt wird.
- Wurde eine neue Tür oder eine neue Verkleidung eingebaut, kann die Einbaulage der Verkleidung eingestellt werden: Die Einstellschraube oben an der Tür-Innenseite kann dazu heraus- bzw. hineingedreht werden. Richtmaß: Der Schraubenkopf muß 21 mm unterhalb der gegenüber sitzenden Fensterdichtung stehen).

Türteile trennen

Nach einem leichten Blechschaden kann es nötig werden, den Türgrundkörper vom Träger für Türeinbauteile zu trennen. In diesem Fall empfiehlt es sich, den neuen Türgrundkörper vor der Montage lackieren zu lassen.

- Türverkleidung abbauen.
- Türe ausbauen und mit der Außenseite auf eine weiche Unterlage (Schaumstoff, Wolldecken) legen.
- Betätigungszug vom Türöffner innen zum Schloß aus den Halteclips aushängen.
- Vier Halteschrauben an den Stirnseiten der Tür lösen (siehe Bild auf Seite 268).
- Tür-Innenteil nach oben abnehmen.

Türschloß ausbauen

- Türverkleidung ausbauen.
- Türteile trennen – das kann auch geschehen, solange die Tür eingebaut ist.
- Alle am Schloß angeschlossenen Betätigungszüge und -stangen abbauen.
- Bei Fahrzeugen mit Zentralverriegelung den Schlauch am Stellelement abziehen.
- Zwei Schrauben an der hinteren Schmalseite der Tür herausdrehen.
- Schloß nach innen abnehmen.

Tür-Außengriff abbauen

Wer diese Arbeit bei montierter Tür vornimmt, braucht ein ruhiges Gemüt und gelenkige Hände. Wem es an beidem mangelt, der sollte zum Ausbau des Griffes die Türteile trennen.

- **Tür vorn:** Türverkleidung innen abbauen.
- Halteclips der beiden Betätigungsstangen (sie führen zum Schloßteil) zur Seite schwenken, Betätigungsstangen aushängen.
- Durch die Aussparung an der Tür-Innenseite eine TORX-Schraube Schlüsselweite T25 vorn am Türgriff herausdrehen.
- In Höhe des Schließzylinders einen kleinen Verriegelungshebel durch den Türkasten ertasten und um 65° zur Tür-Hinterkante hin schwenken.
- Der Türgriff kann jetzt nach innen abgenommen werden.
- Schließzylinder und Außenblende nach außen abnehmen. Dabei die Blende etwas drehen.
- Ggf. Kabel ausstecken.
- **Einbau:** Man sollte sich die Stellung der Teile zueinander noch in ausgebauten Zustand verdeutlichen, das gilt insbesondere für Wagen mit beheizbarem Türschloß und/oder Diebstahlwarnanlage, da es bei diesen noch die Heizung bzw. einen Mikroschalter am Türgriff unterzubringen gilt. Ansonsten mißlingt das Einsetzen des Verriegelungshebels.
- Der Verriegelungshebel wird mit nach hinten geneigtem Griff eingesetzt und zum Sichern nach vorn geschwenkt.
- **Türgriff hinten:** Aus- und Einbau ähnlich, doch Befestigung mit zwei TORX-Schrauben – ohne Verriegelungshebel.

Nach Lösen von drei Halteschrauben (Pfeile) kann der Fensterhebermotor einzeln ausgebaut werden.

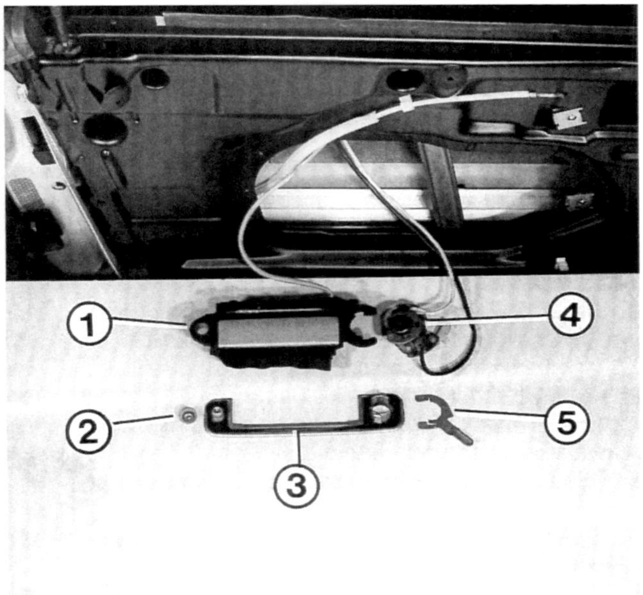

Der Türaußengriff (1) zerlegt: 2 – Halteschraube vorn (TORX T 25); 3 – Blende; 4 – Schloß mit Mikroschalter; 5 – Verriegelungshebel.

Schließzylinder ausbauen

- Tür-Außengriff abbauen.
- Schlüssel in den Schließzylinder stecken, damit beim Herausziehen des Zylinders die Schließplatten und Federn nicht herausfallen.
- Sicherungsring am hinteren Ende des Schließzylinders abhebeln.
- Mitnehmer und Drehfeder abnehmen, dabei deren Lage für den Wiedereinbau merken.
- Schließzylinder aus der Blende nach vorn herausziehen.
- Neuen Schließzylinder mit Rostlöser-Isolierspray schmieren.

Fensterheber ausbauen

- Türverkleidung abbauen.
- Träger für Türeinbauteile ausbauen (siehe »Türteile trennen«). Der Türgrundkörper bleibt am Wagen.
- Türscheibe in halbgeöffnete Stellung bringen.
- Träger für Türeinbauteile auf weiche Unterlage legen.
- 6 Schrauben für Fensterheber herausdrehen.
- Träger für Türeinbauteile auf der Unterlage umdrehen, dabei Scheibe und Fensterheber gut festhalten.
- Sicherungsring an der Verbindung Fensterheber/Scheibe abdrücken. Unterlegscheiben abnehmen.
- Türscheibe jetzt leicht anheben, Fensterheber aus dem Halteclip aushängen, nach unten ziehen und abnehmen.
- Fensterheber und Kurbelmechanismus stellen eine Einheit dar und können nur gemeinsam ausgebaut bzw. gewechselt werden. Anders ist das beim elektrischen Fensterhebermotor. Der kann einzeln ersetzt werden (Kapitel »Instrumente und Geräte«).

Türfenster ausbauen

- Fensterheber ausbauen.
- Abdichtstopfen in der Fensterführung entfernen.
- Scheibe nach unten aus der Führung herausziehen.
- Abdichtstopfen nach Wiedereinbau der Scheibe von unten in die Führung einschieben.
- Fensterheber wieder einbauen.
- Dabei Langloch der Scheibe mittig zum Mitnehmerzapfen des Fensterhebers einrichten.
- Diese Einstellung ggf. korrigieren, wenn die Scheibe an ihrer Oberkante nicht gleichmäßig ins Dichtgummi des Fensterrahmens eintaucht.

Links: Die richtige Einstellung der Türfensterscheibe: Bei geschlossener Tür soll die Fensterscheibe (2) mindestens a = 0,5 mm gegen die innere Dichtlippe der Türdichtung (1) drücken.
Rechts: An dieser Stelle des Fenstehebers wird eingestellt: Der obere Türanschlag (1) wird von unten gewissermaßen am Schraubenkopf (2) mit einem Außen-TORX-Schlüssel E 6 verstellt. Neben der schon genannten Einstellvorschrift ist darauf zu achten, daß die Fensterscheibe an dem hier mit Pfeilen bezeichneten Bereich satt in das Türdichtgummi eintaucht.

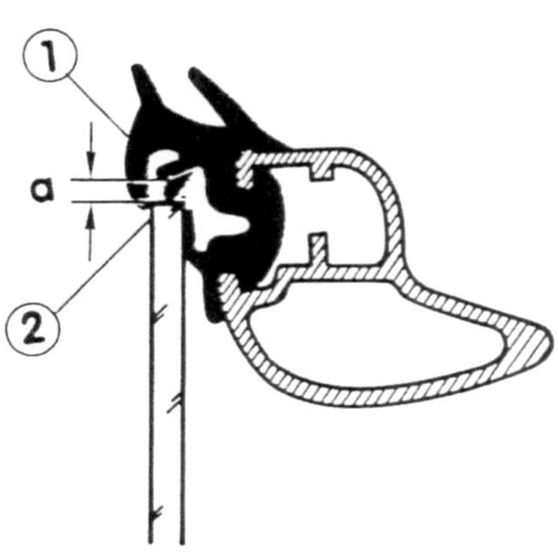

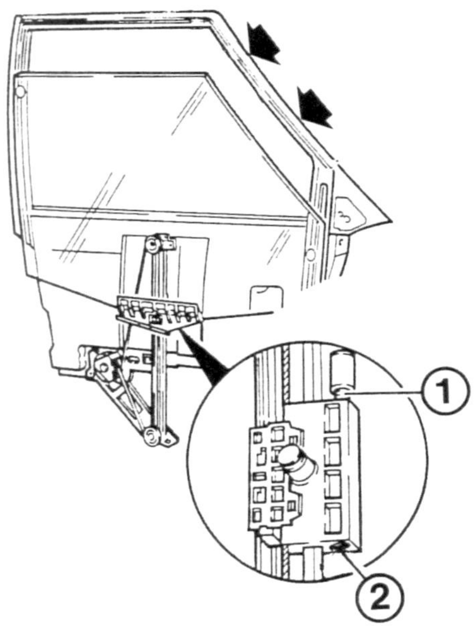

Fingerzeig: Nach allen Aus- und Einbauarbeiten wesentlicher Türteile muß die Tür neu eingestellt werden (siehe weiter vorn im Kapitel).

Außenspiegel

Ausbau

- **Bis 2/92:** Spiegelgehäuse nach hinten schwenken. Im Spalt zwischen Spiegelgehäuse und Spiegelfuß eine Innensechskantschraube lösen.
- **Ab 3/92:** Innen an der Tür die kleine Blende im vorderen Dreieck der Seitenscheibe vorsichtig abheben. Darunter sitzende Schraube lösen.
- **Fahrzeuge mit mechanischer Spiegelverstellung:** Türverkleidung abbauen, Verstellknopf mit Bowdenzügen aus dem »Träger für Türeinbauteile« herausziehen.
- **Alle:** Schraube vorn am Fensterrahmen bei geöffneter Tür herausdrehen, Spiegel abnehmen, ggf. Stecker ausstecken.

Spiegelglas ersetzen

Die Spiegelgläser sind sowohl beim elektrisch wie beim mechanisch verstellbaren Spiegel nur eingeclipst. Ausbau:

- Arbeitshandschuhe anziehen, falls es Bruch gibt.
- Von unten eine breite Spachtel oder ein Kunststoffplättchen hinter das Spiegelglas stecken und das Glas heraushebeln.
- Wenn nötig, gleiches an der Oberkante wiederholen.
- Beim Einbau Spiegelglas in die Führungszapfen einsetzen und festdrücken, bis es einrastet.
- Auf die Mitte des Glases drücken und wieder Handschuhe tragen.

Spiegelbetätigung einstellen

Die Betätigungszüge der mechanischen Spiegelverstellung lassen sich einstellen, um zu großen Leerweg an den Einstellrädchen zu vermeiden. Gebraucht wird ein sehr kleiner Schraubendreher.

- Rändelrädchen der Spiegelverstellung nach oben abziehen; evtl. mit Schraubendreher abdrücken.
- Immer zwei gegenüberliegende Schrauben sind für eine Betätigungsrichtung (oben/unten; rechts/links) zuständig. Eine hat Links-, die andere hat Rechtsgewinde.
- Einstellen: Schraube »A1« vorsichtig nach rechts drehen, bis leichter Widerstand spürbar wird.
- Schraube »A2« nach links drehen, bis leichter Widerstand spürbar wird.
- Gleiches an den Schrauben »B1« und »B2« wiederholen.
- Prüfen, ob die Einstellung stimmt: Der Spiegel soll sich noch leicht verstellen lassen, doch der Leerweg soll möglichst gering bleiben.

Fingerzeige: Wenn das Glas des Außenspiegels während der Fahrt flattert, ist die Einstellung der Spiegelverstellung zu locker – Nachspannen.
Eine zu leichtgängige Spiegelverstellung führt dazu, daß schon leichte Berührungen der Rändelrädchen mit dem Ärmel den Spiegel verdrehen. Abhilfe: Etwas strammer einstellen.

Front- und Heckscheibe

Front- und Heckscheibe sowie das kleine Dreiecksfenster in der hinteren Dachsäule sind »kraftschlüssig verklebt«. Die Scheiben sind damit beim Audi 100 ein konstruktives Element.

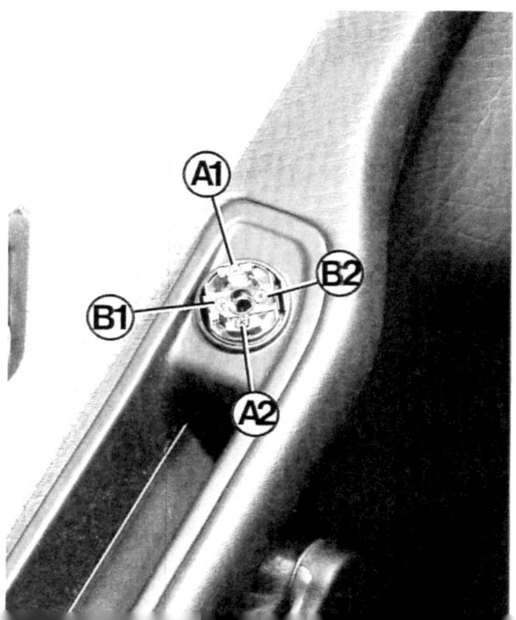

Links: Abhebeln des Spiegelglases mit einer breiten Spachtel. Arbeitshandschuhe tragen, falls es Scherben gibt.
Rechts: Die mechanische Spiegelverstellung kann bei abgenommenen Rändelrädchen an den Einstellschrauben spielfrei eingestellt werden (Bezeichnungen siehe Text oben).

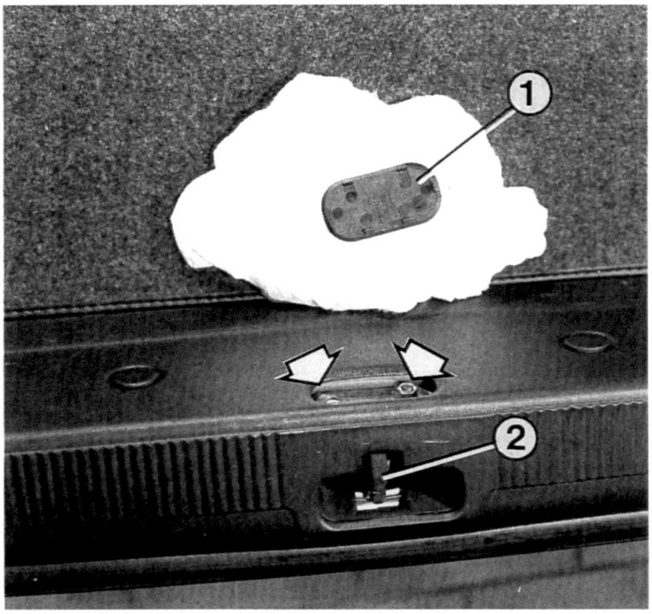

Einstellen des Kofferraumdeckels bei der Limousine: Kleine Abdekkung (1) abnehmen. Halteschrauben (Pfeile) der Schließplatte (2) lösen und Schließplatte entsprechend verschieben.

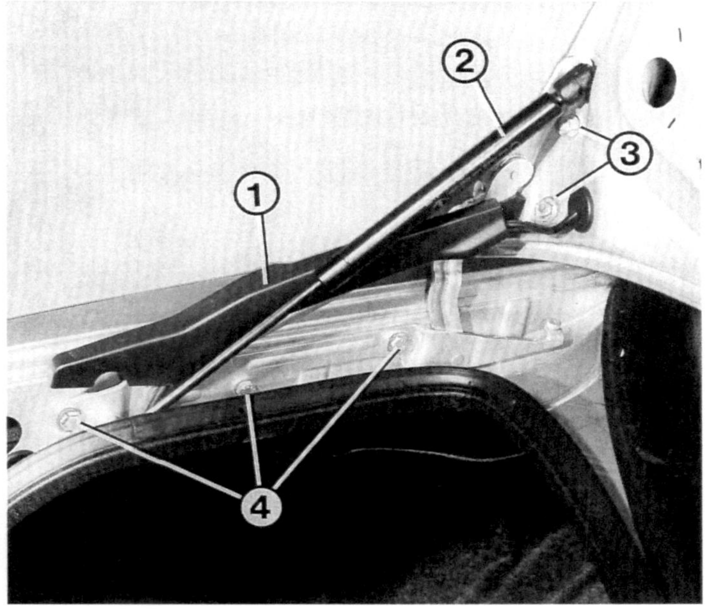

Üblicherweise wird der Kofferraumdeckel an den hier mit »3« bezeichneten Verschraubungen abgebaut. Dazu zusätzlich den Gasdruckdämpfer (2) aushängen und die Verkleidung (1) abziehen. Soll der Deckel mit Scharnier ausgebaut werden, die mit »4« gekennzeichneten Schrauben lösen.

Für den Selbsthelfer bedeuten die geklebten Scheiben das »Aus«. Ohne Spezialwerkzeug ist da nichts zu machen – ein Fall für die Werkstatt.

Kofferraumdeckel Limousine

Ausbau

- Deckel öffnen.
- Kofferraumdeckelverkleidung abziehen.
- Darunter die Steckverbindung der Kabel trennen und Kabel herausziehen.
- Bei Zentralverriegelung den Schlauch zum Verriegelungsantrieb trennen.
- Sicherungsbügel an den Gasdruckfedern rechts und links aufklappen und abziehen. Dann die Gasdruckfedern von den Kugelköpfen abdrücken.
- Deckel zu zweit halten und rechts und links zwei Muttern am Scharnier herausdrehen.
- Deckel von den Scharnieren abnehmen.
- Zusätzlich kann das Scharnier von der Karosserie abgeschraubt werden.

Kofferraumdeckel einstellen
Limousine

- Angestrebt wird ein gleich breiter Spalt zum rechten wie linken Seitenteil (ca. 4–5 mm). Auch an der Heckscheibe soll der Spalt zur Haube rechts und links gleich breit sein.
- Eingestellt wird nach Lösen der Schrauben Scharnier/Kofferraumdeckel.
- Ferner soll der Deckel in der Höhe mit den Seitenteilen fluchten. Das kann nach Lösen der Schrauben Scharnier/Seitenwand eingestellt werden.
- Klappert der Kofferraumdeckel oder schließt er schlecht, prüfen, ob er bei geschlossener Klappe auf den Anschlagpuffern rechts und links oben am Seitenteil satt zur Anlage kommt ohne zu spannen.
- Paßsitz und Schließen der Kofferraumhaube überprüfen, ggf. Schließplatte des Kofferraumschlosses nachjustieren.
- Die Deckel-Unterkante soll zum Stoßfänger einen Abstand von ca. 6,5–7 mm haben. Das kann man durch Verschieben der Schließplatte in ihren Langlöchern erreichen.

Kofferraumschloß ausbauen
Limousine

- Haube öffnen.
- Verkleidung innen des Kofferraumdeckels abnehmen.
- **Drücker ausbauen:** Sicherungsspange an der Betätigungsstange zum Schloßteil zur Seite schwenken und Stange abnehmen. Gleiches gilt für die Betätigungsstange zum Stelltrieb der Zentralverriegelung.
- Stecker für Mikroschalter der Zentralverriegelung ausstecken.
- Zwei Muttern herausdrehen, Druckknopf mit Schließzylinder nach innen abnehmen.
- **Schloßteil ausbauen:** Betätigungsstangen am Druckknopf aushängen (Sicherungsspange zur Seite schwenken), Steckverbindung trennen.
- Zwei Sechskantmuttern unten am Schloßteil herausdrehen. Schloßteil nach unten abnehmen.
- Beim **Einbau** des Schloßteils Länge der Betätigungsstange zum Drücker einstellen:
- Schiebeknopf in der Mitte der Verbindungsstange zurückschieben, sodaß die Stangen-Hälften lose ineinanderstecken.
- Schloßfalle bei offenem Kofferraumdeckel in Geschlossen-Stellung bringen.
- Gewindekupplung der Stangen-Hälften in dieser Stellung ineinander verrasten und mit Schiebeknopf sichern.

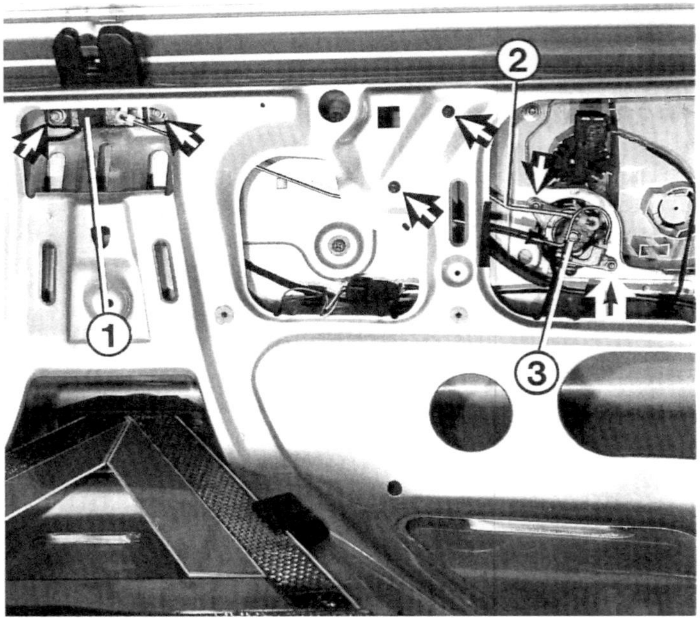

Schloß und Schloßbetätigung am Kofferraumdeckel der Limousine:
1 – Schloßteil;
2 – Verbindungsstange zur Zentralverriegelung.
3 – Drücker;
Die Pfeile zeigen die Befestigungen von Schloßteil, Stellelement der Zentralverriegelung und Drücker.

Heckklappe Avant

Ausbau

- **Vorarbeiten:** Heckklappe öffnen und abstützen.
- An beiden Seiten oben an der Heckklappe die Faltenbälge für die Kabelführung ausknöpfen.
- Obere Heckklappenverkleidung nach hinten abziehen.
- Seitliche Verkleidungen der Heckklappe (links und rechts neben der Scheibe) in Richtung Fahrzeugmitte abziehen.
- Blechschrauben an den Seiten und in der Griffmulde der unteren Verkleidung losdrehen.
- Untere Heckklappenverkleidung nach unten abziehen.
- Kabelstecker und Schlauch für Zentralverriegelung bzw. Heckscheibenwascher abziehen bzw. trennen.
- Kabelstrang und Schläuche aus den Haltern bzw. von den Klebebändern lösen.
- Abdichtung für die Kabeldurchführung an der Heckklappe abnehmen.
- Kabelstrang und Schläuche aus der Heckklappe herausziehen.
- Sechskantmuttern der Spoilerbefestigung im Montageausschnitt der Faltenbälge an beiden Seiten der Heckklappe lösen.
- Spoiler abnehmen.
- Unterlage auf beiden Seiten abziehen.
- **Ausbau:** Gasdruckfeder vom Kugelzapfen der Heckklappe abhebeln.
- Abdeckkappe für die Scharniermuttern rechts und links abhebeln.
- Sechskantmuttern der Scharniere losdrehen.
- Unterlagen unter den Muttern nach oben abziehen.
- Heckklappe mit einem Helfer nach oben von den Scharnieren abheben.
- **Einbau:** Kontrollieren Sie zuerst, ob die Abdichtringe auf den Scharnier-Gewindebolzen vorhanden sind.
- Achten Sie bei der Montage der Verkleidungsteile darauf, daß alle Clips und Halteklemmen einrasten.
- Die Schläuche der Zentralverrriegelung und der Heckscheibenwaschanlage dürfen nicht abgequetscht werden.

Schließzylinder ausbauen

Der Ausbau verläuft identisch, wie weiter vorn im Abschnitt »Kofferraumschloß ausbauen« für den Drücker der Limousine beschrieben.

Heckklappen-Griffbetätigung ausbauen
Avant

- Heckklappenverkleidung ausbauen.
- Alle Verbindungsstangen an der Griffbetätigung aushängen.
- Dazu an den Verbindungsstangen zu den Schlössern die Sicherungsspangen zur Seite schwenken.
- Zwei Sechskantschrauben mit Scheibe lösen.
- Griffbetätigung herausnehmen.
- **Einbau:** Griffbetätigung vom Laderaum aus durch den Rechteckausschnitt am Klappenunterteil außen mittig und parallel einführen.
- Anschlag und Dichtung mit Nut müssen am Klappenunterteil außen anliegen.
- Griffbetätigung schwenken, bis die Durchgangslöcher und die Befestigungslöcher am Klappenunterteil übereinstimmen.
- Griffbetätigung mit Scheibe und Sechskantschraube befestigen (10 Nm).
- Alle Verbindungsstangen wieder einhängen und deren Länge einstellen.
- Verbindungsstange zum Schließzylinder: Auslösehebel am Schließzylinder in Stellung »Offen« bringen.
- Schiebeknopf in der Mitte der Verbindungsstange zurückschieben, so daß die Stangenhälften lose ineinanderstecken.
- Gewindekupplung der Stangenhälften in dieser Stellung ineinander verrasten und mit Schiebeknopf sichern.
- Verbindungsstangen zu den Heckklappenschlössern einstellen – siehe folgenden Abschnitt.

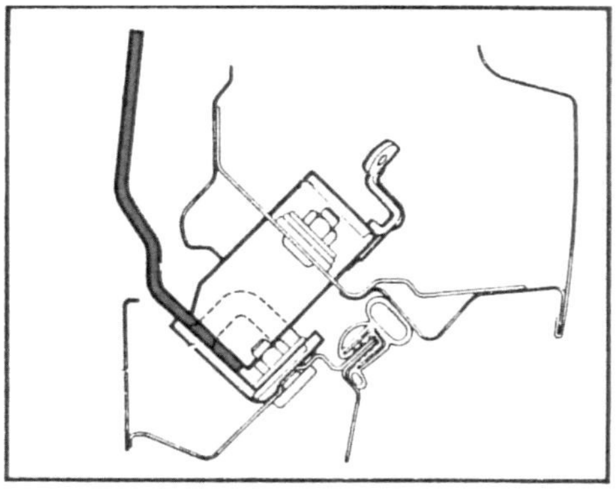

Oben: Zum Einstellen der Heckklappe wird von der Fahrzeuginnenseite her zwischen Schloß und Schließplatte eine 3 mm starke Distanzplatte (hier rot dargestellt) eingeschoben.
Rechts: Die Schloßbetätigung der Avant-Heckklappe. Es bedeuten:
1 – Schließzylinder;
2 – Heckklappengriff-Betätigung;
3 – Verbindungsstangen;
4 – Schloß.

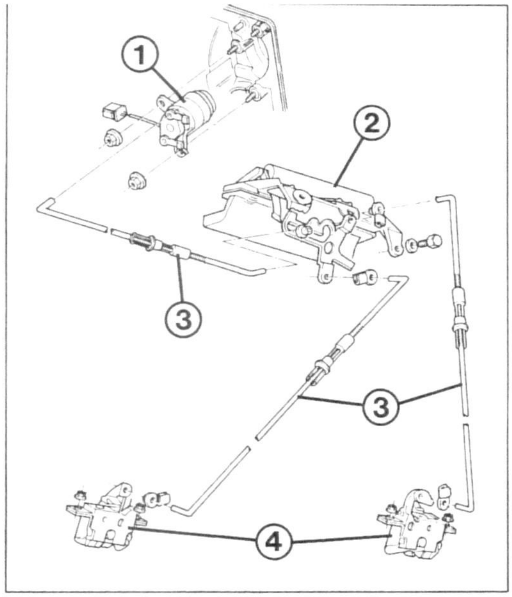

Heckklappenschlösser ausbauen
Avant

- Innenverkleidung der Heckklappe abbauen.
- Verbindungsstangen der Schlösser nach Schwenken der Sicherungsspange aushängen.
- Je Schloß zwei Sechskantmuttern innen im Türkasten lösen.
- Schloß nach innen herausnehmen.
- **Einbau:** Muttern der Schlösser leicht anziehen, Befestigungspunkte mittig ausrichten.
- Schließbügel (Schloßteil unten an der Karosserie) ein wenig lockern.
- Heckklappe schließen.
- Vom Laderaum aus Distanzplatte (3 mm stark) zwischen Schloß und Schließbügel einlegen.
- Schloß in der 2. Raste einrasten lassen.
- Karosseriespalte ausrichten und fixieren.
- Sechskantmutter anziehen.
- Distanzplatte entfernen; die Heckklappen-Schloßeinstellung ist fertig.
- Jetzt noch die Länge der (eingebauten) Betätigungsstange einstellen:
- Schiebeknopf in der Mitte beider Verbindungsstangen zurückschieben, so daß die Stangenhälften lose ineinanderstecken.
- Schloßfallen bei geöffneter Heckklappe in Geschlossen-Stellung (2. Raste) bringen.
- Gewindekupplungen der Stangenhälften in dieser Stellung wieder ineinander verrasten und mit Schiebeknopf sichern.

Stoßfänger hinten

Ausbau

- **Limousine:** Bodenabdeckung des Kofferraums zurückschlagen.
- **Avant:** Laderaumboden entriegeln und vollständig zusammenfalten.
- Seitenverkleidung für Laderaum unten rechts und links abschrauben. Die Stoßfänger-Halteschrauben sind jetzt zugänglich.
- **Alle:** Rechts und links im Kofferraum je zwei Sechskantschrauben herausdrehen.
- Rechts und links je drei Blechschrauben im Rad-

Zur Demontage des hinteren Stoßfängers müssen an der rechten und linken Fahrzeugseite je zwei Sechskantschrauben (Pfeile) gelöst werden. Hier sind die Halteschrauben bei der Limousine gezeigt.

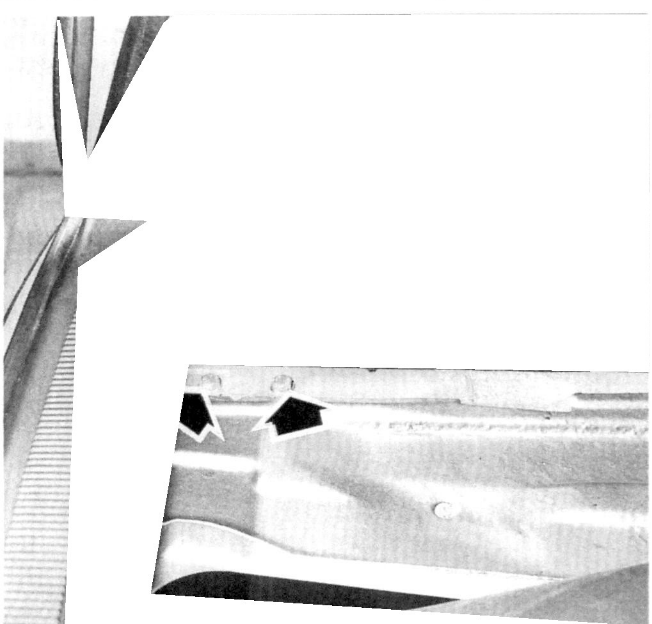

Die Abbildung zeigt die Kreuzschlitzschrauben (Pfeile) im Radkasten, die zum Ausbau des Stoßfängers bei gelöst werden müssen.

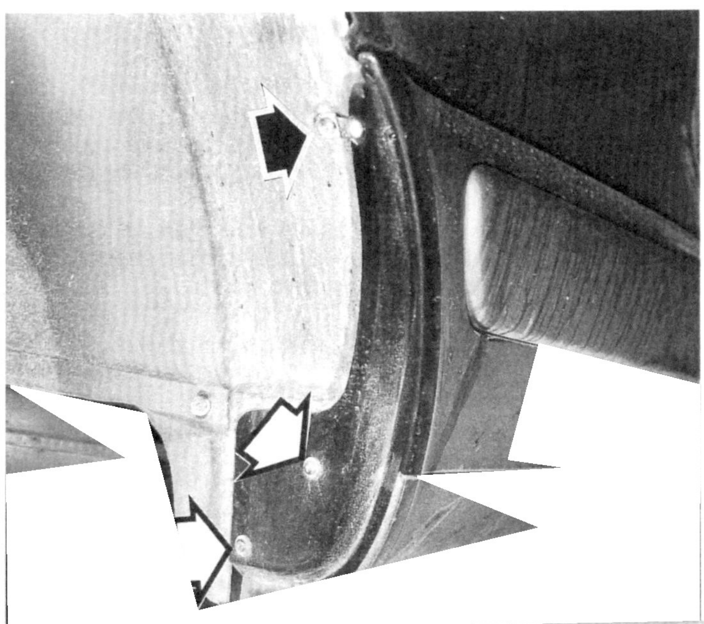

ausschnitt herausdrehen (Verbindungsschrauben Stoßfänger/Radhausschale).

● Seitenwangen des Stoßfängers aus den Haltern an der Karosserie aushängen. Dazu Stoßfänger an der Seite kräftig nach unten drücken und gleichzeitig an der Oberkante von der Karosserie wegziehen.

● Stoßfänger an beiden Enden über die Radhausschalen hebeln und nach hinten abziehen.

● Beim **Einbau** des Stoßfängers zunächst die hinteren Halterungen einsetzen.

● Stoßfänger-Seitenwangen zuerst an der Unterkante in den Halter an der Karosserie einsetzen. Dann seitlich oben gegen die Stoßfänger-Seitenwangen drücken, bis der Halter auch dort einrastet. Auf die Haltespangen an der Stoßfänger-Unterkante achten.

● Radhausschalen über die Stoßfänger-Enden heben und verschrauben.

● Die Höheneinstellung des Stoßfängers erfolgt durch Verschieben des Stoßfängerhalters.

Das Schiebedach

Dieses Fenster zum Himmel erfordert für problemlose Funktion eine exakte Einstellung, aber die hierzu notwendigen Beschreibungen würden den Rahmen dieses Buches sprengen.

Ein schwergängiges Schiebedach wird geschmiert (Kapitel »Schmieren aller Teile«). Informationen zur elektrischen Betätigung finden Sie im Kapitel »Instrumente und Geräte«.

Undichtes Schiebedach

Ein undichtes Schiebedach hat seine Ursache in verstopften Ablaufrohren, von denen je eines an jeder der vier Ecken des Schiebedachkastens angeschlossen ist. Denn eindringen darf das Wasser, doch genauso muß es wieder ablaufen können.

○ Bei undichtem Schiebedach deshalb alle vier Ablaufschläuche durchstoßen.

○ Die hinteren beiden Ablauföffnungen sind auch bei zurückgedrehtem Schiebedach schwer zu erreichen (mit Taschenlampe in den Schiebedachkasten leuchten).

○ Die Ablaufschläuche enden vorn in Höhe des unteren Scharniers der Vordertür ins Freie. Die hinteren beiden Schläuche enden unter den Seitenwangen des hinteren Stoßfängers (Seitenwange aus dem Halter lösen, siehe »Stoßfänger hinten ausbauen«).

Wasserablauflöcher reinigen

Wartung Nr. 26

Keine Schweißnaht ist so dicht, daß nicht Wasser eindringen kann. Aus diesem Grund sind in allen Hohlprofilen im Wagen Wasserablauflöcher angebracht. Sind diese durch Schmutz oder Unterbodenschutz verstopft, kann eindringendes Wasser nicht mehr ablaufen, sondern fördert den Rostfraß von innen heraus. Besonders gefährdet sind die Längsversteifungen der Karosserie.

● Löcher regelmäßig mit einem Pfeifenreiniger durchstoßen.

● Bei einem Fahrzeug mit Schiebedach zusätzlich die Wasserabläufe der Dachöffnung kontrollieren, siehe oben.

● Zum Reinigen – vorn von oben, hinten von unten her – eignet sich eine alte Tachometerwelle.

Unterbodenschutz kontrollieren

Wartung Nr. 25

Die Schutzschicht der Wagenunterseite muß sorgsam überprüft und ggf. nachgearbeitet werden. Das können Sie selbst machen, wenn Sie eine sichere Aufbockmöglichkeit für den Audi haben (Hebebühne, Auffahrrampe).

● Unterboden gründlich waschen.

● Gesamte Unterseite mit einer hellen Lampe ableuchten und auf schadhafte Stellen untersuchen.

● Beschädigte Stellen im Unterbodenschutz mit Spachtel, Schaber und Drahtbürste bis aufs blanke Blech freilegen.

● Rostansätze, soweit vorhanden, blankschleifen.

● Gesäuberte Fläche mit Zinkstaubfarbe als Rostgrundierung bestreichen.

● Ebene oder größere Flächen werden mit streichbarem Material behandelt.

● Für schwer zugängliche Fugen und Ecken ist eine Sprühdose mit Unterbodenschutz günstiger.

● **Wichtig:** Den Bitumen-Unterbodenschutz am Wagenboden nur mit Bitumen-Material nachbehandeln, den Kunststoff-Unterbodenschutz in den Radkästen nur mit PVC-Unterbodenschutz nachbessern.

Fingerzeige: Zur Nachbehandlung des Unterbodenschutzes dürfen nur freigegebene Materialien verwendet werden. Ungeeignete Mittel greifen den serienmäßigen Unterbodenschutz an.
Beim Sprühen von Unterbodenschutz müssen die Bremsen mit Papierbogen oder Kunststoffolie gegen den schmierigen Nebel abgedeckt werden.

Zimmer mit Aussicht

Dieses Kapitel widmet sich den inneren Werten des Audi 100 – also jenen Teilen der Karosserie, die zum Fahrzeug-Innenraum gehören.

Das Armaturenbrett

Ablage links ausbauen

Die linke untere Armaturenbrettverkleidung – sie ist mit einer Ablage kombiniert – muß fast immer dann ausgebaut werden, wenn man Zugang zur Rückseite des Armaturenbretts braucht.

- Fünf Sechskantschrauben rund um das Ablagefach mit einem schlanken Steckschlüssel herausdrehen.
- Ablage etwas herunterklappen und nach hinten abziehen.
- Beim Einbau darauf achten, daß die Vorderkante der Abdeckung in die beiden Führungen vorn am Luftkanal eingeschoben werden.
- Schrauben nicht allzu fest anziehen.

Luftkanal ausbauen

Unter der Ablage links befindet sich ein Luftkanal, der nicht selten Arbeiten in diesem Bereich – etwa den Wechsel des Kupplungs-Geberzylinders behindert. Ausbau:

- Ablage links ausbauen.
- Eine Sechskantschraube an der rechten Seite des Kanals herausdrehen.
- Luftkanal links aus der Führung ziehen, abnehmen.

Handschuhfach ausbauen

- Handschuhfach öffnen.
- Vier Stecksicherungen am Handschuhfachscharnier abziehen.
- Handschuhfach an den Scharnierpunkten ausrasten und abnehmen.

Mittelkonsole

Hinteres Konsolenteil ausbauen

- Handbremshebel hochziehen.
- Unten am Handbremsgriff den kleinen Haltebolzen mit einem Schraubendreher abdrücken und abziehen.
- Handbremsgriff nach vorn abziehen.
- Filzauskleidung der Ablageschale an der hinteren Kante ablösen und zurückziehen.
- Darunter eine Kreuzschlitzschraube lösen.
- Ganz hinten an der Konsole die Blende um den Anzünder abhebeln und darunter zwei Kreuzschlitzschrauben herausdrehen.
- Die hintere Luftdüse mit Anzünder läßt sich jetzt abziehen.
- Zwei Sechskantschrauben außen rechts und links an der Konsole herausdrehen.
- Rahmen der Schalthebelmanschette an der hin-

Zum Ausbau der Ablage links die fünf hier mit Pfeilen bezeichneten Schrauben lösen. Beim Einbau die Ablage vorn in die Führungen an der Unterkante schieben.

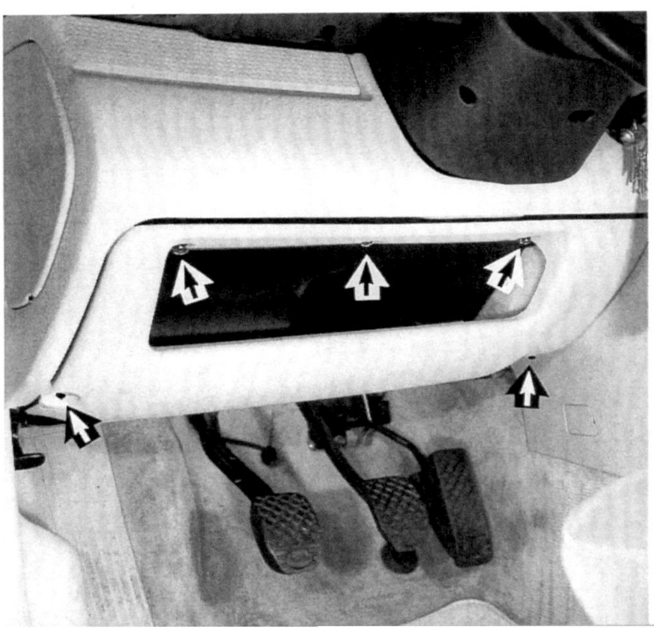

Der Luftkanal oberhalb der Pedalerie wird ausgebaut, indem man die Sechskantschraube (2) löst und den Kanal aus der Führung (1) herauszieht.

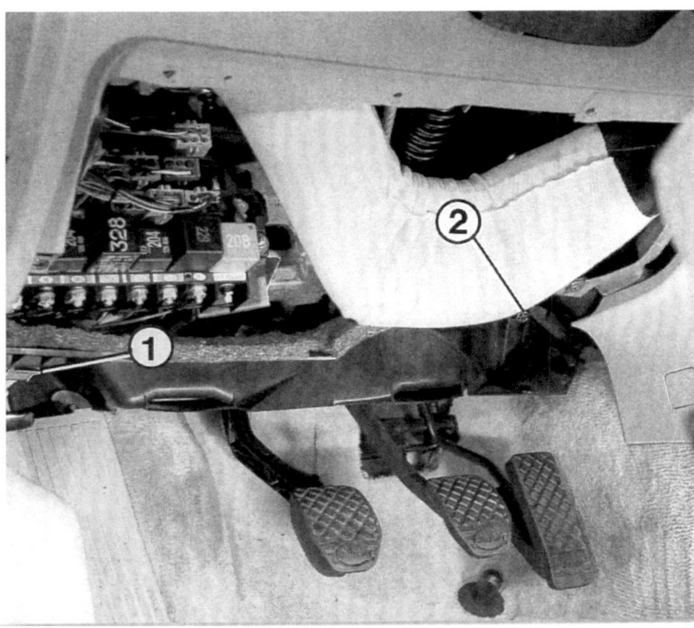

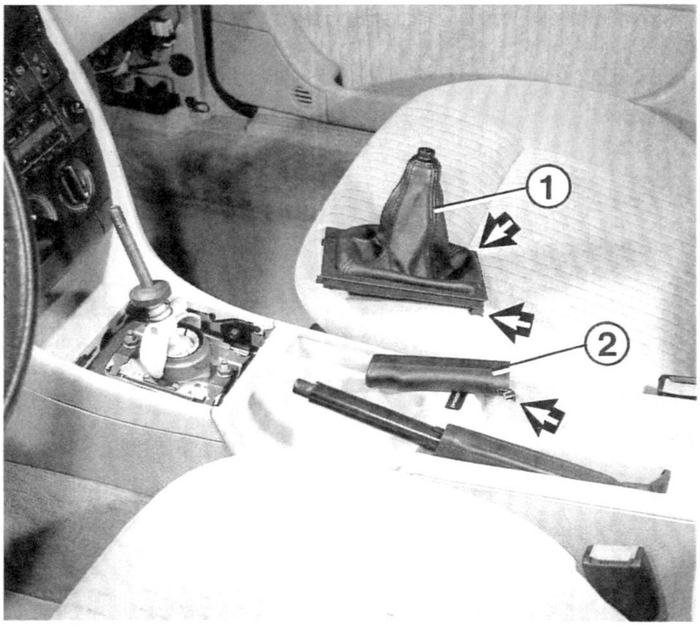

Hinteres Konsolenteil ausbauen: Am Handbremshebelgriff (2) den kleinen Haltebolzen (Pfeil) mit Schraubendreher abdrücken und Handbremsgriff vom Handbremshebel ziehen. Rahmen der Schalthebelmanschette (1) aus den Haltespangen hinten (Pfeile) ausrasten und abziehen.

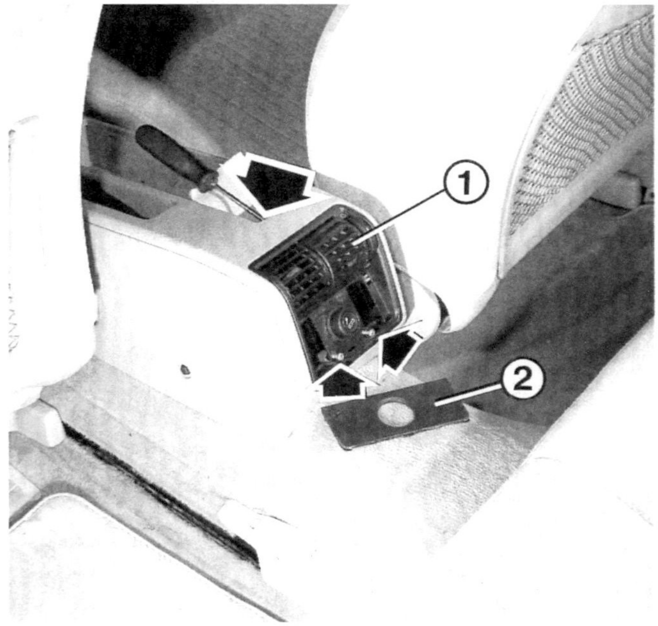

Hinteres Konsolenteil ausbauen. Der große Pfeil zeigt auf die Kreuzschlitzschraube, die hinten in der Ablagewanne gelöst werden muß. Die kleinen Pfeile zeigen auf die Kreuzschlitzschrauben hinten in der Luftdüse (1), die nach Abnehmen der Blende (2) zugänglich sind.

terkante ausrasten, Manschette nach oben stülpen.
- Zwei Kreuzschlitzschrauben hinten im Ausschnitt für die Schalthebelmanschette herausdrehen.
- Konsolenteil an der Vorderkante nach oben ziehen und dann nach vorn über den Handbremshebel herausnehmen.

Vorderes Konsolenteil ausbauen

- Batterie-Massekabel abklemmen.
- Hinteres Konsolenteil komplett ausbauen.
- Schalthebel- bzw. Wählhebelknopf losdrehen.
- Schalthebelmanschette bzw. Abdeckung abziehen.
- Alle drei Heizungs/Lüftungsregler abziehen.
- Heizungsblende abschrauben (zwei Schrauben) und abziehen.
- Bei Fahrzeugen mit vollautomatischer Klimaanlage das Bedienteil komplett ausbauen.
- Unten rechts und links im Ausschnitt der Heizungsblende je eine Schraube herausdrehen.
- Ascherkonsole herunterdrücken und abziehen.
- Lampenfassung abziehen.
- Die beiden kleinen Blindstopfen rechts und links der Schalterleiste abhebeln.
- Darunter zwei Sechskantschrauben losdrehen.
- Luftdüsenteil komplett mit Drehreglern loshebeln und abziehen.
- In der Luftdüsen-Einbauöffnung rechts und links je eine Schraube herausdrehen.
- Neben dem Schalthebel rechts und links je eine Schraube herausdrehen.
- Im Fußraum links den kleinen Zierdeckel abdrükken und darunter die Schraube herausdrehen.
- Konsole nach hinten abziehen.
- Einbau: Beachten, daß die Führungen an Armaturenbrett bzw. Mittelkonsole ineinandergreifen.

Vorderes Konsolenteil ausbauen. Die Pfeile zeigen auf die Schrauben, die herausgedreht werden müssen. Die beiden oberen Schrauben (hier mit weißen Pfeilen bezeichnet) finden sich auch auf der gegenüberliegenden Seite.

Vorderes Konsolenteil ausbauen: Schraube (1) unter dem Blinddeckel (2) herausdrehen, ferner je eine Schraube rechts (3) und links des Schalthebels.

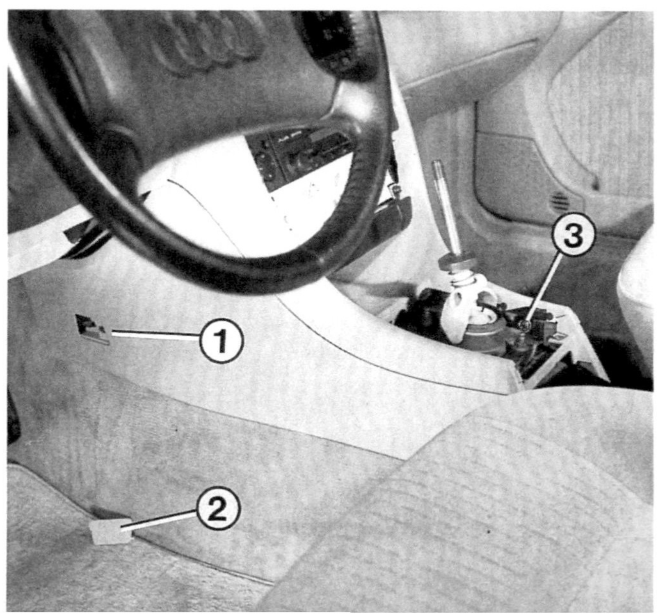

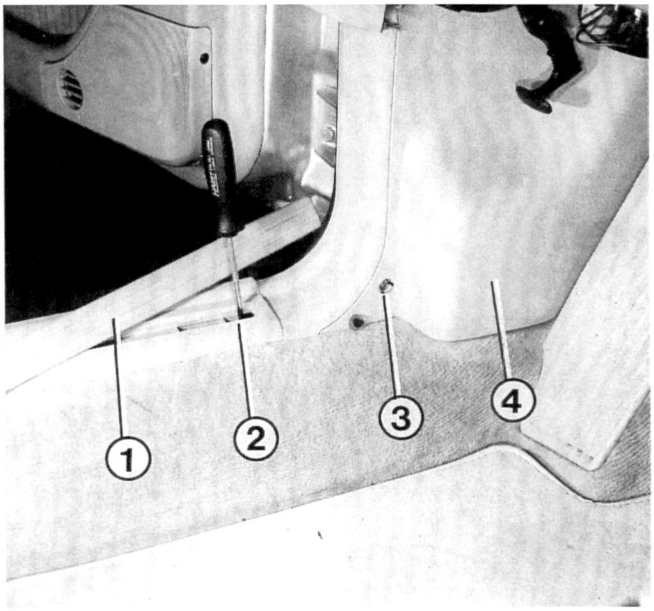

Ausbau der Einstiegsleisten: Abdeckung (1) abhebeln und Kreuzschlitzschrauben (2) unter der Abdeckung herausdrehen. Verkleidung im Fußraum (4) ausbauen nach Lösen der Kreuzschlitzschraube (3) unter dem Abdeckstopfen.

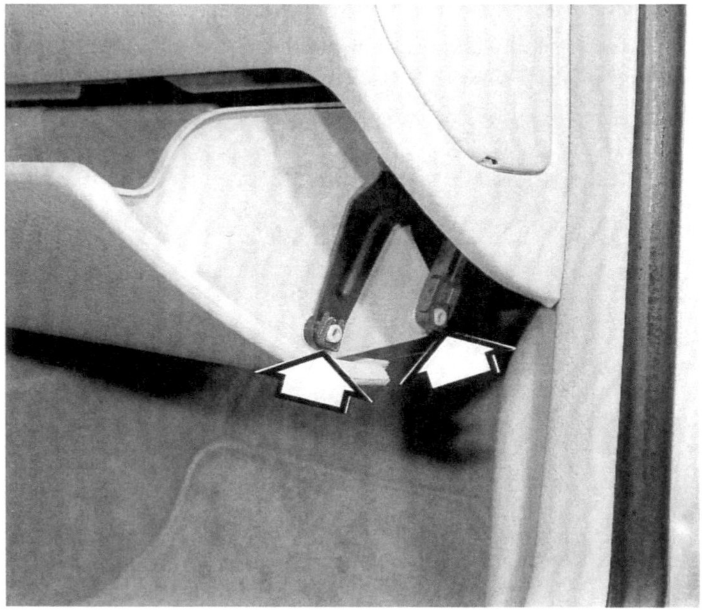

Zum Ausbau des Handschuhfaches müssen vier Stecksicherungen (Pfeile) am Handschuhfachscharnier abgezogen werden.

Verkleidung im Fußraum ausbauen

- Tür öffnen, Einstiegsleiste abschrauben.
- Zierkäppchen abhebeln, darunter die Schraube lösen.
- Verkleidung oben neben dem Armaturenbrett nach hinten aus den Haltefedern ziehen.
- Bei einigen Ausführungen muß zum Ausbau der linken Verkleidung zusätzlich die Ablage links und der Hauben-Entriegelungsgriff ausgebaut werden.

Einstiegsleisten ausbauen

- Abdeckung in der Mitte der Leiste mit einem Messer anheben und abziehen.
- Kreuzschlitzschrauben herausdrehen.
- Einstiegsleiste aus der Verkleidung des Mittelpfostens aushängen und abnehmen.

Die Sitze

Vordersitze ausbauen

Beachten Sie, daß bei Fahrzeugen mit Sitzheizung bzw. elektrischer Sitzverstellung die **Steckverbindungen** der Anschlußkabel getrennt werden müssen.

- Sitz nach vorn schieben.
- An der inneren Sitzschiene hinten das Zierkäppchen abhebeln und die daruntersitzende Kreuzschlitzschraube lösen.
- Blende nach hinten abziehen.
- An der äußeren Sitzschiene hinten die Abdeckung nach Lösen eine Kreuzschlitzschraube abziehen.
- **Sitze mit Handverstellung:** An der mittleren Sitzschiene vorn die Sicherungsschraube losdrehen und die Raststange entriegeln.

Ausbau der Vordersitze: Vorn am Sitz die Sicherungsschraube (Pfeil) lösen.

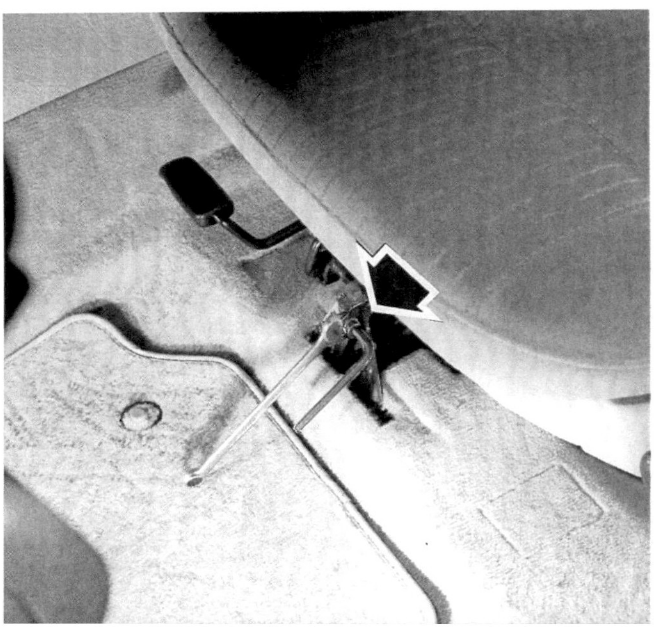

Ausbau der Vordersitze. Die Pfeile in der Abbildung zeigen zwei Kreuzschlitzschrauben, die hinten an den Sitzschienen herausgedreht werden müssen.

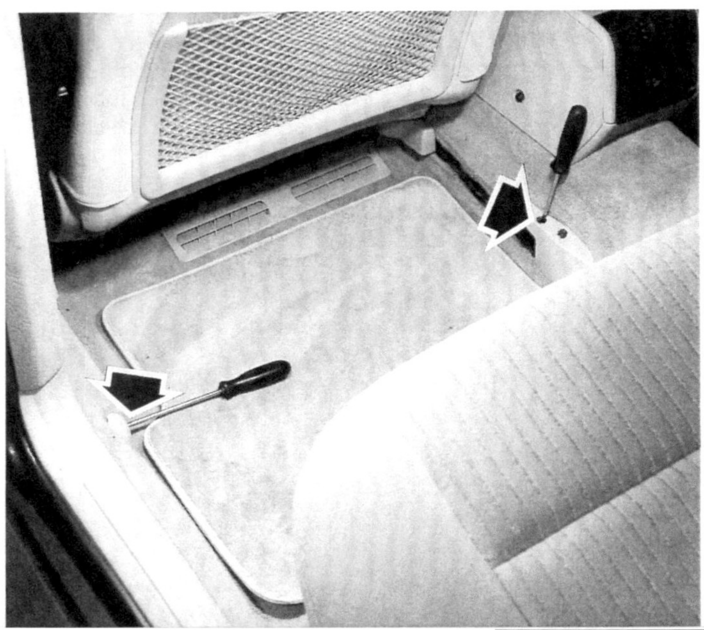

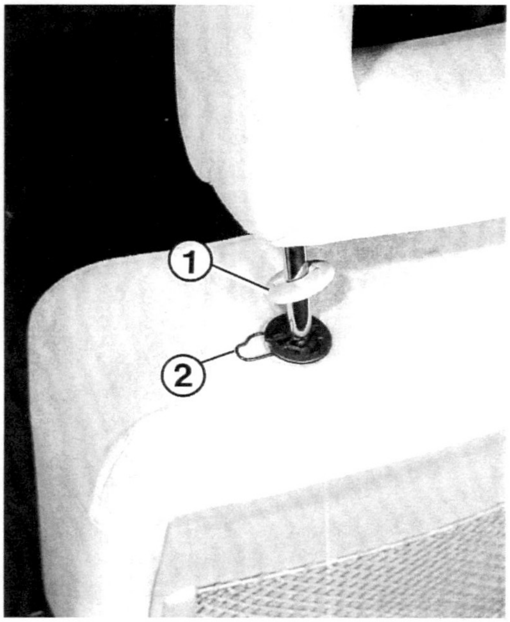

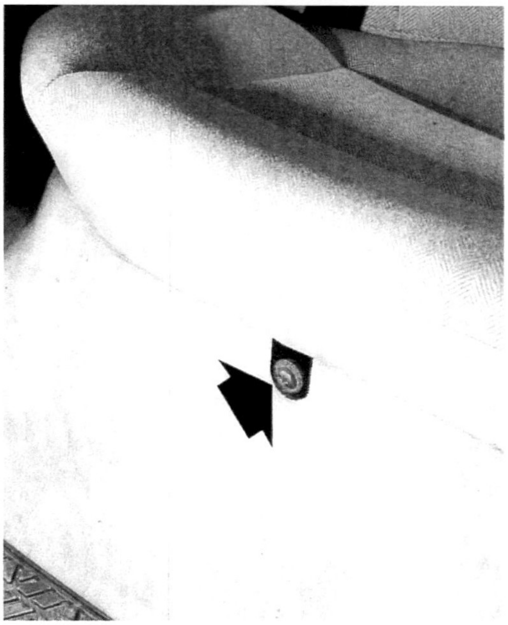

<u>Links:</u> Zum Ausbau der mechanisch verstellbaren Kopfstützen Zierabdeckung (1) nach oben drücken, anschließend die Feder (2) zur Seite herausziehen. <u>Rechts:</u> Zum Ausbau der Rücksitzbank muß rechts und links je eine Kreuzschlitzschraube gelöst werden (Pfeil).

- **Sitze mit elektrischer Verstellung:** Vorn rechts und links an der Sitzschiene die Abdeckungen abheben und darunter die Schrauben herausdrehen.
- Sitz vorn hochheben, Kabelbinder öffnen, Stecker ausstecken.
- **Alle:** Sitz nach hinten herausnehmen.
- Vor dem Wiedereinbau kontrollieren, ob die sogenannten Gleitstücke außen auf den Sitzstützen sowie vorn in der Mitte unbeschädigt sind. Andernfalls wackelt der Sitz.

Kopfstützen ausbauen
nur mechanisch verstellbare Kopfstützen

In den Rosetten, in die der Haltestab der Kopfstütze mündet, sitzen kleine Federklammern, die die Kopfstütze halten.
- Zierabdeckungen der Rosetten mit einem Löffelstiel oder direkt mit dem Daumen an der Hinterkante abhebeln.
- Mit schmalem Schraubendreher die Feder aus der Kopfstützenaufnahme seitlich nach links herausziehen.
- Kopfstützen nach oben abziehen.
- Zum Einbau Federklammer so einstecken, daß ihr gerades Drahtstück nach hinten zeigt.
- Kopfstütze einstecken.

Rücksitz ausbauen

Generell darauf achten, daß bei Fahrzeugen mit Sitzheizung zum Ausbau die **Steckverbindung** der Anschlußkabel getrennt werden muß.
- **Sitzpolster ausbauen:** Zwei Kreuzschlitzschrauben vorn am Sitz mit einem Schraubendreher herausdrehen.
- Sitzpolster nach oben herausheben.
- **Lehne ausbauen (Limousine):** Zuerst Kopfstützen ausbauen.
- Vom Kofferraum aus die Kopfstützen-Führungen nach oben herausdrücken.
- Sitzpolster ausbauen (wie beschrieben).
- An der Unterkante der Lehne zwei Blech-Halteläschen aufbiegen.
- Lehne nach oben herausschieben.

Der Dachhimmel

Der Dachhimmel besteht beim Audi 100 aus einem eingeklebten Fertigteil, das nicht ohne Zerstörung ausgebaut werden kann. Dabei muß das Formteil in schmale Streifen geschnitten werden, um eine Beschädigung des Daches zu vermeiden. Übrigens: Auch der Dachhimmel ist ein tragendes Teil der Karosserie!

Die Sicherheitsgurte

Gurte prüfen

Der Zustand der Sicherheitsgurte kann im Fall eines Unfalls dafür ausschlaggebend sein, ob der Insasse den Aufprall überlebt. Deshalb ist eine genaue Kontrolle durchaus empfehlenswert. Zeigt ein Sicherheitsgurt einen der nachfolgend genannten Mängel, sollte er ausgewechselt werden:
- ○ Welliges Gurtband
- ○ Ausgefranste Kanten
- ○ Aufgeriebenes Gewebe
- ○ Angerissene Nähte
- ○ Wenn ein »lahmer« Automatikgurt öfter zwischen Tür und Karosserie eingeklemmt wurde, verliert er mit der Zeit an Festigkeit

Störungsdienst

Wir gehen bei unserer Fehlersuche davon aus, daß der Motor keine mechanischen Leiden hat. Weiter nehmen wir an, daß das Triebwerk unvermittelt stehenblieb bzw. nicht mehr anspringen will.

Reihenfolge der Fehlersuche

Dreht der Anlasser den Motor durch?
Tut er's nicht oder nur unwillig, lesen Sie bitte weiter unter »Fehlerquelle Elektrik«. Wird der Motor dagegen flott durchgedreht, müssen zur weiteren Eingrenzung die folgenden Fragen der Reihe nach beantwortet werden.

Funken die Zündkerzen?
Einen Kerzenstecker abziehen, Zündkerze herausschrauben, in den Kerzenstecker hineinstecken. Kerze jetzt elektrisch leitend mittels eines Starthilfekabels mit dem Motorblock verbinden (hier im Bild aus Gründen der Darstellung unterlassen). Von einem Helfer den Anlasser durchdrehen lassen. **Zündkabel und Kerze nicht berühren – Unfallgefahr**. Springen Funken über? Wenn ja, nächste Frage abklären. Falls nicht, weiterlesen unter »Fehlerquelle Zündung«.

Wird die Einspritzanlage mit Kraftstoff versorgt?
Kraftstoffzulaufleitung an der Schraubverbindung des Kraftstoffilters hinten rechts im Motorraum trennen. **Vorsicht:** Speziell beim Vier- und Fünfzylinder mit **KE-Jetronic/Motronic** kann eine größere Kraftstoffmenge unter **hohem Druck** herausspritzen. Deshalb beim Lösen einen dicken Lappen über die Leitungsverschraubung legen. Zulaufleitung evtl. mit passendem Schlauch verlängern und in ein Gefäß halten. Von Helfer den Anlasser kurz durchdrehen lassen.
Wird Benzin gefördert, läuft die Kraftstoffpumpe. Wenn nicht, lesen Sie bitte unter »Fehlerquelle Kraftstoffversorgung« weiter. Bleibt die Einspritzung als Fehlerquelle. Oder die Pumpe läuft, bringt aber zu wenig Druck.

Zuerst die Sichtprüfung

○ Ist ein Kabelstecker an Teilen der Zündanlage oder an einem Teil der Einspritzanlage abgefallen?
○ Kontrollieren Sie den festen Sitz der Zündkabel an Zündspule(n), am Verteiler und an den Kerzensteckern (die Zündung darf nicht eingeschaltet sein!).
○ Sämtliche Unterdruckschläuche im Motorraum auf ihren entsprechenden Stutzen aufgesteckt?
○ Kondenswasser am und im Verteilerdeckel? Alle Teile der Zündanlage – auch die Zündspule(n) – müssen sauber und trocken sein, sonst besteht die Gefahr von Kriechströmen und Spannungs-Überschlägen.
○ Benzingeruch im Motorraum? Ist ein Kraftstoffschlauch undicht oder hat er sich gar gelockert?

Fehlerquelle Elektrik

○ Die Kontrollampen im Armaturenbrett brennen bzw. blinken nicht bei eingeschalteter Zündung: Batterie ist völlig entladen oder die Batterieklemmen sind lose.
○ Kontrollampen verlöschen beim Betätigen des Anlassers: Batterie stark entladen oder altersschwach oder Anlasser hat Kurzschluß.
○ Kontrollampen werden beim Schlüsseldreh geringfügig dunkler; Anlasser dreht sich nicht: Magnetschalter klemmt bzw. defekt oder Anlasser defekt.
○ Kontrollampen brennen bzw. blinken normal hell beim Schlüsseldreh; Anlasser dreht sich nicht: Klemme-50-Kontakt im Zündschloß defekt, Klemme-50-Leitung am Magnetschalter lose oder Magnetschalter defekt.

Fehlerquelle Zündung

○ Alle Steckeranschlüsse im Bereich Zündspule(n) und Zündverteiler richtig aufgesteckt?
○ Risse im Zündspulengehäuse, Brandspuren von Funkenüberschlägen?
○ Verteilerdeckel abnehmen. Sind Kriechstromspuren an seiner Innenseite sichtbar? Federt die Kontaktkohle in der Deckelmitte einwandfrei? Grünspan an den Kontaktstiften?
○ Als letztes hilft nur das komplette Durchprüfen der Zündanlage.

Fehlerquelle Kraftstoffversorgung

○ Kein Benzin im Tank – das ist nicht so abwegig, wie Sie vielleicht denken. Mitunter zeigt sich Kraftstoffmangel zuerst durch Motorstottern in Kurven.
○ Kraftstoffpumpe defekt.
○ Benzinfilter verstopft.
○ Bei intaktem Benzinnachschub gerät – z. B. bei ständigen Startproblemen – die Einspritzanlage in Verdacht.

Verzeichnis der Störungsbeistände

Über das Buch verteilt finden Sie Störungsbeistände zu den einzelnen Bauteilen. Hier die Zusammenstellung:

Technische Daten

Motor

Typ		2,0	2,0	2,0	2,3	2,6	2,8
Kennbuchstaben		AAE	AAD	ABK	AAR	ABC	AAH
Bauart		Wassergekühlter Viertaktmotor in Reihenbauweise					
Zylinderzahl		4	4	4	5	6	6
Bohrung	mm	82,5	82,5	82,5	82,5	82,5	82,5
Hub	mm	92,8	92,8	92,8	86,4	81,0	86,5
Hubraum	cm^3	1984	1984	1984	2309	2598	2771
Verdichtung		9,0:1	10,4:1	10,4:1	10,0:1	10,3:1	10,3:1
Höchstleistung nach DIN	kW (PS)	74 (101)	85 (115)	85 (115)	98 (133)	110 (150)	128 (174)
bei	1/min	5500	5400	5400	5500	5750	5500
Höchstes Drehmoment	Nm	148	168	166	186	225	250
bei	1/min	3000	3200	3200	4000	3500	3000
Ventilsteuerung		Durch obenliegende Nockenwelle(n) über Tassenstößel mit hydraulischem Ventilspielausgleich					
Nockenwellenzahl		1	1	1	1	2	2
Kompressionsdruck	bar	9–12	10–16	11–16	10–14	11–16	11–16
Mindestwert	bar	7,0	9,0	9,0	8,0	9,0	9,0
Schmiersystem		Druckumlaufschmierung mit Wechselfilter im Ölhauptstrom					
Öldruck bei 80° C und 2000/min	bar	mind. 2,0	mind. 2,0	mind. 2,0	mind. 2,0	4,5–6,0	4,5–6,0

Kühlsystem

Art	Wasserumlaufkühlung mit Flügelradpumpe, Thermostat, Leichtmetallkühler, Ausgleichsbehälter		
Motor	Vierzylinder	Fünfzylinder	Sechszylinder
Kühlerventilator	Temperaturgest. Elektrolüfter	Viscolüfter	Temperaturgest. Elektrolüfter
Antrieb der Wasserpumpe	Keilriemen	Zahnriemen	Zahnriemen
Thermostat-Öffnungszeiten	Siehe Tabelle Seite 64		
Kühlsystem-Verschlußdeckel-Druckwerte	Siehe Seite 62		
Schalttemperaturen des Kühlerventilators	Siehe Tabelle Seite 67		

Kraftstoffanlage

Mono-Motronic-Einspritzung

Motor-Kennbuchstaben	AAE
Kraftstoffdruck bei Leerlaufdrehzahl	0,8–1,2 bar
Haltedruck nach Abschalten der Zündung	
nach 5 Minuten	mind. 0,5 bar
Einspritzventil	
Widerstand am Ventil bei Umgebungstemperatur (15–30° C)	1,2–1,6 Ω
Leerlaufdrehzahl (nicht einstellbar)	750–1000/min
CO-Gehalt (nicht einstellbar)	0,2–1,2 Vol.%

KE-Motronic-Einspritzung

Motor-Kennbuchstaben	AAD
Systemdruck	6,1–6,5 bar
Differenzdruck	
Stecker vom Drucksteller abgezogen	ca. 0,3–0,5 bar unter Systemdruck
Stecker am Drucksteller aufgesteckt (Zündung eingeschaltet)	ca. 1,3–1,6 bar unter Systemdruck
Haltedruck nach Abschalten der Zündung	
nach 10 Minuten	mind. 3,3 bar
nach 20 Minuten	mind. 3,2 bar
Einspritzventile	
Abspritzdruck	3,7–4,8 bar
Leerlaufdrehzahl (nicht einstellbar)	750–950/min
CO-Gehalt (am CO-Meßrohr gemessen)	0,2–1,2 Vol.%

Digifant-Einspritzung

Motor-Kennbuchstaben	ABK
Kraftstoffdruck bei Leerlaufdrehzahl	
Unterdruckschlauch abgezogen	ca. 2,5 bar
Unterdruckschlauch aufgesteckt	ca. 3,0 bar
Haltedruck nach Abschalten der Zündung	
nach 10 Minuten	mind. 2,0 bar
Einspritzventile	
Widerstand am Ventil	15–20 Ω
Leerlaufdrehzahl (nicht einstellbar)	820 ± 50/min
CO-Gehalt (am CO-Meßrohr gemessen)	0,6 ± 0,4 Vol.%
über 300 m Höhenlage pro 100 m Höhenzunahme	zuzüglich 0,2 Vol.%

KE-III-Jetronic-Einspritzung

Motor-Kennbuchstaben	AAR
Systemdruck	6,1–6,5 bar
Differenzdruck	
Stecker vom Drucksteller abgezogen	ca. 0,3–0,5 bar unter Systemdruck
Stecker am Drucksteller aufgesteckt (Zündung eingeschaltet)	ca. 1,2–1,5 bar unter Systemdruck
Haltedruck nach Abschalten der Zündung	
nach 10 Minuten	mind. 3,5 bar
nach 20 Minuten	mind. 3,4 bar
Einspritzventile	
Abspritzdruck	4,3–4,6 bar
Leerlaufdrehzahl (nicht einstellbar)	650–790/min
CO-Gehalt (am CO-Meßrohr gemessen)	0,1–1,1 Vol.%

MPFI-Einspritzung

Motor-Kennbuchstaben	ABC
Systemdruck	3,8–4,2 bar
Haltedruck nach Abschalten der Zündung	
nach 10 Minuten Motor kalt	mind. 2,2 bar
Motor warm	mind. 3,0 bar
Einspritzventile	
Einspritzmenge	85–100 cm^3/30 s
Leerlaufdrehzahl (nicht einstellbar)	680–820/min
CO-Gehalt (nicht einstellbar)	0,15–1,0 Vol.%

MPI-Einspritzung

Motor-Kennbuchstaben	AAH
Systemdruck	3,8–4,2 bar
Haltedruck nach Abschalten der Zündung	
nach 10 Minuten Motor kalt	mind. 2,2 bar
Motor warm	mind. 3,0 bar
Einspritzventile	
Einspritzmenge	85–100 cm^3/30 s
Leerlaufdrehzahl (nicht einstellbar)	700–800/min
CO-Gehalt (nicht einstellbar)	0,3–1,2 Vol.%

Kraftübertragung

Schaltgetriebe (Vorderradantrieb)				
Kennbuchstaben	AXP	AXG	CDX	CAC
Bauzeit	12/90–	12/90–	7/92–	12/90–
Eingebaut bei Motor	2,0 l/74 kW, 2,0 l/85 kW	2,3 l/98 kW	2,6 l/110 kW	2,8 l/128 kW
Übersetzungen				
Achsantrieb	4,111	3,889	3,889	3,700
1. Gang	3,545	3,545	3,545	3,500
2. Gang	2,105	2,105	1,857	1,842
3. Gang	1,429	1,429	1,300	1,300
4. Gang	1,029	1,029	1,029	1,029
5. Gang	0,838	0,838	0,838	0,838
Rückwärtsgang	3,500	3,500	3,500	3,444

Schaltgetriebe (Allradantrieb)				
Kennbuchstaben	AXN	AXM	CDV	CAB
Bauzeit	12/90–7/92	12/90–	7/92–	12/90–
Eingebaut bei Motor	2,0 l/85 kW	2,3 l/98 kW	2,6 l/110 kW	2,8 l/128 kW
Übersetzungen				
Achsantrieb	4,556	4,111	4,111	4,111
1. Gang	3,545	3,545	3,545	3,500
2. Gang	2,105	2,105	1,857	1,842
3. Gang	1,300	1,429	1,300	1,300
4. Gang	0,943	1,029	1,029	0,943
5. Gang	0,789	0,838	0,838	0,789
Rückwärtsgang	3,500	3,500	3,500	3,444

Achsantrieb hinten (Allradantrieb)				
Kennbuchstaben (in Zuordnung zum Schaltgetriebe)	AXT	AXS	AXS	AAT
Übersetzung	4,556	4,111	4,111	4,111

Kupplung	
Betätigung	Hydraulisch
Kupplungsscheibendurchmesser	210 mm bei Getriebe AXP in Verbindung mit 74-kW-Motor 228 mm bei Getriebe AXP in Verbindung mit 85-kW-Motor, AXG, AXN, AXM 240 mm bei Getriebe CDX, CAC, CDV, CAB

Automatikgetriebe (Frontantrieb)									
Aggregate-Bezeichnung	097	097	097	097	097	097	01K	097	01K
Kennbuchstaben	APA	CBU	CFX	ANZ	CEA	CFT	CDU	AEM	CDT
Bauzeit	1/91–9/91	9/91–12/92	1/93–	1/91–9/91	9/91–12/92	1/93–	7/92–	1/91–12/92	3/92–
Eingebaut bei Motor	2,0 l/85 kW	2,0 l/85 kW	2,0 l/85 kW	2,3 l/98 kW	2,3 l/98 kW	2,3 l/98 kW	2,6 l/110 kW	2,8 l/128 kW	2,8 l/128 kW
Übersetzungen									
Achsantrieb	3,909	4,222	3,909	3,909	4,222	3,909	1,330	3,700	1,259
1. Fahrstufe	2,714	2,714	2,714	2,714	2,714	2,714	2,580	2,714	2,580
2. Fahrstufe	1,551	1,551	1,441	1,551	1,551	1,441	1,407	1,551	1,407
3. Fahrstufe	1,000	1,000	1,000	1,000	1,000	1,000	1,000	1,000	1,000
4. Fahrstufe	0,679	0,679	0,743	0,679	0,679	0,743	0,742	0,679	0,742
Rückwärtsfahrstufe	2,111	2,111	2,884	2,111	2,111	2,884	2,882	2,111	2,882
Drehmomentwandler-Bezeichnung	LACA	LBCA	LACA	LBCA	LCCA	LBCA	Q12/169003	LCCA	F11/169001
Schieberkasten-Kennbuchstaben	LAC	LAC	LBA	LAC	LAC	LBA	–	LAC	–
Bauzeit	1/91–9/91	9/91–	9/91–	1/91–9/91	9/91–	9/91–	–	1/91–	–

Automatikgetriebe (Allradantrieb)		
Kennbuchstaben	CDE	CEZ
Bauzeit	7/92–	3/92–
Eingebaut bei Motor	2,6 l/110 kW	2,8 l/128 kW
Übersetzungen		
Zwischentrieb für Achsantrieb vorn	1,330	1,259
Achsantrieb vorn	3,250	3,250
Zwischentrieb für Achsantrieb hinten	1,054	1,054
1. Fahrstufe	2,580	2,580
2. Fahrstufe	1,407	1,407
3. Fahrstufe	1,000	1,000
4. Fahrstufe	0,742	0,742
Rückwärtsfahrstufe	2,882	2,882
Drehmomentwandler-Bezeichnung	Q12/28169003	F11/35169001

Achsantrieb hinten (Allrad/Automatik)		
Kennbuchstaben (in Zuordnung zum Automatikgetriebe)	AXS	AET
Übersetzung	4,111	3,889

Fahrwerk

Vorderradaufhängung		Einzelradaufhängung mit Querlenkern unten, Federbeinen und Stabilisator
Lenkung		Zahnstangenlenkung mit Servounterstützung
Hinterachse	Frontantrieb	Torsionskurbelachse mit Panhardstab
	Allradantrieb	Viergelenk-Trapezlenkerachse
Reifen und Felgen		Siehe Tabelle Seite 164

Achsvermessung

Vorderachse	Frontantrieb Serienausführung (1BA) Niveauregulierung (1BG)	Frontantrieb Schlechtwegeausführung (1BB)	Frontantrieb Sportausführung (1BE)	Allradantrieb Serienausführung (1BA) Niveauregulierung (1BG) Elektr. ger. Dämpf. (1BT)	Allradantrieb Sportausführung (1BE)
Gesamtspur ungedrückt	$+15'^{+5'}_{-10'}$	$+15'^{+5'}_{-10'}$	$+15'^{+5'}_{-10'}$	$+15'^{+5'}_{-10'}$	$+15'^{+5'}_{-10'}$
Sturz (in Geradeausstellung)	$-40'^{+35'}_{-25'}$ [1]	$-15'^{+35'}_{-25'}$	$-50'^{+35'}_{-25'}$ [2]	$-40'^{+35'}_{-25'}$	$-50'^{+35'}_{-25'}$ [2]
Höchstzulässiger Unterschied zwischen beiden Seiten	max. 30′	max. 30′	max. 30′	max. 25′	max. 25′
Spurdifferenzwinkel bei 20° Lenkeinschlag nach links und rechts	−1°40′ ± 30′	−1°40′ ± 30′	−1°40′ ± 30′	−1°10′ ± 30′	−1°10′ ± 30′
Nachlauf (nicht einstellbar)	+1°10′ ± 40′	+1°10′ ± 40′	+1°10′ ± 40′	+55′ ± 40′	+55′ ± 40′
Höchstzulässiger Unterschied zwischen beiden Seiten	max. 1°	max. 1°	max. 1°	max. 1°	max. 1°

[1] Fahrzeuge mit Sechszylindermotor $-50'^{+35'}_{-25'}$ [2] Fahrzeuge mit Fünfzylindermotor $-50'^{+25'}_{-35'}$

Hinterachse	Frontantrieb	Allradantrieb
Sturz	−50′ ± 30′	−15′ ± 15′
Höchstzulässiger Unterschied zwischen beiden Seiten	max. 30′	max. 30′
Spur je Rad	+10′ ± 5′ (nicht einstellbar)	+5′ ± 5′ (einstellbar)
Gesamtspur	+20′ ± 10′ (nicht einstellbar)	+10′ ± 10′ (einstellbar)
Höchstzulässige Abweichung von der Laufrichtung	max. 25′	–

Bremsanlage

Scheibenbremse vorn		Einkolben-Faustsattelbremse, ab 85 kW innenbelüftete Bremsscheiben
Bremsscheibendurchmesser	mm	288
Bremsscheibenstärke neu/mindestens	mm	unbelüftet: 15/13; innenbelüftet: 25/30
Belagstärke neu/mindestens	mm	mit Trägerplatte gemessen: 19/7
Scheibenbremse hinten		Einkolben-Faustsattelbremse mit automatischer Nachstellvorrichtung für Feststellbremse
Bremsscheibendurchmesser	mm	245
Bremsscheibenstärke neu/mindestens	mm	10/8
Belagstärke neu/mindestens	mm	mit Trägerplatte gemessen: –/7

Trommelbremse hinten (nur Fahrzeuge mit 74 und 85 kW bis 12/92 ohne ABS)		Simplex-Innenbacken-Trommelbremse mit automatischer Nachstellung
Bremstrommeldurchmesser neu/höchstens	mm	230/231
Bremsbelagstärke neu/mindestens	mm	ohne Bremsbacke gemessen: 5,25/2,5

Elektrische Anlage

Bordspannung	12 V
Batterie	Siehe Seite 191
Generator	14 V/70 A/980 W, 14 V/90 A/1260 W, 14 V/100 A/1400 W, 14 V/110 A/1540 W oder 14 V/120 A/1680 W
Keilriemen bzw. Keilrippenriemen	Siehe Tabelle Seite 197
Zündanlage	74 kW: Mono-Motronic; 85 kW bis 7/92: KE-Motronic mit Klopfregelung; 85 kW ab 8/92: Digifant mit Klopfregelung; 98 kW: Vollelektronische Zündung (VEZ) mit Klopfregelung; 110 kW: MPFI mit Klopfregelung; 128 kW: MPI mit Klopfregelung
Zündzeitpunkt	Siehe Tabelle Seite 218
Zündkerzen	Siehe Tabelle Seite 218
Glühlampen	Siehe ab Seite 219

Füllmengen (in Liter)

Motor	
Vierzylinder ohne/mit Filterwechsel	2,5/3,0
Fünfzylinder ohne/mit Filterwechsel	4,0/4,5
Sechszylinder ohne/mit Filterwechsel	4,5/5,0
Kühlsystem mit Heizung	
Vierzylinder	7,0
Fünfzylinder	8,0
Sechszylinder	11,0
Kraftstofftank	80
Schaltgetriebe	
Frontantrieb	2,35
Allradantrieb	2,85

Achsantrieb hinten Allradantrieb	1,5
Automatikgetriebe Frontantrieb mit Peilstab (VW/Audi)	
ATF-Neufüllung	5,4
ATF-Wechsel	3,0
Achsantrieb	1,0
Automatikgetriebe Frontantrieb ohne Peilstab (ZF)	
ATF-Neufüllung	7,0
ATF-Wechsel	2,7
Achsantrieb	0,7

Automatikgetriebe Allradantrieb	
ATF-Neufüllung	7,0
ATF-Wechsel	2,7
Achsantrieb vorn	0,7
Achsantrieb hinten	1,02
Servolenkung	1,1
mit Niveauregulierung	2,5
Scheibenwaschanlage	4,4
Scheiben- und Scheinwerferwaschanlage	6,4
Intensiv-Scheibenwaschanlage	1,0
Heckscheibenwaschanlage (Avant)	2,0

Abmessungen

		Limousine Frontantrieb	Limousine Allradantrieb	Avant Frontantrieb	Avant Allradantrieb
Länge	mm	4790	4790	4790	4790
Breite	mm	1777	1777	1777	1777
Höhe bei Leergewicht	ca. mm	1431	1437	1440/1490 [2]	1448/1498 [2]
Bodenfreiheit bei zulässigem Gesamtgewicht	mm	127/101 [1]	124	127/101 [1]	126/123 [1]

[1] 128-kW-Sechszylinder mit Schaltgetriebe [2] mit Dachreling

Stichwortverzeichnis

FSC
www.fsc.org
MIX
Papier | Fördert gute Waldnutzung
FSC® C083411

Kolibri 360 GmbH
Ferdinand-Jühlke-Straße 7
99095 Erfurt, Deutschland
produktsicherheit@kolibri360.de

Druck:
CPI Druckdienstleistungen GmbH
im Auftrag der
Kolibri 360 GmbH
Ferdinand-Jühlke-Str. 7
99095 Erfurt